普通高等教育“十一五”国家级规划教材
教育部大学计算机课程改革立项规划教材

赠送考试系统/免费提供教学资源

新编大学计算机基础教程

第七版

Windows 10 + WPS Office 2022

贾宗福 宗明魁
李 欣 潘 莹 等◎编著

中国铁道出版社有限公司
CHINA RAILWAY PUBLISHING HOUSE CO., LTD.

内容简介

本书是普通高等教育“十一五”国家级规划教材、教育部大学计算机课程改革主项规划教材，以素质能力培养为主线，以突出应用和强化能力为目标，基于目前计算机基础教育改革的新理念、新思想、新要求和新技术，结合作者多年的教学改革实践和建设成果编著而成。全书共分三部分：第一部分为计算机系统平台，包含计算机系统和典型的操作系统等基本理论内容，阐释了 Windows 10 操作系统的使用方法；第二部分为办公信息处理，阐释了 WPS Office 2022 的使用方法；第三部分为计算机应用技术基础，包含计算机多媒体技术、数据通信技术基础、计算机网络与应用、软件技术基础、信息安全等内容。本书配有二维码，可扫码观看视频讲解。本书还配有融学习指导、实验和测试练习为一体的配套指导书《新编大学计算机基础实践教程》(第七版)。

本书适合作为各类高等学校非计算机专业的计算机基础课程教材，也可作为高等院校成人教育的培训教材或自学用书。

图书在版编目（CIP）数据

新编大学计算机基础教程/贾宗福等编著 .—7 版 .—北京：中国铁道出版社有限公司，2023.8

普通高等教育“十一五”国家级规划教材　教育部大学计算机课程改革立项规划教材

ISBN 978-7-113-30397-6

Ⅰ.①新…　Ⅱ.①贾…　Ⅲ.①电子计算机-高等学校-教材　Ⅳ.①TP3

中国国家版本馆 CIP 数据核字（2023）第 132295 号

书　　名：新编大学计算机基础教程
作　　者：贾宗福　宗明魁　李　欣　潘　莹等

策　　划：贾　星　　　　**编辑部电话：**（010）63549501
责任编辑：贾　星　贾淑媛
封面设计：高博越
责任校对：刘　畅
责任印制：樊启鹏

出版发行：中国铁道出版社有限公司（100054，北京市西城区右安门西街 8 号）
网　　址：http://www.tdpress.com/51eds/
印　　刷：三河市国英印务有限公司
版　　次：2006 年 5 月第 1 版　2023 年 8 月第 7 版　2023 年 8 月第 1 次印刷
开　　本：880 mm×1 230 mm 1/16　**印张：**20　**字数：**633 千
书　　号：ISBN 978-7-113-30397-6
定　　价：60.00 元

前言

党的二十大报告指出，要“推动战略性新兴产业融合集群发展，构建新一代信息技术、人工智能、生物技术、新能源、新材料、高端装备、绿色环保等一批新的增长引擎。”当今以计算机和网络技术为核心的现代信息技术正在飞速发展，已成为经济社会转型发展的主要驱动力。因此，要求学生掌握基本的计算机知识及其在行业中的应用对新时代人才培养来说也越来越重要。

在新工科和工程专业认证大背景下，大学计算机基础教育面临新的发展机遇和挑战，构建多元化、多层次的阶梯式实践教学体系，以及基于计算思维开展教学研究与实践、服务专业和以 OBE(outcomes-based education，基于学习产出的教育模式)为导向的计算机基础教学改革，是当今高校计算机基础教育面临的新课题和首要任务，也是培养大学生综合素质的重要环节。

本书落实立德树人根本任务，以突出应用和强化能力为目标，结合目前计算机基础教育教学改革新理念、新思想、新要求和新技术，以及多年教学改革实践、课程思政实践等建设成果，组织教学工作一线的教师和专家，经过数月的研讨，在原“十一五”国家级规划教材《新编大学计算机基础教程》(第三版)和微课版新形态教材《新编大学计算机基础教程》(第四版、第五版、第六版)基础上修订而成。

本次修订，在保留原教材体系结构和特色的基础上，按照党的二十大报告指出的“到二〇三五年，我国要实现高水平科技自立自强，进入创新型国家前列”的战略部署，对教材原有内容进行了梳理、精简和充实，将新理念、新知识、新技术融入教材，将涉及的操作系统由 Windows 7 升级为 Windows 10，在软件国产化的大环境下，办公软件更新为 WPS Office 2022。

本书系统、深入地阐释了涉及计算机基础教学的“计算机系统平台”“数据分析与信息处理”“计算机程序设计基础”“信息系统开发”四个领域的基本概念、技术与方法，使学生能较为全面、系统地掌握计算机软硬件技术以及多媒体技术、现代通信技术、网络技术、信息安全技术和软件设计技术的基本概念和原理，以及软件设计与信息处理的过程和方法，具有较强的信息系统安全与社会责任意识。在传授、训练和拓展大学生在计算机方面的基础知识和应用能力的同时，着重培养学生的计算思维，以及用计算机解决和处理实际问题的思维和能力，提高学生信息系统安全与社会责任意识，提升大学生的综合素质，强化创新实践能力。

全书内容组织方式深入浅出、循序渐进。对基本概念、基本技术与方法的阐释准确清晰；实践性较强的内容采用任务驱动的方式，精心设计多种类型且内容丰富的、富含思政元素的应用案例，注重实用性和可操作性，便于开展以学生为中心的课堂教学改革。具体来讲，本书具有以下特点：

(1)充分体现知识内容的基础性、系统性和应用性，突出“重基础、强能力、学以致用”的思想，有利于学生养成科学处理问题的良好思维方式。

(2)广融先进成果与技术,具有先进性和实用性。

(3)知识内容模块化组织,具有较宽的适用面和灵活的选择余地,可满足各类学校不同层次、不同对象的教与学。

(4)知识内容的深度和广度符合最新的全国计算机等级考试和相关考试要求。

(5)本书配有融学习指导、实验和测试练习为一体的配套指导书《新编大学计算机基础实践教程》(第七版)。配套指导书的特点是:

①用思维导图对教材的知识点、技术和方法进行提炼、概括和总结,便于学生自主学习和课后巩固复习。

②操作步骤采用容易理解的流程图表示,学生容易掌握和上机实践。

③配备相应的实验,使理论与实践紧密结合,突出学生的动手能力、应用能力和技能的培养。

④配有丰富的难易程度不同的测试练习题及参考答案,供教师和学生进行测试和练习使用。

本书由贾宗福、宗明魁、李欣、潘莹等编著,徐鹏、于艳杰、李树嵩、宋碳、贾博轩参与编著。全书内容分为三大部分,共10章,各章编著分工为:第1章由宗明魁编著,第2章和第10章由宋碳编著,第3章由李树嵩编著,第4章由李欣编著,第5章由徐鹏编著,第6章由贾宗福编著,第7章由潘莹编著,第8章由于艳杰编著,第9章由贾博轩编著。全书视频由田宝利、尚莹等负责录制。书中配套资源可在中国铁道出版社有限公司教育资源数字化平台(http://www.tdpress.com/51eds/)下载,考试平台使用请拨打编辑部电话(010)63549501联系本书责任编辑咨询。

本书在编著过程中得到了中国铁道出版社有限公司和编著者所在学校的大力支持和帮助,在此表示衷心的感谢。同时对在编著过程中参考的大量文献资料的作者一并致谢。

由于计算机技术发展飞速,编著者限于能力水平,虽尽力跟踪最新技术应用,书中仍难免有不足之处,恳请读者不吝批评指正。

编著者

2023年4月

目录

第一部分 计算机系统平台

第二部分　办公信息处理

第一部分 计算机系统平台

第 1 章　计算机概述

学习目标

- 了解计算机发展历程和未来计算机发展趋势。
- 了解计算机的特点和应用领域。
- 掌握几种常用数制之间的转换方法和信息在计算机中的编码。
- 掌握计算机系统的组成，掌握计算机硬件系统和软件系统的基本知识。
- 了解计算机基本工作原理。
- 掌握计算机的主要技术指标，了解计算机的性能评价要点。
- 了解计算机热点技术。

1.1　计算机发展与应用

计算机是 20 世纪人类最伟大的发明之一，是科学技术史上的里程碑。在半个多世纪的高速发展过程中，计算机彻底改变了人们传统的工作、学习和生活方式，推动了人类社会的发展和人类文明的进步，把人类带入了一个全新的信息时代。

1.1.1　计算机产生

早在古代，人类就不断地追求先进的计算工具。人们为了计数和计算，先后发明了算筹、算盘。

计算机产生

17 世纪 30 年代，英国人威廉・奥特瑞发明了计算尺。1642 年，法国数学家布莱斯・帕斯卡发明了机械计算器，如图 1－1 所示。机械计算器的出现标志着人类已开始向自动计算工具领域迈进。

19 世纪初，英国人查尔斯设计了差分机和分析机，如图 1－2 所示。其设计理论与现在电子计算机理论类似，其在存储、程序自动控制、系统结构和输入/输出等方面为现代计算机的产生奠定了技术基础。

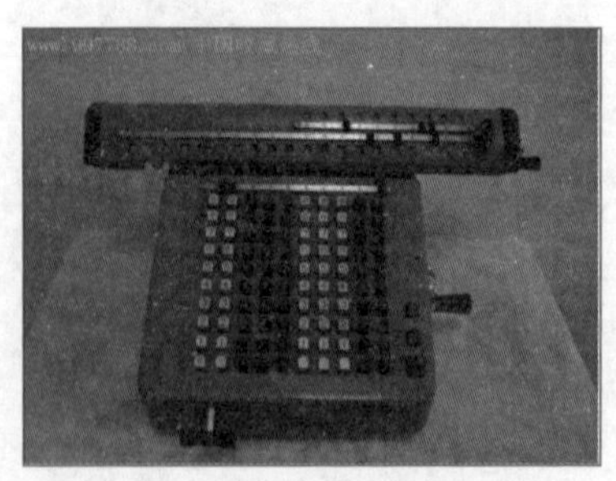

图 1－1　机械计算器

（a）差分机

（b）分析机

图 1－2　差分机和分析机

1854年，英国逻辑学家、数学家乔治·布尔设计了一套符号，表示逻辑理论中的基本概念，并规定了运算法则，把形式逻辑归结成一种代数运算，从而建立了逻辑代数。应用逻辑代数可以从理论上解决具有两种电状态的电子管作为计算机逻辑元件的问题，为现代计算机采用二进制奠定了理论基础。

1936年，英国数学家阿兰·图灵在题为《论可计算数及其在判定问题中的应用》的论文中，提出了现代电子数字计算机的数学模型，从理论上论证了通用计算机产生的可能性。

1945年6月，美籍匈牙利数学家冯·诺依曼首先提出在计算机中"存储程序"的概念，奠定了现代计算机的结构理论。

1946年，世界上第一台通用电子数字计算机ENIAC(electronic numerical integrator and computer)在美国宾夕法尼亚大学研制成功，如图1-3所示。ENIAC的研制成功，是计算机发展史上的一座里程碑。该计算机最初是为了分析和计算炮弹的弹道轨迹而研制的。ENIAC共使用了18000多个电子管，1500个继电器以及其他器件，其总体积约90 m^3，重达30 t，占地约170 m^2，功率为150 kW，运算速度为5 000次/s加(减)法运算。

图1-3 ENIAC

1949年5月，英国剑桥大学数学实验室根据冯·诺依曼的思想，制成了电子延迟存储自动计算机(electronic delay storage automatic calculator，EDSAC)，这是第一台带有存储程序结构的电子计算机。

1.1.2 计算机发展

自从世界上第一台电子计算机问世到现在，计算机技术获得了突飞猛进的发展，在人类科技史上还没有一门技术可以与计算机技术的发展速度相提并论。

计算机发展

1. 计算机的发展历程

根据组成计算机的电子逻辑器件，将计算机的发展分成以下4个阶段。

1)电子管计算机(1946—1957年)

其主要特点是采用电子管作为基本电子元器件，体积大、耗电量大、可靠性低、寿命短、成本高；内存储器采用汞延迟线，外存储器主要采用纸带、卡片、磁带等。在这个时期，没有系统软件，用机器语言和汇编语言编程。计算机只能在少数尖端领域中得到应用，一般用于科学、军事和财务等方面的计算。

2)晶体管计算机(1958—1964年)

其主要特点是采用晶体管制作基本逻辑部件，体积减小、质量减小、能耗降低、成本下降，计算机的可靠性和运算速度均得到提高；存储器采用磁芯和磁鼓；出现了系统软件(监控程序)，提出了操作系统概念，并且出现了高级语言，如FORTRAN等，其应用扩大到数据处理和事务处理等相关领域。

3)集成电路计算机(1965—1971年)

其主要特点是采用中、小规模集成电路(集成电路是在几平方毫米的面积上集中了几十个或上百个电子元件组成的逻辑电路)制作各种逻辑部件，使计算机体积更小、质量更小、耗电更省、寿命更长、成本更低，运算速度和可靠性都有了更大的提高。同时，第一次采用半导体存储器作为主存，取代了原来的磁芯存储器，使存储器容量和存取速度有了革命性的突破，提高了系统的处理能力；系统软件有了很大发展，并且出现了多种高级语言，如BASIC、Pascal等。随着计算机和通信技术的紧密结合，其广泛地应用到科学计算、数据处理、事务处理、工业控制等领域。

4)大规模、超大规模集成电路计算机(1972年至今)

其主要特点是基本逻辑部件采用大规模、超大规模集成电路，使计算机体积、质量、成本均大幅度降低，出现了微型计算机。操作系统和高级语言的功能越来越强大，计算机整体性能空前提高，其应用已深入到社会各个领域。

2. 我国计算机的发展历程

我国计算机的研制工作始于1956年，虽然起步较晚但发展较快，取得了令人瞩目的成就。

1958年8月，成功研制出103小型电子计算机，实现了计算机技术零的突破，成为我国计算技术这门学科建立的标志;1959 年 10 月,研制成功 104 大型通用电子计算机。在这个阶段,我国分别研制了几十台计算机,包括高性能通用计算机、各种专用计算机以及各种配套设备,使得我国在计算机的国产化上掌握了重要的技术能力。

1964 年 11 月,半导体元器件全部国产化的第一台晶体管通用电子计算机(441-B)研制成功;1965 年 6 月,109 乙晶体管大型通用数字计算机研制成功,两年后改进为 109 丙,是专为"两弹一星"服务的计算机,使用时间长达 15 年,被誉为"功勋计算机"。这一时期,我国的计算机制造水平逐渐成熟,稳定性得到极大提高,器件损坏率和耗电量均大大降低。

1971 年 5 月,我国研制成功第一台小规模集成电路通用数字电子计算机 111 机;1973 年 8 月,我国研究成功了浮点运算百万次的集成电路电子数字计算机 DJS-11 机(150 机);标志着中国计算机行业进入了第三代,这一阶段计算机的研制主要为大型应用系统工程配套,实现了产用结合;同时,在 1977 年开始研制开发 DJS-050 和 DJS-060 系列微型计算机产品,推动促进了微型机的国产化的发展。

20 世纪 80 年代开始,中国计算机事业进入了快速发展阶段,计算机系统研制从跟踪国外先进技术到实现技术超越。

1983 年 12 月,我国第一台被命名为"银河-I"的亿次巨型电子计算机在国防科技大学研制成功。至此,中国成为继美国、日本之后,成为能够独立设计和制造巨型机的国家。

2001 年 2 月,"曙光 3000"超级服务器诞生,峰值计算速度达到每秒 4 032 亿次。"曙光 3000"超级服务器的研制开发具有非同寻常的战略意义,实现了高性能和通用性的统一,应用领域广泛,它是我国综合科技实力的体现。

2002 年 9 月,我国首枚高性能通用 CPU 芯片"龙芯 1 号"由中国科学院计算所研制成功,改变了我国信息产业无"芯"历史。2003 年 10 月具有自主知识产权的"龙芯 2 号"研制成功。2009 年 9 月首款四核 CPU 处理器"龙芯 3 号"研制成功。

2004 年 6 月,"曙光 4000A"由中国科学院计算所、曙光公司和上海超级计算中心联合研制成功,峰值计算速度达到每秒 10 万亿次,成功进入世界超级计算机 500 强排行榜前十。

2009 年 9 月,我国首台千万亿次计算机"天河一号"由国防科学技术大学研制成功,2010 年 11 月,在世界超级计算机 500 强排行榜中位居第一,成为世界计算速度最快的计算机。

2012 年 9 月,"神威蓝光"高效能计算机由国家并行计算机工程技术研究中心研制成功,成为我国首台全部采用国产中央处理器和系统软件构建的千万亿次计算机,如图 1-4 所示。

2013 年 6 月,"天河二号"由国防科学技术大学研制成功,如图 1-5 所示,峰值计算速度达到每秒 3.39 亿亿次,再次位居世界第一。

图 1-4 "神威蓝光"高效能计算机

图 1-5 "天河二号"高效能计算机

2016 年 6 月,我国研制的"神威·太湖之光"超级计算机登顶榜单之首。该超级计算机安装了 40 960 个中国自主研发的"申威 26010"众核处理器,采用 64 位自主申威指令系统,峰值性能为 12.5 亿亿次/秒,持续性能为 9.3 亿亿次/秒。不仅速度比第二名"天河二号"快出近两倍,其效率也提高 3 倍。

2017 年 11 月,全球超级计算机 500 强榜单公布,"神威·太湖之光"以每秒 9.3 亿亿次的浮点运算速度为我国第四次夺冠。

2018 年 11 月，全球超级计算机 500 强榜单在美国达拉斯发布，中国超算"神威·太湖之光"和"天河二号"位列第三和第四名。值得一提的是，中国超算上榜总数仍居第一，且数量比上期进一步增加，占上榜超算总量的 45%。

2020 年 3 月，中国首次制备出以肖特基结作为发射结的垂直结构的硅-石墨烯-锗晶体管，将石墨烯基区晶体管的延迟时间缩短到 1/1 000 以下，可将其截止频率由兆赫兹提升至吉赫兹领域，这种材料的导电性是单晶硅的 1 000 倍。石墨烯材料可用于高端芯片制造，这一重大成果标志着中国在这一尖端科技领域又一次站在了世界之巅位置。

2020 年 12 月，中国科学技术大学宣布潘建伟团队与中科院上海微系统所、国家并行计算机工程技术研究中心合作成功构建 76 个光子的量子计算原型机"九章"，求解数学算法高斯玻色取样只需 200 秒，目前世界最快的超级计算机进行同样的计算要用 6 亿年才能完成，这一突破使中国成为全球第二个实现"量子优越性"的国家。

从首颗量子科学实验卫星"墨子号"到超级计算机"九章"，再到世界首台超越早期经典计算机的光量子计算机，我国科技创新成果出现的"井喷"式增长，举世瞩目，中国的科技自信一次次被点燃。

3. 计算机的发展趋势

随着计算机技术的发展以及信息社会对计算机不同层次的需求，当前计算机正在向巨型化、微型化、网络化和智能化方向发展。

1)巨型化

巨型化是指计算机向高速运算、大存储容量、高精度的方向发展。其运算能力一般在每秒百亿次以上。巨型计算机主要用于尖端科学技术的研究开发，如模拟核试验、破解人类基因密码等。巨型计算机的发展集中体现了当前计算机科学技术发展的最高水平，推动了计算机系统结构、硬件和软件的理论和技术、计算数学以及计算机应用等多个学科分支的发展。巨型机的研制水平标志着一个国家的科技水平和综合国力。

2)微型化

微型化是指计算机向使用方便、体积小、成本低和功能齐全的方向发展。由于大规模和超大规模集成电路的飞速发展，微处理器芯片连续更新换代，微型计算机成本不断下降，加上功能强大且易于操作的软件和外围设备，使微型计算机得以广泛应用。其中，笔记本计算机、平板计算机以及智能手机以更优的性能价格比受到人们的青睐。

3)网络化

网络化是指利用通信技术和计算机技术，把分布在不同地点的计算机互连起来，按照网络协议相互通信，以达到所有用户均可共享软件、硬件和数据资源的目的，方便快捷地实现信息交流。随着互联网及物联网的迅猛发展和广泛应用、无线移动通信技术的成熟以及计算机处理能力不断提高，面向全球网络化应用的各类新型计算机和信息终端已成为主要产品。特别是移动计算网络、云计算等已成为产业发展重要方向。

4)智能化

计算机智能化就是要求计算机具有人工智能，能模拟人的感觉，具有类似人的思维能力，集"说、听、想、看、做"为一体，即让计算机能够进行研究、探索、联想、图像识别、定理证明和理解人的语言等功能，这是第五代计算机要实现的目标。其中，虚拟现实技术、专家系统、智能机器人等都是这一领域发展的阶段性成果。

总之，未来的计算机将是微电子技术、光学技术、超导技术和电子仿生技术等相结合的产物，将产生人工智能计算机、多处理机、超导计算机、纳米计算机、光计算机、生物计算机、量子计算机等。可以预测，21 世纪的计算机技术将给我们的世界再次带来巨大的变化。

1.1.3 计算机分类

计算机分类

计算机可以从不同的角度进行分类。

1. 按照处理数据信息形式分类

按照处理数据信息形式可以把计算机分为数字计算机、模拟计算机和数模混合计算机。

1)数字计算机

数字计算机通过电信号的两种状态来表示数据,并根据算术和逻辑运算法则进行计算。它具有运算速度快、精度高、灵活性大和便于存储等优点,因此适合于科学计算、信息处理、实时控制和人工智能等应用。通常所用的计算机一般是指数字计算机。

2)模拟计算机

模拟计算机通过电压的高低来表示数据,即通过电的物理变化过程来进行数值计算。其优点是速度快,适用于解高阶的微分方程。模拟计算机在模拟计算和控制系统中应用较多,但通用性不强,信息不易存储,且计算机的精度受到部件限制,因此没有数字计算机的应用普遍。

3)数字模拟混合计算机

数字模拟混合计算机兼有数字计算机和模拟计算机两种计算机的优点,既能接收、输出和处理模拟量,又能接收、输出和处理数字量。

2. 按照规模分类

按照计算机规模,根据其运算速度、输入/输出能力、存储能力等综合因素,通常将计算机分为巨型机、大型机、小型机和微型机。

1)巨型机

巨型机运算速度快,存储量大,结构复杂,价格昂贵,主要用于尖端科学研究领域,如我国研制的“神威·太湖之光”和“天河二号”高效能计算机。

2)大型机

大型机规模次于巨型机,有比较完善的指令系统和丰富的外围设备,主要用于计算机网络和大型计算中心,如美国 IBM 研制的 IBM system z10 和 IBM zEnterprise 大型主机服务器。

3)小型机

小型机可以为多个用户执行任务,通常是一个多用户系统。其结构简单、设计周期短,便于采用先进工艺,并且对运行环境要求低,易于操作和维护,如曙光天演 EP850-G20 和 IBM system p6570。

4)微型机

微型机由微处理器、半导体存储器和输入/输出接口等组成,比小型机体积更小、价格更低、灵活性更好、可靠性更高、使用更加方便,如常用的台式计算机以及便携的笔记本计算机和平板计算机。

3. 按照功能分类

按照计算机功能,一般可分为专用计算机和通用计算机。

1)专用计算机

专用计算机功能单一、可靠性高、适应性差,但在特定用途下最有效、最经济、最快速,一般用于过程控制,如智能仪表、飞机的自动控制、导弹的导航系统等。

2)通用计算机

通用计算机功能齐全,适应性强。目前人们所使用的大都是通用计算机。

另外,计算机还可按其工作模式等进行分类,如分为服务器和工作站。

1.1.4 计算机特点

计算机凭借传统信息处理工具所不具备的特征,已深入到各个领域。其主要具备以下几方面的特点:

计算机特点

1. 运算速度快

目前,微型计算机运算速度可达每秒亿次以上,巨型计算机运算速度已达到每秒亿亿次。

2. 计算精度高

数据的精确度主要取决于计算机的字长,字长越长,运算精度越高,从而计算机的数值计算越精确。如圆周率 π 的计算,微型计算机能精确计算到十万亿位以上。

3. 具有逻辑判断能力

计算机不仅能进行数值计算，而且具有逻辑判断能力，能够实现推理和证明，并能够根据判断的结果自动决定以后执行的命令，从而解决相关实际问题，如诊治疾病、语言翻译、识别图像、控制机器人等。

4. 海量存储能力

随着计算机存储技术的不断发展，计算机的存储容量从GB、TB到PB级迅速增长，可存储海量信息，如云存储。

5. 高度自动控制功能

计算机可以按照预先编制的程序自动执行而不需要人工干预，如工业制造、机器人等。

1.1.5 计算机应用

计算机技术的发展及其对社会的巨大作用，已使计算机应用大至进行空间探索，小至揭示微观世界，从日常生活到社会各个领域无所不至。概括而言有以下几方面应用：

计算机应用

1. 科学计算

科学计算主要指计算机用于完成和解决科学研究和工程技术中的数学计算问题，尤其是一些十分庞大而复杂的科学计算，依靠其他计算工具有时难以解决，如天气预报、人造卫星的轨道测算、人类基因序列分析计划等。

2. 信息处理

信息处理是指对大量信息进行收集、存储、整理、分类、统计、加工、利用、传播等一系列活动的统称。其主要特点是需处理的原始数据量大，而算术运算较简单，并有大量的逻辑运算和判断。计算机广泛应用于办公自动化、企业管理、信息情报检索等各个行业的基本业务工作中，逐渐形成了一套计算机信息处理系统，如：银行储蓄系统的存款、取款和计息；图书管理信息系统的图书、书刊、文献和档案资料的管理和查询。

3. 过程控制

过程控制又称实时控制，是指利用计算机及时采集动态检测数据，按最佳值迅速地对控制对象进行自动调节或自动控制。其主要特点是不仅提高控制的自动化水平，而且提高控制的及时性和准确性，主要用于化工、冶金、航天、军事等领域。

4. 计算机辅助系统

计算机辅助系统是以计算机为工具，并且配备专用软件辅助人们完成特定的工作任务，以提高工作效率和工作质量为目标的硬件环境和软件环境的总称。计算机辅助系统包括计算机辅助设计、计算机辅助制造、计算机辅助教学等。

1)计算机辅助设计(computer aided design，CAD)

在工业设计中，为提高设计速度和设计质量，技术人员可借助计算机辅助设计完成相关设计工作。该技术已广泛应用于工业设计、建筑设计以及服装设计等方面。

2)计算机辅助制造(computer aided manufacturing，CAM)

在机器制造业中，可利用计算机通过各种数值计算控制机床和设备，自动完成产品的加工、装配、检测和包装等制造过程。该技术已广泛应用于飞机、汽车、家用电器、电子产品制造业等方面。

3)计算机辅助教学(computer aided instruction，CAI)

CAI技术是利用计算机模拟教师的教学行为进行授课，学生通过与计算机的交互进行学习并自测学习效果，从而提高教学效率和教学质量，是新型的教育技术和计算机应用技术相结合的产物。目前，各类学校都已开展了网上教学、远程教学和移动教学。

此外，还有其他的计算机辅助系统，如利用计算机作为工具辅助产品测试的计算机辅助测试系统(computer aided testing，CAT)、利用计算机对文字、图像等信息进行处理、编辑、排版的计算机辅助出版系统(computer aided publishing，CAP)、计算机仿真模拟系统(computer simulation system)等。

5. 网络通信

随着信息化社会的发展,特别是计算机网络的迅速发展,计算机在通信领域的作用越来越大。人们可以在任何地方通过计算机和网络浏览新闻、收发邮件、聊天、网上购物以及网上学习等。

6. 人工智能

人工智能又称智能模拟,是指用计算机模拟人类大脑的高级思维活动,具有学习、推理、决策的功能。人工智能主要应用在机器人、专家系统、模拟识别、智能检索等方面。

7. 多媒体应用

多媒体技术是指把文字、图形图像、动画、音频、视频等各种媒体通过计算机进行数字化采集、获取、加工处理、存储和传播而综合为一体的技术。多媒体技术的应用领域非常广泛,几乎遍布各行各业以及人们生活的各个方面,如医疗、商业、广播、教育等领域。

除此以外,计算机在电子商务、电子政务等方面的应用也得到了突飞猛进的发展。

1.2 信息在计算机内部的表示与存储

在计算机中,无论是参与运算的数值型数据,还是文字、图形、声音、动画等非数值型数据,都是以 0 和 1 组成的二进制代码表示和存储的。计算机之所以能区别这些不同的信息,是因为它们采用不同的编码规则。

1.2.1 数制的概念

数制是指用一组固定的符号和统一的规则来计数的方法。

数制和数制转换

1. 进位计数制

计数是数的记写和命名,各种不同的记写和命名方法构成计数制。进位计数制是按进位的方式计数的数制,简称进位制。在日常生活中通常使用十进制数,也可根据需要选择其他进制数。例如:一年有 12 个月,为十二进制;1 小时等于 60 分钟,为六十进制。

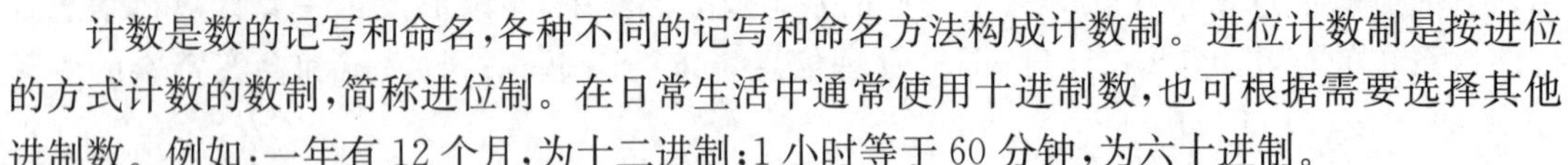

数据无论采用哪种进位制表示,都涉及“基数”和“位权”两个基本概念。例如,十进制有 0,1,2,…,9 共 10 个数码,二进制有 0,1 两个数码,通常把数码的个数称为基数。十进制数的基数为 10,进位原则是“逢十进一”;二进制数的基数为 2,进位原则是“逢二进一”。R 进制数进位原则是“逢 R 进 1”,其中 R 是基数。在进位计数制中,一个数可以由有限个数码排列在一起构成,数码所在数位不同,其代表的数值也不同,这个数码所表示的数值等于该数码本身乘以一个与它所在数位有关的常数,这个常数称为“位权”,简称“权”,权是基数的幂。例如,十进制数 527.83,由 5,2,7,8,3 五个数码排列而成,5 在百位,代表 500(5×10^2),2 在十位,代表 20(2×10^1),7 在个位,代表 7(7×10^0),8 在十分位,代表 0.8(8×10^{-1}),3 在百分位,代表 0.03(3×10^{-2})。这些数码分别具有不同的位权,5 所在数位的位权为 10^2,2 所在数位的位权为 10^1,7 所在数位的位权为 10^0,8 所在数位的位权为 10^{-1},3 所在数位的位权为 10^{-2}。

2. 计算机内部采用二进制的原因

1)易于物理实现

具有两种稳定状态的物理器件容易实现,如电压的高和低、电灯的亮和灭、开关的通和断,这样的两种状态恰好可以用二进制数中的 0 和 1 表示。计算机中若采用十进制,则需要具有 10 种稳定状态的物理器件,制造出这样的器件是很困难的。

2)工作可靠性高

电压的高低、电流的有无两种状态分明,所以采用二进制可以提高信号的抗干扰能力,可靠性高。

3)运算规则简单

二进制的加法和乘法规则各有 3 条,而十进制的加法和乘法运算规则各有 55 条,所以采用二进制可以简化运算器等物理器件的设计。

4)适合逻辑运算

二进制的 0 和 1 两种状态,分别表示逻辑值的“假(false)”和“真(true)”,因此采用二进制数进行逻辑运算非常方便。

3. 计算机中常用数制

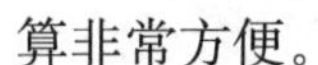

计算机内部采用二进制数，但二进制数在表达一个数字时，位数太长，书写烦琐，不易识别，因此在书写计算机程序时，经常用到十进制数、八进制数、十六进制数，常见进位计数制的基数和数码如表 1－1 所示。

表 1－1　常见进位计数制的基数和数码表

进位制	基数	数码	标识
二进制	2	0,1	B
八进制	8	0,1,2,3,4,5,6,7	O或Q
十进制	10	0,1,2,3,4,5,6,7,8,9	D
十六进制	16	0,1,2,3,4,5,6,7,8,9,A,B,C,D,E,F	H

为了区分不同数制的数，常采用括号外面加数字下标的表示方法，或在数字后面加上相应的英文字母来表示。如八进制数的 123 可表示为$(123)_8$或 123Q。

任何一种计数制的数都可以表示成按位权展开的多项式之和的形式。

$$(X)_R = D_{n-1}R^{n-1} + D_{n-2}R^{n-2} + \cdots + D_0R^0 + D_{-1}R^{-1} + \cdots + D_{-m}R^{-m}$$

其中，X 为 R 进制数，D 为数码，R 为基数，n 是整数位数，m 是小数位数，下标表示位置，上标表示幂的次数。

例如，十进制数$(234.56)_{10}$可以表示为：

$$(234.56)_{10} = 2\times10^2 + 3\times10^1 + 4\times10^0 + 5\times10^{-1} + 6\times10^{-2}$$

同理，八进制数$(234.56)_8$可以表示为：

$$(234.56)_8 = 2\times8^2 + 3\times8^1 + 4\times8^0 + 5\times8^{-1} + 6\times8^{-2}$$

1.2.2　数制转换

1. 将 R 进制数转换为十进制数

将一个 R 进制数转换为十进制数的方法是“按权展开求和”。

【例 1－1】　将二进制数$(11010.011)_2$转换为十进制数。

$$\begin{aligned}(11010.011)_2 &= 1\times2^4 + 1\times2^3 + 0\times2^2 + 1\times2^1 + 0\times2^0 + 0\times2^{-1} + 1\times2^{-2} + 1\times2^{-3} \\ &= 16+8+0+2+0+0+0.25+0.125 \\ &= (26.375)_{10}\end{aligned}$$

【例 1－2】　将八进制数$(16.76)_8$转换为十进制数。

$$\begin{aligned}(16.76)_8 &= 1\times8^1 + 6\times8^0 + 7\times8^{-1} + 6\times8^{-2} \\ &= 8+6+0.875+0.09375 \\ &= (14.96875)_{10}\end{aligned}$$

【例 1－3】　将十六制数$(1E.9A)_{16}$转换为十进制数。

$$\begin{aligned}(1E.9A)_{16} &= 1\times16^1 + 14\times16^0 + 9\times16^{-1} + 10\times16^{-2} \\ &= 16+14+0.5625+0.0390625 \\ &= (30.6015625)_{10}\end{aligned}$$

2. 将十进制数转换为 R 进制数

将十进制数转换为 R 进制数时，应将整数部分和小数部分分别转换，然后再相加起来即可得出结果。整数部分采用“除 R 取余、倒排余数”的方法，即将十进制数除以 R，得到一个商和一个余数，再将商除以 R，又得到一个商和一个余数，如此继续下去，直至商为 0 为止，将每次得到的余数按照得到的顺序逆序排列，即为 R 进制整数部分；小数部分采用“乘 R 取整、顺序排列”的方法，即将小数部分连续地乘以 R，保留每次相乘的整数部分，直到小数部分为 0 或达到精度要求的位数为止，将得到的整数部分按照得到的顺序排列，即为 R 进制的小数部分。

【例 1-4】 将十进制数$(117.625)_{10}$转换为二进制数。

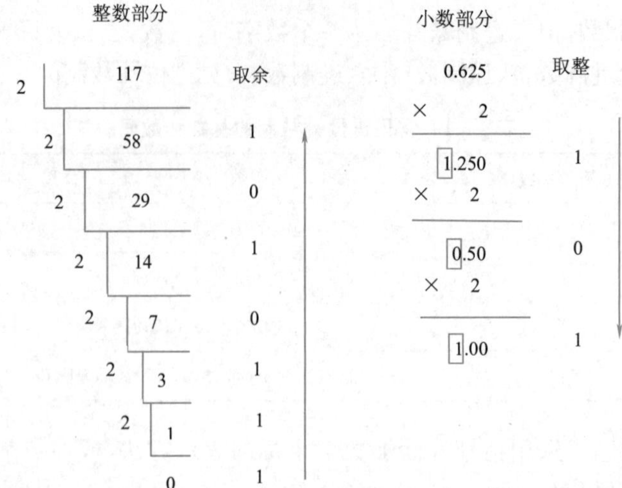

结果为$(117.625)_{10}=(1110101.101)_2$。

【例 1-5】 将十进制数$(132.525)_{10}$转换为八进制数(小数部分保留两位有效数字)。

整数部分 取余

8 | 132 4
8 | 16 0
8 | 2 2
0

小数部分

0.525 取整
× 8
4.2 4
× 8
1.6 1

结果为$(132.525)_{10}=(204.41)_8$。

【例 1-6】 将十进制数$(130.525)_{10}$转换成十六进制数(小数部分保留两位有效数字)。

整数部分 取余

16 | 130
16 | 8 2
0 8

小数部分

0.525 取整
× 16
8.4 8
× 16
6.4 6

结果为$(130.525)_{10}=(82.86)_{16}$。

3. 二、八、十六进制数的相互转换

1)二进制数转换为八进制数

由于$2^3=8$,因此3位二进制数可以对应1位八进制数,如表1-2所示。利用这种对应关系,可以方便地实现二进制数和八进制数的相互转换。

表 1-2 二进制数与八进制数相互转换对照表

二进制数	八进制数	二进制数	八进制数
000	0	100	4
001	1	101	5
010	2	110	6
011	3	111	7

转换方法：以小数点为界，整数部分从右向左每 3 位分为一组，若不够 3 位时，在左面添 0 补位；小数部分从左向右每 3 位一组，不够 3 位时在右面添 0 补位，然后将每 3 位二进制数用 1 位八进制数表示，即可完成转换。

【例 1-7】 将二进制数$(11001101.1001)_2$转换成八进制数。

$$
\begin{array}{ccccccc}
(011 & 001 & 101 & . & 100 & 100)_2 \\
\downarrow & \downarrow & \downarrow & & \downarrow & \downarrow \\
(3 & 1 & 5 & . & 4 & 4)_8
\end{array}
$$

结果为$(11001101.1001)_2=(315.44)_8$。

2)八进制数转换为二进制数

转换方法：将每位八进制数用 3 位二进制数替换，按照原有的顺序排列，即可完成转换。

【例 1-8】 将八进制数$(612.43)_8$转换成二进制数。

$$
\begin{array}{cccccc}
(6 & 1 & 2 & . & 4 & 3)_8 \\
\downarrow & \downarrow & \downarrow & & \downarrow & \downarrow \\
(110 & 001 & 010 & . & 100 & 011)_2
\end{array}
$$

结果为$(612.43)_8=(110001010.100011)_2$。

3)二进制数转换为十六进制数

由于$2^4=16$，因此 4 位二进制数可以对应 1 位十六进制数，如表 1-3 所示。利用这种对应关系，可以方便地实现二进制数和十六进制数的相互转换。

表 1-3 二进制数与十六进制相互转换对照表

二进制数	十六进制数	二进制数	十六进制数
0000	0	1000	8
0001	1	1001	9
0010	2	1010	A
0011	3	1011	B
0100	4	1100	C
0101	5	1101	D
0110	6	1110	E
0111	7	1111	F

转换方法：以小数点为界，整数部分从右向左每 4 位分为一组，若不够 4 位时，在左面添 0 补位；小数部分从左向右每 4 位一组，不够 4 位时在右面添 0 补位，然后将每 4 位二进制数用 1 位十六进制数表示，即可完成转换。

【例 1-9】 将二进制数$(11011101011.001)_2$转换为十六进制数。

$$
\begin{array}{ccccc}
(0110 & 1110 & 1011 & . & 0010)_2 \\
\downarrow & \downarrow & \downarrow & \downarrow & \downarrow \\
(6 & E & B & . & 2)_{16}
\end{array}
$$

结果为$(11011101011.001)_2=(6EB.2)_{16}$。

4)十六进制数转换为二进制数

转换方法：将每位十六进制数用 4 位二进制数替换，按照原有的顺序排列，即可完成转换。

【例 1-10】 将$(2F3.5E)_{16}$转换为二进制数。

$$
\begin{array}{cccccc}
(2 & F & 3 & . & 5 & E)_{16} \\
\downarrow & \downarrow & \downarrow & & \downarrow & \downarrow \\
(0010 & 1111 & 0011 & . & 0101 & 1110)_2
\end{array}
$$

结果为$(2F3.5E)_{16}=(1011110011.0101111)_2$。

八进制数和十六进制数的相互转换,可借助二进制数来实现。

4. 二进制数的算术运算和逻辑运算

二进制数的运算包括算术运算和逻辑运算。算术运算即四则运算,而逻辑运算主要是对逻辑数据进行处理。

1)二进制数的算术运算

二进制数的算术运算非常简单,它的基本运算是加法。

(1)二进制数的加法运算规则为:

0+0=0;0+1=1+0=1;1+1=10(向高位进位)

【例 1-11】 完成$(110)_2+(101)_2=(1011)_2$的运算。

```
   110
 + 101
 -----
  1011
```

(2)二进制数的减法运算规则为:

0-0=1-1=0;1-0=1;0-1=1(向高位借位)

【例 1-12】 完成$(1110)_2-(1001)_2=(101)_2$的运算。

```
   1110
 - 1001
 ------
    101
```

(3)二进制数的乘法运算规则为:

0×0=0;0×1=1×0=0;1×1=1

【例 1-13】 完成$(101)_2\times(100)_2=(10100)_2$的运算。

```
    101
   ×100
  -----
    000
   000
  101
  -----
  10100
```

(4)二进制数的除法运算规则为:

0÷1=0(1÷0 无意义);1÷1=1

【例 1-14】 完成$(11001)_2\div(101)_2=(101)_2$的运算。

```
         101
     ______
 101/ 11001
      101
      -----
       010
       000
      -----
        101
        101
      -----
          0
```

2)二进制数的逻辑运算

用逻辑运算符将逻辑数据连接起来组成逻辑表达式,这些逻辑数据之间的运算称为逻辑运算,其运算结果仍为逻辑值。二进制数 1 和 0 在逻辑上可以代表"真(true)"与"假(false)"、"是"与"否"。

逻辑运算主要包括 3 种基本运算:"与"运算(又称逻辑乘法)、"或"运算(又称逻辑加法)和"非"运算(又称逻辑否定)。此外,还包括"异或"等运算。

(1)“与”运算。运算符号用“×”或“∧”来表示。逻辑乘法运算规则:0×0=0;0×1=0;1×0=0;1×1=1。

从运算规则可以看出,“与”运算当且仅当参与运算的两个逻辑变量都为1时,其结果为1,否则为0。

(2)“或”运算。运算符号用“+”或“∨”来表示。逻辑加法运算规则:0+0=0;0+1=1;1+0=1;1+1=1。

从运算规则可以看出,“或”运算当且仅当参与运算的两个逻辑变量都为0时,其结果为0,否则为1。

(3)“非”运算。常在逻辑变量上方加一横线表示。例如,对A的非运算可表示为$\overline{A}$。运算规则:$\overline{0}=1$(非0等于1);$\overline{1}=0$(非1等于0)。

从运算规则可以看出,逻辑非运算具有对逻辑数据求反的功能。

(4)“异或”运算。运算符号用“⊕”来表示。运算规则:0⊕1=0;0⊕1=1;1⊕0=1;1⊕1=0。

从运算规则可以看出,当两个逻辑变量相异时,其结果为1,否则为0。

1.2.3 计算机信息编码

计算机信息编码就是指对输入计算机中的各种数值和非数值型数据用二进制数进行编码的方式。不同类型的数据其编码方式是不同的。

1.计算机中数据的存储单位

1)位(bit)

计算机中存储信息的最小单位是二进制的一个数位,简称位(比特),位的取值只能为0或1。

2)字节(Byte)

计算机中存储信息的基本单位,规定8位二进制数为1字节,单位是B(1 B=8 bit),常用来描述存储容量。不同单位间的换算规则如下:

1 KB=1 024 B=2^{10} B　　1 MB=1 024 KB=2^{20} B　　1 GB=1 024 MB=2^{30} B

1 TB=1 024 GB=2^{40} B　　1 PB=1 024 TB=2^{50} B　　1 EB=1 024 PB=2^{60} B

1 ZB=1 024 EB=2^{70} B　　1 YB=1 024 ZB=2^{80} B　　1 BB=1 024 YB=2^{90} B

3)字长

一般来说,计算机在同一时间内处理的一组二进制数称为一个计算机的“字”,而这组二进制数的位数就是“字长”。字长是计算机的一个重要指标,直接反映了计算机的计算精度。目前,微型计算机字长有16位、32位、64位。

2.数值型数据编码

1)原码

原码是一种直观的二进制机器数表示形式,其中最高位表示符号。最高位为0表示该数为正数,最高位为1表示该数为负数。

【例1-15】 设机器的字长为8位,求$(+9)_{10}$和$(-9)_{10}$的原码。

$(+9)_{10}$的原码为$(00001001)_2$,$(-9)_{10}$的原码为$(10001001)_2$。

【例1-16】 设机器的字长为8位,求$(+0)_{10}$和$(-0)_{10}$的原码。

$(+0)_{10}$的原码为$(00000000)_2$,$(-0)_{10}$的原码为$(10000000)_2$。

2)反码

反码是为求补码设计的一种过渡编码。正数的反码与其原码相同,负数的反码符号位与原码相同,其他按位取反。

【例1-17】 设机器的字长为8位,求$(+9)_{10}$和$(-9)_{10}$的反码。

$(+9)_{10}$的反码为$(00001001)_2$,$(-9)_{10}$的反码为$(11110110)_2$。

【例1-18】 设机器的字长为8位,求$(+0)_{10}$和$(-0)_{10}$的反码。

$(+0)_{10}$的反码为$(00000000)_2$,$(-0)_{10}$的反码为$(11111111)_2$。

3)补码

正数的补码与原码相同,负数的补码为该数的反码末位加1。

【例1-19】 设机器的字长为8位,求$(+9)_{10}$和$(-9)_{10}$的补码。

$(+9)_{10}$的补码为$(00001001)_2$,$(-9)_{10}$的补码为$(11110111)_2$。

【例 1-20】 设机器的字长为 8 位,求$(+0)_{10}$和$(-0)_{10}$的补码。

$(+0)_{10}$的补码为$(00000000)_2$,$(-0)_{10}$的补码为$(00000000)_2$。

在计算机中,只有补码表示的数具有唯一性,所以数值用补码方式进行表示和存储。可以将符号位和数值位统一处理,利用加法就可以实现二进制的减法、乘法和除法运算。

在实际生活中,数值除了有正、负数之外还有带小数的数值,当要处理的数值含有小数部分时,计算机不仅要解决数值的表示,还要解决数值中小数点的表示问题。在计算机系统中,不是采用某个二进制位来表示小数点,而是用隐含规定小数点位置的方式来表示。根据小数点的位置是否固定,数的表示方法可分为定点数和浮点数两种类型。

3. 非数值型数据编码

在计算机中,通常用若干位二进制数代表一个特定的符号,用不同的二进制数据代表不同的符号,并且二进制代码集合与符号集合一一对应,这就是计算机的编码原理。常见的符号编码有以下几种。

1)ASCII 码

ASCII 码(American Standard Code for Information Interchange,美国信息交换标准代码)诞生于 1963 年,是一种比较完整的字符编码,现已成为国际通用的标准编码,广泛用于微型计算机与外设的通信。每个 ASCII 码以 1 字节(Byte)存储,0~127 代表不同的常用符号,例如大写 A 的 ASCII 码是十进制数 65,小写 a 则是十进制数 97。标准 ASCII 码使用 7 个二进制位对字符进行编码,标准的 ASCII 字符集共有 128 个字符,其中有 94 个可打印字符,包括常用的字母、数字、标点符号等,另外还有 34 个控制字符。对应的标准为 ISO(International Organization for Standardization,国际标准化组织)646 标准。

标准 ASCII 码只用了字节的低 7 位,最高位并不使用。后来为了扩充 ASCII 码,将最高的一位也编入这套编码中,成为 8 位的扩展 ASCII 码(Extended ASCII),这套编码加上了许多外文和表格等特殊符号,成为目前常用的编码。扩展 ASCII 码见附录 A。

2)汉字编码

在利用计算机进行汉字处理时,同样必须对汉字进行编码。汉字的编码主要有以下几种:

(1)国标区位码。由于汉字信息在计算机内部也是以二进制形式存储的,并且汉字数量多,用一个字节的 128 种状态不能全部表示出来,因此在 1980 年我国颁布的《信息交换用汉字编码字符集　基本集》,即国家标准 GB 2312—1980 方案中规定用 2 字节的 16 位二进制数表示一个汉字,每个字节都只使用低 7 位(与 ASCII 码相同),即有 128×128=16 384 种状态。由于 ASCII 码的 34 个控制代码在汉字系统中也要使用,因此不能作为汉字编码,即汉字编码表中共有 94(区)×94(位)=8 836 个编码,用以表示国标码规定的 7 445 个汉字和图形符号。

每个汉字或图形符号分别用两位十进制区码(行码)和两位十进制位码(列码)表示,不足的地方补 0,组合起来就是区位码。将区位码按一定的规则转换成的二进制代码叫做信息交换码(简称国标区位码)。国标码共有汉字 6 763 个(一级汉字是最常用的汉字,按汉语拼音字母顺序排列,共 3 755 个;二级汉字属于次常用汉字,按偏旁部首的笔画顺序排列,共 3 008 个),数字、字母、符号等 682 个,共 7 445 个。

(2)机内码。为方便计算机内部处理和存储汉字,又区别于 ASCII 码,将国标区位码中的每个字节在最高位改设为 1,这样就形成了在计算机内部用来进行汉字的存储、运算的编码,称为机内码(汉字内码,或内码)。内码既与国标区位码有简单的对应关系,易于转换,又与 ASCII 码有明显的区别,且有统一的标准(内码是唯一的)。

(3)机外码。为方便汉字的输入而制定的汉字编码称为机外码,又称汉字输入码。不同的输入方法形成了不同的汉字外码。常见的输入法有以下几类:

- 按汉字的排列顺序形成的编码,如国标区位码。
- 按汉字的读音形成的编码,如简拼、双拼、QQ 拼音、搜狗拼音等。
- 按汉字的字形形成的编码,如五笔字型、郑码等。
- 按汉字的音形结合形成的编码,如自然码、智能 ABC 等。

虽然汉字输入法有很多种，但是输入码在计算机中必须转换成机内码，才能进行存储、处理和使用。

GB 18030—2022《信息技术 中文编码字符集》强制性国家标准发布于2022年7月28日，于2023年8月1日正式实施。作为中文信息技术领域最重要的基础性标准，对汉字和中国多种少数民族文字进行了统一编码，共收录汉字87 887个，覆盖中国绝大部分人名、地名用生僻字以及文献、科技等专业领域的用字，能够满足各类使用需求。

3)Unicode编码

统一码(unicode)，也叫万国码、单一码，由统一码联盟开发，是计算机科学领域里的一项业界标准，包括字符集、编码方案等。统一码解决了传统字符编码方案的局限性，为每种语言中的每个字符设定了统一并且唯一的二进制编码，以满足跨语言、跨平台进行文本转换、处理的要求。1994年正式发布1.0版本，2022年9月13日发布的15.0版本中收录了97 046个汉字。

4)多媒体信息编码

多媒体是多种媒体的复合，多媒体信息是指以文字、声音、图形图像、视频动画为载体的信息，对于这些信息也需要进行二进制编码。多媒体信息编码有多种方式，不同的编码方式会产生不同的格式文件。目前常见的图形图像文件格式有bmp、jpg、gif、tiff、tga、png等；常见的音频文件格式有wav、mid、mp3、ra、wma等；常见的视频与动画文件格式有mp4、avi、mov、mpeg、dat、swf、asf、wmv、rm等。

1.3 计算机系统组成

一个完整的计算机系统包括硬件系统和软件系统两大部分。计算机硬件系统是计算机系统中由电子类、机械类和光电类等器件组成的各种计算机部件和设备的总称，是组成计算机的物理实体，是计算机完成各项工作的物质基础。计算机软件系统是在计算机硬件设备上运行的各种程序、相关的文档和数据的总称。硬件系统和软件系统共同构成一个完整的计算机系统，二者相辅相成，缺一不可。计算机系统的组成如图1-6所示。

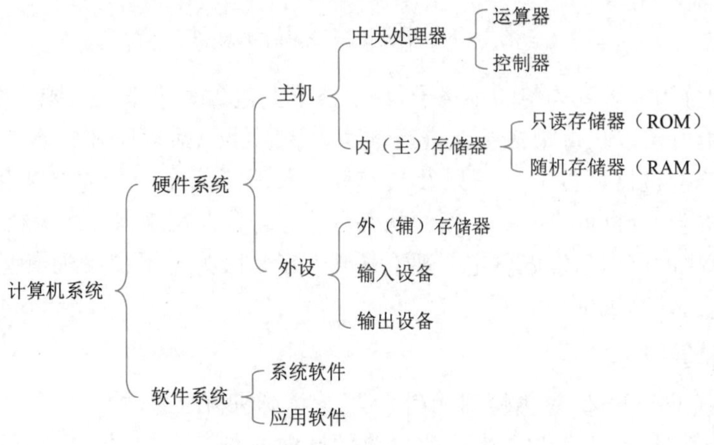

图1-6 计算机系统的组成

1.3.1 图灵机

阿兰·麦席森·图灵(见图1-7)是英国数学家、逻辑学家，被称为计算机科学之父，人工智能之父。图灵是第一个提出利用机器实现逻辑代码的执行，模拟人类的各种计算和逻辑思维过程的科学家。1947年，图灵作了题为《智能机器》(*Intelligent Machinery*)的报告，详细阐述了他关于思维机器的思想，第一次从科学的角度指出："与人脑的活动方式极为相似的机器是可以制造出来的。"1950年他发表论文《计算机器与智能》，为后来的人工智能科学提供了开创性的构思。提出著名的"图灵测试"，指出如

图1-7 阿兰·麦席森·图灵

果第三者无法辨别人类与人工智能机器反应的差别,则可以论断该机器具备人工智能。1956 年发表以“机器能够思维吗?”为题的文章,图灵的机器智能思想无疑是人工智能的直接起源之一。

为纪念这位计算机科学之父、杰出的数学家,美国计算机协会在 1966 年设立图灵奖,主要授予在计算机技术领域做出突出贡献的个人。图灵奖是计算机界最负盛名的奖项,有“计算机界诺贝尔奖”之称。

清华大学的姚期智教授是图灵奖创立以来首位获得该奖项的亚裔学者,也是迄今为止获此殊荣的唯一华裔计算机科学家,他是研究网络通信复杂性理论的国际前驱,在数据组织、基于复杂性的伪随机数生成理论、密码学、通信复杂性乃至量子通信和计算等多个尖端科研领域都做出了巨大而独到的贡献,是计算机理论方面国际上最拔尖的学者。

1936 年,图灵在题为《论可计算数及其在判定问题上的应用》的论文中,提出了可进行数字计算的理论模型——图灵机(turing machine)。图灵机不是具体的计算机,是思想模型。

图灵机的基本思想是用机器来模拟人们用纸和笔进行数学运算的过程,他把这样的过程看作下列两种简单的动作:

(1)在纸上写或擦除某个符号。

(2)把注意力从纸的一个位置移动到另一个位置。

而在运算过程中的每个阶段,人要决定下一步的动作,依赖于此人当前所关注的纸上某个位置的符号和此人当前思维的状态。

为了模拟人的这种运算过程,图灵构造出一台假想的机器。该机器由一个控制器、一条可以无限延伸的带子和一个在带子上左右移动的读写头组成,如图 1-8 所示。

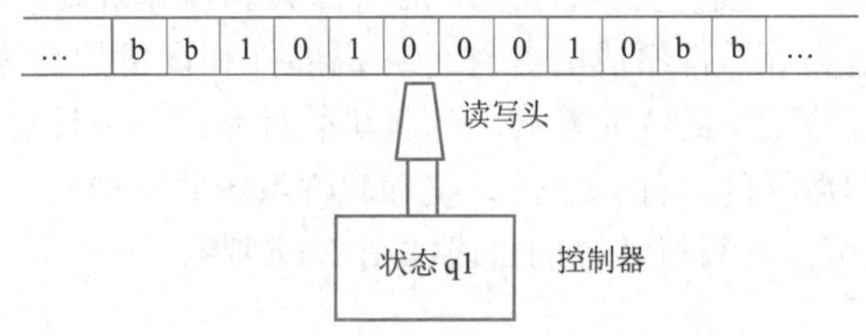

图 1-8　图灵机模型概念示意图

图灵机的带子被划分为一系列均匀的小格子,每个格子上包含一个来自有限集字母表的符号。读写头可以在带子上左右移动,并可以在每个格子上进行读写。控制器包括程序和状态寄存器,程序可以理解为一套控制规则,它根据当前机器所处的状态以及当前读写头所指格子上的符号来确定读写头下一步的动作,并改变状态寄存器的值,令机器进入一个新的状态。状态寄存器用来保存图灵机当前所处的状态。

图灵机模型为计算机的产生和发展奠定了理论基础。正是因为有了图灵机模型,人类才发明了有史以来最伟大的科学工具——计算机。

1.3.2　冯·诺依曼型计算机

约翰·冯·诺依曼(见图 1-9)是美籍匈牙利数学家、计算机科学家、物理学家,是现代计算机、博弈论、核武器和生化武器等领域内的科学全才之一。冯·诺依曼对世界上第一台电子计算机 ENIAC 的设计提出过建议。1945 年 3 月,他在共同讨论的基础上起草了一个全新的“存储程序通用电子计算机方案”——EDVAC。这对后来计算机的设计有决定性的影响,从 ENIAC 到当前最先进的计算机都采用的是冯·诺依曼体系结构。冯·诺依曼当之无愧地被称为数字计算机之父。

图 1-9　计算机之父——约翰·冯·诺依曼

1946 年,冯·诺依曼等人在题为《电子计算装置逻辑设计的初步讨论》的论文中,提出了以存储程序概念为指导的计算机逻辑设计思想,即存储程序原理,该思想描绘出了一个完整的计算机体系结构。这一设计思想是计算机发展史上的里程碑,标志着计算机时代的真正到来,冯·诺依曼也因此被誉为“现代计算机之父”。现代计算机虽然在结构上有多种类别,但就其本质而言,多数都是基于冯·诺依曼提出的计算机体系结构理念,因此被称为冯·诺依曼型计算机。

冯·诺依曼型计算机的基本思想为:

(1)计算机硬件由运算器、控制器、存储器、输入设备和输出设备五大部分组成。

(2)计算机中的数据和程序以二进制代码形式存放在存储器中,存放的位置由地址确定。

(3)控制器根据存放在存储器中的指令序列(程序)进行工作,并由一个程序计数器控制指令的执行,控制器具有判断能力,能以计算结果为基础,选择不同的工作流程。

1.3.3　计算机硬件系统

冯·诺依曼提出的计算机"存储程序"工作原理决定了现代计算机硬件系统由运算器、控制器、存储器、输入设备和输出设备五大部分组成。

1. 运算器(arithmetic unit,AU)

运算器的主要功能是对二进制数码进行算术运算或逻辑运算,主要由执行算术运算和逻辑运算的算术逻辑单元(arithmetic logic unit,ALU)、存放操作数和中间结果的寄存器组以及连接各部件的数据通路组成。

在计算机运算过程中,运算器不断得到由主存储器提供的数据,运算后又把结果送回到主存储器保存起来。整个运算过程是在控制器的统一指挥下,按程序中编排的操作顺序进行的。

2. 控制器(control unit,CU)

控制器是整个计算机系统的指挥核心,主要由程序计数器(PC)、指令寄存器(IR)、指令译码器(ID)、时序控制电路和微操作控制电路等组成,在系统整个运行过程中,不断地生成指令地址、取出指令、分析指令、向计算机的各个部件发出微操作控制信号,指挥各个部件高效有序地工作。

运算器和控制器合称中央处理器(central processing unit,CPU),是计算机的核心部件,决定计算机的性能。

3. 存储器(memory)

存储器是用来存储数据和程序的部件。计算机中的信息是以二进制代码形式表示的,存储这些信息必须使用具有两种稳定状态的物理器件。这些物理器件主要包括磁芯、半导体器件、磁表面器件和光存储器件等。

根据功能的不同,存储器一般分为主存储器和辅存储器两种类型。

1)主存储器

主存储器(又称内存储器,简称主存或内存)用来存放正在运行的程序和数据,可直接与运算器及控制器交换信息。按照存取方式,主存储器又可分为随机存取存储器(random access memory,RAM)和只读存储器(read only memory,ROM)两种。只读存储器用来存放监控程序、系统引导程序等专用程序。在生产制作只读存储器时,将相关的程序指令固化在存储器中,在正常工作环境下,只能读取其中的指令,而不能修改或写入信息,即使断电,只读存储器中的信息也不会丢失。随机存取存储器用来存放正在运行的程序及所需要的数据,CPU既可从中读取数据,又可向它写入数据,具有存取速度快、集成度高、电路简单等优点,但是断电后,随机存取存储器中的信息将全部丢失。通常所说的计算机内存均指RAM。

主存储器由许多存储单元组成,系统为每一个存储单元分配地址,称为存储器地址。存储器采取按地址存(写)取(读)的工作方式,每个存储单元一般存放一个字节的信息。

中央处理器和主存储器是计算机信息加工处理的主要部件,通常将这两个部分合称为主机。

2)辅存储器

辅存储器(又称外存储器,简称辅存或外存)用来存放多种大信息量的程序和数据,可以长期保存,其特点是存储容量大、成本低,但存取速度相对较慢。外存储器中的程序和数据,必须先调入内存储器,然后再被运算器、控制器处理。目前,广泛使用的微型机外存储器主要有硬盘、光盘以及U盘等。

4. 输入/输出设备

输入/输出设备(简称I/O设备)是与计算机主机进行信息交换,实现人机交互的硬件设备。

输入设备用于输入人们要求计算机处理的数据、字符、文字、图形、图像、声音等各种信息，以及处理这些信息所必需的程序，并将它们转换成计算机能接收的二进制代码形式。常见的输入设备有键盘、鼠标、扫描仪、光笔、手写板、游戏杆、录音笔等。

输出设备用于将计算机处理结果或中间结果以人们可识别的形式(如显示、打印、绘图)表达出来。常见的输出设备有显示器、打印机、绘图仪、音响设备等。

辅存储器可以将存放的信息输入到主机，主机处理后的数据也可以存储到辅存储器中。因此，辅存储器既可以作为输入设备，也可以作为输出设备。

1.3.4 计算机软件系统

计算机软件系统是在计算机上运行的各种程序、数据及其有关文档的统称。通常把计算机软件系统分为系统软件和应用软件两大类。

1. 系统软件

系统软件也称系统程序，是完成对整个计算机系统进行调度、管理、监控及服务等功能的软件。利用系统程序的支持，用户只需使用简便的语言和符号等就可编制程序，并使程序在计算机硬件系统上运行。系统程序能够合理地调度计算机系统的各种资源，使之得到高效率的使用，能监控和维护系统的运行状态，能帮助用户调试程序、查找程序中的错误等，大大减轻用户管理计算机的负担。系统软件一般包括操作系统、语言处理程序、数据库管理系统、系统服务程序、标准库程序等。

2. 应用软件

应用软件也称应用程序，是为满足用户不同领域、不同问题的应用需求而研制开发的程序。目前常用的应用软件有文字处理软件、信息管理软件、辅助设计软件、实时控制软件等。

1.3.5 计算机硬件系统和软件系统之间的关系

在一个具体的计算机系统中，硬件和软件是密不可分、缺一不可的。计算机硬件是支撑软件工作的基础，没有足够的硬件支持，软件无法正常工作。计算机硬件是实体，没有安装任何软件的计算机称为裸机，不能进行任何有意义的工作。软件系统中，系统软件为现代计算机系统正常有效地运行提供良好的工作环境；丰富多样的应用软件充分发挥了计算机强大的信息处理能力。

随着计算机技术的飞速发展，计算机软件随着硬件技术发展而不断发展与完善，软件的发展又促进了硬件技术的发展。

1.4 计算机指令系统及工作原理

按照冯·诺依曼型计算机的体系结构，数据和程序存放在存储器中，控制器根据程序中的指令序列进行工作，简单地说，计算机的工作过程就是运行程序指令的过程。

1.4.1 计算机指令系统

1. 指令及其格式

指令是能被计算机识别并执行的二进制代码，它规定了计算机能完成的某一种操作。例如，加、减、乘、除、存数、取数等都是一个基本操作，分别用一条指令来实现。一台计算机所能执行的所有指令的集合称为该计算机的指令系统。

计算机指令系统中的指令有规定的编码格式。一条指令一般由操作码和地址码两部分组成。其中：操作码规定了该指令进行的操作种类，如加、减、存数、取数等；地址码给出了操作数地址、结果存放地址以及下一条指令的地址。指令的一般格式如图 1-10 所示。

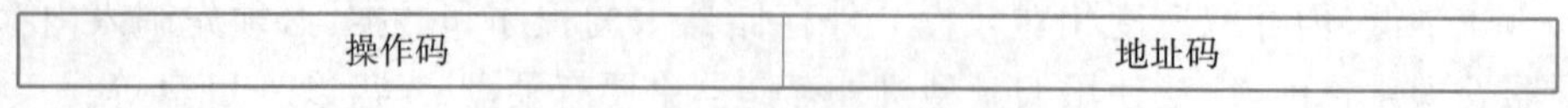

图 1-10 指令的一般格式

2.指令类型

计算机指令系统一般有下列几类指令：

1)数据传送型指令

数据传送型指令的功能是在存储器之间、寄存器之间以及存储器与寄存器之间进行数据传送。例如：取数指令将存储器某一存储单元中的数据读入寄存器；存数指令将寄存器中的数据写入某一存储单元。

2)数据处理型指令

数据处理型指令的功能是对数据进行运算和变换。例如：加、减、乘、除等算术运算指令；与、或、非等逻辑运算指令等。

3)程序控制型指令

程序控制型指令的功能是控制程序中指令的执行顺序。例如，无条件转移指令、条件转移指令、子程序调用指令等。

4)输入/输出型指令

输入/输出型指令的功能是在输入/输出设备与主机之间进行数据传输。例如，读指令、写指令等。

5)硬件控制指令

硬件控制指令的功能是对计算机的硬件进行控制和管理。例如，停机指令、空操作指令等。

1.4.2 计算机基本工作原理

计算机在工作过程中，主要有数据信息和指令控制信息两种信息流。数据信息指的是原始数据、中间结果、结果数据等，这些信息从存储器读入运算器进行运算，所得的计算结果再存入存储器或传送到输出设备。指令控制信息是由控制器对指令进行分析、解释后向各部件发出的控制命令，指挥各部件协调工作。

下面以指令的执行过程简单说明计算机的基本工作原理。指令的执行过程可分为以下步骤：

(1)取指令。从内存储器某个地址中取出要执行的指令，送往控制器内部的指令寄存器暂存。

(2)分析指令。将存放在指令寄存器中的指令送到指令译码器中进行分析，由操作码确定执行什么操作，由地址码确定操作数的地址。

(3)执行指令。根据分析的结果，由控制器发出完成该操作所需要的一系列控制信息，去完成该指令所要求的操作。

(4)执行指令的同时，指令计数器加1，为执行下一条指令做好准备。如果遇到转移指令，则将转移地址送入指令计数器。

计算机基本工作原理如图1-11所示。

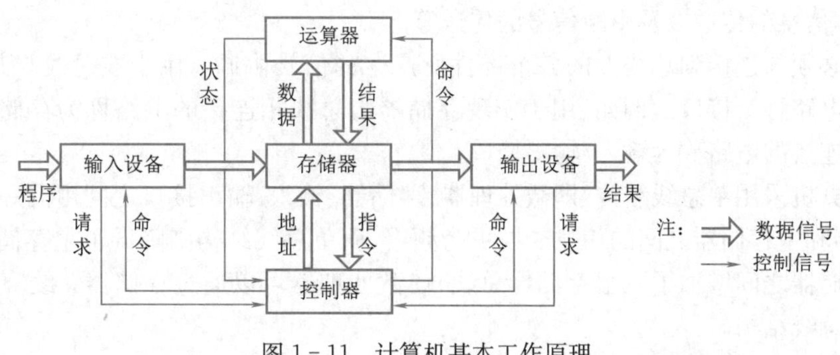

图1-11 计算机基本工作原理

1.5 微型计算机系统的组成

微型计算机简称微机，其最突出的特点是利用大规模集成电路和超大规模集成电路技术，将运算器和控制器制作在一块集成电路芯片(微处理器)上，同时还具有体积小、质量小、功耗小、可靠性高、对使用环境要求低、价格低廉、易于成批生产等特点,从而得以迅速普及和广泛应用。

1.5.1 微型计算机的基本结构

在微型计算机中,通过总线(Bus)将微处理器、存储器、输入/输出设备等硬件连接起来,其基本结构如图 1-12 所示。

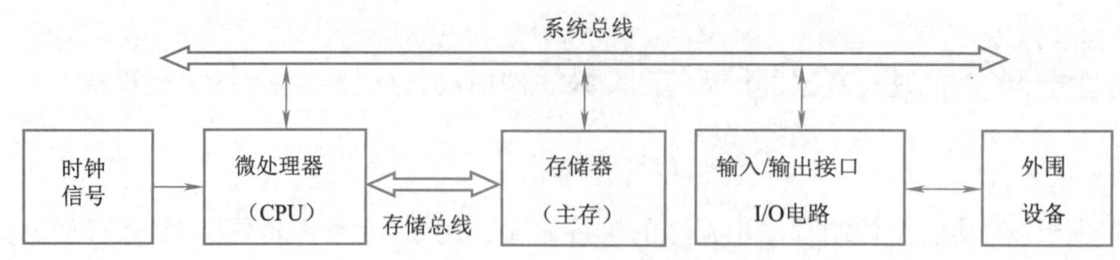

图 1-12 微型计算机基本结构

1. 微处理器

微处理器即通常所说的 CPU。1971 年,Intel 公司研制推出的 4004 处理器芯片,标志着微处理器的诞生。之后的 50 年来,Intel 公司的处理器由最初的 4004 处理器(字长 4 位,主频 1 MHz),发展到现在的多核处理器,如酷睿 i9 10900K(10 核,主频 3.7 GHz)。目前以八核处理器为主流,如 Intel 酷睿 i7 11700F(8 核,主频 3.6 GHz)。

2. 系统总线

总线是将计算机各个部件联系起来的一组公共信号线。采用总线结构形式,具有系统结构简单、系统扩展及更新容易、可靠性高等优点,但由于必须在部件之间采用分时传送操作,因而降低了系统的工作速度。微机的系统结构中,连接各大部件之间的总线称为系统总线。系统总线根据传送的信号类型,分为数据总线、地址总线和控制总线三种。

1)数据总线

数据总线(data bus,DB)是传送数据和指令代码的信号线。数据总线是双向的,数据既可传送至 CPU,也可从 CPU 传送到其他部件。

2)地址总线

地址总线(address bus,AB)是传送 CPU 所要访问的存储单元或输入/输出接口地址的信号线。地址总线是单向的,通常地址总线是将地址从 CPU 传送给存储器或输入/输出接口。

3)控制总线

控制总线(control bus,CB)是管理总线上活动的信号线。控制总线中的信号是用来实现 CPU 对其他部件的控制、状态等信息的传送以及中断信号的传送等。

总线上的信号必须与连接到总线上的各个部件所产生的信号协调。用于在总线与某个部件或设备之间建立连接的局部电路称为接口。例如,用于实现存储器与总线相连接的电路称为存储器接口,而用于实现外围设备和总线连接的电路称为输入/输出接口。

早期的微型计算机采用单总线结构,即微处理器、存储器、输入/输出接口之间由同一组系统总线连接,相比而言,微处理器和主存储器之间的信息交换更为频繁,而单总线结构则降低了主存储器的地位。为此,在微处理器和主存储器之间增加了一组存储器总线,使微处理器可以通过存储器总线直接访问主存储器,构成面向主存的双总线结构。

1.5.2 微型计算机的硬件组成

微机的硬件由主机和外设组成。从外观上看,一套基本的微机硬件由主机箱、显示器、键盘、鼠标组成,如图 1-13 所示,根据需要还可增加打印机、扫描仪、音视频等外围设备。

在主机箱内部,包括主板、CPU、内存、硬盘、光盘驱动器、各种接口卡(适配卡)、电源等。其中,CPU、内存是计算机结构的主机部分,其他部件与显示器、键盘、鼠标、音视频设备等都属于外设。

图 1-13 微机外观示意图

1. 主板

主板(main board)又称系统板或母板，是微机的核心连接部件。微机硬件系统的其他部件全部都是直接或间接通过主板相连的。主板是一块较大的集成电路板，电路板上配以各种必需的电子元件、接口插座和插槽等。其结构如图 1-14 所示(不同型号主板的结构略有不同)。

图 1-14 主板的结构示意图

主板主要厂商有 Intel(英特尔)、AMD(超微半导体)、ASUS(华硕)、MSI(微星)、GIGABYTE(技嘉)、SIS(矽统)、VIA(威盛)、Ali(扬智)公司等。

主板主要由以下几大部分组成。

1)主板芯片组

主板芯片组(chipset)也称为逻辑芯片组，是与 CPU 相配合的系统控制集成电路，控制着 CPU 与主板上其他每个外围系统的交互，包括 RAM、存储和 I/O 组件。当前主流的芯片组有 Intel 公司的 Z790、Z690、Z590 系列和 AMD 公司的 X670、X570、X470 系列，分别与 Intel 公司和 AMD 公司出品的 CPU 配套。

2)内存芯片

主板上还有一类用于构成系统内部存储器的集成电路，统称为内存芯片，主要是 ROM EFI 芯片和 CMOS RAM 芯片。

(1)ROM EFI 芯片是被集成在只读存储器中的可扩展固件接口(extensible firmware interface，EFI)。EFI 主要由一系列包含平台相关信息的数据表(data tables)和供操作系统引导程序、操作系统调用的启动服务(boot service)和运行时服务(runtime service)联合起来,为操作系统的启动与预启动程序的执行提供标准环境。

(2)CMOS RAM 芯片用于存储当前系统的硬件配置和用户对某些参数的设定。主板上安装一块纽扣式锂电池来保证 CMOS RAM 芯片的供电支持。现在的制造商把 BIOS 程序做到了 CMOS 芯片中,当开机时可按特定键进入 CMOS 设置程序对系统进行设置。

3)CPU 接口和内存插槽

主板上的 CPU 接口是一个方形的插座,不同型号的主板 CPU 接口的规格不同,接入的 CPU 类型也不同。从连接方式的角度来看,有对应于 CPU 的 PGA(针栅阵列)和 LGA(栅格阵列)封装方式的两种主流接口类型。

采用 PGA 方式封装的 CPU,对外电路的连接由几百个针脚组成,对应的 CPU 接口由对应数目的插孔组成;采用 LGA 方式封装的 CPU,取消了针脚,取而代之的是一个个排列整齐的金属圆形触点,对应的 CPU 接口由对应数目的具有弹性的触须组成。

内存插槽一般称为 DIMM(dual inline memory module,双列直插存储器模块)插槽,当前主流为 DIMM4(284 引脚),可接入 DDR4(double data rate four,第四代双倍数据速率)系列内存条;DIMM5(288 引脚)技术已经陆续投入市场,以适应 DDR5 系列内存条的应用。

4)SATA 接口

SATA(serial ATA,串行 ATA)是一种基于行业标准的串行硬件驱动器,采用串行方式传输数据,主要用于连接硬盘及光盘驱动器等外部存储设备。目前主流接口标准是 SATA 3.0,存储单元、磁盘驱动器、光学和磁带驱动器、主机总线适配器(HBA)之间的理论链路速度可达 6 Gbit/s。

5)I/O 扩展插槽

当前主板一般均采用符合 PCI-E 标准的 I/O 扩展插槽,PCI-Express(peripheral component interconnect express)是一种高速串行计算机扩展总线标准,属于高速串行点对点双通道高带宽传输,所连接的设备分配独享通道带宽,不共享总线带宽。目前主流标准是 PCI-E 4.0,可提供最高 16 GB/s 的传输速率,以及最大 32 GB/s 的带宽。PCI-E×1 用于连接独立网卡、独立声卡等扩展部件;PCI-E×4 一般扩展为 M.2 接口,用于连接固态硬盘(solid state disk 或 solid state drive,SSD);PCI-E×16 用于连接高性能的独立显示卡。

6)端口

端口(Port)是系统单元和外围设备的连接槽。部分端口专门用于连接特定的设备,如连接鼠标、键盘的 PS/2 端口。多数端口则具有通用性,它们可以连接多种外设。

(1)串行口(serial port)主要用于将鼠标、键盘、调制解调器等设备连接到系统单元。串行口以比特串的方式传输数据,适用于相对较长距离的信息传输。

(2)并行口(parallel port)用于连接需要在较短距离内高速收发信息的外围设备。在一个多导线的电缆上以字节为单位同时进行传输,最常见的是用并行口连接打印机。

(3)通用串行总线口(universal serial bus,USB)是串行口和并行口的最新替代技术。一个 USB 能同时将多个设备连接到系统单元,并且速度更快。USB 1.1 标准的传输速率为 12 Mbit/s,USB 3.0 标准的传输速率为 5 Gbit/s。目前,利用 USB 接口可接入移动存储设备、打印机、扫描仪、鼠标、键盘、数码照相机等多种外设。USB Type-C 是一种 USB 接口外形标准,拥有比传统 USB 接口(Type-A 及 Type-B)更小的体积,支持从正、反两面均可插入的"正反插"功能,已经开始广泛应用于 PC、手机、平板电脑及其他数字化设备中。

7)其他

目前,多数主板上都集成了具有音频处理功能的电路单元和网络连接处理的电路单元,并相应设置了音频输入/输出接口和网络连接接口,还有工作电源的接口,以及开关、工作指示灯的连接点和参数设置的跳线开关等。

2. CPU

CPU 是微机的核心器件,在微机系统中特指微处理器芯片。目前主流的 CPU 一般是由 Intel 和 AMD

两大厂家生产的,设计技术、工艺标准和参数指标存在差异,但都能满足微机的运行需求。CPU 外观如图 1-15所示。

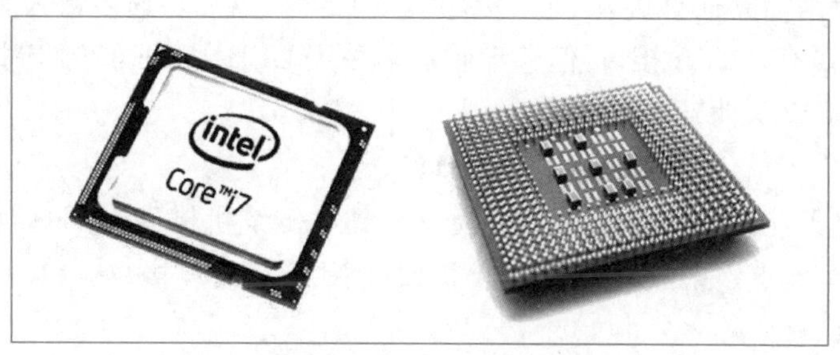

图 1-15 CPU 外观

为缓解微机系统的"瓶颈"问题,在 CPU 与内存之间增加了临时存储器单元,称为高速缓存(cache memory),它的容量比内存小但交换速度快。高速缓存有一级缓存(L1 cache)、二级缓存(L2 cache)、三级缓存(L3 cache)。L1 cache 集成在 CPU 内部,早期的 L2 cache 制作在主板上,从 Pentium II 处理器问世起,L2 cache 也集成到 CPU 内部了。目前使用的 CPU 多数都带有三级缓存。

3. 内存

微机系统的内存储器是将多个存储器芯片并列焊接在一块矩形的电路板上,构成内存组,一般称之为内存条,通过主板的内存插槽接入系统。内存条外观如图 1-16 所示。

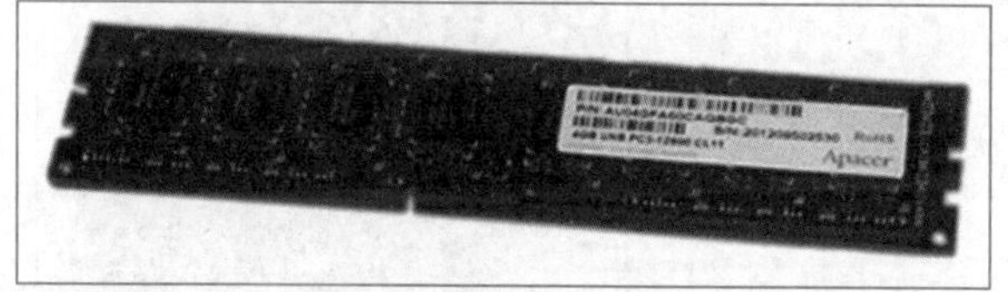

图 1-16 内存条外观

在微机中,内存主要指随机存储器(RAM)部分。RAM 存储器芯片又分为静态 RAM(static RAM, SRAM)和动态 RAM(dynamic RAM,DRAM)。

SRAM 主要应用于高速缓存单元。目前微机中主要应用的是用 DDR4 SDRAM(double data-rate fourth synchronous DRAM,第四代双倍数据速率同步 DRAM)芯片制作的内存条。"双倍数据速率"是指在时钟脉冲的上升沿和下降沿都进行读写操作;"同步"是指存储器能与系统总线时钟同步工作。

4. 外存储器

1)硬盘

硬盘是计算机重要的外部存储设备,计算机的操作系统、应用软件、文档、数据等,都可以存放在硬盘上。

硬盘是硬盘系统的简称,由硬盘片、硬盘驱动器和接口等组成。硬盘片密封在硬盘驱动器中,不能随便取出,如图 1-17 所示。

图 1-17 硬盘的外观及内部结构

硬盘工作时,驱动电机带动硬盘片做高速圆周旋转运动,磁头在传动臂的带动下做径向往复运动,从而可以访问到硬盘片的每个存储单元。

目前市场上主流的硬盘容量有 500 GB、1 TB、2 TB、3 TB 等,盘片转速多数为 10 000 r/min,磁盘缓存为 64 MB。常用硬盘接口主要有 SATA 接口,但移动硬盘多采用 USB、IEEE 1394 等接口。主要的硬盘生产厂家有 Seagate(希捷)、东芝、WD(西部数据)等。

2)固态硬盘

固态硬盘是用固态电子存储芯片阵列制成的硬盘。具有传统机械硬盘不具备的快速读写、质量小、能耗低、无噪声以及体积小等特点。一般采用 SATA 接口或 M.2 接口连接。

3)光盘驱动器和光盘

光盘驱动器是用来驱动光盘,完成主机与光盘信息交换的设备,简称光驱。光盘和光驱如图 1-18 所示。

4)U 盘

U 盘也称优盘或闪存盘,采用半导体存储介质存储数据信息,存储容量从 8 GB 到 1 TB,通过微型计算机的 USB 口连接,可以热(带电)插拔。因其具有操作简单、携带方便、容量大、用途广泛等优点,基本取代了软盘成为最便携的存储器件。U 盘外观如图 1-19 所示。

图 1-18　光盘和光驱

图 1-19　U 盘外观

5. 显示器与显卡

1)显示器

显示器是标准计算机系统中的重要输出设备。显示器性能的优劣,直接影响计算机信息显示的效果。显示器主要分为阴极射线管显示器(CRT)和液晶显示器(LCD)两大类。目前主流显示器是 LCD。其主要参数如下:

(1)可视面积:LCD 所标示的尺寸,即实际可以使用的屏幕范围。

(2)点距(像素间距):指屏幕上相邻两个像素点之间的距离。例如,分辨率为 1 024×768 的 15 英寸 LCD,其像素间距为 0.297 mm(也有某些产品标示为 0.30 mm)。

(3)色彩度:最大显示色彩数。

(4)对比度:最大亮度值(全白)除以最小亮度值(全黑)的比值,是直接反映 LCD 显示器能否表现丰富的色阶的参数,对比度越高,还原的画面层次感就越好。

(5)亮度:是 LCD 的最大亮度,以 lm(流明)为单位。目前亮度普遍在 1 000 lm 或以上。

(6)响应时间:LCD 显示器各像素点对输入信号的反应速度,即像素由暗转亮或由亮转暗所需要的时间。响应时间越短则显示动态画面时越不会有尾影拖曳现象。

(7)可视角度:是指用户可以从不同的方向清晰地观察 LCD 显示器屏幕上所有内容的角度。支持 LCD 显示器显示的光源经折射和反射后输出时已有一定的方向性,在超出这一范围时观看,就会产生色彩失真现象。可视角度越大,视觉效果越好。

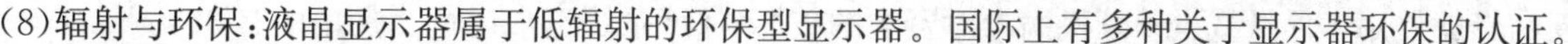

(8)辐射与环保:液晶显示器属于低辐射的环保型显示器。国际上有多种关于显示器环保的认证。

2)显示适配卡

显示适配卡简称显示卡或显卡,是微机与显示器之间的一种接口卡。显卡主要用于图形数据处理、传输数据给显示器并控制显示器的数据组织方式。显卡的性能主要决定于显卡上的图形处理芯片,早期的图形处理主要由CPU负责,显卡只负责把CPU处理好的数据传输给显示器。随着图形化软件的广泛应用,图形的处理任务加重,如果全部由CPU负责,会严重影响整机的运行效率。目前微机系统中大量的图形处理工作由显卡完成。显卡的性能直接决定显示器的成像速度和效果。

显卡根据结构形式不同分为集成显卡和独立显卡。集成显卡是指在芯片组内集成显示芯片。独立显卡是指以独立的板卡存在,需要插在主板相应接口上的显卡。

根据采用的总线接口标准不同,显示卡有AGP(accelerated graphics porter,加速图形接口)、PCI和PCI-E等类型。目前主流的是PCI-E 4.0×16接口的显卡。

6.键盘与鼠标

键盘是微型机最常用的输入设备之一,通过键盘可以把字母、数字、文字及标点符号等输入计算机,从而可以对计算机发出指令、输入数据。键盘的种类繁多,目前常用的键盘有104键、多媒体键盘、多功能键盘等。键盘接口规格有PS/2、USB、USB+PS/2双接口。

鼠标按工作原理一般分为机械式和光电式两种。机械式鼠标利用鼠标内的圆球滚动来触发传动轴控制鼠标指针的移动;光电式鼠标则利用光的反射来启动鼠标内部的红外线发射和接收装置。光电式鼠标比机械式鼠标定位精度高,目前常用的鼠标是光电式鼠标。

按连接方式,鼠标分为有线和无线两种。有线鼠标接口有PS/2和USB等;无线鼠标一般采用红外线、激光或蓝牙等技术。

7.打印机

打印机是重要的输出设备,按打印元件对纸是否有击打动作,可以分为击打式和非击打式两种;按空间的维数角度,可以分为平面打印机和3D打印机等。

1)击打式打印机

击打式打印机是利用打印头内的点阵撞针撞击在色带和纸上产生打印效果的,所以又称针式打印机。目前常用于票据打印。

2)非击打式打印机

非击打式打印机主要有喷墨打印机和激光打印机两种。

(1)喷墨打印机是利用排成阵列的微型喷墨机,在纸上喷出墨点来形成打印效果的。其具有价格适当、输出品质佳和噪声小的优点。但对耗材、纸张要求较高,使用成本较高。主流的喷墨打印机有Lexmark(利盟)、Epson(爱普生)、Cannon(佳能)等系列。

(2)激光打印机综合利用了复印机、计算机和激光技术来进行输出,打印速度快、质量高、噪声小,但碳粉、硒鼓等成像材料和配件价格较高。常见的激光打印机有惠普、佳能等。

3)3D打印机

3D打印机是以一种数字模型文件为基础,运用粉末状金属或塑料等可黏合材料,通过逐层打印的方式来构造物体的技术,是快速成形技术的一种。3D打印机将广泛应用于航天、国防、医疗、高科技、教育和机械制造等领域。

1.5.3 微型计算机的软件配置

一台微机应该配备哪些软件,应根据实际需求来确定。对于一般微机用户来讲,有如下软件可供参考:

1.操作系统

操作系统是微机必须配置的系统软件。目前常用的操作系统有Windows、UNIX、Linux等。

2.工具软件

配置必要的工具软件有利于系统管理、保障系统安全,方便交互传输。

反病毒软件用于尽量减少计算机病毒对资源的破坏,保障系统正常运行。常用的有 360 杀毒、360 安全卫士、金山毒霸、卡巴斯基等。

压缩工具软件用于对大容量的数据资源压缩存储或备份,便于交换传输,缓解资源空间危机,有利于数据安全。常用的有 ZIP、WinRAR 等。

网络工具软件用于网络浏览、邮件处理、FTP、网络聊天、网络下载、网络安全、网络服务等。常用的有 360 安全(浏览器)、迅雷(下载软件)、Foxmail(邮件处理软件)、QQ(实时通信软件)等。

3. 办公软件

相对而言,办公软件是应用最广泛的应用软件,可提供文字编辑、数据管理、网络应用等多项功能。常用的有金山 WPS 系列、微软 Office 系列以及相关的 OA 办公自动化系统等。

4. 程序开发软件

程序开发软件主要指计算机程序设计语言,用于开发各种程序。目前,较常用的有 C/C++、Visual Studio. NET 系列、Java、Python 等。

5. 多媒体编辑软件

多媒体编辑软件主要用于对音频、图像、动画、视频进行创作和加工。常用的有 GoldWave(音频处理软件)、Photoshop(图像处理软件)、Flash(动画处理软件)、Premiere(视频处理软件)、三维动画软件 3ds Max 和 Maya 等。

6. 工程设计软件

工程设计软件用于机械设计、建筑设计、电路设计等多行业的设计工作,常用的有 AutoCAD、UG、Pro/E、Visio 等。

7. 教育与娱乐软件

教育软件主要指用于各方面教学的多媒体应用软件。例如,“三网合一智慧教育云”软件平台、中国大学 MOOC、超星学习通等。

娱乐软件主要是指用于图片、音频、视频播放的软件,以及计算机游戏等。例如,王者荣耀、和平精英、英雄联盟、网易云音乐、优酷等。

8. 其他专用软件

基于不同的工作需求,还有大量的行业专用软件。例如,“用友”财务软件系统、12306 铁路客票系统、“法高”彩色证卡系统等。

1.5.4 微型计算机的系统维护

计算机系统维护分硬件维护和软件维护两部分。

1. 计算机维护的基本原则

1)先软件后硬件

计算机发生故障后,一定要在排除软件方面的原因(如系统注册表损坏、BIOS 或 EFI 参数设置不当、硬盘主引导扇区损坏等)后,再考虑硬件原因,否则很容易走弯路。

2)先外设后主机

由于外设上的故障比较容易发现和排除,首先根据系统上的报错信息先检查鼠标、键盘、显示器等外围设备的工作情况。排除完成后再考虑复杂的主机部分。

3)先电源后部件

电源很容易被忽视,一般电源功率不足、输出电流不正常很容易导致一些故障的产生。因此,应该在首先排除电源的问题后,再考虑其他部件。

4)先简单后复杂

计算机发生故障时,多数可能是因为数据线松动、灰尘过多、插卡接触不良等引起的,在进行了上述检查后,而故障依旧,这时方可考虑部件的电路部分或机械部分存在较复杂的故障。

2. 计算机硬件维护的基本方法

1)设备替换法

设备替换法是将怀疑有问题的设备拔出,用同样功能(最好是同一型号)的设备替换它,如果替换后问题消失了，就可以判断是这个设备出现了问题。

2)最小系统法

最小系统法是去掉系统中的其他硬件设备，只保留电源、主板、CPU、内存部件，然后开机观察是否有故障。如果有，故障应来自电源、主板、CPU、内存部件中。如果没有，则将其他硬件一一添加，查看在添加哪个硬件后出现故障，发现故障后，再针对这个硬件进行处理即可。

3)软件测试法

计算机出现故障后，有时需要专门的诊断软件。诊断软件是一种专门的硬件故障检查工具，可以帮助用户迅速查出故障原因，如 Norton Tools(诺顿工具箱)。该诊断软件不但能够检查整机系统内部各个部件(如 CPU、内存、主板、硬盘等)的运行状况，而且能检查整个系统的稳定性和系统工作能力。如果发现问题会给出详尽的报告信息，便于寻找故障原因和排除故障。

4)直接观察法

直接观察法是根据 BIOS 的报警声、开机自检信息上的说明等来判断硬件故障。例如，自检硬盘有问题时，可以检查硬盘上的数据线和电源线有无松动；显示有问题时，检查显示器和显卡以及接口，擦除上面的灰尘，查看接口有无断针现象等。

5)程序升级法

现在的硬件更新速度快，大多数硬件厂商的硬件研发先于软件研发，因此与硬件配套的驱动程序在刚发布时可能会存在一些漏洞，需要通过不断更新驱动程序来弥补这些缺陷。因此，升级驱动程序也是解决硬件故障的一项有效方法。

6)更改资源法

许多计算机故障可能是由硬件间的资源冲突引起的，对此可以采用更改资源的方法来解决。利用系统提供的设备管理工具，查看是否有发生冲突的硬件，若有则解除冲突即可。

3.计算机软件维护的基本方法

1)软件常见故障

软件故障通常有以下几种情况：

(1)软件与系统不兼容引起的故障。软件的版本与运行的环境配置不兼容，造成不能运行、系统死机、某些文件被改动和丢失等。

(2)软件相互冲突产生的故障。两种或多种软件和程序的运行环境、存取区域、工作地址等发生冲突，造成系统工作混乱、文件丢失等故障。

(3)误操作引起的故障。误操作分为命令误操作和软件程序运行误操作，如执行了不该使用的命令，选择了不该使用的操作，运行了某些具有破坏性的程序、不正确或不兼容的诊断程序、磁盘操作程序、性能测试程序等而使文件丢失、磁盘格式化等。

(4)计算机病毒引起的故障。计算机病毒会极大地干扰和影响计算机使用，可以使计算机存储的数据和信息遭受破坏，甚至全部丢失，并且会传染其他计算机。

(5)不正确的系统配置引起的故障。系统配置故障分为三种类型，即系统启动基本 CMOS 芯片配置、系统引导过程配置和系统命令配置。如果这些配置的参数和设置不正确，或者没有设置，计算机也可能会不工作和产生操作故障。

计算机的软件故障一般可以恢复，不过在某些情况下有的软件故障也可以转化为硬件故障。

2)软件常见维护方法

软件维护通常有以下几种方法：

(1)学会装系统，学会用 Ghost。当计算机软件出现故障时，最有效的办法是重装系统。在重装系统之前，应先备份计算机系统盘里面的重要资料，以及准备好需要在系统装好后继续安装的应用软件。装系统需要时间长，可以使用 Ghost 解决此问题，当计算机系统装好后，用 Ghost 软件备份一次，以后当系统出现问题时，只要用 Ghost 软件花上几分钟就会让计算机系统跟原来一样。

(2)学会防毒。学会防毒是计算机软件日常维护的重要方法。一般情况下,就算有硬件防火墙,也要装上如360杀毒、瑞星等杀毒工具。实时升级杀毒软件,保持对新病毒的警惕能力,这样可以使计算机安全地在网络环境下工作。

(3)学会对待死机。死机有很多种情况。有时候是系统运行冲突导致的死机,可以重新启动系统;更多的时候是由于在处理器和内存运行饱和的情况下,还持续对其发出命令,从而让人感觉到无法切换到新的命令中,而鼠标指针在屏幕上还可以正常移动,这种情况下的死机并不是真死机,此时可以利用系统提供的任务管理器结束未响应任务即可。对待死机的原则是:死机是正常现象,频繁死机才是不正常现象。

(4)学会利用系统提示信息。软件发生故障时,系统一般都会给出错误提示信息,仔细阅读并根据提示来排除故障,常常可以事半功倍。

(5)学会寻找丢失的文件。如果系统提示某个系统文件丢失,可以从系统安装光盘或其他计算机中提取原始文件,存到相应的系统文件夹中。

1.5.5 个人计算机

个人计算机(personal computer,PC)是在大小、性能以及价位等多方面适合于个人使用,并由最终用户直接操控的计算机的统称,属于微型计算机。1981年8月,美国国际商用机器公司(IBM)推出了采用Intel公司8088微处理器作为CPU的16位个人计算机。从此,个人计算机开始逐步进入社会生活的各个领域,并迅速普及。台式机(或称台式计算机、桌面电脑)、笔记本式计算机、掌上计算机和平板计算机等都属于个人计算机的范畴,主流个人计算机品牌有Lenovo(联想)、Dell(戴尔)、Founder(方正)、HP(惠普)、Apple(苹果)等。目前,我国浪潮、宝德、清华同方等企业已经开始生产销售面向政企、安全、金融、能源、交通、教育及重点行业信息化领域的微型计算机,采用具有自主知识产权的国产龙芯CPU,国产化率已到达80%以上,配套国产操作系统和基础软件,实现了自主可控、安全可信的国产化计算机系统平台。

1.6 计算机的主要技术指标及性能评价

计算机系统是由硬件系统和软件系统构成的一个比较复杂的系统,技术指标繁多,涉及面比较广,评价计算机的性能要结合多种因素,综合分析。

1.6.1 计算机的主要技术指标

1. 字长

一般来说,计算机在同一时间内处理的一组二进制数称为一个计算机的"字",而这组二进制数的位数就是"字长"。字长是计算机的一个重要指标,直接反映了计算机的计算精度、功能和速度。字长越长,计算精度越高,处理能力越强。目前,微型计算机字长有16位、32位、64位。

2. 主频

主频即CPU的时钟频率(CPU clock speed),是CPU内核(整数和浮点数运算器)电路的实际运行频率。一般称为CPU运算时的工作频率,简称主频。主频越高,单位时间内完成的指令数也越多。目前常用的微机CPU主频有3.0 GHz、3.2 GHz、3.4 GHz、3.5 GHz、3.6 GHz、3.7 GHz。

3. 运算速度

计算机执行不同的运算所需的时间不同,因此只能用等效速度或平均速度来衡量。一般以计算机单位时间内执行的指令条数表示运算速度,单位是MIPS(百万条指令每秒)。

4. 内存容量

内存容量是指内存储器中能够存储信息的总字节数,以MB、GB、TB为单位,反映了内存储器存储数据的能力。内存容量的大小直接影响计算机的整体性能。

5. 存取周期

存取周期是指对内存进行一次读/写(取数据/存数据)访问操作所需的时间。

1.6.2 计算机的性能评价

对计算机的性能进行评价，除上述主要技术指标外，还应考虑如下几个方面：

1. 系统的兼容性

系统的兼容性一般包括硬件的兼容、数据和文件的兼容、系统程序和应用程序的兼容、硬件和软件的兼容等。对于用户而言，兼容性越好，越便于硬件和软件的维护和使用；对计算机而言，兼容性越好，越有利于计算机的普及和推广。

2. 系统的可靠性和可维护性

系统的可靠性是指软硬系统在正常条件下不发生故障或失效的概率，一般用平均无故障时间来衡量。系统的可维护性指系统出了故障能否尽快恢复，一般用平均修复时间来衡量。

3. 外设配置

外设包括计算机的输入设备和输出设备，不同的外设配置将影响计算机性能的发挥。

4. 软件配置

计算机只有配备了必需的系统软件和应用软件，才能高效率地完成相关任务。

5. 性能价格比

性能一般指计算机的综合性能，包括硬件、软件等方面；价格指购买整个计算机系统的价格，包括硬件和软件的价格。购买时应该从性能、价格两方面来考虑，性能价格比越高越好。

此外，评价计算机的性能时，还要兼顾多媒体处理能力、网络功能、信息处理能力、部件的可升级扩充能力等因素。

1.6.3 如何配置高性价比 PC

PC 可以整机购买或者自行组装。整机购买建议选择品牌机，其优势在于购买后可以享受品牌机良好的售后服务。自行组装则需要购置主板、CPU、内存、输入/输出设备等硬件部件，以求达到较高的性能或性能价格比。

1. PC 硬件选择建议

1）主板

选购主板应按需求和应用环境、系统性能、附加功能、经济性、稳定性和可靠性、兼容性、升级和扩充等方面考虑。尽量选择品牌和服务好的厂家产品。如目前中档主板有华硕 TUF GAMING B660M-PLUS 等，高档主板有华硕 ROG MAXIMUS Z790 HERO 等。选购主板时主要注意的是主板芯片组要与所选的 CPU 配套。

2）CPU

选购 CPU 应注意根据自己的实际需要选购、考虑是否有升级的需要、选择合适的散热器等方面。尽量选择 Intel 和 AMD 产品。如目前中档 CPU 有 Intel 酷睿六核 i5-12400F 和 AMD AMD 八核 Ryzen 7 等，高档主板有 Intel 酷睿二十四核 i9-13900K 和 AMD 十六核 Ryzen 9 等。

3）内存

选购内存主要考虑容量、内存的频率、内存的做工等方面。尽量选择品牌产品。如目前主流产品有金士顿 DDR4 3600 16 GB 和威刚 DDR4 2666 16 GB 等。与高端主板、CPU 配套则一般需要选择符合 DDR5 标准的内存条。

4）硬盘

目前固态硬盘技术趋于成熟，性能稳定，容量价格比较高，可以考虑作为主系统硬盘选购，若存储数据量较大，可另外选购容量较大的机械硬盘用作数据存储。固态硬盘可以考虑三星、金士顿等品牌，机械硬盘可以考虑西部数据、希捷、东芝等品牌。

5）显示器

选购显示器主要考虑可视面积、可视角度、点距、分辨率、价格等因素，4K 高清显示器一般要选购与之配套的独立显示卡，才能充分发挥其性能。

6)显卡

选购显卡主要考虑实际用途、显示芯片的型号、显存、做工、售后服务等方面。若无图像、视频、游戏等大数据处理需求,使用主板集成显卡即可,不必再购买独立显卡。目前中低端显卡有 GeForce GTX 1660 和 GeForce RTX 3050 等,高端显卡有影驰 GeForce RTX 4080 和 GeForce RTX 4090 等。

7)机箱

机箱应根据主板类型、外观、材质、防静电、散热、接口数量和接口位置等方面进行选择,主要厂商有爱国者和金河田等。

8)电源

电源应根据所使用电源的功率、线材和散热孔、变压器、电源风扇、安全规范等方面进行选择,主要厂商有航嘉和长城等。

9)键盘

选购键盘主要考虑操作手感、做工、接口类型、舒适度、是否“锁键盘”等方面,主要有罗技和微软等品牌。

10)鼠标

选购鼠标主要考虑鼠标分辨率的大小、刷新率、鼠标的手感、外观、接口等方面,主要有罗技和微软等品牌。

11)其他部件

外设根据实际需要进行选择,如打印机、扫描仪等。

下面给出一套目前性价比较高的 PC 的硬件配置,如表 1-4 所示。

表 1-4　性价比较高的 PC 的硬件配置

硬件	型　号
CPU	英特尔 i5-12400F
主板	华硕 H610M-E
内存	金士顿 DDR4 3200 16 GB
硬盘	三星 980PRO 1 TB SSD
显卡	影驰 GeForce RTX 3050
显示器	AOC Q2790PQ
键盘	罗技 K120
鼠标	罗技 G102
电源	长城 G6 全模组 650W
机箱	金河田 预见 99A

2. PC 软件选择建议

在具体配置 PC 软件系统时,操作系统是必须安装的,工具软件、办公软件一般也应该安装,对于其他软件,应根据需要选择安装,应选择正版软件。但不建议将尽可能全或同类的软件都安装到同一台 PC 中,一方面影响整机的运行速度,另一方面软件间可能发生冲突,如反病毒软件在系统工作时,进行实时监控,不断搜集分析可疑数据和代码,若同时安装两套反病毒软件,将会造成互相侦测、怀疑,如此反复循环,最终导致系统瘫痪。

1.7　信息技术热点技术

信息技术日新月异,目前常用的主要技术有云计算、物联网、大数据、人工智能、虚拟现实等。

1.7.1 云计算

信息技术热点技术

云计算(cloud computing)是分布式计算、网格计算、并行计算、网络存储及虚拟化计算机和网络技术发展融合的产物,或者说是它们的商业实现。云计算是一种基于互联网的超级计算模式,将计算任务分布在大量计算机构成的资源池上,使各种应用系统能够根据需要获取计算力、存储空间和各种软件服务,这些应用或者服务通常不是运行在自己的服务器上,而是由第三方提供。

云计算具有以下特点:

(1)超大规模。“云”具有相当的规模。它需要有几十万台甚至更多的服务器同时工作。因此它能赋予用户前所未有的计算能力。

(2)虚拟化。云计算支持用户在任意位置使用各种终端获取服务。

(3)高可靠性。“云”使用了数据多副本容错、计算结点同构可互换等措施来保障服务的高可靠性,使用云计算比使用本地计算机更加可靠。

(4)通用性。云计算应用非常广泛,可以涵盖整个网络计算,它不针对特定的应用,不局限于某一项功能,而是围绕3G、4G、5G等新型高速运算网络展开的多功能多领域的应用。

(5)高可扩展性。“云”的规模可以动态伸缩,能满足应用和用户规模增长的需要。

(6)按需服务。“云”是一个庞大的资源池,用户按需购买。例如有人喜欢听歌、看电影,有人喜欢看财经消息,人们都能按自己的意愿去获取相关消息资源。

(7)成本低廉。云计算有更低的硬件和网络成本,更低的管理成本和电力成本,以及更高的资源利用率。

最简单的云计算技术在网络服务中随处可见,如搜索引擎、网络信箱等都是云计算的具体应用。云计算是划时代的技术。

1.7.2 物联网

顾名思义,物联网(the internet of things)“就是物物相连的互联网”。这里有两层含义:第一,物联网的核心和基础仍然是互联网,是互联网的延伸和扩展;第二,其用户端延伸和扩展到了任何物品与物品之间,进行信息交换和通信。

物联网的概念在1999年由美国MIT Auto-ID中心提出,在计算机互联网的基础上,利用射频识别(radio-frequency identification,RFID)技术、无线数据通信技术等构造一个实现全球物品信息实时共享的实物互联网,当时也称传感器网。目前,物联网的定义和覆盖范围进行了较大的拓展,传感器技术、纳米技术、智能嵌入技术等得到广泛的应用,可实现对物品的智能化识别、定位、跟踪、监控和管理。

物联网具有以下特点:

(1)物联网是各种感知技术的广泛应用。利用RFID、传感器、二维码等随时随地获取物体的信息。

(2)物联网是一种建立在互联网上的泛在网络。物联网通过各种有线和无线网络与互联网融合,把传感器定时采集的物体信息通过网络传输,为了保障数据传输的正确性和及时性,必须适应各种异构网络和协议。

(3)物联网具有智能处理的能力,能够对物体实施智能控制。物联网利用云计算、模式识别等各种智能技术,将传感器和智能处理相结合,从传感器获得的海量信息中智能分析、加工和处理出有意义的数据,以适应不同用户的不同需求,发现新的应用领域和应用模式。

物联网被称为继计算机和互联网之后世界信息产业的第三次浪潮,代表着当前和今后相当一段时间内信息网络的发展方向。从一般的计算机网络到互联网,从互联网到物联网,信息网络已经从人与人之间的沟通发展到人与物、物与物之间的沟通,功能和作用日益强大,对社会的影响也越发深远。现在的物联网应用领域已经扩展到智能交通、仓储物流、环境保护、平安家居、个人健康等多个领域。

1.7.3 大数据

大数据(big data)指的是所涉及的信息量规模巨大到无法通过传统软件工具,在合理时间内达到撷取、管理和处理的数据集。

大数据的基本特征可以用4个V(volume、variety、value和velocity)来总结,即数据体量巨大、数据类型繁多、价值密度低、处理速度快。

(1)数据体量巨大:从TB级别跃升到PB级别。

(2)数据类型繁多:如网络日志、视频、图片、地理位置信息等。

(3)价值密度低:以视频为例,连续不间断监控过程中,可能有用的数据仅仅有一两秒。

(4)处理速度快:处理速度要求在合理时间范围内给出分析结果。

大数据技术已广泛应用到医疗、能源、通信等行业。例如,解码最原始的人类基因组曾花费10年时间处理,如今可在一星期之内实现。

1.7.4 人工智能

2017年AlphaGo战胜世界围棋冠军之后,人工智能再次成为人们所关注的热点。

人工智能是计算机科学的一个分支,它企图了解智能的实质并生产出一种新的能以人类智能相似的方式做出反应的智能机器。美国麻省理工学院的尼尔逊教授对人工智能下了这样一个定义:“人工智能是关于知识的学科——怎样表示知识以及怎样获得知识并使用知识的科学。”美国麻省理工学院的温斯顿教授认为:“人工智能就是研究如何使计算机去做过去只有人才能做的智能工作。”这些说法反映了人工智能学科的基本思想和基本内容,即人工智能是研究人类智能活动的规律,构造具有一定智能的人工系统,研究如何让计算机去完成以往需要人的智力才能胜任的工作,也就是研究如何应用计算机的软硬件来模拟人类某些智能行为的基本理论、方法和技术。

人工智能的技术应用主要包括自然语言处理(包括语音和语义识别、自动翻译)、计算机视觉(图像识别)、知识表示、自动推理(包括规划和决策)、机器学习和机器人学等。

人工智能的发展需要一定的先决条件。

1. 物联网

物联网提供了计算机感知和控制物理世界的接口和手段,它们负责采集数据、记忆、分析、传送数据、交互、控制等。摄像头和照相机记录了关于世界的大量图像和视频,麦克风记录语音和声音,各种传感器将它们感受到的世界数字化,等等。这些传感器就如同人类的五官,是智能系统感知世界的方式。而大量智能设备的出现则进一步加速了传感器领域的繁荣,这些延伸向真实世界各个领域的触角是机器感知世界的基础,而感知则是智能实现的前提之一。

2. 大规模并行计算

人脑中有数百甚至上千亿个神经元,每个神经元都通过成千上万个突触与其他神经元相连,形成了非常复杂和庞大的神经网络,以分布和并发的方式传递信号。这种超大规模的并行计算结构使得人脑远超计算机,成为世界上最强大的信息处理系统。近年来基于GPU(图形处理器)的大规模并行计算异军突起,拥有远超CPU的并行计算能力。

从处理器的计算方式来看,CPU计算使用基于X86指令集的串行架构适合尽可能快地完成一个计算任务。GPU诞生之初是为了处理3D图像中的上百万个像素图像,拥有更多的内核去处理更多的计算任务。因此,GPU天生具备执行大规模并行计算的能力。云计算的出现、GPU的大规模应用使得集中化的数据计算处理能力变得前所未有的强大。

3. 大数据

海量的数据为人工智能的学习和发展提供了非常好的基础。机器学习是人工智能的基础,而数据和以往的经验就是人工智能学习的书本,以此优化计算机的处理性能。

4. 深度学习算法

这是人工智能进步最重要的条件,也是当前人工智能最先进、应用最广泛的核心技术,又称深度神经网络(深度学习算法)。2006年,Geoffrey Hinton教授发表了论文*A Fast Learning Algorithm for Deep Belief Nets*。他在文中提出的深层神经网络逐层训练的高效算法让当时计算条件下的神经网络模型训练成为可能，同时通过深度神经网络模型得到的优异实验结果让人们开始重新关注人工智能。之后，深度神经网络模型成为人工智能领域的重要前沿阵地，深度学习算法模型也经历了一个快速迭代的周期，深度置信网络（deep belief network，DBN）、稀疏编码（sparse coding）、递归神经网络（recursive neural network，RNN）、卷积神经网络（convolutional neural network，CNN）等各种新的算法模型被不断提出，而其中卷积神经网络更是成为图像识别最受欢迎的算法模型。

从2013年开始，科技巨头大多加大了对人工智能的自主研发，同时通过不断开源试图建立自己的人工智能生态系统。例如，Google开源TensorFlow后，百度和微软等都加快了开源脚步。谷歌、IBM和微软几乎同时于2016年11月宣布开源。谷歌发布了新的机器学习平台TensorFlow，所有用户都能够利用这一平台进行研究，被称为人工智能界的Android。IBM宣布通过Apache软件基金会免费为外部程序员提供System ML人工智能工具的源代码。微软开源了分布式机器学习工具包DMTK，能够在较小的集群上以较高的效率完成大规模数据模型的训练。微软在2017年7月又推出了开源的Project Malmo项目，用于人工智能的训练。

人工智能已经逐渐建立起自己的生态格局。由于科技巨头的一系列布局和各种平台的开源，人工智能的准入门槛逐渐降低。未来几年之内，专业领域的智能化应用将是人工智能主要的发展方向。无论是在专业领域还是通用领域，人工智能的企业布局都将围绕基础层、技术层和应用层三个层次的基本架构。

基础层就如同大树的根基，提供基础资源支持，由运算平台和数据工厂组成。中间层为技术层，通过不同类型的算法建立模型，形成有效的可供应用的技术，如同树干连接底层的数据层和顶层的应用层。应用层利用输出的人工智能技术为用户提供具体的服务和产品。

位于基础层的企业一般是典型的IT巨头，拥有芯片级的计算能力，通过部署大规模GPU和CPU并行计算机构成云计算平台，解决人工智能所需要的超强运算能力和存储需求，初创公司无法进入。技术层的算法可以拉开人工智能公司和非人工智能公司的差距，但是巨头的逐步开源使算法的重要程度不断降低。应用层是人工智能初创企业最好的机遇，可以选择合理的商业模式，避开巨头的航路，更容易成功。

1.7.5　虚拟现实

虚拟现实（virtual reality，VR）是20世纪80年代初提出的，是指借助计算机及最新传感器技术创造的一种崭新的人机交互手段。VR技术综合了计算机图形技术、计算机仿真技术、传感器技术、显示技术等多种学科技术，它在多维信息空间上创建了一个虚拟信息环境，使用户具有身临其境的沉浸感，具有与环境完善的交互作用能力，并有助于启发构思，如图1-20所示。沉浸、交互、构想是VR环境系统的三个基本特性。虚拟技术的核心是建模与仿真。

图1-20　虚拟现实

1. 特征

(1)多感知性：指除一般计算机所具有的视觉感知外还有听觉感知、触觉感知、运动感知，还包括味觉、嗅觉感知等。理想的虚拟现实应该具有一切人所具有的感知功能。

(2)存在感：指用户感到作为主角存在于模拟环境中的真实程度。理想的模拟环境应该达到使用户难辨真假的程度。

(3)交互性：指用户对模拟环境内物体的可操作程度和从环境得到反馈的自然程度。

(4)自主性：指虚拟环境中物体依据现实世界物理运动定律运作的程度。

2. 关键技术

虚拟现实是多种技术的综合，包括实时三维计算机图形技术、广角（宽视野）立体显示技术、对观察者头眼和手的跟踪技术，以及触觉/力觉反馈、立体声、网络传输、语音输入/输出等技术。

(1)实时三维计算机图形技术。相比较而言，利用计算机模型产生图形图像并不是太难的事情。如果有足够准确的模型又有足够的时间，我们就可以生成不同光照条件下各种物体的精确图像，但是这里的关键是实时。例如，在飞行模拟系统中，图像的刷新相当重要，对图像质量的要求也很高，再加上非常复杂的虚拟环境,问题就变得相当困难。

(2)显示。人看周围的世界时,由于两只眼睛的位置不同,得到的图像略有不同,这些图像在人脑中融合起来就形成了一个关于周围世界的整体景象,这个景象中包括了距离远近的信息。当然,距离信息也可以通过其他方法获得。例如,眼睛焦距的远近、物体大小的比较等。

(3)声音。人能够很好地判定声源的方向。因为声音到达两只耳朵的时间或距离有所不同,在水平方向上我们靠声音的相位差及强度的差别来确定声音的方向。常见的立体声效果就是靠左右耳听到在不同位置录制的不同声音来实现的,所以会有一种方向感。现实生活里,当头部转动时,听到的声音的方向就会改变。但目前在VR系统中声音的方向与用户头部的运动无关。

(4)感觉反馈。在一个VR系统中,用户可以看到一个虚拟的杯子。用户可以设法去抓住它,但是用户的手没有真正接触杯子的感觉,并有可能穿过虚拟杯子的"表面",而这在现实生活中是不可能的。解决这一问题的常用装置是在手套内层安装一些可以振动的触点来模拟触觉。

(5)语音。在VR系统中,语音的输入/输出也很重要,要求虚拟环境能听懂人的语言并能与人实时交互。

3. 应用领域

VR已不仅仅被用于计算机图像领域,它已涉及更广的领域,如电视会议、网络技术和分布计算技术,并向分布式虚拟现实发展。虚拟现实技术已成为新产品设计开发的重要手段。其中,协同工作虚拟现实就是VR技术新的研究和应用的热点。它引入了新的技术问题,包括人的因素和网络、数据库技术等。人的因素需要考虑多个参与者在一个共享的空间中如何相互交互,虚拟空间中的虚拟对象是在多名参与者的共同作用下的行为等。在VR环境下进行协同设计的团队成员可同步或异步地在虚拟环境中从事构造和操作等虚拟对象的活动,并可对虚拟对象进行评估、讨论以及重新设计等活动。分布式虚拟环境可使在不同地理位置的不同设计人员面对相同的虚拟设计对象,通过在共享的虚拟环境中协同地使用声音和视频工具,可在设计的初期消除设计缺陷,缩短产品上市时间,提高产品质量。VR已成为构造虚拟样机、支持虚拟样机技术的重要工具。除此之外,VR技术在军事、科技、商业、建筑、娱乐、生活等方面都有应用。

互联网时代发展迅速,最重要的一点是虚拟世界的代入感,而现在已经有科学家在研究如何把虚拟代入到现实中,虚拟现实技术已经初步实现。2016年上半年,代表着全球VR前沿技术的重磅级产品Oculus、索尼和HTC的VR设备快速提升了大众对虚拟现实产品的认可度。因此,2016年被称为虚拟现实元年。

正如其他新兴科学技术一样,虚拟现实技术也是许多相关学科领域交叉、集成的产物。它的研究内容涉及人工智能、计算机科学、电子学、传感器、计算机图形学、智能控制、心理学等。VR技术虽然没有悠久的历史,但其前景非常可观。它涉及科学技术的多个方面,所以它的潜力不仅是对虚拟现实技术本身的研究,还有此技术下的应用研究。虚拟现实技术具有投入低、回收高的优点,在很多方面都有可观的前景。从过去看未来,不难预测这项技术将继续朝着更加智能化、电动化的方向发展。VR技术在动态环境建模技术、三维图形形成和显示技术、新型交互设备的研制、智能化语音虚拟现实建模以及大型网络分布式虚拟现实等方面得到长足的发展,不论是可行性还是效益价值,都是十分值得期待的。

第 2 章　操 作 系 统

学习目标

- 理解和掌握操作系统的概念、功能和分类。
- 了解典型的操作系统。
- 熟练掌握 Windows 10 的基本概念和操作。
- 熟练掌握 Windows 10 文件资源管理器的使用方法。
- 熟练掌握 Windows 10 控制面板基本系统设置和个性化设置的方法。
- 了解 Windows 10 常用的实用程序。

2.1　操作系统概述

操作系统(operating system,OS)是保证计算机正常运转的系统软件,是整个计算机系统的控制和管理中心。

2.1.1　基本概念

操作系统是管理和控制计算机的软硬件资源,合理组织计算机的工作流程,以便有效地利用这些资源为用户提供功能强大、使用方便和可扩展的工作环境,为用户使用计算机提供接口的程序集合。

在计算机系统中,操作系统位于硬件和用户之间,一方面它能向用户提供接口,方便用户使用计算机;另一方面,它对计算机软硬件资源进行合理高效地分配,最大限度地发挥计算机的功能。

2.1.2　操作系统的功能

从资源管理的角度,操作系统具有以下功能:

1. 处理机管理

处理机管理的主要任务是对处理机的分配和运行实施有效的管理。进程是处理机分配资源的基本单位,是一个具有一定独立功能的程序在一个数据集合上的一次动态执行过程。因此,对处理机的管理可归结为对进程的管理。进程管理主要实现下述功能:

- 进程控制:负责进程的创建、撤销及状态转换。
- 进程同步:对并发执行的进程进行协调。
- 进程通信:负责完成进程间的信息交换。
- 进程调度:按一定算法进行处理机分配。

2. 存储器管理

存储器管理主要负责内存的分配与管理,提高内存的利用效率,主要实现下述功能:

- 内存分配:按一定的策略为每道程序分配内存。
- 内存保护:保证各程序在自己的内存区域内运行而不相互干扰。

• 内存扩充:借助虚拟存储技术增加内存容量。

3. 设备管理

设备管理的主要任务是对计算机系统内的所有设备实施有效的管理,使用户灵活高效地使用设备,主要实现下述功能:

• 设备分配:根据一定的分配原则对设备进行分配。
• 设备传输控制:实现物理的输入输出操作,即启动设备、中断处理、结束处理等。
• 设备独立性:用户程序中的设备表现形式与实际使用的物理设备无关。

4. 文件管理

文件管理负责管理软件资源,并为用户提供对文件的存取、共享和保护等手段,主要实现下述功能:

• 文件存储空间管理:实现对存储空间的分配与回收等功能。
• 目录管理:目录是为方便文件管理而设置的数据结构,它能提供按名存取的功能。
• 文件操作管理:实现文件的操作,负责完成数据的读写。
• 文件保护:提供文件保护功能,防止文件遭到破坏和篡改。

5. 用户接口

提供方便、友好的用户界面,使用户无须了解过多的软硬件细节就能方便灵活地使用计算机。通常,操作系统向用户提供下述三种接口方式:

• 命令接口:提供一组命令,供用户直接或间接操作,方便地使用计算机。
• 图形接口:也称图形界面,是命令接口的图形化。
• 程序接口:提供一组系统调用命令供用户程序和其他系统程序使用。

2.1.3 操作系统分类

操作系统从不同的角度有不同的分类方法。

1. 按结构和功能分类

操作系统按结构和功能一般分为批处理系统、分时操作系统,实时操作系统、嵌入式操作系统、网络操作系统以及分布式操作系统。

1)批处理操作系统

批处理(batch processing)操作系统工作时用户将作业交给系统操作员,系统操作员将许多用户的作业组成一批作业,之后输入到计算机中,形成一个自动转接的连续的作业流;然后启动操作系统,系统自动、依次执行每个作业;最后由操作员将作业结果交给用户。典型的批处理操作系统有 DOS 和 MVX。

2)分时操作系统

分时(time sharing)操作系统工作时将一台主机连接若干个终端,每个终端有一个用户在使用;用户交互式地向系统提出命令请求,系统接受每个用户的命令后,采用时间片轮转方式处理服务请求,并通过交互方式在终端上向用户显示结果;用户根据上步结果发出下道命令。分时操作系统将 CPU 的时间划分成若干个片段,称为时间片。操作系统以时间片为单位,轮流为每个终端用户服务。由于时间片轮转时间极短,每个用户轮流使用时间片时感受不到其他用户的操作。典型的分时操作系统有 Windows 系列操作系统、UNIX、Mac OS 系列操作系统等。

3)实时操作系统

实时操作系统(real-time operating system,RTOS)是指使计算机能及时响应外部事件的请求,在严格规定的时间内完成对该事件的处理,并控制所有实时设备和实时任务协调一致工作的操作系统。实时操作系统追求的目标是对外部请求在严格时间范围内做出反应,拥有高可靠性和完整性。典型的实时操作系统有 IEMX、VRTX、RTOS 等。

4)嵌入式操作系统

嵌入式操作系统(embedded operating system,EOS)负责对嵌入式系统的全部软、硬件资源进行统一协调、调度、指挥和控制。通常由硬件相关的底层驱动软件、系统内核、设备驱动接口、通信协议、图形界面、标准化浏览器等部分组成。典型的嵌入式操作系统有 iOS、安卓(Android)、COS、Windows Phone 等。

5)网络操作系统

网络操作系统是基于计算机网络,在各种计算机操作系统基础上按网络体系结构协议标准开发的系统软件,包括网络管理、通信、安全、资源共享及各种网络应用,可实现对多台计算机的硬件和软件资源进行管理、控制、相互通信及资源共享。网络操作系统除了具有一般操作系统的基本功能之外,还具有网络管理模块,其主要功能是提供高效、可靠的网络通信能力和多种网络服务。

网络操作系统通常运行在计算机网络系统中的服务器上。典型的网络操作系统有 Netware、Windows Server、UNIX 和 Linux 等。

6)分布式操作系统

分布式操作系统是由多台计算机通过网络连接在一起而组成的系统,系统中任意两台计算机可以远程调用、交换信息,系统中的计算机无主次之分,系统中的资源被提供给所有用户共享,一个程序可分布在几台计算机上并行运行,互相协调完成一个共同的任务,优化管理分布式系统资源。分布式操作系统的引入主要是为了增加系统的处理能力、节省投资、提高系统的可靠性。典型的分布式操作系统有 Mach、Amoeba等。

2. 按用户数量分类

操作系统按用户数量一般分为单用户操作系统和多用户操作系统。其中,单用户操作系统又可以分为单用户单任务操作系统和单用户多任务操作系统。

1)单用户操作系统

(1)单用户单任务操作系统:在一个计算机系统内,一次只能运行一个用户程序,此用户独占计算机系统的全部软硬件资源,典型的单用户单任务操作系统有 MS-DOS、PC-DOS 等。

(2)单用户多任务操作系统:也是为单用户服务的,但它允许用户一次提交多项任务,典型的单用户多任务操作系统有 Windows 10、Windows 11 等。

2)多用户操作系统

多用户操作系统允许多个用户通过各自的终端使用同一台主机,共享主机中各类资源。典型的多用户多任务操作系统有 Windows NT、Windows Server、UNIX、Linux 等。

2.1.4 典型操作系统介绍

1. DOS 操作系统

DOS(disk operation system,磁盘操作系统)是一种单用户、单任务的计算机操作系统。DOS 采用字符界面,必须输入各种命令来操作计算机,这些命令都是英文单词或缩写,比较难于记忆,不利于一般用户操作计算机。进入 20 世纪 90 年代后,DOS 逐步被 Windows 系列操作系统所取代。

2. Windows 操作系统

Microsoft 公司成立于 1975 年,是世界上最大的软件公司之一,其产品覆盖操作系统、编译系统、数据库管理系统、办公自动化软件和互联网软件等各个领域。从 1983 年 11 月 Microsoft 公司宣布 Windows 1.0 诞生到今天的 Windows 11,Windows 已经成为风靡全球的计算机操作系统。Windows 操作系统发展历程见表 2-1。

表 2-1 Windows 操作系统发展历程

Windows 版本	推出时间	特 点
Windows 3.x	1990 年	具备图形化界面,增加 OLE 技术和多媒体技术
Windows NT 3.1	1993 年	Windows NT 系列第一代产品,由微软和 IBM 联合研制,用于商业服务器
Windows 95	1995 年 8 月	脱离 DOS 独立运行,采用 32 位处理技术,引入"即插即用"等许多先进技术,支持 Internet
Windows 98	1998 年 6 月	FAT32 支持,增强 Internet 支持,增强多媒体功能
Windows 2000	2000 年	面向商业领域的图形化操作系统,稳定、安全、易于管理

续表

Windows 版本	推出时间	特　点
Windows 2000 Sever	2000 年	Windows 2000 的服务器版本,稳定性高,操作简单易用
Windows XP	2001 年 10 月	纯 32 位操作系统,更加安全、稳定、易用性更好
Windows 2003 Server	2003 年 4 月	服务器操作系统,易于构建各种服务器
Windows Vista	2007 年 1 月	界面美观、安全性和操作性有了许多改进
Windows 7	2009 年 10 月	启动快、功耗更低、多种个性化设置、用户体验好
Windows 8	2012 年 10 月	启动更快、占用内存少,拥有触控式交互系统,多平台移植性好
Windows 10	2015 年 7 月	在易用性和安全性方面有了极大的提升,除了针对云服务、智能移动设备、自然人机交互等新技术进行融合外,还对固态硬盘、生物识别、高分辨率屏幕等硬件进行了优化完善与支持
Windows 11	2021 年 6 月	Windows 11 提供了许多创新功能,增加了新版"开始"菜单和输入逻辑等,支持与时代相符的混合工作环境,侧重于在灵活多变的体验中提高最终用户的工作效率

目前流行的 Windows 10 操作系统具有以下主要技术特点:

(1)资讯和兴趣。通过 Windows 任务栏上的"资讯和兴趣"功能,用户可以快速访问动态内容的集成馈送,如新闻、天气、体育等,这些内容每天更新。用户还可以量身定做自己感兴趣的相关内容来个性化任务栏,从任务栏上无缝阅读资讯的同时(内容比较精简)不会扰乱日常工作。

(2)生物识别技术。Windows 10 新增的 Windows Hello 功能带来了一系列对于生物识别技术的支持。除了常见的指纹扫描之外,系统还能通过面部或虹膜扫描来让用户进行登录。当然,用户需要使用新的 3D 红外摄像头来获取这些新功能。

(3)Cortana 搜索功能。Cortana 可以用来搜索硬盘内的文件、系统设置、安装的应用,甚至是互联网中的其他信息。作为一款私人助手服务,Cortana 还能像在移动平台那样帮用户设置基于时间和地点的备忘。

(4)平板模式。微软在照顾老用户的同时,也没有忘记随着触控屏幕成长的新一代用户。Windows 10 提供了针对触控屏设备优化的功能,同时还提供了专门的平板电脑模式,"开始"菜单和应用都将以全屏模式运行。如果设置得当,系统会自动在平板电脑与桌面模式间切换。

(5)桌面应用。微软放弃激进的 Metro 风格,回归传统风格,用户可以调整应用窗口大小,标题栏重回窗口上方,最大化与最小化按钮也给了用户更多的选择和自由度。

(6)多桌面。如果用户没有多显示器配置,但依然需要对大量的窗口进行重新排列,那么 Windows 10 的虚拟桌面应该可以帮到用户。在该功能的帮助下,用户可以将窗口放进不同的虚拟桌面当中,并在其中进行轻松切换。使原本杂乱无章的桌面变得整洁。

(7)"开始"菜单进化。单击屏幕左下角的 Windows 键打开"开始"菜单之后,不仅会在左侧看到包含系统关键设置和应用列表,标志性的动态磁贴也会在右侧出现。

(8)任务切换器。Windows 10 的任务切换器不再仅显示应用图标,而是通过大尺寸缩略图的方式进行预览。

(9)任务栏的微调。在 Windows 10 的任务栏中新增了 Cortana 和任务视图按钮,与此同时,系统托盘内的标准工具也匹配上了 Windows 10 的设计风格。可以查看到可用的 Wi－Fi 网络,或是对系统音量和显示器亮度进行调节。

(10)贴靠辅助。Windows 10 不仅可以让窗口占据屏幕左右两侧的区域,还能将窗口拖动到屏幕的四个角落,使其自动拓展并填充 1/4 的屏幕空间。在贴靠一个窗口时,屏幕的剩余空间内还会显示出其他开启应用的缩略图,单击之后可将其快速填充到这块剩余的空间当中。

(11)通知中心。Windows Phone 8.1 的通知中心功能也被加入到了 Windows 10 当中,让用户可以方便地查看来自不同应用的通知。此外,通知中心底部还提供了一些系统功能的快捷开关,比如平板模式、便签和定位等。

(12)命令提示符窗口升级。在 Windows 10 中,用户不仅可以对 CMD 窗口的大小进行调整,还能使用辅助粘贴等快捷键。

(13)文件资源管理器升级。Windows 10 的文件资源管理器会在主页面上显示出用户常用的文件和文件夹,让用户可以快速获取自己需要的内容。

(14)新的 Edge 浏览器。为了追赶 Chrome 和 Firefox 等热门浏览器,微软淘汰了老旧的 IE,带来了 Edge 浏览器。Edge 浏览器虽然尚未发展成熟,但它的确带来了诸多的便捷功能,比如和 Cortana 的整合以及快速分享功能。

(15)计划重新启动。在 Windows 10 中,系统会询问用户希望在多长时间之后进行重启。

(16)"设置"和控制面板。Windows 8 的"设置"应用同样被沿用到了 Windows 10 当中,该应用会提供系统的一些关键设置选项,用户界面也和传统的控制面板相似。而从前的控制面板也依然会存在于系统当中,因为它依然提供着一些"设置"应用所没有的选项。

(17)兼容性增强。只要能运行 Windows 7 操作系统,就能更加流畅地运行 Windows 10 操作系统。针对对固态硬盘、生物识别、高分辨率屏幕等都进行了优化支持与完善。

(18)安全性增强。除了继承旧版 Windows 操作系统的安全功能之外,还引入了 Windows Hello、Microsoft Passport、Device Guard 等安全功能。

(19)新技术融合。在易用性、安全性等方面进行了深入的改进与优化。针对云服务、智能移动设备、自然人机交互等新技术进行融合。

3. UNIX 操作系统

UNIX 操作系统于 1969 年在贝尔实验室诞生,它是交互式分时操作系统。UNIX 取得成功的最重要原因是系统的开放性、公开源代码、易理解、易扩充、易移植性。用户可以方便地向 UNIX 系统中逐步添加新功能和工具,这样可使 UINX 越来越完善,提供更多服务,从而成为有效的程序开发的支持平台。它是可以安装和运行在微型机、工作站以至大型机和巨型机上的操作系统。

UNIX 系统因其稳定可靠的特点而在金融、保险等行业得到广泛的应用,具有以下技术特点:

- 多用户多任务操作系统,用 C 语言编写,具有较好的易读、易修改和可移植性。
- 结构分为核心部分和应用子系统,便于做成开放系统。
- 具有分层可装卸卷的文件系统,提供文件保护功能。
- 提供 I/O 缓冲技术,系统效率高。
- 剥夺式动态优先级 CPU 调度,有力地支持分时功能。
- 请求分页式虚拟存储管理,内存利用率高。
- 命令语言丰富齐全,提供了功能强大的 Shell 语言作为用户界面。
- 具有强大的网络与通信功能。

美国苹果公司的 Mac 操作系统就是基于 UNIX 内核开发的图形化操作系统,是苹果机专用系统,一般情况下无法在普通的 PC 上安装。Mac 操作系统一直以简单易用和稳定可靠著称。

4. Linux 操作系统

Linux 是由芬兰科学家 Linus Torvalds 于 1991 年编写完成的一个操作系统内核。当时,他还是芬兰赫尔辛基大学计算机系的学生,在学习操作系统课程时,自己动手编写了一个操作系统原型。Linus 把这个系统放在互联网上,允许自由下载,许多人对这个系统进行改进、扩充、完善,进而逐步地发展完成完整的 Linux 操作系统。

Linux 是一个开放源代码、类 UNIX 的操作系统。它除了继承 UNIX 操作系统的特点和优点以外,还进行了许多改进,从而成为一个真正的多用户、多任务的通用操作系统,具有以下技术特点:

(1)基本思想。Linux 的基本思想有两点:第一,一切都是文件;第二,每个文件都有确定的用途。其中第一条就是系统中的所有都归结为一个文件,包括命令、硬件和软件设备、操作系统、进程等对于操作系统内核而言,都被视为拥有各自特性或类型的文件。至于说 Linux 是基于 UNIX 的,很大程度上也是因为这两者的基本思想十分相近。

(2)完全免费。Linux 是一款免费的操作系统,用户可以通过网络或其他途径免费获得,并可以任意修改其源代码。这是其他操作系统做不到的。正是由于这一点,来自全世界的无数程序员参与了 Linux 的修改、编写工作,程序员可以根据自己的兴趣和灵感对其进行改变,这让 Linux 吸收了无数程序员的精华,不断壮大。

(3)完全兼容 POSIX1.0 标准。这使得可以在 Linux 下通过相应的模拟器运行常见的 DOS、Windows 的程序。这为用户从 Windows 转到 Linux 奠定了基础。许多用户在考虑使用 Linux 时,就想到以前在 Windows 下常见的程序是否能正常运行,这一点就消除了他们的疑虑。

(4)多用户、多任务。Linux 支持多用户,各个用户对于自己的文件设备有自己特殊的权利,保证了各用户之间互不影响。多任务则是现代计算机最主要的一个特点,Linux 可以使多个程序同时并独立地运行。

(5)良好的界面。Linux 同时具有字符界面和图形界面。在字符界面用,户可以通过键盘输入相应的指令来进行操作。它同时也提供了类似 Windows 图形界面的 X-Window 系统,用户可以使用鼠标对其进行操作。在 X-Window 环境中就和在 Windows 中相似,可以说是一个 Linux 版的 Windows。

(6)支持多种平台。Linux 可以运行在多种硬件平台上,如具有 x86、680x0、SPARC、Alpha 等处理器的平台。此外,Linux 还是一种嵌入式操作系统,可以运行在掌上电脑、机顶盒或游戏机上。2001 年 1 月发布的 Linux 2.4 版内核已经能够完全支持 Intel 64 位芯片架构。同时,Linux 也支持多处理器技术。多个处理器同时工作,使系统性能大大提高。

5. 移动终端常用操作系统

移动终端是指可以在移动中使用的计算机设备,具有小型化、智能化和网络化的特点,广泛应用于人们生产生活各领域,如手机、笔记本电脑、POS 机、车载电脑等。移动终端常用的操作系统主要有以下系列:

1)iOS 操作系统

在 Mac OSX 桌面系统的基础上,苹果公司为其移动终端设备(IPhone、IPod touch、IPad 等)开发了 iOS 操作系统,于 2007 年 1 月发布,原名为 iPhone OS 系统,2010 年 6 月改名为 iOS。

2)安卓操作系统

谷歌公司基于 Linux 平台开发了针对移动终端的开源操作系统,即安卓(Android)操作系统。由于是开源系统,所以拥有极大的开放性,允许任何移动终端厂商加入安卓系统的开发中来,使支持安卓系统的硬件设备和应用程序层出不穷,用途包罗万象。应用该系统的主要设备厂商有小米、三星等。

6. 国产操作系统

1)红旗 Linux 操作系统

红旗 Linux 是由中国科学院软件研究所研制的基于 Linux 的自主操作系统,1999 年 8 月发布红旗 Linux1.0 版,最初主要用于关系国家安全的重要政府部门。2000 年 6 月,中国科学院软件研究所和上海联创投资管理有限公司共同组建了北京中科红旗软件技术有限公司,持续开发了一系列 Linux 发行版,包括桌面版、工作站版、数据中心服务器版、HA 集群版和红旗嵌入式 Linux 等产品。红旗 Linux 是目前中国较大、较成熟的 Linux 发行版之一。

2)深度操作系统

深度操作系统(Deepin)是由武汉深之度科技有限公司开发的基于 Linux 的操作系统,于 2004 年 2 月 28 日开始对外发行。深度操作系统基于 Linux 内核,是以桌面应用为主的开源 GNU/Linux 操作系统,支持笔记本、台式机和一体机。

3)中标麒麟操作系统

中标麒麟操作系统是两大国产操作系统中标 Linux 操作系统和银河麒麟操作系统合并形成的。中标麒麟操作系统符合 POSIX 标准,采用强化的 Linux 内核,分成桌面版、通用版、高级版和安全版等,满足不同客户的要求,已经广泛使用在能源、金融、交通、政府、央企等行业领域。

4)鸿蒙操作系统

鸿蒙操作系统是由华为公司开发的一款全新的面向全场景的分布式操作系统,创造一个超级虚拟终端互联的世界,将人、设备、场景有机地联系在一起,将消费者在全场景生活中接触的多种智能终端实现极速发现、极速连接、硬件互助、资源共享,用最合适的设备提供最佳的场景体验。鸿蒙操作系统的诞生拉开了永久性改变操作系统全球格局的序幕。鸿蒙给国产软件的全面崛起产生战略性带动和刺激,体现了中国企业独立发展本国核心技术的决心。

2.2　Windows 10 操作系统概述

Windows 10 是美国微软公司 Windows 操作系统家族目前的主流产品之一。它不仅是对以往 Windows 系统版本的简单升级，更重要的是加强了人与计算机之间的互动和沟通，在注重用户体验的同时，还提升了系统的安全性、稳定性和易用性。

Windows 10 共有家庭版、专业版、企业版、教育版、专业工作站版、物联网核心版六个版本，如表 2-2 所示。用户可以按照自身的硬件配置和需求购买安装。

表 2-2　Windows 10 各版本及特点

版　本	特　点
家庭版 (Home)	Cortana 语音助手(选定市场)、Edge 浏览器、面向触控屏设备的 Continuum 平板电脑模式、Windows Hello(脸部识别、虹膜、指纹登录)、串流 Xbox One 游戏的能力、微软开发的通用 Windows 应用(Photos、Maps、Mail、Calendar、Groove Music 和 Video)、3D Builder
专业版 (Professional)	以家庭版为基础，增添了管理设备和应用，保护敏感的企业数据，支持远程和移动办公，使用云计算技术。另外，它还带有 Windows Update for Business，微软承诺该功能可以降低管理成本、控制更新部署，让用户更快地获得安全补丁软件
企业版 (Enterprise)	以专业版为基础，增添了大中型企业用来防范针对设备、身份、应用和敏感企业信息的现代安全威胁的先进功能，供微软的批量许可(Volume Licensing)客户使用，用户能选择部署新技术的节奏，其中包括使用 Windows Update for Business 的选项。作为部署选项，Windows 10 企业版将提供长期服务分支(Long Term Servicing Branch)
教育版 (Education)	以企业版为基础，面向学校职员、管理人员、教师和学生。它将通过面向教育机构的批量许可计划提供给客户，学校将能够升级 Windows 10 家庭版和 Windows 10 专业版设备
专业工作站版 (Windows 10Pro for Workstations)	Windows 10 Pro for Workstations 包括了许多普通版 Win10 Pro 没有的内容，着重优化了多核处理以及大文件处理，面向大企业用户以及真正的"专业"用户，如 6 TB 内存、ReFS 文件系统、高速文件共享和工作站模式
物联网核心版 (Windows 10 IoT Core)	面向小型低价设备，主要针对物联网设备。已支持树莓派 2 代/3 代，Dragonboard 410c(基于骁龙 410 处理器的开发板)，MinnowBoard MAX 及 Intel Joule

本章以 Windows 10 Professional(专业版)64 位系统为蓝本，介绍 Windows 10 的操作和应用。

2.2.1　Windows 10 基本运行环境

Windows 10 操作系统要求的硬件环境见表 2-3。

表 2-3　Windows 10 的硬件环境

硬件要求	基本配置	建议配置
CPU	1 GHz 或者更快的处理器	2 GHz 的 32 位或 64 位处理器
内存	1 GB(32 位)或 2 GB(64 位)	4 GB 内存或更高
安装硬盘空间	16 GB(32 位操作系统)或 32 GB(64 位操作系统)	分区容量至少 80 GB，可用空间不少于 40 GB
显卡	DirectX 9 及以上	DirectX 9 或更高版本(包含 WDDM 1.0 驱动程序)
光驱	DVD 光驱	
其他	微软兼容的键盘及鼠标	

2.2.2 Windows 10 安装过程

Windows 10 操作系统的安装方式可分为全新安装、从现有 Windows 系统中升级安装和多系统安装。为确保 Windows 10 操作系统安装完成之后可以流畅运行，安装前可借助微软提供的 Windows 10 Upgrade Advisor 程序来检测系统兼容性。

1. 全新安装

首先，在 BIOS 中设置启动顺序为光盘优先，再将 Windows 10 安装光盘插入光驱，重新启动计算机。计算机从光盘启动后将自动运行安装程序。按照屏幕提示，用户即可顺利完成安装。

2. 升级安装

在 Windows 7 系统上升级安装。首先启动现有系统，关闭所有程序；将 Windows 10 光盘插入光驱，系统会自动运行并弹出安装界面，单击“升级”选项安装即可。如果光盘没有自动运行，可双击光盘根目录下的 setup. exe 文件开始安装。

3. 多系统安装

如果用户需要安装一个以上的 Windows 系列操作系统，则按照由低到高的版本顺序全新安装即可。例如，安装完 Windows 7 后再安装 Windows 10。

如用户需要在 Windows 10 操作系统的基础上安装 Linux 操作系统，则需要在 Windows 10 系统下运行 Linux 系统安装盘，在确保两个系统不共用系统分区且有足够硬盘空间的前提下，按照提示完成安装即可。

2.3 Windows 10 的基本操作

2.3.1 Windows 10 启动与退出

1. 启动 Windows 10

启动 Windows 10 操作系统操作方法如下：

(1)首先打开外设电源开关，然后打开主机电源开关。如果计算机中有多个操作系统，则屏幕将显示“请选择要启动的操作系统”界面，选择 Windows 10 操作系统，按【Enter】键即可。

(2)进入 Windows 10 操作系统，显示用户界面，如图 2-1 所示。

(3)单击用户名，如果没有设置用户密码，可以直接登录系统，否则在需要在密码输入框中输入密码，按【Enter】键即可。

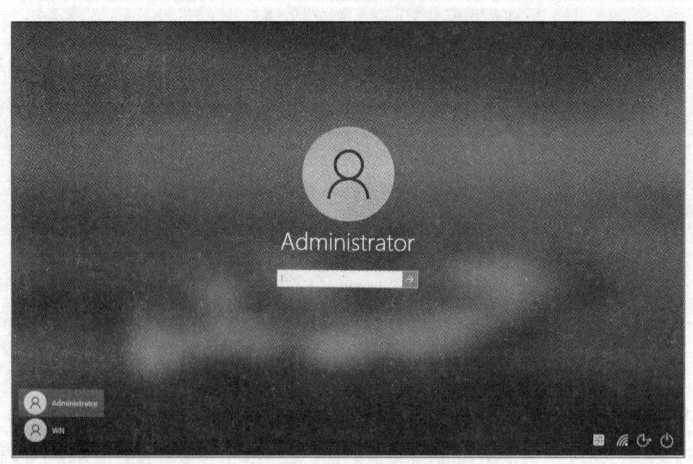

图 2-1　选择用户登录界面

2. 退出 Windows 10

在退出操作系统之前，需要先关闭所有已经打开或正在运行的程序，单击【开始】按钮，在弹出的“开始”菜单中单击【电源】按钮，在弹出的快捷菜单中单击“关机”选项即可。

2.3.2 Windows 10 桌面、窗口及菜单

1. Windows 10 桌面

启动 Windows 10 后，界面如图 2－2 所示。该界面被称为桌面，它是组织和管理资源的一种有效的方式。正如日常的办公桌面常常搁置一些常用办公用品一样，Windows 10 也利用桌面承载各类系统资源。桌面主要包含桌面背景、快捷图标和任务栏等内容。

图 2－2 Windows 10 操作系统界面

桌面背景是屏幕上的主体部分显示的图像，其作用是美化用户界面。桌面快捷图标是由一些图形和文字组成的，这些图标代表某一个工具、程序或文件等。双击这些图标可以打开文件夹，或启动某一应用程序。用户可以对桌面图标自行设置图标样式。

Windows 10 系统安装完成后，在默认情况下桌面上只显示"回收站"图标，若要添加其他图标，可在桌面空白区域右击，在出现的快捷菜单中选择"个性化"命令，在弹出的"设置"窗口中选择"主题"，在"主题"中单击"桌面图标设置"，打开"桌面图标设置"对话框，在"桌面图标"选项卡内可以勾选或取消在桌面显示的图标。常用图标一般包括"此电脑""用户的文件""网络""回收站""控制面板"等。

- "此电脑"：用于组织和管理计算机中的软硬件资源，其功能等同"Windows 资源管理器"。
- "用户的文件"：用于存储用户各种文档的默认文件夹。
- "网络"：用于浏览本机所在的局域网的网络资源。
- "控制面板"：对操作系统的基本功能及参数进行查看和设置。
- "回收站"：用于暂存、恢复或永久删除已删除的文件或文件夹。

任务栏位于桌面底部，包括【开始】按钮、搜索程序和文件、快速启动栏、应用程序栏、通知区域和【显示桌面】按钮，如图 2－3 所示。

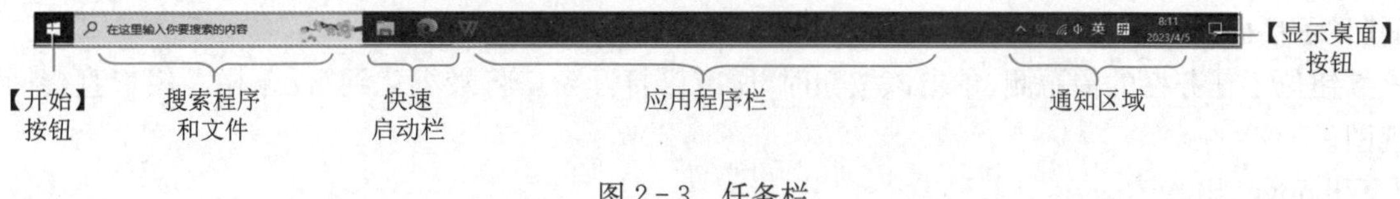

图 2－3 任务栏

1)【开始】按钮

单击【开始】按钮，弹出"开始"菜单，在"开始"菜单中集成了系统的所有功能，如图 2－4 所示。

该菜单分为两列，左侧列出最常用的程序列表，这种风格便于用户方便地访问常用程序，提高工作效率；右侧区域放置了使用频率较高的文档、控制面板等内容。

单击【电源】按钮,将弹出“睡眠”“关机”“重启”选项,如图 2-5 所示。

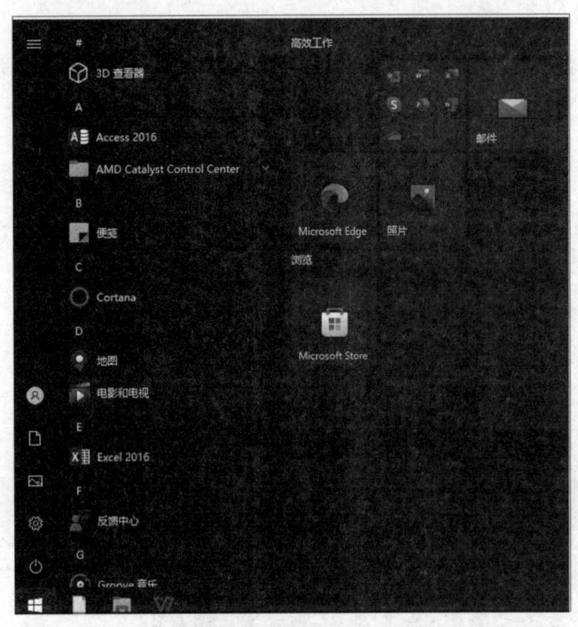

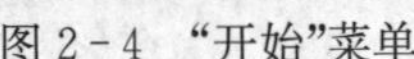
图 2-4 “开始”菜单

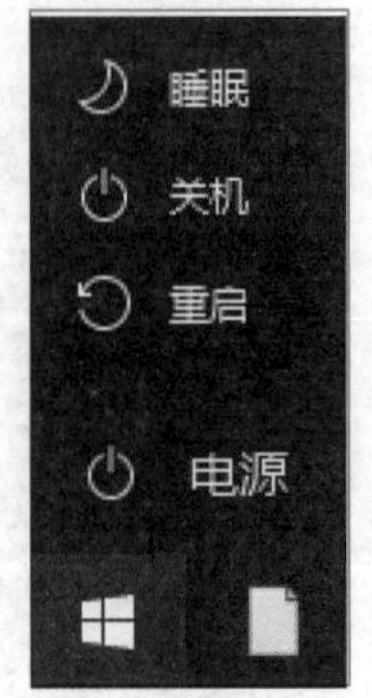

图 2-5 【电源】按钮和相关命令

- 选择“睡眠”命令,系统将处于待机状态,系统功耗降低,再单击或按【Enter】键即可唤醒系统。
- 选择“关机”命令,系统将关闭。
- 选择“重启”命令,系统将重新启动。

2)搜索程序和文件

在“搜索程序和文件”对话框中,用户输入需要查找的程序或文件夹等本地内容的关键词,“开始”菜单会同步显示相应的搜索结果。

3)快速启动栏

用于快速启动应用程序。单击某个程序图标,即可打开对应的应用程序;当鼠标指针停在某个程序图标上时,将会显示该程序的提示信息。

4)应用程序栏

用于放置已经打开窗口的最小化图标。当前显示窗口图标呈高亮状态,如果用户要激活其他的窗口,只需单击“应用程序栏”中相应窗口图标即可。

5)通知区域

在该区域中显示了时间指示器、输入法指示器、扬声器控制指示器和系统运行时常驻内存的应用程序图标。

- 时间指示器:用于显示系统当前的时间。
- 输入法指示器:用来帮助用户快速选择输入法。
- 扬声器控制指示图标:用于调整扬声器的音量大小。

6)【显示桌面】按钮

该按钮位于任务栏的最右侧,单击该按钮时,所有已打开窗口将最小化到“任务栏”,用户直接回到系统桌面视图。

2. Windows 10 窗口

1)窗口的分类和组成

Windows 10 的窗口一般分为应用程序窗口、文档窗口和对话框三类。

(1)应用程序窗口。应用程序窗口是应用程序运行时的人机界面,一般由标题栏、地址栏、搜索栏、工具栏、导航区、状态栏、窗口控制按钮等组成。例如双击桌面上的“此电脑”图标,打开“此电脑”程序窗口,如图 2-6所示。

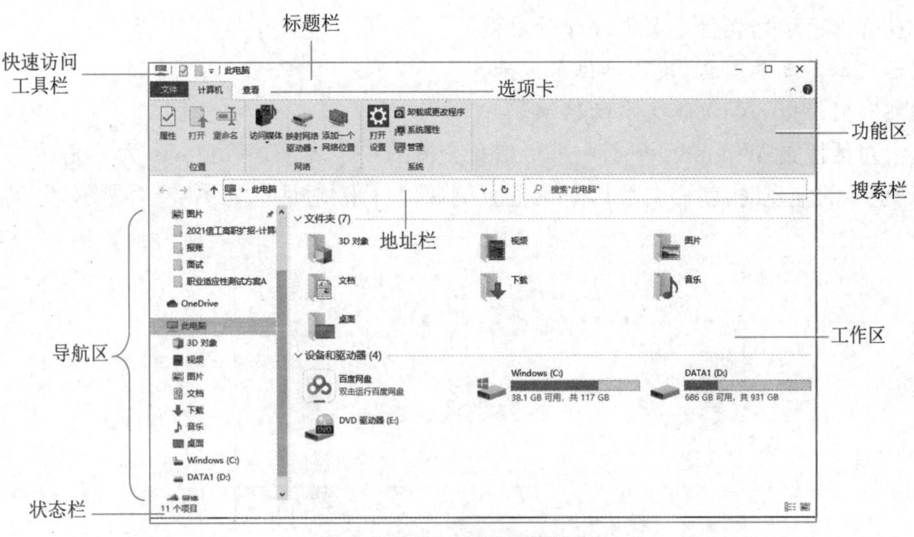

图 2-6 “此电脑”程序窗口

- 标题栏:位于窗口顶部,用于显示窗口中运行的程序名或主要内容。包括控制按钮、窗口标题、【最小化】、【最大化】(【向下还原】)按钮和【关闭】按钮。
- 功能区:位于标题栏下方,由选项卡、选项组和一些命令按钮组成,这里集合了窗口的绝大部分功能。选项卡位于功能区顶部。不同的应用程序,默认显示的选项卡也有所不同。选项组位于每个选项卡的内部。例如,“计算机”选项卡包括“位置”“网络”“系统”选项组,相关的命令组合在一起来完成各种任务。
- 地址栏:位于功能区下方,用于标识程序当前的工作位置。
- 快速访问工具栏:位于窗口的左上角,提供了调用系统各种功能和命令的按钮,操作非常快捷。
- 搜索栏:位于地址栏右侧,可快速搜索本地文件或程序。
- 导航区:位于窗口左侧,列出了用户经常能用到的一些储存文件的位置。一般情况下,导航区包括几个选项组,用户可以通过单击选项组名称左侧箭头来隐藏或显示其具体内容。
- 状态栏:位于窗口的底部,显示用户当前所选对象或菜单命令的简短说明。
- 工作区:用于显示窗口当前工作主题的内容。一般由操作对象、水平滚动条、垂直滚动条等组成。
- “快速访问”选项组:以链接的形式为用户提供了计算机上其他的位置,在需要使用时,可以快速转到需要的位置,打开所需要的其他文件,包含“桌面”“下载”“文档”“图片”“视频”“音乐”等。
- “此电脑”选项组和“网络”选项组:分别是指向“此电脑”和“网络”程序的超链接。

(2)文档窗口。文档窗口只能出现在应用程序窗口之内(应用程序窗口是文档窗口的工作平台),主要用于编辑文档,它共享应用程序窗口中的功能区。当文档窗口打开时,用户从应用程序功能区中选择的命令同样会作用于文档窗口或文档窗口中的内容。例如,“写字板”文档窗口如图 2-7 所示。

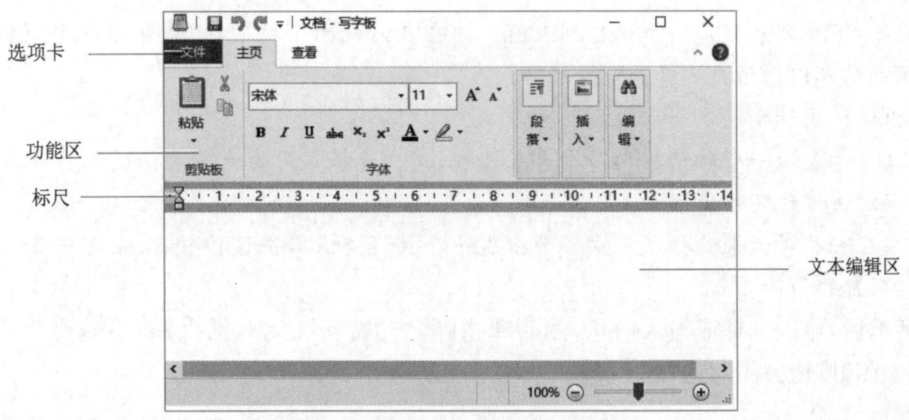

图 2-7 “写字板”文档窗口

- 功能区(包含选项卡):提供了文本编辑的功能。
- 标尺:显示文本宽度的工具,默认单位是厘米。
- 文本编辑区:用于输入和编辑文本的区域。

(3)对话框。对话框是 Windows 和用户进行信息交流的一个界面,Windows 为了完成某项任务而需要从用户那里得到更多的信息时,就需要使用对话框。例如,“打印”对话框如图 2-8 所示。

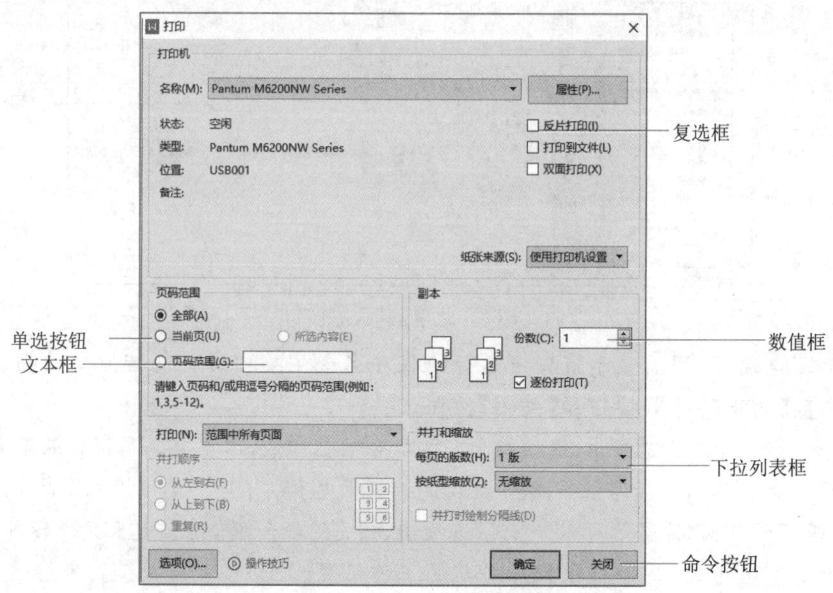

图 2-8 “打印”对话框

- 命令按钮:单击命令按钮可立即执行命令。通常对话框中至少会有一个命令按钮。
- 文本框:文本框是要求输入文字的区域,直接在文本框中输入文字即可。
- 数值框:用于输入数值信息。用户也可以单击该数值框右侧的向上或向下的微调按钮来改变数值。
- 单选按钮:单选按钮一般用一个圆圈表示,如果圆圈带有一个蓝色实心点,则表示该项为选定状态;如果是空心圆圈,则表示该项未被选定。单选按钮是一种排他性的设置,选定其中一个,其他的选项将处于未选定状态。
- 复选框:复选框一般用方形框(或菱形)表示,用来表示是否选中该选项。若复选框中有“√”符号,则表示该项为选中状态;若复选框为空,则表示该项没有被选中。若要选中或取消选中某一选项,则单击相应的复选框即可。
- 列表框:列表框列出了可供用户选择的选项。列表框常常带有滚动条,用户可以拖动滚动条显示相关选项并进行选择。
- 下拉列表框:下拉列表框是一个单行列表框。单击其右侧的下拉按钮,将弹出一个下拉列表,其中列出了不同的信息以供用户选择。

另外,对话框中还可能出现:

- 选项卡:选项卡表示一个对话框由多个部分组成,用户选择不同的选项卡将显示不同的信息。
- 滑块:拖动滑块可改变数值大小。
- 帮助按钮:在一些对话框的标题栏右侧会出现一个 ? 按钮,单击该按钮,然后单击某个项目,就可获得有关该项目的帮助。

在打开对话框后,可以选择或输入信息,然后单击【确定】按钮关闭对话框;若不需要对其进行操作,可单击【取消】或【关闭】按钮关闭对话框。

2)窗口操作

窗口的操作主要包括移动窗口、缩放窗口、切换窗口以及窗口的排列,具体介绍如下:

(1)移动窗口:只需将鼠标指针移动至窗口的标题栏上,按住鼠标左键拖动,即可把窗口放到桌面的任何地方。

(2)缩放窗口:每个窗口的右上角都有【最小化】按钮、【最大化/向下还原】按钮,通过它们可迅速放大或缩小窗口。单击【最大化】按钮,窗口就会充满整个屏幕,此时,【最大化】按钮将变为【向下还原】按钮,单击该按钮,可将窗口恢复到原来状态。单击【最小化】按钮,窗口会被最小化,即隐藏在桌面任务栏中,单击任务栏上该程序的图标时,又可以将窗口还原到原来的大小。

除了可以使用按钮来控制窗口的大小外,还可以使用鼠标来改变窗口的大小。将鼠标指针移动到窗口的边缘或4个角上的任意位置,当鼠标指针变成双向箭头的形状时,拖动鼠标就可以实现改变窗口大小的目的。

(3)切换窗口:当桌面打开有多个窗口时,可以利用【Alt+Tab】或【开始菜单键+Tab】组合键进行切换。其具体方法是:按住【Alt】键,再按【Tab】键,在桌面上将出现一个任务框,它显示了桌面上所有窗口的缩略图,如图2-9所示,此时,再按【Tab】键,可选择下一个图标。选定程序图标,放开【Alt】键,相应的程序窗口就会成为当前工作窗口;【Win+Tab】组合键使用方法同上,可实现Flip 3D效果的窗口切换。

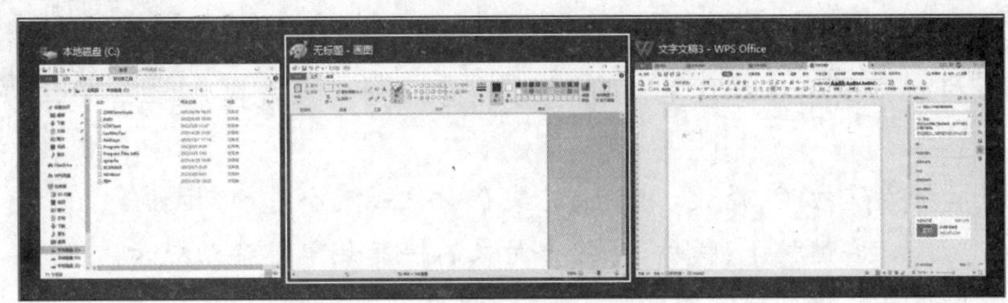

图2-9　窗口切换任务框

在Windows 10中,当用户打开很多窗口或程序时,系统会自动将相同类型的程序窗口编为一组,此时切换窗口就需要将鼠标指针移到任务栏上,单击程序组图标,弹出一个菜单,如图2-10所示,然后在菜单上选择要切换的程序选项即可。

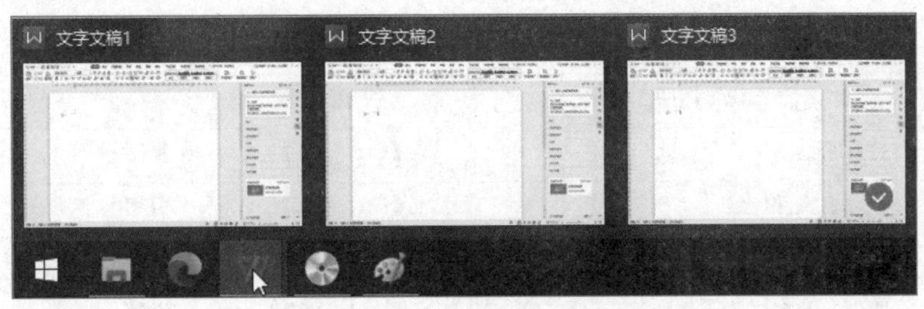

图2-10　在程序组中切换窗口

(4)窗口排列:在任务栏空白处右击,弹出快捷菜单,用户可从中选择相应的命令以设置窗口的排列方式,如图2-11所示,窗口排列分为层叠窗口、堆叠显示窗口、并排显示窗口和显示桌面。

3. Windows 10菜单

Windows 10中的菜单一般包括“开始”菜单、下拉菜单、快捷菜单、控制菜单等。

1)打开菜单

- 下拉菜单:单击选项卡中带有下拉三角的命令按钮,即可打开下拉菜单。
- 快捷菜单:是关于某个对象的常用命令快速运行的弹出式菜单,右击对象即可弹出。
- 控制菜单:单击窗口左上角的控制图标或右击标题栏,均可打开控制菜单。

2)关闭菜单

打开菜单后,单击菜单以外的任何地方或按【Esc】键,就可以关闭菜单。

3)菜单中常用符号的含义

菜单中含有若干命令,命令上的一些特殊符号有着特殊的含义,具体内容如下:

- 暗色显示的命令:表示该菜单命令在当前状态下不能执行。
- 命令后带有省略号(…):表示执行该命令将打开对话框。
- 命令前有"√"标记:表示该命令正在起作用,再次单击该命令可删除"√"标记,则该命令将不再起作用。
- 命令前有"·"标记:表示在并列的几项功能中,每次只能选择其中一项。
- 命令右侧的快捷键:表示在不打开菜单的情况下,使用该快捷键可直接执行该命令。
- 命令左侧的"▶"标记:表示执行该命令将会打开一个级联菜单。

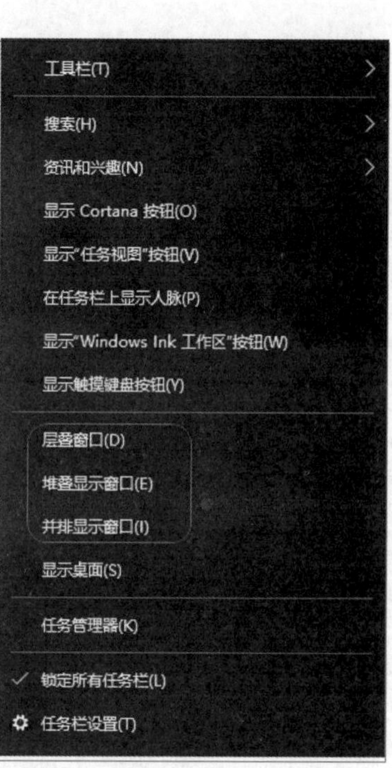

图 2-11 窗口排列菜单

2.3.3 鼠标和键盘操作

1. 鼠标基本操作

最基本的鼠标操作方法有以下几种:

- 指向:把鼠标指针移动到某一对象上,一般可以用于激活对象或显示提示信息。
- 单击(左键):将鼠标左键按下、释放,用于选定某个对象或某个选项、按钮等。
- 右击(右键单击):鼠标右键按下、释放,会弹出对象的快捷菜单或帮助提示。
- 双击:快速连续按下并释放鼠标左键两次,用于启动程序或窗口。
- 拖动:单击对象,按住左键,移动鼠标,在另一位置释放鼠标左键。常用于滚动条操作、标尺滑块操作或复制、移动对象操作。

2. 键盘基本操作

利用键盘可以实现 Windows 10 提供的一切操作功能,利用其快捷键,还可以大大提高工作效率。表 2-4 列出了 Windows 10 提供的常用快捷键。

表 2-4 Windows 10 常用快捷键

快捷键	说明	快捷键	说明
【F1】	打开帮助	【Ctrl + C】	复制
【F2】	重命名文件(夹)	【Ctrl + X】	剪切
【F3】	搜索文件或文件夹	【Ctrl + V】	粘贴
【F5】	刷新当前窗口	【Ctrl + Z】	撤销
【Delete】	删除	【Ctrl + A】	选定全部内容
【Shift + Delete】	永久删除所选项,不放入"回收站"	【Ctrl +Esc】	打开"开始"菜单
【Alt + F4】	关闭当前项目或者退出当前程序	【Alt + Tab】	在打开的项目之间选择切换
【Ctrl+Alt+Delete】	打开 Windows 任务管理器	【Win + Tab】	Flip 3D 效果的窗口切换

2.3.4 使用帮助

Windows 提供了一种综合的联机帮助系统,借助帮助系统,用户可以方便、快捷地找到问题的答案,从而更好地"驾驭"计算机。

1. 利用帮助窗口

在系统任意位置按【F1】键,或在应用程序窗口中单击【获取帮助】按钮❓,系统会调用用户当前的默认浏览器打开 Bing 搜索页面,以获取 Windows 10 中的帮助信息,如图 2-12 所示。

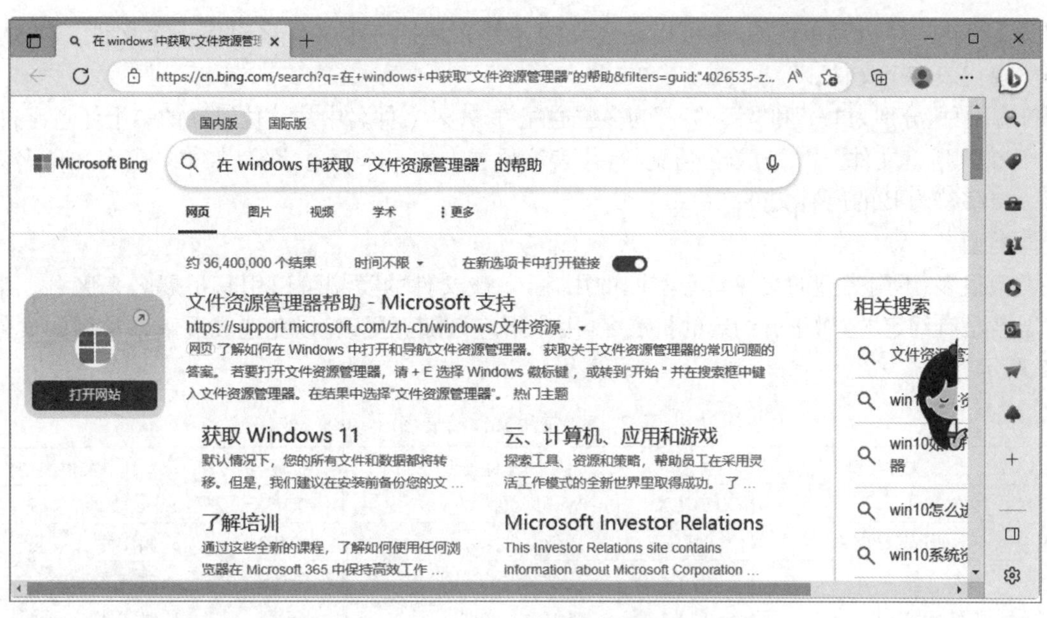

图 2-12　"Windows 帮助和支持"窗口

2. 询问 Cortana

Cortana 是 Windows 10 中自带的虚拟助理，它不仅可以帮助用户安排会议、搜索文件，回答用户问题也是其功能之一，因此有问题找 Cortana 也是一个不错的选择。当需要获取一些帮助信息时，最快捷的办法就是去询问 Cortana，看它是否可以给出一些回答。

3. 其他求助方法

除了可以利用 Windows 的"帮助和支持"窗口获取帮助外，用户还可以使用以下两种方法得到帮助和提示信息：

(1)获取对话框中特定项目的帮助信息。当用户对对话框中的内容不知如何操作时，可单击对话框右上角的【帮助】按钮。

(2)获取"菜单"栏和"任务"栏的提示信息。菜单栏上有许多菜单名称和图标按钮，将鼠标指针指向"菜单"栏或"任务"栏某个菜单名称、图标以及最小化的窗口图标时，稍后将会显示简单提示信息。

2.4　Windows 10 文件和文件夹管理

计算机系统中的数据是以文件的形式保存于外部存储介质上的，为了便于管理，文件通常放在文件夹中。

2.4.1　文件和文件夹

1. 文件

1)文件的命名

文件是用文件名标识的一组相关信息集合，可以是文档、图形、图像、声音、视频、程序等。

文件名一般由主文件名和扩展名组成，其格式为：<主文件名>[.扩展名]。

在 Windows 10 中，文件的主文件名不能省略，由一个或多个字符组成，最多可以包含 255 个字符，可以是字母(不区分大小写)、数字、下划线、空格以及一些特殊字符，如"@""#""$""%""^""!""{}"等，但不能包含":""*""?""|""<"">""""""\\""/"等字符。

在 Windows 10 中，扩展名有系统定义和自定义两类。系统定义扩展名一般不允许改变，有"见名知类"的作用。自定义扩展名可以省略或由多个字符组成。

系统文件的主文件名和扩展名由系统定义。用户文件的主文件名可由用户自己定义(文件的命名应做到"见名知义")，扩展名一般由系统约定。

在定义文件名时可以是单义的,也可以是多义的。单义是指一个文件名对应一个文件,多义是指通过通配符来实现代表多个文件。

通配符有两种,分别为“*”和“?”。“*”为多位通配符,代表文件名中从该位置起的多个任意字符,如 A* 代表以 A 开头的所有文件。“?”为单位通配符,代表该位置上的一个任意字符,如 B? 代表文件名只有两个字符且第一个字符为 B 的所有文件。

2)文件类型

文件类型很多,不同类型的文件具有不同的用途,一般文件的类型可以用其扩展名来区分。常用类型文件的扩展名是有约定的,对于有约定的扩展名,用户不应该随意更改,以免造成混乱。常用的文件扩展名如表 2-5 所示。

表 2-5 常用文件扩展名

扩展名	文件类型	扩展名	文件类型	扩展名	文件类型
TXT	文本文件	DOCX	Word 文件	XLSX	Excel 文件
PPTX	PowerPoint 文件	JPG	图像文件	MP3	音频文件
WMV	视频文件	RAR	压缩文件	EXE	可执行文件
SYS	系统配置文件	COM	系统命令文件	TMP	临时文件
BAK	备份文件	BAT	批处理文件	HTM	主页文件
HLP	帮助文件	OBJ	目标文件	ASM	汇编语言源文件
C	C 语言源程序	CPP	C++源文件	ACCDB	Access 文件

此外,Windows 中将一些常用外围设备看作文件。这些设备名又称保留设备名。用户给自己的文件起名的时候,不能用这些设备名。常用设备文件名如表 2-6 所示。

表 2-6 常用设备文件名

设备文件名	外 围 设 备	设备文件名	外 围 设 备
COM1	异步通信口 1	COM2	异步通信口 2
CON	键盘输入,屏幕输出	LPT1(PRN)	第一台并行打印机
LPT2	第二台并行打印机	NUL	空设备

2. 文件夹及路径

1)文件夹

文件夹可以理解为用来存放文件的容器,便于用户使用和管理文件。在 Windows 10 中,文件夹是按树形结构来组织和管理的,如图 2-13 所示。

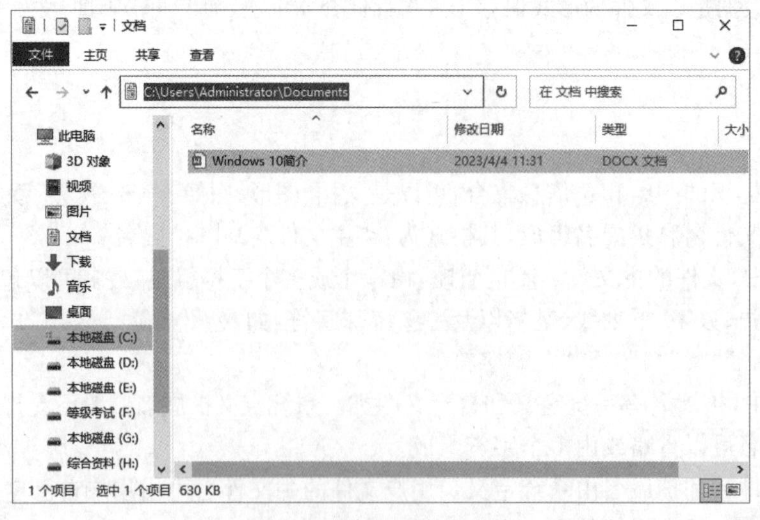

图 2-13 树形文件夹结构

文件夹树的最高层称为根文件夹，一个逻辑磁盘驱动器只有一个根文件夹。在根文件夹中建立的文件夹称为子文件夹，子文件夹还可以再包含子文件夹。如果在结构上加上许多子文件夹，它便形成一棵倒置的树，根向上，树枝向下。这也称为多级文件夹结构。

除了根文件夹以外的所有文件夹都必须有文件夹名，文件夹的命名规则和文件的命名规则类似，但一般不需要扩展名。

2）路径

- 路径：在文件夹的树形结构中，从根文件夹开始到任何一个文件都有唯一一条通路，该通路全部的结点组成路径。路径就是用"\"隔开的一组文件夹及该文件的名称。
- 当前文件夹：指正在操作的文件所在的文件夹。
- 绝对路径和相对路径：绝对路径是指以根文件夹"\"开始的路径；相对路径是指从当前文件夹开始的路径。

在图2－13中，"Windows 10 简介.docx"文件的绝对路径为"C:\Users\Administrator\Documents\Windows 10 简介.docx"。

2.4.2 文件和文件夹操作

1.新建文件或文件夹

新建文件或文件夹有多种方法。常用方法是利用"此电脑"或"文件资源管理器"。新建文件夹操作步骤如下：

（1）在资源管理器导航窗格中，选定新建文件夹所在的位置（某个磁盘或文件夹）。

（2）选择"主页"选项卡中的"新建文件夹"或"新建项目"命令按钮；或者在右侧主窗格空白处右击，在出现的快捷菜单中选择"新建"→"文件夹"命令或需创建的文件类型命令。

（3）在"新建文件夹"或"文件"图标名称位置输入名称，按回车键即可。

2.打开及关闭文件或文件夹

（1）打开文件或文件夹的常用方法如下：

- 双击需打开的文件或文件夹。
- 右击需打开的文件或文件夹，在弹出的快捷菜单中选择"打开"命令。

（2）关闭文件或文件夹的常用方法如下：

- 在打开的文件或文件夹窗口中单击"文件"菜单，选择"关闭"（"退出"）命令。
- 单击窗口中标题栏上的【关闭】按钮。
- 使用【Alt＋F4】组合键。

另外，在打开的文件夹窗口中若单击【返回】或【前进】按钮，也可关闭当前文件夹，返回到浏览过的上一级或下一级文件夹。

3.选定文件或文件夹

在Windows 10操作系统中，若要对某一对象进行操作，就必须先选定。选定文件或文件夹的常用方法如下：

- 选定单项：单击要选定的文件或文件夹即可将其选中。
- 拖动选定相邻项：拖动鼠标，框选要选定的文件或文件夹。
- 连续选定多项：单击第一个要选定的文件或文件夹，按住【Shift】键不放，再单击要选定的最后一项，则两项之间的所有文件或文件夹都将被选定。
- 任意选定：按住【Ctrl】键，依次单击要选定的文件或文件夹即可。
- 全部选定：如果要选定某个驱动器或文件夹中的全部内容，可单击"主页"选项卡"选择"功能区中的【全部选择】按钮，或按【Ctrl＋A】组合键。

• 反向选定:单击“主页”选项卡“选择”功能区中的【反向选择】按钮,即可选定当前未选定的对象,同时取消已选定对象。

4. 复制、移动文件或文件夹

1)利用剪贴板

剪贴板实际上是系统在内存中开辟的一块临时存储区域,专门用来存放用户剪切或复制下来的文件、文本、图形等内容。剪贴板上的内容可以无数次地粘贴到用户指定的不同位置上。

另外,Windows 10 还可以将整个屏幕或活动窗口复制到剪贴板中。按下【Print Screen】键可以将整个屏幕复制到剪贴板,按下【Alt+Print Screen】组合键可以将当前活动窗口复制到剪贴板。

(1)使用选项卡中的命令按钮操作:选中要复制的文件或文件夹;选择“主页”选项卡中的“复制”(“剪切”)命令;定位到要复制的目标磁盘中文件夹的位置;选择“主页”选项卡中的“粘贴”命令。

(2)使用快捷菜单。右击操作对象,在弹出的快捷菜单中选择“复制”(“剪切”)命令,然后打开目标文件夹,右击目标位置,在弹出的快捷菜单中选择“粘贴”命令,即可完成复制(移动)。

(3)使用键盘快捷键。可以方便地进行复制、移动操作。

• “复制”(【Ctrl+C】):将用户选定的内容复制一份放到剪贴板上。
• “剪切”(【Ctrl+X】):将用户选定的内容剪切移动到剪贴板上。
• “粘贴”(【Ctrl+V】):将“剪贴板”上的内容粘贴到当前位置。

先选定操作对象,然后按【Ctrl+C】(【Ctrl+X】)组合键,打开目标文件夹,再按【Ctrl+V】组合键,即可完成复制(移动)。

2)使用鼠标拖动

先选定操作对象,将其拖动到目标文件夹中。若在不同磁盘驱动器中拖动,则完成复制操作;若在同一磁盘驱动器中拖动,则完成移动操作。在拖动过程中若按住【Ctrl】键,则完成复制操作,若按住【Shift】键,则完成移动操作。

3)使用“发送到”命令

先选定操作对象,右击选中的操作对象,在弹出的快捷菜单中选择“发送到”命令,选择目的地址,随后系统开始复制,并弹出相应对话框给出进度提示。

5. 删除、恢复文件或文件夹

1)删除文件或文件夹

为了保持计算机中文件系统的整洁,同时也为了节省磁盘空间,需要经常删除一些没有用的或损坏的文件和文件夹。删除文件或文件夹的常用操作方法如下:

• 在“计算机”或“资源管理器”窗口中右击要删除的文件或文件夹,在弹出的快捷菜单中选择“删除”命令。
• 使用选项卡中的命令按钮操作:①选中要删除的文件或文件夹;②选择“主页”选项卡中的“删除”命令;③系统显示确认文件或文件夹删除对话框,单击“是”按钮,将文件删除到回收站。
• 选定要删除的文件或文件夹,然后按【Delete】键。
• 选定要删除的文件夹,然后用鼠标将其拖动到桌面的“回收站”图标上。

执行以上任意一个操作之后,系统都将显示“确认删除”对话框。单击【是】按钮,则将所选择的文件或文件夹送到“回收站”;单击【否】按钮,则将取消本次删除操作。

执行前面几个操作后,可以发现当前被删除的文件或文件夹被转移到“回收站”,但如果删除的文件或文件夹存储在移动设备上,如移动硬盘、U 盘,则不经过回收站直接删除,且不可恢复。

如果用户要不经“回收站”彻底删除文件或文件夹,则可以按住【Shift】键,再执行上述删除操作。

若想清除回收站中的文件或文件夹,方法是双击桌面上的“回收站”图标,打开“回收站”窗口,选定要清除的对象,在“主页”选项卡中单击“删除”→“永久删除”命令(或右击选定的对象,在弹出的快捷菜单中选择

“删除”命令）；若需删除回收站中的全部内容，在“清空回收站”选项卡中（或右击“回收站”图标，在弹出的快捷菜单中）选择“清空回收站”命令。

2)恢复文件或文件夹

如果要恢复被删除的文件或文件夹，则可从“回收站”中恢复该文件或文件夹。方法是双击桌面上的“回收站”图标，打开“回收站”窗口，选定要恢复的对象，在“文件”菜单中（或右击选中的对象，在弹出的快捷菜单中）选择“还原”命令，文件还原到被删除的位置。

6. 重命名文件或文件夹

文件或文件夹的重命名有如下方法：

- 使用选项卡中的命令按钮操作：①选中要更改名称的文件或文件夹；②选择“主页”选项卡中的“重命名”命令；③在名称框中输入新的名称，然后按回车键。
- 使用鼠标：将鼠标指针指向要更改的文件夹或文件的名称处；双击，使名称框被激活，输入新的名称，然后按回车键。
- 可以使用快捷菜单完成更改名称的操作：当选中文件或文件夹后右击，在弹出的快捷菜单中选择“重命名”命令。

7. 搜索文件或文件夹

Windows 10 随处可见的搜索功能是系统的一大特色，可以在“开始”菜单、“资源管理器”、Windows 图片库和 Windows Media Player 的搜索栏中输入关键字，都能够搜索相应的文件和文件夹。

在任务栏上的“搜索程序和文件”输入框中输入搜索关键字，在输入的同时系统同步显示搜索结果，如图2-14 所示；也可在 Windows 资源管理器中，在搜索栏中输入关键字，如图 2-15 所示，并可以通过搜索栏下方提供的“修改日期”“类型”“大小”“其他属性”选项，缩小搜索范围。如果当前位置没有找到所需文件，用户可以通过选择工作区窗口下方“此电脑”“当前文件夹”“所有文件夹”等选项，更改搜索位置，进行再次搜索。

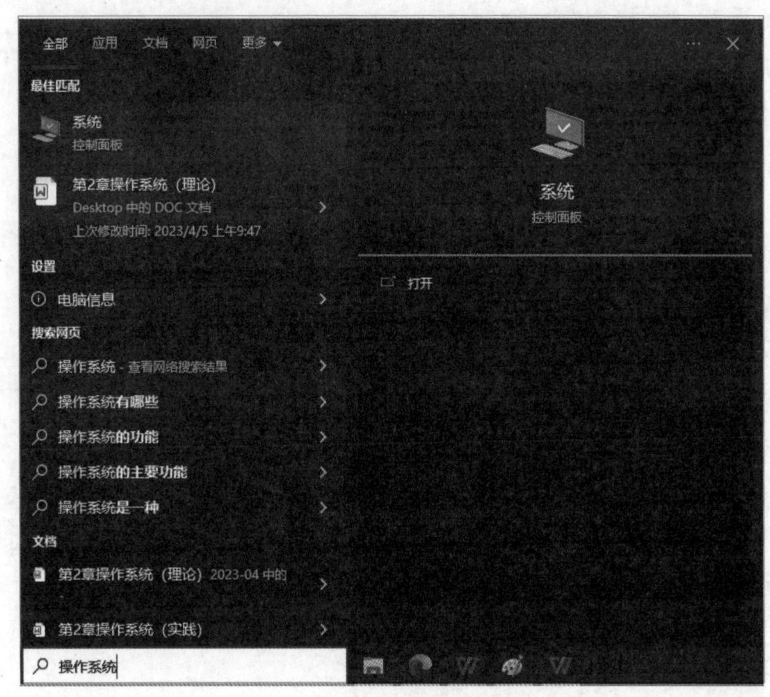

图 2-14　“搜索程序和文件”输入框

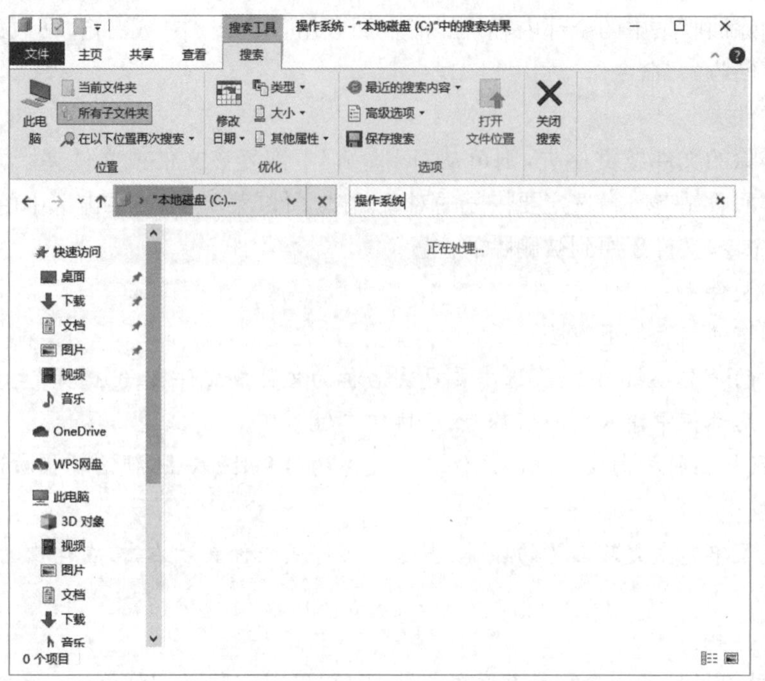

图 2－15 “再次搜索”窗口

8. 文件和文件夹快捷方式创建

在 Windows 中,快捷方式可以帮助用户快速打开应用程序、文件或文件夹。快捷方式的图标与普通图标不同,它的左下角有一个小箭头。在桌面创建快捷方式的操作步骤如下:

(1)右击桌面空白处,在弹出的快捷菜单中选择“新建”命令,在级联菜单中选择“快捷方式”命令,打开“创建快捷方式”对话框。

(2)在该对话框中,单击【浏览】按钮选定对象,单击【下一步】按钮。

(3)输入快捷方式名称,然后单击【完成】按钮。

还可以使用鼠标右键创建快捷方式:右击要创建快捷方式的对象,在弹出的快捷菜单中选择“发送到桌面快捷方式”命令,即可在桌面上创建该项目的快捷方式。

9. 文件或文件夹属性查看

在 Windows 10 中,文件或文件夹一般有四种属性:只读、隐藏、存档和索引、压缩或加密。查看属性的方法是先选定要查看属性的对象,在“主页”选项卡中单击“属性”按钮,打开“属性”对话框,如图 2－16 所示。

在“属性”对话框的“常规”选项卡中显示了文件夹的大小、位置、类型等,用户可以勾选不同的复选框以修改文件的属性。

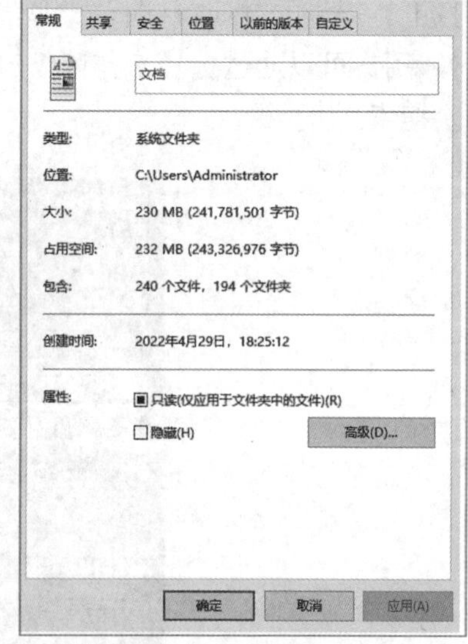

图 2－16 文件属性对话框

2.4.3 文件资源管理器

“文件资源管理器”是用于管理计算机所有资源的应用程序。通过文件资源管理器可以运行程序、打开文档、新建和删除文件、移动和复制文件、启动应用程序、连接网络驱动器、打印文档和创建快捷方式,还可以对文件进行搜索、归类和属性设置。

1. 打开文件资源管理器

打开资源管理器的常用方法如下:

- 单击【开始】按钮,在“开始”菜单中,选择“Windows 系统”命令,在下拉列表中选择“文件资源管理器”命令。
- 右击【开始】按钮,在弹出的快捷菜单中选择“文件资源管理器”命令。
- 使用【Win＋E】组合键。

2. 使用资源管理器

1)浏览文件夹

打开文件资源管理器,如图 2－17 所示。

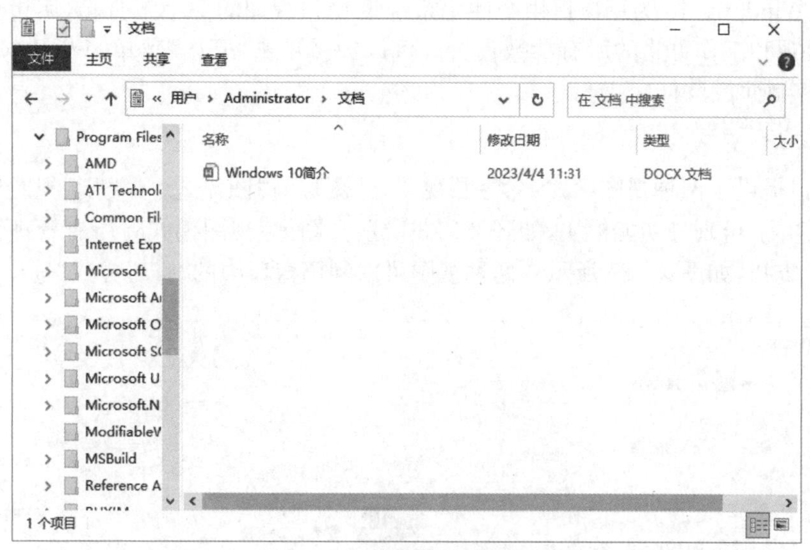

图 2－17 “资源管理器”窗口

“文件资源管理器”窗口的左侧是“文件夹”窗格,通过树形结构能够查看整个计算机系统的组织结构以及所有访问路径的详细内容。

如果文件夹图标左边带有“>”符号,则表示该文件夹还包含子文件夹,单击该文件夹或文件夹前的符号,将显示所包含的文件夹结构,再次单击该文件夹前的符号,可折叠文件夹。

当用户从“文件夹”窗格中选定一个文件夹时,在右侧窗格中将显示该文件夹下包含的文件和子文件夹。

2)调整窗格

如果要调整“文件夹”窗格的大小,则将鼠标指针指向两个窗格之间的分隔条上,当鼠标指针变成“↔”形状时,按住鼠标左键并向左右拖动分隔条,即可调整“文件夹”窗格的大小。

3)设置文件夹窗口的显示方式

(1)查看方式:用户可以按需要来改变文件夹窗口中文件和文件夹的显示方式。最快捷的方法就是单击“查看”选项卡中“布局”选项组中的布局方式,如图 2－18 所示。

(2)排序方式:用户可以按自己需要的方式在窗口中对图标进行排序。右击窗口空白处,在弹出的快捷菜单中选择“排序方式”级联菜单中的相应排列方式,如图 2－19 所示,可按文件或文件夹的名称、修改日期、类型、大小等方式排列图标,并可选择按照以上属性的递增或递减顺序排列。

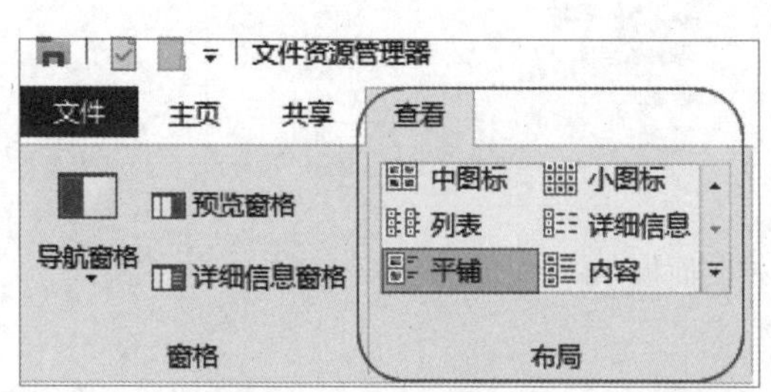

图 2－18 布局方式

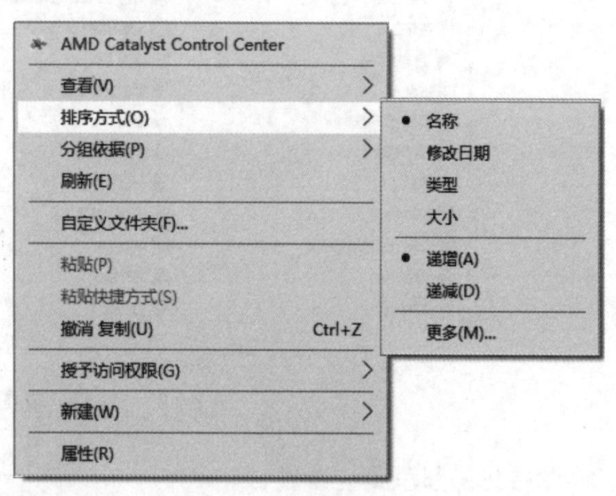

图 2－19 鼠标右键快捷菜单

2.5 Windows 10 系统设置

"控制面板"是 Windows 10 为用户提供个性化系统设置和管理的一个工具箱,所包含的设置几乎控制了有关 Windows 外观和工作方式的所有参数设置。可以通过单击"开始"菜单"Windows 系统"中的"控制面板"命令,打开"控制面板"窗口。

2.5.1 控制面板的查看方式

"控制面板"窗口提供了两种视图模式:"类别"视图与"图标"视图模式。"类别"视图模式将计算机管理设置分类罗列,每一类下再划分功能模块,如图 2-20 所示;"图标"视图模式将所有管理设置图标全部显示在一个窗口中,便于查找,如图 2-21 所示。两种视图可以利用窗口中的"查看方式"选项切换。

图 2-20 "类别"视图下的"控制面板"窗口

图 2-21 "图标"视图下的"控制面板"窗口

2.5.2 个性化的显示属性设置

Windows 10 提供了个性化的系统显示设置,包括改变桌面背景、颜色、主题等。

要进入个性化设置窗口，可以在“开始”菜单中单击“设置”命令，在打开的“Windows 设置”窗口中单击“个性化”图标，或右击桌面空白处，在弹出的快捷菜单中选择“个性化”命令，个性化设置窗口如图 2-22 所示。

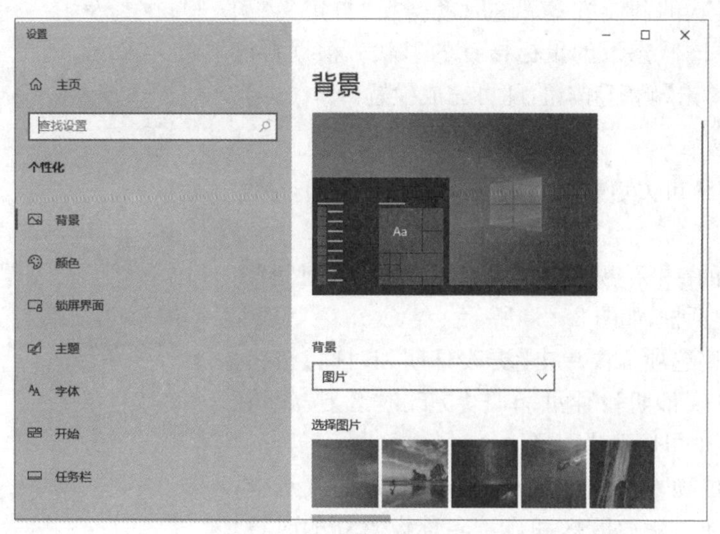

图 2-22　“个性化”设置窗口

1. 设置显示效果

在“个性化”窗口中可以选择“背景”“颜色”“锁屏界面”“主题”“字体”“开始”“任务栏”命令执行相应的操作。例如，“背景”功能用于设置桌面背景，可选择“背景”方式为“图片”“纯色”“幻灯片放映”。如果选择“图片”选项，当前默认有多张图片供选择，用户可以在图片列表框中选择作为背景的图片，也可以单击【浏览】按钮，浏览其他位置的图片或者在网络中查找图片文件。在“选择契合度”下拉列表框中选择“填充”“适应”“拉伸”“平铺”“居中”“跨区”选项设置图片格式。还可以通过“更改图片时间间隔”下拉菜单中的时间选项，定时更换桌面背景图片。选择“幻灯片放映”选项，多张图片循环切换，可单击【浏览】按钮添加图片、切换频率(间隔时间)、设置是否有序等。

2. 设置屏幕保护

选择“锁屏界面”图标，在右侧选择“屏幕保护程序设置”选项，在“屏幕保护程序”下拉列表框中选择希望使用的屏幕保护程序。

3. 设置窗口外观

选择“颜色”命令，在此可以设置屏幕外观各种显示效果。

4. 设置屏幕分辨率

在“个性化”窗口的搜索框中输入“分辨率”，选择“更改显示器的分辨率”选项，在打开的“系统>屏幕”窗口中的“显示器分辨率”下拉列表框中选择合适的分辨率。

2.5.3　键盘和鼠标设置

1. 键盘属性设置

在“控制面板”窗口的“图标”视图模式中，单击“键盘”图标，打开“键盘属性”对话框。通过移动滑块可以分别设置字符的“重复延迟”和“重复速度”。字符的“重复延迟”时间越长，则从按下键到出现字符的时间间隔也就越长；“重复速度”越快，则按住键盘上的某一个按键时，该键重复出现的时间间隔也就越短。

2. 鼠标属性设置

在“控制面板”窗口的“图标”视图模式中，单击“鼠标”图标，打开“鼠标属性”对话框。在“鼠标键”选项卡中，通过勾选“鼠标键配置”中的“切换主要和次要的按钮”复选框，可以设置鼠标的主、次要键，显示蓝色的是主要键；通过拖动“双击速度”中的“速度”滑块可调整打开文件夹所需的时间间隔，“速度”越快，打开文件夹所需的两次按键之间的时间间隔也就越短;勾选“单击锁定”中的“启用单击锁定”复选框后,在拖动目标过程中就不必按住鼠标左键了。

在“鼠标属性”对话框中选择“指针”选项卡,可以从“方案”下拉列表框中选择自己喜欢的预设方案。这时就会在“自定义”列表框中同时显示出在不同状态下的鼠标指针的形状。根据自己的喜好进行选择,然后单击【确定】按钮,即可完成设置。

2.5.4 日期和时间设置

在计算机系统中用户可以更新和更改日期、时间和时区。方法如下:

在“控制面板”窗口的“图标”视图模式中,单击“日期和时间”图标,打开“日期和时间”对话框,如图 2-23 所示。

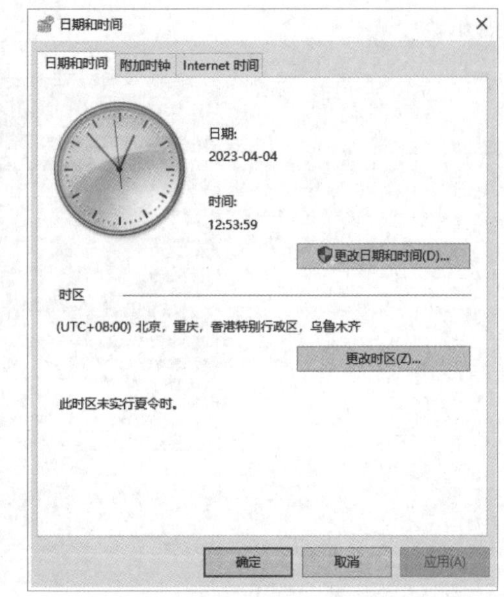

图 2-23 “时间和日期”对话框

(1)在“日期和时间”选项卡中单击【更改日期和时间】按钮,在弹出的窗口中可以更改日期和时间;单击【更改时区】按钮,在弹出窗口的下拉列表框中可以选择时区。

(2)在“附加时钟”选项卡中可以勾选“显示此时钟”复选框,添加新的时钟显示,再通过更改时区和显示名称设置新的时钟,设置完成后分别单击【应用】和【确定】按钮即可生效。

(3)在“Internet 时间”选项卡中,用户可以进行设置以保持用户的计算机时间在联网状态下与互联网上的时间服务器同步。

2.5.5 字体设置

Windows 10 系统中可以方便地安装或删除字体。在“控制面板”窗口的“图标”视图模式中,单击“字体”图标,打开字体窗口,如图 2-24 所示。

1. 安装字体

安装字体的具体操作步骤如下:

(1)打开字体所在的驱动器和文件夹,右击要添加的字体文件,在弹出菜单中选择“复制”命令。

(2)返回“字体”窗口,右击空白处,在弹出的快捷菜单中选择“粘贴”命令。

(3)弹出安装进度提示框,安装完成后即可完成系统中新字体的添加。

2. 删除字体

在“字体”窗口中选中需要删除的字体图标,单击“删除”命令,即可完成操作。

图 2-24 字体窗口

2.5.6 系统设置

Windows 10 的系统属性窗口中显示用户当前使用计算机的主要硬件及系统软件等相关信息,还可以通过设置来更改计算机名、更新硬件驱动程序等。

1. 查看系统属性

查看系统属性的方法是,在“控制面板”窗口的“图标”视图模式中单击“系统”图标,或右击“此电脑”图标,在弹出的快捷菜单中选择“属性”命令,都可以打开“系统属性”窗口,可以看到当前系统信息,如图 2-25 所示。

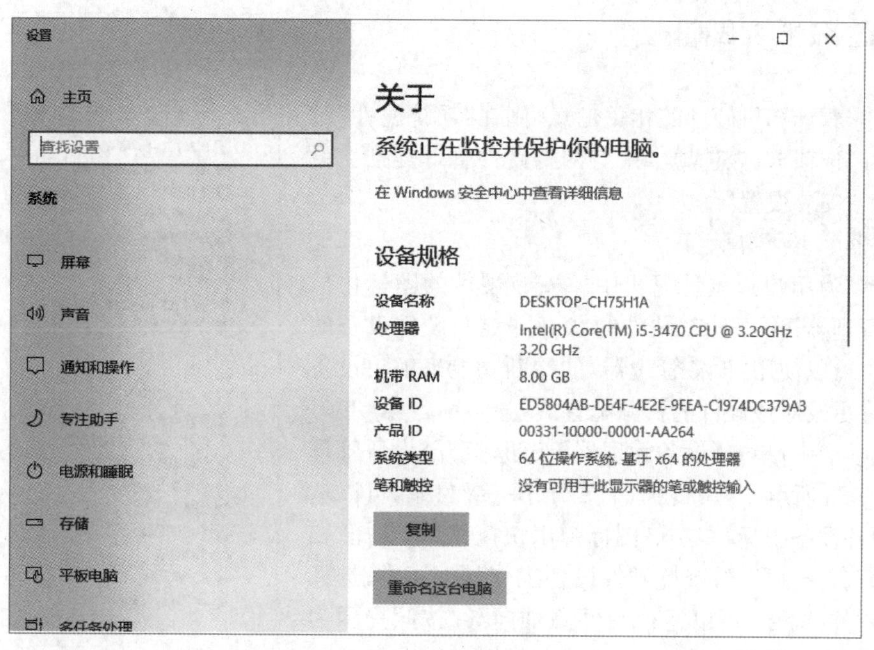

图 2－25　“系统属性”窗口

在“系统属性”窗口中显示了计算机系统的基本状态，包括 CPU 型号、内存容量以及操作系统类型、版本、计算机名等信息。

2. 查看和更改计算机名

单击“相关设置”下的【重命名这台电脑】按钮，打开“系统属性”对话框，如图 2－26 所示。该对话框显示了完整的计算机名和隶属工作组名或隶属域名。在对话框中可更改计算机描述及网络属性，具体操作步骤如下：

(1)单击【更改】按钮，打开“计算机名/域更改”对话框，如图 2－27 所示。

(2)在“计算机名”文本框中可以输入新的计算机名，单击【确定】按钮即可生效。

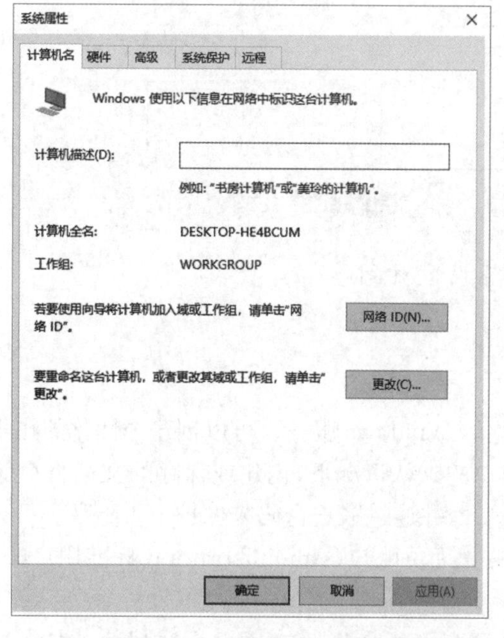

图 2－26　“系统属性”对话框

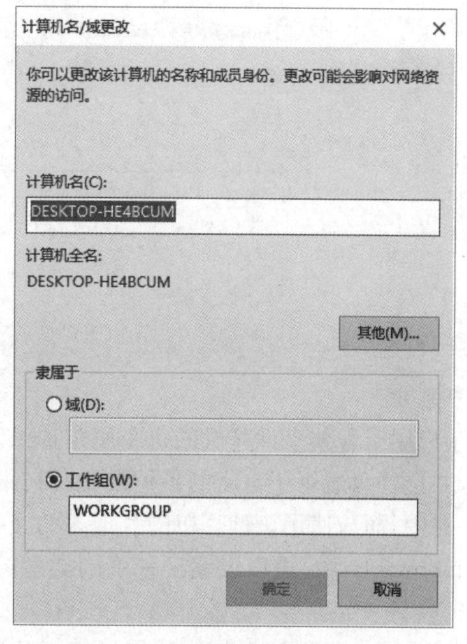

图 2－27　“计算机名/域更改”对话框

(3)在“隶属于”选项组中选择计算机隶属类型。若隶属于工作组，则在“工作组”文本框中输入工作组名；若隶属于域，则在“域”文本框中输入域名。

(4)单击【确定】按钮,完成操作。

3. 硬件管理

如果用户要查看计算机硬件的相关信息,则在“系统属性”对话框中选择“硬件”选项卡,该选项卡中有两种硬件管理类别:“设备管理器”和“设备安装设置”。

1)设备管理器

“设备管理器”为用户提供计算机中所安装硬件的图标化显示。使用“设备管理器”可以检查硬件的状态并更新硬件设备的驱动程序,用户也可以使用“设备管理器”的诊断功能来解决设备冲突问题,并允许更改对该硬件的资源配置。

在“硬件”选项卡中,单击【设备管理器】按钮,打开“设备管理器”窗口,如图 2-28 所示。在列表框中展开下一级目录,可以从中选择相关的硬件设备图标,右击该图标弹出快捷菜单,选择“扫描检测硬件改动”命令,可以检查此硬件设备工作是否正常;选择“更新驱动程序软件”命令,可以运行硬件添加向导,按照提示为新增硬件设备添加驱动程序。

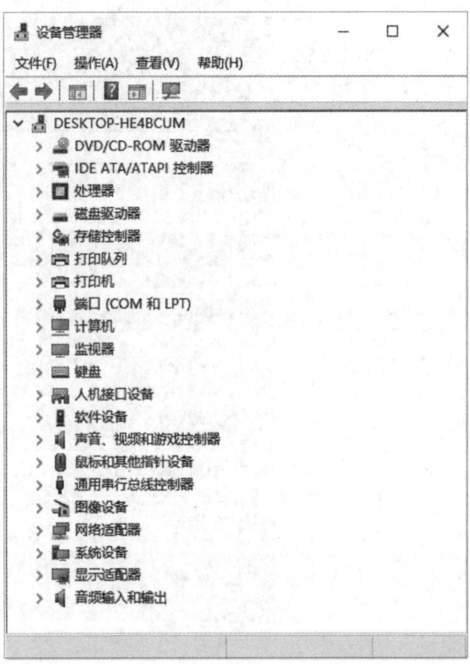

图 2-28 “设备管理器”窗口

2)设备安装设置

“设备安装设置”中可以设置系统硬件安装和自动升级规则。可以在“硬件”选项卡中,单击【设备安装设置】按钮,打开“设备安装设置”对话框,如图 2-29 所示,单击【保存更改】按钮,即可完成设置。

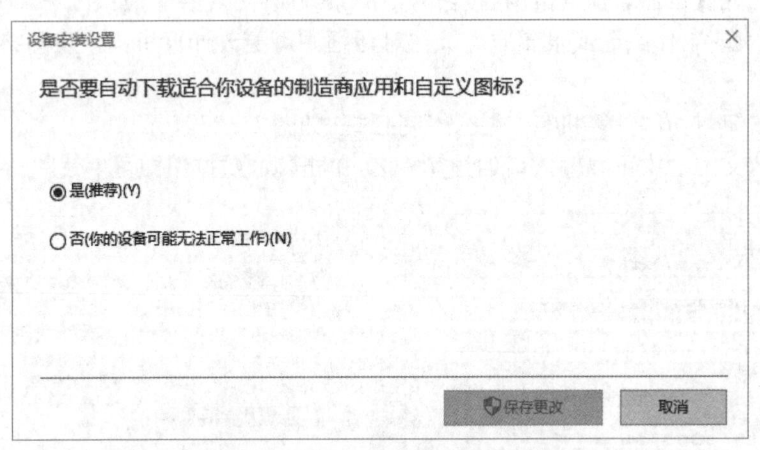

图 2-29 “设备安装设置”对话框

2.5.7 用户管理

1. 用户账户

用户账户用于为共享计算机的每个用户提供个性化的 Windows 服务。可以创建个性化的账户名、图片和密码等,并选择只适用于自己的各种设置。在用户账户的默认情况下,创建或保存的文档将存储在“我的文档”文件夹中,而与使用该计算机的其他人的文档分隔开,并通过账户密码来保护个人隐私。

在 Windows 10 中,可以设置三种不同类型的账户:管理员账户(Administrator)、标准用户账户和来宾(Guest)账户。

- Administrator 账户拥有最高权限,可以对计算机进行系统更改、安装程序和访问计算机上所有文件。管理员账户拥有添加或删除用户账户、更改用户账户类型、更改用户登录或注销方式等权限。
- 默认情况下建立的账户都属于标准用户账户,该账户允许运行大多数应用程序,没有安装应用程序权限;可以对系统进行一些常规设置,这些设置仅对当前账户产生影响,不会影响其他用户或整个计算机系统。

- Guest 账户为临时账户,该账户在默认情况下是被禁用的,需要通过管理员账户权限启用,该账户没有密码,可以快速登录,常用于临时授权查看电子邮件或浏览互联网。

2. 管理用户账户

1)创建用户账户

在安装 Windows 10 系统过程中,安装向导会在安装完成之前要求创建一个用户账户,该账户属于“管理员”账户,使用该账户添加新用户的具体操作步骤如下:

(1)使用管理员账户登录系统。

(2)在“控制面板”窗口的“类别”视图模式中,单击“用户账户与家庭安全”图标,打开“用户账户”设置窗口,如图 2-30 所示。

图 2-30 “用户账户”设置窗口

(3)单击“管理其他账户”命令,进入“管理账户”窗口,选择“在电脑设备中添加新用户”命令。

(4)在打开的对话框中根据向导的提示,完成新用户的创建。

再次启动 Windows 10 时,欢迎界面的用户列表中就会显示新创建的用户账户图标。

2)更改账户登录密码

当与其他人共享计算机时,设置密码将增加计算机的安全性,保障用户的自定义设置、程序以及系统资源不会被其他用户更改。用户可以自行修改所拥有账户的密码,而管理员则可以对所有用户账户的密码进行修改。以“管理员”账户为例添加账户密码的具体操作步骤如下:

(1)在“控制面板”窗口的“图标”视图模式中,单击“用户账户”图标,在弹出的窗口中选择“管理其他账户”命令,进入“选择希望更改的账户”窗口。

(2)在“选择希望更改的账户”窗口中,单击要更改的用户图标后选择“更改密码”命令,打开“更改密码”对话框。

(3)如所选中的账户已设置了密码,在向导的提示下需先输入原密码,再分别输入新密码和确认密码,同时可以输入一个单词或短语作为密码提示。注意,此密码提示可被使用此计算机的所有用户看到。

(4)单击【更改密码】按钮,完成操作。

3)切换用户

Windows 10 的切换用户功能可以实现多个独立用户在系统中的快速切换,即多个本地用户可共享一台计算机,切换时不必关闭用户已运行的程序,具体操作方法如下:

- 单击左下角“开始”菜单,单击当前用户,在弹出的菜单中选择其他账户进行切换。
- 进入电脑桌面,按【Ctrl+Alt+Delete】组合键后在弹出的界面中单击“切换用户”命令,之后单击要切换的用户。

2.5.8 中文输入法的添加和卸载

1. 添加/卸载输入法

添加或卸载输入法的具体操作步骤如下:

打开"开始"菜单,单击"设置"图标,进入设置界面,单击"时间和语言"选项;单击左侧子菜单栏中的"语言"选项,在右侧界面中单击"中文",在弹出选项中单击【选项】按钮,最后在键盘下面,单击加号可以添加输入法,单击已有的输入法可以进行删除操作。

有些输入法的添加,如五笔输入法、搜狗拼音输入法等,应下载相应的输入法软件进行安装。如果安装后在语言栏中没有相应的输入法,可以按上述步骤进行添加。

2. 输入法的使用

- 启动和关闭输入法:按【Ctrl+Space】组合键。
- 输入法切换:按【Ctrl+Shift】组合键,或单击"输入法指示器"图标,在弹出的输入法菜单中选择一种汉字输入法。
- 全角/半角切换:按【Shift+Space】组合键,或单击输入法状态窗口中的【全角/半角切换】按钮。
- 中英文标点切换:按【Ctrl+. 】组合键。或单击"输入法指示器"中的【中英文标点切换】按钮。

另外,特殊字符的输入,如希腊字母、数学符号等,通过输入法指示器上的"软键盘"输入较为方便。

2.6 Windows 10 设备管理

2.6.1 磁盘管理

Windows 的磁盘管理操作可以实现对磁盘的格式化、空间管理、碎片处理、磁盘扫描和查看磁盘属性等功能。

1. 磁盘属性

通过查看磁盘属性,可以了解到磁盘的总容量、可用空间和已用空间的大小,以及该磁盘的卷标(即磁盘的名字)等信息。此外,还可以为磁盘在局域网上设置共享、进行磁盘压缩等操作。

要查看磁盘属性,首先在"计算机"窗口中右击要查看属性的磁盘驱动器,然后在弹出的快捷菜单中选择"属性"命令,打开"磁盘属性"对话框,如图 2-31 所示。

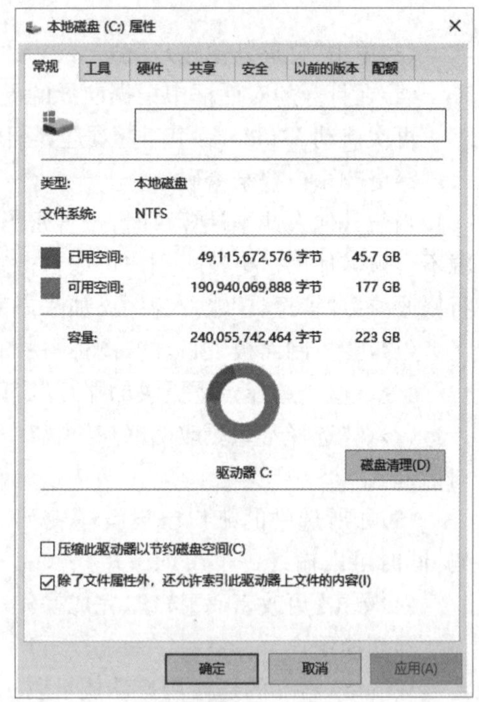

图 2-31 "磁盘属性"对话框

"磁盘属性"对话框包含七个选项卡,常用的四个选项卡功能如下:

- "常规"选项卡:在其文本框中显示当前磁盘的卷标,用户可以对卷标进行更改。在此选项卡中还显示了当前磁盘的类型、文件系统、已用和可用空间等信息。
- "工具"选项卡:列出了"查错""对驱动器进行优化和碎片整理";两个程序,以上程序将帮助用户实现检查当前磁盘错误、整理磁盘碎片功能。
- "硬件"选项卡:可以查看计算机中所有磁盘驱动器的属性。
- "共享"选项卡:可以对当前驱动器在局域网上进行共享设置。

2. 格式化磁盘

计算机的数据信息储存在磁盘中,格式化磁盘就是给磁盘划分存储区域,以便操作系统将数据信息有序地存放在里面。格式化磁盘将删除磁盘上的所有信息，因此，格式化之前应先对有用的信息进行备份，特别是格式化硬盘时一定要小心。在格式化磁盘之前，应先关闭磁盘上所有的文件和应用程序。

本节以格式化U盘为例进行说明（硬盘的格式化操作与此类似），具体操作步骤如下：

(1)将准备格式化的U盘插入计算机。

(2)打开"计算机"或"资源管理器"窗口，右击U盘驱动器，在弹出的快捷菜单中选择"格式化"命令，打开"格式化U盘"对话框，如图2-32所示。

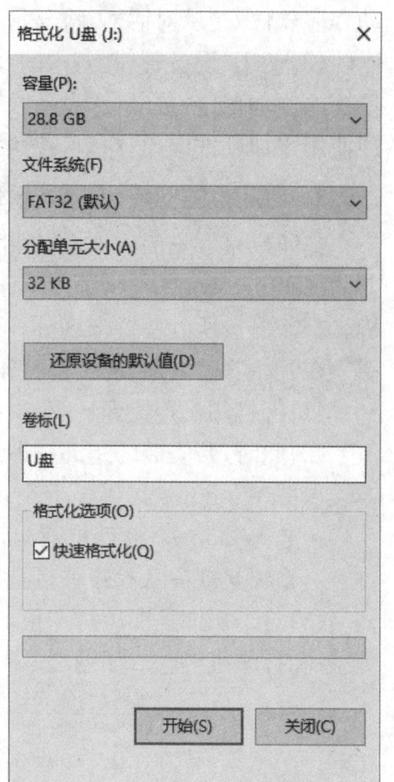

图2-32　"格式化U盘"对话框

(3)在对话框中的"容量"、"文件系统"和"分配单元大小"下拉列表框中选择相应参数，一般采用系统默认参数。

(4)在"卷标"文本框中输入用于识别U盘的卷标。在"格式化选项"选项组中，用户可以进行"快速格式化"。

(5)单击【开始】按钮，系统将弹出一个警告对话框，提示格式化操作将删除该磁盘上的所有数据。

(6)单击【确定】按钮，系统开始按照格式化选项的设置对U盘进行格式化处理，并且在"格式化磁盘"对话框的底部实时地显示格式化U盘的进度。

格式化完毕后，将显示该U盘的属性报告。

3. 磁盘维护

磁盘维护是通过磁盘扫描程序来检查磁盘的破损程度并修复磁盘。使用磁盘扫描程序的具体操作步骤如下：

(1)在"此电脑"窗口中，右击要进行扫描的磁盘驱动器，在弹出的快捷菜单中选择"属性"命令，在打开的对话框中，单击"工具"选项卡中的【检查】按钮，打开"错误检查"对话框，单击"扫描驱动器"，开始扫描，如图2-33所示。

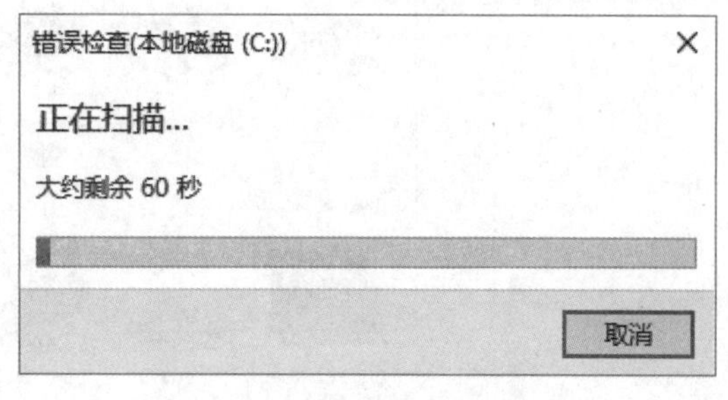

图2-33　"错误检查"对话框

(2)单击【关闭】按钮，完成磁盘错误检查。

2.6.2　硬件及驱动程序安装

在微型计算机中，大多数设备是即插即用型的，如主板、硬盘、光驱等。一般系统会自动安装驱动程序，也有些设备，如显卡、声卡、网卡等，虽然系统能够识别，但仍需要用户自行安装驱动程序。

Windows 10中硬件驱动程序被放置在用户模式下，不会因为个别驱动程序的错误而影响整个系统的运行，并且所安装的驱动程序即时生效，相对以前的Windows版本不再需要反复重新启动操作系统。

一般来说，在Windows 10中安装新硬件有两种方法，即自动安装和手动安装。

1. 自动安装

当计算机中新增加一个即插即用型的硬件后，Windows 10会自动检测到该硬件，如果Windows 10附带该硬件的驱动程序，则会自动安装；如果没有，则会提示用户安装该硬件自带的驱动程序。

2. 手动安装

手动安装有三种情况：

(1)使用安装程序。有些硬件如打印机、扫描仪、数码照相机等都有厂商提供的安装程序，这些安装程序的名称通常是setup.exe或Install.exe。首先将硬件连接到计算机上，然后运行安装程序，按安装程序窗口提示操作即可。

(2)使用"设备管理器"。在"控制面板"窗口的"图标"视图模式中单击"设备管理器"图标，右击设备列表中未安装驱动程序的设备图标,在弹出的对话框中选择“扫描检测硬件改动”选项,扫描完成后,弹出“驱动程序软件安装”对话框,将显示正在安装设备驱动程序信息,按照“安装向导”的提示完成驱动程序安装。

(3)使用“设备管理器”中的“添加过时硬件”向导来安装驱动程序。如果某些硬件没有支持 Windows 10 系统的驱动程序,可以在“设备管理器”窗口“工具”栏中的“操作”菜单中选择“添加过时硬件”命令,弹出“欢迎使用添加硬件向导”窗口,按照提示完成过时设备安装。

2.6.3 打印机的安装、设置与管理

打印机是常见的输出设备,用户可以用它打印文档、图片等。

在 Windows 10 中使用打印机,必须先将其驱动程序安装到系统中,以使系统正确地识别和管理打印机。打印机按所处位置来划分,可分为本地打印机和网络打印机。其安装方法类似。

在开始安装之前,应了解打印机的生产厂商和类型,并使打印机与计算机正确连接,安装步骤如下:

(1)将打印机连接到计算机,打开打印机电源。

(2)此时,若安装的是即插即用型打印机,则 Windows 10 将会自动识别。

- 若 Windows 10 找到该打印机的驱动程序,则系统将自动安装。
- 若 Windows 10 没有找到该打印机的驱动程序,系统将提示放入驱动程序光盘或选择驱动程序位置,系统找到安装程序并运行后可按照提示步骤安装。

(3)对于非即插即用打印机,在“控制面板”窗口的“图标”视图模式中,单击“设备和打印机”图标,打开“设备和打印机”窗口,如图 2-34 所示。选择菜单栏中的“添加打印机”命令,按照提示步骤进行操作即可。

图 2-34 “设备和打印机”窗口

(4)在打印机正确安装之后,在“设备和打印机”窗口中选定已安装的打印机图标,在“文件”菜单中选择“打印首选项”命令,可对该打印机的纸张大小、图像质量进行设置;选择“打印机属性”命令,可对所选打印机的共享、端口、高级、安全等属性进行设置。

2.6.4 应用程序安装和卸载

Windows 10 提供了 32 位和 64 位版本的操作系统,部分 32 位版本的程序可以安装在 64 位版本的 Windows 10 操作系统中,反之将无法安装。安装软件时除了版本问题还要注意用户计算机的硬件配置是否可以运行该程序,某些软件包装上会为用户标识出该软件运行时最低的“Windows 体验指数”,用户可以在“计算机”的“属性”窗口中查看当前系统的“Windows 体验指数”,如果软件的体验指数高于系统,则可能无法在系统中安装和运行该软件。用户在使用“管理员”账户登录时可以直接在系统中安装软件,其他账户安装程序时系统将会弹出“请在管理员账号进行安装”提示框,如图 2-35 所示。

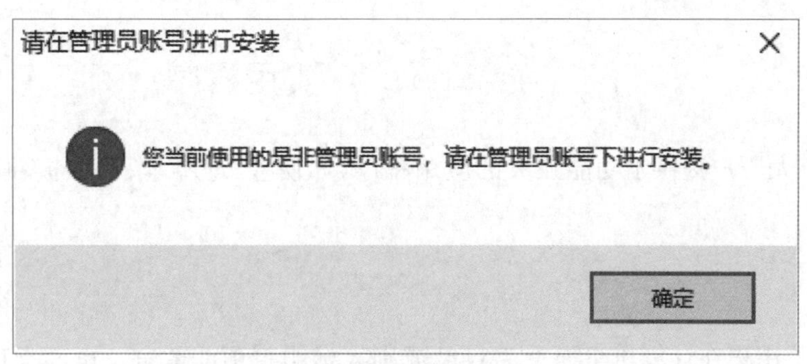

图2-35 “请在管理员账号进行安装”提示框

1.安装应用程序

1)自动安装

将含有自动安装程序的光盘放入光盘驱动器中，安装程序就会自动运行。只需按照屏幕提示进行操作，即可完成安装。这类程序安装完毕后，通常在“开始”菜单中自动添加相应的程序命令。

2)手动安装

使用 Windows 10 的“文件资源管理器”来安装应用程序，操作步骤如下：

(1)运行“文件资源管理器”，打开安装程序所在文件夹。

(2)双击运行安装程序，按照系统安装向导提示进行操作，即可完成安装。

2.卸载应用程序

1)使用软件自带的卸载程序卸载软件

部分应用软件在计算机中成功安装后，会同时添加该软件的卸载程序，运行该卸载程序，即可完成卸载。

2)利用控制面板中的“程序和功能”卸载软件

具体操作步骤如下：

(1)在“控制面板”窗口的“图标”视图模式中单击“程序和功能”图标，将显示系统中所安装的所有程序列表，如图2-36所示。

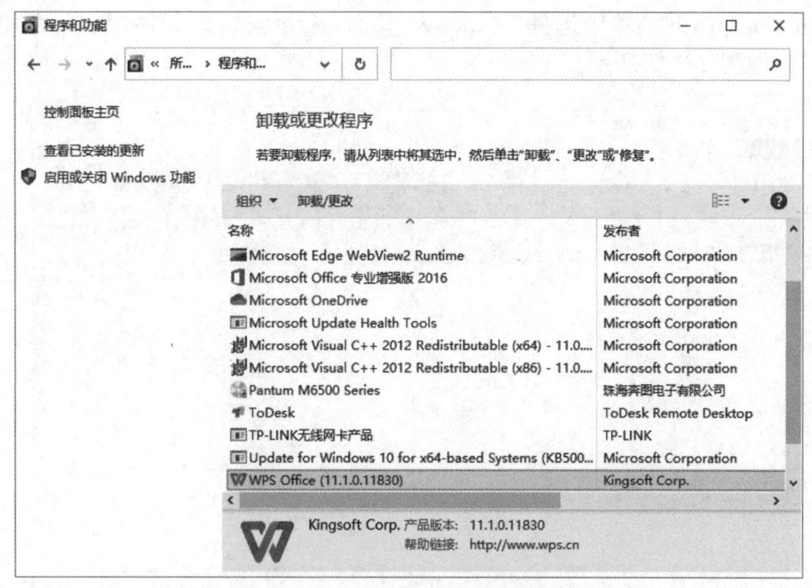

图2-36 系统已安装的应用程序列表

(2)在程序列表框中选定需要删除的应用程序，此时该程序的名称及其相关信息将呈高亮显示。

(3)单击【卸载】按钮，打开一个确认信息对话框，询问用户是否继续操作，单击【是】按钮，系统将自动进行卸载操作。

2.7 Windows 10 实用程序

Windows 10 为广大用户提供了功能强大的应用程序,如便签、记事本、写字板、画图、系统工具和多媒体等程序。

Windows 10
实用程序

2.7.1 便签、记事本和写字板

1. 便笺

“便笺”程序是为了用户在计算机桌面上为自己或别人标明事项或留言。桌面上可以添加多个“便笺”程序窗口,“便笺”程序窗口可以调整大小和颜色,“便笺”中的文字也可以进行简单的效果修饰。

单击【开始】按钮,单击“便笺”图标,打开“便笺”程序窗口。

2. 记事本

“记事本”程序是系统自带的文本编辑工具。“记事本”程序只能完成纯文本文件的编辑,默认情况下,文件存盘后的扩展名为. txt。一般来讲,源程序代码文件、某些系统配置文件(如. ini 文件)都是用纯文本的方式存储的,所以编辑系统配置文件时,常选择“记事本”程序而不用“写字板”程序或 Word 等较大型的文字处理软件。

单击【开始】按钮,在弹出的菜单中选择“Windows 附件”命令,单击“记事本”图标,打开“记事本”程序窗口,进行文本编辑。

3. 写字板

“写字板”程序也是一款文本编辑软件,功能比“记事本”强大,“写字板”不仅支持图片插入,还可以进行编辑与排版。

单击【开始】按钮,在弹出的菜单中选择“Windows 附件”命令,单击“写字板”图标,即可打开“写字板”程序窗口。

2.7.2 画图

Windows 10 中的“画图”程序是图形处理及绘制软件,具有绘制、编辑图形、文字处理以及打印图形文档等功能。

单击【开始】按钮,在弹出的菜单中选择“Windows 附件”命令,选择“附件”命令,单击“画图”图标,即可打开“画图”程序窗口,如图 2-37 所示。

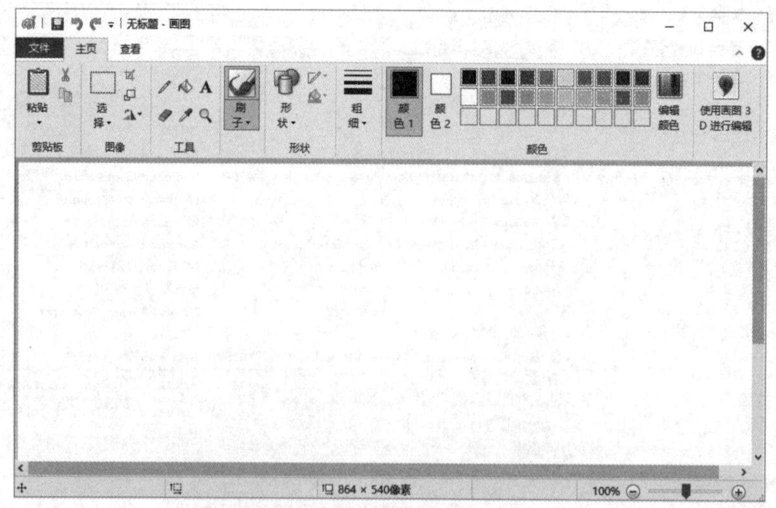

图 2-37 “画图”程序窗口

画图程序窗口由以下几个部分构成。

- 标题栏:包括快速反应工具栏以及当前用户正在编辑的文件名称。
- 选项卡:包括“主页”和“查看”两个选项卡。

- 功能区：包含大量绘图工具和调色板。
- 绘图区：用户绘制和编辑图片的区域。
- 状态栏：左下角显示当前鼠标在绘图区的坐标，中间部分显示当前图像的像素，右侧可调整图像的显示比例。

使用“画图”程序提供的绘图工具，可以方便地对图像进行简单编辑处理。此外，“画图”程序还提供了多种特殊效果的实用命令，可以美化绘制的图像。

2.7.3　计算器

计算器是方便用户计算的工具，其操作界面简单，且容易操作。单击【开始】按钮，在弹出的菜单中单击“计算器”图标，即可打开“计算器”程序窗口，如图2-38所示。

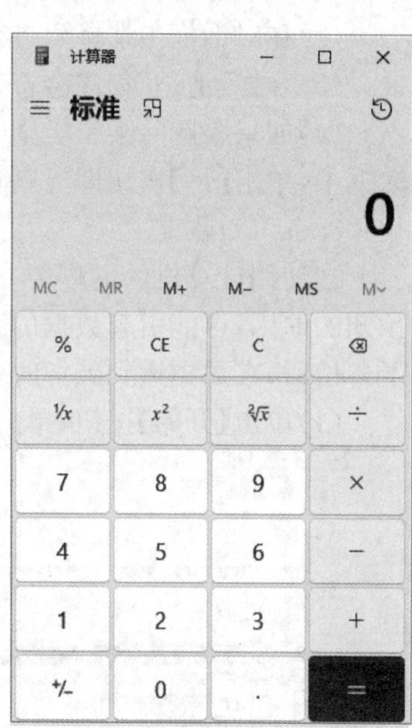

图2-38　标准型计算器

Windows 10中计算器包括标准型、科学型、绘图、程序员、日期计算和转换器模式。单击“打开导航”按钮≡来切换模式，对基本数学使用标准型模式，对高级计算使用科学型模式，对二进制代码使用程序员模式，使用日期计算模式来处理日期，而使用转换器模式来转换测量单位。

2.7.4　Windows管理工具

1. 碎片整理和优化驱动器程序

用户对磁盘进行多次读写操作后，会产生多处不可用的磁盘空间，即“碎片”。如果磁盘产生的“碎片”过多，则会降低磁盘的访问速度，影响系统性能。因此，在磁盘使用了一段时间后，用户需要对磁盘中的碎片进行整理。

使用“碎片整理和优化驱动器程序”整理磁盘的具体操作步骤如下：

(1)单击【开始】按钮，在弹出的菜单中选择“Windows管理工具”命令，再单击“碎片整理和优化驱动器”图标，即可打开程序窗口，如图2-39所示。

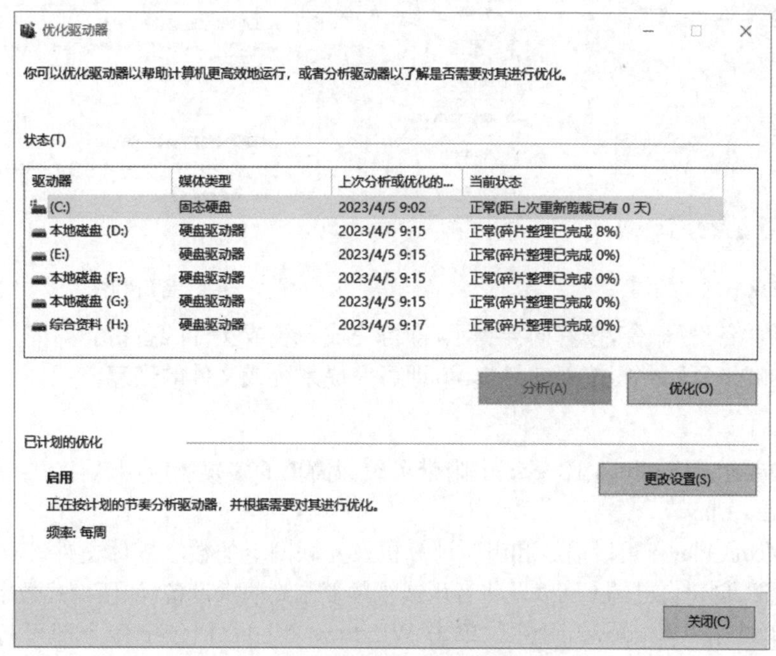

图2-39　碎片整理和优化驱动器程序窗口

(2)在磁盘列表框中选定要整理的磁盘，单击【分析】按钮，程序开始对磁盘内的碎片进行分析。磁盘碎片分析运行时间和分析进度会显示在“当前状态”区域中。

(3)分析操作结束后，如果系统某个磁盘分区碎片大于10%，则应单击【优化】按钮，开始对磁盘的碎片进行优化。

2. 磁盘清理

“磁盘清理”程序通过删除所选硬盘分区中系统临时性文件夹、回收站等区域的无用文件，留出更多的空间来保存那些必要文件。“磁盘清理”程序还可以删除不再指向应用程序的无效快捷方式。

运行“磁盘清理”程序对磁盘进行清理的操作步骤如下：

(1)单击【开始】按钮，在弹出的菜单中选择“Windows 管理工具”命令，再单击“磁盘清理”图标，打开“磁盘清理:驱动器选择”对话框。

(2)在对话框中选择要进行清理的磁盘驱动器，单击【确定】按钮。

(3)“磁盘清理”程序会首先对系统进行分析，然后在磁盘清理对话框中显示一个报告，如图 2-40 所示。

(4)如果要删除某个类别中的文件，则勾选该类别前的复选框，单击【确定】按钮，在系统弹出的警告对话框中，单击【是】按钮即可删除选中类别的文件。

3. 备份和恢复

在使用计算机的过程中，由于硬盘破损、病毒感染、供电中断、蓄意破坏、网络故障，以及其他一些不可预知的原因，可能引起数据的丢失或破坏。因此，定期备份系统或者本地硬盘上的数据是非常必要的。有了备份后，在数据遭到破坏时就可以将还原点备份的数据进行恢复。

(1)单击【开始】按钮，单击“设置”命令，弹出“设置”窗口，如图 2-41 所示。

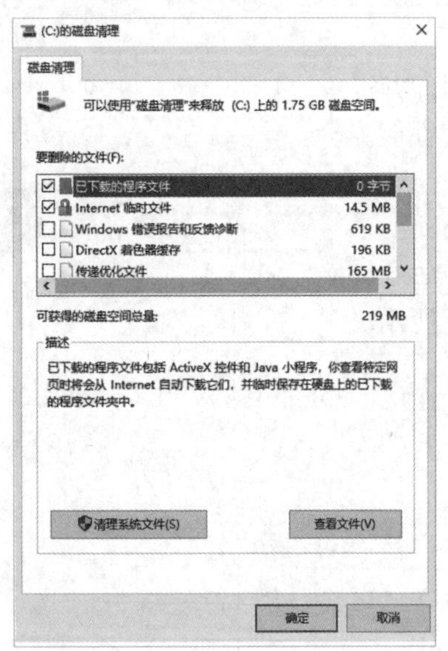

图 2-40 “磁盘清理”对话框

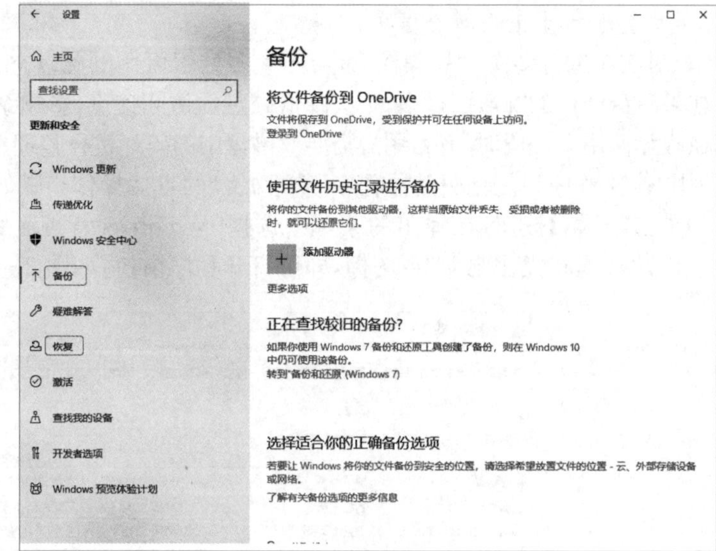

图 2-41 备份和恢复

(2)单击窗口左侧“备份”命令，按着向导提示，即可完成系统或文件的备份。

(3)单击窗口左侧“恢复”命令，按着向导提示，即可完成系统或文件的恢复。

2.7.5 多媒体

为了适应用户的要求，Windows 10 系统中附带了较为简单的多媒体应用软件。

1. Windows Media Player

使用 Windows Media Player 可以播放和组织计算机及互联网上的数字媒体文件，还可以收听全世界电台的广播、播放和复制 CD、创建自己的 CD 以及将音乐或视频复制到便携设备(如便携式数字音频播放机)中。

单击“开始”菜单，选择“Windows 附件”，单击 Windows Media Player 命令即可打开 Windows Media Player 程序。

2. 录音机

录音机的主要功能是用来录制和剪辑音频，它可以实时地将用户通过音频输入接口输入的信息录制保存起来，也可以将一个音频媒体中某一段的内容剪辑保存下来。

单击“开始”菜单，选择“录音机”命令，即可打开“录音机”程序。

第二部分 办公信息处理

第3章　WPS 2022文字处理

第4章　WPS 2022表格

第5章　WPS 2022演示文稿

第 3 章　WPS 2022 文字处理

学习目标

- 掌握 WPS 2022 文字的启动、退出方法和窗口组成。
- 掌握 WPS 2022 文字文档的基本操作、文档编辑、文档排版的方法。
- 掌握 WPS 2022 文字表格创建、表格编辑、表格中数据处理的方法。
- 掌握 WPS 2022 文字图表的插入、编辑方法。
- 掌握 WPS 2022 文字图文混排的方法。
- 了解 WPS 2022 邮件合并。

3.1　WPS 2022 文字基本知识

3.1.1　WPS 2022 文字的启动和退出

1. WPS 2022 文字的启动

启动 WPS 2022 文字的常用方法如下：

1)从“开始”菜单启动

在“开始”菜单中选择“WPS Office”命令，在级联菜单中选择“WPS Office”程序。单击【新建】按钮，在打开的新页面中单击【新建文字】按钮，在右侧窗口中单击【空白文档】按钮。

2)通过文档打开

双击已有的 WPS 文档，启动 WPS 2022 文字程序。

2. WPS 2022 文字的退出

退出的常用方法如下：

(1)单击 WPS 2022 文字窗口标签栏右侧的【关闭】按钮。

(2)单击 WPS 2022 窗口右侧的【关闭】按钮。

(3)选择“文件”菜单，选择“退出”命令。

(4)按【Alt+F4】组合键。

3.1.2　WPS 2022 文字窗口

WPS 2022 文字的窗口主要由首页、标签栏、功能区(包含快速访问工具栏)、编辑区及状态栏等部分组成，如图 3-1 所示。

1. 首页

“首页”位于 WPS 文字标签栏的左上角，在这里可以管理所有文档文件夹。包括最近打开的文档、计算机上的文档、回收站等。如果登录了 WPS 账号，还可以显示云文档。

2. 标签栏

标签栏位于整个 WPS 窗口的最上方，用以显示当前正在编辑中的文件名信息和窗口控制。标签栏最右侧的按钮分别为【WPS随行】、【WPS市场】、【WPS登录功能】，及用来控制窗口的【最小化】、【最大化/还原】和【关闭】按钮。当窗口不是最大化时，用鼠标拖动标签栏，可以改变窗口在屏幕上的位置。双击标签栏空白处可以使窗口在最大化与非最大化之间切换。

标签栏右侧为登录功能，在登录功能中，用户可以选择使用手机号或微信注册 WPS 账号。登录 WPS 账号后，可以使用多设备同步及多人协作模式等功能，提升办公效率。

3. 功能区

WPS 2022 文字主要通过菜单栏内选项卡的变化完成相应操作，包含“文件”菜单、功能区选项卡、快速访问工具栏及协作状态区等。

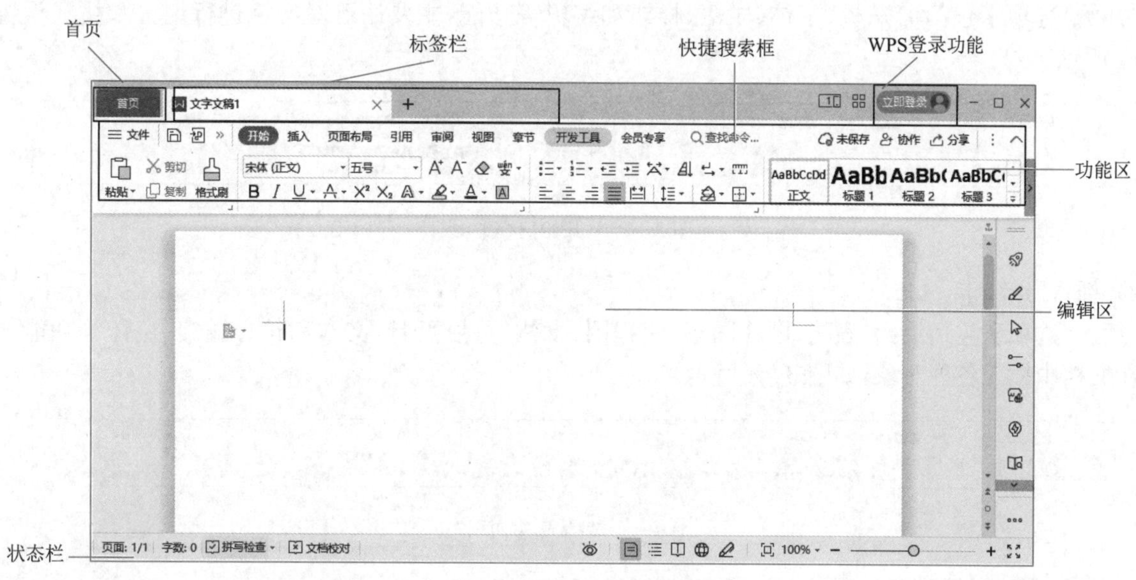

图 3-1　WPS 2022 文字窗口

“文件”菜单(见图 3-2)用于收纳所有文件相关的基本命令，包括新建、打开、保存、输出、打印、分享、加密、备份、选项及帮助等功能，还整合了最近使用列表，方便用户打开最近使用过的同类型的文档。“文件”菜单常用于对文件进行打开使用及保存操作，也可以通过选项对 WPS 进行个性化设置。

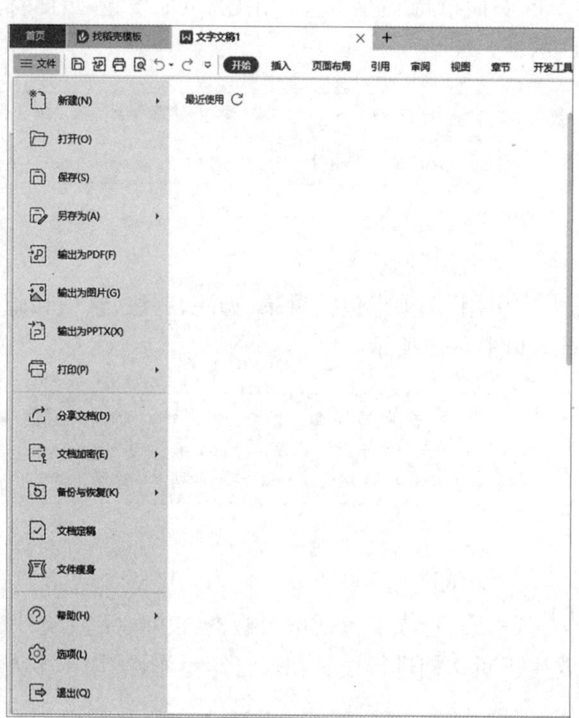

图 3-2　“文件”菜单

在 WPS 2022 文字中，快速访问工具栏可以帮助用户迅速完成文档保存、转换为 PDF 格式、打印、打印预览等功能。用户也可以通过【自定义快速访问工具栏】将常用文档编辑命令添加到快速访问工具栏中，实现对文字的快速编辑工作。

快捷搜索框主要用于搜索功能入口和使用帮助。在搜索框中输入要查找的文字内容后，可以搜索包含关键文字的模板、文库资源或相关帮助。也可以在级联选项框中选择“Office 技巧”，在新弹出的窗口中，查看包含关键文字的视频、问答和文章等内容。

协作状态区用于展示文档的云同步状态和协作状态，并可以快速发起文档协作与分享。

在默认状态下功能区包含“开始”、“插入”、“页面布局”、“引用”、“审阅”、“视图”、“章节”和“开发工具”等选项卡。选择一个选项卡后，功能区下方显示该选项卡各功能及相应命令按钮。当用户不需要查找选项卡时,可以通过右上角的【隐藏/显示功能区】按钮,选择隐藏功能区或者显示功能区。

除默认的选项卡外,WPS 2022 文字的功能区还包括上下文选项卡,但只有在操作需要时才会出现。例如,在当前文档中插入一张图片时,就会出现"图片工具"选项卡;需要绘制图形时,会出现"绘图工具"选项卡等,省略了繁复的打开工具操作。

在每一功能中,除包含【工具】按钮外,在部分功能界面的右下角还增添对话框按钮,单击相应按钮,则打开相应功能的对话框。

1)"开始"选项卡

"开始"选项卡包括剪贴板、字体、段落、样式和编辑等功能,主要用于对文字进行编辑和格式设置,如图 3-3所示。

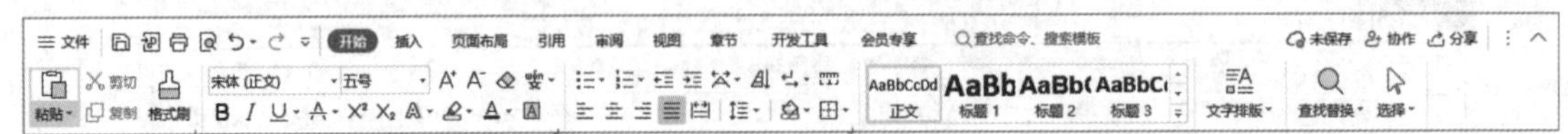

图 3-3 "开始"选项卡

2)"插入"选项卡

"插入"选项卡包括页面、表格、图片图形、流程图、批注、页眉页脚、文本和符号链接、窗体等功能,主要用于在文档中插入各种对象,如图 3-4 所示。

图 3-4 "插入"选项卡

3)"页面布局"选项卡

"页面布局"选项卡包括主题、页面设置、页面背景、排列等功能,用于设置文档的页面布局样式,如图 3-5 所示。

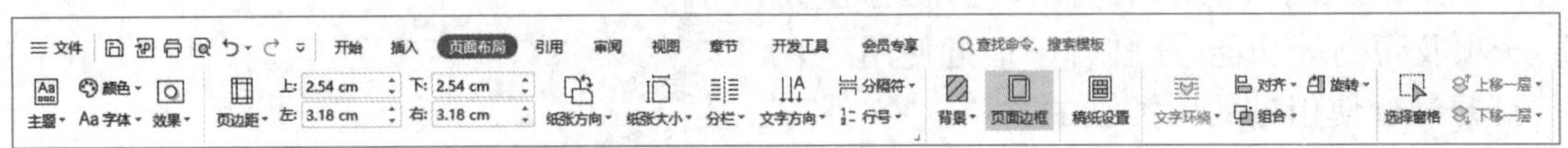

图 3-5 "页面布局"选项卡

4)"引用"选项卡

"引用"选项卡包括目录、脚注、题注、索引和邮件等功能,用于实现文档中插入目录、创建索引等高级功能,如图 3-6 所示。

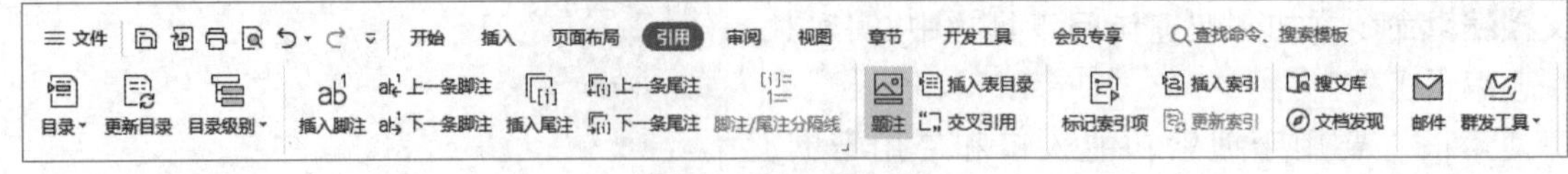

图 3-6 "引用"选项卡

5)"审阅"选项卡

"审阅"选项卡包括拼写检查、校对、字数统计、简繁转换、批注、修订、更改、比较和文档保护等功能,主要用于对文档进行校对和修订等操作,适用于多人协作处理长文档,如图 3-7 所示。

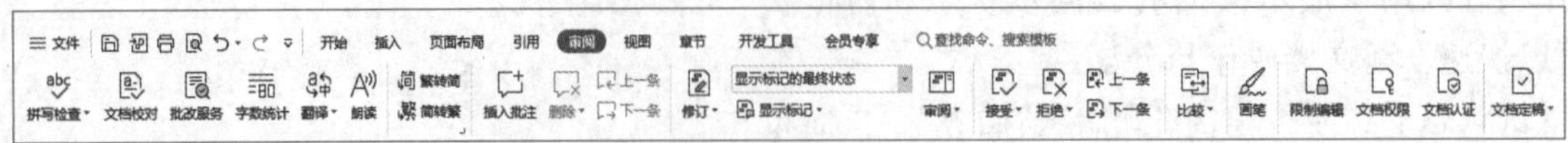

图 3-7 "审阅"选项卡

6)“视图”选项卡

“视图”选项卡包括文档视图、显示、显示比例、窗口和宏等功能，主要用于设置操作窗口的视图类型及打开、切换多个窗口、页面显示比例等操作，如图 3-8 所示。

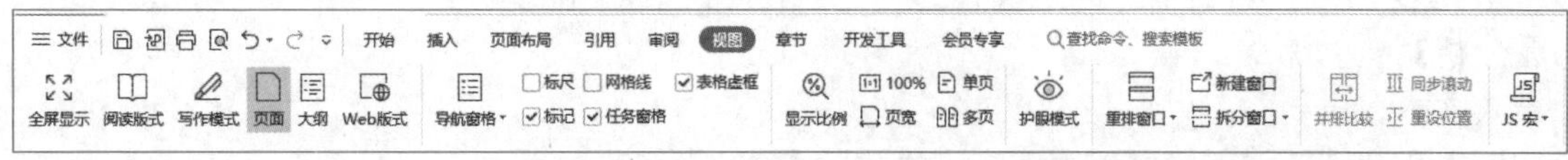

图 3-8　“视图”选项卡

“章节”及“开放工具”等选项卡进一步补充目录、页码、宏开发等功能。

4. 编辑区

编辑区用于编辑文档内容，鼠标指针在该区域呈“I”形状，在编辑处有闪烁的“|”标记，称为插入点，表示当前输入文字的位置。

5. 状态栏

状态栏位于 WPS 文字窗口的下方，用于显示系统当前的状态。状态栏左侧是【文档的页码】按钮，对应可打开“定位”对话框，【文档的字数】按钮，对应可打开“字数统计”对话框，还可进行【拼写检查】及【文档校对】。状态栏一右侧是【页面视图】、【大纲】、【阅读版式】、【Web 版式】、【写作模式】、【全屏显示】等多个视图模式，也可通过【缩放级别】按钮进行比例缩放调整。

3.2　文档编辑

例3-1视频讲解

【例 3-1】　按照要求进行编辑下面的《荷塘月色(节选)》内容，编辑效果如图 3-9 所示。

荷塘月色(节选)

这几天心里颇不宁静。今晚在院子里坐着乘凉，忽然想起日日走过的荷塘，在这满月的光里，总该另有一番样子吧。月亮渐渐地升高了，墙外马路上孩子们的欢笑，已经听不见了；妻在屋里拍着闰儿，迷迷糊糊地哼着眠歌。我悄悄地披了大衫，带上门出去。

沿着荷塘，是一条曲折的小煤屑路。这是一条幽僻的路；白天也少人走，夜晚更加寂寞。荷塘四面，长着许多树，蓊蓊郁郁的。路的一旁，是些杨柳，和一些不知道名字的树。没有月光的晚上，这路上阴森森的，有些怕人。今晚却很好，虽然月光也还是淡淡的。

路上只我一个人，背着手踱着。这一片天地好像是我的；我也像超出了平常的自己，到了另一个世界里。我爱热闹，也爱冷静；爱群居，也爱独处。像今晚上，一个人在这苍茫的月下，什么都可以想，什么都可以不想，便觉是个自由的人。白天里一定要做的事，一定要说的话，现在都可不理。这是独处的妙处；我且受用这无边的荷香月色好了。

荷塘月色（节选）↵

这几天心里颇不宁静。今晚在院子里坐着乘凉，忽然想起日日走过的荷塘，在这满月的光里，总该另有一番样子吧。月亮渐渐地升高了，墙外马路上孩子们的欢笑，已经听不见了；妻在屋里拍着闰儿，迷迷糊糊地哼着眠歌。我悄悄地披了大衫，带上门出去。↵

✧ 沿着荷塘，是一条曲折的小煤屑路。这是一条幽僻的路；白天也少人走，夜晚更加寂寞。荷塘四面，长着许多树，蓊蓊郁郁的。路的一旁，是些杨柳，和一些不知道名字的树。没有月光的晚上，这路上阴森森的，有些怕人。今晚却很好，虽然月光也还是淡淡的。↵

路上只我一个人，背着手踱着。这一片天地好像是我的；我也像超出了平常的自己，到了另一个世界里。~~我爱热闹，也爱冷静；爱群居，也爱独处。~~像今晚上，一个人在这苍茫的月下，什么都可以想，什么都可以不想，便觉是个自由的人。白天里一定要做的事，一定要说的话，现在都可不理。这是独处的妙处；我且受用这无边的荷香月色好了。↵

图 3-9　例 3-1 效果图

(1)导入文档内容。

(2)将标题字体设置为“华文行楷”，字号设置为三号，字体颜色设置为蓝色。居中对齐，并将标题的段后间距设置为 1.5 行。

(3)将正文设置为“楷体”，字号设置为小四号。将正文所有段落设置为首行缩进两个字符，段后间距设置为 0.5 行。

(4)使用替换命令将正文第二段中的“荷塘”设置为字体加粗，红色，加着重号。

(5)将正文第一段设置为首字下沉，要求设置下沉的字体为幼圆，下沉行数为 2 行。

(6)为正文第二段添加“星形”项目符号。将正文第二段添加黄色底纹,应用于文字。为文字“蓊蓊郁郁”设置方框,宽度为1榜。

(7)将第三段中“我爱热闹,也爱冷静;爱群居,也爱独处。”设置删除线效果,设置字符间距为120%。

(8)将正文第三段分为两栏,栏间距设置为4.5字符,并添加分隔线。

【问题分析】

(1)录入文本。

(2)使用查找替换功能完成文档中需统一格式的内容。

(3)字符格式化操作。

(4)段落格式化操作。

【操作步骤】

(1)新建WPS 2022文字空白文档,单击“插入”选项卡的【对象】下拉按钮,选择“文件中的文字”命令,在打开的“插入文件”对话框中选择要插入的素材文件,单击【插入】按钮。

(2)设置标题格式。选中标题文字,在“开始”选项卡设置字体为“华文行楷”,字号为“三号”,字体颜色为“蓝色”;在 “开始”选项卡中单击【居中】按钮;单击右下角的【段落】对话框按钮,打开“段落”对话框,在“间距”区域将段后间距设置为“1.5 行”。

(3)设置正文格式。用同样的方法将正文设置为“楷体”,“小四号”字;选中所有正文,打开“段落”对话框,将“特殊格式”设置为“首行缩进2个字符”;在“间距”区域将段后间距设置为“0.5 行”。

(4)完成文本替换。选中第二段文字,单击“开始”选项卡中的【查找替换】下拉按钮,选择“替换”命令,打开“查找和替换”对话框。在“查找内容”中输入“荷塘”。

(5)在“替换为”编辑栏中输入“荷塘”后单击【格式】按钮,在下拉列表中选择“字体”命令,打开“字体”对话框。

(6)按要求设置字体颜色、字形和着重号,单击【确定】按钮,返回“替换”对话框,单击【查找下一处】按钮,当选中“荷塘”文字后,单击【替换】按钮,完成操作。如此反复,将除标题外的“荷塘”文字全部替换,如图3-10所示。

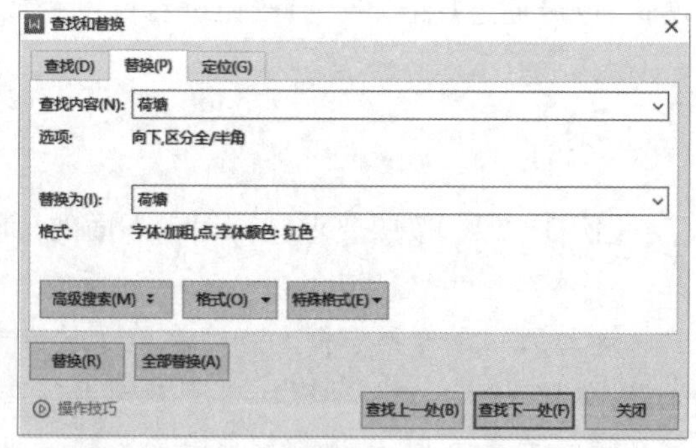

图3-10 “查找和替换”对话框

(7)设置首字下沉。选中第一段的第一个字,单击“插入”选项卡中的【首字下沉】按钮,打开“首字下沉选项”对话框。在“位置”区域选择“下沉”命令。在“选项”区域,将字体设置为“幼圆”、下沉行数设置为“2”。

(8)插入项目符号。将光标放在第二段段头位置,单击“开始”选项卡中的【项目符号】下拉按钮,选择“✧”项目符号。

(9)设置边框底纹。选中正文第二段文字,单击“开始”选项卡中【边框】按钮右侧的下拉按钮,单击“边框和底纹”命令,在弹出的“边框和底纹”对话框中选择“底纹”选项卡,将填充颜色设置相应颜色,在对话框右侧“应用于”选项中选择“文字”。选中第二段中的文字“蓊蓊郁郁”,打开“边框和底纹”对话框,在“边框”选项卡中选择“方框”命令,宽度选择1磅。

(10)设置删除线和字符间距。将第三段中的文字“我爱热闹,也爱冷静;爱群居,也爱独处。”选中,单击“开始”选项卡中的【字体】对话框按钮,在“字体”对话框中选择“字体”选项卡,在“效果”区域勾选“删除线”复选框。在“字体”对话框的“字符间距”选项卡中,将“缩放”设置为“120%”,如图3-11所示。

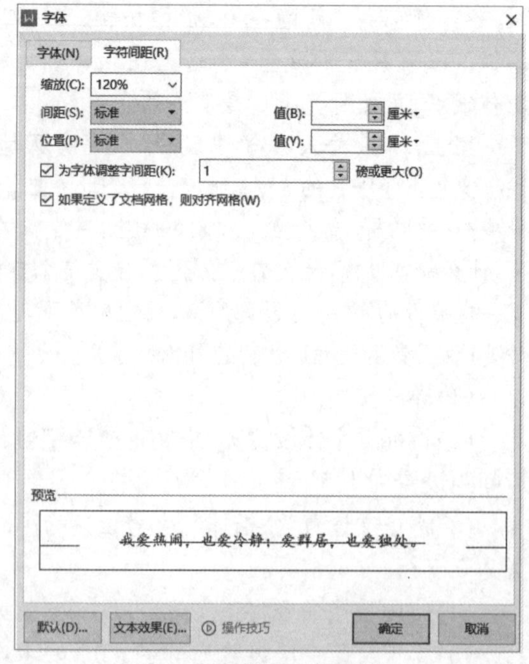

图3-11 设置字符间距

(11)设置分栏。选中第三段文字,单击“页面布局”选项卡中的【分栏】下拉按钮,在列表项中选择“更多分栏”命令,打开“分栏”对话框。在“栏数”编辑栏中输入“2”，勾选“分隔线”复选框，在“宽度和间距”区域，将栏间距设置为“4.5 字符”。

【知识点】

3.2.1 文本选定

1. 鼠标选定

(1)拖动选定。将光标移动到要选定部分的第一个文字的左侧，拖动至要选定部分的最后一个文字右侧，此时被选定的文字呈现深色底纹显示。

(2)利用选定区。在文档窗口的左侧有一个空白区域，称为选定区，当鼠标移动到此处时，鼠标指针变成右上箭头 ↗ 。这时就可以利用鼠标对行和段落进行选定操作：

- 单击：选定箭头所指向的一行。
- 双击：选定箭头所指向的一段。
- 三击鼠标左键：可选定整个文档。

2. 键盘选定

将插入点定位到要选定的文本行起始位置，在按住【Shift】键的同时，再按相应的光标移动键，便可将选定的范围扩展到相应的位置。

- 【Shift+↑】：选定上一行。
- 【Shift+↓】：选定下一行。
- 【Shift+PgUp】：选定上一屏。
- 【Shift+PgDn】：选定下一屏。
- 【Ctrl+A】：选定整个文档。

3. 组合选定

- 选定一段：将光标移动到指向该句的任何位置，按住【Ctrl】键并单击。
- 选定连续区域：将插入点定位到要选定的文本起始位置，按住【Shift】键的同时，单击结束位置，可选定连续区域。
- 选定矩形区域：按【Alt】键，利用鼠标拖动出要选定的矩形区域。
- 选定不连续区域：按【Ctrl】键，再选定不同的区域。

3.2.2 查找和替换

在编辑文本时，经常需要进行检查或修改特定字符串操作，可以使用查找和替换功能完成。

1. 查找

单击“开始”选项卡中的【查找替换】下拉按钮，打开下拉列表，显示“查找”“替换”“定位”命令。选择“查找”命令，打开“查找和替换”对话框。输入要查找的内容，会在正文中直接显示出来。此时可以通过【查找上一处】或【查找下一处】按钮，切换显示查找的文字，也可单单击“突出显示查找内容”，文档内的所有查找的内容都被高亮显示了。

2. 替换

选择“替换”命令，打开“查找和替换”对话框。若需要更详细地设置查找匹配条件，可以在“替换”对话框中单击【高级搜索】按钮，进行相应的设置：

- “搜索”下拉列表框：可以选择搜索的方向，即从当前插入点向上、向下查找或搜索全部。
- “区分大小写”复选框：查找大小写完全匹配的文本。
- “全字匹配”复选框：仅查找一个单词，而不是单词的一部分。
- “使用通配符”复选框：在查找内容中使用通配符。
- “区分全/半角”复选框：查找全角、半角完全匹配的字符。
- 【格式】按钮：可以打开一个菜单，选择其中的命令可以设置查找对象的排版格式，如字体、段落、样式等；也可通过“清除格式设置”，清除已设置的全部格式。

- 【特殊字符】按钮:可以打开一个菜单,选择其中的命令可以设置查找一些特殊符号,如分栏符、分页符等。

(1)单击【全部替换】按钮,则 WPS 2022 文字会将满足条件的内容全部替换。

(2)单击【替换】按钮,则只替换当前一处内容,如需继续替换,即可连续单击此按钮。

(3)单击【查找下一处】按钮,则 WPS 2022 文字将不替换当前找到的内容,而是继续查找下一处要查找的内容,查找到时是否替换由用户决定。

替换功能除了能用于一般文本外,也能查找并替换一些特殊的符号,在"查找和替换"对话框中,单击【特殊格式】按钮,可进行相应的设置。

3. 定位

选择"定位"命令,会显示"查找和替换"对话框中"定位"选项卡。它主要用来在文档中进行字符定位。

3.2.3 字符格式化

文档排版是指对文档内容和结构的格式化操作。文档排版的内容包括字符格式化、段落格式化和页面设置等。

字符格式化是指对字符的字体、字号、字形、颜色、字间距及动态效果等进行设置。设置字符格式可以在字符输入前或输入后进行,输入前可设置新的格式;输入后可修改其格式,直至满意为止。

1. 使用"开始"选项卡字体功能

使用字体功能中的按钮可以快速设置或更改字体、字号、字形、字符缩放及颜色等属性。字体功能工具按钮如图 3-12 所示。

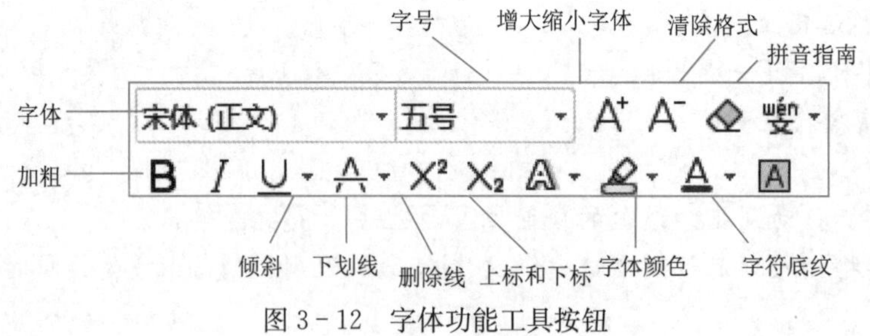

图 3-12 字体功能工具按钮

2. 使用"字体"对话框

打开"字体"对话框有下列方法:

- 单击【字体】对话框按钮,可打开 "字体"对话框。
- 右击选中文字,在弹出的快捷菜单中选择"字体"命令,可打开 "字体"对话框。

1)"字体"选项卡

选择"字体"选项卡可以进行字体相关设置,包括字体、字号、字形、字体颜色及其他效果。

2)"字符间距"选项卡

利用"字符间距"选项卡可以进行字符间距设置。

- 调整字间距:通过设置"间距"或"缩放",WPS 会自动设置选定字体的字符间距。
- 位置:在"位置"列表框中可以选择"标准"、"提升"和"降低"三个选项。选择"提升"或"降低"时,可以在右侧的"磅值"数值框中输入所要"提升"或"降低"的磅值。

3. 使用浮动工具栏

选中要编辑的文本,此时,浮动工具栏就会出现在所选文本的尾部,如图 3-13 所示。

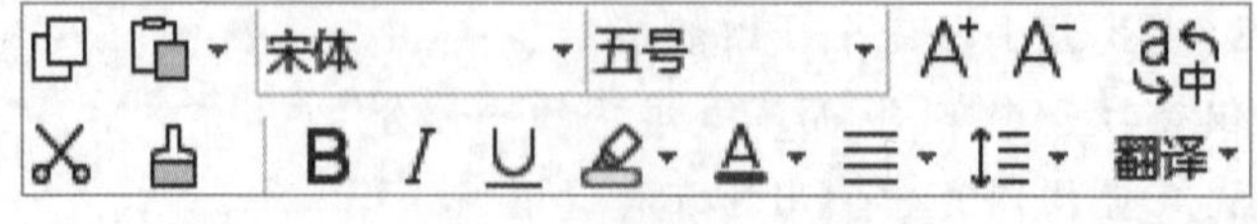

图 3-13 浮动工具栏

4. 使用格式刷

选中设置好格式的文本,单击"开始"中的 "格式刷"按钮,当指针变成" "形状时,选中要设置格式的文本，完成格式设置。

当需要多次使用格式刷时，需双击【格式刷】按钮，完成操作后再单击【格式刷】按钮，将其关闭。

3.2.4 段落格式化

段落格式化是指整个段落的外观处理。段落可以由文字、图形和其他对象组成，段落以【Enter】键作为结束标识符。当需要既不产生一个新的段落又可换行的录入情况时，可按【Shift＋Enter】组合键，产生一个手动换行符（软回车），实现操作。

如果需要对一个段落进行设置，只需将光标定位于段落中即可，如果要对多个段落进行设置，首先要选定这几个段落。

1. 设置段落间距、行间距

段落间距是指两个段落之间的距离，行间距是指段落中行与行之间的距离，WPS 默认的行间距是单倍行距。设置段落间距、行间距的操作步骤如下：

(1)选定需要改变间距的文档内容。

(2)单击“开始”选项卡中的【段落】对话框按钮，打开“段落”对话框。

(3)选择“缩进和间距”选项卡，在“段前”和“段后”数值框中输入间距值，可调节段前和段后的间距；在“行距”下拉列表中选择行间距，若选择了“固定值”或“最小值”选项，则需要在“设置值”数值框中输入所需的数值，若选择“多倍行距”选项，则需要在“设置值”数值框中输入所需行数。

(4)设置完成后，单击【确定】按钮。

2. 缩进

“缩进”是指段落文字的边界相对于左、右页边距的距离。缩进的格式如下：

- 文本之前：段落左侧边界与左页边距保持一定的距离。
- 文本之后：段落右侧边界与右页边距保持一定的距离。
- 首行缩进：段落首行第一个字符与左侧边界保持一定的距离。
- 悬挂缩进：段落中除首行以外的其他各行与左侧边界保持一定的距离。

1)用标尺设置

WPS 窗口中的标尺如图 3－14 所示，利用标尺设置段落缩进的操作步骤如下：

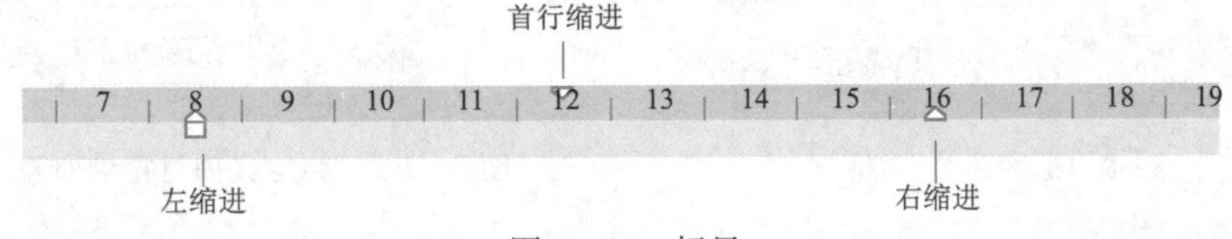

图 3－14 标尺

(1)选定要设置缩进的段落或将光标定位在该段落上。

(2)拖动相应的缩进标记，向左或向右移动到合适位置。

2)利用“段落”对话框

其操作步骤如下：

(1)单击“开始”选项卡中的【段落】对话框按钮，打开“段落”对话框。

(2)在“缩进和间距”选项卡中的“特殊格式”列表项中选择“悬挂缩进”或“首行缩进”选项；在“缩进”区域设置“文本之前”或“文本之后”。

(3)单击【确定】按钮。

(4)利用“开始”选项卡的段落功能。

单击段落功能上的【减少缩进量】或【增加缩进量】按钮，可以完成所选段落左移或右移一个汉字位置操作。

3. 段落对齐方式

段落对齐方式包括左对齐、居中对齐、右对齐、两端对齐和分散对齐，WPS 默认的对齐格式是两端对齐。

4. 边框和底纹

为起到强调或美化文档的作用,可以为指定的段落、图形或表格添加边框和底纹。

(1)文字和段落的边框。选定要添加边框和底纹的文字或段落,单击“开始”选项卡中的【边框】下拉按钮,在下拉列表中选择“边框和底纹”命令,在打开的对话框中进行设置。

(2)页面边框。在 WPS 中不仅可以为页面设置普通边框,还可以添加艺术型边框,使文档变得生动活泼、赏心悦目。选择“边框和底纹”对话框中的“页面边框”选项卡,在“艺术型”下拉列表中选择一种边框应用即可。添加页面边框时,不必先选中整篇文档,只需在“应用于”命令中选择“整篇文档”,如图 3-15 所示。

(3)底纹

在“边框和底纹”对话框中选择“底纹”选项卡,可以设置文字或段落的底纹颜色、样式和应用范围。

5. 项目符号和编号

对一些需要分类阐述的内容,可以添加项目符号和编号,起到强调的作用。

1)使用项目符号

添加项目符号的步骤:

(1)选定要添加项目符号的位置,单击“≡·”下拉按钮,选择“自定义项目符号”命令。

(2)单击所需要的项目符号,若对提供的编号不满意,可以单击【自定义】按钮,在打开的“自定义项目符号列表”对话框中进行设置。如图 3-16 所示。

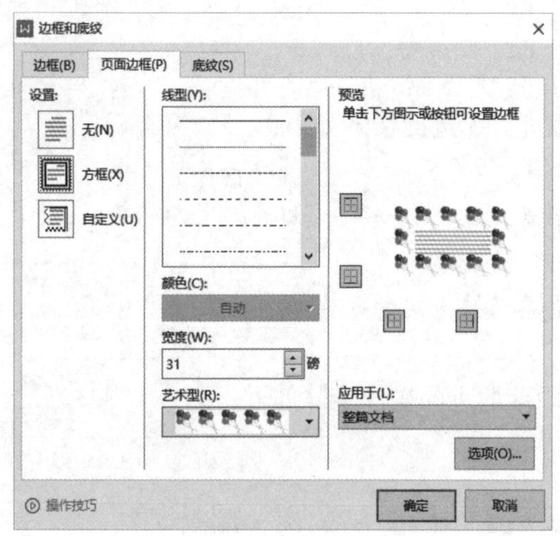

图 3-15 “边框和底纹”对话框

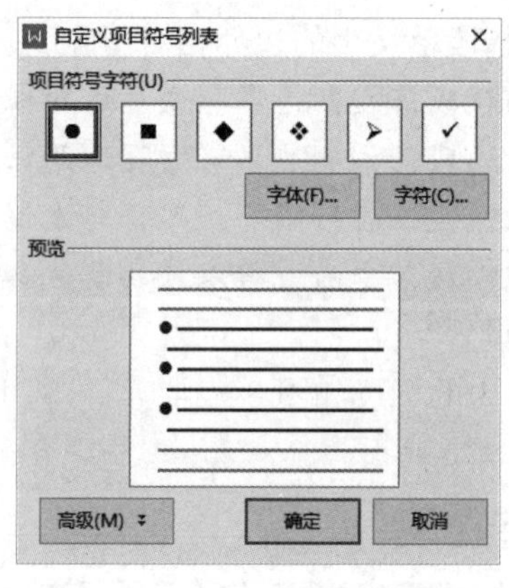

图 3-16 “自定义项目符号列表”对话框

(3)单击【确定】按钮。

2)添加编号

可使用与“项目符号”同样的方法为内容设置编号。操作步骤如下:

选定需要设置编号的段落,单击“开始”选项卡中的【编号】下拉按钮,在下拉列表中选择相应编号。也可单击【自定义】按钮,在打开的“自定义编号列表”对话框中进行设置。

若对已设置好编号的列表进行插入或删除列表项操作,WPS 将自动调整编号,不必人工干预。

6. 设置分栏格式

(1)创建分栏。创建分栏的操作步骤如下:

选定需分栏的文本,单击“页面布局”选项卡中的【分栏】按钮,在下拉列表中选择栏数。也可选择“更多分栏”命令,打开“分栏”对话框,在该对话框中详细设置。

(2)删除分栏。在“分栏”对话框中选择“一栏”命令即可删除分栏。

7. 设置首字下沉

首字下沉,即将段落中的第一个字下沉到下面几行中,以突出显示。首字下沉格式只能在页面视图模式下显示。通过使用“插入”选项卡中的【首字下沉】按钮,可打开“首字下沉”对话框,在该对话框中可进行如下设置：

- 下沉的位置：可设置首字“下沉”、“悬挂”及“无”格式。
- 字体：设置首字的字体。
- 下沉行数：设置首字的高度。
- 距正文：设置首字与其他文字间的距离。

8. 插入符号

在 WPS 文档中可以使用插入符号命令完成特殊符号及数学公式的输入操作。操作步骤如下：

(1)将光标定位到需要插入符号处，单击“插入”选项卡中的【符号】按钮，在下拉列表中会列出一些常用符号，选中需要插入的符号，单击即可完成插入。

(2)如果需要更多公式符号，单击列表项中的【公式】按钮，在下拉到表中选择“插入新公式”命令，同时会出现“公式工具”选项卡，提供更多的公式编辑方案。

9. 插入日期

单击“插入”选项卡中的【日期】按钮。在“日期和时间”对话框的“可用格式”列表中选择合适的日期或时间格式。勾选“自动更新”复选框，实现每次打开 WPS 文档自动更新日期和时间，单击【确定】按钮即可。

10. 多窗口、多文档编辑

WPS 2022 文字具有多个文档窗口并排查看的功能，即对不同窗口中的内容进行并排查看、比较。打开两个或两个以上文档窗口，在当前文档窗口中单击“视图”选项卡中的【并排比较】按钮，此时窗口并排显示，默认为选中“同步滚动”，可以实现在滚动当前文档时另一个文档同时滚动。

11. 统计文档字数

其操作步骤如下：

(1)打开 WPS 文字，状态栏中的【文档字数】按钮显示出文档的统计信息，单击此按钮，可以打开“字数统计”提示框。

(2)单击“审阅”选项卡中的【字数统计】按钮，在提示框中查看。

例3-2视频讲解

3.3 WPS 2022 文字基本操作

【例 3-2】 使用模板向导制作图 3-17 所示“职业生涯规划书”首页，并做如下设置：

(1)将文档保存为 wps 格式，属性设置为只读。

(2)设置文档自动保存时间间隔为 2 分钟。

(3)将“职业生涯规划书”文本转换成 PDF。

(4)调整显示比例为 75%，在阅读版式视图中浏览内容。

【问题分析】

(1)使用在线模板创建文件。

(2)文件的基本操作及属性设置。

(3)将 WPS 转换成演示文稿。

(4)WPS 2022 文字中视图显示方式及显示比例。

图 3-17 例 3-2 效果图

【操作步骤】

(1)创建文档。单击“首页”选项卡，在左侧导航栏中选择“新建”命令，选择“简历封面”进行快速搜索，在搜索结果中，选择“免费”模板。单击模板后，生成新的简历文档。

(2)设置文档保存类型。单击“文件”→“另存为”命令，在打开的“另存文件”对话框中，将文档命名为“职业生涯规划书”，指定保存路径，在弹出的“文件类型”下拉列表中选择“WPS 文字文件”类型。

(3)设置文档属性。右击“职业生涯规划书”文件,在弹出的快捷菜单中选择“属性”命令,在打开的“职业生涯规划书”对话框中选择“常规”选项卡,勾选“只读”复选框。

(4)设置文档的自动保存时间。在“文件”菜单中选择“选项”命令,在打开的“选项”对话框中,选择“备份中心”命令,在打开的“备份窗口”对话框中单击“本地备份设置”命令,在打开的“本地备份设置”对话框中,选择“定时备份”命令并输入时间为“2 分钟”,如图 3-18所示。

(5)文档格式转换。单击“文件”→“输出为 PDF”命令,在弹出的对话框中选中要转换的文档,设定要转换的页码,单击【开始输出】按钮,完成转换,如图 3-19 所示。

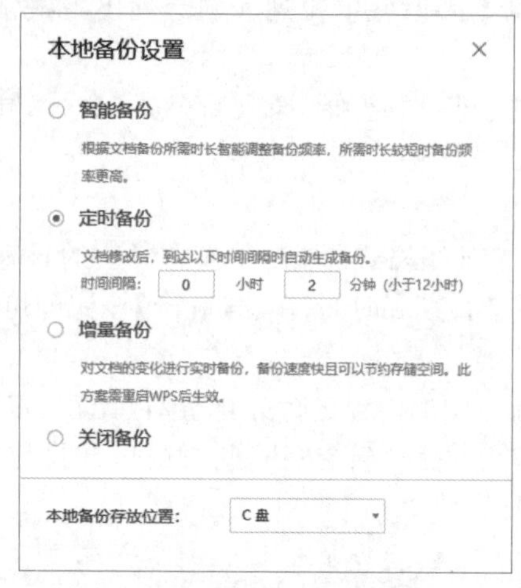

图 3-18 “本地备份设置”对话框

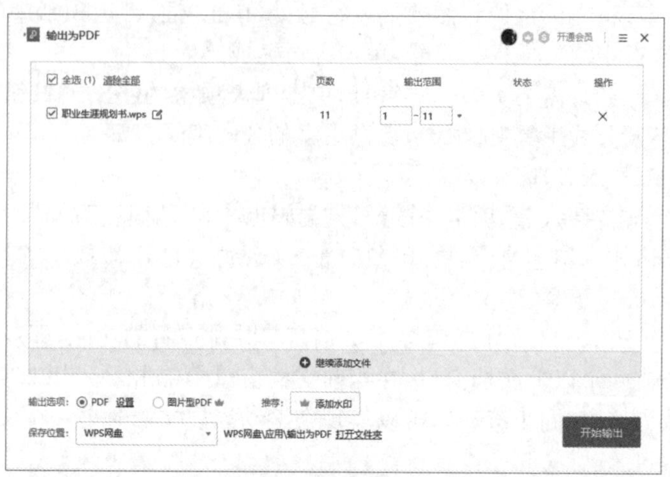

图 3-19 文档转换 PDF

(6)调整显示模式。在“视图”选项卡中单击【显示比例】按钮,将显示比例设置为“75%”,单击【确定】按钮,如图 3-20 所示。

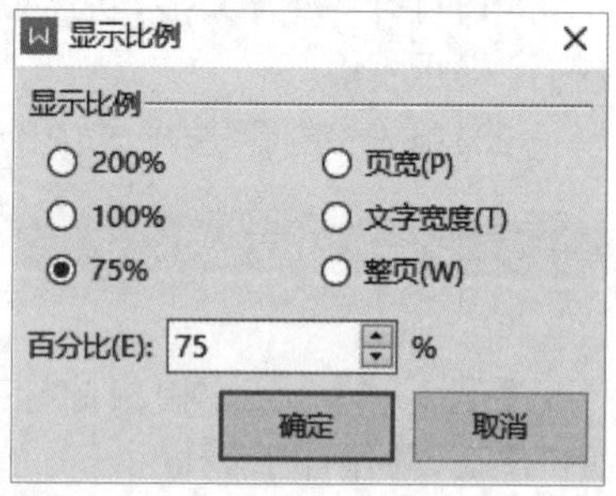

图 3-20 “显示比例”对话框

【知识点】

3.3.1 文档的创建

1. 创建空白文档的方法

(1)使用新建命令创建空白文档。单击“首页”标签,在导航栏中选择“新建”命令,单击“空白文档”图标,单击【创建】按钮,即可创建新空白文档。

(2)使用【Ctrl+N】组合键,即可打开一个新的空白文档窗口。

(3)使用“快速访问工具栏”创建文档。在“自定义快速访问工具栏”列表中单击【新建】按钮创建新空白文档。

2. 使用模板创建文档的方法

WPS 2022 文字使用模板创建文档的方法如下:

单击“首页”标签,在导航栏中选择“新建”命令,在打开的“新建”界面中选择要使用的模板,完成创建。此时需要连接互联网络并注册 WPS 账号等。

3.3.2 打开文档

打开文档的方法如下:

(1)单击“首页”标签,在导航栏中选择“打开”命令,进入“打开文件”对话框,单击 “此电脑”,找到所需文档,单击【打开】按钮即可该文档。

(2)按【Ctrl+O】组合键,打开“打开文件”对话框,继续按方法(1)操作,打开所需文档。

(3)单击“首页”标签,在导航栏中选择“文档”命令,在界面中选择“最近”命令,可以在右侧查看“最近使用的文档”,单击所需文档即可。

3.3.3 文档视图

文档视图是指当前文档的显示形式,每一种显示形式的改变不会改变的文档内容。WPS 2022 文字的视图方式包括全屏显示、阅读版式、写作模式、页面视图、大纲视图、Web 版式视图等。视图的切换可通过“视图”选项卡中的选项来切换，或者通过屏幕右下侧的视图及显示比例控制面板实现。

1. 阅读视图

阅读版式视图以图书的分栏样式显示文档，在该视图中没有页的概念，不会显示页眉和页脚。在阅读版式中，通过工具栏上的“视图选项”命令可以完成翻页、修订、调整页边距等操作。

2. 页面视图

页面视图是首次启动 WPS 后默认的视图模式。用户在这种视图模式下看到的是整个屏幕布局。在页面视图中，用户可以轻松地进行编辑页眉页脚、处理分栏、编辑图形对象等操作。

3. 大纲视图

大纲视图主要用于显示文档结构。在这种视图模式下，可以看到文档标题的层次关系。在大纲视图中可以折叠文档、查看标题或者展开文档，这样可以更好地查看整个文档的结构和内容，便于进行移动、复制文字和重组文档等操作。

4. Web 版式视图

Web 版式视图专为浏览、编辑 Web 网页而设计，它能够以 Web 浏览器方式显示文档。在 Web 版式视图方式下，可以看到背景和文本，且图形位置和在 Web 浏览器中的位置一致。

5. 显示比例

设置显示比例的方法如下：

(1)单击“视图”选项卡中的【显示比例】按钮，在打开的“显示比例”对话框中设置。

(2)在页面窗口的右下角“视图和显示比例”控制面板进行设置。

3.3.4 保存文档

保存文档的方法如下：

(1)单击“文件”→“保存”命令。

(2)单击“快速访问工具栏”中“ ”按钮。

(3)使用【Ctrl+S】组合键。

以上方法如果是保存新文档，将打开“另存文件”对话框，在对话框中设置保存的位置和文件名，然后单击对话框右下角的【保存】按钮。如果保存的是修改过的旧文档，将直接以原路径和文件名存盘，不再打开“另存文件”对话框。

3.3.5 保护文档

单击“文件”→“另存为”命令，在打开的“另存文件”对话框中选择“加密”，可以设置文件的打开及编辑密码，对文件起到加密保护作用，如图 3-21 所示。

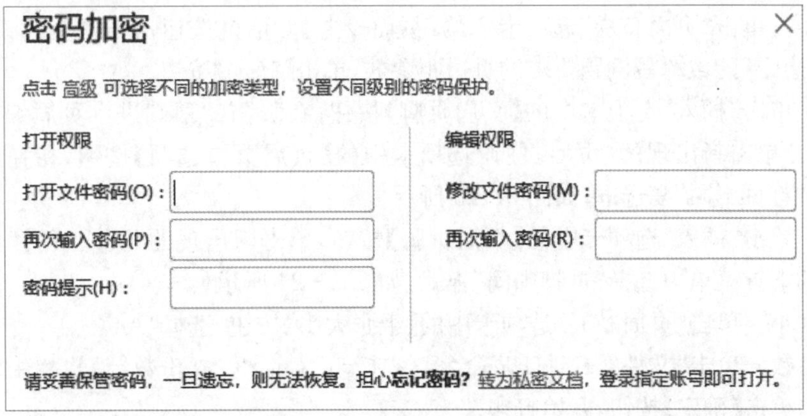

密码加密

点击 高级 可选择不同的加密类型，设置不同级别的密码保护。

打开权限

打开文件密码(O)：

再次输入密码(P)：

密码提示(H)：

编辑权限

修改文件密码(M)：

再次输入密码(R)：

请妥善保管密码，一旦遗忘，则无法恢复。担心忘记密码？转为私密文档，登录指定账号即可打开。

图 3-21 “密码加密”对话框

3.4 文档打印

【例 3-3】 将“职业生涯规划书”文档页面进行如下设置并按要求打印：

(1)将页边距分别设置为上 2.5 厘米，下 2.5 厘米，左 3.5 厘米，右 3.5 厘米。

(2)设置页眉为“职业生涯规划书”，首页不显示；插入页脚，页码居中。

(3)用 A4 纸打印 10 份图 3-22 所示的“职业生涯规划书”前两页。

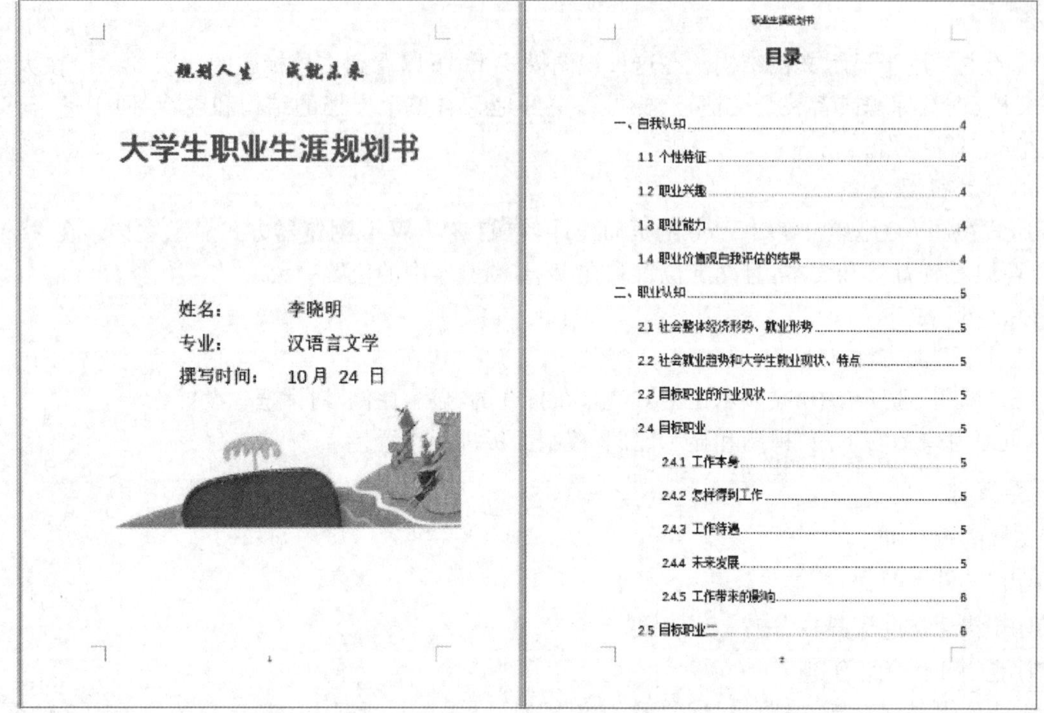

图 3-22 打印效果图

【问题分析】

(1)使用“页面设置”命令进行页面设计与设置。

(2)设置页眉及插入页脚。

(3)设置打印参数，打印页面。

【操作步骤】

(1)设置页边距。单击“页面布局”选项卡中的【页面设置】对话框按钮，打开“页面设置”对话框，在“页边距”选项卡的“页边距”区域填写例题要求的页边距参数，单击【确定】按钮。

(2)设置页眉。单击“插入”选项卡中的【页眉页脚】按钮，在页面的顶端进入页眉编辑状态。输入页眉“职业生涯规划书”。单击新出现的“页眉页脚”选项卡中的【页眉页脚选项】按钮，在弹出的“页眉/页脚设置”对话框中，勾选“首页不同”复选框，如图 3-23 所示。

(3)设置页脚。单击“插入”选项卡中的【页眉页脚】按钮，单击新出现的“页眉页脚”选项卡中的【页码】下拉按钮，在弹出的下拉菜单中选择“页脚中间”样式，如图 3-24 所示。

(4)设置纸张大小。单击“页面布局”选项卡中的【纸张大小】按钮，选择“A4”。

(5)设置打印参数。单击“文件”→ “打印”命令，在“打印”对话框的“份数”编辑栏中输入“10”；选择“页码范围”输入“1,2”，单击【确定】按钮，开始打印。

(6)设置打印预览。单击“文件”→“打印” →“打印预览”命令，窗口右侧是“打印预览”区域，可通过拖动右下角“显示比例”滑块来设置一版多页显示效果。如图 3-25 所示。单击【关闭】按钮，返回编辑界面。

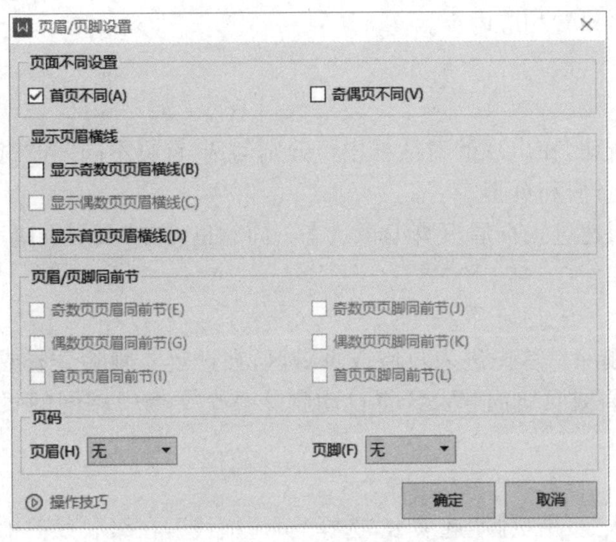

图 3-23　“页眉/页脚设置”对话框

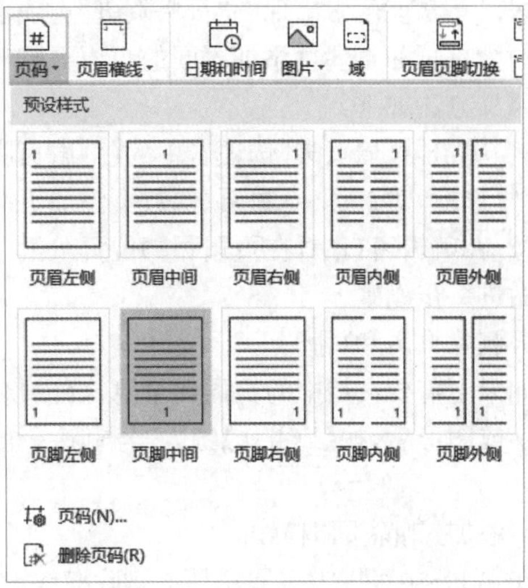

图 3-24　“页码”设置界面

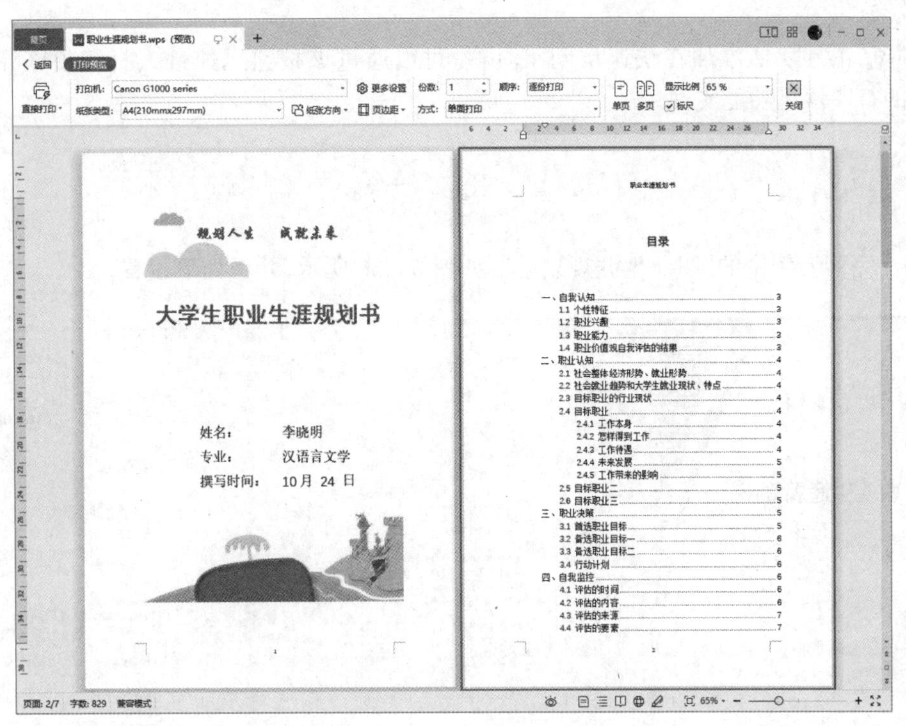

图 3-25　“打印预览”窗口

【知识点】

3.4.1　页面布局

1. 页面设置

页面设置是指设置文档的总体版面布局以及选择纸张大小、上下左右边距、页眉页脚与边界距离等内容，选择“页面布局”选项卡中的按钮进行设置。或者单击右下角的【页面设置】对话框按钮，在打开的“页面设置”对话框中完成设置。

2. 页眉页脚设置

页眉和页脚可以包含页码，也可以包含标题、日期、时间、作者姓名、图形等。

1)创建页眉和页脚

单击“插入”选项卡中的【页眉页脚】按钮。此时，正文呈灰色状态，在页面顶部和底部出现页眉和页脚编辑区。在功能区中出现的“页眉页脚”选项卡中,设置相应内容。

2)为首页和奇偶页添加不同的页眉页脚

添加方法如下:

(1)单击“页眉页脚”选项卡中的【页眉页脚】按钮,在出现的对话框中可分别勾选“首页不同”和“奇偶页不同”复选框,对首页、奇数页、偶数页添加不同的页眉和页脚。

(2)在编辑窗口中,在页眉页脚位置双击,可快速进入页眉页脚编辑状态。同时也可在“页眉页脚”选项卡中做进一步设置。

3)删除页眉和页脚

如果不需要文档中的页眉和页脚,可以将其删除。首先进入页眉或页脚区,在选定要删除页眉或页脚的文字或图形后,按【Delete】键。当删除一个页眉或页脚时,WPS 将自动删除整个文档中相同的页眉或页脚。

4)添加/删除页眉横线

在 WPS 中可以为页眉添加或删除横线。进入“页眉页脚”选项卡,选择“页眉横线”,在级联菜单中选择“无线型”,即可去掉页眉横线。也可通过该级联窗口为页眉添加不同类型的横线,并进行自定义编辑。

3.4.2 打印预览

将“打印预览”工具默认添加在快速访问工具栏,可以通过该按钮迅速进入打印预览界面。也可通过“文件”菜单中的打印预览功能实现。

3.5 长文档编辑

【例 3-4】 完善上例中的“职业生涯规划书”,如图 3-26 所示,并做如下设置。

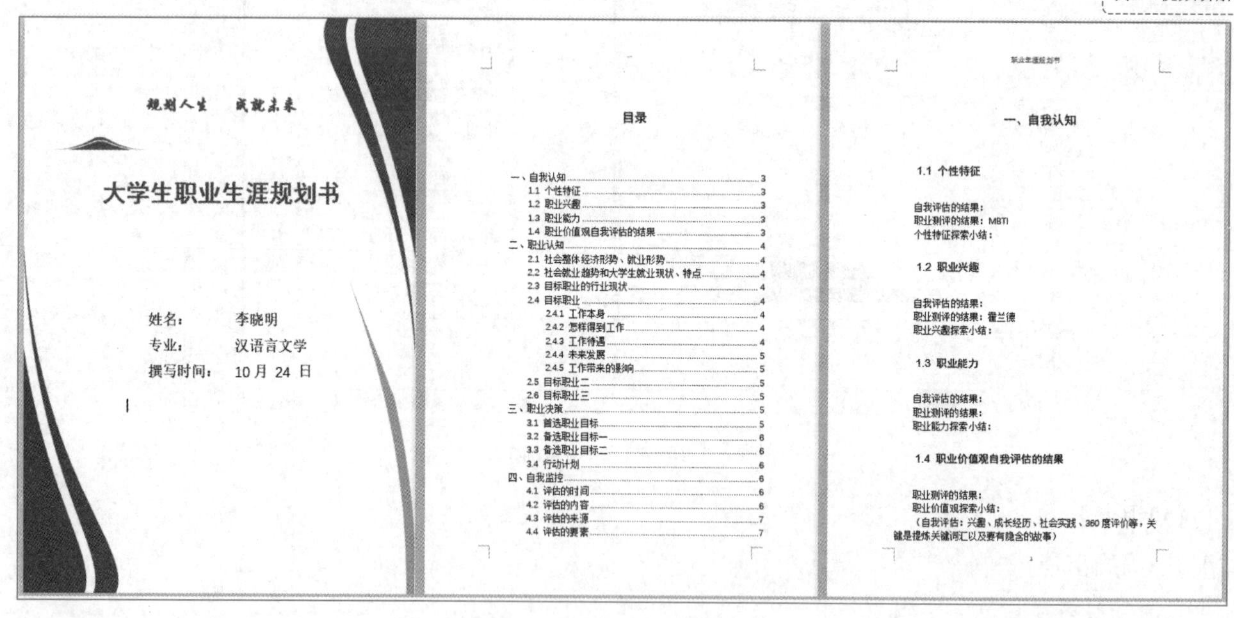

图 3-26　例 3-4 效果图

(1)封面要求:中文题目设置为小初黑体字;学生姓名、专业、撰写时间为宋体、二号。

(2)生成三级目录。

(3)设置插入正文页码;设置奇偶页页眉,奇数页页眉为“职业生涯规划书”;偶数页页眉为学生所在院系、专业。

(4)正文应用样式:

①一级标题设置为黑体小二号字、居中、段前 1.5 行、段后间距 32 磅;二级标题设置为黑体三号、左对

齐、段前 1 行、段后 22 磅；三级标题设置为黑体小三号字、左对齐、段前 0.5 行、段后 13 磅。

②正文设置为宋体四号字、固定行距 20 磅、首行缩进 2 个字符。

(5)对报告中语法拼写错误的内容进行修订。

(6)创建一个名为“职业规划. dic”的词典，将新词“职业评价”添加到自定义词典中。

【问题分析】

(1)使用样式快速创建报告模板。

(2)使用分隔符。

(3)自动生成目录及更新目录。

(4)使用字典添加新单词。

【操作步骤】

(1)插入封面。单击“插入”选项卡中的【封面页】按钮，在下拉列表中选择合适的封面，单击插入，输入报告封面内容，或按格式要求自制报告封面。

(2)设置字体格式。选中封面内容，按例题要求，使用“开始”选项卡字体功能中的工具按钮完成字符格式设置。

(3)插入目录。将光标定位到要插入目录的位置，单击“引用”选项卡中的【目录】按钮，在下拉列表中选择自动目录下三级目录样式，如图 3-27 所示，完成创建。

(4)从第三页开始插入页码。

①将光标定位到第一页末，单击“插入”选项卡中的【分页】按钮，在下拉列表中单击【分页符】选项，如图 3-28所示。此时，光标定位在第二页页首位置。

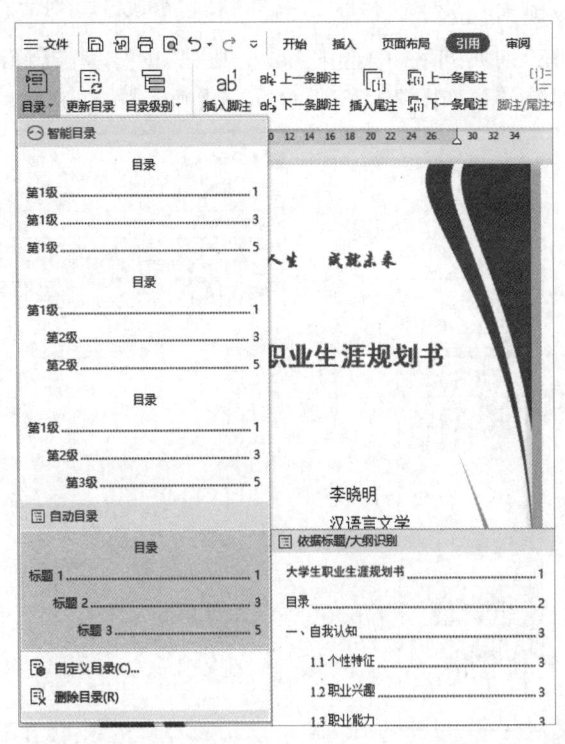

图 3-27　目录样式

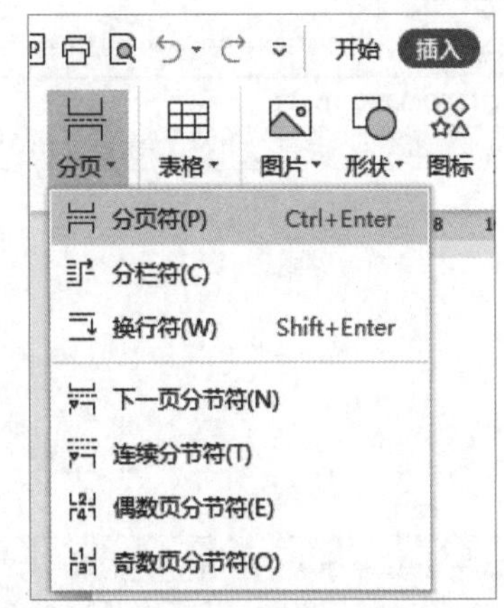

图 3-28　“分页”功能展示

②添加页码，将光标定位到第 2 页页脚，在弹出对话框中单击【删除页码】按钮，在弹出的级联菜单中，选择“本页”，如图 3-29 所示。

③将光标定位到第 3 页页脚，在弹出对话框中单击【重新编号】按钮，在弹出的级联菜单中设置“页码编号设为 1”，如图 3-30 所示。

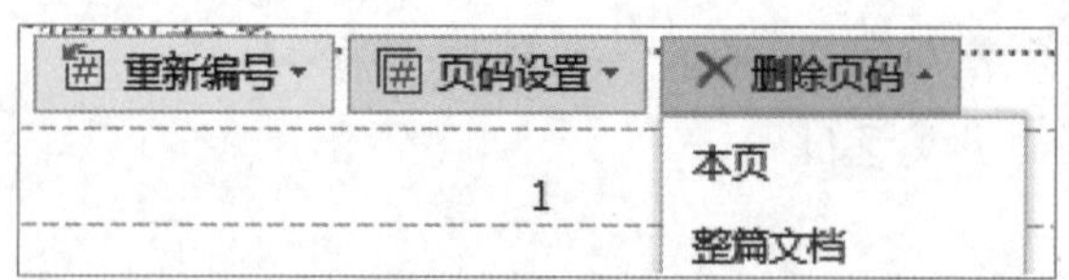

图 3-29 “删除页码”功能展示

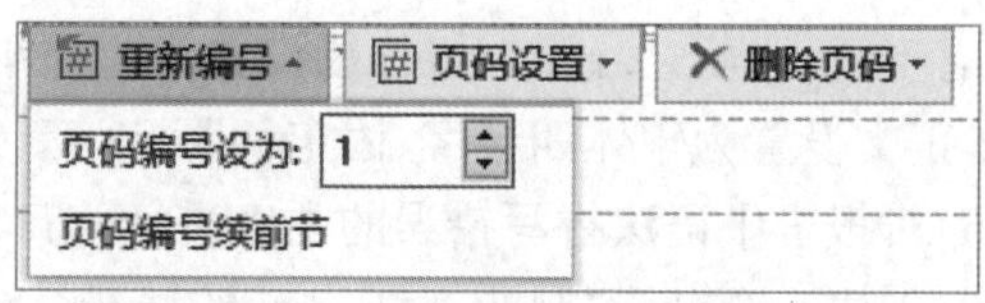

图 3-30 “重新编号”功能展示

④为报告设置奇偶页页眉。添加页眉,在“页眉/页脚设置”对话框中勾选“奇偶页不同”,单击【确定】按钮,之后分别按要求设置奇偶页页眉内容。

⑤设置样式。选择“开始”选项卡中的【样式】对话框按钮,右击“样式”任务窗格“标题 1”,在快捷菜单中选择“修改样式”命令,此时弹出“修改样式”对话框,如图 3-31 所示。通过【格式】按钮,按例题要求进行字符格式的设置。在正文中选中标题“一、自我认知”,单击“样式”中的“标题 1”,此时选中文字格式发生变化,设置完毕。同样,正文中二级、三级标题及正文,都通过“修改样式”对话框及分别选中对应标题进行格式设置。这里不再赘述。

图 3-31 “修改样式”对话框

⑥设置自定义词典。选择“文件”→“选项”命令,在打开的“选项”对话框中选择“拼写检查”,在右侧界面中单击【自定义词典】按钮,打开“自定义词典”对话框,如图 3-32 所示。

在该对话框中,单击【新建】按钮,在打开的对话框中选择自定义词典的保存路径,并将词典命名为“职业规划. dic”,单击【保存】按钮。返回到“自定义词典”对话框,在“词典列表”中选中“职业规划. dic”,单击【修改】按钮,在打开的对话框中输入单词“职业评价”,单击【添加】按钮,如图 3-33 所示,单击【确定】按钮完成。

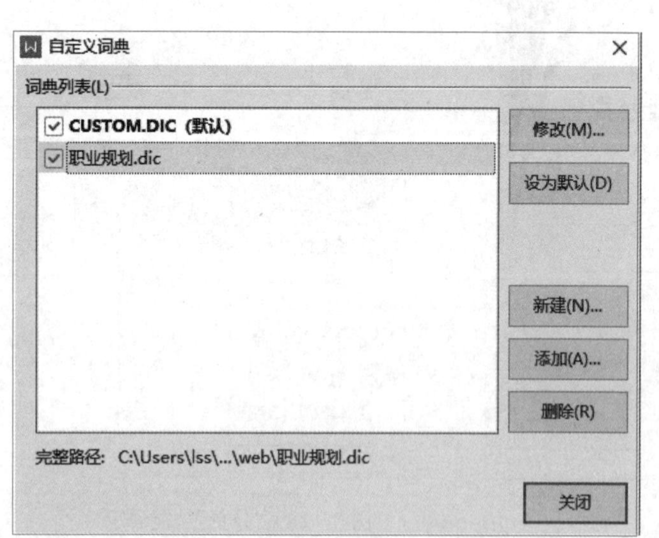

图 3-32 “自定义词典”对话框

图 3-33 添加“职业规划”词典

【知识点】

3.5.1 应用样式

1. 使用“样式”工具新建样式

使用“样式”工具可以修改已有样式,也可以创建一种全新的样式。操作步骤如下:

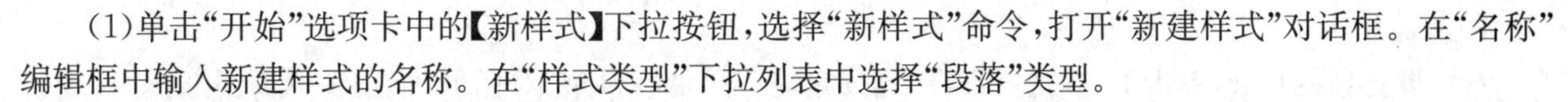

(1)单击“开始”选项卡中的【新样式】下拉按钮，选择“新样式”命令，打开“新建样式”对话框。在“名称”编辑框中输入新建样式的名称。在“样式类型”下拉列表中选择“段落”类型。

“样式类型”选项如下：

- 段落：新建的样式将应用于段落级别。
- 字符：新建的样式将仅用于字符级别。

(2)打开“样式基准”下拉列表，选择 WPS 2022 文字中的某一种内置样式作为新建样式的基准样式。

(3)打开“后续段落样式”下拉列表，选择新建样式的后续样式。在“格式”区域，根据实际需要设置字体、字号、颜色、段落间距、对齐方式等段落格式和字符格式。如果希望该样式应用于所有文档，则选中【同时保存到模板】单选按钮，完成后单击【确定】按钮。

2. 更改样式

可以通过“样式”任务窗格更改已有样式。单击“开始”选项卡，在“样式”列表框中，右击要更改的已有样式，选择“修改样式”命令，打开“修改样式”对话框，对该样式的段落、字体等进行更改。

3.5.2 插入分隔符

文档中为了分别设置不同部分的格式和版式，可以用分隔符将文档分为若干节，每个节可以有不同的页边距、页眉页脚、纸张大小等页面设置。分隔符分为分页符和分节符。

1. 分页符

WPS 2022 文字具有自动分页功能，当文档满一页时会自动进入下一页，并插入一个软分页符。分页符包括分页符、分栏符及换行符。

1)插入分页符

插入分页符有下列方法：

- 将插入点移动到要分页的位置，单击“布局”选项卡中的【分隔符】按钮，在下拉列表中选择【分页符】按钮。
- 单击“插入”选项卡中的【分页】按钮。
- 按【Ctrl+Enter】组合键开始新的一页。

2)自动换行符

通常情况下，文本到达文档页面右边距时，WPS 会自动将换行。如果需要在插入点位置强制断行，可单击【分隔符】按钮，在下拉列表中选择“换行符”。与直接按【Enter】键不同的是，这种方法产生的新行仍将作为当前段的一部分。

2. 分节符

节是文档的一部分。插入分节符之前，WPS 将整篇文档视为一节。在需要改变行号、分栏数或页眉页脚、页边距等特性时，需要创建新的节。

分节符的类型如下：

- 下一页分节符：插入分节符并在下一页上开始新节。
- 连续分节符：插入分节符并在同一页上开始新节。
- 偶数页分节符：插入分节符并在下一偶数页上开始新节。
- 奇数页分节符：插入分节符并在下一奇数页上开始新节。

3.5.3 插入目录

1. 插入目录

为文档插入目录可以使用户更加方便地浏览文档内容，通常情况下，目录会出现在文档的第二页。自动生成目录的方法可以通过“引用”选项卡中的功能来完成。如果想要定制个性化目录，可以在【目录】下拉列表中选择“自定义目录”命令，打开“目录”对话框，选择“目录”选项卡，选择要插入目录的格式和级别，单击【确定】按钮。

2. 更新目录

选中要更新的目录,单击上方的【更新目录】按钮,打开“更新目录”对话框,根据实际需要选择“只更新页码”或“更新整个目录”选项,单击【确定】按钮,完成操作。

3. 删除目录

当需要删除目录时,只需要单击“目录”下拉列表中的“删除目录”命令即可。

3.5.4 文档修订

修订是显示文档中所做的删除、插入或者其他编辑的更改位置的标记。启用修订功能后,作者或审阅者的每一次插入、删除或者格式更改都会被标记出来。有利于作者更好地理解审阅者的写作思路,并决定接受或拒绝所做的修订。

1. 打开修订

(1)单击“审阅”选项卡中的【修订】按钮。

(2)可以自定义状态栏,打开或关闭“修订”功能。在打开修订功能的情况下,能够查看在文档中所做的所有更改。关闭修订功能时,则不会显示对更改内容做出的标记。右击状态栏,在快捷菜单中选择【修订】命令来打开或关闭修订功能。

如果当前文档的“修订”命令不可用,需要先关闭文档保护。单击“审阅”选项卡中的【限制编辑】按钮,打开“限制编辑”导航窗格。单击“保护文档”窗格底部的【停止保护】按钮。

2. 关闭修订

关闭修订功能不会删除任何已被跟踪的更改。要取消修订,单击“审阅”选项卡中的【接受】和【拒绝】按钮,或者直接单击【修订】按钮结束修订。

3.5.5 插入脚注、尾注

将光标定位到要插入脚注的位置,单击“引用”选项卡中的【插入脚注】按钮,直接在下方输入文字即可。插入尾注时只需单击【插入尾注】按钮即可。

如需设置脚注、尾注位置,则打开“脚注和尾注”对话框,在相应编辑栏中输入数据即可。

3.6 表格处理

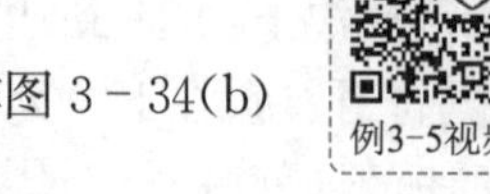
例3-5视频讲解

【例3-5】 制作图3-34(a)“考试课成绩表”。并在“考试课成绩表”基础上制作图3-34(b)“成绩汇总表”,计算出表格中平均分、总分的数值,并插入图表。

考试课成绩				
科目 / 姓名	高数	政治	英语	计算机
王缓缓	83	80	79	90
周楠	92	90	87	78
张肖燕	53	50	77	90
殷星	75	70	89	95
郝明	62	60	86	90

(a) 考试课成绩表

成绩汇总						
序号	姓名	高数	政治	英语	计算机	总分
1	王缓缓	83	80	79	90	332
2	周楠	92	90	87	78	347
3	张肖燕	53	50	77	90	270
4	殷星	75	70	89	95	329
5	郝明	62	60	86	90	298
平均分		73	70	83.6	88.6	

(b) 成绩汇总表

图3-34 例3-5效果图

【问题分析】

(1)插入表格。

(2)表格内数据的格式化。

(3)设置表格内外不同边框和底纹。

(4)插入新行、新列。

(5)输入数据,为表格进行设计和格式化。

(6)使用公式计算学生总分、平均分。

(7)插入成绩单图表并进行相应设置。

【操作步骤】

步骤一:制作图 3－34(a)考试课成绩表。

(1)插入表格。单击“插入”选项卡中的【表格】按钮,在下拉列表中按住鼠标左键拖动,插入一个 7 行 5 列的表格。

(2)完成考试课成绩的单元格合并。按住鼠标左键拖动,将第一列全部单元格选中,单击“表格工具”选项卡中的【合并单元格】按钮。

(3)绘制斜线表头。选择将要绘制斜线表头的单元格,单击“表格样式”选项卡中的【绘制斜线表头】按钮,在弹出的对话框中选择设置的斜线表头样式。

(4)根据图 3－34(a)所示内容输入数据。

(5)设置格式。选中整个表格,单击“表格工具”选项卡中【对齐方式】按钮,在级联菜单中选择“水平居中”。

(6)设置底纹。选中要添加底纹的单元格,单击“表格工具”选项卡中的【底纹】按钮,在下拉列表中选择黄色作为添加的底纹颜色。

(7)分别设置外边框和内边框。由于要设置的外边框与内边框样式不同,因此将设置过程分开进行。

①设置外边框:在该对话框的“边框”选项卡中,在“颜色”和“宽度”编辑栏中分别输入“红色”“2.25 磅”,然后在“边框”列表中,单击 “外侧框线”图标,设置完成。

②设置内边框:将“颜色”和“宽度”编辑栏中分别输入“橙色”“1 磅”,然后在“边框”列表中,单击 “内侧框线”图标,设置完成。

步骤二:制作图 3－34(b)成绩汇总表。

(1)复制表。选中“步骤一”绘制的整张表格,右击,在弹出的快捷菜单中选择“复制”命令,在要绘制新表格的位置右击,在弹出的快捷菜单中选择“粘贴”命令,在复制出的新表格中继续编辑,完成“步骤二”后续要求,制作“成绩汇总”表。

(2)删除斜线表头。选择将要删除斜线表头的单元格,单击“表格样式”选项卡中的【绘制斜线表头】按钮,在弹出的对话框中选择空白样式。同时删除单元格文字,保留“姓名”字样。

(3)插入行和列。将光标放在图 3－34(a)所示表格的最后一行插入点处,按【Enter】键,插入一新行;将光标放在第一列处,单击“表格工具”选项卡中的【在左侧插入列】按钮,插入一新列;同样,在表格右侧插入一列,按图 3－34(b)修改表格格式及内容。

(4)求和计算。选中 C3 至 G3 单元格,单击“表格工具”选项卡中的【快速计算】按钮,选中“求和”即可完成求和计算。用同样的方法计算出全体同学的总分。

(5)求平均值计算。选中 C8 单元格,计算“高数”科目的平均分,单击“表格样式”选项卡的【公式】按钮,打开“公式”对话框。在“公式”编辑栏中输入公式“＝AVERAGE(ABOVE)”,如图 3－35 所示。单击【确定】按钮。用同样的方法计算出政治、英语、计算机的平均分。

图 3－35　“公式”对话框

(6)应用自动套用格式。选中图 3－34(b)所示表格,单击“表格样式”选项卡,在样式列表中选择“主题样式 1-强调 6”,应用自动套用格式。

(7)对表格进一步美化。选中图 3－34(b)所示表格,在“表格工具”选项卡,单击【自动调整】按钮,选择“根据内容调整表格”。

(8)设置图表类型。将光标定位到需要插入图表的位置,单击“插入”选项卡中的【图表】按钮,打开“插入图表”对话框。在该对话框左侧选择图表类型模板为“柱形图”,在右侧选择其子类型为“簇状柱形图”,单击【确定】按钮。

(9)编辑图表。选中表格 B2 至 F7 中的数据并复制。选中插入的图表,在“图标工具”选项卡中单击【选择数据】按钮,此时会打开一个 Excel 窗口。将之前复制的数据粘贴到 Excel 中。对“编辑数据源”对话框中的“图表数据区域”中的数据范围重新选定,单击【确定】按钮,返回 WPS 文字中。看到的最终效果如图 3-36所示。

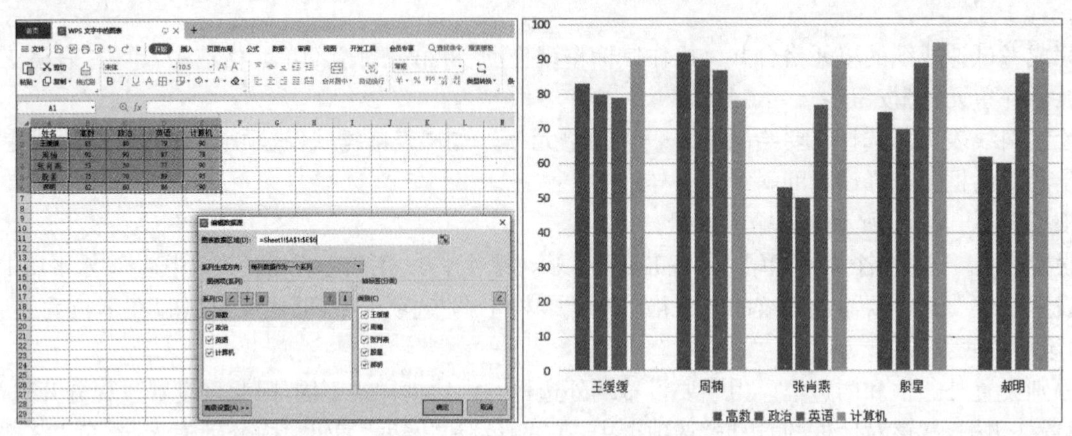

图 3-36　插入图表后效果

(10)设置图表参数。选中插入的图表,可以在“图表工具”选项卡中进行“图表类型”、“图表颜色”、“图标布局”及“图表数据”的修改,使图表更加专业、美观。

【知识点】

3.6.1　创建表格的方法

1. 使用表格网格创建

单击“插入”选项卡中的【表格】按钮,按住鼠标左键拖动,在网格区选择行数和列数,松开鼠标左键即可完成插入。

2. 使用“插入表格”命令创建

将光标定位在需要插入表格的位置,单击“插入”选项卡中的【表格】下拉按钮,在下拉列表里选择【插入表格】命令,打开“插入表格”对话框。

在该对话框“表格尺寸”区域的“行数”与“列数”文本框中输入需要设置的行/列数值;在“自动调整”区域选中相应的单选按钮,设置表格列宽;单击【确定】按钮。

3. 绘制表格

将光标定位在需要插入表格的位置,单击“插入”选项卡的【表格】下拉按钮,在下拉列表项中选择“绘制表格”命令,将鼠标指针移动到文档中需要插入表格的定点处,按住鼠标左键拖动,到达合适位置后释放鼠标左键,即可绘制表格边框。

使用此方法可在表格边框内任意绘制表格的横线、竖线或斜线。如果要擦除单元格边框线,可单击“表格样式”选项卡中的【擦除】按钮,按住鼠标左键拖动,经过要删除的线,即可完成删除操作。

4. 插入电子表格

在 WPS 2022 文字中不仅可以插入普通表格,还可以插入 Excel 电子表格。操作步骤为:将光标定位在需要插入电子表格的位置,单击“插入”选项卡中的【表格】下拉按钮,在下拉列表中选择“Excel 电子表格”命令,即可在文档中插入一个电子表格。

5. 插入快速表格

在 WPS 2022 文字中,可以快速插入内置表格,单击“插入”选项卡中的【表格】下拉按钮,在下拉列表中选择适合的表格模板类型。

6. 文本转换为表格

在 WPS 2022 文字中可以将用段落标记、逗号、制表符、空格或其他特定字符隔开的文本转换成表格,操作步骤如下:

(1)将光标定位在需要插入表格的位置。选定要转换为表格的文本,单击“插入”选项卡中的【表格】下拉按钮,在下拉列表中选择“文本转换成表格”命令。

(2)调整“表格尺寸”区域中的列数,在“文字分隔位置”区域中选择或输入一种分隔符,单击【确定】按钮,完成转换。

3.6.2 表格格式化

创建好一个表格后,经常需要对表格进行一些编辑,以满足用户的要求。例如行高和列宽的调整、行或列的插入和删除、单元格的合并和拆分等。

1.选定表格

(1)选定单元格。将光标移动到要选定单元格的左侧边界,光标变成指向右上方的箭头“➚”时单击,即可选定该单元格。

(2)选定一行。将光标移动到要选定行左侧的选定区,当光标变成“➚”形状时,单击即可选定。

(3)选定一列。将光标移动到该列顶部的列选定区,当光标变成“⬇”形状时,单击即可选定。

(4)选定连续单元格区域。按住鼠标左键拖动,选定连续单元格区域即可。这种方法也可以用于选定单个、一行或一列单元格。

(5)选定整个表格。光标指向表格左上角,单击出现的“表格的移动控制点”图标“⊞”,即可选定整个表格。

2.调整行高和列宽

1)使用鼠标

将光标定位在需要改变行高的表格边线上,此时,光标变为一个垂直的双向箭头,拖动表格边线到所需要的行高位置即可。

将光标定位在需要改变列宽的表格边线上,此时,光标变为一个水平的双向箭头,拖动表格边线到所需要的列宽位置即可。

2)使用菜单

(1)选定表格中要改变列宽(或行高)的列(或行),单击“表格工具”选项卡,在“宽度”和“高度”文本框中进行调整。

(2)右击表格,在快捷菜单中选择“表格属性”命令。单击“表格属性”对话框中的“行”选项卡,勾选“指定高度”复选框,并输入行高值,单击【上一行】或【下一行】按钮,继续设置相邻的行高。勾选“允许跨页断行”复选框,单击【确定】按钮。

单击“表格属性”对话框中的“列”选项卡,勾选“指定宽度”复选框,并输入列宽值,单击【前一列】或【后一列】按钮,继续设置相邻的列宽,单击【确定】按钮。

3)自动调整表格

自动调整表格有“根据内容调整表格”“根据窗口调整表格”和“固定列宽”方式。操作步骤如下:将光标定位在表格的任意单元格中,单击“表格工具”选项卡中的【自动调整】按钮,可在该下拉列表中选择相应的命令。

3.插入单元格、行或列

用户制作表格时,可根据需要在表格中插入单元格、行或列。

(1)插入单元格。将光标定位在需要插入单元格的位置,单击“表格工具”选项卡中对话框按钮,打开“插入单元格”对话框,在该对话框中选中相应的单选按钮,单击【确定】按钮,即可插入单元格。

(2)插入行。将光标定位在需要插入行的位置,单击“表格工具”选项卡中的【在上方插入行】或【在下方插入行】按钮,或者右击表格,在快捷菜单中选择“插入”命令,并在级联菜单中选择“在上方插入行”或“在下方插入行”命令。用同样的方法可以插入列。

4.删除单元格

在制作表格时,如果某些单元格、行或列是多余的,可将其删除。

(1)删除单元格。将光标定位在需要删除的单元格中,单击“表格工具”选项卡中的【删除】按钮,在下拉列表中选择“删除单元格”选项。或者右击表格，在快捷菜单中选择“删除单元格”命令，在打开的“删除单元格”对话框选中相应的单选按钮，单击【确定】按钮，即可删除单元格。

(2)删除行(或列)。选中要删除的行(或列)，单击“表格工具”选项卡中的【删除】按钮，在下拉列表中选择“删除行(或列)”命令。或者右击表格，在快捷菜单中选择“删除行(或列)”命令，即可删除。

5. 拆分单元格

除了将多个单元格合并为一个单元格的功能外，WPS还可以将一个单元格拆分成多个单元格，操作步骤如下：

选定要拆分的一个或多个单元格，单击“表格工具”选项卡中的【拆分单元格】按钮。或者右击表格，在快捷菜单中选择“拆分单元格”命令，在打开的“拆分单元格”对话框设置拆分的“列数”和“行数”。

如果希望重新设置表格，可勾选“拆分前合并单元格”复选框；如果希望将所设置的列数和行数分别应用于所选的单元格，则不勾选该复选框。设置完成后，单击【确定】按钮，即可将选中的单元格拆分成等宽的小单元格。

6. 拆分表格

有时需要将一个大表格拆分成两个表格，以便于在表格之间插入普通文本。操作步骤如下：将光标定位在要拆分表格的位置，单击“表格工具”选项卡中的【拆分表格】按钮，即可完成拆分。

7. 表格自动套用格式

WPS 2022文字为用户提供了一些预先设置好的表格样式，这些样式可供用户在制作表格时直接套用，能省去许多制作时间，而且制作出来的表格更加美观。操作步骤如下：

将光标定位在表格中的任意位置，单击“表格样式”选项卡中的【样式】下拉按钮，在下拉列表中选择合适的表格样式，如图3-37所示，完成格式套用。

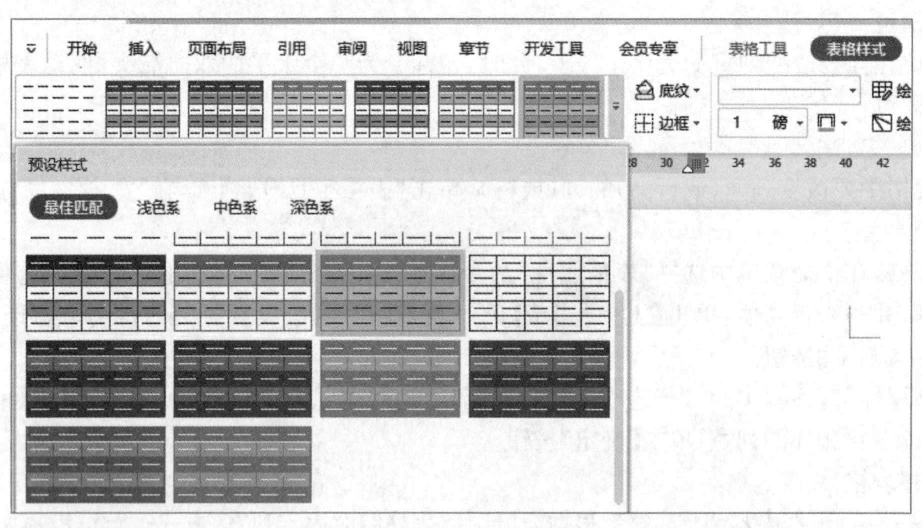

图3-37 自动套用格式

3.6.3 表格的数据处理

1. 单元格、单元格区域

一个表格是由若干行和若干列组成的一个矩形单元格阵列。单元格是组成表格的基本单位。每一个单元格的地址是由行号和列标来标识的，规则为列标在前，行号在后，列标用英文字母A、B、C…表示，行号用阿拉伯数字1、2、3…表示。

单元格区域的表示方法为，在该区域左上角的单元格地址和右下角地址中间加一个冒号“:”组成，例如A1:B6、B3:D8、C3:C7等。

2. 表格的数据计算

1)使用公式计算

在公式中可以采用的运算符有“+”“-”“*”“/”“^”“%”“=”等。输入公式时应在英文半角状态下输入，字母可不分大小写。

计算时，需要引用当前参与计算的单元格，而且该单元格中应是数值型数据。

2)使用函数计算

公式中可以运用函数，使用时将需要的函数粘贴到公式上，并填上相应的参数。

使用函数计算时公式的结构如下：

=SUM(ABOVE)

- "="表示其后紧接的是命令或公式。
- "SUM()"是求和函数语句。
- "ABOVE"是要计算的范围。
- WPS 2022文字的表格函数参数有"ABOVE""LEFT""R1GHT"，分别表示运算的方向。
- ABOVE表示对当前单元格以上的数据进行计算。
- LEFT表示对当前单元格左边的数据进行计算。
- RIGHT表示对当前单元格右边的数据进行计算。

通常，表格中公式的输入有三种形式，例如计算"高数"的总分，在打开的"公式"编辑栏中输入"=SUM(ABOVE)"；也可以输入"=C2+C3+C4+C5+C6"；或者"SUM(C2,C6)"。

3)更新域

在计算过程中，有时一个相同的公式需要反复使用，而每次使用都要通过功能区选项卡完成，使操作变得烦琐。WPS中在使用计算"域"时会记录下计算公式和计算结果，当表格中的数据发生变化时，WPS将自动更新计算结果。因此，更新域可以帮助我们快速完成表格中数据的更新及计算。操作步骤如下：

将使用公式计算出结果的表格(域)选中，单击【复制】按钮，将光标移到下一个单元格，单击【粘贴】按钮后，右击该单元格，在弹出的快捷菜单中选择"更新域"命令，完成单个单元格计算。当需要更新数据时，除上述方法外，还可以在选中要更新的单元格后，直接按【F9】键，快速将该单元格更新后的计算结果显示出来。

3.6.4 插入图表

WPS 2022文字中提供多种数据图表和图形，如柱形图、折线图、饼图、散点图和雷达图等。使用现有表格创建图表的方法在前面的内容中已经介绍，这里不再赘述。通常，对图表的操作更多的集中在完善图表信息、修改图表样式上，因此，熟练掌握图表设计、布局操作能够更好地完成工作任务。

1. 插入图表的方法

WPS 2022文字在插入图表的同时，会对应打开一个Excel窗口。将表格中的数据复制到Excel后，通过对Excel表格中数据的修改，可以直接体现在WPS文档中的图表上，使得图表的数据操作更加简便、直接。

2. 编辑图表

WPS 2022文字拥有很多美化图表功能。选中插入后的图表，功能区出现三个新选项卡，即"绘图工具"、"文本工具"和"图表工具"，其功能主要用来修改图表的类型、图表样式、编辑数据、图表布局等，还可以用来在图表中插入对象，美化图表中边框、修改数据格式、设置环绕方式等。

3.7 图文混排

【例3-6】 制作图3-38所示"旅游攻略"。

例3-6视频讲解

【问题分析】

(1)准备图片素材和文字材料、设计版面。

(2)插入图片及修改图片版式、格式。

(3)绘制图形、在图形上添加文字，修改图形形状、样式。

(4)插入文本框,设置文本框样式、格式。

(5)实现图文混排。

(6)组合所有对象,生成JPG图片文件。

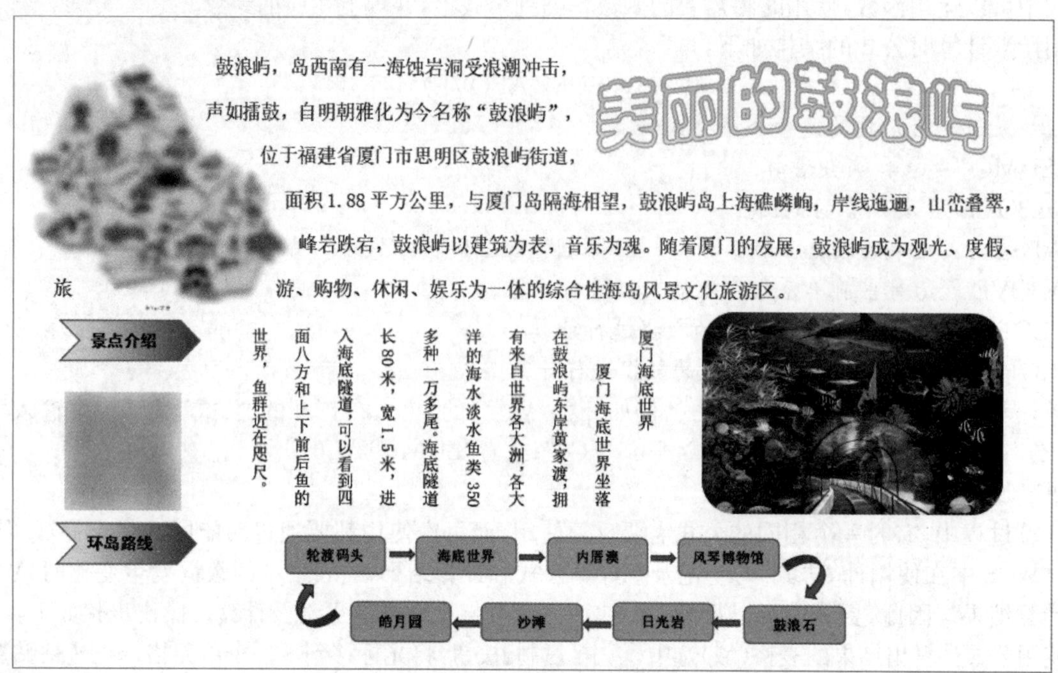

图3-38 例3-6效果图

【操作步骤】

(1)调整纸张方向。单击“页面布局”选项卡中的【纸张方向】按钮,选择“横向”。

(2)插入图片。单击“插入”选项卡中的【图片】按钮,选择“本地图片”,在打开的“插入图片”对话框中选取要插入的1、2号图片素材,如图3-39所示,单击【插入】按钮。

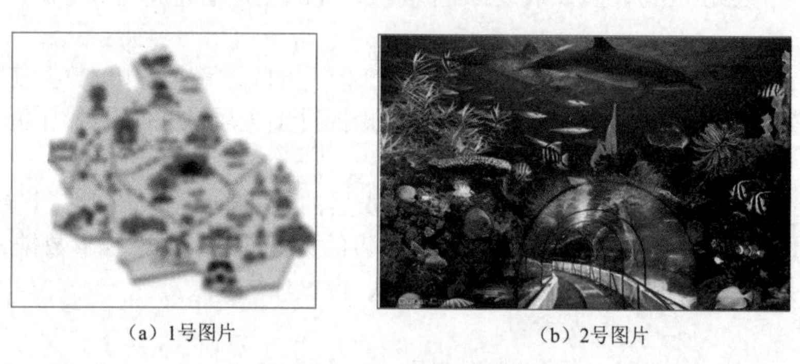

(a) 1号图片　　(b) 2号图片

图3-39 图片素材

(3)设置图片的版式和格式。选中1号图片,单击“图片工具”选项卡中的【环绕】按钮,在下拉列表中选择“紧密型环绕”命令,将其调整到版面上方位置;选中2号图片,用同样的命令将版式设置为“四周型环绕”,并将其与输入的文字材料编排在一起。

(4)修饰图片。选中2号图片,单击“图片工具”选项卡中的【裁剪】按钮,选择“圆角矩形”样式,调整图片形状。

(5)调整图片尺寸。选中2号图片,在“图片工具”选项卡中将高度值设置为“5.0”;宽度值设置为“7.69”;用同样的方法,将1号图片的高度设置为“6.56”,宽度设置为“7.27”。调整这两张图片的版面位置。

(6)插入艺术字。单击“插入”选项卡中的【艺术字】下拉按钮,在下拉列表中选择一种艺术字样式,插入到当前位置。

(7)编辑艺术字。选中刚插入的艺术字，单击“文本工具”选项卡中的【文本填充】下拉按钮，在下拉列表中选择【渐变填充】命令。单击“文本工具”选项卡中的【文字效果】下拉按钮，在下拉列表中选择“阴影”命令，在级联菜单中选择预设的阴影效果。

(8)绘制图形。单击“插入”选项卡中的【形状】下拉按钮，在下拉列表中选择【燕尾形】，按住鼠标左键在预定位置拖动，画出图形 1。右击图形 1，在弹出快捷菜单中选择“添加文字”命令，输入文字并设置文字格式。选中图形 1，单击“文本工具”选项卡中的【形状填充】下拉按钮，在下拉列表中选择“渐变填充”中的“黄色-橄榄绿渐变”填充效果。单击【形状轮廓】按钮，在下拉列表中选择“橙色”命令。

(9)利用“复制”“粘贴”命令创建出图形 2，用同样的方法设置图形 2 中文字的格式。最后将两个图形拖动到版面的合适位置，如图 3－40 所示。

景点介绍
环岛路线

图 3－40　创建自选图形

(10)绘制文本框。单击“插入”选项卡中的【文本框】按钮，在下拉列表中单击【横向】按钮，按住鼠标左键拖动，绘制文本框 1，输入文字“厦门海底世界……文化旅游区”并设置文字格式。选中文本框 1，选择“文本工具”选项卡中选择【文本填充按钮】按钮，选择“橙红色-褐色渐变”填充样式。

(11)绘制图形。单击“插入”选项卡中的【形状】下拉按钮，在下拉列表中选择【圆角矩形】，按住鼠标左键在预定位置拖动画出图形 1。右击图形 1，在弹出快捷菜单中选择“添加文字”命令，输入文字并设置文字格式。继续插入【左箭头】、【右箭头】、【上弧形箭头】，并通过选中图形后出现的“◎”按钮调整图形方向，完成设置。

(12)组合图形。将版面中所有对象调整好位置后，按住【Ctrl】键，同时单击选中全部图形，右击图形，在快捷菜单中选择“组合”命令，如图 3－41 所示。

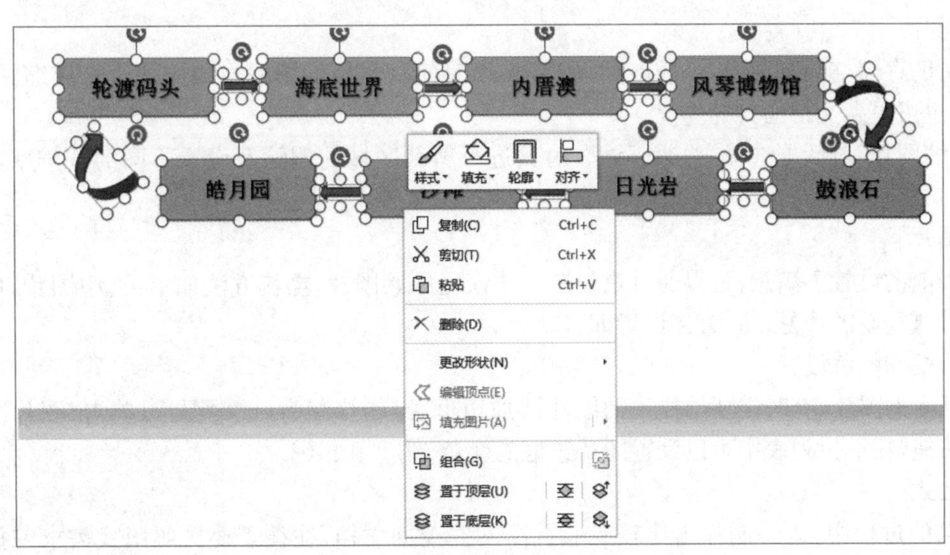

图 3－41　“组合”选定效果

(13)编辑二维码。单击“插入”选项卡中的【更多】下拉按钮，在下拉列表中选择【二维码】，在弹出的对话框中输入“欢迎来到鼓浪屿”，并调整“前景色”，单击【确定】按钮完成设置，此时扫描二维码，即可看到输入的信息，如图 3－42 所示。

图 3－42　“输入二维码”对话框

【知识点】

3.7.1　插入联机图片

WPS 2022 文字提供了丰富的在线图片资源，并且不需要打开浏览器或离开文档即可在线搜索图片，并将其插入文档中。将光标定位到需插入图片的位置，单击“插入”选项卡中的【稻壳图片】按钮,选择“免费图片”。在对话框的列表中,将显示搜索到的符合条件的图片。单击图片,将该图片插入指定位置。

3.7.2 插入图形文件

在 WPS 2022 文字文档中可以直接插入文件格式的图形有增强型图元文件(.emf)、图形交换格式(.gif)、联合图形专家小组规范(.jpg)、可移植网络图形(.png)及 Windows 位图(.bmp)等。

在文档中插入图片的步骤如下:

1. 插入方法

将光标定位到需插入图形文件的位置,单击“插入”选项卡中的【图片】按钮,选中要插入的图片,双击即可。

2. 设置格式

插入文档中的图形一般需要进行格式设置才能符合排版的要求。

1)调整图片尺寸

调整图片尺寸的方法如下:

(1)选中图片,将鼠标指针移至图片周围的控制点上,当鼠标指针变成双向箭头时,按住鼠标左键拖动,当达到合适大小时释放鼠标左键,即可快速调整图片大小。

(2)选中图片,选择“图片格式”选项卡,在编辑栏中直接输入图片的高度、宽度。

2)设置亮度和对比度

选中图片,单击“图片工具”选项卡中的【增加/降低亮度】或【增加/降低对比度】按钮,在下拉列表中设置图片的亮度和对比度。

3)压缩图片

由于图片的存储空间都很大,当插入到 WPS 文档时使得文档的体积也相应变大。压缩图片可减小图片存储空间,也可提高文档的打开速度。

打开“压缩图片”对话框选择“普通压缩”,对其进行剪裁区域的删除及设置不同的分辨率,可实现图片的压缩。

4)重设图片

如果对当前的设置不满意,可以通过重设图片来恢复原始图片,操作方法如下:选中图片,单击“图片工具”选项卡中的【重设图片】按钮,直接设置即可。

5)图片边框和颜色设置

为美化插入的图片,有时需要给插入的图片添加边框,操作步骤为:选中图片,单击“图片工具”选项卡中的【边框】按钮,在下拉列表中可以设置图片边框的颜色、线型和粗细。

6)图片版式

编辑文档的过程中,为了制作出比较专业且图文并茂的文档,往往需要按照版式需求安排图片位置。设置图片环绕方式有下列方法:

- 设置图片位置。在文档中选中图片,单击“图片工具”选项卡中的【对齐】按钮,在下拉列表中选择符合实际需要的图片布局方式,如“左对齐”“水平居中”等位置布局方式。
- 设置图片环绕方式。在文档中选中图片,单击“图片工具”选项卡中的【环绕】按钮,在下拉列表中进行选择,环绕方式主要有“嵌入型”“四周型环绕”“紧密型环绕”“上下型环绕”“穿越型环绕”等。

7)设置透明色

选中图片,单击“图片工具”选项卡中的【设置透明色】按钮,当鼠标指针变为“ ”时,单击图片中需要透明处理的地方即可。

8)组合图形

组合可以将图形的不同部分合成一个整体,也可以将多幅图片合成一张图片。在上面例题中,使用“组合”命令完成了绘制图形与文本框的组合,这样在调整整个版面时,就不会打乱图形或图片的次序,使得排版更加方便。

在组合之前，往往需要调整图形或图片的位置。当绘制的图形与其他图形或图片位置重叠时，操作就会很烦琐。此时，可以使用“叠放次序”命令，为图形或图片设置“置于顶层”或“置于底层”效果来解决问题。当然，如果需要修改已经组合的图形或图片，也可以应用“取消组合”命令。

3.7.3 插入对象

1.插入艺术字

单击“插入”选项卡中的【艺术字】按钮，在下拉列表中选择需要插入的艺术字形，即可完成插入。

2.绘制自选图形

在WPS中内置了很多形状，例如矩形、圆、箭头、流程图等符号和标注。单击“插入”选项卡中的【形状】按钮，在下拉列表中选择需要绘制的图形，按住鼠标左键拖动即可完成。

绘制图形的编辑和插入图片的编辑相似，不再赘述。但是当选中需要修改格式的图形时，在功能区出现的是“绘图工具”选项卡，对绘制图形的所有操作都需要在此选项卡完成。

3.插入文本框

通过使用文本框，用户可以将WPS文本很方便地放置到文档页面的指定位置，而不必受到段落格式、页面设置等因素的影响。WPS内置有多种样式的文本框供用户选择使用。

1)插入文本框

单击“插入”选项卡中的【文本框】按钮，在下拉列表中选择合适的文本框类型，此时，所插入的文本框处于编辑状态，直接输入文本内容即可。

2)链接多个文本框

在制作手抄报、宣传册等文档时，往往会通过使用多个文本框进行版式设计。通过在多个文本框之间创建链接，可以在当前文本框中输满文字后自动转入所链接的文本框中继续输入文字。操作方法如下：

插入多个文本框，调整文本框的位置和尺寸，并单击选中第一个文本框。单击“文本工具”选项卡中的【文本框链接】按钮，选择“创建文本框连接”，将鼠标指针移动到准备链接的下一个文本框内部时，单击即可创建链接。用同样的方法创建另外两个文本框的链接。

需要注意的是，被链接的文本框必须是空白文本框，否则无法创建链接。此外，如果需要创建链接的两个文本框应用了不同的文字方向设置，系统会提示后面的文本框将与前面的文本框保持一致的文字方向。

3.7.4 添加水印

通常一些企业的文档会使用水印效果，以突出自己的商业标志，因此，在WPS中提供了定制个性化水印效果的应用。

1.添加水印

单击“插入”选项卡中的【水印】下拉按钮，选择“自定义水印”命令，打开“水印”对话框，用户可以根据实际需要选择应用文字水印或者图片水印，并对其进行格式设置。单击【确定】按钮，完成创建。

2.删除水印

单击【水印】按钮，选择“删除文档中的水印”命令即可删除水印。

3.7.5 智能图形的使用

虽然插图和图形比文字更有助于读者理解和记忆信息，但大多数人都喜欢插图和文字结合的内容。智能图形是信息和观点的视觉表示形式，在文档中应用智能图形可以快速、有效地传递信息。

插入智能图形的方法如下：将光标定位到需要插入智能图形的位置，单击“插入”选项卡中的【智能图形】按钮，打开“智能图形”对话框。选择一种样式，然后单击【确定】按钮，单击智能图形的窗口输入文字，如图3-43所示。

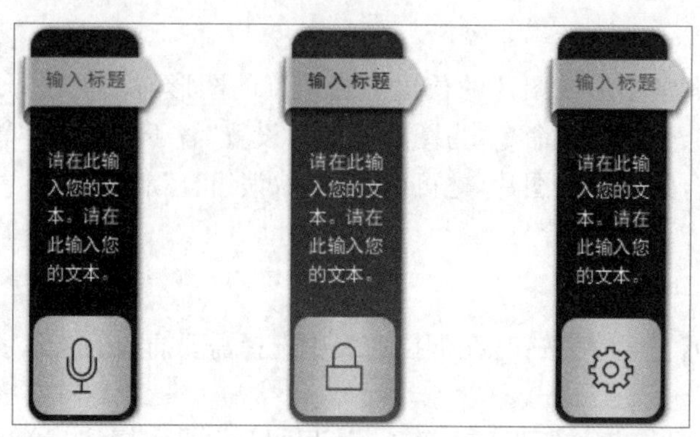

图 3-43　在智能图形中输入文字

3.7.6　使用公式编辑器

公式编辑器用于在 WPS 文档中编辑复杂的数学公式。打开公式编辑器需要单击“插入”选项卡中的【公式】按钮。此时文档显示出“公式工具”选项卡,如图 3-44 所示。

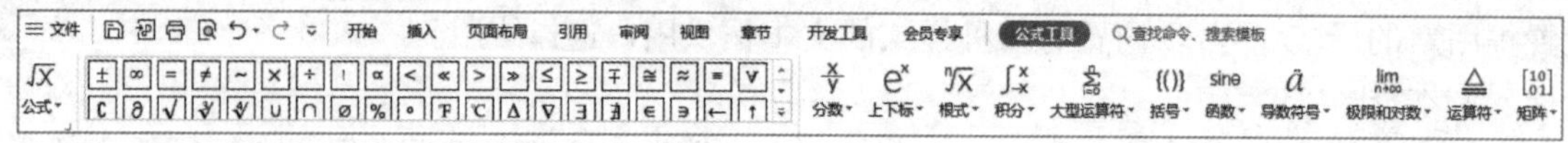

图 3-44　公式工具

如果要在公式中插入符号,可以在“公式工具”选项卡下面的工具面板中选择所需的符号;“公式工具”选项卡的按钮供用户插入模板或框架,包含分数、上下标、根式、积分、函数和矩阵等符号,以及像方括号和大括号这样的成对匹配符号,用户可以在模板中输入文字和符号。

在工作区(虚框)中输入需要的文字,或从“公式工具”选项卡中选择符号、运算符及模板来创建公式。输完公式后单击工作区以外的区域可返回到编辑环境。修改公式时可双击该公式,在弹出的“公式工具”选项卡中直接修改即可。

3.8　邮件合并

【例 3-7】　利用提供的表格素材及照片,使用模板批量制作员工出入证,编辑效果如图 3-45所示。

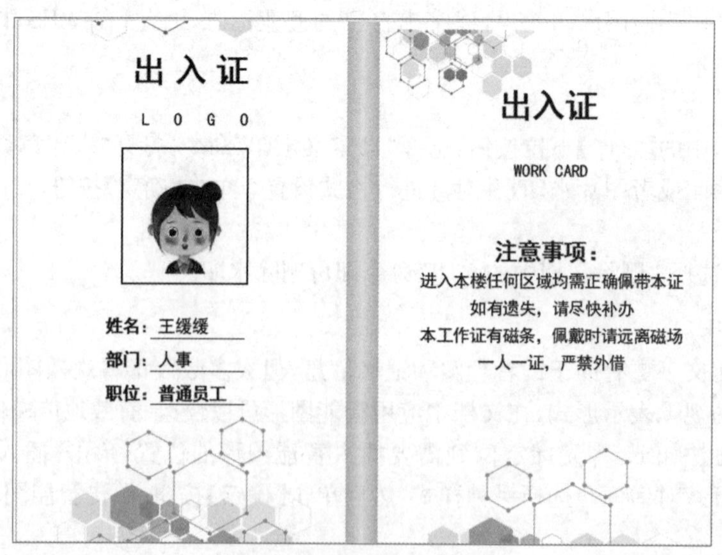

例3-7视频讲解

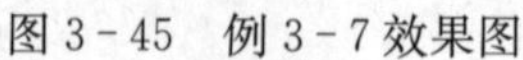

图 3-45　例 3-7 效果图

(1)通过在线模板新建“出入证”文档。

(2)邮件合并,创建数据源。

(3)插入合并域,将表格中的数据与 WPS 文字中的内容一一对应。

(4)插入员工图片。

(5)生成新文档。

【问题分析】

(1)创建文档。

(2)使用邮件合并功能,连接表格中的数据。

(3)将表格中的数据插入到 WPS 文字中。

(4)为每一位员工生成“出入证”文档。

【操作步骤】

(1)新建 WPS 2022 文字模板文档,单击“首页”选项卡中的【新建】按钮,查找到“出入证”模板,选择模板,单击“免费下载”。

(2)创建数据源。在“引用”选项卡中单击【邮件】按钮;在生成的新选项卡中,选择“邮件合并”选项卡,单击【打开数据源】按钮,选择“打开数据源”。在对话框中选择 WPS 表格文件“人员名单.et”,单击【打开】按钮。

(3)设置数据源中的文字数据。将光标定位到 WPS 文档中“姓名:”后面,在“邮件合并”选项卡中单击【插入合并域】按钮,弹出“插入域”对话框,在“域”选项中选中“姓名”,单击【插入】按钮,如图 3-46 所示。同样步骤插入“部门”及“职位”对应数据源。插入成功后,效果如图 3-47 所示。

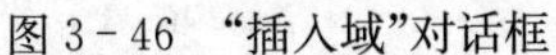

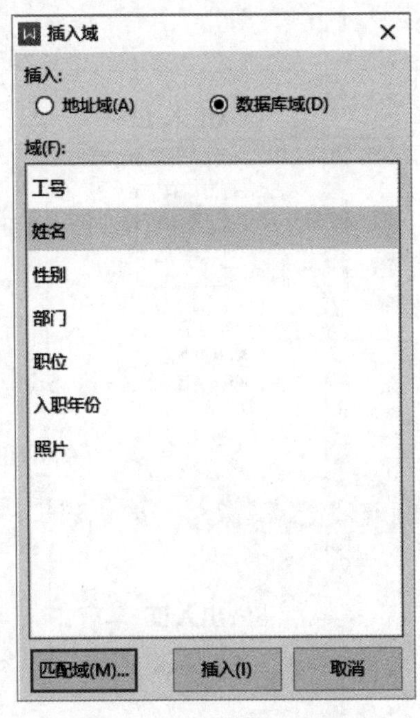

图 3-46　“插入域”对话框

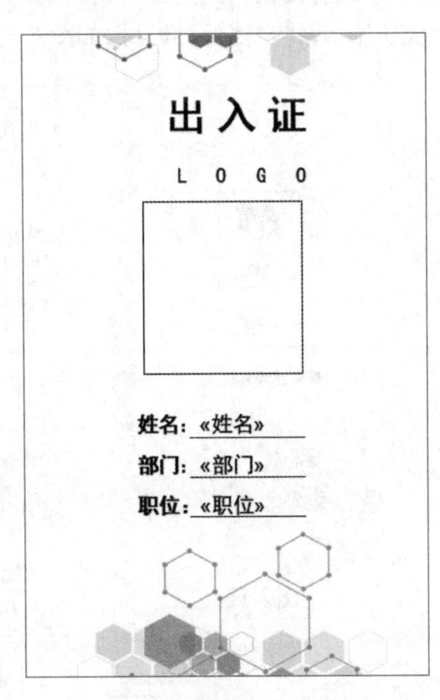

图 3-47　数据源插入后效果图

(4)完成图片数据源的插入。删除图片占位符,插入表格(一格),调整表格的大小。光标定位在表格内,在“插入”选项卡中单击【文档部件】按钮,在下拉菜单中选择“域”,在弹出的“域”对话框中,“域名”选择“插入图片”,“域代码”编辑区域中,将图片所在路径补充完整,如图 3-48 所示。

(5)此时文档中的图片尚不能显示,在 WPS 文字中,使用组合键【Alt + F9】在文档中显示出域代码。将代码中的“照片”文字选中,在“邮件合并”选项卡中单击【插入合并域】按钮,弹出“插入域”对话框,在“域”选项中选中“照片”,单击【插入】按钮,效果如图 3-49 所示。

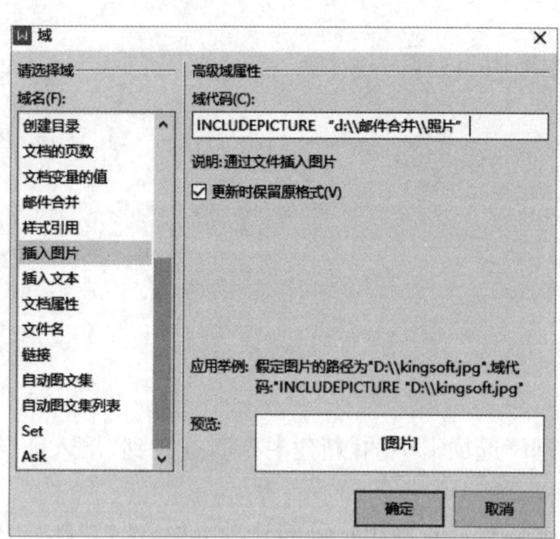

图 3-48 “域”对话框

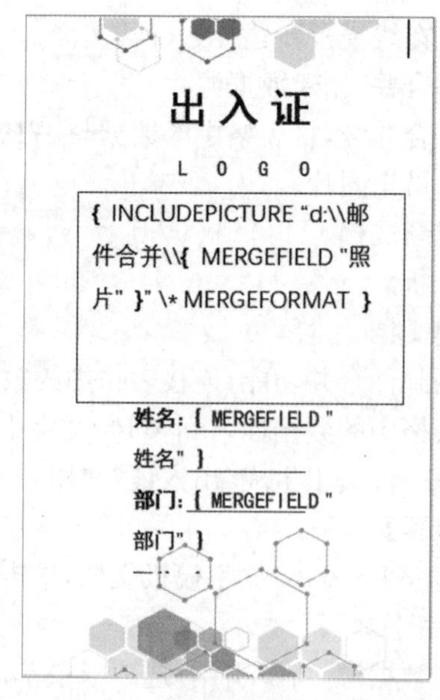

图 3-49 数据源插入后效果图

(6)在 WPS 文字中,使用【Alt + F9】组合键隐藏域代码。在“邮件合并”选项卡中单击【查看合并数据】按钮,并通过【上一条】/【下一条】按钮查看,注意文档中数据的变化,此时文档中的图片也不能显示。

(7)生成新文档,显示图片。在“邮件合并”选项卡中单击【合并到新文档】按钮,在弹出的“合并到新文档”对话框中,单击【确定】按钮。此时会弹出新的 WPS 文字文档,在新文档中,选中图片,使用快捷键【F9】刷新,此时图片成功显示,将文档保存即可,如图 3-50 所示。

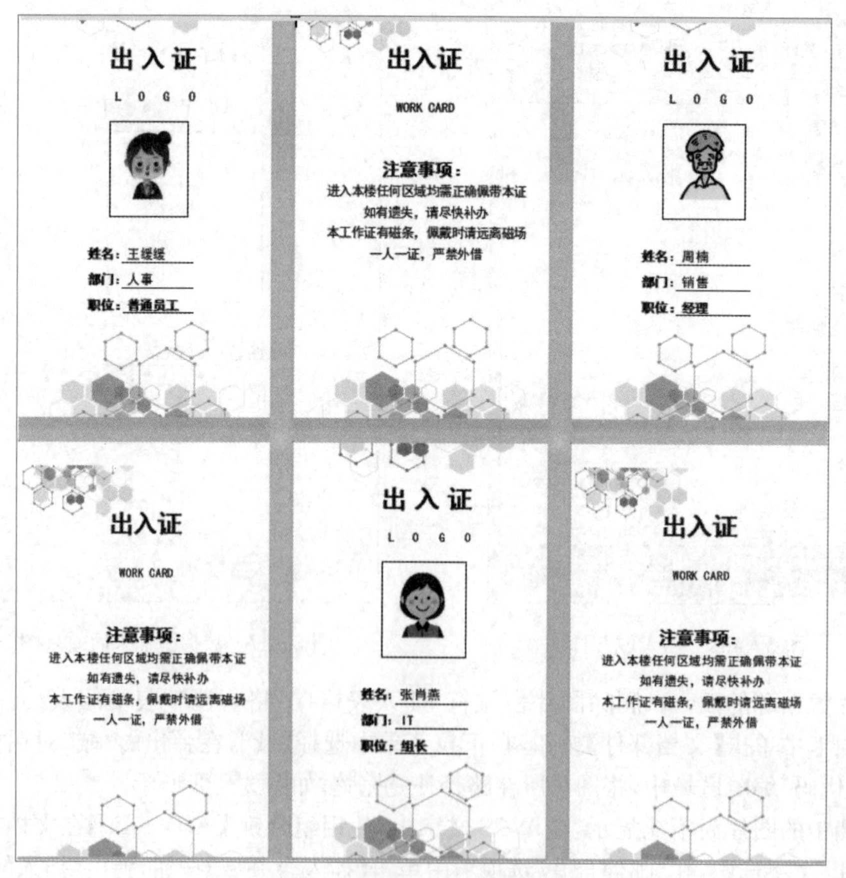

图 3-50 图片插入后效果图

【知识点】

3.8.1　邮件合并

“邮件合并”是指在邮件文档(主文档)的固定内容中，合并与发送信息相关的一组通信资料，从而批量生成需要的邮件文档，提高工作效率。“邮件合并”功能除了可以批量处理信函、信封等与邮件相关的文档外，还可以轻松地批量制作标签、工资条、成绩单、获奖证书等。邮件合并要素如下：

1. 建立主文档

主文档是指包括需进行邮件合并文档中通用的内容，如信封上的落款、信函里的问候语等。主文档的建立过程，即是普通 WPS 文档的建立过程，唯一不同的是，需要考虑文档布局及实际工作要求等排版要求，如在合适的位置留下数据填充的空间等。

2. 准备数据源

数据源就是数据记录表，包含相关的字段和记录内容。一般情况下，使用邮件合并功能都基于已有相关数据源的基础上，如 Excel 表格、网页或 Access 数据库等，也可以创建一个新的数据表作为数据源。

3. 邮件合并形式

单击“邮件合并”选项卡中的选项可以决定合并后文档的输出方式，方式有“合并到新文档”“合并到不同新文档”“合并到打印机”“合并发送”等。选择“合并到不同新文档”时，合并完成的文档份数取决于数据表中记录的条数。“合并到不同新文档”对话框如图 3-51 所示。

• 合并到打印机：将合并后的邮件文档打印输出。

• 合并到不同的新文档：选择此命令后，可打开合并后的单个文档进行编辑。

• 合并发送：将合并后的文档以电子邮件的形式输出。

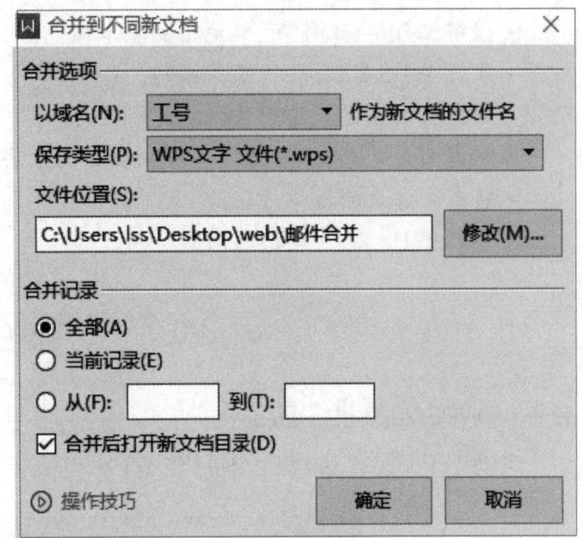

图 3-51　“合并到不同新文档”对话框

3.8.2　超链接

1. 插入超链接

超链接是将文档中的文本、图形、图像等相关的信息连接起来，以带有颜色的下画线方式显示文本。使用超链接能使文档包含更广泛的信息，可读性更强。在文档中建立超链接的操作步骤为：

(1)选定要作为超链接显示的文本或图形。

(2)单击“插入”选项卡，单击【超链接】按钮，显示“插入超链接”对话框。

(3)设置链接目标的位置和名称，单击【确定】按钮。

2. 编辑超链接

在已创建超链接的对象上，单击“插入”选项卡中的【超链接】按钮，或右击已创建超链接的对象，在弹出的快捷菜单中选择“编辑超链接”命令，即可在打开的对话框中按照创建超链接的方法对已创建的超链接进行重新编辑。

3. 删除超链接

当在 WPS 文件中输入网址或信箱时，WPS 会自动将内容转换为超链接，但有时这样也会给后续编辑带来一些麻烦，取消超链接的方法如下：

(1)使用命令删除。打开 WPS 2022 文字文档窗口，在“文件”菜单中选择“选项”命令，在打开的“选项”对话框中，选择“编辑”选项卡，并在“自动更正”区域取消勾选“Internet 及网络路径替换为超链接”复选框，并单击【确定】按钮。

(2)使用快捷键删除。当需要一次性取消文档中超链接时，也可通过组合键快捷实现。首先按【Ctrl＋A】组合键全选文档内容，然后按【Ctrl＋Shift＋F9】组合键完成操作。

第 4 章　WPS 2022 表格

学习目标

- 理解工作簿、工作表、单元格的基本概念。
- 掌握 WPS 2022 表格基本操作。
- 掌握公式和函数的用法。
- 掌握图表处理、数据处理和保护数据的方法。
- 熟悉工作表的打印方法。
- 了解 WPS 2022 表格的网络应用。

4.1　WPS 2022 表格基本知识

4.1.1　WPS 2022 表格窗口

启动 WPS 2022 表格后，即打开 WPS 2022 表格窗口，如图 4－1 所示。

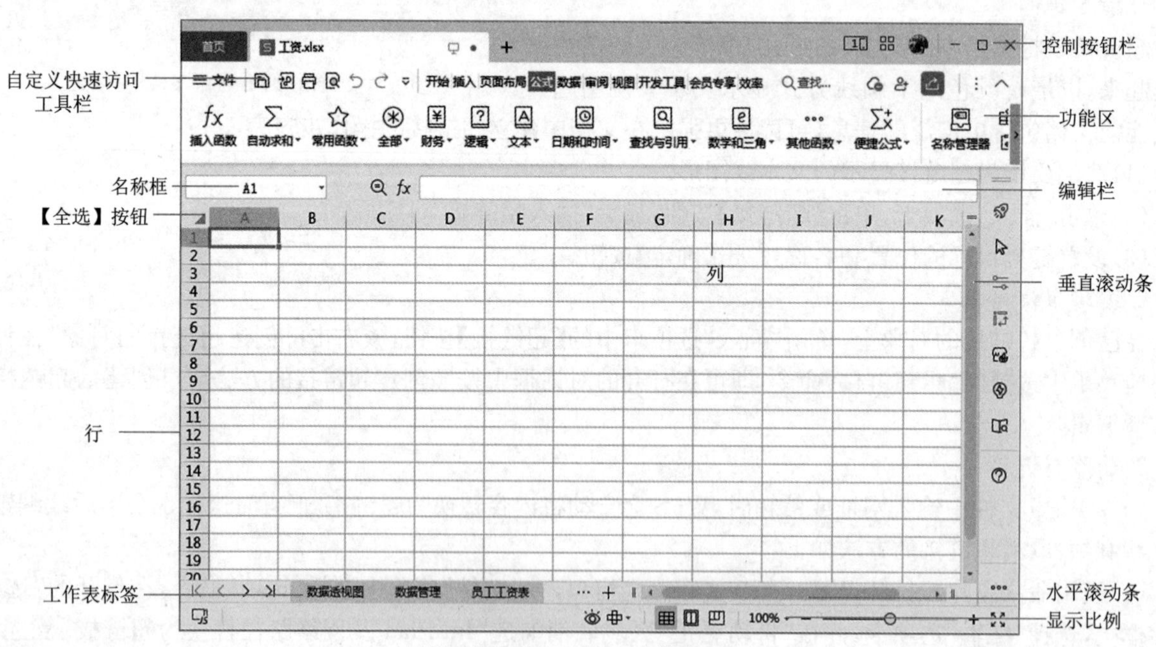

图 4－1　WPS 2022 表格窗口

1. 自定义快速访问工具栏

自定义快速访问工具栏位于 WPS 2022 表格工作界面的左上角，由一些最常用的工具按钮组成，如【保存】按钮、【撤销】按钮和【恢复】按钮等。也可以将其他常用命令按钮添加到该工具栏，以方便快速操作。

2. 功能区

功能区包含“文件”菜单、快速访问工具栏(默认置于功能区内)、功能区选项卡、快捷搜索框、协作状态区等。

3. 工作表标签

工作表标签位于窗口底部左侧，默认名称为 Sheet1，用于显示当前工作表。单击【新工作表】按钮可以添加新的工作表。

4. 名称框

名称框位于功能区的下方，可以显示活动单元格的地址，或快速定位单元格。

5. 编辑栏

编辑栏可以输入、编辑或显示工作表中当前单元格的数据，也可以输入、编辑公式。

6. 工作区

工作区占整个窗口的大部分区域，由单元格组成，是制作表格或图表，以及输入、处理表格数据的区域。

7. 填充柄

填充柄是位于选定区域右下角的小绿方块，是快速填充单元格内容的工具，用鼠标指针指向填充柄时，鼠标的指针变为黑十字，按住鼠标左键拖动，可实现填充。

4.1.2　基本概念

1. 工作簿

工作簿是 WPS 2022 表格所建立的一个文件，其扩展名为“. xlsx”。默认情况下，WPS 2022 表格为每个新建的工作簿创建 3 个工作表，其标签名称为 Sheet1、Sheet2、Sheet3。用户可以根据需要自行增加或删除工作表，一个工作簿可以包含多个工作表。

2. 工作表

工作簿中的每一张表称为一个工作表，每张工作表都有一个工作表标签与之对应，工作表的名字在工作表标签上显示。每张工作表可由 1 648 576 行和 16 384 列组成，行号由数字(1、2、3…1 648 576)标记，列号由字母(A、B、C…AA…ZZ、AAA…XFD)标记。

3. 单元格

工作表中行、列交叉构成的小方格称作单元格，是 WPS 2022 表格工作簿的最小组成单位。每个单元格都有其固定地址，单元格的地址通过列号和行号表示，例如：A8 指的是 A 列第 8 行的单元格；D5 指的是 D 列第 5 行的单元格。

4. 活动单元格

单击某单元格时，单元格边框线变粗，此单元格即为活动单元格，可在活动单元格中进行输入、修改或删除等操作。活动单元格在当前工作表中有且仅有一个。

5. 区域

区域是指一组单元格，可以是连续的，也可以是非连续的。对区域可以进行多种操作，如移动、复制、删除、计算等。

(1)连续区域。连续区域用区域的左上角单元格和右下角单元格的地址表示(引用)，中间用冒号隔开。图 4－2 所示的区域表示为 C3：E8。

(2)不连续区域。不连续区域用逗号“，”分隔，图 4－3 所示的区域表示为 A3：B6，C9，D5：D6。

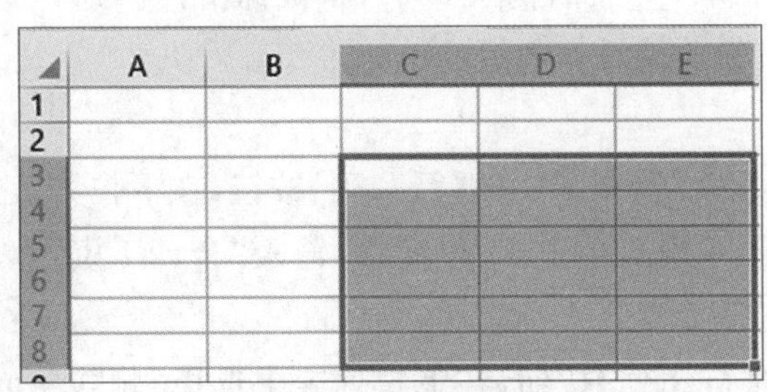

图 4－2　连续区域

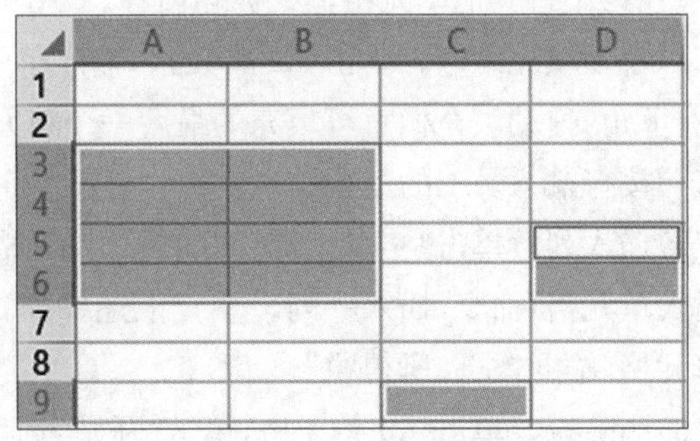

图 4－3　不连续区域

4.2 WPS 2022 表格基本操作

【例 4-1】 制作“工资”工作簿,内容如图 4-4 所示。

员工工资表

编号	姓名	性别	职位	部门	基本工资	补贴	社保扣款	合计工资	个人所得税	实发工资	签名
0001	何平	男	经理	采购部	¥ 3,300.00	¥200.00	¥ 506.00	¥ 4,094.00	¥ 17.82	¥ 4,076.18	
0004	李小华	女	副组长	采购部	¥ 2,600.00	¥200.00	¥ 407.00	¥ 3,293.00	¥ -	¥ 3,293.00	
0006	卢祥千	男	员工	销售部	¥ 2,500.00	¥200.00	¥ 390.50	¥ 3,159.50	¥ -	¥ 3,159.50	
0007	张默然	女	员工	采购部	¥ 2,500.00	¥200.00	¥ 374.00	¥ 3,026.00	¥ -	¥ 3,026.00	
0008	李楠	男	员工	销售部	¥ 2,500.00	¥200.00	¥ 379.50	¥ 3,070.50	¥ -	¥ 3,070.50	
0009	吴萍萍	女	员工	采购部	¥ 2,500.00	¥200.00	¥ 385.00	¥ 3,115.00	¥ -	¥ 3,115.00	
0010	王海江	男	经理	销售部	¥ 3,900.00	¥200.00	¥ 583.00	¥ 4,717.00	¥ 36.51	¥ 4,680.49	
0011	张小丽	女	组长	行政部	¥ 2,800.00	¥200.00	¥ 440.00	¥ 3,560.00	¥ 1.80	¥ 3,558.20	
0012	李磊	男	副组长	销售部	¥ 2,600.00	¥200.00	¥ 407.00	¥ 3,293.00	¥ -	¥ 3,293.00	
0013	马腾	女	员工	行政部	¥ 2,300.00	¥200.00	¥ 363.00	¥ 2,937.00	¥ -	¥ 2,937.00	
0014	赵静	女	员工	行政部	¥ 2,800.00	¥200.00	¥ 423.50	¥ 3,426.50	¥ -	¥ 3,426.50	
0015	金鑫鑫	男	员工	采购部	¥ 2,650.00	¥200.00	¥ 401.50	¥ 3,248.50	¥ -	¥ 3,248.50	
0016	王平平	女	副组长	销售部	¥ 2,700.00	¥200.00	¥ 418.00	¥ 3,382.00	¥ -	¥ 3,382.00	

图 4-4 例 4-1 结果图

要求如下:

(1)在 Sheet1 工作表中输入工资信息。

(2)在“实发工资”列前增加“合计工资”“个人所得税”两列。

(3)删除“编号”为“0005”的员工。

(4)将“部门”中“办公室”的名称更名为“行政部”。

(5)设置文档自动保存时间间隔为 2 min。

【问题分析】

利用 WPS 2022 表格制作工资表,首先将所需要的员工个人相关信息准备齐全。然后启动 WPS 2022 表格程序,在工作表中确定表格的框架。输入相关数据,按要求对表格进行完善和修改,最后保存,退出此工作簿。操作可以分解成以下过程:

(1)启动 WPS 2022 表格。

(2)输入相关数据。

(3)完成要求的操作。

(4)保存退出。

【操作步骤】

(1)新建工作簿。单击【开始】选项卡,选择“WPS Office”级联菜单中的“WPS Office”命令,启动 WPS 2022 表格,新建一个工作簿。

(2)输入标题内容。单击 Sheet1 工作表的 A1 单元格,输入“编号”。单击 B1 单元格,输入“姓名”。同样方式在第 1 行其他单元格输入标题内容。

(3)自动填充编号。单击 A2 单元格,输入单引号(')(英文半角)后输入 0001,将鼠标指针移到 A2 单元格的右下角,拖动填充柄直至填充的最后一个单元格 A16,完成编号列数据的填充。

(4)按行输入员工的其余信息。

(5)插入列。单击“实发工资”列的任意单元格,单击“开始”选项卡中的【行和列】按钮,在下拉列表中选择“插入单元格”命令,插入一列。重复上述操作,继续插入一列。单击 J1 单元格,输入“合计工资”。单击 K1 单元格,输入“个人所得税”。

(6)删除行。单击 A6 单元格,单击“开始”选项卡中的【行和列】按钮,在下拉列表中选择“删除单元格”命令,删除一行。

(7)查找和替换。选定 E2:E17 区域,单击“开始”选项卡中的【查找】按钮,在下拉列表中选择“替换”命令,在打开的“替换”对话框中“查找内容”列表框中输入“办公室”,“替换为”列表框中输入“行政部”,单击【全部替换】按钮。生成结果如图 4-4 所示。

(8)自动保存设置。单击【首页】标签,在导航栏中选择“全局设置”命令,打开“设置中心”,选择“备份中心”中的“本地备份设置”,如图 4-5 所示。选择“定时备份”选项,设置时间为 2 min。

(9)保存文件。单击“文件”菜单,在导航栏中选择“另存为”命令,打开“另存文件”对话框,选择要保存的路径,在“文件名”文本框中输入要保存的工作簿的名称“工资”,单击【保存】按钮。

(10)退出 WPS 2022 表格。单击窗口标签栏的【关闭】按钮。

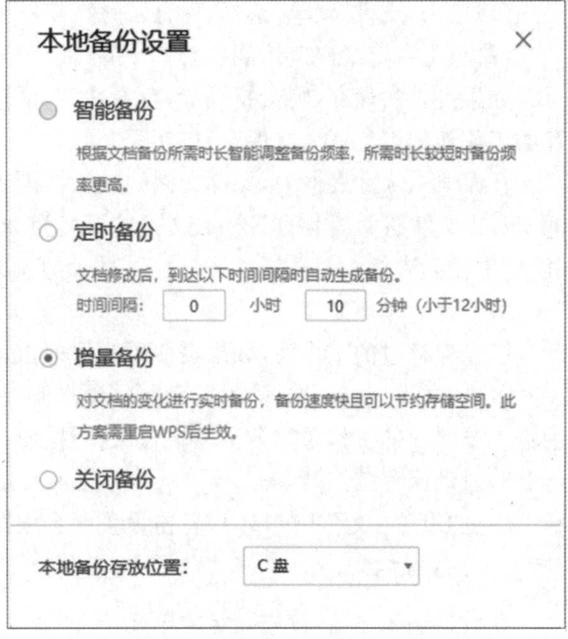

图 4-5　“本地备份设置”对话框

【知识点】

4.2.1　工作簿的创建、保存与打开

1. 工作簿的建立

建立新工作簿的方法如下:

(1)启动 WPS 2022 表格时,系统自动生成一个名为“工作簿 1”的新工作簿。

(2)单击“文件”菜单,选择“新建”命令,打开新建界面,如图 4-6 所示。在左侧的导航栏中单击“新建表格”,在右侧的模板中选择“空白文档”,将建立一个空白工作簿。

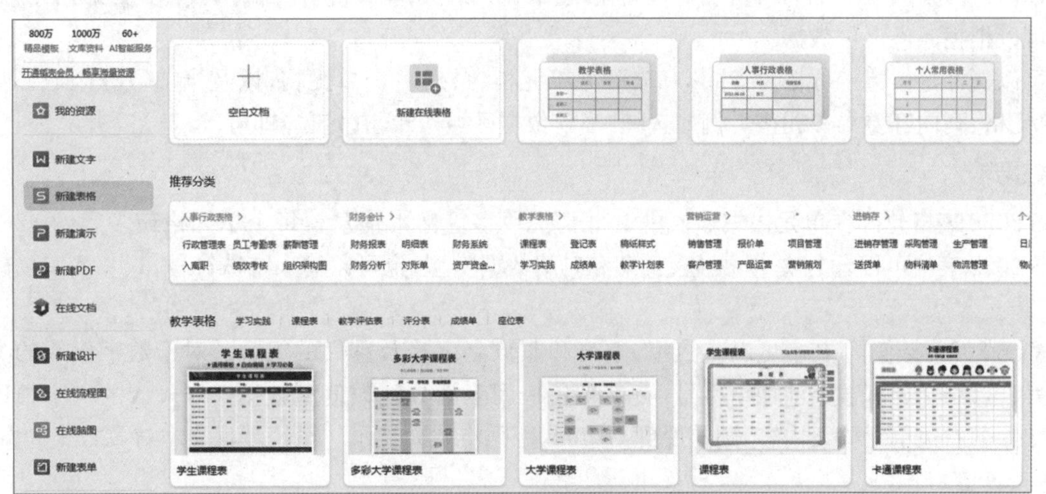

图 4-6　新建界面

2. 工作簿的打开

打开工作簿的方法如下:

(1)单击“文件”菜单,选择“打开”命令,在弹出的“打开文件”对话框中选择要打开的工作簿,单击打开。

(2)双击已建立的工作簿文件,打开工作簿。

3. 工作簿的保存

1)保存工作簿

保存工作簿的方法如下:

(1)单击“文件”菜单,选择“保存”命令。

(2)单击自定义快速访问工具栏中的【保存】按钮。

如果是首次保存,则会打开“另存文件”对话框,选择要保存的路径,然后在“文件名”文本框中输入要保存的工作簿的名称,单击【保存】按钮。

在 WPS 2022 表格中,保存文件的默认扩展名为.xlsx,通常保存文件时直接保存为该格式。但此格式的 Excel 文件在低版本的 Excel(文件扩展名为.xls)中打不开,如果要在低版本的文件中打开,则需在“保存类型”下拉列表框中要选择“Excel 97-2003 工作簿(.xls)”命令。

2)另存为工作簿

已经保存过的工作簿,如果需要更改保存位置或更改文件名,则可以使用“另存为”命令完成操作。

单击“文件”菜单,选择“另存为”命令,打开“另存文件”对话框,选择要保存的路径,在“文件名”文本框中输入要保存的工作簿的名称,单击【保存】按钮。

3)自动保存工作簿

根据“设置中心”中的“本地备份设置”,会根据用户选择的“定时备份”时间,按时完成自动保存。

4.2.2 单元格定位

在数据输入之前,首先要定位单元格,使要输入数据的单元格成为活动单元格。

1. 直接定位

单击单元格或使用键盘上的方向键移动到欲定位的单元格。

2. 利用地址定位

在“名称框”中直接输入单元格地址,如 B6,按回车键后即可定位到该单元格。

3. 使用“定位”的功能。

操作步骤如下:

(1)单击“开始”选项卡中的【查找】下拉按钮,在下拉列表中选择“定位”命令,或使用【Ctrl+G】组合键打开,此时可以根据条件定位数据。

(2)可以选择定位指定数据、批注、空值、可见单元格、最后一个单元格,以及当前数据区域、对象、行内容差异单元格、列内容差异单元格。例如选择“当前数据区域”,单击【定位】即可。

4.2.3 数据输入

WPS 2022 表格允许在单元格中输入中文、西文、数字等文本信息。每个单元格最多容纳 32 767 个字符。WPS 2022 表格可以输入文本、数值、日期和时间数据类型,也可以输入特殊符号。

1. 输入文本

在 WPS 2022 表格中,文本可以是数字、空格和非数字字符及它们的组合。对于数字形式的文本型数据,如学号、电话号码等,数字前加单引号(英文半角),用于区分纯数值型数据。当输入的文字长度超出单元格宽度时,若右边单元格无内容,则扩展到右边列,否则将截断显示。系统默认文本对齐方式为左对齐。

2. 输入数值

数值数据除了数字 0~9 外,还包括+、-、E、e、$、/、%()等字符。如输入并显示多于 11 位的数字时,WPS 2022 表格自动以科学计数法表示,例如输入 123 412 341 234 时,WPS 2022 表格会在单元格中用“1.23412E+11”来显示该数值。系统默认数值的对齐方式为右对齐。

在输入负数时可以在前面加负号,也可以用圆括号括起来,如(56)表示“-56”。在输入分数时,必须在分数前加 0 和空格,如输入 6/7,则要输入“0 6/7”,否则显示的是日期或字符型数据。

3. 输入日期和时间

WPS 2022 表格内置了一些日期时间的格式。常见日期格式为 mm/dd/yy 和 dd-mm-yy;常见时间格式为 hh:mm AM/PM,其中具体时间与 AM/PM 之间应有空格,如 8:45 PM,如果缺少空格将被当做字符数据处理。

4. 输入特殊符号

单击要输入符在 WPS 2022 表格中可以输入"☆"、"©"(版权所有)、"™"(商标)等键盘上没有的特殊符号或字符。号的单元格,单击"插入"选项卡中的【符号】按钮,展示出"最近使用的符号""自定义符号",可以从中选择需要的符号。单击"其他符号"选项,打开"符号"对话框,如图 4-7 所示。选择"符号"或"特殊字符"选项卡,在列表框中选择要插入的符号(如"版权所有"),单击【插入】按钮,再单击【关闭】按钮即可完成操作。

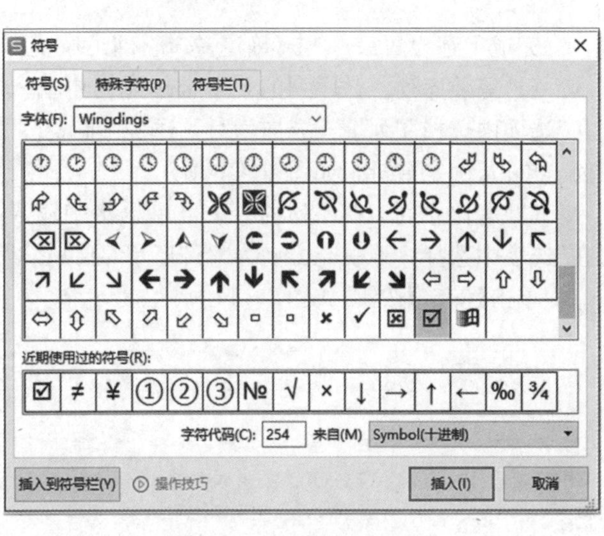

图 4-7 "符号"对话框

5. 自动填充数据

录入有规律的数据,一般使用 WPS 2022 表格自动填充功能,如等差序列、等比序列等。

1)使用填充柄

自动填充只能在一行或一列上的连续单元格中填充数据。自动填充是根据初始值决定以后的填充项,填充数据时首先将鼠标指针移到初始值所在单元格的右下角,此时鼠标指针变为实心十字形,然后拖动至填充的最后一个单元格,即可完成自动填充。自动填充可分为以下几种情况:

- 初始值为纯字符或数值,填充相当于数据复制。若初始值为数值并且在填充时按住【Ctrl】键,数值会依次递增,而不是简单的数据复制。
- 初始值为文字数字混合体,填充时文字不变,最右边的数字依次递增,如初值为 a1,顺序填充为 a2、a3……
- 初始值为 WPS 2022 表格预设的自动填充序列中的一员,则按预设序列填充。如初值为星期一,顺序自动填充为星期二、星期三……
- 包含两个单元格的数值的自动填充,为以两个单元格之差为公差的序列填充,如图 4-8 所示。

2)产生序列

利用 WPS 2022 表格提供的填充功能,可以快速实现有规律的序列填充。序列填充的类型可以是等差序列、等比序列等。单击"开始"选项卡中的【填充】下拉按钮,在下拉列表中选择"序列"命令,打开"序列"对话框,如图 4-9 所示。

	A	B	C
1			
2		2	
3		5	
4			
5			
6			
7			
8			
9			
10			

	A	B	C
1			
2		2	
3		5	
4		8	
5		11	
6		14	
7		17	
8		20	
9		23	
10		26	

图 4-8　包含两个单元格的数值的自动填充

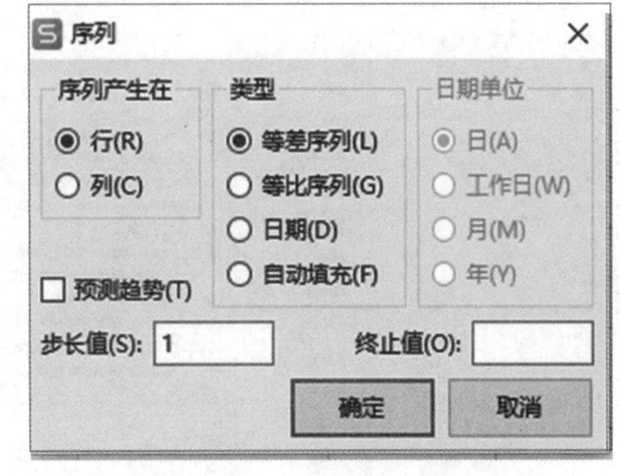

图 4-9 "序列"对话框

在该对话框中,设置或输入序列参数:

- "序列产生在":指按行或列方向填充。
- "类型":选择产生序列类型。若产生序列是"日期"类型,则必须选择"日期"。
- "步长值":对于等差序列,步长值就是公差,对于等比序列,步长值就是公比。
- "终止值":指序列不能超过的数值。终止值必须输入,除非在产生序列前已选定了序列产生的区域。

完成上述设置后,单击【确定】按钮,即可产生一个序列。

(1)等差序列。在序列的第一个单元格中输入等差序列的第一个值,在“序列”对话框中的“序列产生在”选项中选择序列填充方向为“行”还是“列”;在“类型”选项中确定类型为“等差序列”;输入步长值和终止值。单击【确定】按钮,如图 4-10 所示。

(2)等比序列。在序列的第一个单元格中输入等比序列的第一个值,在“序列”对话框中的“序列产生在”选项中选择序列填充方向为“行”还是“列”;在“类型”选项中确定类型为“等比序列”;输入步长值和终止值。单击【确定】按钮,如图 4-11 所示。

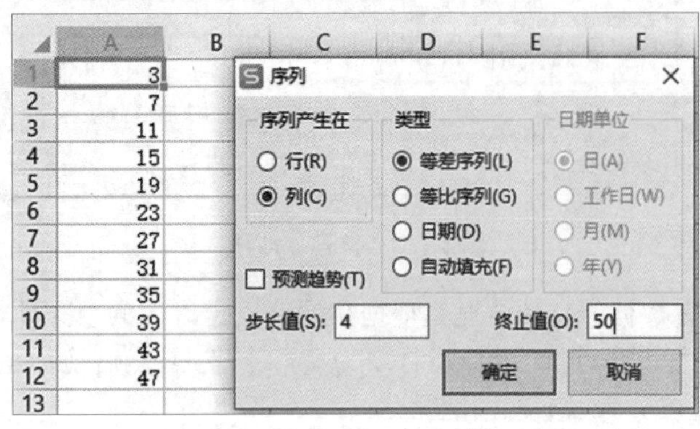

图 4-10 “等差”填充

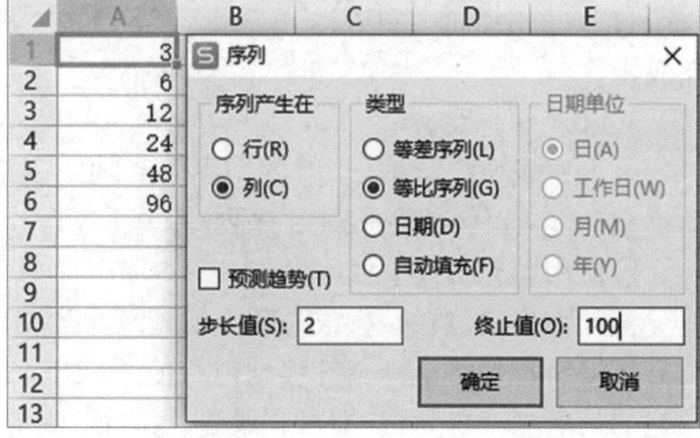

图 4-11 “等比”填充

3)添加“自定义序列”

操作步骤如下:

(1)单击“文件”菜单,选择“选项”命令,弹出“选项”对话框,选择“自定义序列”选项卡,打开“自定义序列”对话框。

(2)在“输入序列”列表框中输入或导入要定义的序列。

- 输入新序列。如在列表框内,输入“春”,按回车键;用相同方法输入“夏、秋、冬”。
- 导入新序列。如在“从单元格中导入序列”的文本框中输入或选定要导入的单元格地址 $K$1:$K$4,单击【导入】按钮。

(3)单击【添加】按钮,将输入或导入的序列加入自定义序列中,如图 4-12 所示。

(4)单击【确定】按钮。

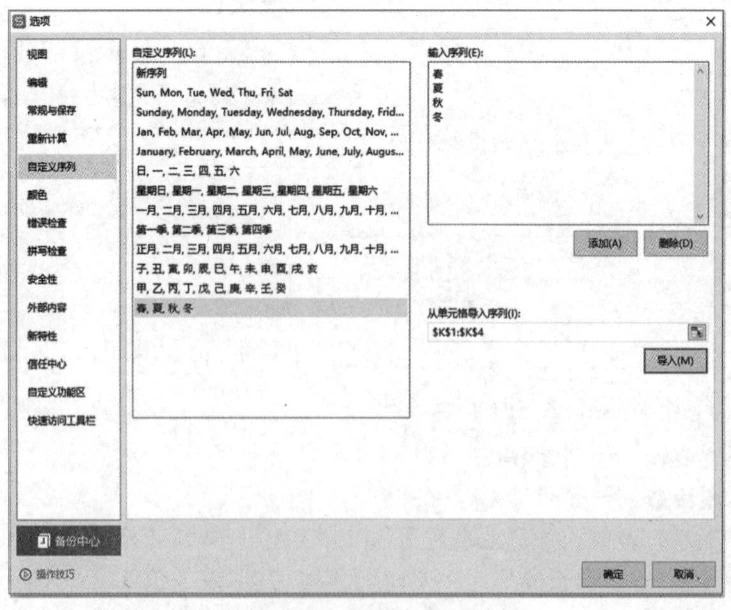

图 4-12 “自定义序列”对话框

6. 多个单元格相同数据的输入

当要在多个单元格输入相同数据时，除了使用复制与粘贴或通过填充柄进行自动填充之外，也可以采用下面快捷的方法，操作步骤如下：

(1)按住【Ctrl】键，单击要输入相同数据的多个单元格，即选择多个单元格。

(2)选择完毕后，在最后选择的单元格中输入文字如“计算机”。

(3)按【Ctrl＋Enter】组合键，即可在所有选择的单元格中同时出现“计算机”字样，如图 4－13 所示。

图 4－13　同时输入“计算机”

7. 数据有效性

在 WPS 2022 表格中，可以限定单元格的数据输入类型、范围以及设置数据输入提示信息和输入错误警告信息，即可以对单元格的数据进行有效性的设置。

操作步骤如下：

(1)选定要定义数据有效性的单元格或区域。

(2)单击“数据”选项卡中的【有效性】下拉按钮，在下拉列表中选择“有效性”命令，打开“数据有效性”对话框，如图 4－14 所示。

(3)在“数据有效性”对话框中完成相应选项卡的操作设置。

- 单击“设置”选项卡，在“允许”下拉列表框中设置该单元格允许的数据类型，数据类型包括整数、小数、序列、日期、时间、文本长度以及自定义等。
- 单击“输入信息”选项卡，通过“标题”和“输入信息”中文本框内容的设置，使数据输入时将有提示信息出现，可以预防输入错误数据。
- 单击“出错警告”选项卡，通过“样式”设置，实现当输入无效数据时可采取的处理措施。通过“标题”和“错误信息”中文本框内容的设置，可提示更为明确的错误信息。

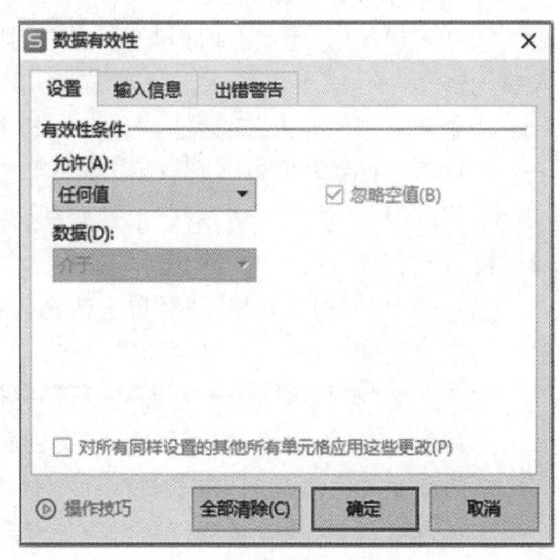

图 4－14　“数据有效性”对话框

(4)单击【确定】按钮。

4.2.4　数据编辑

1. 区域的选定

1)选定连续区域

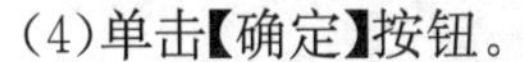

- 先定位区域的起始单元格，拖动鼠标到区域对角单元格。
- 单击区域起始单元格，按住【Shift】键，再单击对角单元格。
- 在名称框中输入区域的左上角及右下角单元格地址如 B16:F160，按【Enter】键确认。

2)选定不连续区域

按住【Ctrl】键，再选定区域，可选定多个不连续的区域。

3)选定行或列

单击行标或列标可选定相应的一行或一列，若在行标或列标上拖动则可选定相邻的多行或相邻的多列。若要选择非相邻的行或列，在选择行或列的同时按住【Ctrl】键。

4)选定全部单元格

- 单击工作表左上角行号和列标交叉处的【全选】按钮，可选择工作表的全部单元格。

• 单击工作表中的单元格,再按【Ctrl+A】组合键,可选择工作表的全部单元格。

2. 数据的修改

单击单元格使其成为活动单元格,然后在编辑栏中编辑修改单元格数据;或选定单元格,在单元格内进行编辑修改。

3. 数据的清除

选定欲删除内容的单元格或区域,单击“开始”选项卡中的【单元格】下拉按钮,在下拉列表中选择“清除”命令,或用【Delete】键、【BackSpace】键清除。

此操作仅清除数据,单元格仍在原位置,设置的数据格式也没有被删除,如果再次输入数据,仍然以之前设置的数据格式来显示。

4. 单元格、行、列的插入或删除

在工作表中进行插入或删除单元格时,会发生相邻单元格的移动,即地址变化。

1)单元格、行、列的插入

操作步骤如下:

(1)定位插入对象的位置。

(2)单击“开始”选项卡【行和列】下拉按钮,在下拉列表中选择“插入单元格”命令,或右击插入对象的位置,在弹出的快捷菜单中选择“插入”命令,打开“插入”对话框,如图4-15所示。

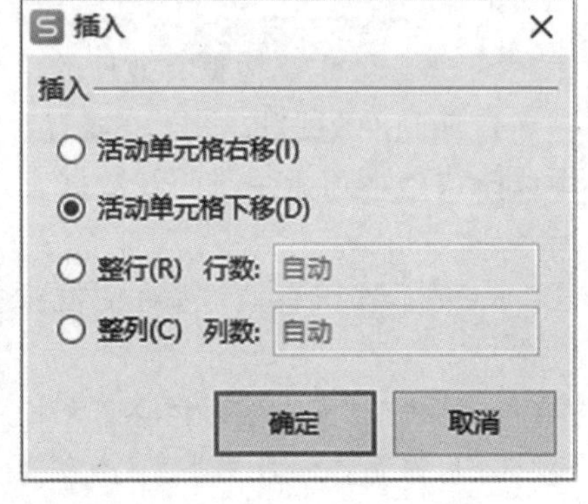

图4-15 “插入”对话框

(3)在该对话框中选中所需操作项的单选按钮。

①若选中“活动单元格右移”单选按钮,活动单元格及右侧的所有单元格依次右移一列。

②若选中“活动单元格下移”单选按钮,活动单元格及下侧的所有单元格依次下移一行。

③若选中“整行”单选按钮,存在以下两种情况:

• 插入一行:在操作步骤(1)时,单击需要插入的新行下相邻行中的任意单元格。例如,若要在第5行之上插入一行,单击第5行中的任意单元格。
• 插入多行:在操作步骤(1)时,选定需要插入的新行之下相邻的若干行。选定的行数应与要插入的行数相等。

④若选中“整列”单选按钮,存在以下两种情况:

• 插入一列:在操作步骤(1)时,单击需要插入的新列右侧相邻列中的任意单元格。例如,若要在B列左侧插入一列,单击B列中的任意单元格。
• 插入多列:在操作步骤(1)时,选定需要插入的新列右侧相邻的若干列。选定的列数应与要插入的列数相等。

⑤单击【确定】按钮。

2)单元格、行、列、区域的删除

操作步骤如下:

(1)定位欲删除的对象。

(2)单击“开始”选项卡【行和列】下拉按钮,在下拉列表中选择“删除单元格”命令,或右击欲删除的对象,在弹出的快捷菜单中选择“删除”命令,打开“删除”对话框。

(3)在对话框中选中所需操作项的单选按钮。

(4)单击【确定】按钮。

删除活动单元格或单元格区域后,单元格及数据均消失,同行右侧的所有单元格(或区域)均左移或同列下面的所有单元格均上移。

5. 数据的复制或移动

数据的复制或移动一般是指单元格、行、列或区域数据的复制与移动。

操作步骤如下：

(1)选定要复制(移动)的操作对象。

(2)实现数据的复制或剪切，方法如下：

• 单击“开始”选项卡中的【复制】(【剪切】)按钮。

• 右击选定的操作对象，在弹出的快捷菜单中选择“复制”(“剪切”)命令。

• 按【Ctrl+C】组合键(【Ctrl+X】组合键)。

(3)选择目标单元格或区域。

(4)实现数据的粘贴，方法如下：

• 单击“开始”选项卡中的【粘贴】按钮。

• 右击目标单元格(区域)，在弹出的快捷菜单中选择“粘贴”命令。

• 按【Ctrl+C】组合键。

6. 查找与替换

利用查找功能可快速在表格中定位到要查找的内容，替换功能则可对表格中多处出现的同一内容进行修改，查找和替换功能可以交互使用。

1)查找

查找是一种“条件定位”，即根据给定的某一条件，快速寻找满足条件的单元格。

操作步骤如下：

(1)选中要查询的单元格区域，单击“开始”选项卡下的【查找】按钮，或按【Ctrl+F】或【Shift+F5】组合键，打开“查找”对话框，如图4-16所示。

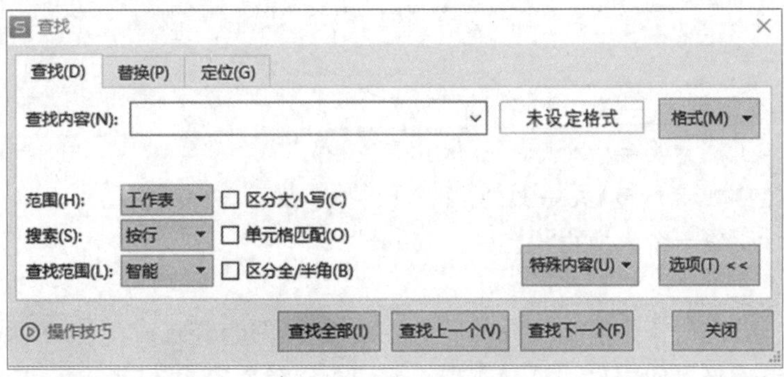

图4-16 “查找”对话框

在该对话框中：

•“查找内容”：输入要查找的内容。

•“范围”：提供工作表、工作簿两种查找范围。

•“搜索”：提供按行、按列两种选择。

•“查找范围”：在下拉列表中提供了智能、公式、值、批注四种选项供选择。

• 单元格匹配：若选择此项，搜索内容必须与单元格内容完全相同。否则，部分内容相匹配的也会被选中。

(2)选择相应选项。

(3)单击【查找全部】按钮或【查找下一个】按钮。

2)替换

操作步骤如下：

(1)单击“查找”对话框(见图4-16)中的“替换”选项卡，或选中要替换的单元格区域，单击“开始”选项卡中的【查找】下拉按钮，在下拉列表中选择“替换”命令。

(2)分别在“查找内容”和“替换为”文本框中输入相应内容，并可设置相应的格式。可以设置“范围”“搜索”“查找范围”等选项。

(3)若单击【全部替换】按钮,将工作表中所有匹配内容一次替换。若单击【查找下一个】按钮,则当找到指定内容时,单击【替换】按钮才进行替换,否则不替换当前找到的内容,再次单击【查找下一个】按钮,系统自动查找下一个匹配的内容,重复以上步骤,直到替换完成。

(4)单击【关闭】按钮。

4.3 公式和函数

例4-2视频讲解

【例 4-2】 利用公式和函数计算“工资”工作簿中 Sheet1 工作表的数据,并计算各列的最大值、平均值,计算“实发工资”的总额,结果如图 4-17 所示。

	A	B	C	D	E	F	G	H	I	J	K	L	M
1	编号	姓名	性别	职位	部门	基本工资	奖金	补贴	社保扣款	合计工资	个人所得税	实发工资	签名
2	0001	何平	男	经理	采购部	¥ 3,300.00	¥ 1,100.00	¥ 2,000.00	¥ 704.00	¥ 5,696.00	¥ 20.88	¥ 5,675.12	
3	0002	夏杰	女	组长	销售部	¥ 3,300.00	¥ 1,000.00	¥ 2,000.00	¥ 693.00	¥ 5,607.00	¥ 18.21	¥ 5,588.79	
4	0003	江一山	男	组长	采购部	¥ 2,800.00	¥ 1,000.00	¥ 2,000.00	¥ 638.00	¥ 5,162.00	¥ 4.86	¥ 5,157.14	
5	0004	李小华	女	副组长	采购部	¥ 2,600.00	¥ 900.00	¥ 2,000.00	¥ 605.00	¥ 4,895.00	¥ -	¥ 4,895.00	
6	0006	卢祥千	男	员工	销售部	¥ 2,500.00	¥ 850.00	¥ 2,000.00	¥ 588.50	¥ 4,761.50	¥ -	¥ 4,761.50	
7	0007	张默然	女	员工	采购部	¥ 2,500.00	¥ 700.00	¥ 2,000.00	¥ 572.00	¥ 4,628.00	¥ -	¥ 4,628.00	
8	0008	李楠	男	员工	销售部	¥ 2,500.00	¥ 750.00	¥ 2,000.00	¥ 577.50	¥ 4,672.50	¥ -	¥ 4,672.50	
9	0009	吴萍萍	女	员工	采购部	¥ 2,500.00	¥ 800.00	¥ 2,000.00	¥ 583.00	¥ 4,717.00	¥ -	¥ 4,717.00	
10	0010	王海江	男	经理	销售部	¥ 3,900.00	¥ 1,200.00	¥ 2,000.00	¥ 781.00	¥ 6,319.00	¥ 39.57	¥ 6,279.43	
11	0011	张小丽	女	组长	行政部	¥ 2,800.00	¥ 1,000.00	¥ 2,000.00	¥ 638.00	¥ 5,162.00	¥ 4.86	¥ 5,157.14	
12	0012	李磊	男	副组长	销售部	¥ 2,600.00	¥ 900.00	¥ 2,000.00	¥ 605.00	¥ 4,895.00	¥ -	¥ 4,895.00	
13	0013	马腾	女	员工	行政部	¥ 2,300.00	¥ 800.00	¥ 2,000.00	¥ 561.00	¥ 4,539.00	¥ -	¥ 4,539.00	
14	0014	赵静	女	员工	行政部	¥ 2,800.00	¥ 850.00	¥ 2,000.00	¥ 621.50	¥ 5,028.50	¥ 0.86	¥ 5,027.65	
15	0015	金鑫鑫	男	员工	采购部	¥ 2,650.00	¥ 800.00	¥ 2,000.00	¥ 599.50	¥ 4,850.50	¥ -	¥ 4,850.50	
16	0016	王平平	女	副组长	销售部	¥ 2,700.00	¥ 900.00	¥ 2,000.00	¥ 616.00	¥ 4,984.00	¥ -	¥ 4,984.00	
17					最大值	3900	1200	2000	781	6319	39.57	6279.43	
18					平均值	2783.333333	903.3333333	2000	625.53333	5061.133333	5.949	5055.184333	
19					工资总额							75827.765	

图 4-17 例 4-2 结果图

要求如下:

(1)社保扣款=(基本工资+奖金+补贴)×11%。

(2)合计工资=基本工资+奖金+补贴-社保扣款。

(3)如果合计工资金额大于 5000 元,则计算个人所得税,规则为(合计工资-5000)×3%,否则不扣税。

(4)实发工资=合计工资-个人所得税。

【问题分析】

利用 WPS 2022 表格计算,首先明确要计算行(或列)应使用的公式或函数,然后计算任意单元格中的值,对其他行(或列)的单元格可使用自动填充实现。操作可以分解成以下过程:

(1)打开工作簿,选定工作表。

(2)确定公式或函数。

(3)计算任意单元格的值。

(4)自动填充完成其他行(或列)的单元格计算。

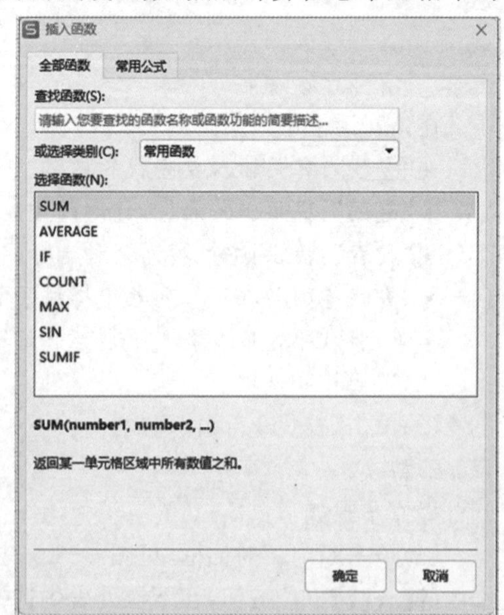

图 4-18 “插入函数”对话框

【操作步骤】

(1)计算“社保扣款”的值。打开“工资”工作簿,选定“Sheet1”工作表,单击单元格 I2,输入公式=(F2+G2+H2)*11%,按回车键,单击 I2 并拖动其填充柄至 I16 单元。

(2)计算“合计工资”的值。单击单元格 J2,输入公式=F2+G2+H2-I2,按回车键,单击 J2 并拖动其填充柄至 J16 单元格。

(3)计算“个人所得税”的值。单击单元格 K2,单击“公式”选项卡中的【插入函数】按钮,打开“插入函数”对话框,如图 4-18 所示,在“选择函数”列表中选择“IF”(条件选择)函数,单击【确定】按钮,打开“函数参数”对话框,在“logical_test”文本框中输入条件“J2＞＝5000”，“logical_if_true”文本框中输入(J2－5000) * 3%，“logical_if_false”文本框中输入 0，如图 4－19 所示，单击【确定】按钮。单击 K2 并拖动其填充柄至 K16 单元格。

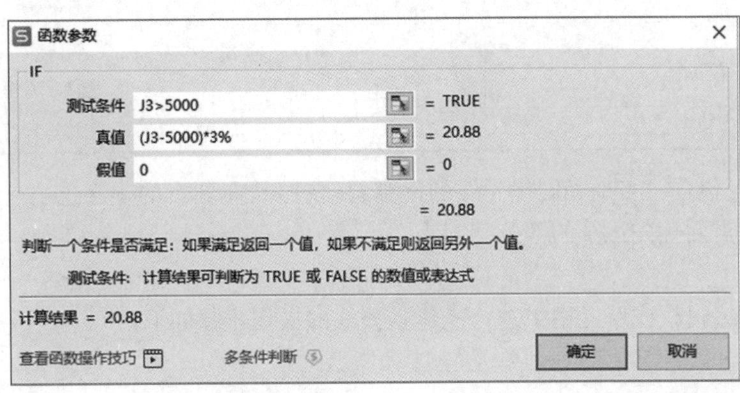

图 4－19　IF 函数计算“个人所得税”

(4)计算“实发工资”的值。单击单元格 L2，输入公式＝ J2－K2，按回车键，单击 L2 并拖动其填充柄至 L16 单元格。

(5)计算各列的最大值。单击单元格 E17，输入“最大值”。单击单元格 F17，单击“公式”选项卡中的【插入函数】按钮，打开“插入函数”对话框，在函数名中选择“MAX”(最大值)，单击【确定】按钮。在“Number1”的文本框中选定数据 F2 到 F16，单击【确定】按钮。在 F17 中计算出 F2 到 F16 区域中的最大值，单击 F17 并拖动其填充柄至 L17 单元格。

(6)计算各列的平均值。单击单元格 E18，输入“平均值”。单击单元格 F18，单击“公式”选项卡中的【插入函数】按钮，打开“插入函数”对话框，在函数名中选择“AVERGER”(平均值)，单击【确定】按钮。在“函数参数”对话框中的“Number1”的文本框中选定数据 F2 到 F16，单击【确定】按钮，在 F18 中计算出 F2 到 F16 区域中的平均值。然后单击 F18 并拖动其填充柄至 L18 单元格。

(7)计算工资总额。单击单元格 E19，输入“工资总额”。单击单元格 L19，再单击“公式”选项卡中的【插入函数】按钮，打开“插入函数”对话框，在函数名中选择“SUM”(求和)，单击【确定】按钮，在“函数参数”对话框中的“Number1”的文本框中选定数据 L2 到 L16，单击【确定】按钮，在 L19 中计算出 L2 到 L16 区域中数值之和。结果如图 4－17 所示。

【知识点】

WPS 2022 表格中提供了公式和函数，使得对工作表中复杂数据的计算与分析变得简单。

4.3.1　公式

WPS 2022 表格中的公式以“＝”开头，使用运算符号将各种数据、函数、区域、地址连接起来形成表达式。用于实现工作表中的数据计算或文本比较等操作。

1. 运算符

WPS 2022 表格公式中可使用的运算符号有算术运算符、比较运算符、连接运算符、引用运算符等。

各种运算符及优先级如表 4－1 所示。

表 4－1　运算符优先级

运算符号(优先级从高到低)	说　明
：，空格	引用运算符
－	负号
%	百分号
^	指数

续表

运算符号(优先级从高到低)	说　明
* /	乘、除法
+ −	加、减法
&	连接字符串
= <><= >= <>	比较运算符

如果在公式中同时包含了多个相同优先级的运算符,按照从左到右的顺序进行计算。若要更改运算的次序,就要使用“()”把需要优先运算的部分括起来。

2. 建立公式

建立公式时,可在编辑栏或单元格中进行。建立公式的操作步骤如下:

(1)单击用于存放公式计算值的一个单元格。

(2)在编辑栏或单元格中输入“=”号,编辑栏上出现✕✓fx符号。

(3)建立公式,输入用于计算的数值参数及运算符。

(4)完成公式编辑后,回车或单击✓按钮显示结果。

3. 引用

引用的作用在于标识工作表上的单元格或单元格区域,并指明公式中所使用的数据的位置。通过引用,可以在公式中使用工作表不同部分的数据,或者在多个公式中使用同一个单元格的数据。还可以引用同一个工作簿中不同工作表上的单元格和其他工作簿中的数据。单元格的引用主要有相对引用、绝对引用和混合引用。引用不同工作簿中的单元格称为链接。

1)相对引用

相对引用即引用相对于公式位置的单元格。引用形式为 B3、C3、D3 等,例如“=B3+C3+D3”。

在复制公式时,目标单元格公式中被引用的单元格和目标单元格始终保持这种相对位置。例如,如果将图 4-20中单元格 A2 中的公式“=A1 * 3”复制到单元格 B2 中,则被粘贴的公式会变为“=B1 * 3”,如图 4-21 所示。

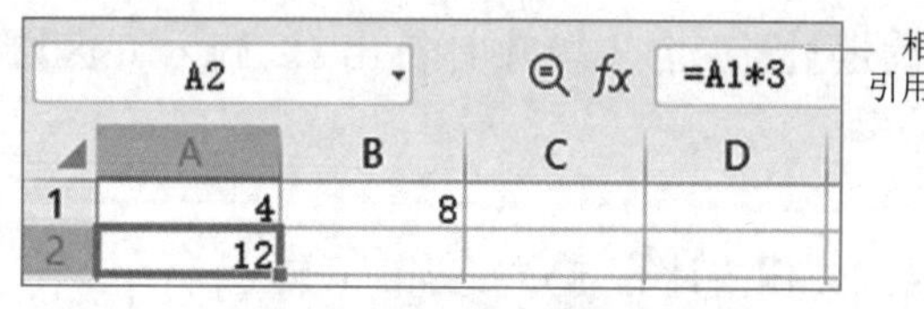

图 4-20　相对引用公式

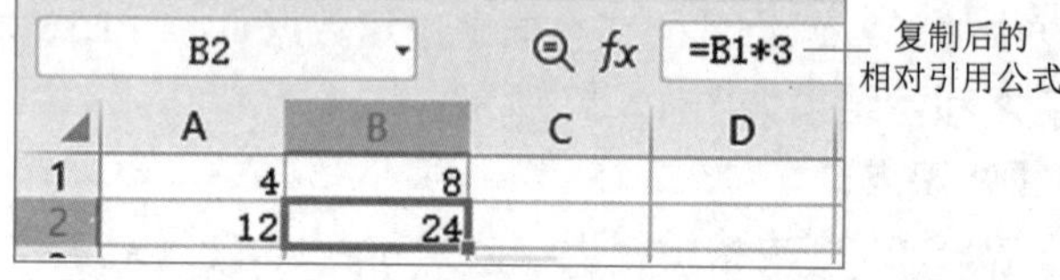

图 4-21　复制相对引用公式

2)绝对引用

绝对引用在公式中引用的单元格是固定不变的,而不考虑包含该公式的单元格位置。绝对引用形式为 $E$2、$G$2 等,即行号和列号前都有“$”符号,例如“=$E$2+$G$2”。

采用绝对引用的公式,该公式被复制到其他位置,都将与原公式引用相同的单元格。例如,上例中,如果 A2 中的公式为“=$A$1 * 3”,则复制到 B2 的公式仍然是“=$A$1 * 3”。

3)混合引用

混合引用具有绝对列和相对行,或是绝对行和相对列。绝对引用列采用 $A1、$B1 等形式。绝对引用行采用 A$1、B$1 等形式。如果公式所在单元格的位置改变,则相对引用部分改变,而绝对引用部分不变。如果多行或多列地复制公式,相对引用部分自动调整,而绝对引用部分不作调整。例如,在 A2 单元格的公式为“=A$1+$B1”,如果将公式从 A2 复制到 C3 单元格,则 C3 单元格中的公式为“=C$1+$B2”。

4.3.2　函数

为便于计算、统计、汇总和数据处理,WPS 2022 表格提供了大量的函数。

函数语法为:函数名(参数1,参数2,参数3,...)。

1. 函数的操作方法

一般使用函数的操作步骤如下:

(1)单击欲输入函数值的单元格。

(2)单击"公式"选项卡中的【插入函数】按钮，编辑栏中出现"=",并打开"插入函数"对话框,如图4-18所示。

(3)从"选择函数"列表框中选择所需函数。在列表框下方将显示该函数的使用格式和功能说明。

(4)单击【确定】按钮,打开"函数参数"对话框。

(5)输入函数的参数。

(6)单击【确定】按钮。

2. WPS 2022 表格常用的函数

1)求和函数 SUM

函数格式:SUM(number1,number2, ...)。

其中 number1,number2 …是所要求和的参数。

功能:计算所有参数数值的和。

例如,"=SUM(D2:D6)",计算 D2 至 D6 区域中的数值和。

2)求平均值函数 AVERAGE

函数格式:AVERAGE(number1, number2, ...)。

功能:计算所有参数的算术平均值。

例如,"=AVERAGE(B7:D7,F7:H7,7,8)",计算 B7 至 D7 区域、F7 至 H7 区域中的数值和 7、8 的平均值。

3)求最大值函数 MAX

函数格式:MAX(number1, number2, ...)。

功能:返回一组数值中的最大值。

例如,"=MAX(E4:J4,7,8,9,16)",返回 E4 至 J4 单元格区域中以及数值 7,8,9,16 中的最大值。

4)求最小值函数 MIN

函数格式:MIN(number1, number2, …)。

功能:返回一组数值中的最小值。

例如,"=MIN(E4:J4,7,8,9,16)",返回 E4 至 J4 单元格区域中以及数值 7,8,9,16 中的最小值。

5)统计函数 COUNT

函数格式:COUNT(valuel1, valuel2, …)。

功能:求各参数中数值参数和包含数值的单元格个数。参数的类型不限。

例如,"=COUNT(9, B1:B4, "OK")",若 B1 至 B4 中均存放有数值,则函数的结果是 5;若 B1 至 B4 中只有一个单元格存放有数值,则结果为 2。

6)四舍五入函数 ROUND

函数格式:ROUND(number, num_digits)。

功能:对数值项 number 进行四舍五入。若 num_digits >0,保留 num_digits 位小数;若 num_digits=0,保留整数;若 num_digits<0,从个位向左对第|num_digits|位进行舍入。

例如,"=ROUND(57.386,2)"则函数的结果是 57.39。

7)取整函数 INT

函数格式:INT(number)。

功能:取不大于数值 number 的最大整数。

例如,INT(13.34)=13,INT(-13.34)=-14。

8)绝对值函数 ABS

函数格式:ABS(number)。

功能:取 number 的绝对值。

例如,ABS(−7)=7,ABS(7)=7。

9)条件判断函数 IF

函数格式:IF(Logical_test, value_if_true, value_if_false)。

功能:判断一个条件是否满足,如果满足返回一个值,即 value_if_true。如果不满足则返回另一个值,即 value_if_false。

例如,F5 单元格中的公式为"=IF(E5>=60 ,"及格" ,"不及格")"。当 E5 单元格的值大于等于 60 时,F5 单元格的内容为"及格",否则为"不及格"。

10)求排位函数 Rank

函数格式:RANK(number, ref, [order])

功能:返回数字 number 在区域 ref 中相对其他数值的大小排名。Order 为 0 或省略,表示降序;如果不为 0 表示升序。

例如,"=RANK(A1, A1: A16)",表示计算 A1 单元格中的数值在 A1 到 A16 区域内按降序排第几名。此公式可以用来求名次,但地址区域要用绝对地址即 RANK(A1, $A$1: $A$16),其他单元格 A2,A3…A16 可通过填充柄自动填充实现排名。

11)条件统计函数 COUNTIF

函数格式:COUNTIF(Range, Criteria)

功能:统计某个单元格区域中符合指定条件的单元格数目,Range 为要统计的非空单元格数目的区域,Criteria为要统计的条件。

例如,"=COUNTIF(B1:B13,">=80")",统计出 B1 至 B13 单元格区域中,数值大于等于 80 的单元格数目。

12)条件求和函数 SUMIF

函数格式:SUMIF(Range, Criteria, SumRange)

功能:计算符合指定条件的单元格区域内的数值的和,Range 为条件区域,Criteria 是求和条件,SumRange为实际求和区域。

例如,"=SUMIF(E2:E16,"行政部",G2:G16)",统计例题中 E2 至 E16 单元格区域中,"行政部"人员的"奖金"的和,如图 4-22 所示。

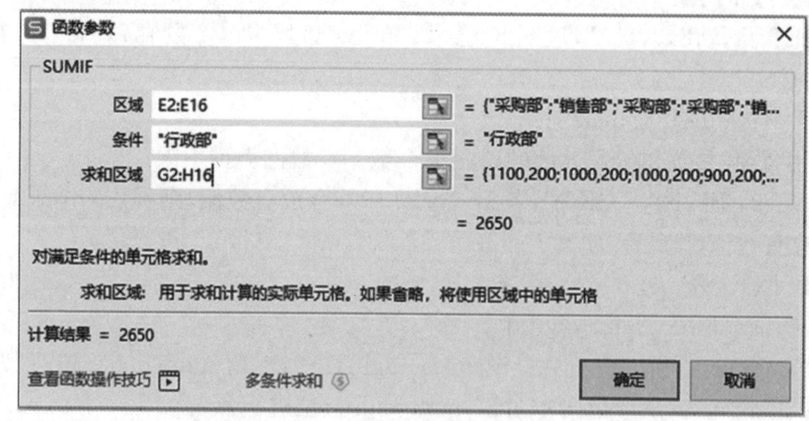

图 4-22 SUMIF 函数

4.4 工作表操作

【例 4-3】 完成对 Sheet1 工作表的操作,如图 4-23 所示。

员工工资表

编号	姓名	性别	职位	部门	基本工资	补贴	社保扣款	合计工资	个人所得税	实发工资	签名
0001	何平	男	经理	采购部	¥ 3,300.00	¥ 2,000.00	¥ 704.00	¥ 5,696.00	¥ 20.88	¥ 5,675.12	
0002	夏杰	女	组长	销售部	¥ 3,300.00	¥ 2,000.00	¥ 693.00	¥ 5,607.00	¥ 18.21	¥ 5,588.79	
0003	江一山	男	组长	采购部	¥ 2,800.00	¥ 2,000.00	¥ 638.00	¥ 5,162.00	¥ 4.86	¥ 5,157.14	
0004	李小华	女	副组长	采购部	¥ 2,600.00	¥ 2,000.00	¥ 605.00	¥ 4,895.00	¥ -	¥ 4,895.00	
0006	卢祥千	男	员工	销售部	¥ 2,500.00	¥ 2,000.00	¥ 588.50	¥ 4,761.50	¥ -	¥ 4,761.50	
0007	张默然	女	员工	采购部	¥ 2,500.00	¥ 2,000.00	¥ 572.00	¥ 4,628.00	¥ -	¥ 4,628.00	
0008	李楠	男	员工	销售部	¥ 2,500.00	¥ 2,000.00	¥ 577.50	¥ 4,672.50	¥ -	¥ 4,672.50	
0009	吴萍萍	女	员工	采购部	¥ 2,500.00	¥ 2,000.00	¥ 583.00	¥ 4,717.00	¥ -	¥ 4,717.00	
0010	王海江	男	经理	销售部	¥ 3,900.00	¥ 2,000.00	¥ 781.00	¥ 6,319.00	¥ 39.57	¥ 6,279.43	
0011	张小丽	女	组长	行政部	¥ 2,800.00	¥ 2,000.00	¥ 638.00	¥ 5,162.00	¥ 4.86	¥ 5,157.14	
0012	李磊	男	副组长	销售部	¥ 2,600.00	¥ 2,000.00	¥ 605.00	¥ 4,895.00	¥ -	¥ 4,895.00	
0013	马腾	女	员工	行政部	¥ 2,300.00	¥ 2,000.00	¥ 561.00	¥ 4,539.00	¥ -	¥ 4,539.00	
0014	赵静	女	员工	行政部	¥ 2,800.00	¥ 2,000.00	¥ 621.50	¥ 5,028.50	¥ 0.86	¥ 5,027.65	
0015	金鑫鑫	男	员工	采购部	¥ 2,650.00	¥ 2,000.00	¥ 599.50	¥ 4,850.50	¥ -	¥ 4,850.50	
0016	王平平	女	副组长	销售部	¥ 2,700.00	¥ 2,000.00	¥ 616.00	¥ 4,984.00	¥ -	¥ 4,984.00	

图 4-23　例 4-3 结果图

要求如下：

(1)在第一行前插入一行，内容为“员工工资表”如图 4-23 所示，字体为“华文楷体”，字号为“36”，垂直、水平方向合并居中。

(2)其余单元格数据居中显示，字体为“宋体”，字号为“12”。

(3)在数据区域添加边框，外边框用双实线，内边框用细实线。

(4)在列标题上设置填充效果，自定义颜色值均为 166。

(5)设置工资的数据格式为带人民币符号“¥”的会计专用格式。

(6)将 Sheet1 工作表中“编号”、“姓名”、“性别”、“部门”、“基本工资”和“实发工资”列中数据复制到 Sheet2 中。重命名 Sheet1、Sheet2 工作表的名字分别为“员工工资表”和“数据管理”。

(7)将工作表中 1 至 2 行冻结窗格显示。

(8)将“职位”为“经理”的单元格标识为“浅红色填充和深红色文本”。使用红色数据条标识“实发工资”单元格(用“条件格式”设置)。

【问题分析】

操作可以分解成以下过程：

(1)打开工作簿，选定工作表。

(2)插入行，输入数据。

(3)进行格式设置。

(4)复制数据，重命名工作表。

(5)冻结窗格设置。

(6)条件格式设置

【操作步骤】

(1)打开“工资”工作簿，选定 Sheet1 工作表。单击第一行任意单元格，单击“开始”选项卡中的“行和列”下拉按钮，在下拉列表中选择“插入单元格”命令，插入一行。

(2)表头格式设置。单击单元格 A1，输入“员工工资表”，选定 A1:M1 区域，单击“开始”选项卡中的【合并后居中】按钮。在“开始”选项卡中，设置文本的字体为“华文楷体”、字号为“36”。

(3)表内数据格式设置。选定 A2:M17 区域，在“开始”选项卡中，设置文本的字体为“宋体”、字号为“12”。单击“开始”选项卡中的【居中】按钮。

(4)添加框线。选定 A2:M17 区域，右击该区域，在弹出的快捷菜单中选择“设置单元格格式”命令，打开“设置单元格格式”对话框，在对话框中单击“边框”选项卡，在“样式”列表中选择双实线，单击【外边框】按钮，在“样式”列表中选择单实线，单击【内部】按钮，单击【确定】按钮。

(5)标题行填充设置。选定 A2:M2 区域，右击该区域，在弹出的快捷菜单中选择“设置单元格格式”命令，打开“设置单元格格式”对话框，在对话框中选择“填充”选项卡，单击【其他颜色】按钮，打开“颜色”对话框,单击"自定义"选项卡,在"红色"、"绿色"和"蓝色"数值列表框中输入"166",单击【确定】按钮,返回"设置单元格格式"对话框,单击【确定】按钮。

(6)数据区域会计专用格式设置。选定 F3:L17 区域,右击该区域,在弹出的快捷菜单中选择"设置单元格格式"命令,打开"设置单元格格式"对话框,在对话框"数字"选项卡中选择"会计专用",在"货币符号"下拉列表中选择"¥",单击【确定】按钮。

(7)复制数据。在 Sheet1 工作表中,选定 A2:C17 区域,按住【Ctrl】键,选定 E2:F17 及 L2:L17 区域,单击"开始"选项卡中的【复制】按钮。选定 Sheet2 工作表,单击 A1 单元格,单击"开始"选项卡中的【粘贴】按钮,在下拉列表中选择"选择性粘贴"项中的"值和数字格式"选项。

(8)重命名工作表。右击 Sheet1 工作表标签,在弹出的快捷菜单中选择"重命名"命令,将标签名称修改为"员工工资表"。按上述操作,将 Sheet2 工作表标签修改为"数据管理"。

(9)冻结窗格。选中第 3 行,单击"视图"选项卡中的【冻结窗格】按钮,在下拉列表中选择"冻结首行"命令。

(10)条件格式设置。选定 D3:D17 区域,单击"开始"选项卡中的【条件格式】按钮,在下拉列表中选择"突出显示单元格规则"中的"文本包含"命令,在打开的"文本中包含"对话框的文本框中输入文本"经理",在"设置为"下拉列表框中选择"浅红填充色深红色文本"选项,单击【确定】按钮。

(11)选定 L3:L17 区域,单击"开始"选项卡中的【条件格式】按钮,在下拉列表中选择"数据条"命令,在级联菜单中选择"数据条"级联菜单中的"实心填充"项目下的"红色数据条"选项。

【知识点】

4.4.1 工作表选定

在编辑工作表之前,必须先选定后操作。

1. 选定一个工作表

单击要选择的工作表标签,则该工作表成为当前工作表,其名称以反白显示。若目标工作表标签未显示在工作表标签行,可通过单击工作表标签滚动按钮,使目标工作表标签出现并单击即可。

2. 选定多个相邻的工作表

单击要选定的多个工作表中的第一个工作表,然后按住【Shift】键并单击要选定的最后一个工作表标签。

3. 选定多个不相邻的工作表

按住【Ctrl】键并单击每一个要选定的工作表。

选定多个工作表时,这些工作表将会形成工作表组。此时,向工作表组中的任意一个工作表输入数据或者进行格式化,工作表组中其他工作表的相同位置也会出现同样的数据和格式。

要取消对工作表的选定,只需要单击任意一个未选定的工作表标签,或右击工作表标签,在弹出的快捷菜单中选择"取消成组工作表"命令即可。

4.4.2 工作表基本操作

1. 插入工作表

插入工作表方法如下:

(1)右击工作表标签(如 Sheet1),在弹出的快捷菜单中选择"插入"命令,在"插入"对话框中选择"工作表"图标,单击【确定】按钮。

(2)单击工作表标签右侧的【新建工作表】按钮,即可在当前工作表标签的右侧插入一张空白工作表。

(3)按【Shift+F11】组合键,在当前工作表的左侧插入一张空白的工作表。

(4)单击"开始"选项卡中的【工作表】按钮,在下拉列表中选择"插入工作表"命令,即可在当前工作表标签的左侧插入一张空白工作表。

2. 删除工作表

删除工作表方法如下:

(1)右击要删除的工作表标签,在弹出的快捷菜单中选择"删除"命令,即可将该工作表删除。

(2)单击“开始”选项卡中的【工作表】按钮,在下拉列表中选择“删除工作表”命令,删除当前工作表。

3. 工作表重命名

工作表重命名方法如下:

(1)双击要改名的工作表标签,使其反白显示,直接输入新工作表名,然后按回车键即可。

(2)右击工作表标签,在弹出的快捷菜单中选择“重命名”命令。

(3)单击“开始”选项卡中的【工作表】按钮,在下拉列表中选择“重命名”命令。

4. 工作表的移动和复制

1)同一工作簿内的移动(或复制)

- 单击要移动(或复制)的工作表标签,沿着标签行水平拖动(或按住【Ctrl】键拖动)工作表标签到目标位置。在拖动过程中,屏幕显示一个黑色三角形,用来指示工作表要插入的位置。
- 右击要移动(或复制)的工作表标签,在弹出的快捷菜单中选择“移动或复制工作表”命令,打开“移动或复制工作表”对话框。如果是复制操作,选中“建立副本”选项,否则为移动工作表,在“下列选定工作表之前”列表中确定工作表要插入的位置。

2)不同工作簿之间的移动或复制

如果要实现工作表在不同工作簿之间移动或复制操作,只需要在“移动或复制工作表”对话框中的“工作簿”下拉列表框中选择目标工作簿即可。在“下列选定工作表之前”列表框中选择插入位置。若选定“建立副本”复选框,为复制工作表,否则为移动工作表。单击【确定】按钮。

4.4.3　窗口拆分和冻结

1. 窗口的拆分

把当前工作表拆分为多个窗口显示,目的是使同一工作表中相距较远的数据能同时显示在同一屏幕上。拆分有两种方法:

- 单击“视图”选项卡中的【拆分窗口】按钮,可将一个窗口拆分成4个窗口。
- 拖动“水平分割条”可将窗口分成上下两个窗口,拖动“垂直分割条”可将屏幕分为左右两个窗口。水平、垂直同时分割,最多可以拆分成4个窗口。

取消拆分可通过双击分割条来完成,或再次单击【取消拆分】按钮。

2. 窗格的冻结

冻结窗格是使用户在选择滚动工作表时始终保持部分数据可见,即在滚动时保持被冻结窗格内容不变。冻结窗格的操作步骤如下:

(1)确定需要的冻结窗格,可执行下列操作之一:

- 冻结顶部水平窗格:选择冻结处的下一行。
- 冻结左侧垂直窗格:选择冻结处的右边一列。
- 冻结左上窗格:单击冻结区域外右下方的单元格。

(2)单击“视图”选项卡中的【冻结窗格】按钮,在下拉列表中选择所需的“冻结至第×行(第×列)”、“冻结首行”或“冻结首列”命令。

4.4.4　格式化工作表

对单元格内数据的设置及修饰,可以让表格看起来更美观、内容更突出,如字符格式化、设置单元格底纹、设置边框等。选择欲格式化的单元格或区域,单击“开始”选项卡中的【单元格】按钮,在下拉列表中选择“设置单元格格式”命令,打开相应对话框,或者右击欲格式化的单元格或区域,在弹出的快捷菜单中选择“设置单元格格式”命令,打开相应对话框,如图4-24所示。

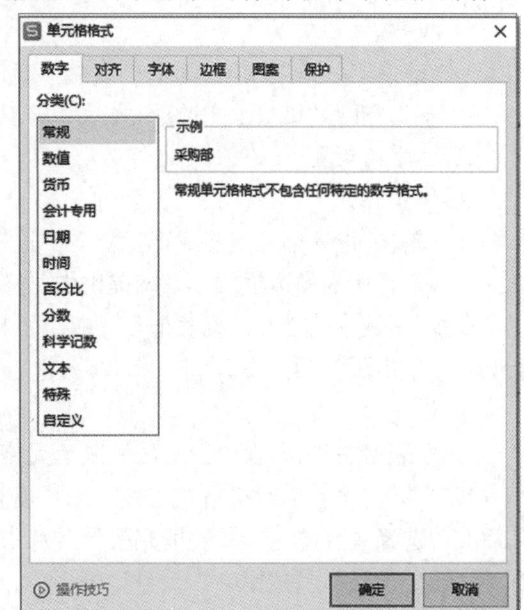

图4-24　“单元格格式”对话框

1. 字体格式的设置

单击“字体”选项卡进行字符格式化,具体操作与 WPS 文字处理中的字符格式化类似。

2. 数字格式的设置

WPS 2022 表格提供丰富的数据格式,主要包括数值、货币、会计专用、日期、时间、百分比、分数、科学记数、文本、特殊格式,还可自定义数据格式。

操作步骤如下:

(1)单击“设置单元格格式”对话框中的“数字”选项卡。

(2)在“分类”列表框中选择欲设置的数据类型。

(3)进行相应设置。

(4)单击【确定】按钮。

如果设置完成后,单元格中显示的是“#########”,表明当前的宽度不够,此时应调整列宽到合适宽度即可正确显示。

3. 对齐方式

WPS 2022 表格提供单元格内容缩进、旋转及在水平和垂直方向对齐功能。默认情况下,单元格中的文字是左对齐,数值是右对齐的。为了使工作表美观和易于阅读,用户可以根据需要设置各种对齐方式。

操作步骤如下:

(1)单击“设置单元格格式”对话框中“对齐”选项卡,或单击“开始”选项卡中“单元格格式”对话框按钮,打开“对齐”选项卡。

(2)在该对话框中可进行如下设置:

- 在“文本对齐方式”区域可设置单元格的对齐方式。
- “文本控制”区域可设置自动换行、缩小字体填充及合并单元格。
- “方向”区域可对单元格中的内容进行任意角度的旋转。
- “从右到左”区域可设置文字方向。

通常将表格标题设为居中,可以采用先对表格宽度内的单元格进行合并,然后再居中的方法。先选择标题行单元格,可以用以下 3 种方法完成操作:

- 在“水平对齐”和“垂直对齐”下拉列表框中选择“居中”;选定“合并单元格”复选框,然后单击【确定】按钮。
- 在“水平对齐”下拉列表框中选择“跨列居中”。
- 单击“开始”选项卡中的【合并后居中】按钮。

4. 边框的设置

操作步骤如下:

(1)单击“设置单元格格式”对话框中“边框”选项卡。

(2)选择所需的边框线。系统提供内、外边框共 8 种,各边框线可以选择不同的线型(样式)和颜色,可单击“直线”区域中的“样式”列表框和“颜色”下拉列表框设置边框样式、颜色等。

(3)单击【确定】按钮。

5. 填充的设置

设置表格底纹,即设置选定区域或单元格背景图案。

(1)单击“设置单元格格式”对话框中“填充”选项卡。

(2)选择一种颜色,单击“填充效果”,从中选择一种背景图案。

(3)单击【确定】按钮。

6. 条件格式

条件格式用于对选定区域内符合条件的单元格进行格式设置。WPS 2022 表格可以使用突出显示单元格、数据条、色阶和图标集等进行格式的设置，让数据变得更加直观。选择需要设置条件格式的区域，单击“开始”选项卡中的【条件格式】按钮，弹出“条件格式”下拉列表。

(1)突出显示单元格规则。选择“突出显示单元格规则”级联菜单中的相应命令进行设置，如要突出显示数值小于指定数值的单元格，则选择“小于”命令。打开“小于”对话框，如图 4－25 所示，在“为小于以下值的单元格设置格式”文本框中输入数值，在“设置为”项下选择突出显示的颜色或样式，也可以通过“自定义”设置需要的格式，单击【确定】按钮即可。

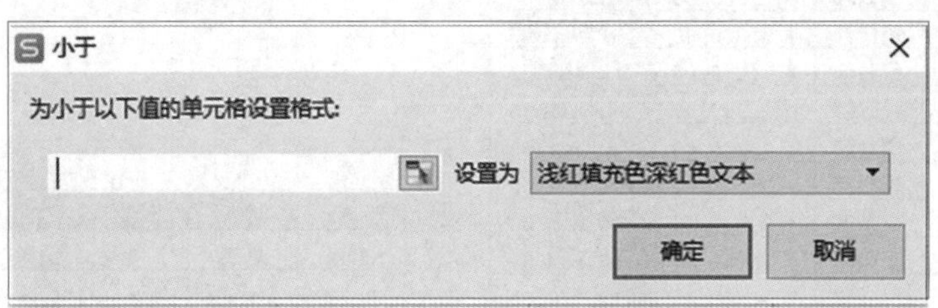

图 4－25　“小于”对话框

(2)最前/最后规则。选择“项目选取规则”下相应命令，其操作方式与“突出显示单元格规则”相同。也可以在级联菜单中选择“其他规则”命令，打开“新建格式规则”对话框，如图 4－26 所示，在“编辑规则说明”中编辑对排名靠前或靠后的数值设置具体的排名值或百分比，并进行格式设置，单击【确定】按钮即可。

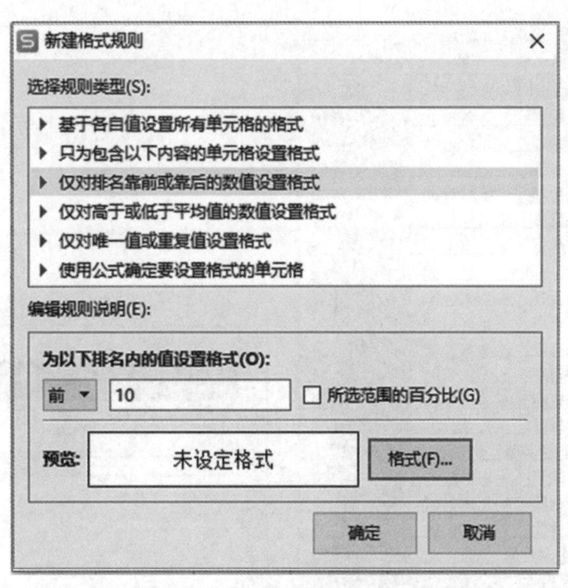

图 4－26　“新建格式规则”对话框

(3)数据条、色阶和图标集。选择“数据条”、“色阶”或“图标集”级联菜单下的所需样式，进行相应的设置。或在级联菜单中选择“其他规则”命令，打开图 4－26 所示的“新建格式规则”对话框，在“选择规则类型”下的列表框内选择格式类型，在对应的“编辑规则说明”下的文本框内进行相应的设置，单击【确定】按钮即可。

4.5　数据管理

【例 4－4】　在“数据管理”工作表中，完成数据管理操作，要求如下：

(1)按“性别”升序排列，“性别”相同时按“实发工资”降序排列，如图 4－27 所示。

(2)找出“实发工资”在 3 500 元以上的女职工，如图 4－28 所示。

	A	B	C	D	E	F
1	编号	姓名	性别	部门	基本工资	实发工资
2	0010	王海江	男	销售部	¥ 3,900.00	¥ 4,680.49
3	0001	何平	男	采购部	¥ 3,300.00	¥ 4,076.18
4	0003	江一山	男	采购部	¥ 2,800.00	¥ 3,558.20
5	0012	李磊	男	销售部	¥ 2,600.00	¥ 3,293.00
6	0015	金鑫鑫	男	采购部	¥ 2,650.00	¥ 3,248.50
7	0006	卢祥千	男	销售部	¥ 2,500.00	¥ 3,159.50
8	0008	李楠	男	销售部	¥ 2,500.00	¥ 3,070.50
9	0002	夏杰	女	销售部	¥ 3,300.00	¥ 3,989.85
10	0011	张小丽	女	行政部	¥ 2,800.00	¥ 3,558.20
11	0014	赵静	女	行政部	¥ 2,800.00	¥ 3,426.50
12	0016	王平平	女	销售部	¥ 2,700.00	¥ 3,382.00
13	0004	李小华	女	采购部	¥ 2,600.00	¥ 3,293.00
14	0009	吴萍萍	女	采购部	¥ 2,500.00	¥ 3,115.00
15	0007	张默然	女	采购部	¥ 2,500.00	¥ 3,026.00
16	0013	马腾	女	行政部	¥ 2,300.00	¥ 2,937.00

图 4-27　例 4-4 排序结果图

	A	B	C	D	E	F
1	编号	姓名	性别	部门	基本工资	实发工资
9	0002	夏杰	女	销售部	¥ 3,300.00	¥ 3,989.85
10	0011	张小丽	女	行政部	¥ 2,800.00	¥ 3,558.20

图 4-28　例 4-4 筛选结果图

(3)按"部门"统计"实发工资"的平均值,如图 4-29 所示。

(4)用数据透视表和数据透视图按"部门"和"性别"统计员工实发工资的最大值,加入"部门"切片器实现筛选,如图 4-30 所示。

	A	B	C	D	E	F
1	编号	姓名	性别	部门	基本工资	实发工资
2	0001	何平	男	采购部	¥ 3,300.00	¥ 4,076.18
3	0003	江一山	男	采购部	¥ 2,800.00	¥ 3,558.20
4	0015	金鑫鑫	男	采购部	¥ 2,650.00	¥ 3,248.50
5	0004	李小华	女	采购部	¥ 2,600.00	¥ 3,293.00
6	0009	吴萍萍	女	采购部	¥ 2,500.00	¥ 3,115.00
7	0007	张默然	女	采购部	¥ 2,500.00	¥ 3,026.00
8				采购部 平均值		¥ 3,386.15
9	0010	王海江	男	销售部	¥ 3,900.00	¥ 4,680.49
10	0012	李磊	男	销售部	¥ 2,600.00	¥ 3,293.00
11	0006	卢祥千	男	销售部	¥ 2,500.00	¥ 3,159.50
12	0008	李楠	男	销售部	¥ 2,500.00	¥ 3,070.50
13	0002	夏杰	女	销售部	¥ 3,300.00	¥ 3,989.85
14	0016	王平平	女	销售部	¥ 2,700.00	¥ 3,382.00
15				销售部 平均值		¥ 3,595.89
16	0011	张小丽	女	行政部	¥ 2,800.00	¥ 3,558.20
17	0014	赵静	女	行政部	¥ 2,800.00	¥ 3,426.50
18	0013	马腾	女	行政部	¥ 2,300.00	¥ 2,937.00
19				行政部 平均值		¥ 3,307.23
20				总平均值		¥ 3,454.26

图 4-29　例 4-4 分类汇总结果图

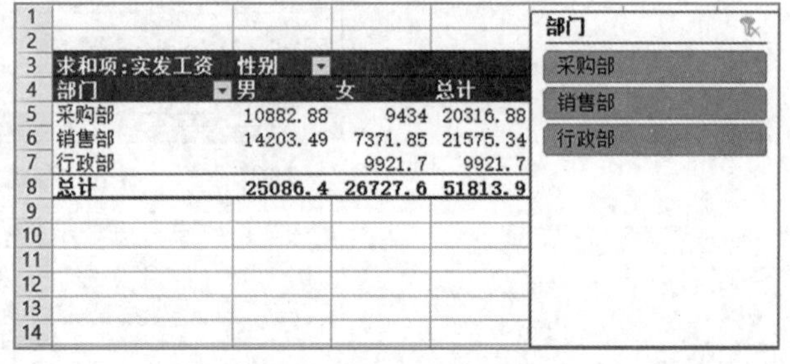

求和项:实发工资	性别		
部门	男	女	总计
采购部	10882.88	9434	20316.88
销售部	14203.49	7371.85	21575.34
行政部		9921.7	9921.7
总计	25086.4	26727.6	51813.9

图 4-30　例 4-4 数据透视表、切片器结果图

【问题分析】

操作可以分解成以下过程:

(1)打开工作簿,选定工作表。

(2)完成数据排序、筛选、分类汇总、制作数据透视图等操作。

【操作步骤】

(1)排序。单击数据区域的任意单元格,单击"数据"选项卡中【排序】按钮,在打开的"排序"对话框中,在"列"窗格中的"主要关键字"下拉列表中选择"性别",在"排序依据"窗格中的下拉列表中选择"数值",在"次序"窗格中的下拉列表中选择"升序"。再单击【添加条件】按钮,按照上述操作将"次要关键字"的"列"设置为"实发工资","排序依据"设置为"数值","次序"设置为"降序",如图 4-31 所示,单击【确定】按钮,排序结果如图 4-27 所示。

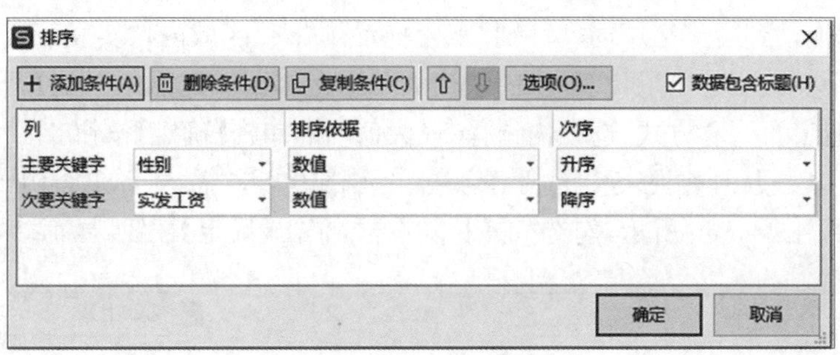

图 4－31　“排序”对话框

(2)筛选。单击标题行任意单元格,单击“数据”选项卡中的【筛选】按钮,选择“筛选”命令。单击“性别”右侧的下拉按钮,在下拉列表框中取消“全选”复选框,勾选“女”复选框。单击“实发工资”字段右侧的下拉按钮,在下拉列表框中选择“数字筛选”中的“大于或等于”命令,打开“自定义自动筛选方式”对话框,如图 4－32 所示,输入“实发工资”的筛选条件,单击【确定】按钮,筛选结果如图 4－28所示。

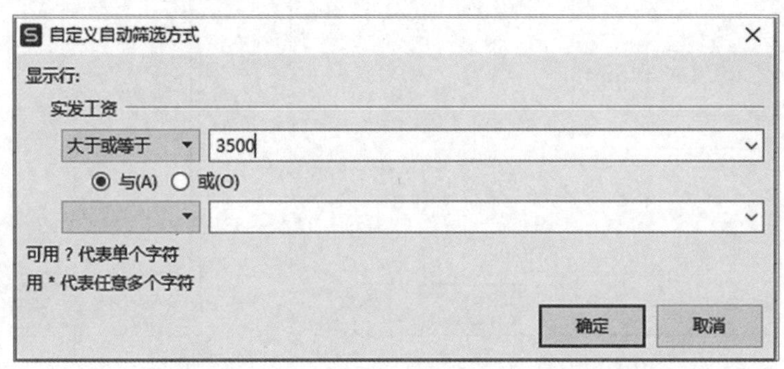

图 4－32　“自定义自动筛选方式”对话框

(3)分类汇总。单击“部门”列中的任意单元格,单击“数据”选项卡中【排序】按钮,单击“升序”按钮(升序、降序均可)。单击“数据”选项卡中的【分类汇总】按钮,打开“分类汇总”对话框,如图 4－33 所示,“分类字段”选择“部门”,“汇总方式”选择“平均值”,“选定汇总项”勾选“实发工资”,单击【确定】按钮,分类汇总的结果如图 4－29 所示。需要指出的是,分类汇总之前要先按照分类字段进行排序。

(4)创建数据透视图。单击数据清单任意单元格,单击“插入”选项卡中的【数据透视表】按钮,打开“创建数据透视表”对话框。选择或输入用于创建数据透视表的源数据区域,选择放置数据透视表的位置,单击【确定】按钮,弹出“数据透视表”任务窗格,如图 4－34 所示。

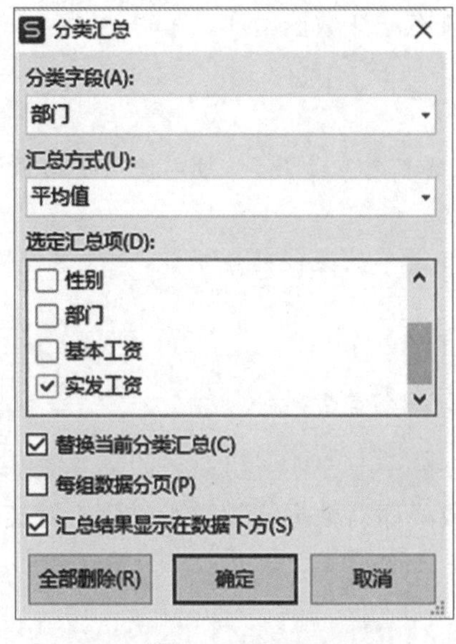

图 4－33　“分类汇总”对话框

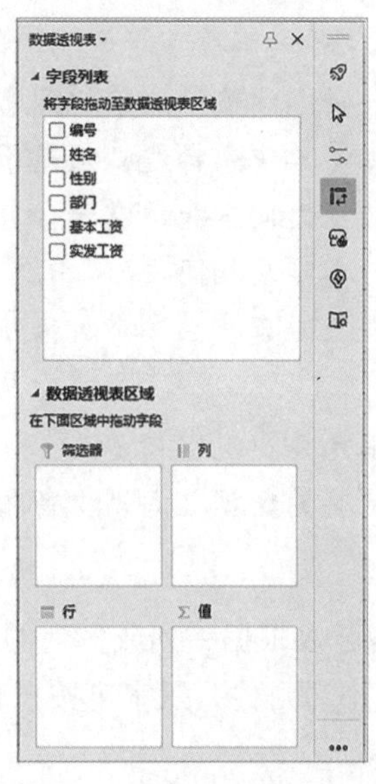

图 4－34　“数据透视表”任务窗格

(5)将“部门”字段拖动到“行”区域内,“性别”字段拖动到“列”区域内,“实发工资”字段拖动到“值”区域内。单击“值”文本框中要改变的字段,在弹出的快捷菜单中选择“值字段设置”,打开“值字段设置”对话框,如图 4-35 所示,在“值字段汇总方式”选项内选择“最大值”项,单击【确定】按钮。

(6)插入切片器。单击数据透视表中的任意数据单元格,单击“插入”选项卡中的【切片器】按钮,打开“插入切片器”对话框,如图 4-36 所示,勾选“部门”复选框,单击【确定】按钮,显示结果如图 4-30 所示。

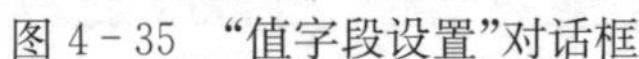
图 4-35 “值字段设置”对话框

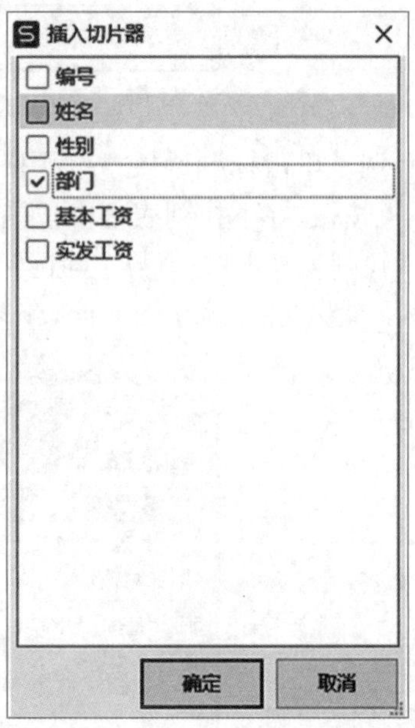

图 4-36 “插入切片器”对话框

【知识点】

WPS 2022 表格除了具有利用公式和函数实现复杂的计算功能外,还能实现排序、分类汇总、筛选等数据管理功能。

4.5.1 数据清单

一个 WPS 2022 表格数据清单是一种特殊的表格,是包含列标题的一组连续数据行的工作表。数据清单由两个部分构成,表结构和纯数据。表结构是数据清单中的第一行,即为列标题。WPS 2022 表格利用这些列标题名进行数据的查找、排序以及筛选,每一行为一条记录,一列为一个字段;纯数据是数据清单中的数据部分,是 WPS 2022 表格实施管理功能的对象,不允许有非法数据出现。

在 WPS 2022 表格创建数据清单时应遵守如下规则:

- 在同一个数据清单中列标题必须是唯一的。
- 列标题与纯数据之间不能用空行分开,如果要将数据在外观上分开,可以使用单元格边框线。
- 同一列数据的类型应相同。
- 在一个工作表上避免建立多个数据清单。因为数据清单的某些处理功能,每次只能在一个数据清单中使用。
- 在纯数据区不允许出现空行。
- 数据清单与无关的数据之间至少留出一个空白行和一个空白列。

4.5.2 数据排序

WPS 2022 表格可以根据一列或多列的数据按升序或降序对数据清单进行排序。对英文字母,按字母次序(默认不区分大小写)排序,汉字可按拼音排序。

1. 简单排序

简单排序是指对单一字段按升序或降序排列,单击要排序列的任意数据单元格,单击“数据”选项卡“排序”中的“升序”命令或“降序”命令即可。

2. 复杂数据排序

当排序的字段(主要关键字)有多个相同的值时,可根据另外一个字段(次要关键字)的内容再排序,依次类推,可使用多个字段进行复杂排序。通过图 4-31 中的【添加条件】按钮,添加“次要关键字”项。可根据情况添加多个“次要关键字”项,实现复杂排序。

如果要删除已经添加的排序条件,可以在“排序”对话框中选择要删除的条件项目,单击【删除条件】按钮。

4.5.3 数据筛选

数据筛选只显示数据清单中满足条件的数据,不满足条件的数据暂时隐藏起来(但没有被删除)。当筛选条件被撤销时,隐藏的数据便又恢复显示。

筛选有两种方式:自动筛选和高级筛选。自动筛选对单个字段建立筛选,多字段之间的筛选是逻辑与的关系,操作简便,能满足大部分要求;高级筛选是对复杂条件所建立的筛选,要建立条件区域。

1. 自动筛选

活动单元格定位到数据清单中,单击“数据”选项卡中的【筛选】按钮,或右击活动单元格,在弹出的快捷菜单中选择“筛选”命令,进入筛选状态,在数据表格区域中的各列标题单元格右侧均会出现一个下拉按钮,单击该按钮可以设置相应列中的数据筛选条件。多个字段可以同时设置不同的筛选条件。设置多个筛选条件时,只需要逐一为不同的列设置筛选条件即可,如:“等于”“大于”“自定义筛选”等。

如果想取消某列的自动筛选功能,可单击列标题右侧的下拉按钮(以“性别”为例),选择“清空条件”命令,则数据恢复显示,但筛选箭头并不消失。单击“数据”选项卡“筛选”按钮,则所有列标题旁的筛选箭头消失,所有数据恢复显示。

2. 高级筛选

利用“自动筛选”对各字段的筛选是逻辑与的关系,即同时满足各个条件。若实现逻辑或的关系,则必须借助于高级筛选。

高级筛选可以在数据清单或以外的任何位置建立条件区域,条件区域至少两行,且首行为与数据清单相应字段精确匹配的字段。同一行上的条件关系为逻辑与,不同行之间为逻辑或。筛选的结果可以在原数据清单位置显示,也可以在数据清单以外的位置显示。如查找例 4-4 中,所有女职工或者实发工资在 4 000 元以上的职工。可设置条件“性别”为“女”,“实发工资”为“>=4 000”,两条件是“或”关系,条件放在两行。单击“数据”选项卡【筛选】按钮下的“高级筛选”命令,在打开“高级筛选”对话框中进行相应设置,如图 4-37 所示,单击【确定】按钮,显示高级筛选结果如图 4-38 所示。

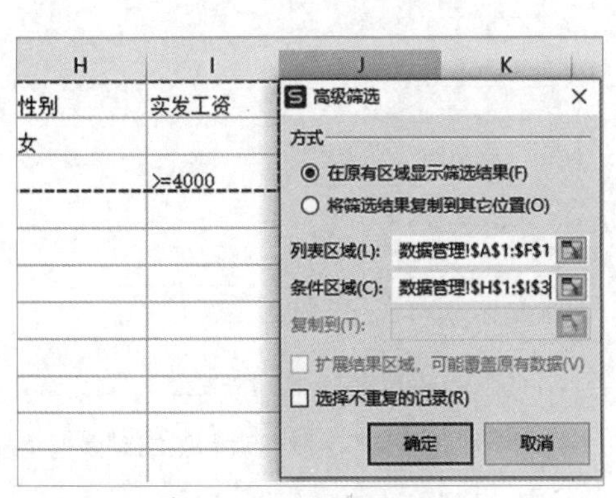

图 4-37 高级筛选条件设置

	A	B	C	D	E	F
1	编号	姓名	性别	部门	基本工资	实发工资
2	0001	何平	男	采购部	¥ 3,300.00	¥ 4,076.18
5	0004	李小华	女	采购部	¥ 2,600.00	¥ 3,293.00
6	0009	吴萍萍	女	采购部	¥ 2,500.00	¥ 3,115.00
7	0007	张默然	女	采购部	¥ 2,500.00	¥ 3,026.00
8	0010	王海江	男	销售部	¥ 3,900.00	¥ 4,680.49
12	0002	夏杰	女	销售部	¥ 3,300.00	¥ 3,989.85
13	0016	王平平	女	销售部	¥ 2,700.00	¥ 3,382.00
14	0011	张小丽	女	行政部	¥ 2,800.00	¥ 3,558.20
15	0014	赵静	女	行政部	¥ 2,800.00	¥ 3,426.50
16	0013	马腾	女	行政部	¥ 2,300.00	¥ 2,937.00

图 4-38 高级筛选结果图

4.5.4 分类汇总

分类汇总就是对数据清单按某字段进行分类,将字段值相同的连续记录作为一类,进行求和、平均、计数等汇总运算。针对同一个分类字段,可进行多种汇总。

注意:在分类汇总前,首先必须对要分类的字段进行排序,否则分类无意义;其次,在分类汇总时要区分清楚对哪个字段分类、对哪些字段汇总以及汇总方式,在分类汇总对话框中要逐一设置。

1. 简单汇总

操作步骤如下:

(1)对汇总字段进行排序。

(2)单击数据清单中的任意单元格。

(3)单击“数据”选项卡中的【分类汇总】按钮,打开“分类汇总”对话框,进行相应的设置,单击【确定】按钮。

2. 嵌套汇总

对同一字段进行多种方式的汇总,则称为嵌套汇总。在已有的分类汇总表中,再次进行分类汇总操作,可再次选择多个汇总方式,通过勾选或取消“分类汇总”对话框内的“替换当前分类汇总”复选框,可以实现是否使用新的分类汇总结果替换已有结果;不选,表示新、旧分类汇总结果并存。

若要取消分类汇总,可再次单击【分类汇总】按钮,在对话框中单击【全部删除】按钮。

3. 汇总显示

汇总结果可以分级显示。在图 4-29 所示的分类汇总结果表中,左侧上方有【1】、【2】、【3】三个按钮,可以实现多级显示;单击【1】按钮,仅显示列表中的列标题和总计结果;单击【2】按钮,显示各个分类汇总结果和总计结果;单击【3】按钮,显示所有的详细数据。

4.5.5 数据透视表和数据透视图

分类汇总适用于按一个字段进行分类,对一个或多个字段进行汇总。如果要按多个字段进行分类并汇总,就需要使用 WPS 2022 表格提供的“数据透视表”和“数据透视图”来解决此类问题。

数据透视表是一种交互式的数据报表,可以快速汇总大量的数据,同时对汇总结果进行各种筛选以查看源数据的不同统计结果,通过切片器可以实现迅速筛选的功能。数据透视图是数据透视表的直观显示。

1. 数据透视表

制作数据透视表的操作步骤如下:

(1)单击数据区域任意单元格。

(2)单击“插入”选项卡中的【数据透视表】按钮,打开“创建数据透视表”对话框。

(3)通过“选择一个表或区域”或“使用外部数据源”选项按钮选择要分析的数据,选择“新工作表”或“现有工作表”的具体单元格来设置数据透视表的位置,单击【确定】按钮即可。

(4)生成透视表显示区域及“数据透视表”字段列表和区域对话框,如图 4-39 所示。

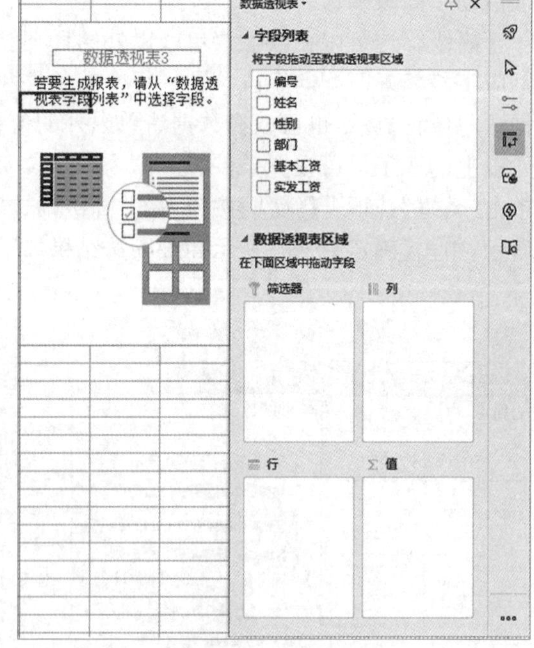

图 4-39 “数据透视表”字段列表和区域对话框

在对话框的上部有相应的复选框,分别是数据清单中的字段。每一个复选框都可拖动到“数据透视表字段”对话框中下部的“筛选器”、“行”、“列”和“值”相应区域内,作为数据透视表的行、列、数据。

- “筛选器”是数据透视表中指定报表的筛选字段,它允许用户筛选整个数据透视表,以显示单项或者所有项的数据。
- “行”用来放置行字段。行字段是数据透视表中为指定行方向的数据清单的字段。
- “列”用来放置列字段。列字段是数据透视表中为指定列方向的数据清单的字段。
- “值”用来放置进行汇总的字段。

若要删除已拖至表内的字段,只需将字段拖到表外即可,或取消对相应的复选框的勾选。或单击字段名右侧的下拉按钮，选择“删除字段”命令。数值区默认的是求和项。如果采用新的计算方式，可以单击“值”文本框中要改变的字段，在弹出的快捷菜单中选择“值字段设置”命令，打开“值字段设置”对话框，进行相应的操作。

2. 数据透视图

通过数据透视表分析数据之后，为了直观查看数据情况，可以根据数据透视表进一步制作数据透视图。

1)基于工作表数据创建数据透视图

“数据透视图”的操作步骤和方法与“数据透视表”基本相似。单击数据清单中任意一个单元格，单击“插入”选项卡中的【数据透视图】按钮，打开“创建数据透视图”对话框，选取待分析的数据区域和存储位置后，单击【确定】按钮。在“数据透视图字段”对话框中进行相应设置，即可生成数据透视图。

2)基于现有的数据透视表创建数据透视图

选择数据透视表中的任意单元格，单击“插入”选项卡中的【全部图表】按钮，打开“图表”对话框，如图4-40所示。在左侧窗格中选择需要的图表类型，在右侧窗格中选择具体样式，即可制作出数据透视图。

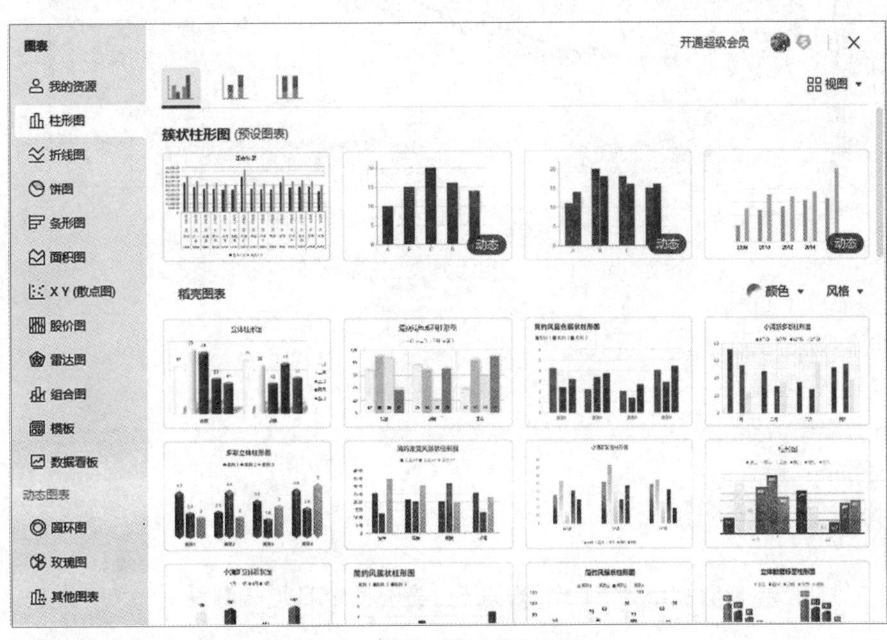

图4-40　“图表”对话框

数据透视图和数据透视表是相互联系的，改变数据透视表，数据透视图将发生相应的变化；反之，若改变数据透视图，数据透视表也发生相应变化。

3. 切片器

WPS表格中的切片器功能是一个常用的筛选利器，可以帮助用户快速筛选数据。但切片器无法在普通表格使用，只能在“超级表”和数据透视表中才可以使用此功能。它提供了一种可视性极强的筛选方法来筛选数据透视表中的数据。一旦插入切片器，就可使用按钮对数据进行快速分段和筛选。操作步骤如下：

(1)选定数据透视表中任意单元格。

(2)单击“插入”选项卡中的【切片器】按钮，打开“插入切片器”对话框，选择插入切片器字段。

(3)单击【确定】按钮。

4.6　图　　表

例4-5视频讲解

【例4-5】　制作“美国疫情日增人数统计表”的图表，如图4-41所示。要求如下：

(1)根据数据源制作“累计确诊人数”和“死亡病例人数”相应的折线图。

(2)将生成的图表放置A6:I21单元格区域内；设置图表布局为“布局9”。

(3)图表标题为“美国疫情日增人数统计图”,字体设为“宋体”“加粗”,字号设置为“18”,标题底纹为“蓝色,个性色 1,淡色 80%”。

(4)设置纵坐标轴标题为“人数”,纵坐标的最小值为 0,最大值为 20000000,单位(主要)为 2000000。

(5)设置绘图区背景图案 5%点线填充,前景颜色为“深蓝,文字 2,淡色 40%”。

(6)在 J 列制作柱状迷你图。

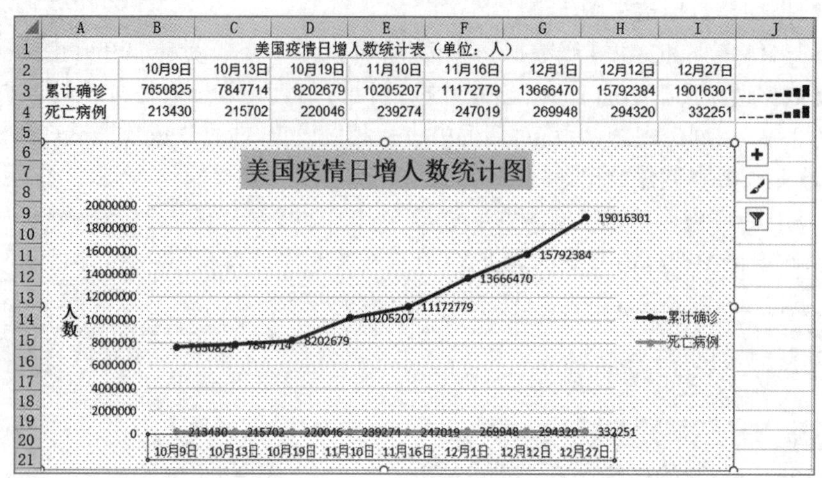

	A	B	C	D	E	F	G	H	I	J
1	美国疫情日增人数统计表(单位:人)									
2		10月9日	10月13日	10月19日	11月10日	11月16日	12月1日	12月12日	12月27日	
3	累计确诊	7650825	7847714	8202679	10205207	11172779	13666470	15792384	19016301	
4	死亡病例	213430	215702	220046	239274	247019	269948	294320	332251	

图 4-41 例 4-5 结果图

【问题分析】

操作可以分解成以下过程:

(1)打开工作簿,选定工作表。

(2)选定区域,创建图表。

(3)对图表进行编辑。

(4)对图表进行格式设置。

(5)创建迷你图。

【操作步骤】

(1)创建图表。打开“疫情数据统计”工作簿,选定“美国疫情日增人数统计表”工作表。单击任意数据单元格。

(2)单击“插入”选项卡中的【全部图表】按钮,打开“图表”对话框,如图 4-40 所示。在左侧的分类导航中,选择图表类型“折线图”中的“带数据标记的折线图”,单击【确定】按钮,如图 4-42 所示。

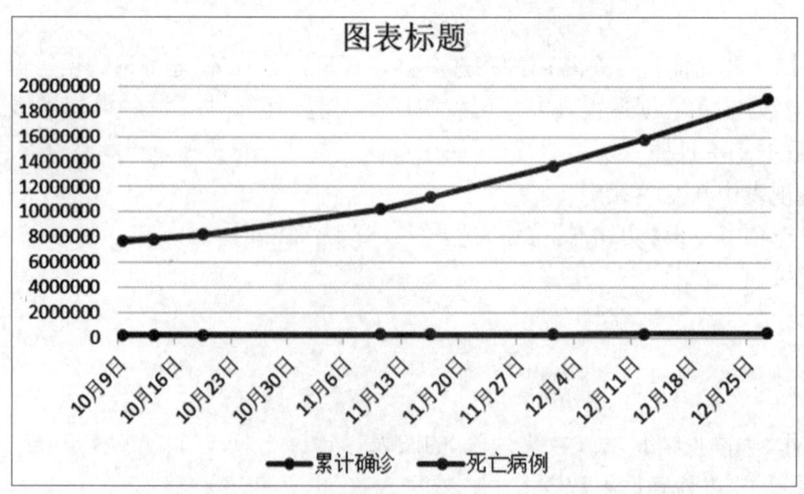

图 4-42 美国疫情日增人数统计图

(3)编辑图表。用鼠标拖动图表区到 A6 单元格区域附近，再调整图表大小至 A6:I21 单元格区域。在“图表工具”选项卡中，单击“快速布局”下方的下拉按钮，打开“图表布局”库，单击选中【布局 9】图表按钮。

(4)格式化图表。选中图表标题，将“图表标题”改为“美国疫情日增人数统计图”，右击标题文字，在弹出的快捷菜单中选择“字体”命令，字体设为“宋体”“加粗”，字号为“18”；选择“设置图表标题格式”命令，在右侧“设置图表标题格式”窗格中选择“填充”选项中的“纯色填充”，单击“颜色”右侧的下拉按钮，在弹出的颜色列表中选择“暗板岩蓝，文本 2，浅色 80%”。

(5)右击纵坐标数值区域，在弹出的快捷菜单中选择“设置坐标轴格式”命令，打开“设置坐标轴格式”窗格，如图 4-43 所示，设置“边界”中的“最小值”和“单位”中的“主要”分别为“0”和“2 000 000”。单击“图表工具”选项卡中的【添加图表元素】按钮，在弹出的下拉列表中选择“轴标题”命令，在级联菜单中选择“主要纵向坐标轴”命令，编辑内容为“人数”。

(6)右击绘图区域，在弹出的快捷菜单中选择“设置图表区域格式”，打开“设置图表区域格式”窗格。在窗格中选择“填充”中的“图案填充”，并选定“5%”填充模式，如图 4-44 所示。

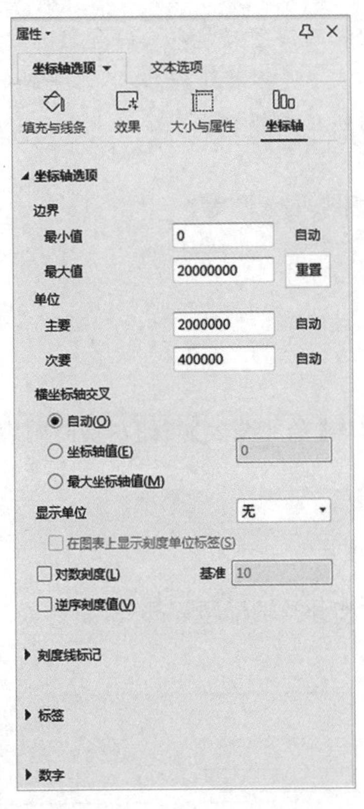

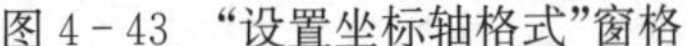
图 4-43　“设置坐标轴格式”窗格

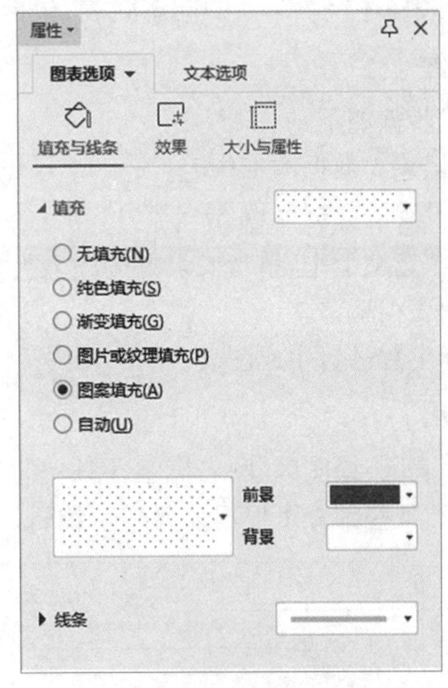

图 4-44　“设置图表区域格式”窗格

(7)右击横坐标数值区域，在弹出的快捷菜单中选择“设置坐标轴格式”命令，打开“设置坐标轴格式”窗格。在“坐标轴类型”中选择“文本坐标轴”。

(8)创建迷你图。选择一个需要放置迷你图的单元格位置如 J3，单击“插入”选项卡中的【柱形】按钮。在打开“创建迷你图”对话框中，选择要创建迷你图的数据区域，如 B3:I3，单击【确定】按钮，即可在 J3 单元格显示创建的迷你图。使用填充柄生成其他行的迷你图，结果如图 4-41 所示。

【知识点】

图表是工作表数据的图形表示，可以帮助用户分析和比较不同数据的差异及多个数据之间的比例关系，是一种很好的将对象属性“可视化”的手段。

4.6.1　图表类型

WPS 2022 表格提供了自动生成图表的工具，有多种二维图表和三维图表，而每种图表类型具有几种不同的变化(子图表类型)。创建图表时要根据数据的具体情况选择图表类型。

图表类型的说明如下:

- 柱形图:最普遍使用的图表类型,适合用来表现一段期间内数量上的变化,或是比较不同项目之间的差异,各种项目放置于水平坐标轴上,而其值则以垂直的长条显示。
- 折线图:显示一段时间内的连续数据,适合用来显示相等间隔(每月、每季、每年……)的数据趋势。
- 饼图:只能有一组数列数据,每个数据项都有唯一的色彩或是图样,饼图适合用来表现各个项目在全体数据中所占的比率。
- 条形图:可以显示每个项目之间的比较情形,Y 轴表示类别项目,X 轴表示值,条形图主要是强调各项目之间的比较,不强调时间。
- 面积图:强调一段时间的变动程度,可以看出不同时间或类别的趋势。
- 散点图:显示两组或是多组资料数值之间的关联,通常用于科学、统计及工程数据,也可以拿来做产品的比较。
- 股价图:用于说明股价波动。
- 圆环图:与饼图类似,不过圆环图可以包含多个资料数列,而饼图只能包含一组数列。
- 气泡图:和散点图类似,是比较三组数值,其数据在工作表中是以栏进行排列,水平轴的数值(X 轴)在第一栏中,而对应的垂直轴数值(Y 轴)及泡泡大小值则列在相邻的栏中。
- 雷达图:可以用来做多个资料数列的比较。

WPS 2022 表格还包含丰富的动态图表,包括玫瑰图、桑基图、词云图等。

4.6.2 图表创建

图表的创建步骤如下:

(1)打开已经建立数据的工作表。

(2)选定要设置的数据区域。

(3)在“插入”选项卡中,单击要设置的图表类型按钮,或单击【全部图表】按钮,打开“图表”对话框,根据实际需要选择图表类型。

(4)单击【确定】按钮,生成图表。

4.6.3 图表编辑

图表分为图表区、绘图区、图表标题、网格线、图例、分类轴和分类轴标题等部分,如图 4-45 所示。建立好图表后,图表的某些部分可根据需要进行编辑。

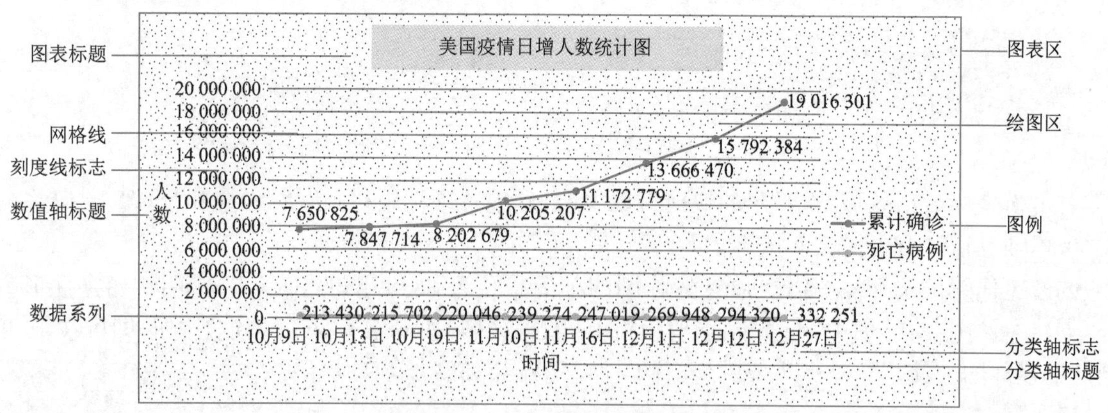

图 4-45 图表组成

当图表被选定时,显示“图表工具”菜单项。图表的编辑主要是通过对“图表工具”选项卡实现。

1. 图表区的操作

(1)图表区大小的设置。与 WPS 文字处理中调整图片的大小方法相同。

(2)图表区对象的移动。选定操作对象,然后将鼠标指针指向该框的边缘,拖动到目标位置。或单击

“图表工具”选项卡中的【移动图表】按钮，在打开的“移动图表”对话框中选择图表所要放置的位置。

(3)图表区对象的删除。选定操作对象，按【Delete】键即可。

2. 图表类型的修改

操作步骤如下：

(1)单击绘图区。

(2)单击“图表工具”选项卡中的【更改类型】按钮，或者右击绘图区，在弹出的快捷菜单中选择“更改图表类型”命令，打开“更改图表类型”对话框。

(3)选择需要的类型，单击【确定】按钮。

3. 图表数据的修改

图表与工作表数据相链接，修改工作表数据时，图表也随之更新，反映出数据变化。在图表区也可以修改数据。

1)向图表中添加数据

单击“图表工具”选项卡中的【选择数据】按钮，打开“编辑数据源”对话框，如图4-46所示。单击【＋】按钮，打开“编辑数据系列”对话框，选定“系列名称”和“系列值”，如图4-47所示，单击【确定】按钮。

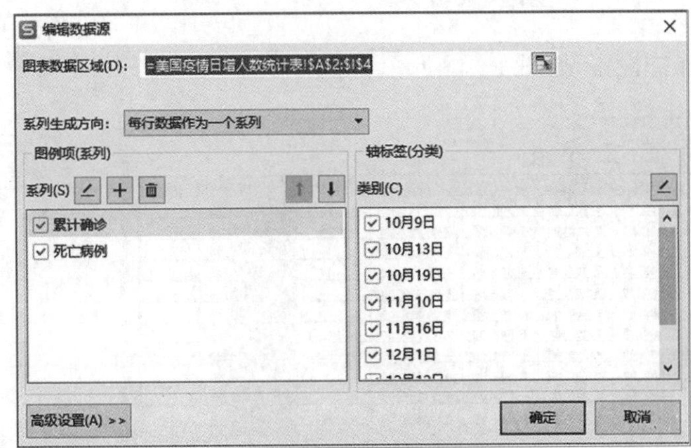

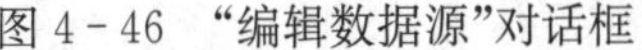
图4-46　“编辑数据源”对话框

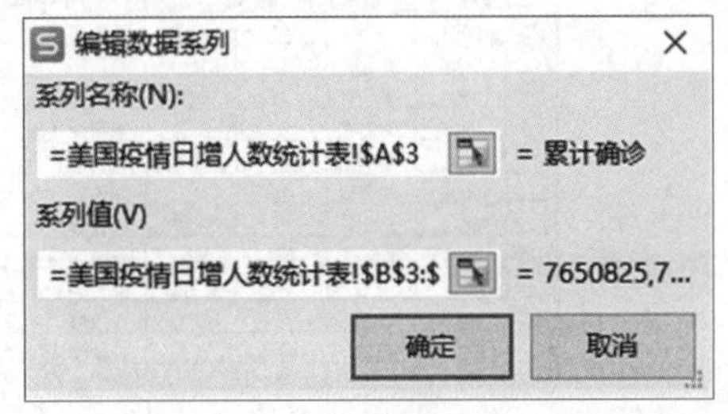

图4-47　“编辑数据系列”对话框

或在图4-46中“图表数据区域”中选择要包含的所有添加区域，实现数据的添加。

2)从图表中删除数据

要同时删除工作表和图表中的数据，只要删除工作表中的数据即可，图表将会自动更新。

要只删除图表中的数据，保留工作表中的数据，可在图表上单击要删除的图表系列，按【Delete】键即可。或在图4-46中单击【删除】按钮，实现数据删除。

3)改变行列方向

图表行列显示的方向可以通过图4-46中修改“系列生成方向”实现，也可通过单击“图表工具”选项卡中的【切换行列】按钮实现。

4.6.4　图表格式化

通过“图表工具”和“绘图工具”选项卡的操作，可对图表进一步完善，使图表的内容更详细、理解更容易，样式更美观，在视觉上达到更理想的效果。

“绘图工具”选项卡可以对图表的各种文字、边框、填充、颜色、阴影等进行各种格式的设定。“图表工具”选项卡可以对图表的“坐标轴”“标签”等进行相应需求的设置。

右击图表中的各部分，在弹出的快捷菜单中选择相应的命令，可以更方便、更快捷地进行各种格式的设置和操作，图表中各部分的格式化设置都可以参照以下步骤处理：

(1)右击选定的对象，在弹出的快捷菜单中选择相应的格式命令，或直接双击该对象，打开相应的对话框或窗格。

(2)根据对话框中选项定义相应的内容进行格式修改,图表会按照所做的操作自动更新。

(3)完成设置后,单击【关闭】按钮。

如要设置图表区的格式,首先双击图表区,打开“设置图表区格式”窗格,在右侧窗格中单击“填充”,可设置图表区填充方式、背景颜色和图案、边框颜色和边框样式等,设置方法同WPS文字处理。

4.6.5 迷你图

迷你图是适用于单元格的微型图表。它以单元格为绘图区域,可以简单、快捷地绘制简明的数据小图表,方便地把数据以小图表的形式显示出来,迷你图有折线图、柱形图和盈亏图三种类型。

创建操作步骤如下:

(1)选择要创建迷你图的位置,单击“插入”选项卡中的折线图、柱形图或盈亏图按钮。

(2)在打开的“创建迷你图”对话框中,输入迷你图的来源数据所对应的位置,然后单击【确定】按钮。

(3)在放置位置单元格显示已经创建的迷你图。使用填充柄生成其他行的迷你图。

(4)选中迷你图,在“迷你图工具”选项卡中以进行相应格式的设置。

4.7 保护工作簿数据

【例4-6】 对员工的工资表及其数据进行保护设置,如图4-48所示。

员工工资表

编号	姓名	性别	职位	部门	基本工资	奖金	补贴	社保扣款	合计工资	个人所得税	实发工资	签名
0001	何平	男	经理	采购部	¥ 3,300.00	¥ 1,100.00	¥ 200.00	¥ 506.00	¥ 4,094.00	¥ 17.82	¥ 4,076.18	
0004	李小华	女	副组长	采购部	¥ 2,600.00	¥ 900.00	¥ 200.00	¥ 407.00	¥ 3,293.00	¥ -	¥ 3,293.00	
0006	卢祥千	男	员工	销售部	¥ 2,500.00	¥ 850.00	¥ 200.00	¥ 390.50	¥ 3,159.50	¥ -	¥ 3,159.50	
0007	张默然	女	员工	采购部	¥ 2,500.00	¥ 700.00	¥ 200.00	¥ 374.00	¥ 3,026.00	¥ -	¥ 3,026.00	
0008	李楠	男	员工	销售部	¥ 2,500.00	¥ 750.00	¥ 200.00	¥ 379.50	¥ 3,070.50	¥ -	¥ 3,070.50	
0009	吴萍萍	女	员工	采购部	¥ 2,500.00	¥ 800.00	¥ 200.00	¥ 385.00	¥ 3,115.00	¥ -	¥ 3,115.00	
0010	王海江	男	经理	销售部	¥ 3,900.00	¥ 1,200.00	¥ 200.00	¥ 583.00	¥ 4,717.00	¥ 36.51	¥ 4,680.49	
0011	张小丽	女	组长	行政部	¥ 2,800.00	¥ 1,000.00	¥ 200.00	¥ 440.00	¥ 3,560.00	¥ 1.80	¥ 3,558.20	
0012	李磊	男	副组长	销售部	¥ 2,600.00	¥ 900.00	¥ 200.00	¥ 407.00	¥ 3,293.00	¥ -	¥ 3,293.00	
0013	马腾	女	员工	行政部	¥ 2,300.00	¥ 800.00	¥ 200.00	¥ 363.00	¥ 2,937.00	¥ -	¥ 2,937.00	
0014	赵静	女	员工	行政部	¥ 2,800.00	¥ 850.00	¥ 200.00	¥ 423.50	¥ 3,426.50	¥ -	¥ 3,426.50	

图4-48 例4-6结果图

要求如下:

(1)隐藏“员工工资表”中的员工编号为“0002”和“0003”的信息。

(2)给“工资”工作簿设置打开和修改密码。

【问题分析】

操作可以分解成以下过程:

(1)打开工作簿,选定工作表。

(2)数据隐藏的设置。

(3)工作簿密码的设置。

【操作步骤】

(1)打开“工资”工作簿,选定“员工工资表”。选定要隐藏的员工编号为“0002”和“0003”这两行,单击“开始”选项卡中的【行和列】按钮,在弹出下拉列表中选择“隐藏和取消隐藏”级联菜单中的“隐藏行”命令,效果如图4-48所示。

(2)单击“文件”菜单,在导航栏中单击“另存为”命令,在打开的“另存文件”对话框中单击【加密】。在打开的“密码加密”对话框中可以设置“打开权限密码”和“修改权限密码”,如图4-49所示,单击【应用】按钮。

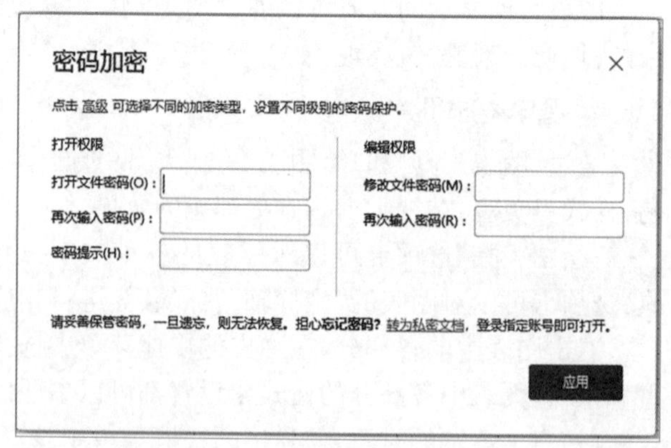

图4-49 “密码加密”对话框

【知识点】

WPS 2022 表格能有效地对工作簿中的数据进行保护，如设置打开权限或访问权限；也可以保护某些工作表或工作表中某些单元格的数据，防止别人非法修改；还可以将工作簿、工作表、工作表中某行（列）隐藏起来。

4.7.1　保护工作簿和工作表

任何人都可以自由访问并修改未经保护的工作簿和工作表。因此，对重要的工作簿或工作表进行保护是非常必要的。

1. 保护工作簿

1）设置打开、修改权限保护工作簿

选择“文件”菜单，在导航栏中单击“另存为”命令，在打开的“另存文件”对话框中单击【加密】按钮，在打开的“密码加密”对话框中设置“打开权限密码”和“修改权限密码”，单击【完成】按钮后完成密码设置，返回“另存文件”对话框，单击【保存】按钮，密码保护生效。

要取消工作簿的密码，其操作为：选择“文件”菜单，单击“选项”命令，选择“安全性”，在“选项/安全性”对话框中（见图 4－50），删除之前设置的密码，单击【确定】按钮，即可取消密码保护。

2）设置加密文档

选择“文件”菜单，在导航栏中选择“文档加密”命令，单击级联菜单中的“密码加密”，在打开的“密码加密”对话框中设置密码，单击【确定】按钮。

要取消该种方法所设置的密码，其操作与前一种取消密码的方法类似，这里不再赘述。

3）保护工作簿的结构和窗口

单击“审阅”选项卡中的【保护工作簿】按钮，打开“保护工作簿”对话框，进行相应的设置。

2. 保护工作表

单击“审阅”选项卡中的【保护工作表】按钮，打开“保护工作表”对话框，如图 4－51 所示，通过设置密码来限制用户进行相应的操作，保护工作表。通过【锁定单元格】按钮、【保护工作簿】按钮，也可以实现单元格和工作簿的保护。

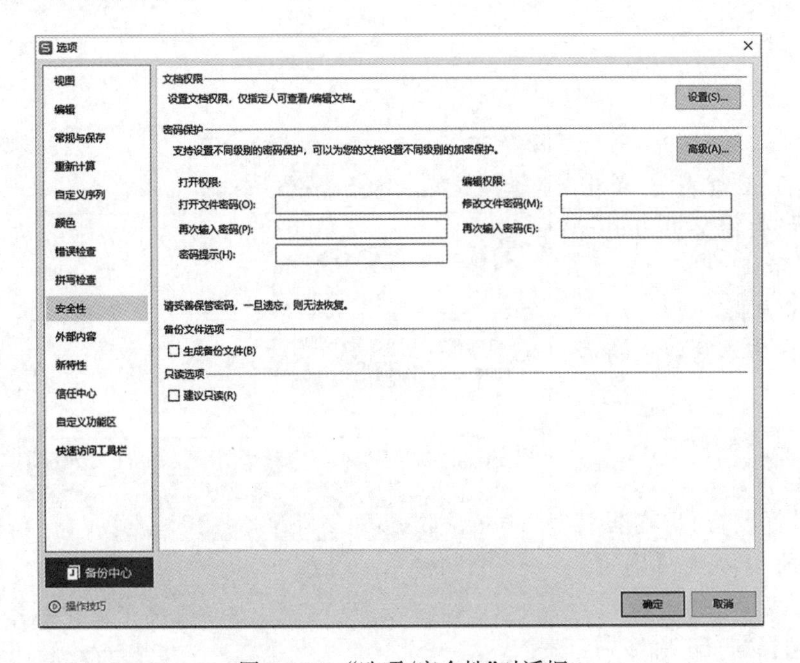

图 4－50　“选项/安全性”对话框

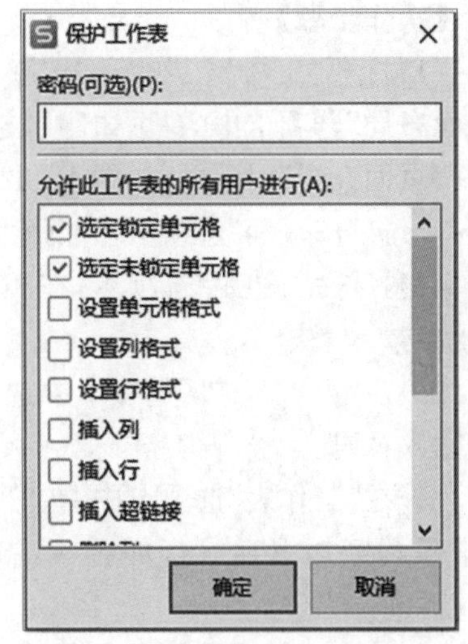

图 4－51　“保护工作表”对话框

4.7.2 隐藏工作簿和工作表

对工作簿和工作表除了上述密码保护外,也可以赋予“隐藏”特性,使之可以被其他工作表调用,但其内容不可见。

1. 隐藏工作表

选定要隐藏的工作表标签,单击“开始”选项卡中的【工作表】按钮,在下拉列表中选择“隐藏工作表”命令。也可以右击选定工作表,选择“隐藏工作表”命令。

取消隐藏“工作表”,单击“开始”选项卡中的【工作表】按钮,在下拉列表中选择“取消隐藏工作表”命令,在“取消隐藏工作表”列表框中选择要取消隐藏的工作表,单击【确定】按钮,即可将隐藏的工作表重新显示出来。

2. 隐藏行或列

选定要隐藏的行或列,单击“开始”选项卡中的【行和列】按钮,在下拉列表中选择“隐藏和取消隐藏”中的“隐藏行”或“隐藏列”命令。也可以右击选定区域,选择“隐藏”命令。

取消隐藏的行或列,先选定要取消隐藏行或列的前后两行或两列,单击“开始”选项卡中的【行和列】按钮,在下拉列表中选择“隐藏和取消隐藏”中的相应的“取消隐藏行”或“取消隐藏列”命令。

4.8 打印操作

【例 4-7】 打印“员工工资表”,要求如下:

(1)将页边距分别设置为上:2.5 厘米,下:2.5 厘米,左:1.0 厘米,右:1.0 厘米。

(2)插入页码打印,内容超过一页,每页都应有标题行。

(3)用 B5 纸打印 3 份。

【问题分析】

打印“员工工资表”前,首先要通过“页面布局”进行相应的设置,然后通过打印预览查看打印效果,并进行必要的调整,最后打印输出。操作可以分解成以下过程:

(1)打开工作簿,选定工作表。

(2)页面设置。

(3)打印预览。

(4)打印。

【操作步骤】

(1)打开“工资”工作簿,选定“员工工资表”。单击“页面布局”选项卡中的“页边距”,选择“自定义页边距”,打开“页面设置”对话框,如图 4-52 所示。

(2)打开“页面”选项卡,“纸张大小”选择“A4”

(3)打开“页边距”选项卡,在相应区域填写要求的页边距参数。

(4)在“页眉/页脚”选项卡中选择“页脚”项中页码格式,插入页码。

(5)在“工作表”选项卡中,在“顶端标题行”文本框中选定顶端区域 $1: $4,如图 4-53 所示,单击【确定】按钮。

(6)单击“文件”菜单,在导航栏中选择“打印”命令,打开“打印”对话框。在“份数”栏中输入“3”,如图 4-54 所示,单击【确定】按钮即可打印。

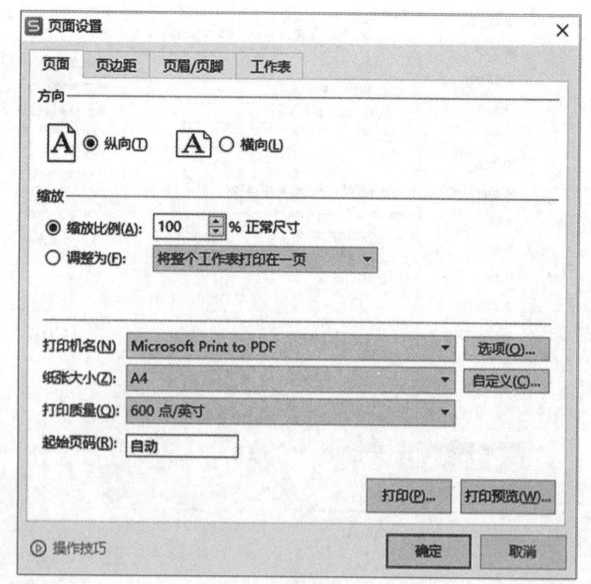

图 4-52 “页面设置”对话框

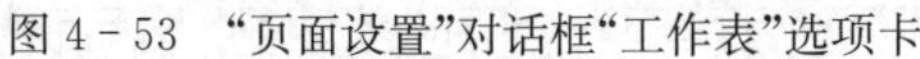
图4-53 “页面设置”对话框“工作表”选项卡

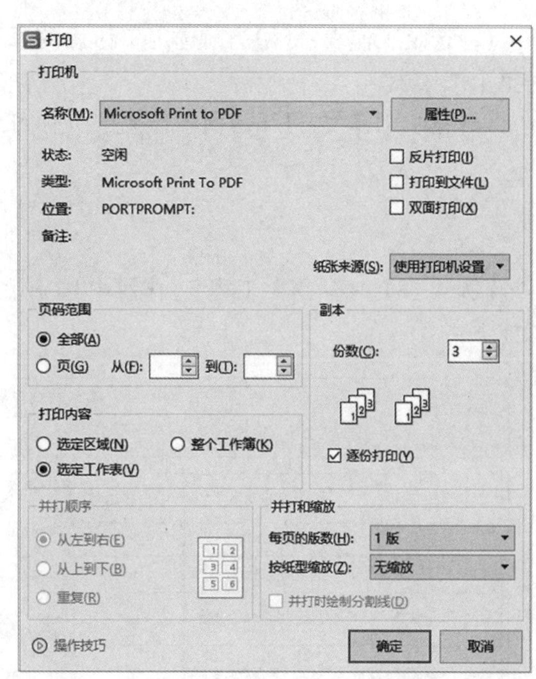

图4-54 “打印”对话框

【知识点】

在工作表中完成操作后，就可以将表格打印出来。打印前要先进行打印设置，通过打印预览功能查看打印效果，并进行必要的调整，效果满意后打印输出。其操作过程与WPS文字处理打印过程类似。

4.8.1 页面设置

页面设置是打印操作中的重要环节，单击“页面布局”选项卡中的【页边距】按钮，打开“页面设置”对话框，在该对话框中有“页面”选项卡、“页边距”选项卡、“页眉/页脚”选项卡和“工作表”选项卡。

1.“页面”选项卡

在“页面”选项卡中可对打印方向、缩放比例及纸张大小等进行设置。

2.“页边距”选项卡

在“页边距”选项卡中可设定页边距、页眉页脚与页边距的距离以及表格内容的居中方式。

3.“页眉/页脚”选项卡

在“页眉/页脚”选项卡的“页眉”下拉列表和“页脚”下拉列表中可选择预先设计好的页眉和页脚。单击【自定义页眉】或【自定义页脚】按钮还可以进行自己定义设置。

4.“工作表”选项卡

在“工作表”选项卡中可设置打印区域、打印标题、打印顺序和打印方式，如图4-53所示。例如工作表有多页，要求每页均打印表头(顶端标题或左侧标题)，则在“顶端标题行”或“左端标题行”栏输入相应的单元格地址，也可以到工作表中选定表头区域。

4.8.2 打印预览及打印

单击“文件”菜单，在导航栏中选择“打印”命令，打开“打印”对话框，可以进行“打印”设置，如图4-54所示。选择“打印预览”命令，可以在打印之前查看打印的效果，但是打印预览状态下不能进行文本编辑，若要编辑可单击“开始”选项卡，在其中进行修改。

按照需要进行打印设置，对“打印预览”感到满意后，就可以正式打印了，单击【确定】按钮即可。

打印方法与WPS文字处理基本相同，这里不再叙述。

下面对打印对话框的“打印内容”加以说明：

(1)选定区域：打印工作表中选定的单元格区域。

(2)选定工作表:打印当前选定工作表的所有区域,按选定的页数打印。如果没有定义打印页数,则打印整个工作表。

(3)整个工作簿:打印当前工作簿中所有的工作表。

4.9 WPS 2022 网络应用

【例 4-8】 将“伟大工程”工作簿中“中国的超大工程”工作表,以网页的形式发布,如图 4-55 所示,要求如下:

中国堪称世界级的伟大工程

超级工程

序号	项目名称	地位	投资(亿元)	详情
1	北盘江大桥	世界上最高的桥梁	10.28	北盘江大桥,全长1341.4米,桥面至江面距离565.4米,桥塔顶部至江面距离720米,全桥共设有112对(224根)斜拉索,总投资10.28亿元。作为杭瑞高速的控制性工程,大桥的建成,结束了宣威与水城不通高速的历史,两地行车时间从4小时缩短至1小时之内。
2	丹昆特大桥	世界上最长的桥梁	300	丹昆特大桥,以世界第一长桥,成功入选世界吉尼斯世界纪录,全长164.85公里,总投资300亿,由4500多个900吨箱梁组成。据统计,这座大桥最高峰有10000多人同时施工,于2011年正式开通运营。
3	广州三号线	世界上最长的地铁	160	广州三号线,全长64.41公里,共设置30座车站,全部采用地下建设,其长度比排名第二的圣格达隧道长3.3公里。2017年度,客运总量为7亿人次。
4	中国天眼	世界最大单口径射电望远镜	6.67	中国天眼,500米口径球面望远镜,是世界上最大的单口径,最灵敏的射电望远镜。与世界现有100米口径望远镜相比,其观测能力提高了10倍,于2016年9月在贵州落成。目前已稳定运行3年,发现44颗新的脉冲星,在未来30年内,该望远镜将持续保持世界领先地位。
5	四纵四横	世界上最大的高铁网络	8238	四纵四横,是我国规划建设的客运专线,客车速度目标值达到200公里以上,截止2019年4月,中国高铁里程已达2.9万公里以上,成功完成四纵四横战略规划部署。目前正往八纵八横迈进,未来建成后,可实现相邻大中城市1~4小时交通圈,0.5~2小时交通圈。这是历史上从未创造过的奇迹。
6	南水北调	世界上最大的调水工程	5000	南水北调,是中国特大战略性工程,总投在5000亿以上,共分东、中、西三条线路,从规划到开始建设,共分析比较了50多种方案,未来建成后,三条输水线总长度将达到4350公里,极大缓解北方缺水的问题。
7	西电东送	世界上最大的能源输送工程	5200	西电东送,是我国为实现各省资源分布,与生产力布局的标志性工程之一,总投资5200亿元,西电东送从南到北,从西到东,形成北、中、南三路送电格局,把电力能源的优势转换为经济优势。
8	港珠澳大桥	世界上最长的跨海大桥	1100	港珠澳大桥,是中国境内一座连接香港、珠海、澳门的桥隧工程,全长55公里,该大桥因其超大的建筑规模,空前的施工难度,以及顶尖的建造技术闻名世界,被誉为世界七大奇迹工程之一。
9	北京大兴机场	世界上最大的机场	800	北京大兴机场,位于大兴区与河北省廊坊市之间,是世界级超大国际航空综合交通枢纽,飞机年起降量可达80万架次,年吞吐量超过1亿人,机场设有7条跑道和140万平方米航站楼。
10	粮食工程	关乎世界各国的粮食安全	800	粮食工程,是全世界最大最重要的工程之一,全球饥饿人数正在上涨,中国为了保证粮食安全,正在与大自然做抗争,袁隆平老先生希望通过盐碱杂交水稻造福人类。此外,袁老还到全世界40多个国家推广海水稻技术,耐心教授当地人民种植水稻,他的梦想是未来全世界人民不再挨饿。

图 4-55 例 4-8 效果图

(1)在“中国的超大工程”工作表中,将“超级工程”超链接到其网址 https://baike.baidu.com/item/%E8%B6%85%E7%BA%A7%E5%B7%A5%E7%A8%8B/10585455?fr=aladdin。

(2)将“中国的超大工程”工作表保存为网页文件。

【问题分析】

(1)打开工作簿,选定工作表。

(2)创建超链接。

(3)完成发布设置。

(4)发布。

【操作步骤】

(1)创建超链接。打开“伟大工程”工作簿,选定“中国的超大工程”工作表。单击“超级工程”所在单元格,单击“插入”选项卡中的【超链接】按钮,打开“超链接”对话框,如图 4-56 所示。在“地址”文本框内输入 https://baike.baidu.com/item/%E8%B6%85%E7%BA%A7%E5%B7%A5%E7%A8%8B/10585455?fr=aladdin,单击【确定】按钮。

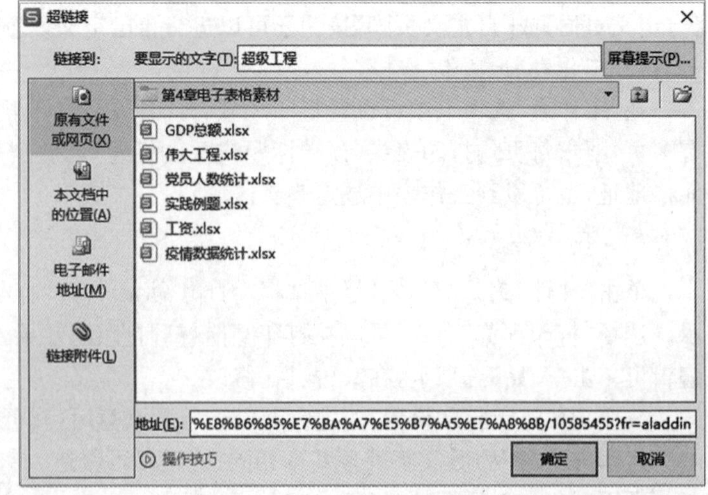

图 4-56 “超链接”对话框

(2)网页发布设置。单击“文件”菜单,在导航栏中单击“另存为”命令,打开“另存文件”对话框。在对话框“文件类型”下拉列表中选择“单一网页文件”，在“文件名”框中输入文件名称“超级工程”，单击【保存】按钮，如图4-57所示。

图4-57　“另存文件”对话框

(3)单击“文件”菜单，选择“新建”命令，可以创建在线文档，如图4-58所示。在线表格可以通过二维码的形式分享给朋友，实现文档的共同编辑。

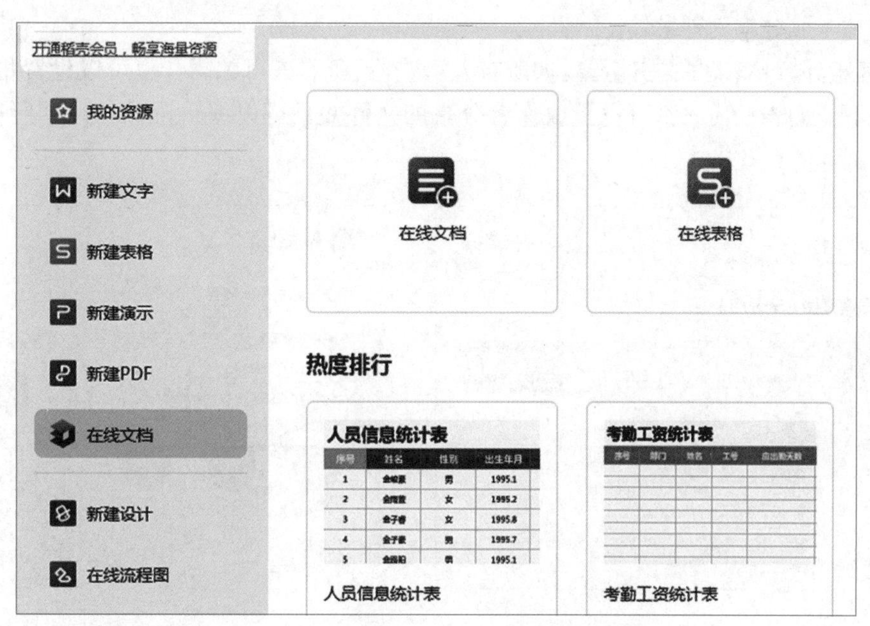

图4-58　创建在线表格

【知识点】

WPS 2022表格网络应用可以通过建立超链接、发表网页、创建在线表格等功能实现数据共享，满足协同办公的需要。

4.9.1　超链接

1. 创建超链接

操作步骤如下：

(1)在工作表上，单击要创建超链接的单元格，也可以选择要添加超链接的图片或图表元素。

(2)单击“插入”选项卡中的【超链接】按钮,或右击单元格,在弹出的快捷菜单中选择“超链接”命令,打开“超链接”对话框,如图 4-56 所示。

(3)设置链接目标的位置和名称。

(4)单击【确定】按钮。

2. 编辑超链接

在已创建超链接的对象上,单击“插入”选项卡中的【超链接】按钮,或右击已创建超链接的对象,在弹出的快捷菜单中选择“编辑超链接”命令,即可在打开的对话框中,按照创建超链接的方法对已创建的超链接进行重新编辑。

3. 删除超链接

右击已创建超链接的对象,在弹出的快捷菜单中选择“删除超链接”命令,即可以将已创建的超链接删除。要删除超链接以及表示超链接的文字,右击包含超链接的单元格,然后单击“清除内容”。要删除超链接以及表示超链接的图形,请在按住【Ctrl】的同时单击图形,然后按【Delete】键。

4.9.2 分享功能

在工作和生活中经常需要传输各种各样的文件,普通的传输方式传输时间久,因此可以使用 WPS 云功能——分享,以提高工作效率。该功能会将文件以链接方式发送给他人,还可以设置好友编辑权限、链接有效期、自定义关闭文件的分享权限,提高了文件传输的安全性。

使用分享功能的操作步骤如下:

(1)单击“文件”菜单,在导航栏中选择“分享文档”命令,或是单击右上方【分享】按钮,此时弹出“开启分享”对话框。单击【开启分享】按钮,如图 4-59 所示,在级联的对话框中选择文件上传位置,单击【上传到云端】按钮,即可快速生成分享文件链接。

(2)在分享面板处,可以设置公开分享,如所有人可查看、所有人可编辑。也可以设置指定范围分享,如“仅指定人可访问”。如若任何人都可以接收作者分享的文件并且可以编辑,可以选择“所有人可编辑”,如图 4-60 所示。

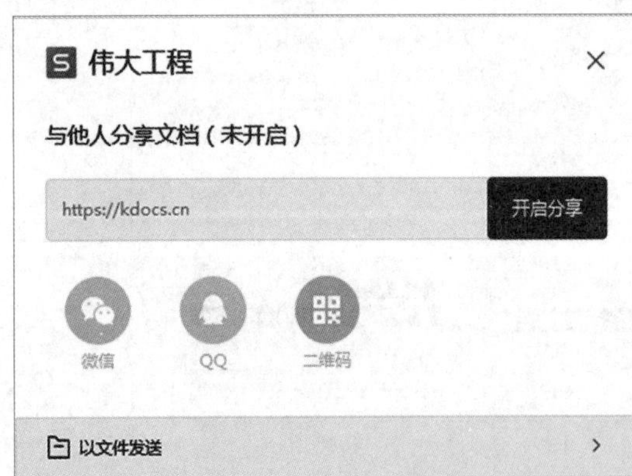

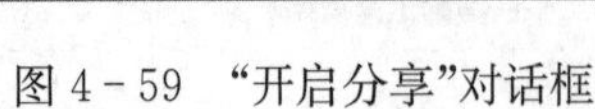
图 4-59 “开启分享”对话框

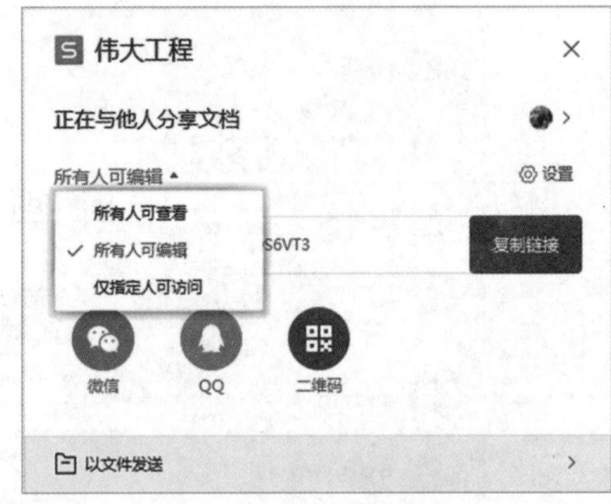

图 4-60 编辑“分享权限”对话框

(3)在“分享设置”界面中,可以设置链接的有效期。在“高级设置”处还可以设置下载、另存和打印权限。在“成员管理”界面中,可以查看已经加入分享的用户列表、添加指定人,还可以通过搜索联系人添加协作者。设置好后,复制链接发送给好友即可,或者通过“微信”“QQ”“二维码”三种方式分享添加协作者,共同编辑文档。若想取消分享,在“分享设置”界面的右下方单击“取消分享”即可,如图 4-61 所示。

(4)若想在手机中查看共享文档,单击“开启分享”对话框中的【二维码】按钮,使用手机扫码,即可查看该文档,如图 4-62 所示。

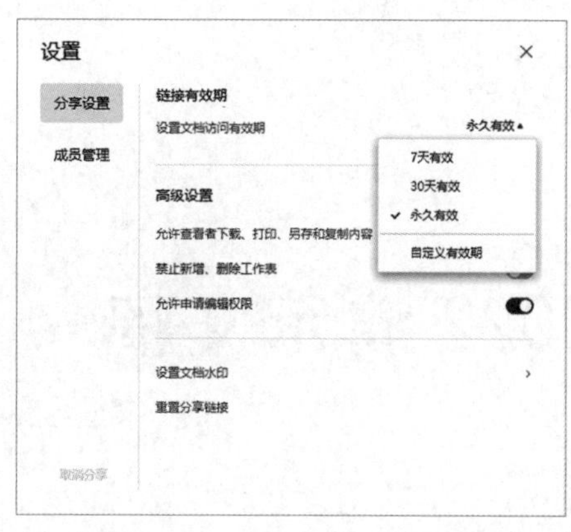

图 4-61　“分享设置”对话框

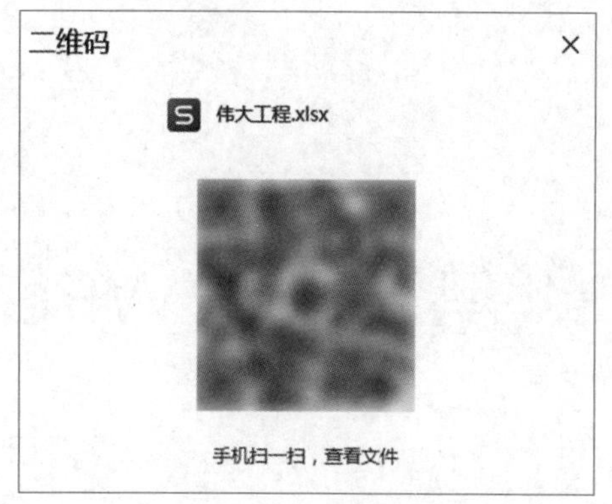

图 4-62　“分享二维码”对话框

(5)若想将文档直接发送给好友，单击“以文件发送”，打开文件所在位置，拖动需要发送的文件放置到微信、QQ 等其他传输工具中，即可发送给好友。

第 5 章　WPS 2022 演示文稿

学习目标

- 熟练掌握 WPS 2022 演示文稿的基本操作。
- 熟练掌握 WPS 2022 演示文稿的创建、编辑、保存、设置和放映等方法。
- 掌握 WPS 2022 演示文稿打包的方法。
- 掌握打印 WPS 2022 演示文稿的方法。
- 了解 WPS 2022 演示文稿的网络应用。

5.1　WPS 2022 演示文稿窗口

启动 WPS 后，单击【新建】按钮，然后选择【新建演示】，即打开“可用的模板和主题”窗口，在其中选择“新建空白演示”，效果如图 5－1 所示。

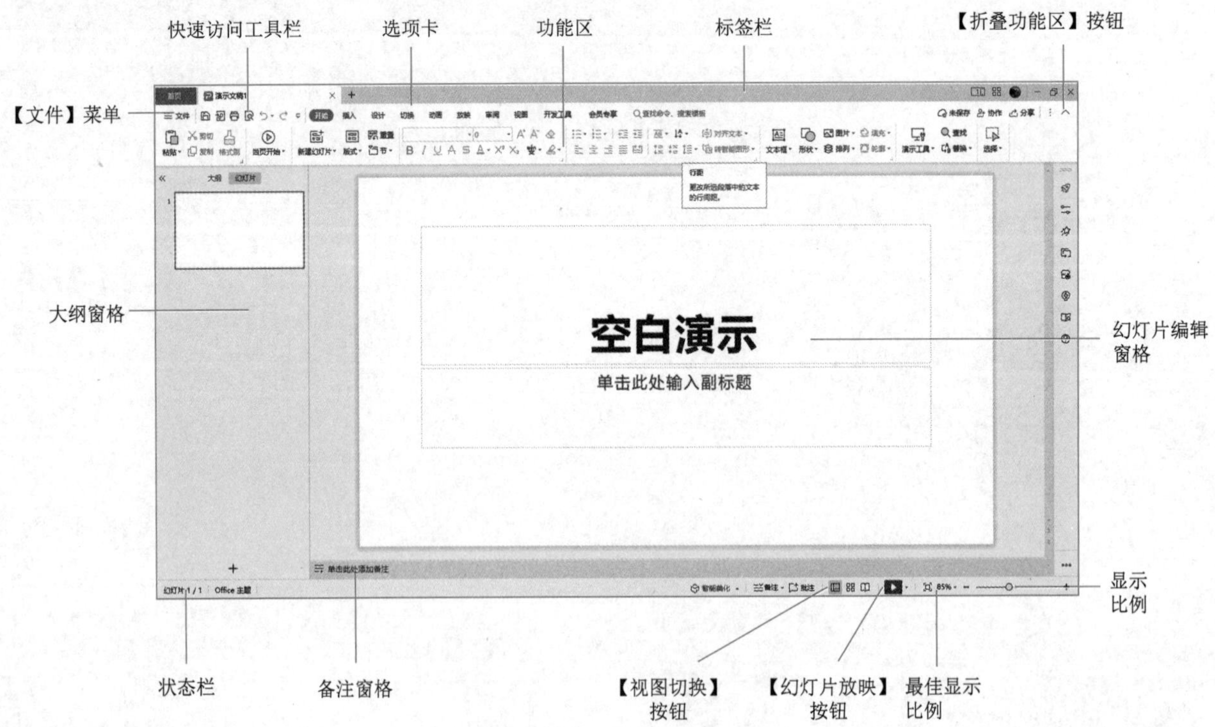

图 5－1　WPS 2022 演示窗口

1. 快速访问工具栏

快速访问工具栏位于 WPS 2022 演示窗口的左上角，由一些最常用的工具按钮组成，如【保存】、【撤消】和【恢复】按钮等。单击快速访问工具栏上的按钮，可以快速实现其相应的功能。

2. “文件”菜单

“文件”菜单如图 5－2 所示。

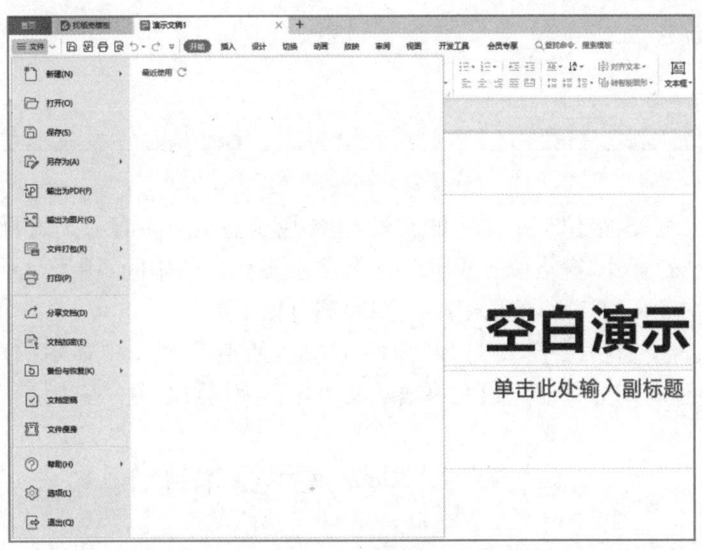

图 5－2 “文件”菜单

“文件”菜单中可以保存、打开、新建、打印、退出演示，并且可以查看当前演示文稿的基本信息和最近使用的所有文件等。

3. 功能区

在 WPS 2022 演示中，功能区位于快速访问工具栏的下方，在功能区中可以快速找到完成某项任务所需要的命令。功能区包含多个选项卡，每个选项卡由多个功能组构成，每个组包含多个命令或命令按钮，如图 5－3所示。选项卡的个数和类型有时会根据用户的操作发生一些变化。

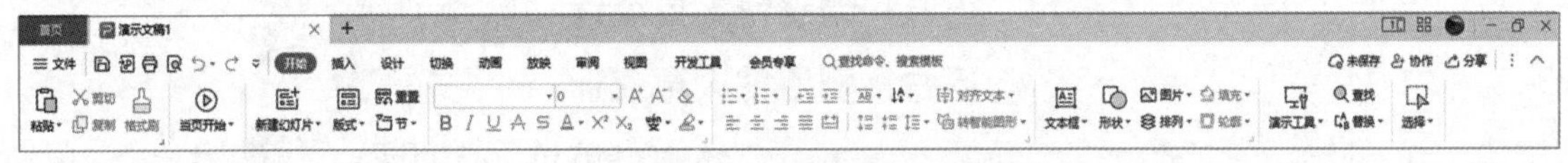

图 5－3 功能区

(1)“开始”选项卡包含常用的剪贴板、幻灯片、字体、段落、绘图和编辑等功能组，如图 5－3 所示。

(2)“插入”选项卡包含表格、形状、稻壳素材、文本、符号、媒体和链接等功能组。

(3)“设计”选项卡包含设计模板、背景、母版和页面设置等功能组。

(4)“切换”选项卡包含预览、切换、速度和声音、换片方式和应用范围等功能组。

(5)“动画”选项卡包含预览效果、动画、属性、高级动画和计时等功能组。

(6)“放映”选项卡包含开始放映幻灯片、放映模式、设置和多显示器等功能组。

(7)“审阅”选项卡包含校对、中文简繁转换、标记、画笔和文档安全等功能组。

(8)“视图”选项卡包含演示文稿视图、母版视图、显示、显示比例、窗口和宏等功能组。

4. 工作区

WPS 2022 演示的工作区窗格有位于左侧的“大纲”窗格、位于右侧的“幻灯片”窗格和“备注”窗格，如图 5－4 所示。

图 5-4　WPS 2022 演示的工作区

(1)“大纲”窗格。“大纲”窗格位于工作区的左侧,主要用于显示当前演示文稿的幻灯片数量和位置。

(2)“幻灯片”窗格。“幻灯片”窗格位于 WPS 2022 演示工作区的中间,用于显示和编辑当前的幻灯片,可以在占位符中输入文本或在幻灯片中插入图片、图表等对象。

(3)“备注”窗格。“备注”窗格位于“幻灯片”窗格下方,是在普通视图中显示的用于输入关于当前幻灯片的备注,可以将这些备注打印为备注页或在将演示文稿保存为网页时显示它们。

5.2　WPS 2022 演示基本操作

【例 5-1】　学校要举办主题为“网络使人更亲近还是更疏远”的辩论大赛,为了突出主题、烘托气氛,组织者为此次辩论赛制作了一张图 5-5 所示的会场背景幻灯片。

例5-1视频讲解

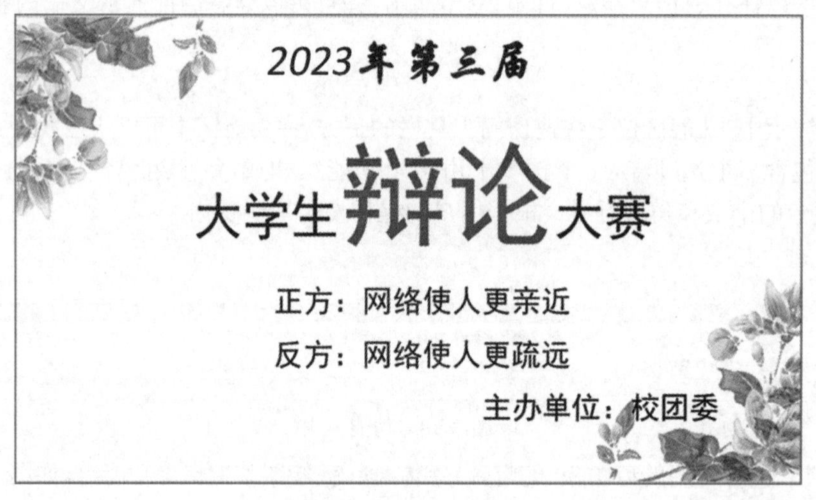

图 5-5　幻灯片效果图

【问题分析】

(1)启动 WPS。

(2)选择恰当的幻灯片设计模板。

(3)选择恰当的幻灯片版式。

(4)输入文字。

【操作步骤】

(1)启动 WPS,单击【新建】按钮,然后选择【新建演示】,再选择“新建空白演示”。

(2)设计幻灯片模板。单击“设计”选项卡中的【更多设计】按钮,如图 5-6 所示,打开全文美化,如图 5-7所示,在列表中选择一个幻灯片模板,单击【应用美化】按钮。

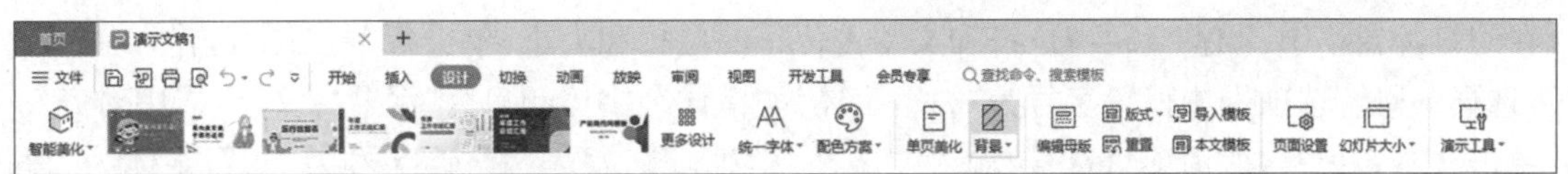

图 5 - 6 “设计”选项卡

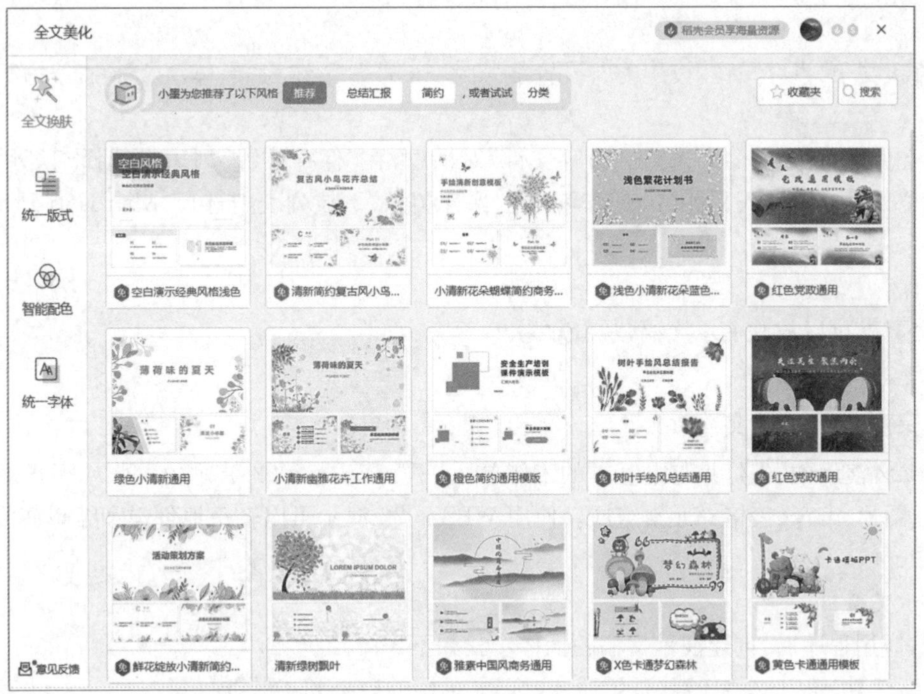

图 5 - 7 “全文美化”列表

(3)设计幻灯片模板的颜色。单击【配色方案】下拉按钮，在下拉列表中选择“优雅金致”方案，如图 5 - 8 所示。

(4)设计幻灯片版式。单击“开始”选项卡中的【版式】下拉按钮，在下拉列表中选择适当的版式，如图 5 - 9 所示。

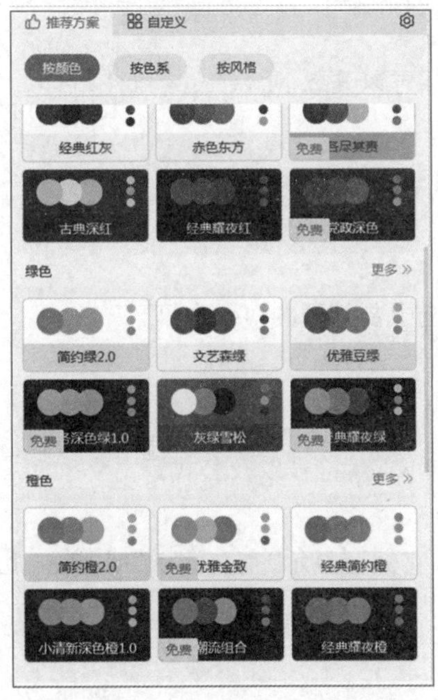

图 5 - 8 “按颜色”列表

图 5 - 9 “版式”列表

(5)在幻灯片窗格中,调整标题占位符和文本占位符的位置和大小,单击标题占位符,输入文字“2023 年第三届”,选择“开始”选项卡中设置字号为“54”,字体为“楷体”,字体颜色为“深蓝”,文字“居中对齐”。

(6)单击文本占位符,取消项目符号,输入文字“大学生辩论大赛”,设置字号为“60”,字体为“黑体”,文字“居中对齐”,再选中“辩论”两个字,并将其字号改为“130”,字体设置为“楷体”,字体颜色为“红色”。换行输入两行文字“正方:网络使人更亲近”“反方:网络使人更疏远”,设置字号为“36 号”,字体为“黑体”,文字“居中对齐”。

(7)换行输入文字“主办单位:校团委”,设置字号为“36 号”,字体为“黑体”,文本“右对齐”,调整文字的位置。

(8)单击“文件”→“保存”命令,打开“另存文件”对话框,在“保存位置”列表中选择幻灯片的存储位置,在“文件名”下拉列表框中输入文件名“辩论赛”,在“保存类型”下拉列表中选择“Microsoft PowerPoint 文件(*.pptx)”。

(9)单击【保存】按钮。

(10)按【F5】键,可以放映演示文稿,观看效果。

【知识点】

5.2.1 创建、保存、打开演示文稿

在 WPS 2022 演示中,幻灯片是最基本的工作单元,一个 WPS 2022 演示由一张或多张幻灯片组成,幻灯片又由文本、图片、声音、表格等元素组成。使用 WPS 2022 演示可以轻松地创建和编辑演示文稿,其默认兼容扩展名为.pptx。

1. 新建演示文稿

启动 WPS 应用程序后,创建演示文稿的操作步骤如下:

(1)单击【新建】按钮,选择“新建演示”命令,打开“可用的模板和主题”窗口。

(2)在“可用的模板和主题”窗口中选择“新建空白演示”。

2. 保存演示文稿

创建好演示文稿之后,保存演示文稿的操作步骤如下:

(1)单击 “文件”→“保存”或“另存为”命令,打开“另存文件”对话框。

(2)选择演示文稿的保存位置,然后在“文件名”处输入相应文件名,在“保存类型”处选择默认的兼容扩展名“Microsoft PowerPoint 文件(*.pptx)”。

注意:WPS 2022 演示自身的扩展名为.dps,保存为.pptx 文件可以兼容 MS Office 组件。

(3)单击【保存】按钮即可。

3. 打开演示文稿

打开演示文稿的操作步骤如下:

(1)单击“文件”→“打开”命令,打开“打开”对话框。

(2)在对话框中,找到需要打开的演示文稿的保存位置,然后选中要打开的演示文稿。

(3)单击【打开】按钮即可。

5.2.2 文本输入、编辑及格式化

编辑演示文稿的第一步就是向演示文稿中输入文本,其中包括文字、符号以及公式等。

1. 文本输入

在普通视图中,幻灯片中会出现由虚线围成的“文本占位符”,它们会显示“空白演示”或“单击此处输入副标题”等提示内容。

在 WPS 2022 演示中输入文本的方法如下:

1)在“文本占位符”中输入文本

单击“文本占位符”输入文字,输入的文字会自动替换“文本占位符”中的提示文字。

2)在新建文本框中输入文本

幻灯片中“文字占位符”的位置是固定的,若需要在幻灯片的其他位置输入文本,可以通过插入文本框来实现。

在幻灯片中添加文本框的操作步骤如下：

(1)单击“插入”选项卡“文本”组中的【文本框】按钮,在下拉列表中选择“横排文本框”命令,也可以选择“稻壳文本框”列表中的资源。

(2)在幻灯片上,按住鼠标左键拖动添加文本框。

(3)单击文本框,输入文本。

3)输入符号和公式

在“文本占位符”和“文本框”中除了可以输入文字,还可以输入专业用的符号和公式。输入符号和公式的操作步骤如下:单击“插入”选项卡中的【符号】按钮或【公式】按钮,在打开的下拉列表中选择要插入的符号或公式可完成符号和公式的输入。

2. 文本编辑

在 WPS 2022 演示中对文本进行删除、插入、复制、移动等操作,与 WPS 文字操作方法类似。

3. 文本格式化

文本格式化包括字体、字形、字号、颜色及效果的设置,其中效果包括下画线、上/下标、小型大写字母等设置。

选择需要设置的文本,在“开始”选项卡中的字体功能组中设置字体、字形、字号、颜色等内容。

单击【字体】对话框按钮,打开“字体”对话框,在“字体”对话框中完成字体格式化的设置。

4. 段落格式化

选择“开始”选项卡中的段落功能组,可以设置段落的对齐方式、缩进、行间距等。或者通过单击“段落”组右下方的对话框按钮,在打开的“段落”对话框中进行设置。

5. 增加或删除项目符号和编号

默认情况下,在幻灯片上各层次小标题的开头位置上会显示项目符号(如“•”),以突出小标题层次。

“项目符号”和“编号”命令分别对应于“段落”组中的第 1 个和第 2 个按钮。

单击【项目符号】☰·下拉按钮,打开项目符号的下拉列表,根据需要选择合适的项目符号。若需要将一个图片设置为项目符号,需要选择列表下方的“其他项目符号(M)”命令,打开“项目符号和编号”对话框,单击【图片】按钮,选择所需要的图片,完成设置。

单击【编号】☰·下拉按钮,打开编号下拉列表,根据需要选择合适的编号,若需要对编号进行编辑,需要选择列表下方的“其他编号(M)”命令,此时打开“项目符号和编号”对话框,在此处可以完成编号的编辑。

5.2.3　演示文稿视图

在 WPS 2022 演示中,用于编辑、放映演示文稿的视图包括普通视图、幻灯片浏览视图、备注页视图和阅读视图。

在 WPS 2022 演示的窗口中用于设置和选择演示文稿视图的方法如下：

- 选择“视图”选项卡中的演示文稿视图组,在该组中可以选择或切换不同的视图。
- 在状态栏的右侧有三个视图切换按钮,包括【普通视图】、【幻灯片浏览】和【阅读视图】。

1. 普通视图

在启动 WPS 2022 演示之后,系统默认以普通视图方式显示。普通视图是幻灯片的主要编辑视图方式,可以用于编辑演示文稿。其主要包括“幻灯片/大纲”窗格、“幻灯片编辑”窗格和“备注”窗格三个工作区域,如图 5-10 所示。

图 5-10 普通视图

“幻灯片/大纲”窗格位于窗口的左侧,包括“大纲”和“幻灯片”两个选项卡。单击“大纲”选项卡,该窗格以大纲形式显示各张幻灯片中的具体文本,不显示图形、图像、图表等对象。这种方式便于查看整个演示文稿的文档结构,也可直接在该窗格中编辑文本。单击“幻灯片”选项卡,该窗格所有幻灯片以缩略图形式显示,方便选定、添加或删除幻灯片。

2. 幻灯片浏览视图

在幻灯片浏览视图下可以从整体上浏览所有幻灯片的效果,并可以方便地进行幻灯片的复制、移动和删除等操作,但不能直接在幻灯片浏览视图下对幻灯片的内容进行编辑和修改,如图 5-11 所示。

图 5-11 幻灯片浏览视图

3. 备注页视图

备注页视图主要用于建立、修改和编辑讲演者备注,备注页视图的格局是整个页面的上方为幻灯片,页面的下方为备注页添加窗口。

4. 阅读视图

阅读视图可以通过大屏幕放映演示文稿,但又不会占用整个屏幕的放映方式。若要从阅读视图切换到其他视图模式,需要单击状态栏上的视图按钮,或直接按【Esc】键退出阅读视图模式。

5.3 WPS 2022 演示设置

例5-2视频讲解

【例 5-2】 制作一个演示文稿《唐诗赏析》,用来展示《送别》、《游子吟》和《望岳》三首诗,并写出诗的评析,如图 5-12 所示。

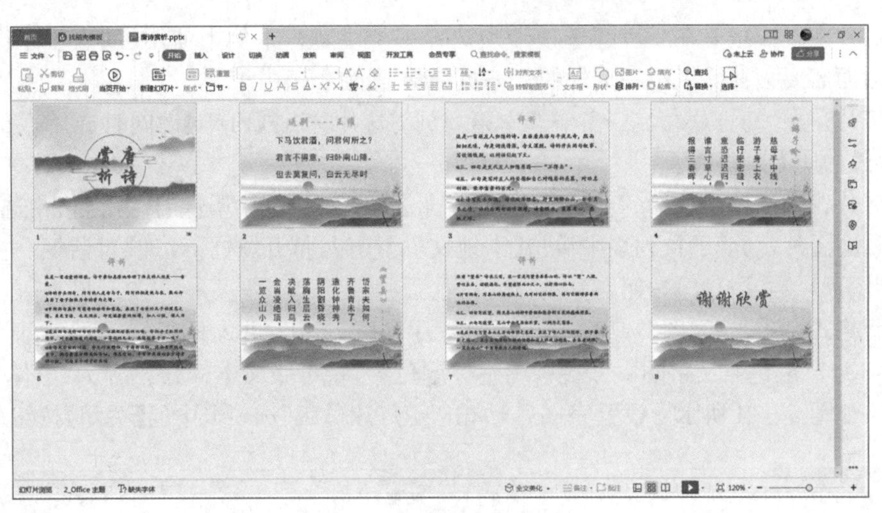

图 5－12　《唐诗赏析》实例

【问题分析】

制作《唐诗赏析》演示文稿，首先将所需要的文本、主题模板等素材准备好，在 WPS 2022 演示中完成设计操作。操作可以分解成以下过程：

(1)启动 WPS 2022 演示。

(2)选择恰当的幻灯片设计模板。

(3)选择恰当的幻灯片版式。

(4)输入文字。

(5)设置文本格式。

(6)设置幻灯片切换效果。

(7)保存演示文稿。

【操作步骤】

(1)上网搜索一个符合诗词欣赏题的图片，下载并保存在本地磁盘中，这个图片可以设为演示文稿的背景(注意使用公有版权的图片)。

(2)启动 WPS，新建空白演示文稿。

(3)插入 7 张新幻灯片。单击“开始”选项卡中的【新建幻灯片】按钮。或按【Ctrl＋M】组合键，插入新幻灯片。用此方法添加 7 张新幻灯片，单击“设计”选项卡中的【幻灯片大小】下拉按钮，设置幻灯片大小为“标准(4∶3)”，单击【最大化】按钮，如图 5－13 所示。

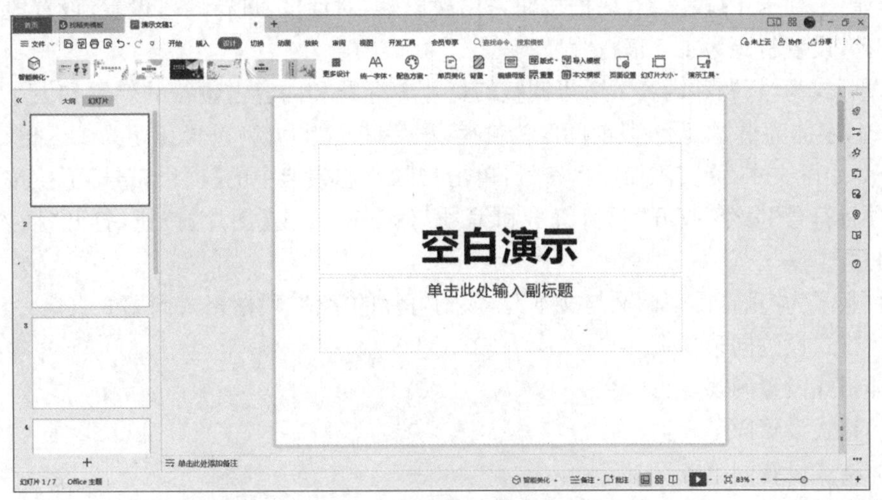

图 5－13　设置幻灯片大小

(4)设置幻灯片主题模板。在“设计”选项卡中选择一个主题。本例中使用了“素雅中国风商务通用”,如采用本主题,后面需要去掉除了第一页外的每一页的最上面的蒙图。

(5)选择幻灯片。在“幻灯片/大纲”窗格选中第2页幻灯片,按住【Shift】键同时选择第8页幻灯片,可以选择除第一张以外的所有幻灯片。

(6)设置幻灯片背景。单击“设计”选项卡中的【背景】按钮,在“对象属性”任务窗格中选中【图片或纹理填充】单选按钮,在“图片填充”下拉列表中单击【本地文件】按钮,打开“选择纹理”对话框。在该对话框中选择“清新1.jpeg”图片,单击【打开】按钮,完成背景设置。

(7)设置母版格式。单击“视图”选项卡中的【幻灯片母版】按钮,进入母版编辑界面。将母版标题样式设置为“楷体”“48号”“橙色”“文字阴影”效果,调整标题位置;将母版文本样式设置为“黑体”“36号”“黑色”“去掉项目符号”,如图5-14所示。设置完成后,单击“幻灯片母版”选项卡中的【关闭】按钮。

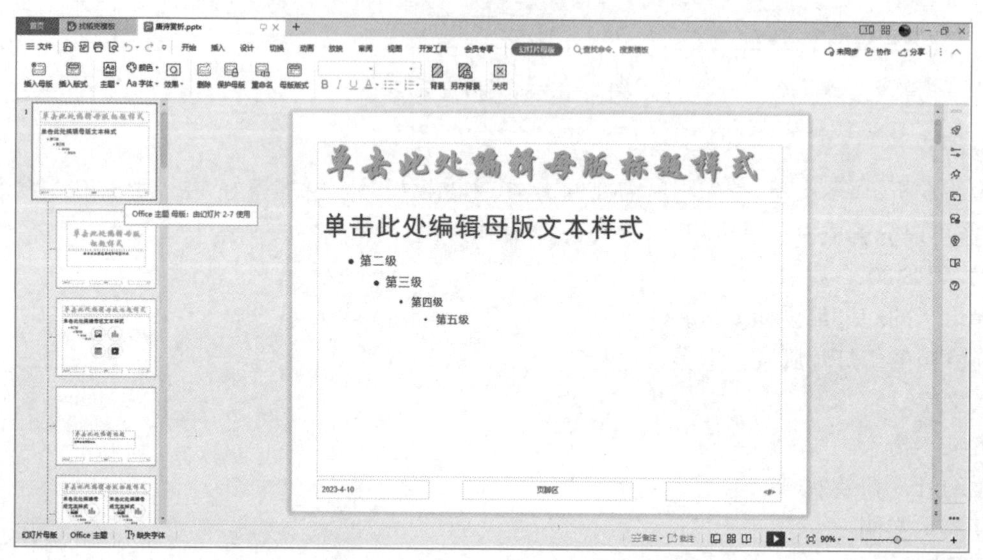

图5-14 编辑幻灯片母片界面

(8)设置每一页幻灯片的版式、添加文本内容。设置版式:单击“开始”选项卡中【版式】下拉按钮,在打开的下拉列表中选择“母版版式”中的“标题和内容”或“垂直排列标题与文本”命令。

(9)设置文本、段落格式。

第1页:字体为“楷体”,字号为“88号”,字体颜色为“红色”,设置字体“阴影”。

第2页:该页版式为“标题和内容”,选择第2页中的第二个文本框,移动使文本框中的诗句位于幻灯片的中间,单击“开始”选项卡中【段落】对话框按钮,打开“段落”对话框,进行段落设置,设置段前间距为0磅、段后间距为100磅,设置行距为1.5倍行距。

第3页:该页版式为“标题和内容”,适当调整幻灯片中标题和内容占位符的位置和大小,选择内容占位符,设置字号为24,字体为楷体,设置段前间距为0磅、段后间距为0磅,设置行距为1.5倍行距。在内容占位符中选择第2、3、4段文本,为其添加项目符号:单击“开始”选项卡中的【项目符号】下拉按钮,在打开的列表中选择“其他项目符号”命令,打开“项目符号和编号”对话框,单击【图片】按钮,打开“插入图片”对话框,选择所需要的图片。

第4页:该页版式为“垂直排列标题与文本”。该幻灯片的字体、段落格式同第2页。

第5页:具体格式设置同第3页。

第6页:具体格式设置同第4页。

第7页:具体格式设置同第3页。

第8页:具体格式设置同第1页。

(10)设置幻灯片的切换效果。选择第1页幻灯片,单击“切换”选项卡中的【全部选项】按钮,在打开的切换效果列表中选择“棋盘”。单击“切换”选项卡中的【效果选项】下拉按钮，打开效果列表，在此处更改切换的切换效果。依照此种方法为每张幻灯片设置切换效果。

(11)设置幻灯片的切换方式。在“切换”选项卡中，将“单击鼠标时换片”复选框选中。

(12)单击【保存】按钮，将演示文稿保存为“唐诗赏析”。

(13)按【F5】键，可以放映演示文稿，观看效果。

【知识点】

5.3.1 幻灯片的基本操作

在普通视图的幻灯片窗格和幻灯片浏览视图中可以进行幻灯片的选择、查找、添加、删除、移动和复制等操作。

1. 选择幻灯片

在对幻灯片进行操作之前，先要选定幻灯片。选定幻灯片常用的方法有以下几种：

1)选择单张幻灯片

单击相应幻灯片(或幻灯片编号)，可选中该幻灯片。

2)选择多张幻灯片

(1)在按住【Ctrl】键的同时单击相应幻灯片(或幻灯片编号)，可以选中多张不连续幻灯片。

(2)单击要选中的第一张幻灯片，在按住【Shift】键的同时单击要选中的最后一张幻灯片，可以选中多张连续的幻灯片。

(3)按【Ctrl+A】组合键，可以选定全部幻灯片。

若要放弃被选中的幻灯片，单击幻灯片以外的任何空白区域。

2. 查找幻灯片

通常使用以下几种方法查找幻灯片：

(1)按【PgDn】键或【PgUp】键可选定上一张或下一张幻灯片(或幻灯片编号)。

(2)上、下拖动垂直滚动条中的滑块，可快速定位到其他幻灯片。

3. 新建幻灯片

打开一个演示文稿后，用户可以根据需要添加新幻灯片，操作步骤如下。

(1)将光标定位在要插入新幻灯片处。

(2)单击“开始”选项卡中的【新建幻灯片】下拉按钮，在其下拉列表中可选择不同类型的幻灯片。

(3)选择一种类型幻灯片，输入幻灯片内容。

4. 删除幻灯片

对于不需要的幻灯片可以将其进行删除，删除幻灯片的操作步骤如下：

- 选定要删除的幻灯片。
- 按【Delete】键或在幻灯片上右击，在弹出的快捷菜单中选择“删除幻灯片”命令。

5. 复制与移动幻灯片

在创建演示文稿的过程中，可以将具有较好版式的幻灯片复制到其他的演示文稿中。

(1)复制幻灯片。切换到普通视图中，选择需要复制的幻灯片，右击，在弹出的快捷菜单中选择“复制幻灯片”命令，在目标位置选择“粘贴”命令即可。

(2)移动幻灯片。移动幻灯片可以改变幻灯片的播放顺序，移动幻灯片的方法如下：

- 在“大纲”编辑窗口中使用鼠标直接拖动幻灯片到指定位置。
- 可以使“剪切/粘贴”的方法移动幻灯片。

5.3.2 设置与编辑幻灯片版式

1. 设置幻灯片版式

在 WPS 2022 演示中，空白幻灯片版式包括标题幻灯片、标题和内容、节标题等 11 种母版版式和 44 种配套版式。可以选择其中一种版式应用于当前幻灯片中。

2. 编辑幻灯片版式

(1)添加幻灯片编号。在演示文稿中为幻灯片添加编号的方法是:单击“插入”选项卡“中的【幻灯片编号】按钮,打开“页眉和页脚”对话框,勾选“幻灯片编号”复选框,单击【全部应用】按钮。

(2)添加日期和时间。在演示文稿中添加日期和时间的具体操方法是:单击“插入”选项卡中的【日期和时间】按钮,打开“页眉和页脚”对话框,勾选“日期和时间”复选框,然后单击【全部应用】按钮。

5.3.3 设置演示文稿的模板主题

在演示文稿设计中除了设计幻灯片版式之外还需要设计模板主题等。

1. 选择需要使用的主题样式

在 WPS 2022 演示中系统有多种模板,可供用户根据需要进行选择。选择幻灯片模板的方法是:单击“设计”选项卡右侧的【更多设计】按钮,在打开的下拉列表中选择一个需要的模板应用到幻灯片中。

2. 更改主题颜色

为幻灯片选择好主题后,可以根据需要对主题模板的颜色进行更改,更改方法是:单击“设计”选项卡中的【配色方案】下拉按钮,在打开的下拉列表中可以直接选择需要的方案,也可以单击【按颜色】按钮、【按色系】按钮或【按风格】按钮,然后选择一组颜色方案。

3. 单页美化

WPS 2022 演示的单页美化功能,可以通过 AI 智能技术,智能识别幻灯片的页面类型和内容,推荐匹配的模板,高效地完成幻灯片不同页面的美化。让用户只需专注于内容的创作,而不必费心于选模板、调格式、美化页面等烦琐操作。

单页美化的方法是:选择需要美化的一页幻灯片,单击“设计”选项卡中的【单页美化】按钮,打开单页美化效果列表,选择所需要的效果应用该页幻灯片。

4. 自定义幻灯片背景

若用户不满意系统预置的背景样式,那么可以考虑自定义幻灯片背景,具体操作方法是:单击“设计”选项卡中的【背景】下拉按钮,在打开的下拉列表中,选择填充方式,根据选择的填充方式进一步设置背景的艺术效果。

5.3.4 设置幻灯片的自动切换效果

切换效果是应用在换片过程中的特殊效果,它将决定以何种效果从一张幻灯片换到另一张幻灯片,可以在一定程度上增强幻灯片的展示效果。

1. 添加切换效果

(1)选定要设置切换效果的幻灯片(一张或多张)。

(2)单击“切换”选项卡的【全部选项】下拉按钮,在打开的下拉列表中选择切换效果。

2. 设置切换效果和方式

(1)【效果选项】下拉按钮:可以设置幻灯片切换的动态方向等效果。

(2)“速度”选项:用来设置幻灯片切换的速度。

(3)“声音”列表:在该列表中可以为幻灯片切换效果设置声音。

(4)“单击鼠标时换片”复选框:选中该项表示单击鼠标左键时幻灯片进行切换。

(5)“自动换片”复选框:选中该项并设置一个时间,表示等待这个时间后,幻灯片自动切换。

(6)【应用到全部】按钮:单击该按钮,可以将设置好的切换效果应用到整个演示文稿中的所有幻灯片。

3. 预览切换效果

单击“切换”选项卡中【预览】按钮,可以预览当前幻灯片的切换效果。

5.3.5 母版视图

母版视图包括幻灯片母版视图、讲义母版视图和备注母版视图三种,主要用于存储有关演示文稿信息的主要幻灯片,包括背景、字体、效果、占位符大小和位置。

1. 幻灯片母版视图

幻灯片母版视图可以快速制作出多张具有特色的幻灯片，包括设计母版的占位符大小、背景颜色以及字体大小等。

设计幻灯片母版的操作步骤如下。

(1)单击“视图”选项卡中的【编辑母版】按钮，进入幻灯片母版编辑状态，如图 5－15 所示。

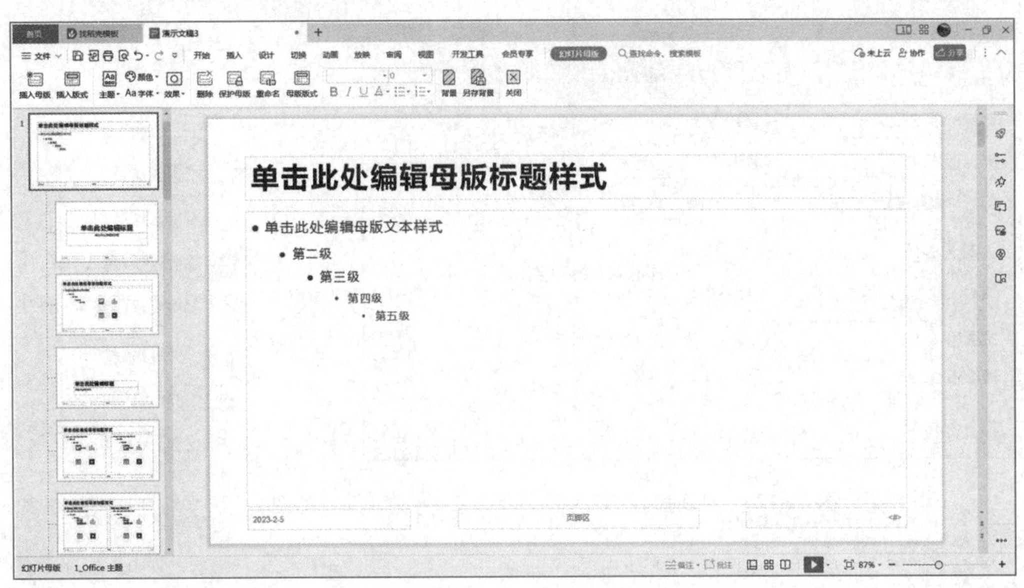

图 5－15　幻灯片母版编辑界面图

(2)在幻灯片母版编辑界面中，可以设置占位符的位置、占位符中文字的字体格式、段落格式或插入图片、设计背景等。

(3)单击【关闭】按钮，退出幻灯片母版视图。

2. 讲义母版视图

讲义母版视图可以将多张幻灯片显示在一张幻灯片中，用于打印输出，操作步骤如下：

(1)单击“视图”选项卡中的【讲义母版】按钮，进入讲义母版视图编辑界面，如图 5－16 所示。

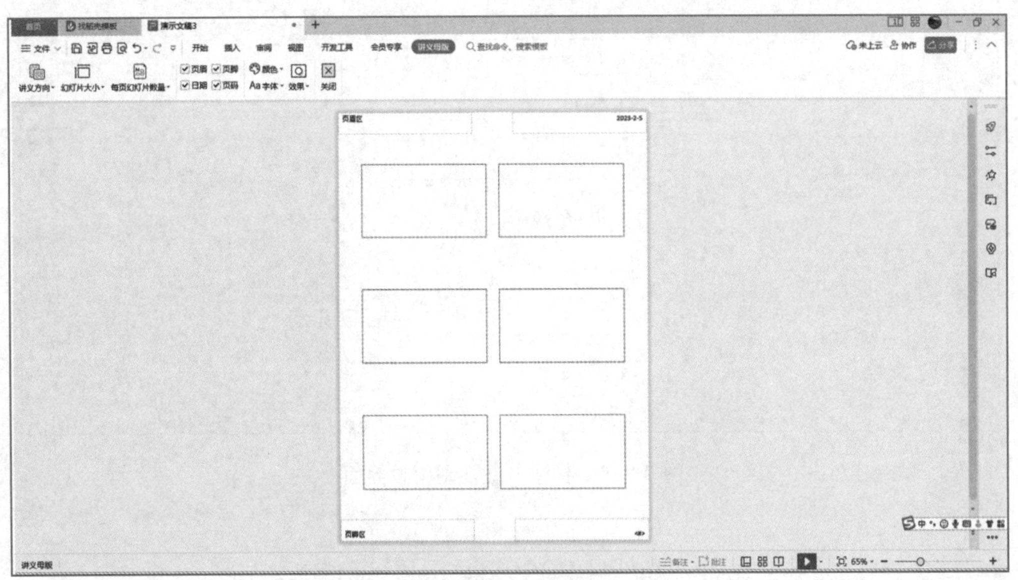

图 5－16　讲义母版视图编辑界面

(2)单击功能区中的【幻灯片大小】下拉按钮,选择"自定义幻灯片大小",打开"页面设置"对话框,如图 5-17所示。

(3)单击功能区中的【讲义方向】下拉按钮,打开设置讲义方向的下拉列表,包括纵向和横向。

(4)单击功能区中的【每页幻灯片数量】下拉按钮,打开设置幻灯片页数的下拉列表,如图 5-18 所示。

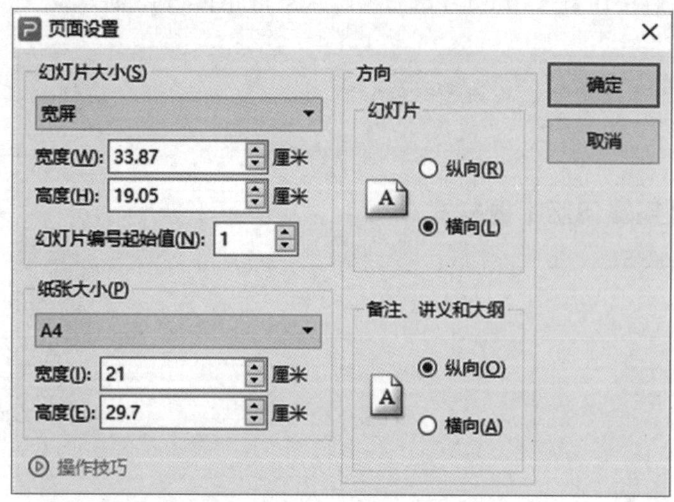
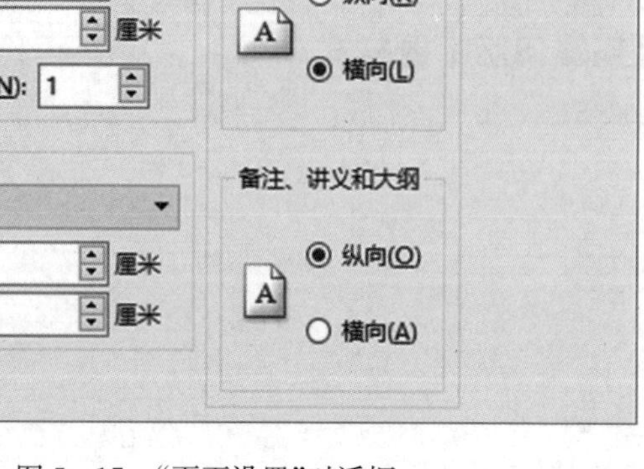

图 5-17 "页面设置"对话框

1张幻灯片
2张幻灯片
3张幻灯片
4张幻灯片
6张幻灯片
9张幻灯片
幻灯片大纲

图 5-18 幻灯片页数列表

(5)单击【关闭】按钮。

3. 备注母版视图

备注母版视图主要用于显示用户在幻灯片中的备注,设置备注母版的操作步骤如下:

(1)单击"视图"选项卡中的【备注母版】按钮,进入备注母版视图编辑界面,如图 5-19 所示。

(2)选择备注文本区中的文本,选择"开始"选项卡,在此设置选中文本的大小、字体、颜色等。

(3)设置完成后,单击"备注母版"选项卡【关闭】按钮,退出备注母版。

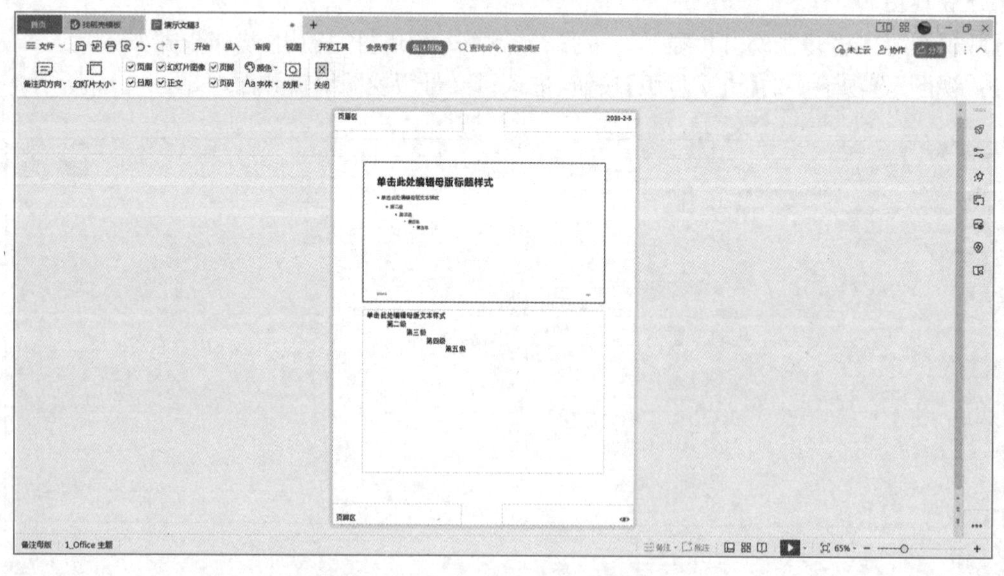

图 5-19 备注母版视图编辑界面

5.4 WPS 2022 演示图表编辑

【例 5-3】 制作一个演示文稿用来展示某化妆品公司的年度销售报告,要求尽量用数据图表来展示,以使报告的数据清晰明了，如图 5 - 20 所示。

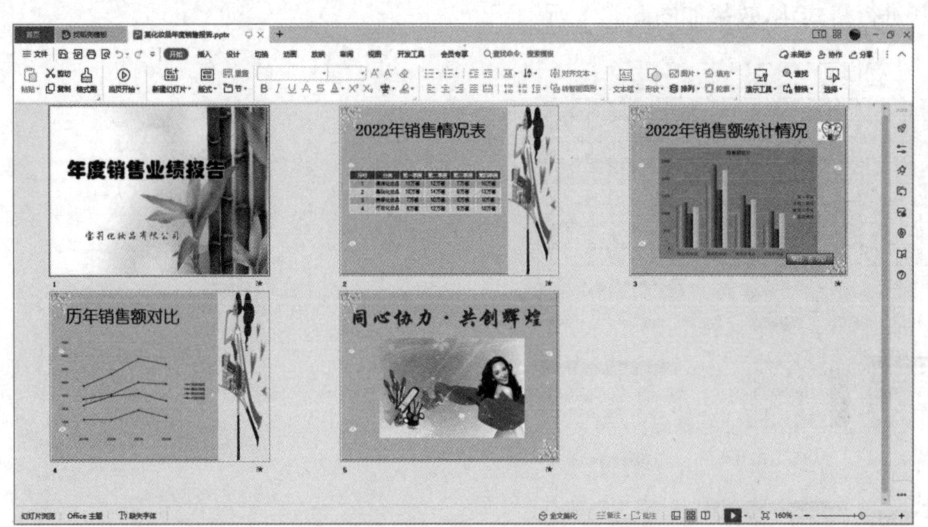

图 5 - 20　某化妆品公司年度销售报告实例

【问题分析】

在 WPS 2022 演示中制作销售报告时，使用 WPS 2022 演示的图表功能将销售数据转换成图表，使数据表现更加清晰，可以增加报告的说服力。操作可以分解成以下过程。

(1)启动 WPS，新建 WPS 2022 演示。

(2)选择恰当的幻灯片设计模板。

(3)设置幻灯片的背景。

(4)设置幻灯片的版式。

(5)插入艺术字、图片、图表。

(6)设置幻灯片切换效果。

(7)保存演示文稿。

【操作步骤】

(1)准备好制作报告的素材，包括数据、报告幻灯片背景图、插图等。

(2)启动 WPS，新建 WPS 2022 演示。

(3)根据设计分析向新建的演示文稿中插入若干张新幻灯片。本例插入 4 页新幻灯片。

(4)设置幻灯片大小为“标准 4 ∶ 3”，然后设置幻灯片主题模板。本例单击“设计选项卡”中的【更多设计】按钮，选择列表中的“浅色小清新花朵蓝色飘花计划”模板。

(5)设计第 1 页幻灯片背景。将“素材/图 2”设为该幻灯片的背景。

(6)设计第 1 页幻灯片的版式为“空白”。

(7)第 1 页幻灯片的标题和副标题均采用艺术字效果。具体操作方法：单击“插入”选项卡中的【艺术字】下拉按钮，在下拉列表中选择“填充-黑色，文本 1，轮廓-背景 1，清晰阴影-背景 1”艺术字效果，并输入标题“年度销售业绩报告”。同样的方法设计副标题。

(8)编辑艺术字。选择主标题文字，选择“开始”选项卡，设置字体为黑体，字号为 66 号，字体颜色为黑色。选择副标题文字，设置字体为楷体，字号为 36 号，字体颜色为深红色。选择主标题艺术字文本框，此时在功能区中显示功能选项卡“绘图工具”，在该选项卡设置艺术字的文本填充、文本轮廓和文本效果。

(9)第 2 页幻灯片版式设置为“仅标题”，输入标题“2022 年销售情况表”，设置标题格式为：幼圆、54 号、黑色、加粗、阴影效果。

(10)插入图片。第 2 页幻灯片中单击“插入”选项卡中的【图片】按钮，打开“插入图片”对话框。选择“素材/t18”图片，单击【插入】按钮，调整图片大小和位置。

(11)插入电子表格。单击“插入”选项卡中的【表格】下拉按钮,如图 5-21 所示。在幻灯片输入需要展示的数据,对其进行格式化,效果如图 5-22 所示。

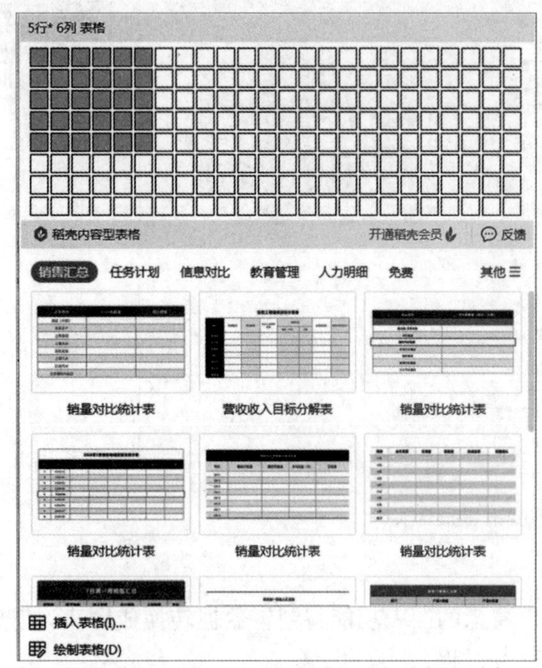

图 5-21 插入表格

序号	分类	第一季度	第二季度	第三季度	第四季度
1	清洁化妆品	11万套	12万套	7万套	10万套
2	基础化妆品	10万套	14万套	9万套	13万套
3	美容化妆品	7万套	10万套	8万套	9万套
4	疗效化妆品	8万套	12万套	9万套	10万套

图 5-22 WPS 表格编辑界面输入数据

(12)设置第 3 页幻灯片的版式与第 2 页相同,输入标题“2022 年销售额统计情况”,并对其进行格式化(同第 2 页幻灯片)。插入“素材/t12”图片并调整大小与位置。

(13)插入图表。在第 3 页幻灯片中的数据以“簇状柱形图”展示,具体操作方法是:单击“插入”选项卡中的【图表】按钮,打开“图表”对话框,选择“簇状柱形图”命令。选择“簇状柱形图”后,单击“图表工具”选项卡中的【编辑数据】按钮,在打开的 WPS 表格的编辑窗口中输入具体数据,关闭该窗口。调整图表位置与大小。

(14)编辑图表,为图表添加标题、设置填充效果等。在幻灯片中选择图表,在功能区中出现一个“图表工具”选项卡,如图 5-23 所示。单击【快速布局】下拉按钮,在下拉列表中选择第一种布局,此时在图表的上方出现一个文本框,用户在此输入图表标题“销售额统计”。

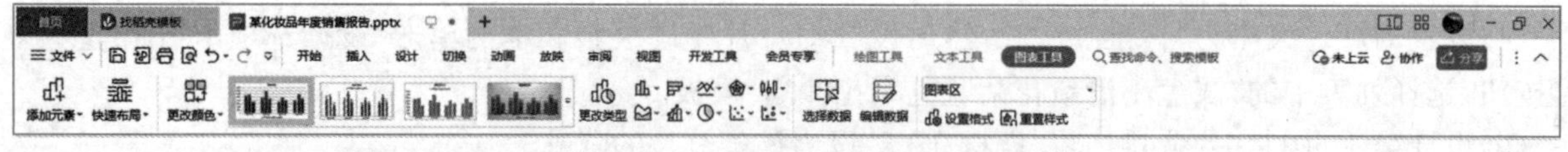

图 5-23 “图表工具”选项卡

(15)设置图表的填充效果。选择图表,单击“绘图工具”选项卡中的【填充】下拉按钮,在下拉列表中选择一种填充色。

(16)更改图表中数据区域的格式。在图表中单击第一个柱形,单击“图表工具”选项卡中的【设置格式】按钮,在“属性对象”任务窗格中单击【填充与线条】按钮,设置自己喜欢的填充颜色。其他系列执行相同的步骤,效果如图 5-24 所示。

(17)在第 3 页幻灯片中添加一个矩形图形。单击“插入”选项卡中的【形状】下拉按钮,在下拉列表中选择“矩形”命令,并在幻灯片的下方按住鼠标左键拖动,将矩形图形添加到幻灯片中。

(18)设置图形格式。选择矩形图形,单击“绘图工具”选项卡中的【设置形状格式】按钮,打开“对象属性”任务窗格,选择“渐变填充”,选择一种渐变效果,并把角度设置为 90°。

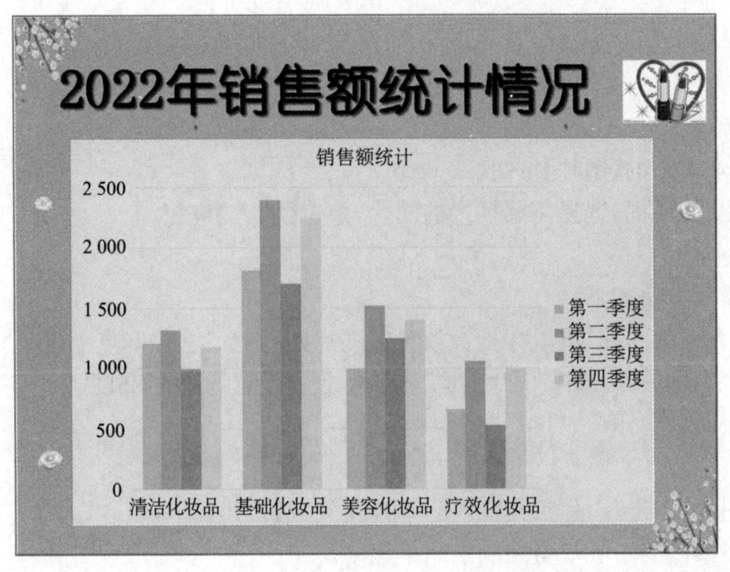

图 5－24　图表数据区格式效果图

(19)右击矩形图形，选择“编辑文字”命令，在矩形图形中输入文字“单位：万(元)”。

(20)第 4 页幻灯片版式设置为“仅标题”，输入标题“历年销售额对比”，并对其进行格式化(同第 2 页幻灯片)。将第 2 页图片素材复制到第 4 页。

(21)插入图表。将第 4 页幻灯片中展示的数据以折线图形式展示，具体操作方法同步骤 13，在“插入图表”对话框中选择“折线图”中的 “带数据标记的折线图”。在打开的 WPS 表格编辑窗口中输入数据，如图 5－25所示。完成编辑后关闭该窗口，完成在幻灯片中插入图表。调整图表位置与大小。

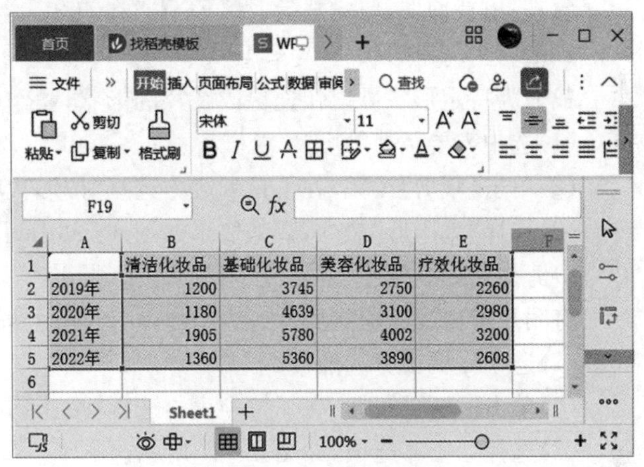

	清洁化妆品	基础化妆品	美容化妆品	疗效化妆品
2019年	1200	3745	2750	2260
2020年	1180	4639	3100	2980
2021年	1905	5780	4002	3200
2022年	1360	5360	3890	2608

图 5－25　数据编辑窗口

(22)设置第 5 页幻灯片。设置版式同第 4 页，在文本占位符中输入“同心协力 · 共创辉煌”，设置文本格式为：楷体，72 号，紫色，加粗，阴影。将图片“素材/tt_2”插入至该幻灯片中。

(23)设置幻灯片切换效果。选择“切换”选项卡，选择切换效果下拉列表中的“框”效果，单击“切换”选项卡中的【应用到全部】按钮，将该切换效果应用到所有幻灯片。

(24)保存演示文稿。

【知识点】

5.4.1　插入与编辑艺术字

在 WPS 2022 演示中插入图片、图形和艺术字等可以美化幻灯片，为演示文稿增添视觉效果。

1. 插入艺术字

插入艺术字的操作步骤如下：

(1)单击“插入”选项卡中的【艺术字】按钮，在下拉列表中选择一种艺术字样式。

(2)输入艺术字文本内容。

2. 编辑艺术字的样式

编辑艺术字的操作步骤如下：

(1)选择艺术字文本框。

(2)选择“文本工具”选项卡，在该选项卡设置艺术字的文本填充、文本轮廓和文本效果。

5.4.2 插入与编辑图片

1. 插入图片

插入图片的操作步骤如下：

(1)单击“插入”选项卡中的【图片】按钮。

(2)打开“插入图片”对话框,选择需要插入的图片,单击【插入】按钮。

2. 调整图片的大小

调整图片大小的操作方法如下：

(1)选中需要调整大小的图片,将鼠标指针放置在图片四周的尺寸控制点上,拖动鼠标调整图片大小。

(2)选中需要调整大小的图片,选择“图片工具”选项卡,通过设置图片的“高度”和“宽度”调整图片大小。

3. 裁剪图片

1)直接进行裁剪

选中需要裁剪的图片,单击“图片工具”选项卡中的【裁剪】按钮。

(1)裁剪某一侧:将某侧的中心裁剪控制点向里拖动。

(2)同时均匀裁剪两侧:按住【Ctrl】键的同时,拖动任一侧裁剪控制点。

(3)同时均匀裁剪四击:按住【Ctrl】键的同时,将一个角的裁剪控制点向里拖动。

(4)退出裁剪:裁剪完成后,按【Esc】或在幻灯片空白处单击退出裁剪操作。

2)裁剪为特定形状

裁剪为特定形状可以快速更改图片的形状,操作步骤如下：

(1)选中需要裁剪的图片。

(2)单击【裁剪】按钮,在下拉列表中选择“按形状剪裁”命令,打开“形状”列表。

(3)选择“太阳形”命令,裁剪效果如图 5－26 所示。

3)剪为通用纵横比

将图片裁剪为通用的照片或纵横比,可以使用其轻松适合图片框,操作步骤如下：

(1)选中需要裁剪的图片。

(2)单击【裁剪】按钮,在下拉列表中选择“按比例剪裁”命令,此时打开“纵横比”列表。

(3)选择“5：3”选项,如图 5－27 所示。

图 5－26 裁剪为特定形状

图 5－27 裁剪为通用纵横比

4. 旋转图片

旋转图片的操作步骤如下：

(1)选择需要旋转的图片。

(2)单击“图片工具”选项卡中的【旋转】下拉按钮,在下拉列表中选择所需命令。

若旋转图片的角度没有出现在该列表中,在右侧的“对象属性”任务窗格中的“大小与属性”中进行调

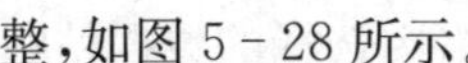

整，如图 5－28 所示。

5. 为图片设置艺术效果

插入图片以后，用户还可以为图片设置艺术效果，用来增强幻灯片的观赏性。

1）为图片设置样式

（1）选择图片。

（2）在右侧的“对象属性”任务窗格中的“效果”中进行调整，如图 5－29 所示。

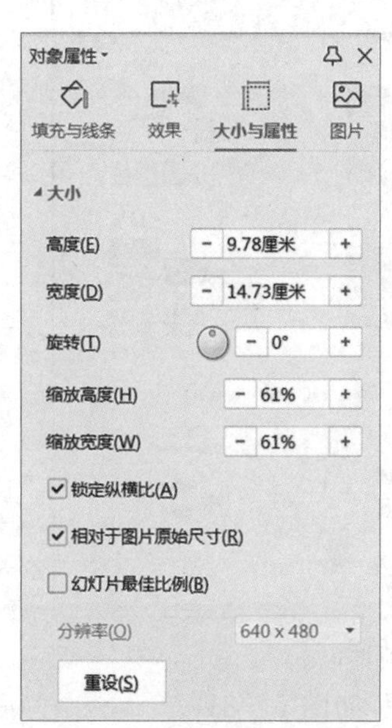

图 5－28　“对象属性”任务窗格

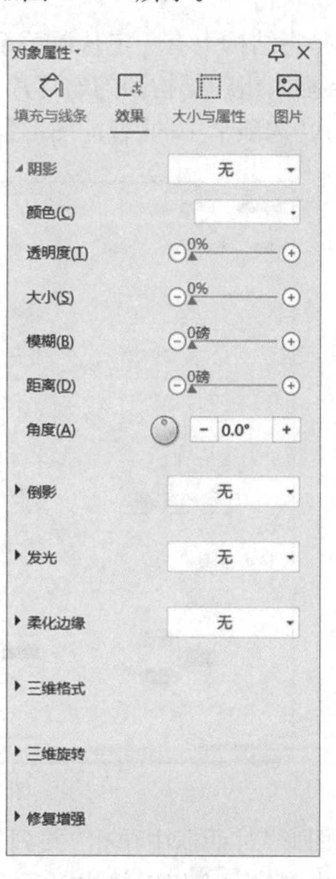

图 5－29　设置图片样式

（3）也可以通过“图片工具”选项卡中的【效果】、【边框】、【透明度】等下拉按钮对图片样式进行编辑。

2）为图片设置颜色效果

（1）选择图片。

（2）单击“图片工具”选项卡中的【色彩】下拉按钮，在下拉列表中选择所需颜色完成设置，还可以通过单击【增加对比度】按钮和【降低对比度】按钮修改对比度，通过单击【增加亮度】按钮和【降低亮度】按钮修改亮度。

5.4.3　插入 WPS 表格中的数据

WPS 2022 演示与 WPS 2022 表格之间存在着信息的相互共享与调用关系。用户可以在放映讲解过程中直接将制作好的 WPS 表格中的数据调入 WPS 2022 演示软件中进行演示，操作步骤如下：

（1）打开“素材\\实验素材(课程统计表)”工作表文件。

（2）在 WPS 表格中选择需要数据，如图 5－30 所示。在选定数据区域中右击，在弹出的快捷菜单中选择“复制”命令。

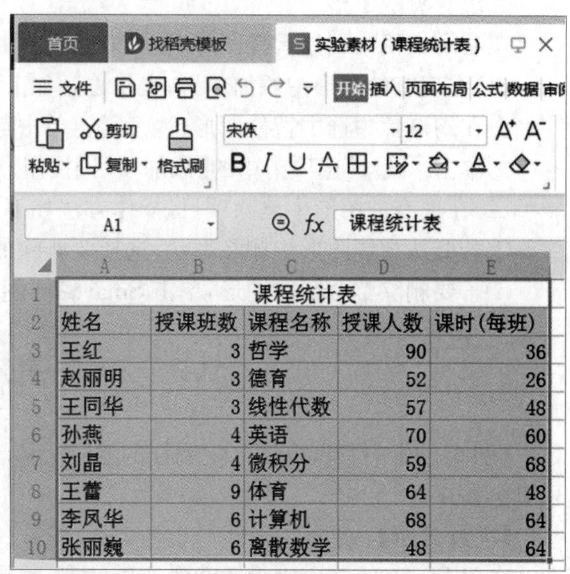

	A	B	C	D	E
1	课程统计表				
2	姓名	授课班数	课程名称	授课人数	课时(每班)
3	王红	3	哲学	90	36
4	赵丽明	3	德育	52	26
5	王同华	3	线性代数	57	48
6	孙燕	4	英语	70	60
7	刘晶	4	微积分	59	68
8	王蕾	9	体育	64	48
9	李凤华	6	计算机	68	64
10	张丽巍	6	离散数学	48	64

图 5－30　插入 WPS 表格中的数据

(3)切换到 WPS 2022 演示操作界面,单击“开始”选项卡的【粘贴】按钮,将 WPS 表格中选择的数据粘贴到幻灯片中。

5.4.4 插入智能图形

智能图形是信息和观点的可视表示形式,用户可以从多种不同布局中进行选择,从而快速轻松地创建所需形式,以便有效地传达信息或观点。使用智能图形,通过简单的操作即可创建具有设计师水平的插图。

1. 创建组织结构图

组织结构图是指结构上有一定从属关系的图形,在 WPS 2022 演示中创建组织结构图的操作步骤如下:

(1)选择需要插入组织结构图的幻灯片。

(2)单击“插入”选项卡中的【智能图形】按钮,打开“智能图形”对话框,如图 5-31 所示。

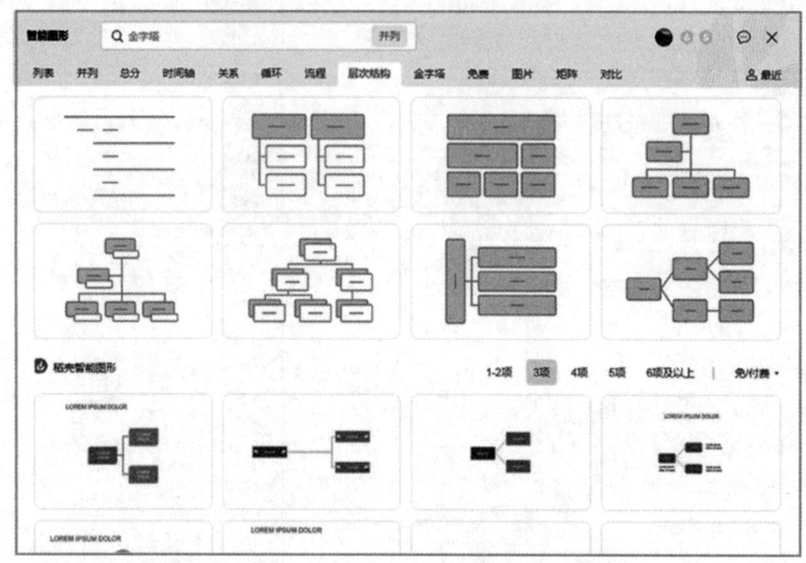

图 5-31 “智能图形”对话框

(3)在“智能图形”对话框中单击“并列”中的“组织结构图”,如图 5-31 所示。在幻灯片中创建一个组织结构图。

(4)创建组织结构图后,可以直接单击幻灯片组织结构图中的“文本”输入文字内容,如图 5-32 所示。

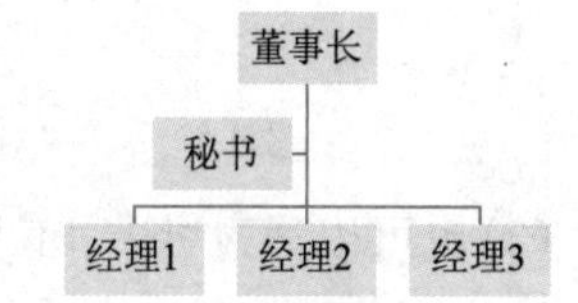

图 5-32 组织结构图设计效果

2. 编辑智能图形

在演示文稿中创建智能图形后,可以在现有的图形中添加或删除项目。

(1)在现有的图形中添加项目,操作方法如下:

①在幻灯片中选中智能图形(注意需要单击距离添加新形状位置最近的形状)。

②单击 “设计”选项卡中的【添加项目】按钮,在下拉列表中选择“在后面添加项目”命令完成添加操作。

(2)在现有的图形中删除项目,操作方法如下:

①若要从智能图形中删除形状,选择要删除的形状,按【Delete】键。

②若要删除整个智能图形,单击 SmartArt 图形的边框后,按【Delete】键。

5.5 WPS 2022 演示音频与视频的插入和编辑

【例 5-4】 打开例 5-2 中制作的演示文稿《唐诗赏析》,并为其添加背景音乐,当放映演示文时背景音乐贯穿始终。

【问题分析】

在 WPS 2022 演示中设置背景音乐,实际就是插入音频文件,并对其进行相关设置。操作可以分解成以下过程。

(1)打开演示文稿《唐诗赏析》。

(2)插入背景音乐。

(3)编辑背景音乐。

(4)保存演示文稿。

【操作步骤】

(1)打开演示文稿《唐诗赏析》。

(2)插入背景音乐。选择演示文稿《唐诗赏析》的第 1 页幻灯片,单击“插入”选项卡中的【音频】下拉按钮,在下拉列表中选择“嵌入音频”选项,打开“插入音频”对话框,选择要插入的声音文件,单击【打开】按钮。在幻灯片页面插入一个音频图标。

(3)编辑背景音乐。选中幻灯片中喇叭图标,在功能区中单击“音频工具”选项卡中【剪裁音频】按钮,即打开“剪裁音频”对话框,在该对话框中移动绿色和红色滑块,用来设定音频开始和结束的位置。

①选择“音频工具”选项卡中的 “开始”命令,在下拉列表中选择“自动”命令。在“音频工具”选项卡中将“放映时隐藏”复选框选中,用来在放映演示文稿时隐藏小喇叭图标。

②选择“音频工具”选项卡,单击“音频工具”选项卡中的【播放】按钮,在播放时单击【音量】下拉按钮,在下拉列表中选择适合的音量。

③修改淡入时间和淡出时间,实现淡入淡出效果。

④单击【设为背景音乐】按钮,可以将音乐设置为背景。背景音乐默认为跨页循环播放,直到停止。也可以在设置跨页播放中设置“至多少页停止”。

(4)保存演示文稿。

【知识点】

5.5.1　插入与编辑音频

在编辑演示文稿时为了突出重点、烘托气氛,用户可以在演示文稿中添加音频,如背景音乐、旁白、原声摘要等。

1.插入音频

插入音频的方法如下:

单击“插入”选项卡中的【音频】下拉按钮,打开下拉列表。

(1)“嵌入音频”:单击该项打开“插入音频”对话框,选择适当的音频文件,单击【打开】按钮。嵌入音频是以嵌入的方式插入音频文件,音频文件占用存储空间,使 WPS 2022 演示文件变大。

(2)“链接到音频”:操作同“嵌入音频”,链接到音频以关联本地文件或云端链接的方式插入音频,需要跨设备播放时建议选择云端音频。采用“链接到音频”文件不会变大,但是会因为音频文件路径问题或网络问题无法播放。

2.设置播放选项

在幻灯片中插入音频文件之后,用户可以通过“音频选项”对音频进行设置,使之符合用户的需求。操作步骤如下:

(1)在幻灯片中选择已经插入的音频文件的图标。

(2)选择“音频工具”选项卡。

①【音量】下拉按钮:单击该按钮,打开下拉列表,用来设置音量。

②【开始】下拉按钮:在打开的下拉列表中可以设置音频文件何时开始播放。

③“放映时隐藏”复选框:勾选复选框,设置放映演示文稿时不显示音频图标。

④“循环播放,直到停止”复选框:勾选该复选框,设置直到演示文稿放映结束时,音频播放结束,否则循环播放。

⑤“播放完毕返回开头”复选框:勾选复选框,设置音频播放结束返回到开头,与“循环播放,直到停止”复选框同时勾选,可以设置音频文件循环播放。

⑥“当前页播放”单选按钮:选择此项,幻灯片换页后停止播放。

⑦“跨幻灯片播放”单选按钮:选择至多少页停止,到该页前能继续播放音乐。

3. 剪裁音频

在 WPS 2022 演示中用户可以在音频文件的开头或结尾进行剪辑,使用音频与幻灯片完美结合。剪裁音频的操作步骤如下:

(1)选择幻灯片中要进行剪裁的音频文件图标。

(2)单击“音频工具”选项卡中的【剪裁音频】按钮,打开“剪裁音频”对话框,在该对话框中移动绿色(左侧)和红色(右侧)滑块,用来设定音频开始和结束的位置。

(3)另外,可以在“开始时间”微调框和“结束时间”微调框中输入精确的值。

(4)单击播放按钮▶试听效果。如果达到用户要求,单击【确定】按钮。

4. 删除音频

若在幻灯片中插入的音频文件不满足要求或不再需要了,可以将其删除,操作步骤如下:

(1)在普通视图状态下,选中幻灯片中的音频文件图标🔊。

(2)单击【Delete】键删除。

5.5.2 插入与编辑视频

编辑演示文稿时可以插入视频文件来丰富演示文稿内容,增强展现效果。

1. 插入视频

在 WPS 2022 演示中插入视频的操作方法与插入音频类似,操作步骤如下:

(1)创建或选择一个幻灯片。

(2)单击“插入”选项卡中的【视频】下拉按钮。

(3)在下拉列表中选择“嵌入视频”命令或“链接到视频”命令,打开“插入视频”对话框。

(4)选择所需要的视频文件后,单击【插入】按钮。当文件较大时会弹出“提示”对话框,提示“视频太大会导致文件体积较大,是否进行视频压缩”,根据需要单击【立即压缩】按钮或【取消】按钮。

注:“嵌入视频”和“链接到视频”的区别同“嵌入音频”和“链接到音频”的区别。

2. 设置播放选项

用户可以对插入的视频文件进行设置,操作步骤如下:

(1)选中幻灯片中已经插入的视频文件图标。

(2)选择“视频工具”选项卡。

- 【音量】下拉按钮:用来设置视频的音量。
- “开始”命令:用来设置音频文件如何开始播放。
- “全屏播放”复选框:勾选该复选框用来设置视频文件全屏播放。
- “未播放时隐藏”复选框:勾选该复选框设置未播放视频文件时隐藏视频图标。
- “循环播放,直到停止”复选框:勾选该复选框表示循环播放视频,直到视频播放结束。
- “播放完毕返回开头”复选框:勾选该复选框表示播放结束返回到开头。

3. 设置视频样式

设置视频样式主要包括对插入到演示文稿中的视频形状、视频边框及视频效果等进行设置,以便达到想要的效果。设置视频样式的操作步骤如下:

(1)选中幻灯片中已经插入的视频文件。

(2)选择“图片工具”选项卡。

(3)可以对视频进行“效果”“边框”“透明”“旋转”等设置,幻灯片中的视频样式如图 5－33 所示。

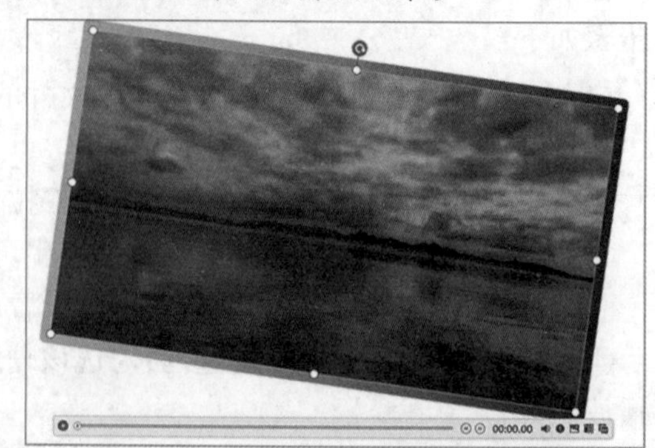

图 5－33　幻灯片中视频样式

4. 删除视频

删除幻灯片视频文件的操作步骤如下：

(1)在普通视图状态下，选中幻灯片中的视频文件。

(2)按【Delete】键删除。

5.6 WPS 2022 演示动画

【例 5-5】 制作一个演示文稿用来展示辛弃疾的四首词《破阵子·为陈同甫赋壮词以寄之》、《南乡子·登京口北固亭有怀》、《永遇乐·京口北固亭怀古》和《丑奴儿·书博山道中壁》。本演示文稿以自动播放形式播放，每一首词都要配有朗诵音频；要求精心设计幻灯片的切换效果、动画效果和超链接效果等，体现辛弃疾力图恢复国家统一的爱国热情和热爱祖国大好河山的情怀，如图 5-34 所示。

例5-5视频讲解

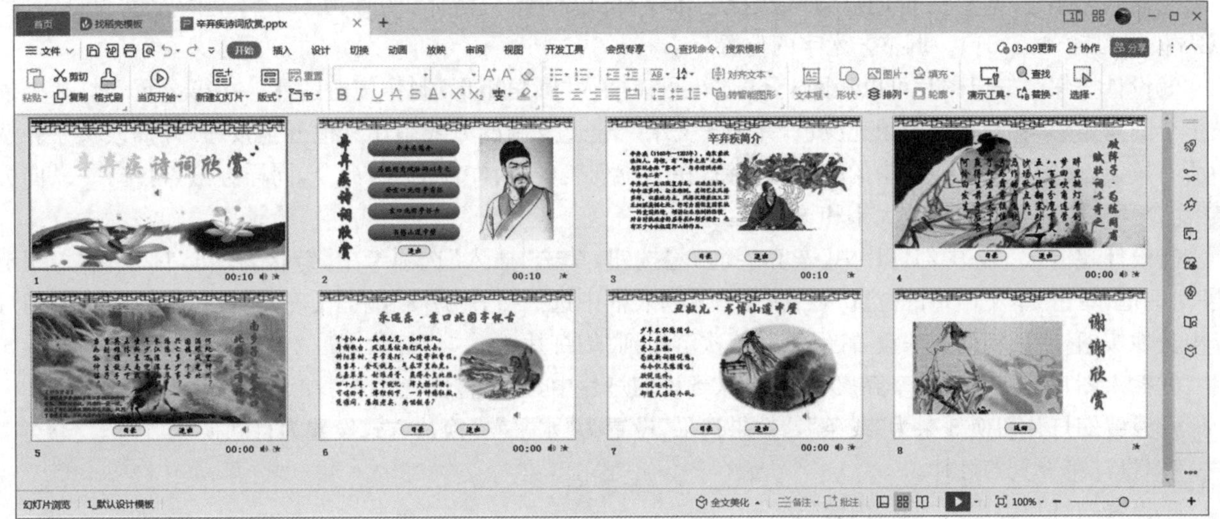

图 5-34 《辛弃疾诗词欣赏》实例

【问题分析】

制作《辛弃疾诗词欣赏》演示文稿，首先要将文本、主题模板、音频、图片等素材准备好，在 WPS 2022 演示操作界面中完成设计操作。操作可以分解成以下过程：

(1)启动 WPS，新建 WPS 2022 演示。

(2)选择合适的幻灯片设计模板。

(3)选择合适的幻灯片版式。

(4)编辑幻灯片中的文本内容，设置文本格式。

(5)设置幻灯片声音文件。

(6)设置幻灯片内容的动画、超链接等效果。

(7)设置幻灯片切换效果。

(8)保存演示文稿。

【操作步骤】

(1)准备好制作演示文稿所需要的素材，包括文本、背景图、音频文件等。

(2)启动 WPS 2022 演示，打开 WPS 2022 演示操作界面，保存为"辛弃疾诗词欣赏.pptx"。

(3)根据设计分析向新建的演示文中插入若干张新幻灯片。本例插入 7 页新幻灯片。

(4)设计幻灯片主题模板。本例在"设计"选项卡中单击【导入模板】按钮，打开"应用设计模板"对话框，在素材中选择"WPS 模板-清荷淡墨映古色"，单击【打开】按钮将文件中的模板应用到当前幻灯片中。

(5)设计第 1 页幻灯片。

①插入艺术字“辛弃疾诗词欣赏”,选择艺术字样式,字体为楷体,字号为 96 号,修改填充色等,如图 5-34 所示。

②插入动态图片“蝴蝶 1”和“蝴蝶 2”(图片在“素材”文件夹中),调整两个图片的位置、大小和方向,如图 5-34所示。

③插入并编辑音频文件。将“琵琶语.mp3”插入该幻灯片中,操作方法见 5.5.1 节,裁剪音频,从 1:44 秒开始。设置跨幻灯片播放:至第 2 页停止,放映时隐藏。

④编辑动画效果。在幻灯片中选择蝴蝶 1 图片,动画样式为“绘制自定义路径”中的“自由曲线”,自定义路径。单击【开始播放】下拉按钮并将其设置为“上一动画之后”,“持续时间”设置为 5 s。

⑤设置幻灯片切换效果为“平滑”,在“换片方式”中换片方式设置为自动换片:10 s。

(6)设计第 2 页幻灯片。

①设置幻灯片版式为“空白”。

②插入艺术字“辛弃疾诗词欣赏”,选择艺术字样式,字体为楷体,字号为 66 号,字体颜色为自定义:RGB 模式(153,102,51)。调整艺术字的位置。

③设计按钮。按钮图片可以从网上下载,也可以插入“圆角矩形”制作按钮图片。在第 2 页幻灯片中插入 1 个圆角矩形,将圆角矩形填充颜色,并编辑文字。通过复制的方式制作其他五个按钮,并修改文字。选中所有按钮,单击“绘图工具”中的【对齐】按钮,在下拉列表中选择“左对齐”命令,同样方法,再选择“纵向分布”命令。将第六个按钮修改大小和填充色。

④设计超链接。选中幻灯片中【辛弃疾简介】按钮,单击“插入”选项卡中【链接】按钮,打开“插入超链接”对话框,单击“本文档中的位置”,然后在右侧列表框中选择“幻灯片 3”,单击【确定】按钮。依次选中幻灯片中其他按钮,使用相同方法设置超链接,依次链接到“幻灯片 4”~“幻灯片 8”。

⑤插入图片。将“素材\辛弃疾”图片插入到该幻灯片中,并调整位置和大小。

⑥设置幻灯片切换效果为“线条”,“效果选果”设置为“水平”。换片方式设置为自动换片:10 s。

(7)设计第 3 页幻灯片。

①设置幻灯片版式为“两栏内容”。

②输入并编辑文本。输入标题及文本内容,标题格式为:黑体、40 号、红色、加粗;文本内容格式为:楷体、22 号、黑色、加粗。

③插入图片。将“素材\辛弃疾 1”图片插入到该幻灯片中,并调整位置和大小。

④设计按钮,方法同第 2 页幻灯片。

⑤设计图片动画样式。选中幻灯片中的辛弃疾图片,单击“动画”选项卡中的“向内溶解”动画样式。选择幻灯片中的“内容”文本框,单击【其他选项】下拉按钮,在打开的下拉列表中选择“进入”中的【更多选项】按钮,选择“阶梯状”效果,单击【动画属性】下拉按钮,在下拉列表中选择 “自左侧”命令,单击【文本属性】下拉按钮,下拉列表中选择 “按段落播放”按钮。

⑥编辑动画效果。在幻灯片中选择辛弃疾图片,单击【开始播放】下拉按钮,并将其设置为“上一动画之后”,“持续时间”设置为 1 s;在幻灯片中选中“内容”文本框,单击【开始播放】下拉按钮,并将其设置为“上一动画之后”,“持续时间”设置为 5 s。

⑦设计超链接。选中幻灯片中【目录】按钮,单击“插入”选项卡中【链接】按钮,打开“插入超链接”对话框,单击“本文档中的位置”,然后在右侧列表框中选择“幻灯片 2”,单击【确定】按钮。选中幻灯片中【退出】按钮,使用相同方法设置超链接,链接到“幻灯片 8”。

⑧设置幻灯片切换效果为“百叶窗”,“效果选果”设置为“垂直”。换片方式设置为自动换片:10 s。

(8)设计第 4 页幻灯片。

①设置该幻灯片版式为“垂直排列标题与文本”。

②输入并编辑文本。输入标题及文本内容,文本内容输入时利用【Shift+Enter】组合键实现软回车,标

题格式为楷体、48 号、红色、加粗；文本内容格式为楷体、40 号、黑色，调整文字位置。

③插入图片。将“素材\辛弃疾 2”图片插入到该幻灯片，并调整位置和大小。置于底层。

④设计【目录】和【退出】按钮及超链接，方法同第 3 页幻灯片。

⑤插入并编辑音频文件。将“破阵子. mp3”插入该幻灯片中，操作方法见 5.5.1 节。

⑥设计动画样式。选择幻灯片中的“标题”文本框，将动画样式设为“上升”样式；选择幻灯片中的“内容”文本框，将动画样式设为“切入”样式，单击【动画属性】下拉按钮，在下拉列表中选择“自左侧”命令。

⑦调整动画顺序。选择第 4 页幻灯片，单击“动画”选项卡中的【动画窗格】按钮，在 WPS 2022 演示窗口右侧打开动画窗格，单击向上按钮和向下按钮调整动画的播放顺序：标题、音频文件、内容文本框。

⑧编辑动画效果。在动画窗格中，选择第 1 个动画，单击【开始播放】下拉按钮，并将其设置为 “与上一动画同时”，“持续时间”设置为 3 s；在动画窗格中，选中“破阵子. mp3”项，将“开始”列表框设置为“与上一动画同时”；在动画窗格中，选择最后一个动画，单击【开始播放】下拉按钮，并将其设置为“上一动画之后” ，“持续时间”设置为 59 s、“延迟”设置为 10 s。

⑨设置幻灯片切换效果为“框”，“效果选项”设置为“上方进入”。换片方式设置为自动换片。

(9)设计第 5 页幻灯片。

①设置该幻灯片版式为“垂直排列标题与文本”。

②输入并编辑文本。输入标题及文本内容，标题格式为楷体、48 号、红色、加粗；文本内容格式为楷体、32 号、黑色；插入“横排”文本框，输入文字，“【创作背景】”格式为楷体、20 号、红色、加粗；其他文字格式为楷体、18 号、深红色、加粗。

③插入图片。将“素材\辛弃疾 3”图片插入到该幻灯片，并调整位置和大小，置于最底层。

④设计【目录】和【退出】按钮及超链接，方法同第 3 页幻灯片。

⑤插入并编辑音频文件。将“南乡子. mp3”插入该幻灯片中，操作方法见 5.5.1 节。

⑥设计动画样式，设置步骤同第 4 页幻灯片。“创作背景”动画样式设为“上升”样式。在动画窗格中调整动画的播放顺序：标题、音乐、创作背景、诗词内容。选择“动画”选项卡，将 “开始播放”列表框都设置为“与上一动画同时”。在动画窗格中，将标题设置为“延续时间”3 s，将创作背景“延续时间”设置为 7 s，“延迟时间”设置为 3 s，将内容“持续时间”设为 40 s、“延迟时间”设为 10 s。

⑦设置幻灯片切换效果为“百叶窗”，“效果选项”设置为“垂直”。换片方式同第 1 页幻灯片。

(10)设置第 6 页幻灯片。

①设置该幻灯片版式为“标题与文本”。

②输入并编辑文本。输入标题及文本内容，标题格式为楷体、48 号、红色、加粗；文本内容格式为楷体、28 号、黑色。

③插入图片。将“素材\辛弃疾 4”图片插入到该幻灯片，单击“图片工具”选项卡中的【裁剪】下拉按钮，在下拉列表中选择“按形状剪裁”命令，打开“形状”列表，选择椭圆，单击【效果】下拉按钮，选择“柔滑边缘：10 磅”，调整图片位置和大小。

④设计【目录】和【退出】按钮及超链接，方法同第 3 页幻灯片。

⑤插入并编辑音频文件。将“永遇乐. mp3”插入该幻灯片中，操作方法见 5.5.1 节。

⑥设计动画样式，将标题和图片一起选中，将动画样式设为“切入”样式，其他设置步骤同第 4 页幻灯片。在动画窗格中调整动画的播放顺序。标题和音乐设置同第 4 页，将最后一项 “持续时间”设为 59 s，延迟时间 6 s。

⑦设置幻灯片切换效果为“轮辐”，“效果选项”设置为“4 根”。换片方式设置为自动换片。

(11)设置第 7 页幻灯片。

①设置该幻灯片版式为“标题与文本”。

②输入并编辑文本。输入标题及文本内容，标题格式为楷体、48 号、红色、加粗；文本内容格式为楷体、28 号、黑色。

③插入图片。将“素材\辛弃疾 5”图片插入到该幻灯片，图片样式设置同第 6 页。

④设计【目录】和【退出】按钮及超链接，方法同第 3 页幻灯片。

⑤插入并编辑音频文件。将“丑奴儿. mp3”插入该幻灯片中，操作方法见 5.3.1 节。

⑥设计动画样式,设置步骤同第 6 页幻灯片。在动画窗格中,将最后一项“持续时间”设为 38 s。

⑦设置幻灯片切换效果为“形状”,“效果选项”设置为“圆形”。换片方式同第 1 页幻灯片。

(12)设置第 8 页幻灯片。

①设置幻灯片版式为“空白”。

②插入艺术字“谢谢欣赏”,格式为楷体,80 号、红色,并调整位置。

③插入图片。将“素材\辛弃疾 6”图片插入到该幻灯片,并调整位置和大小。

④设计【返回】按钮,操作方法同第 2 页幻灯片,并设置该按钮超链接到第 1 页幻灯片。

⑤添加动画效果,选择幻灯片中的艺术字,将动画样式设为“放大/缩小”样式。动画属性设置为“自定义:125%”。

⑥设置幻灯片切换效果为“插入”,“效果选项”设置为“向右下”。在“换片方式”中选择“单击鼠标时”命令。

注:在制作该演示文稿过程中,有些文本格式和动画效果是相同的,可以使用“格式刷”和“动画”选项卡中的“动画刷”来完成。

【知识点】

5.6.1 创建各类动画效果

WPS 2022 演示为用户提供多种动画效果,如进入、强调、退出和路径动画等,使用这些动画效果可以使演示文稿在放映时更加生动、有趣味性。

1. 添加动画效果

为幻灯片中对象添加动画效果的操作步骤如下:

(1)选择需要添加动画的对象,如图片、文本框等。

(2)单击“动画”选项卡中的【其他选项】下拉按钮,打开动画样式列表,在该列表中存在以下几类动画效果。

①“进入”:用来设置对象进入幻灯片的动画效果。

②“强调”:用来设置强调对象的动画效果。

③“退出”:用来设置退出幻灯片的动画效果。

④“动作路径”:用来设置对象按某个路径进行运动的动画效果。

⑤“绘制自定义路径”:用来设置对象按用户绘制的路径进行运动的动画效果。

(3)若列表中没有用户所需要的动画样式,可以单击列表中用户需要的类别右侧的【更多选项】按钮,在更多的效果中选择。

2. 设置动画效果

在幻灯片中为某个对象添加动画效果后,可以在“动画窗格”设置动画的相关效果,如多个动画之间的相对顺序、动画效果的类型、动画效果的持续时间等。

1)设置效果

首先选择已经添加的动画效果,然后单击“动画”选项卡中的【动画属性】下拉按钮,在下拉列表中选择动画运动的方向;单击【文本属性】下拉按钮,在下拉列表中选择运动对象的序列。

2)调整动画排序

调整动画顺序可以单击“动画”选项卡中的【动画窗格】按钮,打开动画窗格,通过单击【向上】按钮或【向下】按钮调整动画的播放顺序。

3)设置动画时间

添加动画后,用户可以在“动画”选项卡中为动画效果指定开始时间、持续时间和延迟时间,具体操作方法是在“动画”选项卡中进行设置。

(1)“开始播放”:用来设置动画效果何时开始运行。

(2)“持续时间”:用来设置动画效果持续的时间。

(3)“延迟时间”:用来设置动画效果延迟的时间。

4)复制动画效果

可以使用动画刷复制一个对象的动画效果，并将其应用到其他对象中。使用动画刷的操作步骤如下：

(1)选择一个动画效果。

(2)单击“动画”选项卡中的【动画刷】按钮，将选中的动画效果进行复制。此时鼠标指针形状变为。

(3)在幻灯片中选择一个对象，然后用动画刷单击一下将复制的动画效果应用到该对象上。

5)删除动画效果

删除动画效果的操作方法有以下几种：

(1)在“动画”选项卡中的动画样式列表中选择“无”。

(2)单击“动画”选项卡中的【自定义动画】按钮，打开“自定义动画”任务窗格，选择要删除动画选项，单击【删除】按钮。

(3)单击“动画”选项卡中的【删除动画】下拉按钮，在打开的“删除方式”列表中选择适当的删除方式。

(4)在幻灯片中，选择对象的动画编号按钮，按【Delete】键。

5.6.2　设置超链接

在演示文稿中用户可以给文本、图形和图片等对象添加超链接，通过添加超链接可以直接链接到演示文稿中的其他位置。

1.插入超链接

插入超链接的操作步骤如下：

(1)在普通视图下选择需要设置超链接的文本或图形等对象。

(2)单击“插入”选项卡中的【超链接】按钮，打开“插入超链接”对话框，在“链接到”列表中选择“本文档中的位置”命令，并在右侧“请选择文档中的位置”列表框中选择相应的幻灯片。

(3)单击【确定】按钮。

2.编辑超链接

创建超链接后，用户可以根据需要重新设置超链接，操作步骤如下：

(1)选择需要更改超链接的对象。

(2)右击对象，在弹出的快捷菜单中指向“超链接”菜单项，在下一级菜单项中选择“编辑超链接”命令，打开“编辑超链接”对话框，如图5-35所示。在该对话框中完成更改操作。

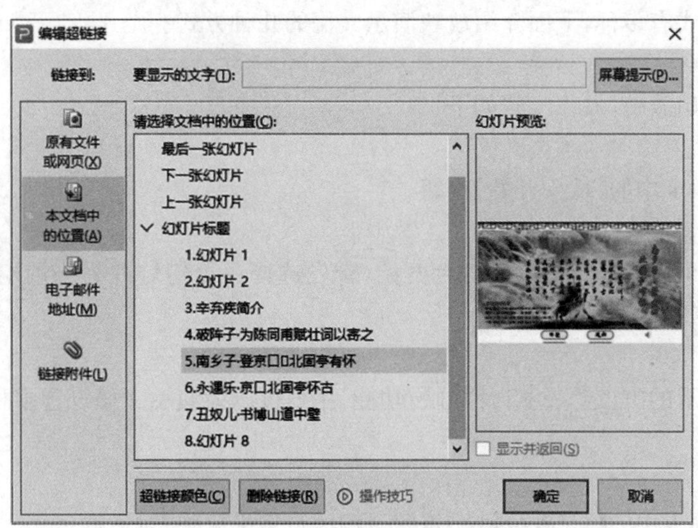

图5-35　“编辑超链接”对话框

3.删除超链接

右击要删除的链接对象，在弹出的快捷菜单中指向“超链接”菜单项，在下一级菜单项中选择“取消超链接”命令。

5.6.3 设置动作

在 WPS 2022 演示中,除了可以为幻灯片中的对象设置超链接,也可以在幻灯片中添加动作。

1. 绘制动作按钮

在幻灯片中绘制动作按钮的操作步骤如下:

(1)新建一个演示文稿,选择幻灯片。

(2)单击"插入"选项卡中的【形状】下拉按钮,在下拉列表中选择"动作按钮"区域的"后退或前一项"图标。

(3)在幻灯片的左下角单击并按住鼠标左键不放,拖曳到适当位置处释放,打开"动作设置"对话框。

(4)在"动作设置"对话框的"鼠标单击"选项卡中,单击【超链接到】单选按钮,在下拉列表中选择"上一张幻灯片"命令。

(5)单击【确定】按钮,完成动作按钮的创建。

2. 为文本或图形添加鼠标单击动作

在演示文稿中,可以为文本或图形添加动作按钮,操作步骤如下:

(1)在幻灯片中选择要添加动作的文本或图形。

(2)单击"插入"选项卡中的【动作】按钮,打开"动作设置"对话框。

(3)单击"动作设置"对话框"鼠标单击"选项卡中的【超链接到】单选按钮,并在下拉列表中选择所需要的设置。"动作设置"对话框中包含以下选项:

①【无动作】单选按钮:表示在幻灯片中不添加任何动作。

②【超链接到】单选按钮:可以在下拉列表中选择要链接到的对象。

③【运行程序】单选按钮:用于设置要运行的程序。

④【播放声音】复选框:可以为创建的鼠标单击动作添加播放声音。

(4)单击【确定】按钮,完成动作设置。

3. 为文本或图形添加鼠标经过动作

在"动作设置"对话框中除了可以创建鼠标单击动作以外,还可以设置鼠标移过时的动作。在"动作设置"对话框中,选择"鼠标移过"选项卡,在该对话框中的设置方法同上。设置完成后,单击【确定】按钮。

5.6.4 演示文稿的放映

放映演示文稿的方式有多种,下面介绍放映演示文稿的几种方式。

1. 从头开始放映

从第 1 页幻灯片开始放映,操作步骤如下:

(1)打开演示文稿。

(2)单击"放映"选项卡中的【从头开始】按钮。

2. 从当前幻灯片开始放映

放映演示文稿时也可以从任意一页幻灯片开始,首先选择一页幻灯片为当前幻灯片,单击"放映"选项卡中的【当前页开始】按钮。

3. 自定义多种放映方式

利用 WPS 2022 演示的"自定义幻灯片放映"功能,用户可以为演示文稿设置多种自定义放映方式,操作步骤如下:

(1)打开演示文稿。

(2)单击"放映"选项卡中的【自定义放映】按钮,打开"自定义放映"对话框。

(3)单击"自定义放映"对话框中的【新建】按钮,"定义自定义放映"对话框。

(4)在"定义自定义放映"对话框中将需要放映的幻灯片添加到右侧列表框中。

(5)单击【确定】按钮,返回到"自定义放映"对话框,此时该对话框中出现一个"自定义放映 1",单击【放映】按钮,预览自定义放映效果。

(6)单击【关闭】按钮即可。

4. 放映时隐藏指定幻灯片

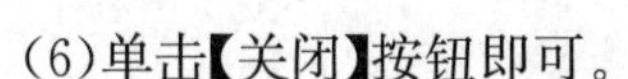

用户可以将一张或多张幻灯片隐藏，当全屏放映演示文稿时，这些被隐藏的幻灯片不被放映，操作步骤如下：

(1)打开要放映的演示文稿《唐诗赏析》，并选择第 3 页幻灯片。

(2)单击“放映”选项卡中的【隐藏幻灯片】按钮。此时演示文稿窗口发生变化，第 3 页幻灯片编号显示为隐藏状态。

5.7　WPS 2022 演示的打印

【例 5-6】　打印已经制作好的演示文稿《辛弃疾诗词欣赏》。

【问题分析】

在 WPS 2022 演示中打印演示文稿，操作可以分解成以下过程：

(1)打开 WPS 演示文稿。

(2)设置打印机、打印份数及相关命令。

(3)打印输出演示文稿。

【操作步骤】

(1)打开演示文稿《辛弃疾诗词欣赏》。

(2)单击“文件”→“打印”命令，在打开的“打印”窗口中显示打印设置，如图 5-36 所示。

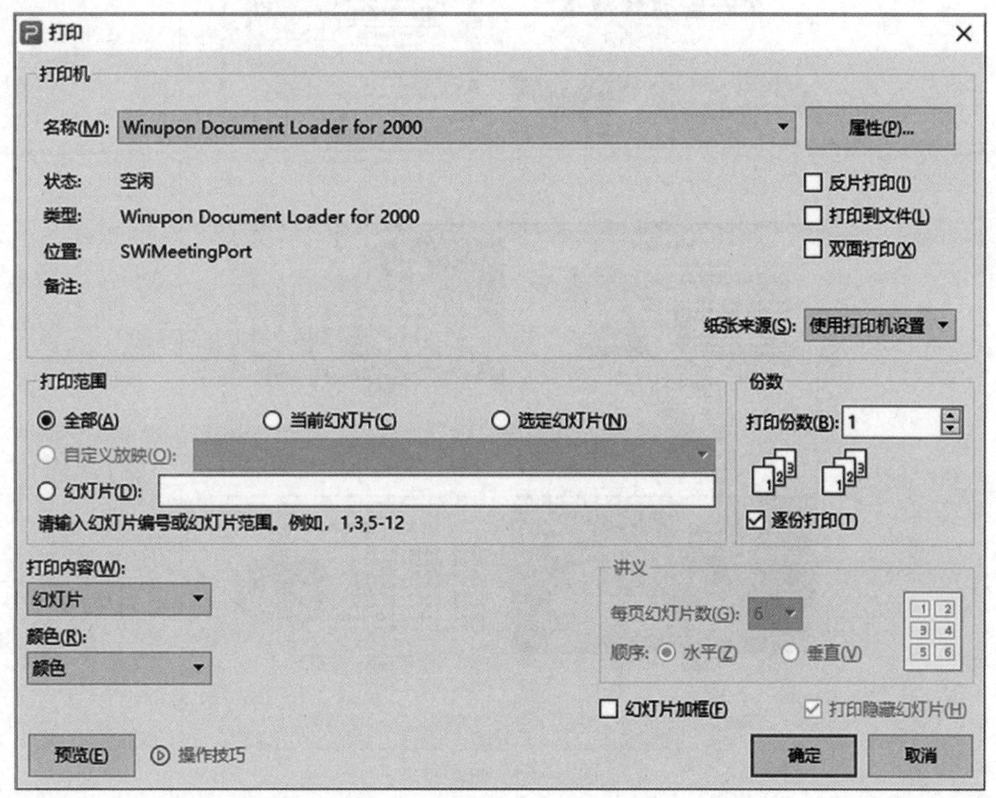

图 5-36　“打印”对话框

(3)在“份数”中输入 2，表示打印 2 份演示文稿。

(4)单击“打印范围”区域中的【全部】单选按钮，如图 5-37 所示，可打印全部幻灯片，若选择【幻灯片】单选按钮，需要在“幻灯片”后的文本框中输入打印的范围，如图 5-38 所示。

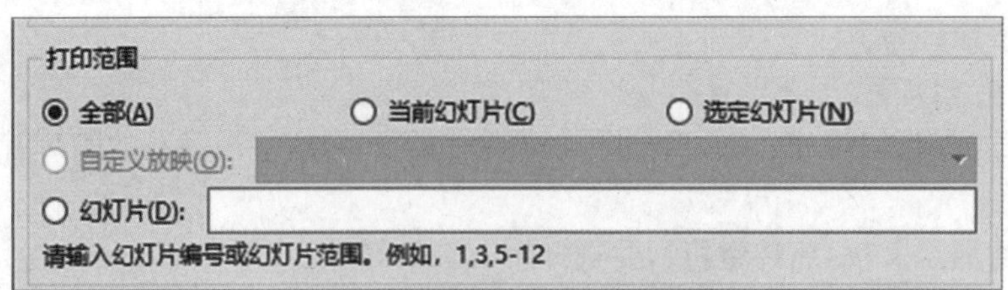

图 5-37　选择【全部】单选按钮

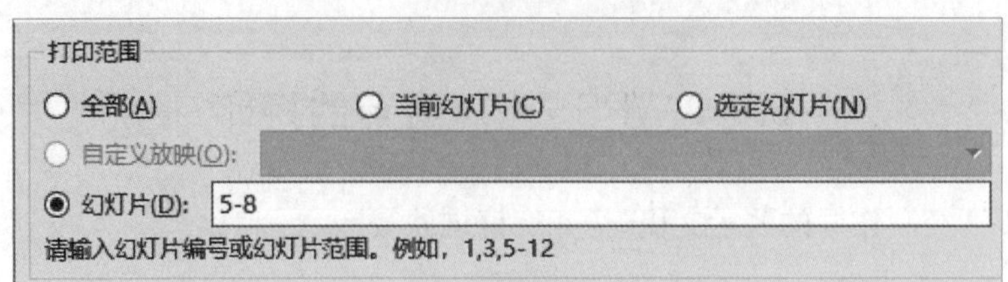

图 5-38　选择【幻灯片】单选按钮

(5)单击【预览】按钮,进入打印预览,单击【打印内容】下拉按钮,打开下拉列表,在该列表中可以设置幻灯片打印的内容。本例选择“讲义”区域中的“6 张水平”。

(6)单击【颜色】下拉按钮,可以在选择“颜色”和“纯黑白”。若选择“纯黑白”,预览效果,如图 5-39 所示。

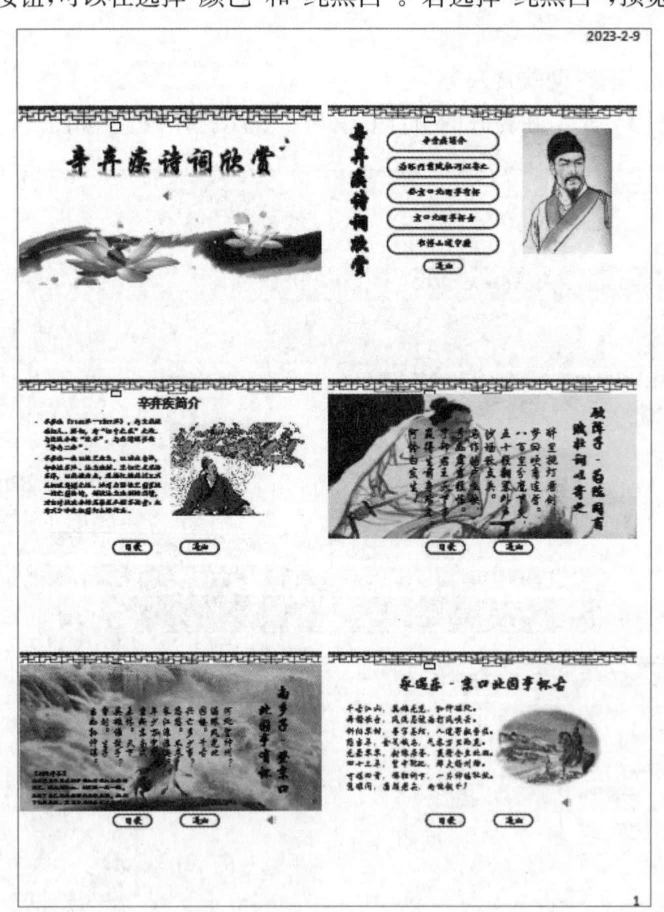

图 5-39　预览效果

【知识点】

打印演示文稿

演示文稿不仅可以放映,还可以打印成讲义。打印之前,应设计好被打印文稿的大小和打印方向,以获得良好的打印效果。

幻灯片上的页面设置决定了幻灯片在屏幕和打印纸上的尺寸和放置方向。一般情况下,使用默认的页面设置。如要改变页面设置，操作步骤如下：

(1)单击"文件"→"打印"命令。

(2)在"份数"区域中设置打印份数。

(3)设置"打印机"区域，在该区域中设置打印机型号。

(4)设置"打印范围"区域，在该区域中设置打印范围。

此外，还可设置打印颜色、页眉和页脚等。

5.8　WPS 2022 演示的打包

【例 5-7】 将演示文稿《辛弃疾诗词欣赏》进行文件打包。

【问题分析】

打包演示文稿，操作可以分解成以下过程：

(1)打开准备文件打包的演示文稿。

(2)设置打包演示文稿的相关选项。

【操作步骤】

(1)打开准备文件打包的演示文稿《辛弃疾诗词欣赏》。

(2)单击"文件"→"文件打包"→"将演示文档打包成文件夹"命令，如图 5-40 所示。

(3)弹出"演示文件打包"对话框，如图 5-41 所示。

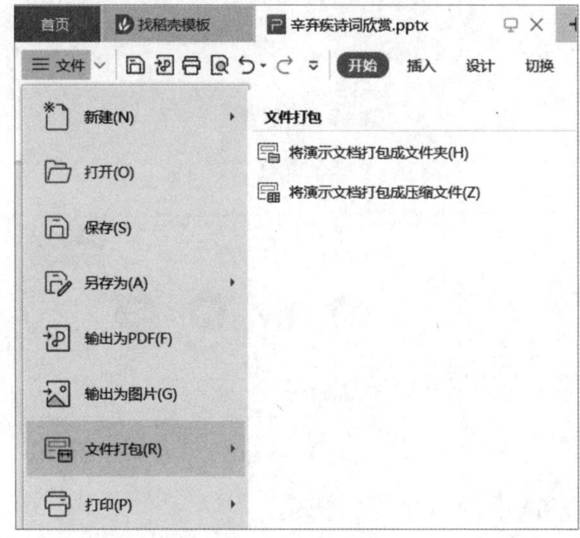

图 5-40　文件打包

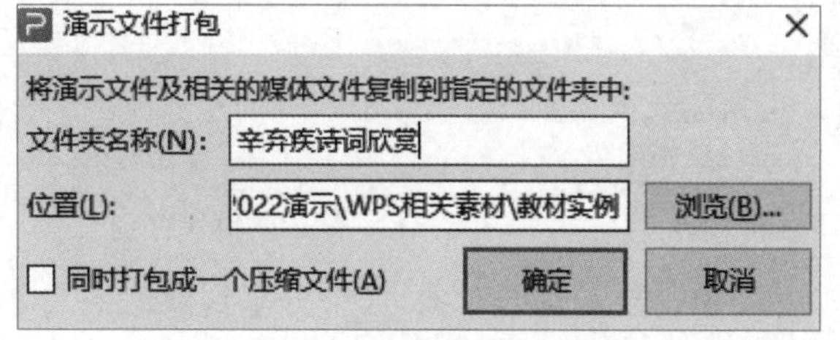

图 5-41　"演示文件打包"对话框

(4)输入文件夹名称并选择位置。

(5)单击【确定】按钮。

【知识点】

WPS 2022 演示文件打包

在 WPS 2022 演示中，用户可以将制作好的演示文稿文件打包，打包后的演示文稿可以将演示文档和其他相关的资料打包成一个文件夹，非常方便管理。

WPS 2022 演示的"文件打包"工具是一个很有效的工具，它不仅使用方便，而且也极为可靠。演示文稿文件打包的操作步骤如下：

(1)打开要打包的演示文稿。

(2)选择"文件"→"文件打包"→"将演示文档打包成文件夹"命令。

(3)输入文件夹名称并选择位置。

(4)单击【确定】按钮。

5.9 网 络 应 用

【例 5-8】 将制作完成的演示文稿《辛弃疾诗词欣赏》保存到云上,并实现网络共享。

【问题分析】

在 WPS 2022 演示中将演示文稿保存到云上,并实现网络共享操作可以分解成以下过程:

(1)打开演示文稿。

(2)上传到云上

(3)网络分享。

【操作步骤】

(1)打开演示文稿《辛弃疾诗词欣赏》。

(2)选择"文件"→"另存为"命令,在打开的"另存文件"对话框中选择"我的云文档"命令,选择适当位置,单击【保存】按钮,如图 5-42 所示,实现上传到云上。

(3)单击"文件"→"分享文档"命令,在打开的"正在与他人分享文档"对话框中选择"复制链接"命令,如图 5-43所示。

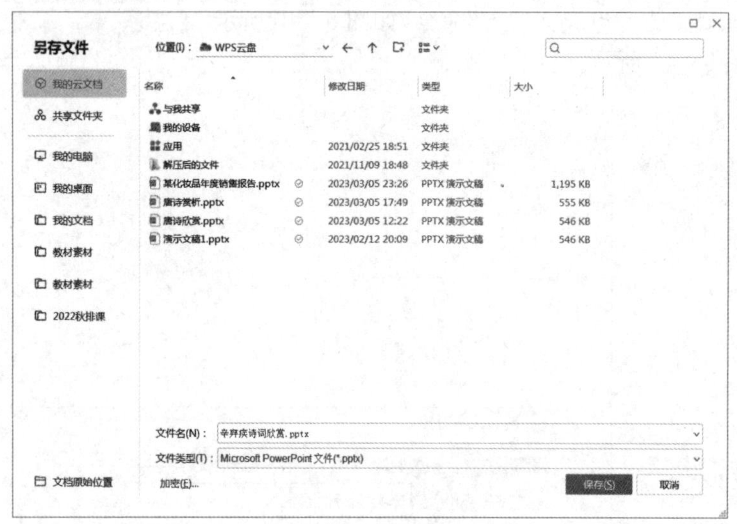

图 5-42 演示文稿保存到云

图 5-43 "与他人分享文档"对话框

(4)单击要分享的对象,如果分享到微信或 QQ,则会给出一个分享的二维码。

【知识点】

5.9.1 上传到云

将演示文稿上传到云的操作步骤如下:

(1)单击"文件"→"另存为"命令,打开"另存文件"对话框。

(2)选择"我的云文档"命令,选择适当位置,输入文件名,单击【保存】按钮,

5.9.2 与他人分享文档

与他人分享演示文稿的操作步骤如下:

(1)单击"文件"→"分享文档"命令,打开"正在与他人分享文档"对话框。

(2)可以通过扫码形式进行分享,在"正在与他人分享文档"窗口中单击【微信】或【QQ】按钮,将出现的二维码分享到相应的 App 中。

(3)可以通过设备互传进行分享,在"正在与他人分享文档"窗口中单击【设备互传】按钮,在弹出的"通过设备互传发送给周围设备"窗口中选择需要共享的设备。

第三部分 计算机应用技术基础

第6章 计算机多媒体技术

第7章 数据通信技术基础

第8章 计算机网络与应用

第9章 软件技术基础

第10章 信息安全

第 6 章　计算机多媒体技术

学习目标

- 掌握多媒体、多媒体技术的基本概念。
- 掌握多媒体系统的分类及 MPC 系统。
- 了解各种媒体处理技术的基本知识。
- 掌握音频、图形图像、视频等媒体素材的采集方法。
- 了解常用媒体软件的使用方法。
- 了解数字电视的基本知识。

6.1　多媒体技术概述

多媒体技术是当今信息技术领域发展最快、最活跃的技术，极大地改变了人们处理信息的方式，从以往的卡拉 OK、网页到如今的大型网游、玉兔上天，都标志着多媒体技术已融合计算机交互式综合技术和数字通信网络技术来处理多种媒体，从而使计算机更加形象逼真地反映客观世界。

多媒体概述

6.1.1　多媒体基础知识

1. 基本概念

媒体(media)是信息表示和传播的载体。媒体在计算机领域有两种含义：一是指媒质，即存储信息的实体，如闪盘、云盘、激光存储等；二是指传递信息的载体，如文本、声音、图形、图像、视频、动画等。多媒体(multimedia)可以理解为多种信息载体的表现形式和传递方式。

多媒体技术是通过计算机对文字、图像、图形、动画、音频、视频等多种信息进行综合处理、建立逻辑关系，使用户通过多种感官与计算机进行实时信息交互的技术。其涉及的技术包括信息数字化处理技术、数据压缩和编码技术、高性能大容量存储技术、多媒体网络通信技术、多媒体同步技术、超媒体技术等，其中信息数字化处理技术是基本技术，数据压缩和编码技术是核心技术。

2. 媒体类型

国际电信联盟(ITU)根据媒体的表现形式将其分为五大类，如表 6－1 所示。

表 6－1　媒体类型

媒体类型	用　途	表现形式	表现介质
感觉媒体	用于人类感知客观环境	听觉、视觉、触觉	文字、图形、图像、动画、语言、声音、音乐等
表示媒体	用于定义信息的表达特征	计算机处理信息格式	ASCII 编码、图像编码、声音编码、视频编码等
显示媒体	用于表达信息	输入、输出信息	键盘、鼠标、话筒、扫描仪、屏幕、打印机等
存储媒体	用于存储信息	保存、取出信息	硬盘、光盘、闪盘、光存储等
传输媒体	用于连续数据信息的传输	信息传输的网络介质	电缆、光缆、微波、红外线等

3. 多媒体技术主要处理对象

1)文本

文本信息是由文字编辑软件生成的文本文件,由汉字、英文或其他文字符号构成。文本是人类表达信息最基本的方式,具有字体、字号、样式、颜色等属性。在计算机中,表示文本信息主要有点阵文本和矢量文本两种方式。目前,主要采用的是矢量文本。

2)图形

图形是指由外部轮廓线条构成的矢量图,即由计算机绘制的直线、圆、矩形、曲线、图表等。

3)图像

图像是具有视觉效果的画面,包括纸介质上的、底片或照片上的、电视、投影仪或计算机屏幕上的。

4)动画

动画的概念不同于一般意义上的动画片,动画是一种综合艺术,它是集合了绘画、漫画、电影、数字媒体、摄影、音乐、文学等众多艺术门类于一身的艺术表现形式。

5)音频信息

音频信息即声音信息。人类能够听到的所有声音都称为音频,主要包括人的语音、音乐、自然界的各种声音、人工合成声音、噪声等。

6)视频信息

视频信息是指一系列静态影像以电信号方式加以捕捉、记录、处理、存储、传送、重现的各种技术。

6.1.2 多媒体技术的特点

多媒体技术具有数字化、集成性、多样性、交互性及实时性等特点。

1. 数字化

数字化是指多媒体系统中的各种媒体信息都以数字形式存储在计算机中。各种媒体信息处理为数字信息后,计算机就能对数字化的多媒体信息进行存储、加工、控制、编辑、交换、查询和检索。

2. 集成性

集成性是指以计算机为中心综合处理多种信息媒体,它包括信息媒体的集成和处理这些媒体的设备集成。信息媒体的集成如文本、图像、声音、视频等,这些媒体在多任务系统下能够很好地协同工作,有较好的同步关系。多媒体设备的集成包括硬件和软件两个方面。

3. 多样性

多样性是指信息载体的多样化,即计算机能够处理的信息范围呈现多样性。多种信息载体使信息的交换更加灵活、直观。多种信息载体的应用也使得计算机更容易操作和控制。

4. 交互性

交互性是指用户与计算机之间进行数据交换、媒体交换和控制权交换时的一种特性。通过交互,可以实现人对信息的主动选择和控制。

5. 实时性

实时性是指在计算机多媒体系统中声音及活动的视频图像是实时的、同步的。计算机必须提供对这类媒体的实时同步处理能力。

6.1.3 多媒体技术的发展

多媒体技术是以1839年法国的达盖尔发明的照相术为开端的。此后,人们除了继续将文本和数值处理作为信息处理的主要方式以外,开始重视图形图像以及陆续出现的音频(audio)和视频(video)技术在信息领域的作用。自从20世纪40年代计算机被发明之后,信息处理技术获得了空前的发展,其应用逐步覆盖社会的各个领域。特别是在20世纪80年代,个人计算机(PC)在性能上的不断进步和应用的不断扩展,使利用计算机处理多媒体信息成为可能。

基于计算机的多媒体技术大体上经历了三个阶段。

第一个阶段是启蒙发展阶段。1985年以前,这一时期是计算机多媒体技术的萌芽阶段。在这个时期,人们已经开始将声音、图像通过计算机数字化进行处理加工。该阶段具有代表性的事件是美国 Apple 公司推出具有图形用户界面和图形图像处理功能的 Macintosh 计算机,并且提出了位图(bitmap)的概念。

第二个阶段是初期应用和标准化阶段。1985 年至 20 世纪 90 年代初,是多媒体计算机初期标准的形成阶段。这一时期发表的重要标准有 CD-I 光盘信息交换标准、CD-ROM 及 CD-R 可读写光盘标准、MPC 标准 1.0 版、Photo CD 图像光盘标准、JPEG 静态图像压缩标准和 MPEG 动态图像压缩标准等。

第三个阶段是蓬勃发展阶段。20 世纪 90 年代至今,是计算机多媒体技术飞速发展的阶段。在这一阶段,各类标准进一步完善,各种产品层出不穷,价格不断下降,多媒体技术的应用日趋广泛。这一阶段典型多媒体产品有视频点播与交互电视、虚拟现实、网游、App 商城等。

多媒体技术正在向多重业务融合、网络化、多媒体终端应用设施部件化、智能化和嵌入化方向发展。

6.1.4 多媒体技术的应用

随着互联网络的发展和延伸,多媒体技术不断成熟和进步,其应用领域的拓展十分迅速,已经遍布信息社会的各行各业以及人们生活的各个方面。

多媒体应用

教育领域是应用多媒体技术最早的领域,也是进展最快的领域。多媒体技术的各种特点最适合教育。以最自然、最容易接受的多媒体形式使人们接受教育,不但扩展了信息量,提高了知识的趣味性,而且能够提高学习的主动性。如计算机辅助教学和大型开放式网络课程(massive open online courses,MOOC),这两者的出现使学生真正打破了校园界限,突破时空限制,进行自助学习,实现了高端的知识交换。

过程模拟和智能模拟是近年来多媒体技术被大量应用的新科技领域。用多媒体技术模拟设备运行、化学反应、火山喷发、生物进化、宇宙探索等自然现象和过程,可以使人们能够轻松、形象地了解事物变化的原理和关键环节,建立必要的感性认识,使复杂、难以用语言准确描述的变化过程变得形象而具体,如智能机器人和医学模拟技术。

此外,借助高速信息网多媒体技术还被广泛应用在咨询服务、通信、军事、金融等诸多行业,例如 GIS、电子签章、智能家电、车载导航器、多媒体远程监控等,这些都在潜移默化地改变着我们的工作和生活方式。

6.2 多媒体系统

在开发和利用多媒体技术的过程中,形成了多种专用的交互式多媒体系统。多媒体系统是指利用计算机技术和数字通信网络技术来处理和控制多媒体信息的系统。

6.2.1 多媒体系统组成

多媒体系统由多媒体硬件系统和多媒体软件系统两部分组成。其中硬件系统包括计算机主要配置和各种外围设备,以及与各种外围设备的控制接口卡(其中包括多媒体实时压缩和解压缩电路);软件系统包括多媒体驱动软件、多媒体操作系统、多媒体数据处理软件、多媒体制作工具软件和多媒体应用软件。

6.2.2 多媒体硬件系统

硬件是多媒体系统的核心,媒体文件质量的差异主要取决于硬件的质量差异。目前使用的计算机多数都是多媒体个人计算机(multimedia personal computer,MPC),它具备较完整的多媒体硬件系统。

1. MPC 硬件组成

MPC 硬件系统除了需要较高配置的计算机主机硬件以外,通常还需要音频与视频处理设备、光盘驱动器、各种媒体输入与输出设备等,如图 6-1 所示。

多媒体计算机的硬件设备很多,一些基础设备前面内容已经介绍,下面主要介绍音频卡和视频卡。

1)音频卡

音频卡也叫声卡(sound card),是多媒体硬件系统中最基本的组成部分,是实现声波/数字信号相互转换的一种硬件,主要功能有音乐合成发音、混音器(mixer)、数字声音效果处理器、模拟声音信号的输入和输出等。声卡处理的声音信息在计算机中以文件的形式存储。

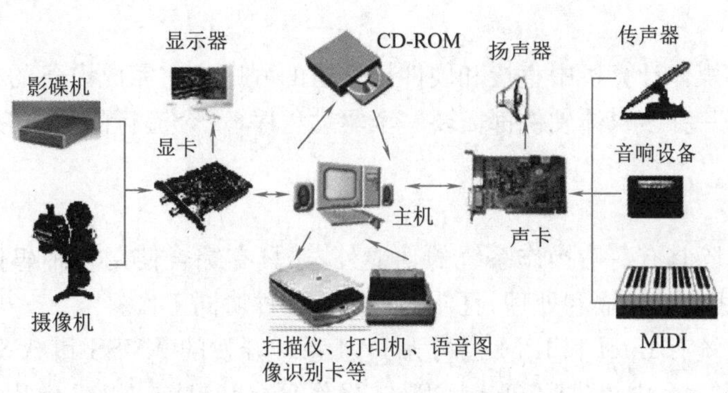

图6-1 MPC硬件系统基本组成

按接口类型可将声卡分为板卡式、集成式和外置式。

(1)板卡式是市场上最为普通的一种声卡,呈板状。目前常用的接口有PCI、PCI-E,拥有较好的性能及兼容性,支持即插即用,安装使用方便。

(2)集成式是指芯片组支持整合的声卡类型,通常集成在主板上。较常见的有AC′97(audio CODEC′97,音频电路系统标准)和HD Audio(high definition audio,高保真音频)。集成声卡具有不占用PCI和PCI-E接口、成本低廉、兼容性好等优势。

(3)外置式是创新公司率先推出的一款声卡产品,它通过USB接口与PC连接。目前市场上常见的有Extigy、Digital Music、Maya EX、Maya 5.1 USB等。具有使用方便、便于移动等优势。

2)视频卡

视频卡用于处理多媒体视频信息,通常又称视频采集卡。按用途分为广播级视频采集卡、专业级视频采集卡及民用级视频采集卡。

(1)广播级视频采集卡的最高采集分辨率一般为:768×576(均方根值),PAL制;720×576(CCIR-601值),PAL制,每秒25帧;640×480/720×480,NTSC制,每秒30帧,最小压缩比一般在4∶1以内。这一类产品的特点是采集的图像分辨率高,视频信噪比高;缺点是视频文件庞大,每分钟数据量至少为200 MB。广播级模拟信号采集卡都带分量输入/输出接口,用来连接摄/录像机。此类设备是视频采集卡中最高端的,用于电视台制作节目。

(2)专业级视频采集卡比广播级视频采集卡的性能稍低一些,两者分辨率相同,但专业级视频采集卡压缩比略高,其最小压缩比一般在6∶1以内。输入/输出接口为AV复合端子与S端子。此类产品适用于广告公司、多媒体公司制作节目及多媒体软件。

(3)民用级视频采集卡的动态分辨率一般最大为384×288,PAL制,每秒25帧。

2.MPC所需的硬件环境

硬件环境是决定MPC性能的重要因素,通常考虑以下几方面:

(1)符合外设互联标准(peripheral component interconnect,PCI)的显示适配器(图形显卡)。图形显卡上带有缓冲存储器,该存储器的容量对视窗系统的显示属性(颜色数量和画面分辨率)和图像显示质量有直接影响。通常建议配置显存600 MHz、512 MB或以上的显卡。

(2)大容量内存储器。多媒体信息在加工与制作时,数据读写次数比较频繁,因此一个大容量的内存储器能够保证计算机存取速度快,工作可靠。通常一台MPC的内存储器容量应在2 GB以上。

(3)高性能硬盘存储器。大容量、高转速、低噪声、价格适中的硬盘存储器在多媒体制作中是非常必要的。通常一台MPC的硬盘配置应在300 GB、7 200 r/min以上。

(4)足够的可扩展能力。计算机应具备足够的可扩展能力,可以方便连接诸如数字化仪器、扫描仪、声音合成器、手写识别装置、触摸屏驱动卡、通信网络等。

6.2.3 多媒体软件系统

1. 多媒体驱动软件

多媒体驱动软件是多媒体计算机中直接和硬件打交道的程序。它完成设备的初始化,完成各种设备操作以及设备的关闭等。每一种多媒体硬件都需要一个驱动程序(现今流行的很多操作系统自带大量常用的多媒体硬件驱动程序)。

2. 多媒体操作系统

多媒体操作系统是指除具有一般操作系统的功能外,还具有综合使用各种媒体的能力,能灵活地调度多种媒体数据,并能进行相应的传输和处理,且使各种媒体硬件协同工作。

典型的多媒体操作系统有 Intel 和 IBM 公司为 DVI 系统开发的 AVSS 和 AVK 操作系统,Apple 公司在 Macintosh 上的 System 7.0 中提供的 Quick Time 操作平台。目前,MPC 常用的操作系统有 Microsoft 公司的 Windows/10/11 操作系统及 IP 多媒体操作系统(IMOS)。

3. 多媒体数据处理软件

多媒体数据处理软件是在多媒体操作系统之上开发的,帮助用户编辑和处理多种媒体数据的工具,如声音录制、编辑软件、图形图像处理软件、动画生成编辑软件等。常见的音频处理软件有 GoldWave、SoundEdit 等;图形图像处理软件有 Photoshop、CorelDRAW 等;动画编辑软件有 Flash、3ds Max、Maya 等。

4. 多媒体制作工具

多媒体制作工具是在多媒体操作系统之上开发的帮助用户制作多媒体应用软件的工具。其中比较常用的是 Flash 和 Director 等。

5. 多媒体应用软件

多媒体应用软件是利用多媒体制作工具或计算机语言设计的多媒体产品,直接面向用户,如可视电话系统、视频点播技术(video on demand,VOD)和交互电视系统、GIS 与数字地球等。

6.3 图形图像处理技术

图形图像媒体所包含的信息具有直观、易于理解、信息量大等特点,是多媒体应用系统中最常用的媒体形式。图形图像处理技术可以改变图像的信息表示方式,改善可视化效果,便于存储、传输和计算机识别。

图形图像处理技术

6.3.1 图形图像基本知识

1. 位图图像

可以把位图看作在一个栅格网上的图案,即“点阵”图。位(bit)的两种状态 0、1 代表颜色的黑色和白色。如果把不同的“位”聚集成一个图案,黑白点就可以组成一幅位图。位图图像具有真实感强、可以进行像素编辑、打印效果好、文件较大、分辨率有限等特点。

1)像素

像素是位图图像的基本构成元素。在位图中,当每一个小“方块”中被填充了颜色时,它就能表达出图像信息,其中每一个小“方块”称为像素。

2)颜色深度

在一个彩色图像中,每一个像素的颜色,在计算机里是用若干二进制“位”来记录的。表示每个像素的颜色时所使用的“位”数越多,所能表达的颜色数目就越多。在一个计算机系统中,表示一幅图像的一个像素的颜色所使用的二进制位数称为颜色深度。

根据量化的颜色深度不同,图像颜色有两种模式:

(1)二值图像:图像仅由两种颜色组成,用一位二进制数表示,如图 6-2(a)所示。

(2)彩色图像与灰度图像:颜色数量大于两种的图像就是彩色图像或灰度图像。该类图像颜色数量大,过渡色丰富,因此图像的表现力比较强,清晰度高,如图 6-2(b)所示。

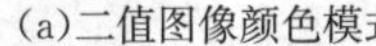
(a)二值图像颜色模式　　(b)灰度图像颜色模式

图 6-2　颜色深度

2. 矢量图形

与位图不同，矢量图形不用大量的单个点来建立图像，而是用数学公式对物体进行描述以建立图像。例如，在屏幕上画一个圆，矢量图形的描述非常简单，即圆心坐标(120,120)，半径 60。在矢量图形中，将一些形状简单的物体如点、直线、曲线、圆、多边形、球体、立方体、矢量字体等称为图元。矢量图形用一组命令和数学公式来描述这些图元，包括它们的形状、位置、颜色等信息，再用这些简单的图元来构成复杂的图形。

矢量图形最基本的特点是图形信息量少、具有高度的可编辑性、能快速打印和屏幕显示、缺乏表现力。

3. 颜色基础

颜色是通过眼、脑和我们的生活经验所产生的一种对光的视觉效应。我们肉眼所见到的光线，是由波长范围很窄的电磁波产生的，不同波长的电磁波表现为不同颜色，对色彩的辨认是肉眼受到电磁波辐射刺激后所引起的一种视觉神经的感觉。众所周知，白光是可以分解为红、橙、黄、绿、蓝、靛、紫七色光组成的可见光谱。

1)色彩的表示

(1)三基色相加混色原理。自然界中常见的各种彩色光都可以用三种颜色相互独立的光组成。由于人眼对红(red,R)、绿(green,G)、蓝(blue,B)三种光最敏感，所以一般会以其作为基色，然后按不同的比例调配形成不同的颜色。由三基色进行相加混色的情况有：R+G=黄色；R+B=品红；G+B=青色；R+G+B=白色。

(2)CMYK 相减混色原理。CMYK 也称印刷色彩模式，是一种依靠反光的色彩模式。和 RGB 类似，CMY 是指青色(cyan,C)、品红色(magenta,M)、黄色(yellow,Y)，K(key plate,K)是源自一种只使用黑墨的印刷版。打印彩色图像时，通常使用 CMYK 相减混色原理。它是由三原色相减混色来实现的。当三种基本颜色等量相减时得到黑色。彩色打印机、印刷彩色图片都采用这种原理。CMYK 相减混色的情况有：Y−M=R；C−M=B；Y−C=G；Y−C−M=K。

(3)真彩色、伪彩色、调配色。在多媒体技术中常用 RGB 彩色空间来表示图像，计算机彩色显示器的输入为 RGB 三个彩色分量，通过三个分量的不同比例，在显示屏幕上合成输出所需要的任意颜色，形成缤纷多彩的显示画面。

在 RGB 色彩空间中，图像深度与色彩的映像关系，可以有真彩色、伪彩色、调配色三种。

①真彩色。真彩色(true color)是指图像中的每个像素值都分成 R、G、B 三个基色分量，每个基色分量直接决定基色的强度。例如，图像深度为 24，用 R∶G∶B=8∶8∶8 来表示颜色，则 R、G、B 各用 8 位来表示各自基色分量的强度，每个基色分量的强度等级为 $2^8=256$ 种。图像可容纳 $2^8\times2^8\times2^8=16\times2^{20}$(俗称 16 M)种颜色。这样得到的颜色可以反映原图的真实颜色，故称真彩色。

②伪彩色。伪彩色(pseudo color)图像的每个像素值实际上是一个索引值或代码，该代码值作为颜色查找表中某一项的入口地址，根据该地址可查找出 R、G、B 的强度值。由于用这种方式产生的颜色本身是真实的，不过它不一定反映原图的颜色，故称伪彩色。

③调配色。调配色(direct color)的获取是通过每个像素点的 R、G、B 分量分别作为单独的索引值进行变换,经过相应的颜色变换表找出各自的基色强度,用变换后的 R、G、B 强度值产生的颜色。与伪彩色相比,相同之处是都采用查找表,不同之处是前者对 R、G、B 分量分别进行查找变换,后者是把整个像素当作查找的索引进行查找变换。因此,调配色的效果一般会得到相当逼真的彩色图像。

2)颜色模型

为了便于计算机处理颜色,人们建立了各种颜色模型。颜色模型是平面设计最基本的知识,每一种颜色模型都有自己的优缺点,都有自己的适用范围。常见的几种颜色模型如下:

(1)RGB 颜色模型。计算机中表示颜色时使用若干二进制位来记录颜色。例如,可以使用 24 位二进制数来表示一种颜色,每 8 位二进制数来表示 RGB 三种基色中的一种,这样每种基色的取值范围是 0～255,不同值的三基色合在一起形成各种颜色。就编辑图像而言,RGB 颜色模型是最佳的色彩模式,可以提供全屏幕的 24 位颜色。

(2)CMYK 颜色模型。CMYK 颜色模型是基于相减混色法的颜色系统。把 CMY 三基色相结合,在理论上可以获得可见光谱中的任何颜色。但在实际的打印或印刷过程中,由于墨水或油墨的某些限制,将三基色等量混合后只能得到深棕色,为了得到黑色,在 CMY 三基色的基础上又加上了黑色(black),而形成了 CMYK 颜色模型。

(3)HSB 颜色模型。HSB 颜色模型的三基色是色度(hue,H)、饱和度(saturation,S)和亮度(brightness,B)。HSB 颜色模型是人眼认识颜色的模式中最自然的方法,比其他模型优点更多,只是在实际应用中实现较困难。

(4)Lab 颜色模型。Lab 颜色是由 RGB 三基色转换来的,它是一种独立于设备的颜色模式,使用任何显示器和打印机时 Lab 颜色不变。

(5)HIS 颜色模型。HIS 颜色模型是用 H、I、S 三参数来描述颜色特性的。其中,H 表示色调,I 表示光的强度,S 表示颜色的饱和度。

4. 分辨率

图像分辨率是组成一幅图像的像素密度的度量方法。图像分辨率的单位是 dpi(display pixels/inch),它确定了组成一幅图像的像素密度。如某图像的分辨率为 300 dpi,则像素密度为每英寸 300 个。像素密度越高,图像对细节的表现力越强,清晰度也越高。

1)颜色分辨率

颜色分辨率即颜色深度。图形图像总的颜色数目是以 2 为底、颜色深度为指数的值。如一个颜色深度为 8 位的图像,它的像素可以是 2^8(即 256)种可能的颜色。常见的颜色深度有 8 位(256 色)、16 位、24 位、32 位、36 位、48 位、64 位等。

2)屏幕分辨率

确定计算机屏幕上显示多少信息的设置,以水平和垂直像素来衡量。直观上看,屏幕分辨率低时(例如 640×480 像素)在屏幕上显示的项目少,但尺寸比较大;屏幕分辨率高时(例如 1 600×1 200 像素)在屏幕上显示的项目多,但尺寸比较小。

3)显示分辨率

显示分辨率是一系列显示模式的总称。常见的标准显示分辨率有 800×600 像素、1 024×768 像素、1 280×1 024 像素、1 600×1 280 像素等,还有一些非标准的显示分辨率,如宽屏 1 680×1 050 像素等。显示分辨率的高低与显示器性能、显卡的缓冲存储器容量有关。性能高的显示器和显示缓存容量大的显卡,其分辨率就高。显示分辨率的水平像素和垂直像素的总数总是成一定比例的,一般为 4∶3、5∶4 或8∶5。每个显示器都有自己的最高分辨率,并且可以兼容其他较低的显示分辨率,所以一个显示器可以用多种不同的分辨率显示。

4)打印机分辨率

打印机分辨率又称输出分辨率,是指在打印输出时横向和纵向两个方向上每英寸最多能够打印的点数。平时所说的打印机分辨率一般指打印机的最大分辨率。打印分辨率是衡量打印机打印质量的重要指标。当然,图像本身的色彩、清晰度和分辨率也决定了打印质量。目前,一般激光打印机的分辨率均在600×600 dpi以上。

5. 图像数据容量

在生成一幅数字图像时,实际上就是按一定的像素数量和图像深度对模拟图片或照片进行采样,从而生成一幅数字化的图像。图像数据大小可用下面的公式来计算:

图像数据量=图像的总像素×图像深度/8(B)

例如,一幅分辨率为640×480像素的真彩色图像,其文件大小约为:

640×480×24/8=1(MB)

可见,图像数据所占用的存储空间较大,因此,在处理图形图像时,更应考虑好图像容量与效果的关系。

6.3.2 图像数据压缩技术

数据压缩是指在不丢失信息的前提下,缩减数据量以减少存储空间,提高其传输、存储和处理效率的一种技术方法,可分为有损压缩和无损压缩。图像压缩是数据压缩技术在数字图像上的应用,其目的是减少图像数据中的冗余信息,从而用更加高效的格式存储和传输数据。

1. 数据冗余

数据是信息的载体,是用来记录和传送信息的。当人们利用计算机进行信息处理时,真正有用的不是数据本身,而是数据所携带的信息。图像数据的数据量是相当大的,但这些数据量并不完全等于它们所携带的信息量,在信息论中,这些多余的数据就称为冗余。冗余是指信息存在各种性质的多余度。

图像数据中存在的冗余主要有空间冗余、时间冗余、编码冗余、结构冗余、知识冗余、视觉冗余等。

2. 图像数据压缩方法

数据压缩处理一般由两个过程组成:一是编码过程,即将原始数据进行压缩,形成压缩编码便于存储与传输;二是解码过程,即对编码压缩的数据进行解码,还原为可以使用的数据。针对冗余类型的不同,人们提出了各种各样的数据压缩方法。根据解码后的数据与原始数据是否完全一致来进行分类,数据压缩方法一般划分为可逆编码方法(无损压缩)和不可逆编码方法(有损压缩)。

对于图像数据,可逆编码方法是解码图像必须和原始图像严格相同,即压缩是完全可以恢复的或无偏差的。目前,无损压缩技术主要有RLE编码、算术编码、词典编码和LZW压缩算法等。

不可逆编码方法压缩的图像,在还原以后与原始图像相比有一定的误差。目前,有损压缩技术主要有脉冲编码调制(PCM)、小波变换编码、离散余弦变换(discrete cosine transform,DCT)编码等。

3. 图像数据压缩编码标准

目前,静态图像数据压缩技术主要有JPEG、JPEG-2000标准和JPEG-LS标准等。

JPEG标准是由国际标准化组织(ISO)和国际电报电话咨询委员会(CCITT)联合成立的"联合照片专家组"(joint photographic experts group,JPEG)于1991年制定的一套用于静止彩色图像和灰度级图像的压缩编码标准。

JPEG-2000标准的制定是为了满足下一代图像应用的需求。它最大的特点是放弃了JPEG采用的以离散余弦变换为主的分块编码方式,而改用以小波变换为主的多分辨率编码方法。小波变换的主要特点是可以将图像不同分辨率的频率成分抽取出来,实现了无损压缩。在实际应用中,例如卫星遥感图像、文物照片等都使用该压缩标准。

JPEG-LS标准是一种针对连续色调静态图像的无损/近无损压缩标准。它是一种新颖的压缩算法。相对于JPEG-2000标准,其优势在于JPEG-LS是基于低复杂性算法的。JPEG-LS主要应用于医疗图像的压缩。

6.3.3 常见图形图像文件格式

开发图形图像处理软件的厂商很多,由于在存储方式、存储技术及发展观点上的差异,导致了图形图像文件格式的多样化。常见的图形图像文件格式主要有以下几种。

1. BMP格式

BMP(bitmap)是Microsoft公司为Windows自行开发的一种位图图像文件格式,几乎所有在Windows

环境下运行的图形图像处理软件都支持这一格式。BMP 文件格式支持从黑白图像到 24 位真彩色图像,缺点是占用磁盘空间较大。

2. JPG 格式

JPG(JPEG)文件格式是利用基于 DCT 变换压缩技术来存储静态图像的文件格式。它将每个图像分割为许多 8×8 像素的方块,再针对每个小方块做压缩的操作,经过复杂的 DCT 压缩过程所产生出来的图像文件可以达到 100∶1 的压缩比,存在一定程度的失真,属于有损压缩。JPEG 格式图像是目前所有格式中压缩率最高的一种,被广泛应用于网络图像传输。它支持全彩(24 位、16 777 216 色)图像,图像大小可以达到 65 535×65 535 像素。

3. GIF 格式

GIF(graphics interchange format)格式是由 CompuServe 公司开发的,是点阵式位图图像文件格式。GIF 采用 LZW 压缩算法,压缩比较高,文件容量小,便于存储和传输,因此适合在不同的平台上进行图像文件的传播和互换。GIF 文件格式支持黑白、16 色和 256 色图像,有 87a 和 89a 两个标准,后者还支持动画。GIF 89a 格式能够存储成背景透明的形式,并且可以将数张图片存成一个文件,从而形成动画效果,所以被广泛应用在网页中。GIF 文件原来最大缺点是最多只能处理 256 种色彩,不能用于存储真彩色的图像文件,但目前已有所改善。

4. TIFF 格式

TIFF(tagged image file format)格式是一种包容性非常强大的位图图像文件格式,甚至可以在一个图像文件内放置一个以上的图像。TIFF 格式支持的色彩数最高可达 16×2^{20} 种。存储的图像质量高,占用存储空间大。一个 TIFF 格式图像大小是相应 GIF 格式图像的 3 倍,JPEG 格式图像的 10 倍。该格式有压缩和非压缩两种形式,其中压缩形式使用的是 LZW 无损压缩方案。缺点是 TIFF 格式图像具有独特的可变结构,所以文件解压缩比较困难。由于 TIFF 格式独立于操作平台和软件,目前在 PC 和苹果机之间交换图像通常都采用这种格式。

5. TGA 格式

TGA(tagged graphics)是由美国 TrueVision 公司为其显卡开发的一种图像文件格式。TGA 的结构比较简单,属于一种图形、图像数据的通用格式。它兼顾了 BMP 的图像质量和 JPEG 的体积优势,因此 TGA 具有体积小和效果清晰的特点,是计算机生成图像向电视转换的一种首选格式。

6. PNG 格式

PNG(portable network graphics)是一种位图文件的存储格式,采用 lz77 派生的无损压缩算法。PNG 格式图像可以是灰阶的(16 位)或彩色的(48 位),也可以是 8 位的索引色。PNG 格式图像使用高速交替显示方案,显示速度快,只需要下载 1/64 的图像信息就可以显示出低分辨率的预览图像。目前,互联网上这种格式的图像比较流行,PNG 图像格式不支持动画。

6.3.4 常用图形图像处理工具

把自然的影像转换成数字化图像就是图像素材的获取过程,其实质是进行模/数转换。获得这些图形图像素材有两种办法:一种是用图形绘制软件进行创作;另一种就是利用扫描仪、数码照相机、互联网等途径收集原始图像,然后使用图像处理软件进行加工处理。

常用图形绘制软件包括 CorelDRAW、Freehand、Illustrator 等;常用的图像处理软件包括 Photoshop、Photo Paint、Ulead PhotoImpact、Paint Shop 等。下面介绍使用 Photoshop CC 软件处理图形图像的方法。

1. Photoshop CC 简介

Photoshop 是 Adobe 公司旗下最为著名的图像处理软件之一,集图像扫描、编辑修改、动画制作、图像制作、广告创意,图像输入与输出于一体。Photoshop CC 的窗口如图 6－3 所示,主要由标题栏、菜单栏、图像编辑窗口、工具箱、工具属性栏、浮动控制面板和状态栏等几部分组成。

1)Photoshop CC 的窗口

Photoshop CC 的窗口如图 6－3 所示。主要由标题栏、菜单栏、图像窗口、工具箱、工具属性栏、浮动面板和状态栏等几部分组成。

图6-3　Photoshop的窗口

(1)菜单栏:包括“文件”“编辑”“图像”“图层”“文字”“选择”“滤镜”“3D”“视图”“窗口”“帮助”菜单,涵盖了所有编辑制作命令。

(2)工具箱:包含选取工具、绘图工具、路径工具、文字工具以及其他辅助工具,其中大多数工具已经成为平面设计类软件的标准工具。

(3)浮动面板:浮动面板是Photoshop特有的图像用户界面的控件,可以通过选择菜单栏“窗口”菜单中的相应命令来完成。

(4)属性栏:属性栏位于菜单栏的下方,当用户选定某个工具后,属性栏就会改变成相应工具的属性设置选项,用户可以很方便地更改工具或对象的属性。如选定文字工具,相应打开的属性栏如图6-4所示。

图6-4　文字工具属性栏

(5)图像窗口:是Photoshop的主要工作区,用来显示图像文件,供用户浏览、编辑。Photoshop可以同时打开多个图像窗口,每个图像窗口可以任意移动。

2)Photoshop的基本概念

(1)选区。选区是指通过工具或者相应命令在图像上创建的选取范围。利用选区可以对图像的局部进行移动、复制、填充颜色或者设置一些特殊效果等操作。

(2)图层。图层是一组可以用于绘制图像和存放图像的透明层。在Photoshop中,一幅图像可以由很多个图层构成,最下面的图层是背景图层,默认是背景图层是不透明的,其他图层透明。图层上有信息的部分会遮挡下面图层的内容,叠在一起的图层是有顺序的,修改顺序可以形成不同的叠加合成图像。

(3)图层蒙版。图层蒙版是一种特殊的选区,它的功能是保护所选区域不被操作,而不处于蒙版范围的区域则可以进行编辑与处理。图层蒙版是Photoshop中的操作难点。

(4)通道。通道是Photoshop中一个很重要的概念,一幅完整的图像是由红、绿、蓝三个通道组成,顺序为RGB。通道可以代表颜色强度,不同通道的亮度也是不同的,通过设置通道可以改变颜色的深浅,从而达到改变透明度的效果。

(5)路径。路径是Photoshop中是使用贝赛尔曲线构成的一段闭合或者开放的曲线段。贝赛尔的方法将函数无穷逼近与集合表示结合起来,使得设计师在计算机上绘制曲线就像使用常规作图工具一样得心应手。

3)Photoshop的基本操作

(1)文件操作。Photoshop的文件操作主要包括新建、打开、关闭、存储等,具体操作时在“文件”菜单中选择相应的命令即可。

(2)选区操作。创建选区的工具有选框、套索和魔棒等。创建选区后,可以对选区中的内容进行移动、复制,通过自由变换,可以对选区进行各种变换,如压缩、拉伸、旋转、扭曲和透视等。

(3)图像色彩调整。选择“图像”菜单中的“调整”级联菜单中的命令,可以调整图像的整体色阶、调整亮度和对比度、调整色彩平衡、调整色相/饱和度等。

(4)图形绘制操作。在工具箱中图形绘制工具有矩形工具、圆角矩形工具、椭圆工具、多边形工具、直线工具、自定义形状工具等,基本操作方法和 Word、CorelDRAW 等软件的绘制工具操作方法类似。

(5)文本编辑处理。在 Photoshop 中可以使用文字工具属性栏方便地添加文本并设置格式。

(6)滤镜效果。滤镜是 Photoshop 中最有特色的工具,使用滤镜可以制作出各种特殊的图像效果,通过“滤镜”菜单可直接应用。

2. 使用 Photoshop CC 制作图形图像

【例 6-1】 设计制作如图 6-5 所示的月饼盒外包装。

【问题分析】

(1)制作工具:Photoshop CC 软件,相应图片素材。

(2)制作思路:设计一个完整的月饼盒外包装,包括图片的布局及具体表现方法。

(3)操作命令:图层、图像色彩调整、文字、椭圆工具、绘制自定义图形及路径工具的使用。

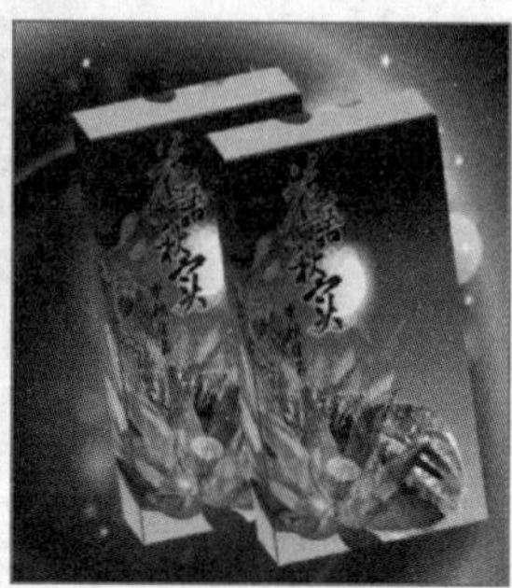

图 6-5 月饼盒外包装

【操作步骤】

(1)新建画布。单击“文件”菜单,选择“新建”命令,在“新建”对话框中设置文件名为“包装盒”,尺寸为“155 mm×208 mm”;分辨率为“120 像素/英寸”。

(2)设置参考线。按【Ctrl+R】组合键在画布上打开标尺,设置标尺单位为“mm”;拖动标尺设置参考线,尺寸为:宽度 155 mm=正面宽 121 mm+左右侧面各 14 mm+左右出血各 3 mm,高度 208 mm=正面高 174 mm+上下高各 14 mm+上下出血各 3 mm。

(3)设置渐变色。单击图层面板中的【创建新的填充或调整图层】按钮,选择“渐变”命令,打开“渐变填充”对话框,选择“线性”“反向”命令;单击渐变编辑栏,打开“渐变编辑器”对话框,双击色块标尺,在打开的“拾色器”对话框中设置 4 种颜色,从左至右颜色值为 2f0809、4e1607、c25200、ffc000,此时,该图层名自动命名为“渐变 1”。

(4)导入图片。单击“文件”菜单,选择“打开”命令,在“打开”对话框中将人物图片导入到新建图层 0 中,用复制、粘贴命令将图片插入到“渐变 1”图层;按【Ctrl+T】组合键调整图片尺寸直至与画布吻合,得到图层 1。

(5)设置颜色效果。单击图层面板中的【添加图层样式】按钮,打开“图层样式”对话框,单击“混合模式”下拉列表,选择“柔光”命令,单击【创建新的填充或调整图层】按钮,选择“黑白”命令;在调整面板的“黑白”下拉列表中选择“蓝色滤镜”,得到“黑白 1”图层。按【Ctrl+Alt+G】组合键创建剪贴蒙版,在颜色面板,将图像处理成为单色(K 值为“100%”)。

(6)绘制渐变。在工具栏中选择【椭圆工具】命令,按【Shift】键画一个圆,设置该层混合模式为“叠加”。单击图层面板中的【添加图层蒙版】按钮,在工具栏的“渐变编辑器”选择“线性渐变”,渐变色为“黑”“白”,在椭圆中从上方至右下方绘制渐变。

(7)创建图层样式。单击图层面板中的【添加图层样式】按钮,打开“图层样式”对话框,勾选“外发光”复选框,设置值为“45”,单击【确定】按钮;选中已完成图层,按住【Ctrl+Alt】组合键,按住鼠标左键向空白区拖动,快速复制该层。用同样的方法复制第 2 个图层,将该层的模式设置为“正常”,不透明度值为“80%”,如图 6-6 所示。

(8)导入云彩图片,并设置填充值为“0%”,双击图层,勾选“描边”复选框,设置值为“255、255、255”,颜色值为“白色”。使用复制、粘贴命令得到第 2 张云彩图片,将图片移动到合适位置。用同样的方法导入花图片,并设置图片参数为“强光”、模糊半径为“5”,如图 6-7 所示。

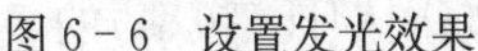
图6-6 设置发光效果

图6-7 设置对象效果

(9)导入文字图片,右击选择“栅格化图层”命令,设置文字效果为“渐变(对称)”。

(10)导入背景图片,选择工具栏中的【移动工具】按钮,将图片整合。用【矩形选项】按钮创建选区,并按【Ctrl+T】组合键,在右键快捷菜单中选择“斜切”“缩放”命令。按【Ctrl+D】组合键删掉选区,使用【钢笔工具】按钮绘制盒盖。

(11)选择路径面板,单击【将路径作为选区载入】按钮,按【Alt+Delete】组合键填充前景色。选择一个盒,按【Ctrl+T】组合键将其旋转30°。使用复制、粘贴命令制作出另一个盒盖。

【知识点】

1.校正图像色彩

(1)色彩模式的转换:单击“图像”菜单,选择“模式”命令。

(2)色彩平衡调整:单击“图像”菜单,选择“调整”命令,在级联菜单中选择“色彩平衡”命令。该命令可进行一般性的色彩校正,改变图像颜色的构成,但不能精确控制单个颜色成分,只能作用于复合颜色通道。

(3)可选颜色调整:单击“图像”菜单,选择“调整”命令,在级联菜单中选择“可选颜色”命令,主要用于校正和调整颜色,但重点用于印刷颜色的增减。

2.调整图像色调

色阶、自动对比度、曲线调节、亮度/对比度等命令主要用于对图像的对比度进行调整,可改变图像中像素值的分布并能在一定精度范围内调整色调。

3.调整图像色彩

(1)色相/饱和度:调整图像中单个颜色成分的色相、饱和度和亮度。

(2)替换颜色:替换图像中某个区域的颜色。

(3)通道混合器:将当前颜色通道中的像素与其他颜色通道中的像素按一定程度混合,“常数”选项为负值,图像颜色偏向黑色。

4.其他色调和色彩控制命令

(1)去色:将图像转换为灰阶,但色彩模式不变。

(2)渐变映射:可将彩色丰富的图像调整为单一色彩图像。

(3)色调均化:将最亮的像素填充白色,最暗的像素填充黑色,其余像素映射到相应的灰度值上,然后合成图像。

(4)阈值:能把彩色或灰阶图像转换为只有黑白两种色调的图像,阈值色阶越大,黑色像素分布越广。

5.路径

路径的应用主要是指将绘制完成的路径转换为选区并应用,或者直接对其进行填充及描边等操作。可通过工具栏中的【钢笔】按钮或打开“路径调板”进行路径的创建和编辑操作。

(1)贝塞尔曲线:使用【路径】按钮创建和编辑出来的曲线,可以为开放或闭合的形式。

(2)锚点,又称节点,可以调整曲线的形状,分类如下:

- 直线锚点:没有控制柄。
- 平滑锚点:有两个控制柄且在一条直线上。
- 拐角锚点:有两个控制柄且不在一条直线上。
- 复合锚点:只有一个锚点。

6.4 音频处理技术

计算机多媒体音频处理技术主要包括音频信息的采集技术、音频信号的编码和解码技术、音乐合成技术、音频的编辑以及音频数据传输技术等。

音频处理技术

6.4.1 音频基本知识

1. 音频

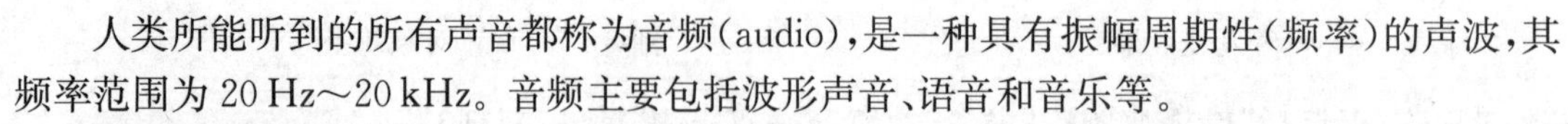

人类所能听到的所有声音都称为音频(audio),是一种具有振幅周期性(频率)的声波,其频率范围为20 Hz~20 kHz。音频主要包括波形声音、语音和音乐等。

1)波形声音

波形声音包含所有的声音格式,任何声音信号,包括传声器、无线电和电视广播等各种声源所产生的声音,都要首先对其进行模数转换,然后再恢复出来。

2)语音

人的声音不仅是一种波形,而且还有内在的语言、语言学的内涵,可以利用特殊的方式进行抽取。通常将语音作为一种媒体。

3)音乐

音乐是符号化的声音。这种符号就是乐曲,乐谱是转化为符号媒体的声音。

2. 数字音频

数字音频是指用一系列的数字来表示音频信号,即把模拟音频信号转换成有限个数字表示的离散序列,从而实现音频数字化。

音频信号的数字化包括采样、量化、形成文件等过程。

1)采样

采样是把时间上连续的信号,通过抽取样本,变成在时间上不连续的信号序列,即将模拟信号转变成数字信号。采样需要用到的主要设备是模拟数字转换器(analog to digital converter,ADC)。音频采样率是指录音设备在一秒内对声音信号的采样次数,采样频率越高的声音还原就越真实自然。在当今的主流采集卡上,采样频率一般分为22.05 kHz、44.1 kHz、48 kHz三个等级。

在数字音频领域,常用的采样率如表6-2所示。

表6-2 数字音频领域常用的采样率

采样率	应用
8 kHz	电话
22.050 kHz	无线电广播
32 kHz	Mini DV、数码视频 camcorder
44.1 kHz	音频CD,也常用于 MPEG-1 音频(VCD、SVCD、MP3)
47.25 kHz	Nippon Columbia(Denon)开发的世界上第一个商用 PCM 录音机
48 kHz	Mini DV、数字电视、DVD、DAT、电影和专业音频所用的数字声音
50 kHz	3M 和 Soundstream 开发的第一款商用数字录音机
50.4 kHz	三菱 X-80 数字录音机
96 kHz或192 kHz	DVD-Audio、一些 LPCM DVD 音轨、BD-ROM(蓝光盘)音轨和 HD-DVD (高清晰度 DVD)音轨
2.8224 MHz	超级音频光盘系统(SACD)

2)量化

采样得到的数据只是一些离散的值，这些离散的值应该能用计算机中的若干二进制位来表示，这一过程称为量化。连续信号经过采样成为离散信号，离散信号经过量化成为数字信号。

声音通道的个数表明声音记录中只产生一个波形（单声道）还是产生两个波形（立体双声道），立体声的声音有空间感，需要两倍的存储空间。

数字化声音的数据量是由采样频率、量化精度、声道数和声音持续时间所决定的，它们与声音的数据量成比例关系。数据量计算方式为：

数据量(B)=(采样频率×量化精度×声道数×声音持续时间)/8

例如，一个CD格式声音文件，假设它的采样频率为44.1 kHz，量化精度为16 bit，立体声，那么该文件每秒播放的数据量为：

(采样频率×量化精度×声道数×声音持续时间)/8=(44.1 kHz×16 bit×2×1s)/8=0.176 Mbit/s

即播放一个小时CD格式的音乐需要633.6 MB的存储空间。如果使用的是5.1声道，每秒播放的数据量为0.45 Mbit/s，那么需要1.62 GB的存储空间。由计算结果可以看出，音频文件的数据量比较大。

数字音频的质量取决于采样频率和量化精度两个参数。

3)形成文件

一般来说，要求声音的质量越高，则量化精度和采样频率也越高，为了保存这一段声音的相应文件也越大，即要求的存储空间越大。在存储和传输时，为了节省存储空间，通常采用两种方式进行声音处理。一种是在保证基本音质的前提下，采用稍低一些的采样频率。在要求不高的场合，人的语音采用11.025 kHz的采样频率、8 bit、单声道已经足够；如果是乐曲，22.05 kHz的采样频率、8 bit、立体声形式也能够满足一般播放场合的需要。另一种是采用数据压缩的方法，在降低数据量的同时保证较高的音质。无论采取哪种方式，都要以相应的格式存储成声音文件。

3. MIDI音乐

MIDI(musical instrument digital interface)是乐器数字接口的缩写，它是1983年由YAMAHA、ROLAND等公司联合制定的一种数字音乐的国际标准。MIDI不记录声音的波形信息，而是记录描述音乐信息的一系列指令，如音符序列、节拍速度、音量大小，甚至可以指定音色，即MIDI通过描述声音产生了数字化的乐谱，是对声音的符号表示。由声卡上的合成器根据这个“乐谱”完成音乐合成，再通过扬声器播放出来。

6.4.2 音频数据压缩技术

1. 音频数据压缩方法

与数字图像压缩方法相似，音频压缩技术分为无损压缩和有损压缩两大类。按照音频的压缩编码方法可以分为波形编码、参数编码和混合编码等。

1)波形编码

波形编码直接对音频信号的时域和频域波形按一定速率采样，然后将幅度样本分层量化，变换为数字代码，由波形数据产生一种重构信号。编码系统源于信号的原始样值，波形与原始声音波形尽可能一致，保留了信号的细节变化和各种过渡特征。它包括脉冲编码调制、差分脉冲编码调制、自适应差分脉冲编码调制等类型。波形编码可以获得高质量的语音，但压缩比低，适用于高清高真音乐和语音。

2)参数编码

参数编码根据不同的信号源建立特征模型，通过提取特征参数和编码处理力图使重建的声音信号尽可能高地保持原声音语意。参数编码的典型方法是线性预测编码，其数据率较低、语音质量差、对环境噪声敏感。

3)混合编码

混合编码是将波形编码和参数编码组合起来的一种编码形式。它克服了前两种编码的弱点，保持了波形编码的高质量和参数编码的低速率。混合编码的基础是线性预测编码、常用脉冲激励线性预测编码等编码方式。

2. 音频数据压缩标准

音频信号可分为电话质量的语言、调幅广播质量的音频信号和高保真立体声信号(如调频广播信号、激光唱片音盘信号等)。数字音频压缩技术标准分为电话语音压缩、调幅广播语音压缩和调频广播及CD音质的宽带音频压缩等。

自20世纪70年代起,CCITT和ISO已先后推出了一系列的语音编码技术标准。其中,CCITT推出了G系列标准,而ISO推出了H系列标准。

1)电话(200 Hz~3.4 kHz)语音压缩标准

电话语音压缩标准主要有ITU的G.722(64 kbit/s)、G721(32 kbit/s)、G.728(16 kbit/s)和G.729(8 kbit/s)等建议,用于数字电话通信。

2)调幅广播(50 Hz~7 kHz)语音压缩标准

调幅广播语音压缩标准主要采用ITU的G.722(64 kbit/s)建议,用于优质语音、音乐、音频会议和视频会议等。

3)调频广播(20 Hz~15 kHz)及CD音质(20 Hz~20 kHz)的宽带音频压缩标准

调频广播及CD音质的宽带音频压缩标准主要采用MPEG-1或MPEG-2双杜比AC-3等建议,用于CD、MD、MPC、VCD、DVD、HDTV和电影配音等。

6.4.3 常见音频文件格式

在多媒体声音处理技术中,最常见的音频存储格式有WAVE波形文件、MIDI音乐数字文件和目前流行的MP3、MP4音乐文件等。

1. WAVE波形文件

WAVE波形文件是微软公司开发的一种声音文件格式,文件扩展名是.wav,是Windows操作系统所使用的标准数字音频文件。WAVE波形文件采用44.1 kHz的采样频率,16 bit量化位数,因此WAV的音质与CD相差无几,但波形文件对存储空间需求太大,不便于交流和传播。

2. MIDI音乐数字文件

MIDI音乐是电子合成音乐,是为了把电子乐器和计算机连接起来而制定的规范,是数字化音乐的一种国际标准。它在Windows下的扩展名为.mid。

MIDI采用数字方式对乐器所奏出来的声音进行记录,播放时再对这些记录通过FM或波表合成。FM合成是通过多个频率的声音混合来模拟乐器的声音;波表合成是将乐器的声音样本存储在声卡波形表中,播放时从波形表中取出产生声音。由于MIDI文件记录的不是声音信息本身,它只是对声音的一种数字化描述方式,因此,与波形文件相比,MIDI文件要小得多。MIDI文件主要缺点是缺乏重现真实自然声音的能力;另外,MIDI只能记录标准所规定的有限几种乐器的组合,并且受声卡上芯片性能限制难以产生真实的音乐效果。

3. MP3文件

MP3(MPEG audio layer 3)是MPEG-1运动图像压缩标准的声音部分。根据压缩质量和编码复杂度,MPEG-1的音频层划分为三层,即Layer1、Layer2、Layer3,分别对应MP1、MP2、MP3这三种声音文件,并根据不同用途使用不同的层次编码。MP3语音压缩具有很高的压缩比率,一般说来,1 min CD音质的WAV文件约需10 MB,而经过MPEG Layer 3标准压缩可以压缩为1 MB左右且基本保持不失真。

4. MP4文件

MP4相较于MP3的主要特征是文件更小,音质更佳,同时还能有效保护版权。MP3和MP4之间其实并没有必然的联系,首先,MP3是一种音频压缩的国际技术标准,而MP4却是一个商标的名称;其次,它们采用的音频压缩技术也迥然不同,MP4采用的是美国电话电报公司所研发的以"知觉编码"为关键技术的音乐压缩技术,可将压缩比成功提高到15∶1,最大可达到20∶1而不影响音乐的实际听感,同时MP4在加密和授权方面采用了名为SOLANA技术的数字水印来防止盗版。

5. RA文件

RA(realaudio)是由RealNetworks公司开发的一种具有较高压缩比的音频文件。主要用于在低速率的互联网上实时传输音频信息。网络连接速率不同，客户端所获得的声音品质也不尽相同。例如，对于14.4 kbit/s的网络连接，可获得调幅质量的音质；对于28.8 kbit/s的连接，可以达到广播级的声音质量；如果使用ISDN或ADSL等更快的线路连接，则可获得CD音质的声音。RA的压缩比高，非常适合于网上进行实时播放，属于流媒体音频文件格式。

6. WMA文件

WMA(windows media audio)是微软公司制定的音乐文件格式。WMA格式是以减少数据流量但保持音质的方法来达到更高的压缩目的。WMA文件在80 kbit/s、44 kHz的模式下压缩比可达18∶1，生成文件的大小只有相应MP3文件的一半。WMA文件适合于低速率传输，在频谱结构上更接近于原始音频，因而具有更好的声音保真度。

6.4.4　常用音频处理工具

把模拟声音转换成数字音频是音频素材的获取过程。获得这些音频素材的方法通常采用通过音频采集卡将外部音频资源导入到计算机中、将已有音频资源通过存储媒体导入计算机中、通过计算机直接录制音频等。

常用音频录制软件包括RealPlayer、Advanced MP3 Sound Recorder、Audacity for mac等。

1. MIDI音乐的采集

MIDI音乐的来源主要有以下4种：

(1)以MIDI硬件设备为主的MIDI创作。通过将专用的MIDI键盘或电子乐器的键盘连接到多媒体计算机的声卡上，采集键盘演奏的MIDI信息，形成MIDI音乐文件。

(2)以MIDI制作软件为主的MIDI创作。通过专用的MIDI音序器软件在多媒体计算机中创作MIDI音乐。

(3)收集免费的MIDI资源或购买现成的MIDI作品。

(4)通过专门的软件，将其他的声音文件转换为MIDI文件。

2. 使用GoldWave制作音频

GoldWave是一个功能强大的数字音乐编辑器，它可以对音乐进行播放、录制、编辑以及转换格式等处理。GoldWave无须安装，可直接运行，用户界面直观，如图6-8所示。GoldWave允许使用多种声音效果，如倒转(invert)、回音(echo)、摇动、边缘(flange)、动态(dynamic)和时间限制、增强(strong)、扭曲(warp)等；内置CD音乐提取工具及电话拨号音的声调、波形和效果表达式。

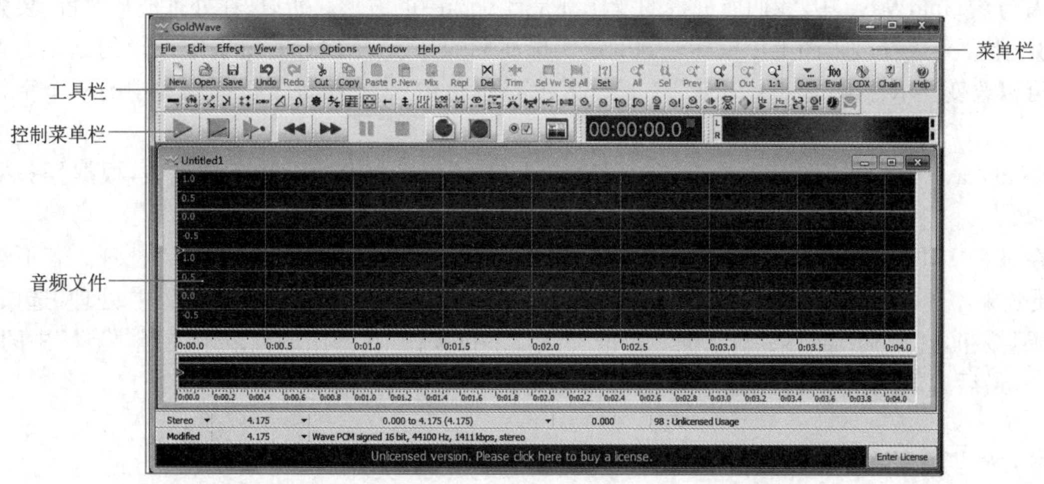

图6-8　GoldWave窗口

【例6-2】　使用GoldWave软件录制配乐诗朗诵:《定风波·莫听穿林打叶声》(宋·苏轼)。

【问题分析】

(1)所需设备:麦克风、GoldWave软件、背景音乐,《定风波·莫听穿林打叶声》诗词。

(2)所需音质:采用"调频收音机/电视"音质，录音时需进行降噪处理。

(3)所需处理命令:录音,混音,降噪,淡入淡出。

(4)所需时长:5 min。

【操作步骤】

(1)运行 GoldWave,单击“文件”菜单,选择“新建”命令,打开“新建声音”对话框,如图 6-9 所示。

(2)输入所需音质和时长数据,单击【确定】按钮开始录音。

(3)录音结束后,单击“文件”菜单,选择“保存”命令,保存文件。

(4)打开录制的文件和背景音乐文件。复制背景音乐波形段,选择录制文件波段中的起始位置作为合成的起点位置。单击“编辑”菜单,选择“混音”命令,打开“混音”对话框,如图 6-10 所示。输入混音的起始时间点,调节两个文件的音量大小,单击【确定】按钮完成合成操作并命名为“诗朗诵”。

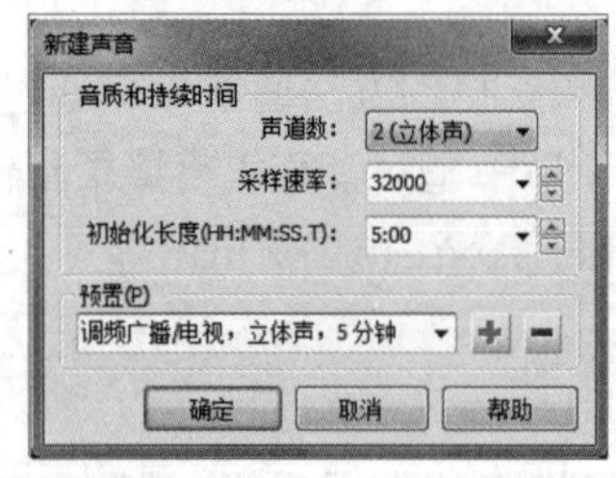

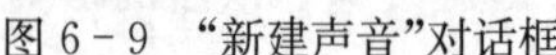

图 6-9 “新建声音”对话框

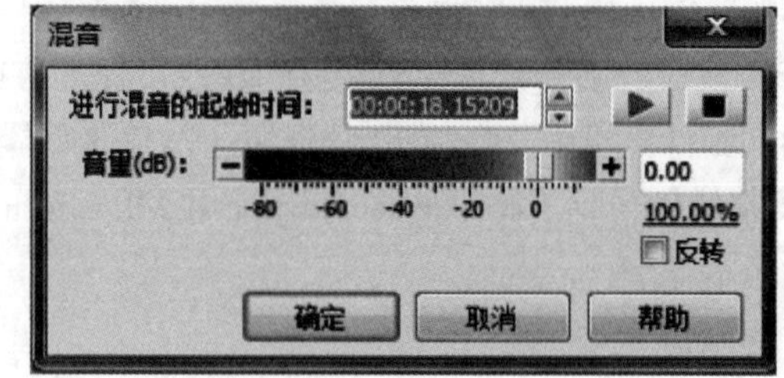

图 6-10 “混音”对话框

(5)选中录音文件,单击“编辑”菜单,选择“全选”命令。单击工具栏上按钮,进行降噪处理。

(6)打开“诗朗诵”文件,选择需要设置的波形段,单击工具栏上的按钮,完成淡入效果设置。淡出效果的设置需要单击工具栏上按钮,方法相同,这里不再赘述。

【知识点】

(1)GoldWave 中录音操作的其他方法:

①直接按【F9】键。

②单击“工具”菜单,选择“控制”命令,单击按钮,开始录音。

(2)因为在 GoldWave 中,我们所进行的操作都是针对选中的波形。所以,在处理波形之前,要先选择需要处理的波形。可以在波形图上用鼠标左键确定所选波形的开始,用鼠标右键确定波形的结尾。为便于选择波形,可以改变显示比例(用 1∶10 或 1∶100 较为合适,在 1∶100 条件下选择语音中的一个字就容易很多)。

(3)GoldWave 中提供 7 种音质参数,在“新建声音”对话框中打开“预置”下拉列表,根据任务要求选择相应的参数。

(4)在录音文件中,如果波形图中的两个音波间出现锯齿状的杂音,需要进行降噪处理。若下载的任意 MP3 音质效果不佳,可选择“文件”菜单中的“批处理”命令,打开“批处理”对话框。选中“处理”选项卡,单击【添加效果】按钮,打开“添加效果”对话框。单击“音频”下拉按钮,在弹出的列表中选择“降噪”中的“嘶嘶声消除”命令,最后单击【添加】、【关闭】、【应用】按钮完成操作。

6.5 视频动画处理技术

视频是一组连续画面的集合,与加载的同步声音共同呈现动态的视觉和听觉效果。动画是运动的画面,是视频的一种。视频动画信息和其他媒体信息相比具有直观和生动的特点,随着视频处理新技术的不断发展、计算机处理能力的进步,视频技术和产品日益成为多媒体计算机不可缺少的重要组成部分,并广泛应用于商业、教育、家庭娱乐等各个领域。

视频动画处理技术

6.5.1 视频

视频信息是连续变化的影像，通常是指实际场景的动态演示，例如电影、电视、摄像资料等。视频信息的获取来自数字摄像机、数字化的模拟摄像资料、视频素材库等。视频信息带有同期音频，画面信息量大，表现的场景复杂，常采用专门的软件对其进行加工和处理。

1. 视频图像

视频在多媒体应用系统中占有非常重要的地位。它本身可以由文本、图像、声音、动画中的一种或多种组合而成。利用其声音与画面的同步、表现力强的特点，能明显提高直观性和形象性。通常将连续地随时间变化的一组图像称为视频图像，其中每一幅图像称为一帧（frame）。视频用于电影时，采用 24 帧/s 的播放速率；用于电视时，采用 23 帧/s 的播放速率(PAL 制)。

2. 数字视频处理技术

各种制式的视频信号都是模拟信号，为了使计算机能够处理视频信息，必须将模拟信号转换为数字信号。数字视频处理的基本技术就是通过“模拟/数字”(A/D)信号的转换，也就是把图像上的每个像素信息按照一定的规律，编成二进制数码，即把视频模拟信号数字化，方便视频信息的存储和传输，有利于计算机进行分析处理。

3. 视频数据压缩技术

如果不进行压缩，1 s“电视质量”的数字视频图像信号需要 216 Mbit/s 的存储或传输容量，对这种信号的实时传输远远超出了目前绝大多数网络的传输性能。而 2 小时没有压缩的电影则需要 194 GB 的存储空间，相当于 42 张 DVD 光盘或者 304 张 CD-ROM 光盘。所以，数字视频信号必须经过压缩才能被广泛使用。

1)视频压缩原理

视频图像的相邻帧是非常相似的，因为存在运动效果，相邻两帧存在一定程度的帧差，所以视频图像主要存在时间冗余。视频图像编码方法的基本思想是：第一帧和关键帧，采用帧内编码方法进行压缩，而后续帧的编码根据相邻帧之间的相关性，只传输相邻帧之间的变化信息（帧差），帧差的传送是采用运动估计和补偿的方法进行编码。如果视频图像只传输第一帧和关键帧的完整帧，而其他帧只传输帧差信息，就可以得到较高的压缩比。

2)视频压缩标准

由 ISO 和 ITU-T 制定的视频压缩编码标准有 H.261、H.263、H.264、MPEG-1、MPEG-2、MPEG-4、MPEG-7 和 MPEG-21 等。

视频压缩系列标准 H. 26x 主要用于视频通信应用中，MPEG-X 主要用于视频存储播放应用中。例如，VCD 中的视频压缩标准为 MPEG-1；DVD 中的视频压缩标准为 MPEG-2；无线视频通信和流媒体压缩标准普遍应用 MPEG-4；低码率的无线应用、标准清晰度和高清晰度的电视广播，传输高清晰度的 DVD 视频以及应用于数码照相机的高质量视频压缩标准为 H.264。2013 年高效率视频编码（high efficiency video coding，HEVC）标准问世，HEVC 被认为不仅能提升图像质量，同时也能达到 H.264/MPEG-4 AVC 两倍的压缩率，可支持 4 K 分辨率甚至超高画质电视，最高分辨率可达 8 K。第一版的 HEVC/H.265 视频压缩标准在 2013 年 4 月 13 日被 ITU-T 接受为正式标准。

6.5.2 动画

动画是利用了人类眼睛的视觉滞留效应。人在看物体时，物体在大脑视觉神经中的停留时间约为 1/24 s。如果每秒更替 24 个画面或更多的画面，那么前一个画面在人脑中消失之前，下一个画面就进入人脑，从而形成连续的影像。

1. 动画分类

从动画制作技术和手段的不同可以将动画分为传统手工工艺的动画和现代计算机设计制作为主的计算机动画。计算机动画又分为二维动画和三维动画。

1)二维动画

二维动画是一种平面动画，即通过连续播放平面图像形成。二维计算机动画主要用于实现中间帧画面的生成。二维动画具有灵活的表现手段、强烈的表现力和良好的视觉效果等特点。典型的二维动画制作软件有 GIF Animator 和 Flash。

2)三维动画

三维动画又叫“空间动画”,其采用计算机技术模拟真实的三维空间,设计师在这个虚拟的三维世界中按照要表现对象的形状尺寸建立模型以及场景,再根据要求设定模型的运动轨迹、虚拟摄影机的运动和其他动画参数,按要求为模型赋上特定的材质,打上灯光,最后生成一系列可供动态实时播放的连续的图像。三维动画普遍应用在影视特效创意、前期拍摄、影视 3D 动画、特效后期合成、影视剧特效动画等。典型的三维动画制作软件有 Maya 和 3ds Max。

2. 数字动画的基本参数

1)帧速度

动画是利用快速变换帧的内容而达到运动效果的。一帧就是一副静态图像,而帧速度是指一秒播放的画面数量。一般帧速度为每秒 30 帧或每秒 25 帧。

2)画面大小

动画的画面尺寸一般在 320×240～280×1 024 像素之间。画面大小与图像质量和数据量有直接的关系。

3)图像质量

图像质量和压缩比有关。一般来说,压缩比较小时对图像质量不会产生太大的影响,但当压缩比超过一定数值后,将会看到图像质量明显下降。所以,要折中选择图像质量和数据量。

4)数据量

在不计压缩比的情况下,数据量是指帧速度与每幅图像的数据量乘积。如果一副图像为 1 MB,则每秒的容量将达到 30 MB,经过压缩后会减少至几十分之一。当数据量太大时,可通过降低帧速度或缩小画面尺寸的方法减少数据量,提高计算机的处理速度。

6.5.3 视频与动画文件格式

在多媒体视频与动画处理技术中,最常见的存储格式有 AVI、MOV、MPEG、DAT 和 SWF 等。

1. AVI 格式

音频视频交互格式(audio-video interleaved format,AVI)是 Windows 操作系统的标准格式,是 Video for Windows 视频应用程序中使用的格式,是一种带有声音的文件格式。AVI 很好地解决了音视频信息的同步问题,采用有损压缩方式,可以达到很高的压缩比,是目前比较流行的视频文件格式。

2. MOV 格式

MOV 格式是 Apple 公司在 quick time for windows 视频应用软件中使用的视频文件格式,原先应用于 Macintosh 平台,现在已经移植到 Windows 环境下。MOV 采用 Intel 公司的 INDEO 有损压缩技术,以及音视频信息混合交错技术。MOV 格式视频图像质量优于 AVI 格式。

3. MPG 格式

MPG 格式是使用 MPEG 标准进行压缩的全屏幕运动图像文件格式,是 PC 上全屏幕运动视频的标准格式。MPG 格式可以在 1 024×768 像素分辨率下以每秒 24、25 或 30 帧的速度同步播放有 128 000 种颜色的全运动视频图像和具有 CD 音质的伴音。它包括 MPEG-1、MPEG-2 和 MPEG-4。MPEG-1 被广泛地应用于 VCD 的制作,绝大多数的 VCD 采用 MPEG-1 格式压缩;MPEG-2 应用在 DVD 的制作方面、HDTV(高清晰电视广播)和一些高要求的视频编辑、处理方面;MPEG-4 是一种新的压缩算法,使用这种算法的 ASF 格式可以把一部 120 min 长的电影压缩到 300 MB 左右的视频流,可供在网上观看。MPEG 格式视频的文件扩展名通常是.mpeg 或.mpg。

4. DAT 格式

DAT 是 Video CD 的数据文件,这种文件结构与 MPG 基本相同,也是基于 MPEG 压缩算法的一种格式文件。虽然 Video CD 也称全屏幕活动视频,但是实际上标准 VCD 的分辨率只有 350×240 像素,与 AVI

和MOV格式差不多，但由于VCD的帧频高并有CD音质的伴音，所以质量要优于AVI和MOV格式文件。

5. SWF格式

SWF格式是动画制作软件Flash的动画文件，是一种支持矢量和点阵图形的动画文件格式，被广泛应用于网页设计、动画制作等领域。因为其采用矢量图形记录画面信息，所以这种格式的动画在播放时不会失真。SWF格式的动画文件可以嵌入到网页中，也可以单独成页，或以OLE对象的方式出现在其他多媒体创作软件中。

6. ASF格式

ASF是一个开放标准，也是一种文件类型，它能依靠多种协议在多种网络环境下支持数据的传送。它是专为在IP网上传送有同步关系的多媒体数据而设计的，所以ASF格式的信息特别适合在IP网上传输。由于它使用了MPEG-4的压缩算法，所以压缩率和图像的质量都很高，图像质量优于RM格式。

7. WMV格式

WMV是Microsoft公司开发的视频文件格式，它是一种独立于编码方式的在互联网上实时传播多媒体的技术标准。WMV的主要优点有本地或网络回放、可扩充的媒体类型、部件下载、可伸缩的媒体类型、流的优先级化、多语言支持以及扩展性等。

8. RMVB格式

RMVB格式的前身是RM格式，是由RealNetworks公司开发的一种具有较高压缩比的视频文件格式。根据不同的网络传输速率而制定出不同的压缩比率，从而实现在低速率的网络上进行视频数据实时传送和播放，具有体积小、画质优的特点。

6.5.4　常用视频与动画工具

1. 视频素材采集

视频素材采集方法很多，最常见的是用视频捕捉卡配合相应的软件采集来自摄像机、VCD、电视机上的视频信号；可以利用超级解霸等软件来截取VCD上的视频片段，从而获得高质量的视频素材；也可以使用特定的软件配合摄像头，直接获取视频图像；还可以使用屏幕抓取软件，来记录屏幕的动态变化及鼠标的操作，以获得视频素材。

常用的数字视频处理软件有Video for Windows、Quick Time、Adobe Premiere等。

2. 动画素材采集

计算机制作动画的方法如下：

(1)将一幅幅画面分别绘制后，再串接成动画。

(2)路径动画(补间动画)。

(3)关键帧动画。

(4)利用计算机程序设计语言创作动画，如Java动画。

目前，比较流行的二维动画制作软件有Animator Studio、Flash、AXA 2D等。另外，大多数多媒体制作工具都包括有简单的动画制作能力，如Authorware、Asymetrix Multimedia Toolbook等。

三维动画制作一直是计算机应用的一个热点领域，多年来，各种动画制作软件层出不穷。目前国际上最为流行的三维动画软件有3ds Max、Maya、Lightwave 3D等。

下面介绍使用Flash CC软件制作动画的方法。

3. 使用Flash CC制作动画

Flash动画是目前最流行的二维矢量动画。它凭借自身诸多优点，在互联网、多媒体课件制作及游戏软件制作等领域得到了广泛应用。Flash CC是Adobe公司最新推出的Flash动画制作软件，它相比之前的版本在功能上有了很多有效的改进及拓展，包括支持64位架构、简化的用户界面、全新的代码编辑器、实时绘图和实时色彩预览、时间轴增强功能、无限制的画板大小等。

1)Flash CC的窗口

Flash CC的窗口如图6-11所示，主要由菜单栏、工具箱、时间轴面板、舞台、功能面板等组成。

(1)菜单栏:菜单栏包含 Flash CC 所有的操作命令。

(2)工具箱:工具箱中提供了用于绘制、填充颜色、选定和修改对象的一组工具,位于窗口的右侧。

(3)时间轴面板:用于组织和控制影片内容在一定时间内播放的层数和帧数。主要组件是图层、帧和播放头。

(4)舞台:编辑制作关键帧和制作动画的工作区域,默认颜色为白色。

(5)功能面板:用于查看、组织和更改文档中的元素,面板中的可用选项控制着元件、实例、颜色、类型、帧和其他元素的特征。常用面板有“属性”“库”“动作”等。

图 6-11　Flash CC 的窗口

2)Flash 的基本知识

(1)帧。帧是构成 Flash 动画的基本元素。在时间轴面板中,帧是用矩形的小方格表示的,一个方格是一帧。每一秒中包含的帧数为帧率,在 Flash CC 中默认的帧率是 24 帧/s。

(2)动画类型。在 Flash CC 中,动画的基本类型主要有以下几种:

①逐帧动画:与传统动画相似,需要绘制动画的每一帧,主要用于表现一些复杂的运动,如动物的奔跑、人物的行走等。一般采用逐帧循环动画方式。

②补间动画:分为动作补间动画和形状补间动画。采用关键帧处理技术,即只需决定动画对象在运动过程中的关键状态,中间帧的动画效果就会由动画软件自动计算出来,创建补间动画时至少需要制作两个关键帧。

③运动引导层动画:在动作补间动画的基础上增加了运动轨迹控制,使动画对象能够沿着预先绘制的路径运动,通常制作复杂的补间动画都采用该方法。

④遮罩层动画:处理被遮罩层中对象显示情况的一种方法。

(3)场景。场景是 Flash 动画中相对独立的一段动画内容,一个 Flash 动画可以由很多个场景组成,场景之间可以通过交互、响应进行切换。正常情况下,动画播放时将按场景设置的前后顺序播放。

(4)元件和实例。元件是 Flash 动画的角色灵魂,是构成动画的基本单元,也是动画的基本图形元素。把在场景中多次出现的对象放入图库中,需要的时候从图库直接拖动至舞台,这就是元件。拖入舞台的元件称为实例,即元件的复制品。实例与元件具有不同的特性,一个场景可以放置多个由相同元件复制的实例对象,但在库中与之对应的元件只有一个。当元件的属性发生改变时,由它生成的实例也会发生相应改变。Flash CC 中的元件有图形、按钮和影片剪辑。

(5)事件与交互。Flash 动画的播放不仅可以按时间顺序,还可以根据操作来决定动画的播放。用户的操作称为事件,而程序或动画的下一步执行称为对这一事件的响应,即为交互。Flash 具有很强的交互能力。在 Flash 中,事件可以是播放的帧、单击按钮等;交互可以为帧的播放、声音的播放或中止等。

3)Flash 的基本操作

(1)图形的编辑与处理。Flash 是基于矢量绘图的动画制作工具,其图形绘制操作和绘制工具与其他软件的图形绘制操作和绘制工具基本一致。

(2)对象操作。对象的基本操作包括对象的选定、对象的群组和分解、对象的对齐和组件的创建。

(3)文本的创建和编辑。在工具箱中选择文本工具，创建的文本形式有静态文本、输入文本和动态文本。

(4)文件操作。Flash 提供了文件的打开、保存等基本操作，在“文件”菜单中选择相应的命令完成基本操作。

(5)动作脚本。动作脚本(action script)是 Flash 中能够面向对象进行编程的语言，一般由语句、函数和变量组成。使用脚本不仅使动画具有交互性，而且可以为普通动画添加更好的动画效果。Flash CC 采用的是 Action Script 3.0 版本，能够更标准地实现面向对象的编程。

【例 6-3】 制作图 6-12 所示地球公转的动画。

【问题分析】

(1)所需设备：Flash CC 软件，太阳、地球图片素材。

(2)所需操作命令：动画编辑器、元件的创建和修改对象移动轨迹，基于对象动画、补间动画，帧的使用。

【操作步骤】

(1)新建一个 Flash 动画文档，将背景色设置为“黑色”。

(2)导入图片。单击“文件”菜单，选择“导入”命令，在级联菜单中选择“导入到库”命令，打开“导入到库”对话框，选择地球和太阳图片素材，单击【打开】按钮。

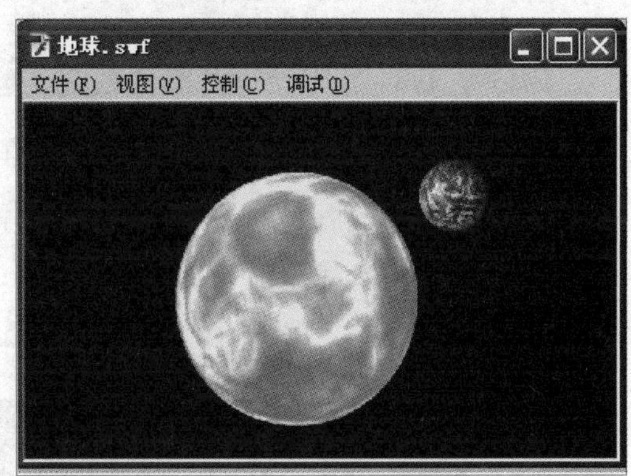

图 6-12　地球公转效果图

(3)创建太阳元件。用鼠标左键将库中的太阳图片拖动到舞台中，得到图层 1，单击工具箱的【任意变形工具】按钮，调整图片尺寸，如图 6-13 所示；右击图片，在弹出的快捷菜单中选择“转换为元件”命令，打开“转换为元件”对话框，为元件命名为“太阳”，元件类型设置为“影片编辑”，单击【确定】按钮。

(4)创建地球元件。右击图层 1，在弹出的快捷菜单中选择“插入图层”命令，得到图层 2。用鼠标左键将地球图片拖动到舞台中太阳元件的上方，使用【任意变形工具】按钮调整其尺寸，如图 6-14 所示。右击图片，在弹出的快捷菜单中选择“转换为元件”命令，打开“转换为元件”对话框，为元件命名为“地球”，元件类型设置为“影片编辑”，单击【确定】按钮。

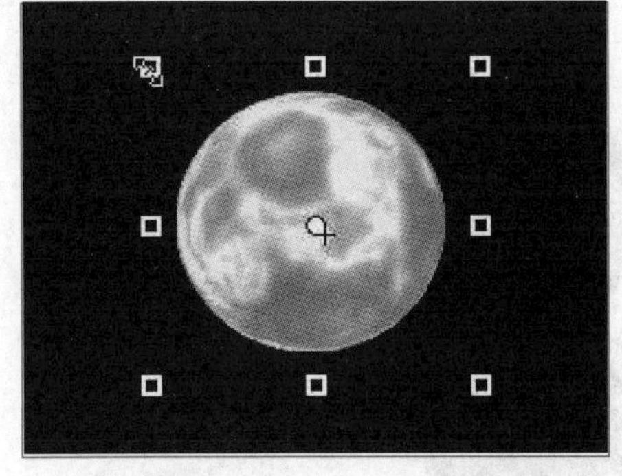

图 6-13　更改太阳图片

图 6-14　更改地球图片

(5)插入关键帧。右击图层 1 的第 150 帧，在弹出的快捷菜单中选择“插入关键帧”命令。

(6)创建补间动画。右击图层 2 的第 150 帧，在弹出的快捷菜单中选择“插入帧”命令。再次右击第 150 处，在弹出的快捷菜单中选择“创建补间动画”命令，最后右击此处，在弹出的快捷菜单中选择“插入关键帧”命令，在弹出的级联菜单中选择“位置”命令，如图 6-15 所示。

(7)创建运动路径。右击第 75 帧处，在弹出的快捷菜单中选择“插入关键帧”命令，在弹出的级联菜单中选择“位置”命令，然后将地球元件拖动到太阳元件的正下方，使地球元件匀速运动，如图 6-16 所示。

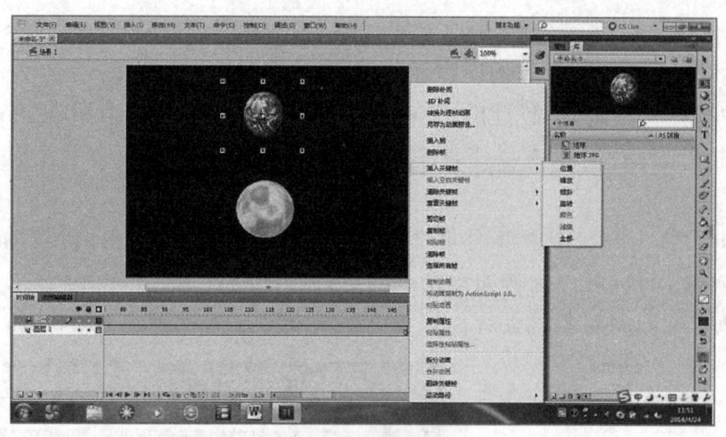

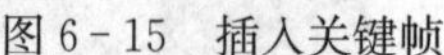

图 6-15　插入关键帧

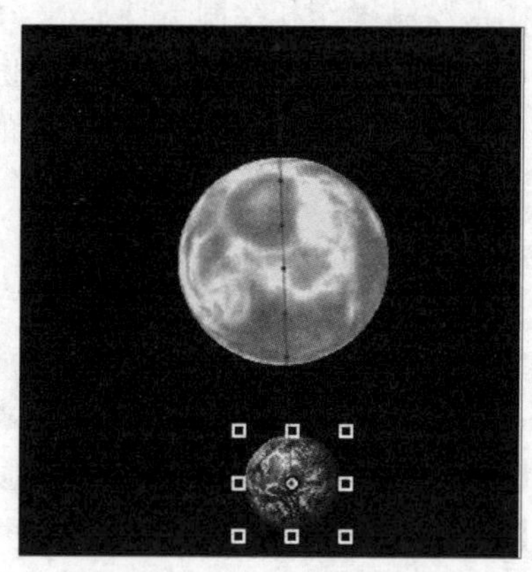

图 6-16　设置地球路径

(8)右击第 35 帧处,在弹出的快捷菜单中选择“插入关键帧”命令,在弹出的级联菜单中选择“位置”命令,然后将地球元件拖动到太阳元件的左侧,如图 6-17 所示。

(9)单击工具栏上的【选择工具】按钮,按住鼠标左键拖动路径,将其修改成弧形,如图 6-18 所示。

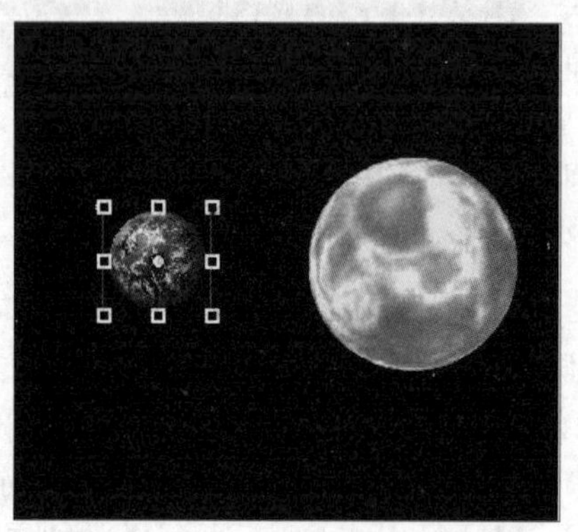

图 6-17　设置左侧路径

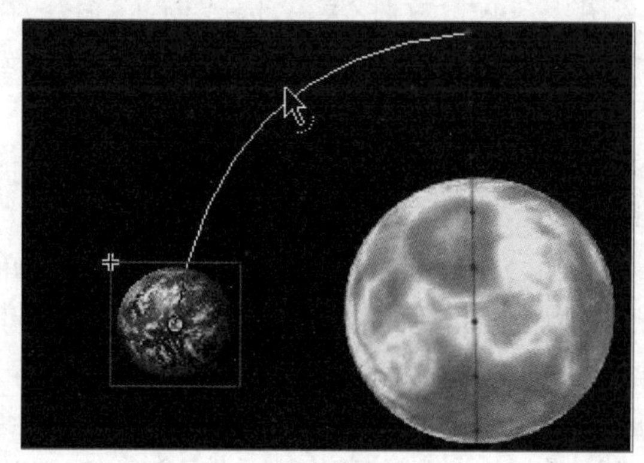

图 6-18　改变运动路径

(10)用同样的方法绘制地球元件在太阳元件右侧的运动路径。完整路径如图 6-19 所示。

(11)制作完成,按【Ctrl+Enter】组合键测试动画。

图 6-19　完整路径

【知识点】

1. 编辑补间动画

Flash CC 中对补间动画进行编辑,可执行以下操作:在时间轴上选择要调整的补间动画,然后双击该补间范围。也可以右击该补间范围,然后选择“调整补间”命令来对补间动画进行编辑。补间动画编辑区域可以查看、编辑所有补间属性及属性关键帧,还可以精准地调整动画属性等。

2. 创建元件

(1)创建空白元件的方法如下：

- 单击“插入”菜单，选择“新建元件”命令，在打开的“创建新元件”对话框中，输入元件名称并选择元件“类型”，单击【确定】按钮。
- 单击“库”面板中的【新建元件】按钮，在打开的“创建新元件”对话框中，输入元件名称并选择元件“类型”，单击【确定】按钮。

(2)将选定对象转换为元件的方法如下：

- 在舞台上选中一个或多个对象，单击“修改”菜单，选择“转换为元件”命令，在打开的“转换为元件”对话框中设置名称及类型。
- 右击对象，在弹出的快捷菜单中选择“转换为元件”命令，在打开的“转换为元件”对话框中进行设置。
- 选中对象后，按住鼠标左键拖动到“库”面板，打开“转换为元件”对话框，进行设置。
- 选中对象，按【F8】快捷键。

(3)基于对象的动画。基于对象的动画是将补间直接应用于对象，其作用是可快速创建动画、轻松修改运动路径并全面控制个别动画属性。

基于对象的动画与补间动画的区别在于，补间动画主要针对关键帧，并能够设置对象的属性。基于对象的动画也是补间动画，可直接看到运动路径，并且使用调整线条的工具就可以方便地修改，而传统补间动画需要在关键帧中修改元件位置或其他属性才能调整。

6.6 多媒体应用系统案例

在多媒体应用系统中，数字电视是一个比较典型的应用。数字电视是数字信息技术的产物，以数字化、交互性为主要特色。与传统模拟电视相比，数字技术的高精度使数字电视的画面清晰度和伴音效果都大大提高。数字电视系统能有效地节省频道资源，顺畅地传播即时视频和音频，被充分应用于各行各业。

6.6.1 数字电视基本知识

1. 数字电视

数字电视是指电视信号的采集、处理、发射、传输和接收过程中使用数字信号的电视系统或电视设备。其传输过程是由电视台送出的图像及声音信号，经过数字压缩和数字调制后，形成数字电视信号，经过卫星、地面无线广播或有线电缆等方式传送，由数字电视接收后，通过数字解调和数字视频音频解码处理还原出原来图像和伴音。数字电视的最大特点是电视信号以数字形式进行广播。

数字电视最早在美国起步，美国USSB和DIRECTV两个卫星在1994年6月开播了数字电视业务。中国在数字电视领域一开始便与科技先进的发达国家保持同步。1995年中央电视台开始利用数字电视系统播出加密频道，利用卫星向有线电视台传送4套加密电视节目。1996年开始通过卫星传输数字电视信号。目前，所有省市的电视台都能传输数字信号。2013年在亚太OTT TV峰会上提出，一种将数字电视与互联网整合的商业模式，即“社交电视”，不仅可以提供评论，利用社交网络工具进行交流，用电视来玩游戏，而且可以通过推荐电视节目来发现新的内容，获取更多信息。

2. 数字电视分类

(1)按数字电视信号传输途径分类：

①数字卫星电视广播系统。通过广播卫星提供的传输通道，对用户直接发送或转播数字电视节目。

②数字有线电视广播系统。用户可以通过机顶盒和模拟电视接收机来观看电视节目。

③数字地面电视广播系统。通过电视塔发射数字节目，用户通过天线接收电视节目。目前，数字地面电视广播用作移动电视，应用于公共汽车、出租车等方面，其画质已接近有线电视。

(2)按数字电视信号的清晰度分类：

①高清晰度电视(high definition television，HDTV)。HDTV为最高级，其图像清晰度可达35 mm胶

片电影水平,显示图像分辨率达1 920×1 080像素,幅缩比为16∶9。水平和垂直清晰度是常规电视的两倍左右,扩大了彩色重显范围,色彩更加逼真,配有多声道环绕立体声。

②标准清晰度电视(standard definition television,SDTV)。SDTV的图像质量相当于演播室水平,具备数字电视的各种优点,成本较低,是一种普及型数字电视。

③低清晰度电视(low definition television,LDTV)。水平清晰度为200～300线,主要是对应现有VCD的分辨率量级。

HDTV、SDTV、LDTV的区别主要在于图像质量和信号传输时所占信道带宽的不同。

6.6.2 数字电视关键技术

1. 数字电视的信源编/解码

信源编/解码技术包括视频图像编/解码技术及音频信号编/解码技术。无论是高清晰度电视,还是标准清晰度电视,未压缩的数字电视信号都具有很高的数据率。为了能在有限的频带内传送电视台节目,必须对电视信号进行压缩处理。国际上统一采用MPEG-2标准进行数字电视信源的编/解码。

2. 数字电视的传送复用

从发送端信息的流向来看,复用器把音频、视频、辅助数据的码流通过一个打包器打包,然后复合成单路串行的传输比特流,送给信道编码及调制;接收端与此过程相反。电视节目数据的打包使其具备了可扩展性、分级性、交互性的基础。在数字电视的传送复用标准方面,国际上统一采用MPEG-2标准。

3. 数字电视的信道编解码及调制解调

经过信源编码和系统复接后生成的节目传送码流,通常需要通过某种传输媒介才能到达用户接收机。传输媒介可以是广播电视系统、电信网络系统或存储媒介。这些传输媒介统称为传输信道。通常情况下,编码码流不能或不适合直接通过传输信道进行传输,必须经过某种处理,使之变成适合在规定信道中传输的形式。在通信原理上,这种处理称为信道编码与调制。

数字电视信道编解码及调制解调的目的是通过纠错编码、网格编码、均衡等技术提高信号的抗干扰能力,通过调制把传输信号放在载波上,为发射做好准备。目前所说的各国数字电视的制式标准不能统一,主要是指纠错、均衡等技术的不同,带宽的不同,尤其是调制方式的不同。

4. 软件平台(中间件)

在数字电视系统中,电视内容的显示、电子节目菜单(electronic program guide,EPG)、操作界面等都依赖基于中间件的软件技术实现,缺少软件系统便无法在数字电视平台上开展交互电视等增强型电视业务。

中间件的作用是使机顶盒的功能以API的形式提供给机顶盒生产厂家,以实现数字电视交互功能的标准化,同时使业务项目以应用程序的形式通过传输信道下载到用户机顶盒的数据减小到最低限度。机顶盒是数字电视机的一个附加部件,能提高数字电视机的性能或增加功能。机顶盒的硬件功能主要是对接收的射频信号进行信道解码、解调、MPEG-2码流解码及模拟音视频信号的输出。

5. 条件接收

条件接收是一种技术手段,是数字电视广播收费所必需的技术保障。条件接收系统通过对播出的数字电视节目内容进行数字加扰,建立有效的收费体系,使已经付费的用户能正常接收订购的电视节目和增值业务,而未付费的用户则不能观看收费节目。条件接收系统是一个综合性的系统,集成了数据加扰、加密和解密、智能卡等技术,也涉及用户管理、节目管理、收资管理等信息应用管理技术,能实现各项数字电视广播业务的授权管理和接收控制。

6.6.3 数字电视标准

数字电视标准是指数字电视采用的视频音频采样、压缩格式、传输方式和服务信息格式等的规定。数字电视涉及很多领域的标准,按照信号传输方式分为地面无线传输、有线传输、卫星传输、手持设备传输等体系。其中地面无线传输标准分类如下:

1. 美国ATSC标准

美国ATSC(advanced television systems committee)标准用于6 MHz电视频道,主要在美国、加拿大、

墨西哥、韩国等国家使用。

2. 欧洲DVB标准

欧洲数字电视标准为DVB(digital video broadcasting)。从1995年起,欧洲陆续发布了数字电视地面广播(DVB-T)、数字电视卫星广播(DVB-S)、数字电视有线广播(DVB-C)的标准。DVB用于6/7/8 MHz电视频道,主要在欧洲及大洋洲各国、亚洲多国、非洲及中东大部分地区等使用。

3. 日本ISDB标准

ISDB(integrated service digital broadcasting)是由日本的数字广播专家组制定的数字广播系统标准。ISDB用于6 MHz电视频道,主要在日本、中美洲部分国家、南美洲大部分国家等使用。

4. 中国标准DMB-T/H

DMB(digital multimedia broadcasting)是中国于2006年8月自定义的标准。目前,中国、马来西亚、老挝、伊拉克、约旦、叙利亚和黎巴嫩等亚洲国家使用或计划使用这个数字频率广播。

目前,有线传输标准有美国的ATSC-C、欧洲的DVB-C标准,中国的有线电视网络一般采用的是欧洲标准;卫星传输标准有国际通用的DVB-S、DVB-S2标准,中国主要采用DVB-S标准;手持设备传输标准有国际通用标准DVB-SH及MediaFLO、欧洲的DVB-H标准等,中国目前的两个标准T-MMB和CMMB均在测试阶段。

2013年12月29日,在广州召开的《"AVS+和DRA"音视频标准数字电视地面广播试验》项目验收会,标志着我国自主研发的广播电视先进视频编解码技术(AVS+)和多声道数字音视频编码技术(DRA)在我国自主创新数字电视地面广播系统中首次应用成功。它有力地推动我国AVS+、DRA等数字音视频产品设备的研发和质量提升,促进相关数字电视产品的产业化进程,加快推进我国地面数字电视广播和相关自主创新战略性新兴产业发展。

截至2019年10月,已有11个国家或地区基本确定采用或商用中国数字电视标准,带动了数字电视产业众多产品和企业"走出去",形成由点到面的标准海外推广应用新格局。

第 7 章　数据通信技术基础

学习目标

- 掌握数据通信的基本概念与基本原理。
- 了解通信信号、通信介质和通信模型。
- 掌握通信信道的分类及通信技术指标。
- 掌握数据传输模式、数据交换方式和多路复用技术。
- 了解常用的通信系统和通信工具。

7.1　数据通信基础

7.1.1　数据通信

1. 通信

通信(communication)是指人与人或人与自然之间通过某种行为或媒介进行的信息交流与传递。从广义上说,无论采用何种方法,使用何种媒介,只要将信息从一方传送到另一方,均可称为通信。通信的根本目的就是传递信息。

2. 数据通信

数据通信指依照通信协议、利用数据传输技术在两个功能单元之间传递数据信息。通信可以实现计算机之间、计算机与终端以及终端之间的数据信息传递,如图 7－1 所示。从数据通信的定义可知,数据通信包含两方面内容,数据传输和数据传输前后的处理(如数据的采集、交换、控制等)。数据传输是数据通信的基础,数据传输前后的处理则使数据的远距离交互得以实现。

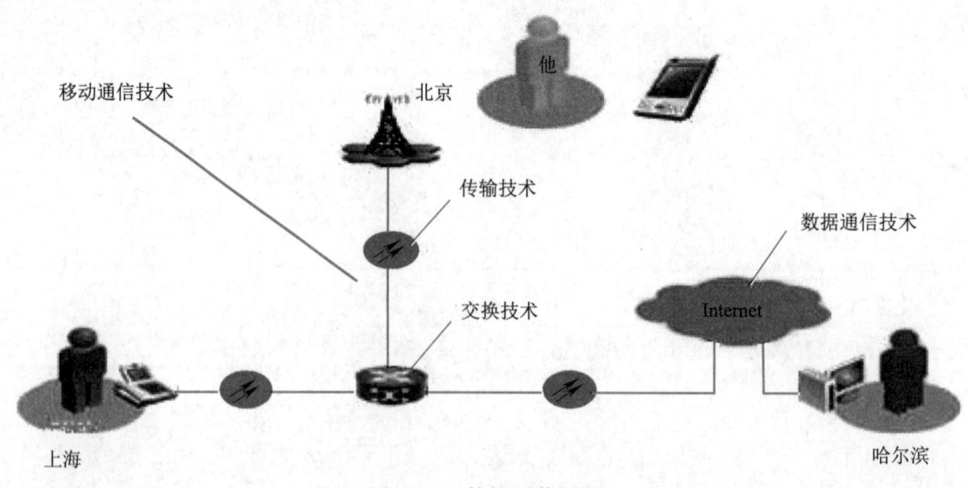

图 7－1　数据通信图例

数据通信是通信技术和计算机技术相结合而产生的一种新的通信方式。由于现在的信息传输与交换大多是在计算机之间或计算机与外围设备之间进行的，所以数据通信有时也称计算机通信。

7.1.2 通信信号

在数据通信中数据从一方传送到另一方，数据必须以一种合适的形式快速有效地传送，并能够被人们利用。数据一般可以理解为“信息的数字化形式”。在计算机网络系统中，数据通常理解为在网络中存储、处理和传输的二进制数字编码。声音信息、图像信息、文字信息以及从现实世界直接采集的各种信息，均可转换为二进制编码在计算机网络系统中存储、处理和传输。

1. 信号

信号(signal)是运载数据的工具，是数据的载体。从广义上讲，信号包含光信号、声信号和电信号等。

2. 数字信号与模拟信号

信号可以分为数字信号和模拟信号。从时间的角度来看，数字信号是一种离散信号，模拟信号是一组连续变化的信号。数据可以是模拟的，也可以是数字的。

1)数字信号

数字信号指自变量是离散的，因变量也是离散的信号，这种信号的自变量用整数表示，因变量用有限数字中的一个数字来表示。在计算机中，数字信号的大小常用有限位的二进制数表示，例如，字长为2位的二进制数可表示4种大小的数字信号，它们是00、01、10、11；若信号的变化范围在－1～1，则这4个二进制数可表示字段数字范围，即[－1，－0.5]、[－0.5，0]、[0，0.5]、[0.5，1]。

数字是与离散相对应的。数字数据取某一区间内有限个离散值，数字信号取几个不连续的物理状态来代表数字，如图7－2(a)所示。由离散数字按不同的规则组成的离散数字序列就形成了数字数据，其离散数字的序列就是数字数据代码。最简单的离散数字是二进制数字0和1，它分别用信号的两个物理状态(如低电平和高电平)来表示。利用数字信号传输的数据，在受到一定限度的干扰后是可以恢复的。例如，用高电平5V代表数字1，用低电平3V代表数字0，当电压受到干扰分别变为4.9V和3.1V时，接收信号的一端依然可以判定接收的数字数据是1和0。

在现代技术的信号处理中，数字信号发挥的作用越来越大，复杂的信号处理几乎都离不开数字信号。

2)模拟信号

模拟信号是指数据在给定范围内表现为连续的信号。

模拟是与连续相对应的。模拟数据是取某一区间的连续值，而模拟信号是一个连续变化的物理量，如图7－2(b)所示。例如，声音信号是一个连续变化的物理量，声音数据在一个区间内取连续值。无线电与电视广播中的电磁波都是模拟信号。

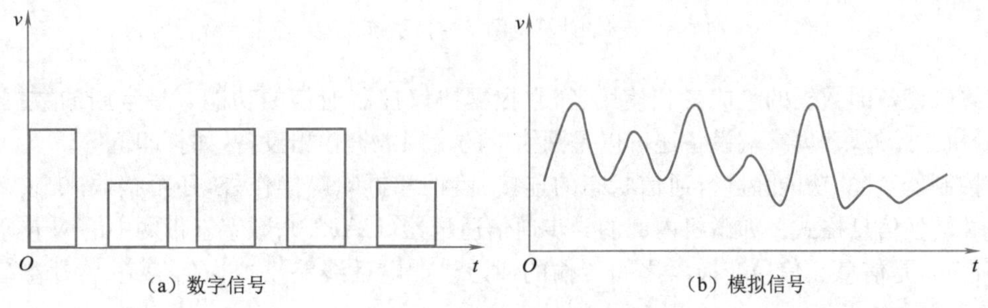

图7－2 模拟信号和数字信号

不同的数据必须转换为相应的信号才能进行传输，模拟数据一般采用模拟信号，数字数据则采用数字信号。模拟信号和数字信号之间可以进行相互转换。

7.1.3 通信系统模型

1. 数据通信系统模型

数据通信系统是指以计算机为中心，用通信线路与分布于异地的数据终端设备连接起来，执行数据通信的系统。现代通信系统虽然种类繁多,但根据其信息特点,可以概括成一个基本的通信模型,如图 7-3 所示。

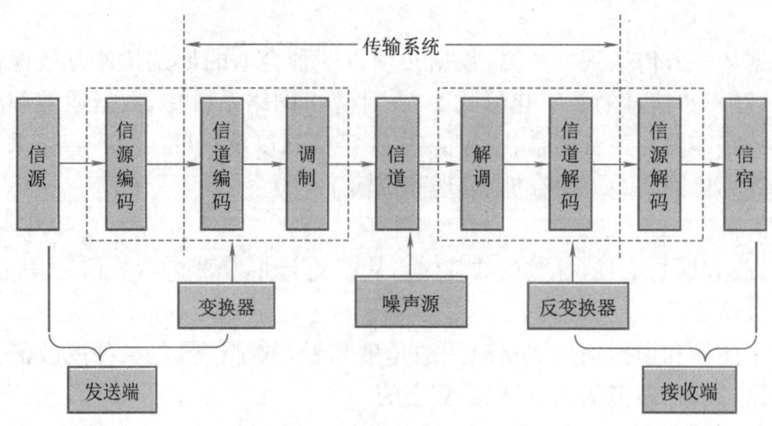

图 7-3 数据通信系统模型

(1)信源:信息的来源,即产生待发送数据的设备,是信息的发出者。

(2)变换器:对信号进行转换和编码,以产生能在特定的传输信道中传输的信号。

(3)信道:连接信源和信宿的传输介质或复杂网络。

(4)反变换器:从信道接收信号并将其转换成信宿能处理的信号。

(5)信宿:从反变换器接收数据,并能还原成原信号,是信息的接收者。

(6)噪声源:在通信系统中不能忽略噪声的影响,通信系统中的噪声可能来自各个部分,包括发送或接收信息的周围环境、各种设备的电子器件、信道外的电磁场干扰等。噪声的存在影响通信质量。

2. 计算机网络通信系统模型

从计算机网络技术的组成部分来看,一个完整的数据通信系统一般有数据终端设备、通信控制器、通信信道、信号变换器等组成部分,如图 7-4 所示。

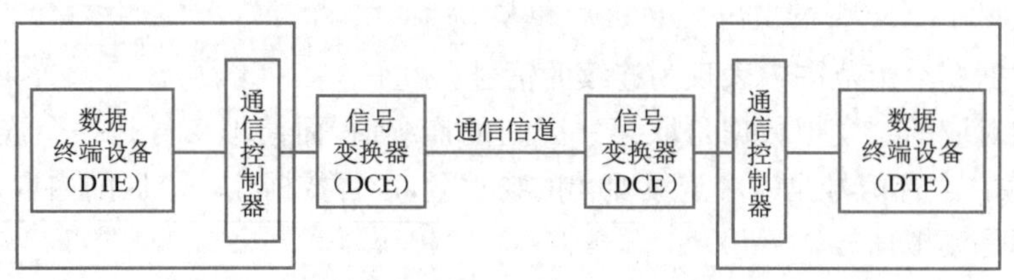

图 7-4 计算机网络通信系统模型

(1)数据终端设备即数据的生成者和使用者,它根据协议控制通信的功能。最常用的数据终端设备就是网络中的微机。此外,数据终端设备还可以是网络中的专用数据输出设备,如打印机等。

(2)通信控制器:它的功能除进行通信状态的连接、监控和拆除等操作外,还可接收来自多个数据终端设备的信息,并转换信息格式。如微机内部的异步通信适配器(UART)、数字基带网中的网卡等。

(3)通信信道:是信息在信号变换器之间传输的通道。如电话线路模拟通信信道、专用数字通信信道、宽带电缆(CATV)和光纤等。

(4)信号变换器:模数转换器是一种能将模拟信号转变为数字信号的电子元件,数模转换器是一种能够把连续的模拟信号转变为离散的数字信号的器件。其功能是将通信控制器提供的数据转换成适合通信信道要求的信号形式,或将信道中传来的信号转换成可供数据终端设备使用的数据,最大限度地保证传输质量。在计算机网络的数据通信系统中,最常用的信号变换器是调制解调器和光纤通信网中的光电转换器。信号变换器和其他网络通信设备统称为数据通信设备(DCE),DCE 为用户设备提供入网的连接点。

计算机网络通信系统实例如图 7-5 所示。

图 7-5　通信系统实例

数据通信系统要完成通信任务，必须考虑以下关键性问题：

(1)传输系统利用率：指有效地使用传输设备。这些设施通常是由很多的通信设备共享的。因此要有效地分配传输介质的容量，如采用多路复用技术等；要协调传输服务的要求以免系统过载，如采用拥塞控制技术等。

(2)接口规范：为了通信，设备必须和传输系统有接口，使发送端产生的信号特征(如信号的波形和信号强度)能适应信道的传输，以及在接收端能对数据做正确解释。

(3)同步：接收端要按发送端发送的数据频率和起止时间来接收数据，使自己的时钟与发送端一致，实现同步接收。

(4)交换管理：在两个实体通信期间的各种协调管理。

(5)差错检测和校正：对通信中产生的差错进行检测和校正，并通过流量控制防止反变换器来不及接收的信号。

(6)寻址和路由：决定信号到达目标的最优路径。

(7)恢复：不同于差错检测和校正，“恢复”指在系统由于某种原因(包括自然灾害)被破坏或中断后，对系统进行必要的恢复。

(8)报文格式：两个对话实体需要进行协商，使报文格式一致。

(9)安全：保证正确地、完整地、不被泄露地将数据从发送端传输至接收端。

(10)网络管理：对复杂的通信系统进行配置、故障、性能、安全、计费等管理。

7.1.4　信道分类

信道可按不同的方式来分类。从概念上可分为广义信道和狭义信道；按传输媒体可分为有线信道和无线信道；按允许通过的信号类型可分为模拟信道和数字信道等。

1. 广义信道和狭义信道

广义信道是指相对于某类传输信号的广义上的信号传输通路。它通常是将信号的物理传输媒介与相应的信号转换设备合起来看作信道。常用的信道有调制信道，即将调制器和解调器之间的信道和设备看作一个广义信道。

狭义信道是指传输信号的具体的传输物理媒介，如电缆、光纤、微波、卫星等传输线路。在讨论信道时，物理传输媒介仍是重点。

2. 有线信道和无线信道

有线信道(对称电缆、同轴电缆、光纤等)具有性能稳定、外界干扰小、维护便利等优点，在通信网中占有较大的比例。但是，一般有线信道架设工程量大，一次性投资较大。目前，在有线信道中，光纤的使用比重正在进一步增大。

无线信道(中波、短波、微波、卫星等)利用无线电波在空间中进行信号传输，无线信道通信成本低，通信的建立比较灵活，可移植性大。但是，一般无线信道受环境气候影响较大，保密性差。目前，在无线信道中，微波和卫星信道的使用比重较大。

3. 模拟信道和数字信道

数字信道用来传输离散数字信号，且只能传输数字信号。当利用数字信道传输数字信号时不需要进行变换，通常需要进行数字编码。

模拟信道传输的是在幅度和时间上都连续变化的模拟信号。模拟信号的电平随时间连续变化,语音信号就是典型的模拟信号。如果利用模拟信道传送数字信号,则必须经过数字与模拟信号之间的变换,调制解调器就是完成这种变换的设备。

7.1.5 数据通信主要技术指标

1. 传输速率

传输速率指通信线路上传输信息的速率,它是描述数据传输系统的重要技术指标之一。传输速率一般有两种表示方法,即比特率和波特率。

(1)比特率是指在有效的带宽上,单位时间内所传输的二进制代码的有效位(bit)数,可以用 bit/s(每秒比特数)表示。

(2)波特率是指数字信号经过调制后的速率,即调制后的信号每秒变化的次数,其单位为波特(Baud)。

2. 信道带宽

信道带宽是指物理信道的频带宽度,即信道允许的最高频率和最低频率之差。它是描述传输能力的技术指标,其大小是由信道的物理特性决定的,带宽的单位为赫兹(Hz)。一般来说,信道带宽越宽,数据传输速率越快。

3. 信道容量

信道容量是指物理信道上能够传输数据的最大能力,即数据传输速率的上限。当信道上传输的数据速率大于信道所允许的数据速率时,信道就不能用来传输数据了。信道容量一般表示为单位时间内最多可传输的二进制数据的位数。

4. 误码率

误码率是指二进制编码在数据传输中被传错的概率,也称出错率。

5. 吞吐量

吞吐量是指对网络、设备、端口及其他设施单位时间内成功地传送数据的数量,单位是 bit/s。

7.1.6 通信介质

通信介质(传输介质)即网络通信的线路,是网络中传输信息的载体,常用的传输介质分为有线传输介质和无线传输介质两大类。有线介质有双绞线、同轴电缆和光纤等,无线介质有无线电波、微波、红外线、蓝牙、激光和卫星通信等。

1. 双绞线

双绞线是由两条相互绝缘的导线按照一定的规格互相缠绕(一般以逆时针缠绕)在一起而制成的一种通用配线。计算机网络中常用的是由 4 对双绞线构成的双绞线电缆。双绞线是一种广泛使用的通信传输介质,既可以传输模拟信号,也可以传输数字信号。双绞线电缆的连接器一般使用 RJ-45 接头,用来连接计算机的网卡或集线器等通信设备。双绞线与 RJ-45 接头连接方式如图 7-6 所示。

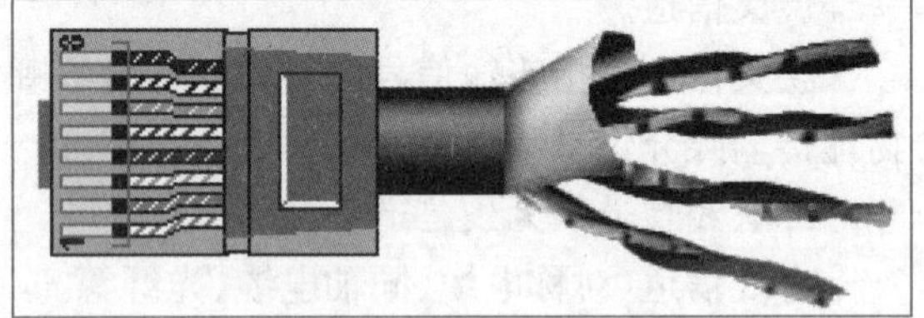

图 7-6 双绞线与 RJ-45 接头连接方式

双绞线主要分为两类,即非屏蔽双绞线(unshielded twisted-pair,UTP)和屏蔽双绞线(shielded twisted-pair,STP)。屏蔽双绞线增加了一个屏蔽层,能有效地防止电磁干扰。家庭和局域网最常用的是非屏蔽双绞线。

EIA/TIA(电子工业协会/电信工业协会)为非屏蔽双绞线制定了布线标准,可用于 100 Mbit/s 和 1 000 Mbit/s 的以太网。

计算机网络中,双绞线的连接分为计算机至集线器(直联网线)和计算机至计算机(交叉网线)两种,如图 7-7 所示。参照 T568B 标准,计算机与集线器相连的双绞线,其 8 芯线按颜色顺序一一对应进行连接,如表 7-1 所示。计算机与计算机相连的双绞线(不经过集线器)连接顺序如表 7-2 所示。

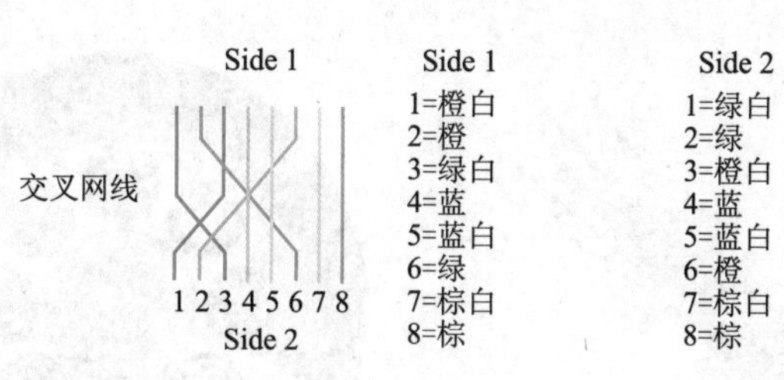

(a) 交叉网线

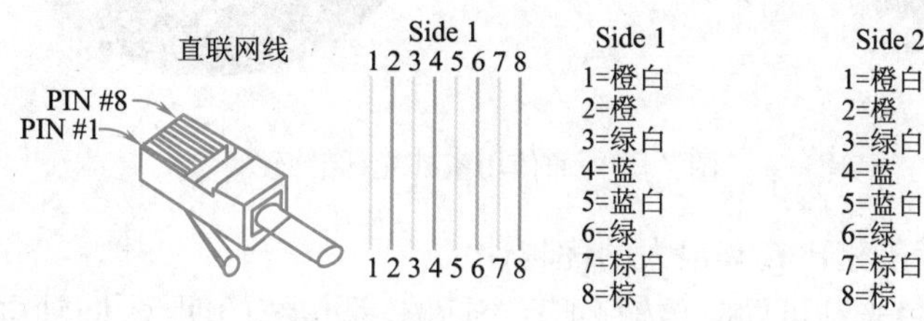

(b) 直联网线

图7-7 双绞线的连接

表7-1 计算机与集线器之间的双绞线连接方法

设备	1	2	3	4	5	6	7	8
计算机	橙白	橙	绿白	蓝	蓝白	绿	棕白	棕
集线器	橙白	橙	绿白	蓝	蓝白	绿	棕白	棕

表7-2 计算机与计算机之间的双绞线连接方法

设备	1	2	3	4	5	6	7	8
计算机1	橙白	橙	绿白	蓝	蓝白	绿	棕白	棕
计算机2	绿白	绿	橙白	蓝	蓝白	橙	棕白	棕

2. 同轴电缆

同轴电缆(coaxial)是指有两个同心导体,而导体和屏蔽层又共用同一轴心的电缆。最常见的同轴电缆由绝缘材料隔离的铜线导体组成,在里层绝缘材料的外部是另一层环形导体及其绝缘体,然后整个电缆由聚氯乙烯或特氟纶材料的护套包住,如图7-8所示。同轴电缆的连接器可以采用BNC或T连接器。

同轴电缆可以用于长距离的电话网络、有线电视信号的传输通道以及计算机局域网络。50 Ω的同轴电缆可用于数字信号发送,称为基带同轴电缆;75 Ω的同轴电缆可用于频分多路转换的模拟信号发送,称为宽带同轴电缆。在抗干扰性方面,对于较高的频率,同轴电缆优于双绞线。

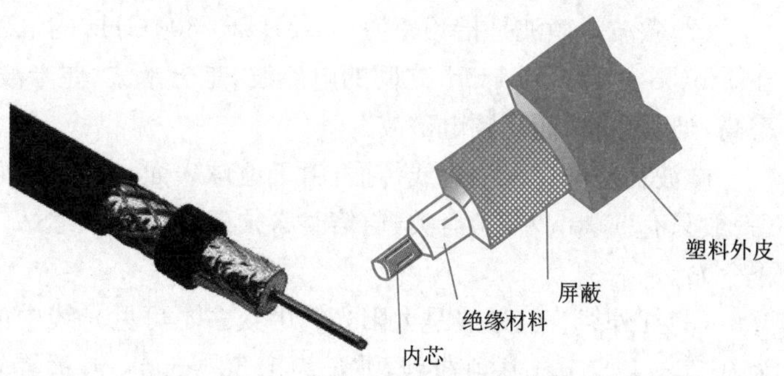

图7-8 同轴电缆的结构

3. 光纤

光导纤维电缆简称光纤。它由纤芯、包层和护套组成,其中纤芯由玻璃或塑料制成,包层由玻璃制成,护套由塑料制成。通信用室外光纤剖面图如图7-9所示。光纤一般使用光纤收发器进行连接。将短距离的双绞线电信号和长距离的光信号进行互换的以太网传输媒体转换单元称为光纤收发器(光电转换器),如SC接头光纤收发器和ST接头光纤收发器。

图 7-9　通信用室外光纤剖面图

光纤通信与其他通信手段相比具有很大的优越性。

(1)通信容量大。用一根光纤可同时传输 24 万个话路,是传统的明线、同轴电缆、微波等的几十乃至上千倍,一根光缆中可以包括几十根甚至上千根光纤,可见其通信容量之大。

(2)中继距离长。由于光纤具有极低的衰耗系数(目前商用石英光纤已低于 0.19 dB/km),若配以适当的光发送与光接收设备,可使其中继距离达数百千米。这是传统的电缆、微波等无法比拟的。因此光纤适用于长途干线通信。

(3)保密性能好。光纤不漏光并且难于拼接,所以光纤网络很难被窃听,安全系数高。

(4)抗干扰、安全可靠。光纤不怕外界强电磁场的干扰,耐腐蚀,弯曲半径大于 25 cm 时其性能不受影响。

(5)体积小、质量小、造价低。制造石英光纤的最基本原材料是二氧化硅,其造价很低。光纤很轻,1 000 根1 km 长的双绞线重达8 000 kg,而容量更大的 1 km 长的光纤的质量只有 50 kg。光缆既可以直埋、管道敷设,又可以水底敷设和架空,便于施工维护。

4. 无线传输介质

无线传输是可以在自由空间利用电磁波发送和接收信号进行的通信。地球上的大气层为大部分无线传输提供了物理通道,就是常说的无线传输介质。在自由空间传输的电磁波根据频谱可将其分为无线电波、微波、红外线、蓝牙、激光、卫星通信等,信息被加载在电磁波上进行传输。在一些电缆光纤难以通过或架设的场所,可以考虑利用无线传输介质实现通信。

(1)无线电波。无线电波是指在自由空间(包括空气和真空)传播的射频频段的电磁波。其频率为 300 GHz 以下,适合于远距离大容量的数据通信。

(2)微波。微波是指频率为 300 MHz～300 GHz 的电磁波,是无线电波中一个有限频带的简称,即波长在 1 m(不含 1 m)到 1 mm 之间的电磁波,是分米波、厘米波、毫米波的统称。微波频率比一般的无线电波频率高,通常也称"超高频电磁波"。

微波在空间中采用直线传播,由于地球表面是一个曲面,因此其传播距离受到限制,而且与天线的高度(一般只有 50 km 左右)有关,通信时必须建立多个中继站。中继站将前一站发来的信号经过放大后再发往下一站。

(3)红外线。红外线是太阳光线中众多不可见光线中的一种。红外线可分为三部分,即近红外线,波长为 0.75～1.50 μm;中红外线,波长为 1.50～6.0 μm;远红外线,波长为 6.0～1 000 μm。红外线通信就是把要传输的信号分别转换成红外光信号直接在空间沿直线进行传播,比微波通信具有更强的方向性,难以窃听、插入数据和进行干扰。

(4)蓝牙。蓝牙是一种支持设备短距离通信(一般 10 m 内)的无线电技术,工作在全球通用的 2.4 GHz 频段,其数据速率为 1 Mbit/s,能在移动电话、PDA、无线耳机、笔记本式计算机、相关外设等众多设备之间进行无线信息交换。

(5)激光。激光是一种方向性极好的单色相干光。利用激光来有效地传送信息,叫做激光通信。激光通信系统组成设备包括发送和接收两部分，发送部分主要有激光器、光调制器和光学发射天线等，接收部分主要包括光学接收天线、光学滤波器、光探测器等。激光通信具有通信容量大、保密性强、结构轻便、设备经济和方向性好等特点，但大气衰减严重、瞄准困难。激光通信适用于地面短距离通信和多路通信等。

(6)卫星通信。卫星通信是利用位于高空的人造地球同步卫星作为微波中继站的一种特殊形式的微波通信。只要在卫星发射的电波所覆盖的范围内，任何两点之间都可进行通信。其具有通信距离远，且通信费用与通信距离无关、通信容量大、干扰小，误码率低等特点，但通信时延较长。

7.2 数据通信技术

数据通信技术不仅完成数据的传输，还要对数据传输前后的数据进行处理。数据通信技术是数据在网络传输中有效性和可靠性的重要保证。

7.2.1 数据传输模式

数据传输模式是指数据在通信信道上传送所采取的方式。按数据代码传输的顺序可分为并行传输和串行传输；按数据传输的同步方式可分为同步传输和异步传输；按数据传输的流向可分为单工、双工和全双工数据传输；按被传输的数据信号特点可分为基带传输、频带传输和数字数据传输。

1. 串行和并行传输

1)串行传输

串行传输是构成字符的二进制代码在一条信道上以位为单位，按时间顺序逐位传输的方式。按位发送，逐位接收，同时还要确认字符，所以要采取同步措施。速度虽慢，但只需一条传输信道，投资小，易于实现，是数据传输采用的主要传输方式，也是计算机通信采取的一种主要方式。

2)并行传输

并行传输是构成字符的二进制代码在并行信道上同时传输的方式。例如，8 单位代码字符要用 8 条信道并行同时传输，一次即可传一个字符，收发双方不存在字符同步问题，速度快，但信道多、投资大，数据传输中很少采用。并行传输不适于做较长距离的通信，常用于计算机内部或在同一系统内设备间的通信。

2. 同步与异步传输

1)同步传输

同步传输是一种以数据块为单位的数据传输方式，该方式下数据块与数据块之间的时间间隔是固定的，必须严格地规定它们的时间关系。该方式必须在收发双方建立精确的位定时信号，以便正确区分每位数据信号。

数据传输的同步方式一般分为字符同步和位同步，字符同步通常是识别每个字符或一帧数据的开始和结束；位同步则识别每一位的开始和结束。字符同步传输方式如图 7-10 所示。

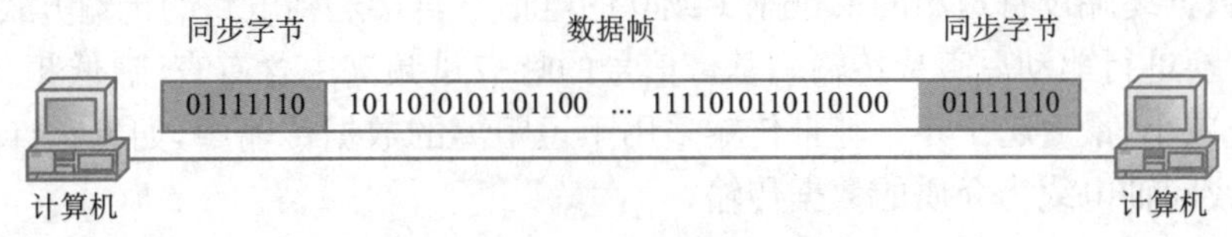

图 7-10 字符同步传输方式

同步传输方式适用于同一个时钟协调通信双方，传输速率较高。

2)异步传输

异步传输又称起止式传输。发送者可以在任何时候发送数据，只要被发送的数据已经是可以发送的状态。接收者则只要数据到达，就可以接收数据。它在每一个被传输的字符的前、后各增加一位起始位、一位停止位，用起始位和停止位来指示被传输字符的开始和结束；在接收端，去除起、止位，中间就是被传输的字符。这种传输技术由于增加了很多附加的起、止信号，因此传输效率不高，异步传输方式如图 7-11 所示。

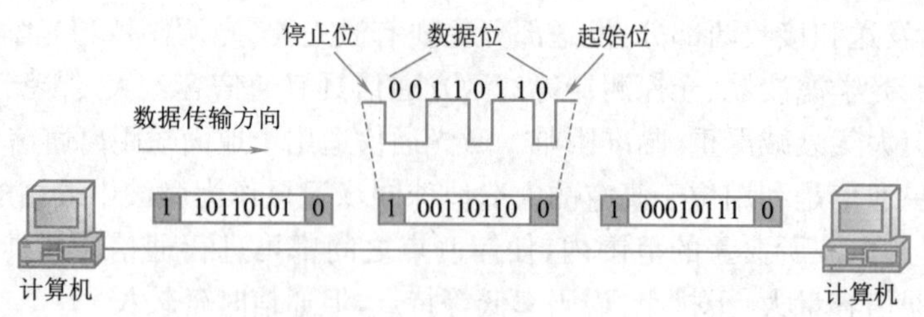

图 7-11　异步传输方式

3. 单工、半双工和全双工通信

1)单工通信

单工通信是指通信双方传送的数据是一个方向,不能反向传送。如图 7-12 所示,数据只能从 A 传送至 B,而不能由 B 传送至 A。单工通信在理论上只需一根线,而在实际中一般采用二线制,一根线正向传送数据,一根线反向传送监视信号。无线电广播和电视信号传播都是单工通信。

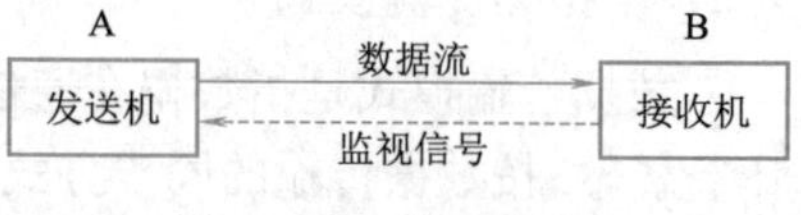

A　数据流　B
发送机　接收机
监视信号

图 7-12　单工通信

2)半双工通信

半双工通信是指通信双方传送的数据可以双向传输,但不能同时进行,发送和接收共用一个数据通路,若要改变数据的传输方向,需要利用开关进行切换。由于通信需要切换传输方向,因此效率较低,但可以节省传输线路。如图 7-13 所示,信息可以从 A 传送至 B,或从 B 传送至 A。如对讲机就是采用半双工通信。

3)全双工通信

全双工通信是指通信双方可以同时双向传输,如图 7-14 所示。它相当于两个相反方向的单工通信的组合,因此可采用四线制。显然,全双工通信较前两种方式效率高、控制简单,但结构复杂,成本高。例如,电话是全双工通信,双方可以同时讲话;计算机与计算机通信也可以是全双工通信。

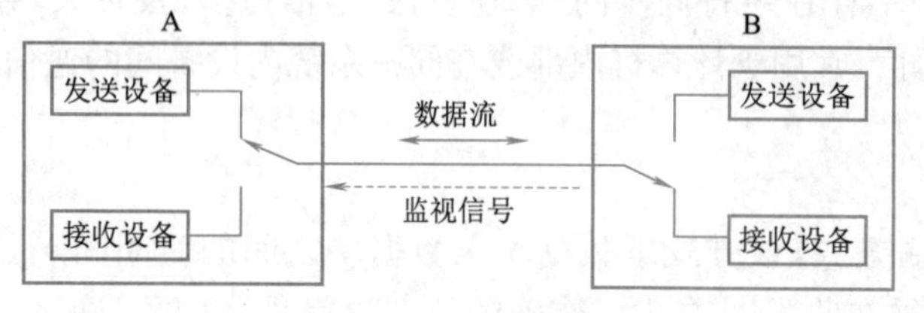

图 7-13　半双工通信

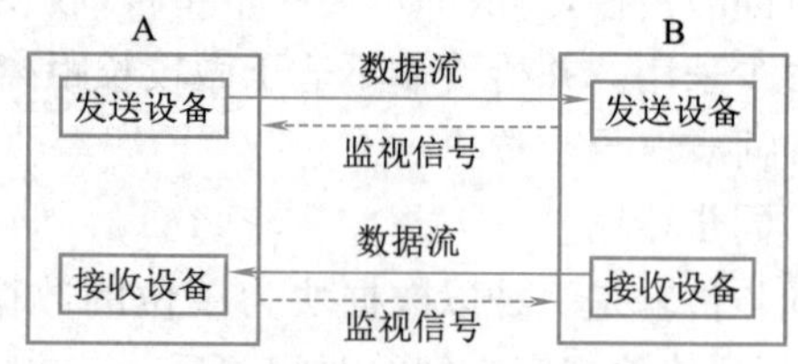

图 7-14　全双工通信

4. 基带传输、频带传输和数字数据传输

1)基带传输

基带传输指由数据终端设备送出的二进制 1 或 0 的电信号直接送到电路的传输方式。基带信号未经调制,可以经过波形变换进行驱动后直接传输。基带信号的特点是频谱中含有直流、低频和高频分量,随着频率升高,其幅度相应减小,最后趋于零。基带传输多用于短距离的数据传输中,如近程计算机间数据通信或局域网中用双绞线或同轴电缆为介质的数据传输。

2)频带传输

采用调制方法把基带信号调制到信道带宽范围内进行传输,接收端通过解调方法再还原出基带信号的方式称为频带传输。这种方式可实现远距离的数据通信,例如利用电话网可实现全国或全球范围内的数据通信。

3)数字数据传输

数字数据传输是利用数字信道传输数据信号的一种方式。例如,利用脉冲编码调制数字电话通路,每一个话路可以传输 64 kbit/s 的数据信号,不需要调制,效率高,传输质量好,是一种很好的传输方式。

7.2.2　数据交换方式

在网络通信系统中,考虑网络结构时的一个重要因素就是怎样进行信息交换。交换方式是指计算机之间、计算机与终端之间和各终端之间交换信息所用信息格式和交换装置的方式。根据交换装置和信息处理方法的不同，常用的交换方式有电路交换、报文交换和分组交换三种。

1. 电路交换

电路交换(circuit switching)方式通过网络中的结点在两个站之间建立一条专用的通信线路，是两个站之间一个实际的物理连接。两个站之间一旦建立连接，连接的通信线路就成为它们之间的临时专用通路，别的用户不能使用该通道，直到通信结束才拆除连接。电话系统就是最普通的电路交换实例。由于电路交换在通信之前要在通信双方之间建立一条被双方独占的物理通路，因而有以下特点：

(1)由于通信线路为通信双方用户专用，数据直达，所以传输数据的时延非常小。

(2)通信双方之间的物理通路一旦建立，双方可以随时通信，实时性强。

(3)双方通信时按发送顺序传送数据，不存在失序问题。

(4)电路交换既适用于传输模拟信号，也适用于传输数字信号。

(5)电路交换的交换设备(交换机等)及控制均较简单。

(6)电路交换的平均连接建立时间对计算机通信来说太长。

(7)电路交换连接建立后，物理通路被通信双方独占，即使通信线路空闲，也不能供其他用户使用，因而信道利用率低。

(8)电路交换时，数据直达，不同类型、不同规格、不同速率的终端很难相互进行通信，也难以在通信过程中进行差错控制。

2. 报文交换

报文交换方式是指源站在发送报文时，将目的地址添加到报文中，然后报文在网络中从一个结点传至另一个结点。在每个结点中，接收信息后暂时存储起来，待信道空闲时再转发到下一结点，这种工作方式叫做存储转发方式。存储转发方式具有存储信息的功能，所以能平滑通信量和充分利用信道。

报文交换方式与电路交换方式相比有如下特点：

(1)线路效率较高。因为许多报文可分时共享一条结点到结点的通道。

(2)接收者和发送者无须同时工作。在接收者忙时，网络结点可先将报文暂时存起来。

(3)当流量增大时，在电路交换中可能导致一些呼叫不能被接收，而在报文交换中，报文仍可接收，只是延时会增加，但不会引起阻塞。

(4)报文交换可把一个报文送到多个目的地，而电路交换很难做到这一点。

(5)可建立报文优先级，使得一些短的、重要的报文优先传递，并可以在网络上实现差错控制和纠错处理。

(6)报文交换能进行速度和代码转换。两个数据传输率不同的站可以互相连接，也易于实行代码格式的转换(如将 ASCII 码转换为 EBCDIC 码)。这在电路交换方式中是不可能的。

报文交换的主要缺点是网络延时较长，波动范围较大，不宜用于声音连接，也不适合交互式终端到计算机的连接，例如话音、传真、终端与主机之间的会话业务等。

3. 分组交换

分组交换仍采用存储转发传输方式，但将一个长报文先分割为若干较短的分组，然后把这些分组(携带源、目的地址和编号信息)逐个发送出去。在分组交换网中，有数据报方式和虚电路方式两种常用的处理数据的方法。

1)数据报方式

在数据报方式中，每个分组称为一个数据报(数据包)，若干数据报构成一次要传送的报文或数据块。数据报方式采用同报文交换一样的方法对每个分组单独进行处理(将分组看成一个小报文)。

在数据报中，每个数据包被独立地处理，就像在报文交换中每个报文被独立地处理一样，每个结点根据一个路由选择算法，为每个数据包选择一条路径，使它们的目的地相同。由于不同时间的网络流量、故障等情况不同，大数据段的各个数据包不能保证按发送的顺序到达目的结点。为此，每个数据包都有相应的发送顺序信息,接收端根据这些信息将它们重新组合起来,恢复原来的数据块。

2)虚电路方式

在虚电路中,传送数据之前,发送和接收双方在网络中会建立起一条逻辑上的连接,但它并不是像电路交换中那样有一条专用的物理通路。逻辑连接路径上各结点都有缓冲装置,缓冲装置服从于这条逻辑线路的安排,也就是按照逻辑连接的方向和接收的次序进行转发。这样,每个结点就不需要为每个数据包作路径选择判断,就像收发双方有一条专用信道一样。发送方依次发出的每个数据包经过若干次存储转发,按顺序到达接收方。双方完成数据交换后,拆除该虚电路。

分组交换与报文交换相比,有以下明显的优点:

(1)减少时间延迟。每个分组传输延时小于报文延时。因为多个分组可同时在网中传播,使总延时大大减少。

(2)每个结点上所需缓冲容量减少(因为分组长度小于报文长度),有利于提高结点存储资源的使用效率。

(3)在传输数据发生错误时,分组交换方式只需重传一个分组而不是整个报文,减少了每次传输发生的错误率以及重传信息的数量。

(4)易于重新传输。可使紧急报文迅速发送出去,不会因传输优先级较低的报文而堵塞。

目前,分组交换广泛用于计算机网络中。但分组交换是每个分组都要附加一些控制信息,增加了所传信息的容量,相应地,加工处理时间也有所增加。

总之,若要传送的数据量很大,且其传送时间远大于呼叫时间,则采用电路交换较为合适;当端到端的通路有很多段的链路组成时,采用分组交换传送数据较为合适。从提高整个网络的信道利用率上看,报文交换和分组交换优于电路交换,其中分组交换比报文交换的延时小,尤其适合于计算机之间突发式的数据通信。

4. 其他数据交换技术

为满足大数据和互联网流量成倍增长的需求,未来网络标准必须能够支持更高的数据速率。为了支持这种流量的增加,必须改进现有的交换技术,研发超高速且高效节能的交换技术。目前,常用以下几种技术:

(1)利用数字语音插空技术(digital speech interpolation,DSI),能提高线路交换的传输能力。

(2)帧中继(frame relay)是对目前广泛使用的X.25分组交换通信协议的简化和改进。这种高速分组交换技术可灵活设置信号的传输速率,充分利用网络资源,提高传输效率,可对分组呼叫进行带宽的动态分配,具有低延时、高吞吐量的网络特性。

(3)异步传输模式(asynchronous transfer mode,ATM)是电路交换与分组交换技术的结合,能最大限度地发挥线路交换与分组交换技术的优点,具有从实时的语音信号到高清晰度电视图像等各种高速综合业务的传输能力。

(4)新的模拟—数字转换器(ADC)技术。IBM最近宣布已经研发出一种新的超高速且高效节能的模拟—数字转换器技术,可用来在云计算和数据中心之间实现超高速的大数据传输,传输速度比目前的传输技术快4倍。这种技术能够帮助提高互联网速度达到200~400 kbit/s,而且功耗极低。

7.2.3 多路复用技术

为了充分利用传输介质,降低成本,提高有效性,人们提出了复用问题。多路复用是指把许多个单个信号在一个信道上同时传输的技术。在采用多路复用技术的数据传输系统中,允许两个或多个数据源共享同一个传输介质,把若干彼此无关的信号在一个共用信道上进行传输,互不干扰,就像每一个数据源都有自己的信道一样。多路复用一般可分为频分多路复用(frequency division multiplexing,FDM)、时分多路复用(time division multiplexing,TDM)和波分多路复用(wavelength division multiplexing,WDM)三种基本形式。

1. 频分多路复用

在物理信道的可用带宽超过单个原始信号所需带宽的情况下,可将该物理信道的总带宽分割成若干与传输单个信号带宽相同(或略宽)的子信道,每个子信道传输一路信号,这就是频分多路复用,如图7-15所示。

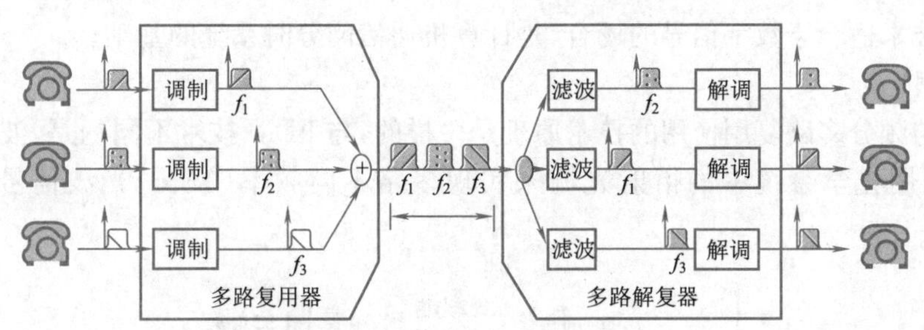

图 7-15 频分多路复用

多路数字信号被同时输入到频分多路复用编码器中，经过调制后，每一路数字信号的频率分别被调制到不同的频带，这样就可以将多路信号合起来放在一条信道上传输。接收方的频分多路复用解码器再将接收到的信号恢复成调制前的信号。

频分多路复用的优点是通信信道利用率高，允许复用的路数多，分路方便，频带宽度越大，在此频带宽度内允许使用的用户越多；缺点是设备复杂，抗干扰能力差。频分多路复用最普遍的应用是有线电视和无线电传输。

2. 时分多路复用

时分多路复用是将一条物理线路按时间分成一个个互不重叠的时间片，每个时间片常称为一帧，帧再分为若干时隙，轮换地为多个信号所使用。每一个时隙由一个信号（一个用户）占用，该信号使用通信线路的全部带宽。

时分多路复用分为同步时分多路复用和异步时分多路复用。

(1)同步时分多路复用是指分配给每个用户的时隙是固定的，无论是否有数据发送，属于该用户的时隙都不能被其他用户占用，从而造成信道资源的浪费。例如，第一个周期，4 个终端分别占用一个时隙发送 A、B、C、D，则 ABCD 就是一个帧，如图 7-16 所示。

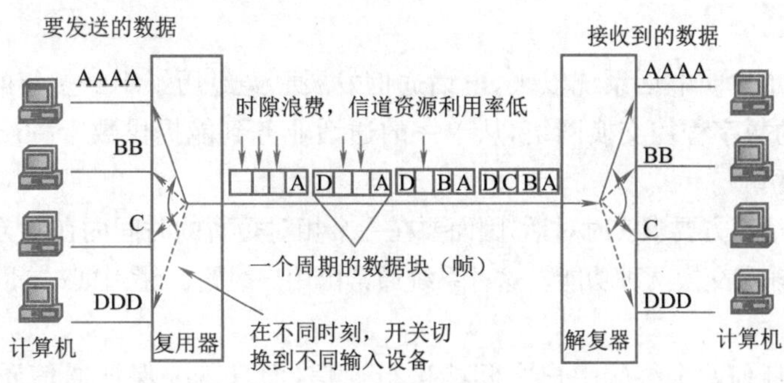

图 7-16 同步时分多路复用

(2)异步时分多路复用。异步时分与同步时分有所不同，异步时分多路复用技术又称统计时分复用技术，它能动态地按需分配时隙，以避免每个时隙段中出现空闲。异步时分在分配时隙时是不固定的，而是只给想发送数据的发送端分配其时隙段，当用户暂停发送数据时，则不给它分配时隙，如图 7-17 所示。

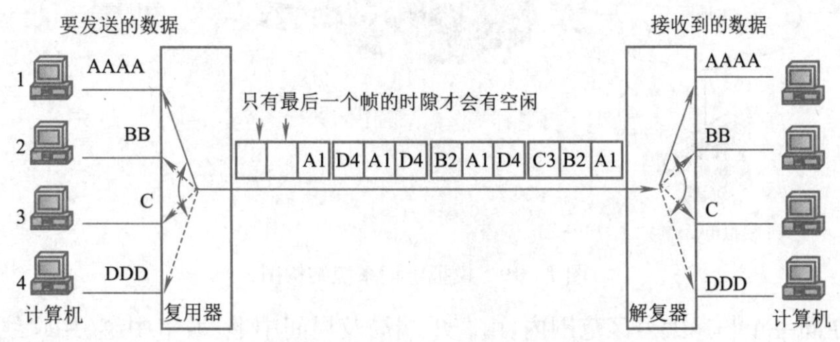

图 7-17 异步时分多路复用

时分多路复用技术适合于数字信号的场合,是计算机通信网分时系统的基础。

3. 波分多路复用

波分多路复用与频分多路复用使用的技术原理是一样的,与 FDM 技术不同的是,波分多路复用采用光纤作为通信介质,利用光学系统中的衍射光栅来实现多路不同频率(波长)光波信号的合成与分解,如图 7-18所示。

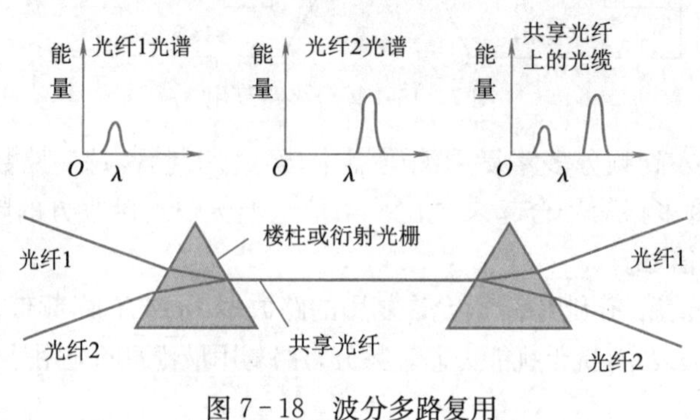

图 7-18　波分多路复用

7.3　常用通信系统

通信系统是用以完成信息传输过程的技术系统的总称。现代通信系统主要借助电磁波在自由空间的传播或在导引媒体中的传输机理来实现,前者称为无线通信系统,后者称为有线通信系统。按通信业务的不同,通信系统又可分为电话、电报、传真、数据通信系统等;按通信系统中传输的信号的不同,又可将通信系统分为模拟通信系统和数字通信系统。下面介绍几种常用的通信系统。

7.3.1　电话系统

从 1876 年美国人贝尔发明电话系统以来,电话通信发展已经经历了 100 多年的历史,其间,电话系统从最早的直接方式到今天的数字程控交换网络,从单一的通话业务到能提供数十种新业务等,可以说,它已经发展到了相当成熟的程度。

电话通信的特点是通话双方要求实时对话,因而要在一个相对短暂的时间内在双方之间临时接通一条通路,故电话通信系统应具有传输和交换两种功能。这种系统通常由用户线路、交换中心、局间中继线和干线等组成。

1. 电话系统的结构

在电话系统中,为使任何两个终端用户之间能进行通信,而且既要保证通信质量,又要求经济合理,就需要根据通信的流量和终端所在范围把整个电话网络分成区域,再将各区域的通信流量汇聚起来,以此提高网络线路的利用率,更加有效地利用网络资源。

在我国,电话网分成长途网和本地网,如图 7-19 所示。

图 7-19　模拟电话系统结构图

其中,本地网在同一个长途编号区范围内,由若干端局及局间中继、城市中继、用户线所组成,端局是本地网的交换中心。在不同长途编号区的范围内进行通信,需要经过长途网,长途网由 4 级交换中心组成,各级交换中心的功能是疏通该交换中心服务区域内的长途话务，4级交换中心分别负责长途来话、长途去话、转话话务和长途终端话务。

2. 综合业务数字网

综合业务数字网(ISDN)是以综合数字网(IDN)为基础发展起来的，它是支持语音和非语音等各类业务的综合业务通信网络。ISDN具有通信业务的综合化、高可靠性和高质量的通信、使用方便等特点，用于数字电话、数字传真、视频业务、可视图文、数据通信等。

7.3.2 移动通信系统

现代移动通信集中了无线通信、有线通信、网络技术、计算机技术等许多成果，在人们的生活中得到了广泛的应用，在任何地方与任何人都能及时沟通联系、交流信息，弥补了固定通信的不足。

1. 移动通信的特点

由于移动通信系统需能保证移动体在运动中实现不间断通信，尽可能为移动用户提供高质量、方便、快捷的服务，因此移动通信有其自身的特点和更高的要求。与有线通信方式和固定无线通信方式相比，移动通信有如下特点：

(1)信道特性差，电波传播环境复杂。

(2)干扰和噪声的影响大。

(3)处于运动状态下的移动台工作环境恶劣。

(4)组网方式灵活多样。

(5)有限的频谱资源。

(6)用户终端设备要求高。

(7)要求有效的管理和控制、控制系统复杂。

2. 移动通信系统的组成

移动通信系统一般由移动台、基地站、移动业务交换中心以及与公用电话网相连接的中继站构成，如图7-20所示。

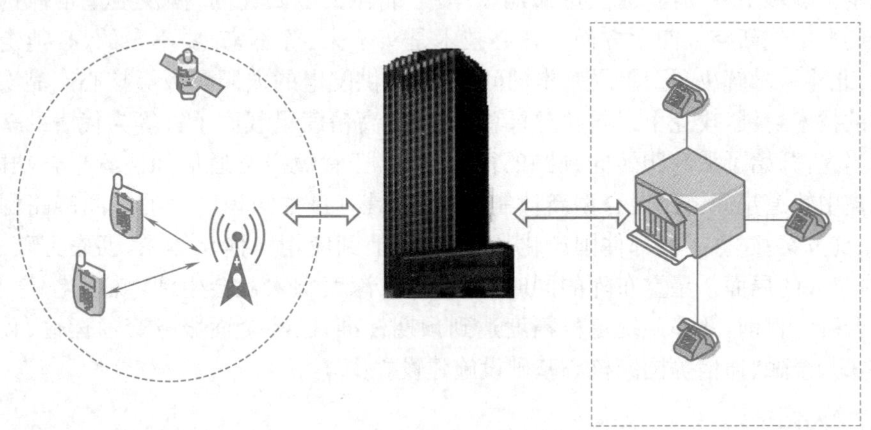

图7-20 移动通信模拟图

基地站和移动台(如手机)设有收、发及天线等设备，它们的工作方式是由移动通信网的具体情况决定的。例如，汽车调度等专用业务移动通信系统采用的是半双工制，而公用移动通信系统采用双工制。

基地站的发射功率、天线高度、数量与移动通信网服务覆盖区大小有关。

移动业务交换中心主要用来处理信息的交换和整个系统的集中控制管理。

一个移动通信系统由多个基地站构成，从图7-20中可以看出，在整个服务区内，任意两个移动用户之间的通信都能够通过基地站、移动业务交换中心来实现，移动用户与市话用户之间的通信可以通过中继栈与市话局的连接来实现，这样就构成了一个有线、无线相结合的移动通信系统。

3. 移动通信系统的分类

移动通信系统的种类繁多。按使用要求和工作场合不同可以分为集群移动通信、蜂窝移动通信、无绳电话系统和卫星移动通信系统等。

1)集群移动通信

集群移动通信也称大区制移动通信。它的特点是只有一个基站,天线高度为几十米至百余米,覆盖半径为30 km,发射机功率可达200 W。用户数约为几十至几百,可以是车载台,也可以是手持台。它们可以与基站通信,也可通过基站与其他移动台及市话用户通信,基站与市站通过有线网连接。

2)蜂窝移动通信

蜂窝移动通信也称小区制移动通信。它的特点是把整个大范围的服务区划分成许多小区,每个小区设置一个基站,负责本小区各个移动台的联络与控制,各个基站通过移动交换中心相互联系,并与市话局连接。利用超短波电波传播距离有限的特点,离开一定距离的小区可以重复使用频率,使频率资源充分利用。

3)无绳电话系统

无绳电话系统由座机(基站)和手机组成,座机接入市话用户线,可以经过通信点与市话用户进行单向或双向的通信。一般无绳电话的移动范围在室外开阔地约为200 m,楼宇间约为100 m,楼内约为50 m。无绳电话适用于室内外慢速移动的手持终端通信,具有通信距离近、功率小、轻便等特点。

4)卫星移动通信系统

卫星移动通信系统是全球个人通信的重要组成部分,为全球用户提供大跨度、大范围、远距离的漫游和机动、灵活的移动通信服务,在偏远的地区、山区、海岛、受灾区、远洋船只以及远航飞机等通信方面更具独特的优越性,但是同步通信卫星无法实现个人手机的移动通信。解决这个问题可以利用中低轨道的通信卫星,比较典型的有"全球星系统"等。卫星移动通信系统的服务费用较高,目前还无法代替地面移动通信系统。

2020年6月23日,中国在西昌卫星发射中心用长征三号乙火箭成功发射北斗三号最后一颗全球组网卫星,至此,北斗三号全球卫星导航系统部署全面完成,我国成为世界上第三个独立拥有全球卫星导航系统的国家。北斗卫星导航系统是国家重大科技工程,由卫星、火箭、发射场、测控、运控、星间链路、应用验证七大系统组成,是我国迄今为止规模最大、覆盖范围最广、服务性能最优、与百姓生活关联最紧密的巨型复杂航天系统。在穹顶布满导航卫星,这条路困难重重。高精度的太空灯塔如何建立起来?自己的位置谁来测?怎么保持稳定?多颗卫星如何安全、可靠地工作?"北斗灵魂四连问"涉及卫星本体构造、导航总体技术、核心单机研制、自主创新突破四大方面。核心技术是买不来、等不来、要不来的,必须走国产化之路,北斗为之艰难求索:北斗一号解决了卫星最基本的问题,诸如供配电的太阳帆板等核心产品实现国产化;北斗二号打破了国外的技术封锁,攻克了以导航卫星总体技术、高精度星载原子钟等为代表的多项关键技术;北斗三号更是一马当先,开始了从并跑转向领跑的征程,并且拥有短报文通信和位置报告功能特色。中国提出了国际上首个高中轨道星间链路混合型新体制,形成了具有自主知识产权的星间链路网络协议、自主定轨、时间同步等系统方案;建立了器部件国产化从研制、验证到应用一体化体系,彻底打破了核心器部件长期依赖进口、受制于人的局面。星空布阵的同时,北斗也在深度融入社会生活,规模化、产业化和国际化应用不断迈上新的台阶。目前,北斗系统定位精度达到预期标准,已经全面服务交通运输、救灾减灾、城市治理等行业,融入电力、金融、通信等国家核心基础设施建设之中。

7.3.3 新一代移动通信系统

中国拥有占据世界领头位置的5G技术,正在引领5G的技术、标准、产业以及商用进程。而中国5G之所以走在世界前列,一方面得益于国家、政府的鼎力支持;另一方面就要归功于产业链各端的协同努力。

新一代移动通信是第5代移动通信,外语缩写5G,是4G之后的延伸。5G采取数字全IP技术,支持分组交换,整合了新型无线接入技术和现有无线接入技术(WLAN,4G、3G、2G等),通过集成多种技术来满足不同的需求,是一个真正意义上的融合网络。5G可以延续使用4G、3G的基础设施资源,并实现与4G、3G、2G的共存。2018年2月,华为在MWC2018大展上发布了首款3GPP标准5G商用芯片巴龙5G01和5G商用终端,支持全球主流5G频段,包括Sub6GHz(低频)、mmWave(高频),理论上可实现最高2.3 Gbit/s的数据下载速率。2019年6月,工信部正式向中国电信、中国移动、中国联通、中国广电发放5G商用牌照,中国正式进入5G商用元年。5G通信下手机的无线下载速度最快可达3.6 Gbit/s,较LTE的75 Mbit/s快数百倍。使用该技术下载一部超高清电影文件最多仅需1 s时间,容量较大的3D电影和游戏等亦能实现秒传。

总的来说，5G 在容量、传输速率、可接入性和可靠性方面相比 4G 有着很大的优势，具体包括如下：

(1)容量。5G 通信技术将比 4G 实现单位面积移动数据流量增长 1 000 倍。

(2)传输速率。典型用户数据传输速率提升 10～100 倍，峰值传输速率可达 10 Gbit/s(4G 为 100 Mbit/s)，端到端延时缩短至 1/5。

(3)可接入性。可联网设备的数量增加 10～100 倍。

(4)可靠性。低功率 MMC(机器型设备)的电池续航时间增加 10 倍。

7.3.4　常用即时通信工具

即时通信是指能够即时发送和接收互联网消息等的业务。即时通信的功能日益丰富，逐渐集成了电子邮件、博客、音乐、电视、游戏和搜索等多种功能。即时通信不再是一个单纯的聊天工具，它已经发展成集交流、资讯、娱乐、搜索、电子商务、办公协作和客户服务等为一体的综合化信息平台。随着移动互联网的发展，互联网即时通信也在向移动化发展。

相对于传统的电话、E-mail 等通信方式来说，即时通信不仅节省费用，而且效率更高，因此越来越多的人在使用即时通信工具。用户可以通过手机与其他已经安装了相应客户端软件的手机或计算机收发消息。从某种意义上说，经营即时通信软件的企业正在发展成一个虚拟的电信运营商，即时通信已经成为现有电信运营商必须介入的领域。

目前常用即时通信工具有 QQ、微信等。

第8章 计算机网络与应用

学习目标

- 掌握计算机网络相关概念，了解计算机网络发展历程、功能和体系结构。
- 掌握网络拓扑结构，了解局域网软硬件组成及构建方法。
- 掌握互联网基础知识及常用服务。
- 了解无线传感器网络及物联网基本知识。
- 掌握基本的网页制作方法。

8.1 计算机网络基础

目前，计算机网络在全世界范围内迅猛发展，已渗透到信息社会的各个领域，其普及程度已成为衡量一个国家现代化程度的重要标志之一。

8.1.1 计算机网络概念

计算机网络是指地理上分散的自主计算机通过通信线路和通信设备相互连接起来，在通信协议的控制下，进行信息交换和资源共享或协同工作的计算机系统。

计算机网络由通信子网和资源子网构成，通信子网负责计算机间的数据通信，也就是数据传输，资源子网是通过通信子网连接在一起的计算机，向网络用户提供可共享的硬件、软件和信息资源。

8.1.2 计算机网络形成及发展

20世纪50年代，美国建立的半自动地面防空系统SAGE将远距离的雷达和测控仪器所探测到的信息，通过通信线路汇集到某个基地的一台计算机上进行处理。这种将终端设备(如雷达、测控仪器)、通信线路、计算机连接起来的系统，构成了计算机网络的雏形。20世纪60年代中期，美国出现了将若干台计算机相互连接的系统，这使系统发生了本质上的变化。典型案例是美国国防部高级研究计划署设计开发的ARPA-Net，是由美国4所大学的4台大型计算机采用分组交换技术，通过专门的接口通信处理机和专门的通信线路相互连接的计算机网络，是互联网的雏形。

概括起来，计算机网络的发展过程可分为4个阶段。

1. 面向终端的计算机网络

第一代计算机网络系统是以单个计算机为中心的远程联机系统，如图8-1所示。这种系统由主机系统通过通信线路连接若干终端设备构成，其中终端不具备自主处理的功能。用户可以在远程终端上输入程序和数据，送到主机进行处理，处理结果通过主机的通信装置，经由通信线路返回给用户终端，因此第一代计算机网络称为面向终端的计算机网络。这个时代的典型代表是20世纪60年代初美国航空公司与IBM联合研发的航空订票系统SAVRE-I，它用一台中央计算机连接2 000多个遍及全美的终端，用户通过终端进行操作。

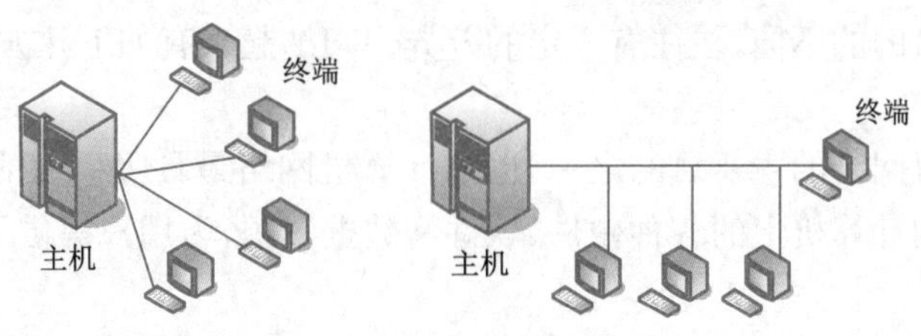

图 8-1 面向终端的计算机网络

2. 计算机—计算机网络

第二代计算机网络是由多台计算机通过通信线路互联起来,如图 8-2 所示。在第二代计算机网络中,每台计算机都具有自主处理能力,它们之间不存在主从关系,能够独立完成计算机间的通信。可以说是计算机网络时代的开始,典型代表是美国的 ARPANet。

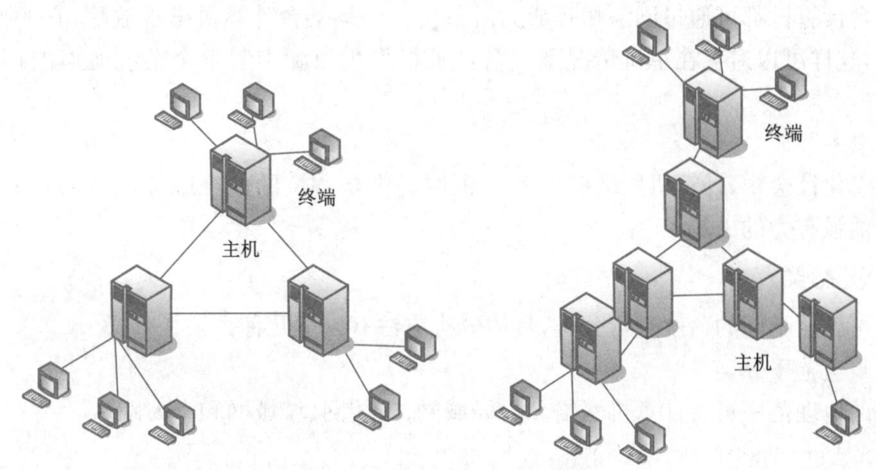

图 8-2 计算机—计算机网络

3. 开放式标准化网络

第三代计算机网络是网络互联飞速发展的时代。随着网络规模的不断扩大,为共享更多的资源,需要把不同的网络连接起来,网络的开放性和标准化被提上日程。ISO 于 1984 年正式颁布了开放系统互连参考模型(open system interconnection/reference model,OSI/RM)的国际标准。这里的开放性是指它可以与任何其他系统通信和相互开放;标准化就是要有统一的网络体系结构,遵循国际标准化协议。从此,计算机网络进入了开放式标准化的网络阶段。

4. 网络互联时代

自从 20 世纪 90 年代以来,各国政府都将计算机网络的发展列入国家发展计划。1993 年美国政府提出“国家信息基础结构(NII)行动计划”(即“信息高速公路”),1996 年又提出了“下一代的 Internet 计划”(即 NGI 计划)。之后各国先后推出了下一代互联网计划,代表性计划包括美国的 FIND(future Internet network design,未来互联网网络设计)和 GENI(global environment for network innovations,全球网络创新环境)、欧洲的 FIRE(future Internet research and experiment,未来互联网研究和实验)、中国的 CNGI-CERNET(China next generation Internet-China education and research network,中国下一代互联网-中国教育和科研计算机网)等。

计算机技术的发展已进入了以网络为中心的新时代,未来通信和网络的目标是实现任何人(whoever)在任何时间(whenever)、任何地点(wherever)都可以和任何人或物(whomever)通过网络进行通信,传送任何信息(whatever)。

8.1.3 计算机网络功能

资源共享、数据通信、分布处理是计算机网络的基本功能。从计算机网络的应用角度来看,计算机网络

的功能因网络规模和设计目的的不同,往往有一定的差异。归纳起来有如下几方面:

1. 资源共享

资源共享是组建计算机网络的主要目的之一,也是计算机网络最具吸引力的功能。网络用户可以共同分享分散在不同地理位置的计算机上的各种硬件、软件和数据资源,为用户提供了极大的方便。

2. 数据通信

计算机网络可使联网的计算机间进行通信,互相传送数据,方便地进行信息交换。

3. 平衡负荷及分布处理

当网络中某个主机系统负荷过重时,可以将某些任务通过网络传送到其他主机处理,既缓解了某些机器的负荷过重的压力,又提高了负荷较小机器的利用率。另外,对于一些复杂的问题,可采用适当的算法将任务分散到不同的计算机上进行分布处理,充分地利用各地的计算机资源,达到协同工作的目的。

4. 提高可靠性

网络中的每台计算机都可通过网络相互成为后备机。一旦某台计算机出现故障,它的任务就可由其他计算机代为完成,这样可以避免在单机情况下一台计算机发生故障引起整个系统瘫痪的现象,从而提高系统的可靠性。

5. 综合信息服务

在当今的信息化社会中,计算机网络已向各个领域提供全方位的信息服务,已成为人类社会传送与处理信息不可缺少的强有力的工具。

8.1.4 计算机网络分类

计算机网络可以从不同的角度进行分类,具体分类方法有以下几种:

1. 按覆盖的地理范围分类

按网络覆盖的地理范围可将计算机网络分为局域网、广域网、城域网和个人网。

1)局域网(local area network,LAN)

局域网是一种在有限的地理范围内(如一幢大楼、一个校园等)的计算机或数据终端设备互相连接的通信网络,分为有线局域网和无线局域网(wireless local area network,WLAN)。局域网的覆盖范围在较小的区域内,一般小于 10 km。它具有信号传输速度快、网络建设费用低、容易管理和配置、网络拓扑结构简单等特点,普遍适用于中小单位、单一组织或机构。

2)广域网(wide area network,WAN)

广域网是一种远距离的计算机网络,也可称为远程网。它的覆盖范围可以跨越国界、洲界甚至遍及全球,它以连接不同地域的大型主机系统或局域网为目的。广域网的通信子网可以利用公用分组交换网、卫星通信网和无线分组交换网进行连接。其特点是建设费用高、传输信号速率较低、传输错误率比专用线的局域网要高、网络拓扑结构复杂。

互联网实际上也属于广域网的范畴,它利用网络互联技术和设备,将世界各地的各种局域网和广域网互联起来,并允许它们按照一定的协议标准相互交流与通信。

3)城域网(metropolitan area network,MAN)

城域网的覆盖范围介于局域网和广域网之间,一般用于 10～100 km 范围内规模较大的城市范围内的网络。

4)个人网(personal area network,PAN)

个人网是在某个较小空间把个人使用的电子设备(如便携计算机、移动终端等)用无线技术连接起来构成的网络,因此也称为无线个人局域网(WPAN),覆盖范围通常是数米之内。

2. 其他分类

计算机网络按用途可分为公用网和专用网;按交换方式可分为电路交换网、报文交换网和分组交换网;按所采用的传输介质可分为双绞线网、同轴电缆网、光纤网和无线网等;按信道的带宽可分为窄带网和宽带网;按所采用的拓扑结构可分为星状网、环状网、总线网和树状网等;按服务可分为客户机/服务器网络和对等网络等。

8.1.5 计算机网络体系结构

在网络系统中，由于计算机类型、通信线路类型、连接方式、通信方式等不同，因此，在计算机网络构建过程中，必须考虑网络体系结构和网络通信协议。

1. 网络体系结构

为了完成计算机间的通信合作，将每个计算机互联的功能划分为定义明确的层次，规定了同层次进程通信的协议及相邻层之间的接口及服务。将这些同层进程间通信的协议以及相邻层接口统称为网络体系结构。现代计算机网络都采用了分层结构。

开放系统互连参考模型是由 ISO 制定的标准化开放式的计算机网络层次结构模型，又称 OSI/RM 模型，如图 8-3 所示。OSI/RM 模型共分为 7 层，从下到上依次为物理层、数据链路层、网络层、传输层、会话层、表示层和应用层。计算机网络层次结构模型将网络通信问题分解成若干容易处理的子问题，然后各层“分而治之”，逐个加以解决。

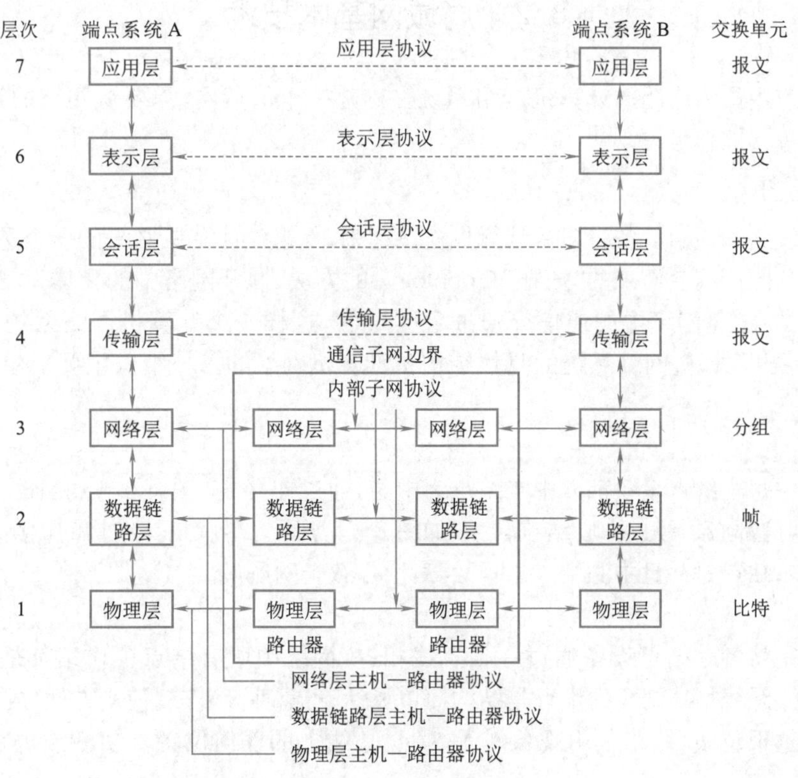

图 8-3 OSI/RM 模型

在 OSI/RM 模型中，物理层正确利用传输介质，数据链路层连通每个结点，网络层选择路由，传输层找到对方主机，会话层指出对方实体是谁，表示层决定用什么语言交谈，应用层指出做什么事。

2. 网络通信协议

计算机之间进行通信时，必须使用一种双方都能理解的语言，这种语言称为“协议”。也就是说，只有能够传达并且可以理解这些“语言”的计算机才能在计算机网络上与其他计算机进行通信。可见，协议是计算机网络中的一个重要概念。

1）网络通信协议概念

协议（protocol）是指计算机间通信时对传输信息内容理解、信息表示形式以及各种情况下的应答信号都必须遵守的一个共同的约定。目前，最常用的网络协议是 TCP/IP（transfer control protocol/Internet protocol，传输控制协议/网际协议）。

在协议的控制下,网络上的各种结构不同、处理能力不同、厂商不同的产品才能连接起来,实现互相通信、资源共享。从这个意义上来说,协议是计算机网络的本质特征之一。

2)网络通信协议的三要素

一般来说,通过协议可以解决语法、语义和时序三方面的问题。

(1)语法(syntax)。涉及数据、控制信息格式、编码及信号电平等,即解决如何进行通信的问题,例如报文中内容的顺序和形式。

(2)语义(semantics)。涉及用于协调和差错处理的控制信息,即解决在哪个层次上定义通信及其内容,例如报文由哪些部分组成、哪些部分用于控制数据、哪些部分是通信内容。

(3)时序(timing)。涉及速度匹配和排序等,即解决何时进行通信、通信内容的先后以及通信速度等。

总之,协议必须解决好语法(如何讲)、语义(讲什么)和时序(讲话次序)这三方面问题,才算比较完整地完成数据通信的功能。

8.2 局域网基本技术

局域网是目前应用最为广泛的计算机网络系统。构建一个局域网,需要从网络的拓扑结构、硬件系统和软件系统等方面进行综合考虑。

8.2.1 网络拓扑结构

如何使用通信线路和通信设备将多台计算机连接起来,是组建计算机网络的一个重要环节。计算机网络的拓扑结构采用从图论演变而来的"拓扑"(topology)的方法,抛开网络中的具体设备,将服务器、工作站等网络单元抽象为结点,将网络中的通信介质抽象为"线",这样一个计算机网络系统就形成了点和线的几何图形,从而抽象出计算机网络系统的具体结构。计算机网络的拓扑结构主要有星状、总线、环状和树状等。

1. 星状

星状拓扑结构中每个结点设备都以中心结点为中心,通过连接线与中心结点相连。中心结点为控制中心,各结点之间的通信都必须经过中心结点转接,如图 8-4 所示。星状拓扑结构的优点是结构简单、建网容易、便于管理和控制;缺点是一旦中心结点出现故障,会导致全网瘫痪。

2. 总线

总线拓扑结构是将各个结点设备通过一根总线相连,网络中所有结点工作站都是通过总线传输数据的,如图 8-5 所示。总线拓扑结构的优点是结构简单灵活、可靠性高、安装使用方便、成本低等;缺点是由于各结点通信都通过这根总线,线路争用现象较重,一旦总线上的任何位置被切断或短路,整个网络就无法运行。

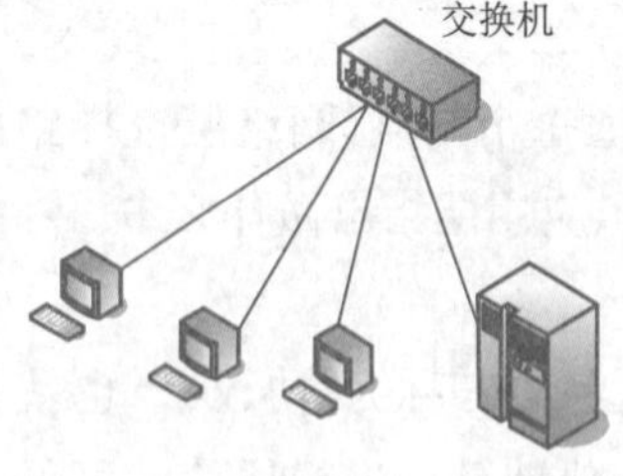

图 8-4 星状拓扑结构的计算机网络

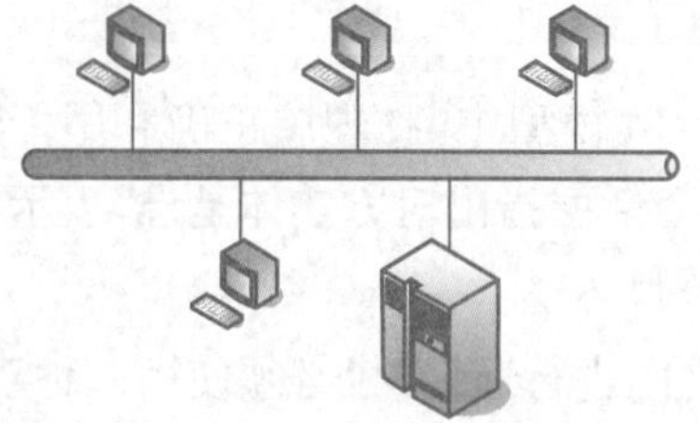

图 8-5 总线拓扑结构的计算机网络

3. 环状

环状拓扑结构是网络中各结点通过一条首尾相连的通信链路连接起来,构成一个闭合环形结构网,如图 8-6 所示。环状拓扑结构的优点是结构比较简单、负载能力强且均衡、可靠性高、信号流向是定向的、无信号冲突;缺点是结点过多时影响传输速率,环中任何结点发生故障,均会导致网络不能正常工作。

4. 树状

树状拓扑结构是一种分级结构，其形状像一棵倒置的树，顶端有一个带有分支的根，每个分支还可延伸出子分支，如图 8-7 所示。树状拓扑结构的优点是线路利用率高、网络成本低、结构比较简单，改善了星状结构的可靠性及可扩展性；缺点是如果中间层结点出现故障，则下一层的结点间就不能交换信息，对根结点的依赖性较大。

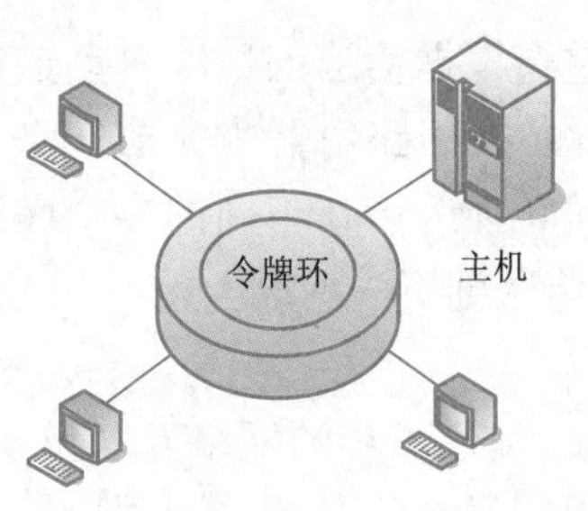

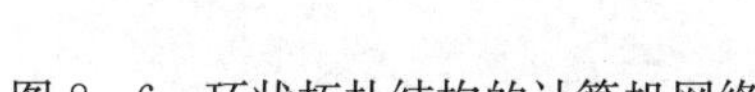

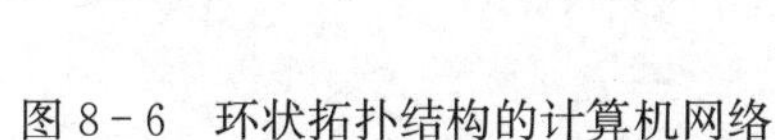

图 8-6 环状拓扑结构的计算机网络

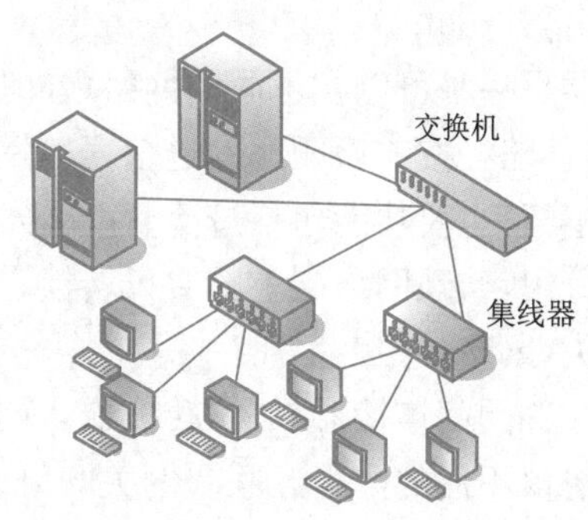

图 8-7 树状拓扑结构的计算机网络

此外，网络中还存在网状等形式的结构，在实际构建网络时，可根据具体需求，选择某种或某几种的组合方式。

8.2.2 局域网组成

局域网通常可划分为网络硬件系统和网络软件系统两大部分。网络硬件系统提供的是数据处理、数据传输和建立通信信道的物质基础；网络软件系统控制数据通信，相关网络功能依赖网络硬件去完成。网络硬件系统对网络起着决定性的作用，网络软件则是挖掘网络潜力的工具，二者缺一不可。

1. 服务器

网络服务器是网络中为各类用户提供服务，并实施网络各种管理的中心单元，也称主机(host)。网络中可共享的资源大部分都集中在服务器上，同时服务器还要负责管理资源，管理多个用户的并发访问。根据在网络中所起的作用不同，服务器可分为文件服务器、数据库服务器、通信服务器及打印服务器等。服务器可以是专用的，也可以是非专用的。服务器一般使用性能高、容量大、速度快的计算机。

2. 工作站

网络工作站是一种以个人计算机和分布式网络计算为基础，主要面向专业应用领域，具备强大的数据运算与图形图像处理能力，为满足工程设计、科学研究、软件开发、金融管理、信息服务、模拟仿真等专业领域而设计开发的高性能计算机。工作站通常分为 UNIX 工作站和 PC 工作站。

3. 通信设备

1)网络适配器(network interface card，NIC)

网络适配器又称网卡或网络接口卡，是计算机连接到网络的必要硬件，是计算机与网络之间的物理链路，其作用是在计算机与网络之间提供数据传输功能。

2)中继器(repeater)

中继器又称转发器，主要负责在两个结点的物理层上按位传递信息，完成信号的复制、调整和放大功能，从而用来扩展局域网覆盖范围，是局域网环境下用来延长网络距离的最简单最廉价的网络互联设备。从理论上讲中继器的使用是无限的，网络也因此可以无限延长。事实上因为网络标准中都对信号的延迟范围作了具体的规定，中继器只能在此规定范围内进行有效的工作，否则会引起网络故障。

3)集线器(hub)

集线器将一个端口接收的所有信号向所有端口分发出去，每个输出端口相互独立，当某个输出端口出现故障，不影响其他输出端口。其主要功能是对接收到的信号进行再生整形放大，以扩大网络的传输距离，同时把所有结点集中在以它为中心的结点上，工作于 OSI 模型的物理层。实际上集线器是一种特殊的中继器,可作为多个网段的转接设备,二者的区别在于集线器能够提供多端口服务,所以集线器也称多口中继器。

4)交换机(switch)

交换机是一种用于电信号转发的网络设备,也可以称为“智能型集线器”,采用交换技术,为所连接的设备同时建立多条专用线路,当两个终端互相通信时并不影响其他终端的工作,使网络的性能得到大幅提升。最常用的交换机是以太网交换机,其他常用的还有电话语音交换机、光纤交换机等。

5)路由器(router)

路由器是一种可以在不同的网络之间进行信号转换的互联设备,它会根据信道的情况自动选择和设定路由,以最佳路径按前后顺序发送信号。网络与网络之间互相连接时,必须用路由器来完成。路由器是互联网络的枢纽,主要功能包括过滤、存储转发、路径选择、流量管理、介质转换等。在不同的多个网络之间存储和转发分组,实现网络层上的协议转换,将在网络中传输的数据正确传送到下一网段上。

6)网关(gateway)

网关又称网间连接器、协议转换器。网关在网络层上实现网络互联,是最复杂的网络互联设备,仅用于两个高层协议不同的网络互联。网关既可以用于广域网互联,也可以用于局域网互联。网关也提供过滤和安全功能。

4. 网络传输介质

网络传输介质是指在网络中传输信息的载体,常用的传输介质分为有线传输介质和无线传输介质两大类。

(1)有线传输介质是指在两个通信设备之间实现的物理连接部分,它能将信号从一方传输到另一方。有线传输介质主要有双绞线、同轴电缆和光纤等。双绞线和同轴电缆传输电信号,光纤传输光信号。

(2)无线传输介质是指为进行无线传输提供的物理通道。利用无线电磁波在自由空间的传播可以实现多种无线通信。在自由空间传输的电磁波根据频谱可将其分为无线电波、微波、红外线、激光等,信息被加载在电磁波上进行传输。

不同的传输介质,其特性也各不相同,在网络中数据通信质量和通信速度也不同,可根据实际需要进行选择。

5. 计算机网络软件系统

计算机网络系统也需要在网络软件的控制和管理下进行工作。计算机网络软件系统主要由网络系统软件和网络应用软件组成。

网络系统软件是指能够控制和管理网络运行、提供网络通信、分配和管理共享资源的网络软件,包括网络操作系统、网络协议软件、通信控制软件和管理软件等。

网络应用软件是一种在互联网或企业内部网上操作的应用软件。网络应用软件为用户提供访问网络的手段、网络服务、资源共享和信息的传输服务,使网络用户可以在网络上解决实际问题。

8.2.3 局域网构建

1. 局域网构建方法

组建局域网,通常从以下几方面进行考虑:

1)组网方案

根据需求,规划局域网组建方案,包括设计网络拓扑结构、布线、网络接入、网段划分等。

2)网络硬件选择

构建局域网需要的主要硬件器材有网卡、传输介质、交换机、路由器和终端等设备。

(1)交换机可根据实际需求选择,如只需扩展网络接口可选择无管交换机;如需对接入设备进行控制、划分虚拟网段、注重网络访问安全等性能的可选用网管交换机。

(2)终端设备要配有网卡(以太网卡或无线网卡)用以连接至局域网中。

(3)选择传输介质。如终端设备与交换机通过有线连接,则需根据需要选择双绞线、同轴电缆和光纤等有线传输介质;否则选择无线传输介质。

3)网络软件安装及网络配置

安装终端机操作系统及网络应用软件、根据需求划分虚拟网段(VLAN)、配置终端机的IP获取方式、配置访问控制及相关服务等。

2. 组网案例

【例8-1】 某家庭有一台式计算机(有线网卡),一台笔记本计算机(无线网卡)、一台平板电脑,三部智能手机,有线网络打印机一台。该家庭所在小区宽带光纤接入,运营商提供宽带猫,构建家庭局域网,要求以上所有设备可同时上网,并且两两设备之间可互相通信,实现资源共享。

【问题分析】

(1)要构建家庭局域网,根据该家庭目前网络设备情况,选择网络硬件设备及网络软件。

(2)配置局域网内有线连接和无线连接。

(3)局域网接入互联网。

【操作步骤】

(1)网络硬件选择

需准备一台调制解调器(运营商提供)、一台家用无线路由器(Wi-Fi路由器)、网线数根。

(2)网络硬件连接

①确认相关计算机或终端设备的网卡驱动正常安装。

②用网线将台式计算机、打印机连接至路由器任意LAN端口,对路由器进行配置,一般只需简单输入运营商提供的ISP账号和密码,设置本地无线连接访问密码,设置终端设备的IP获取方式为DHCP模式,即可实现配置。(也可以利用运营商宽带猫进行拨号,Wi-Fi路由器动态获取IP方式上网。)

③将路由器放置在台式机旁,这样使用较短的网线即可使台式机有线接入局域网,其他无线终端设备可通过已设置的本地无线(Wi-Fi)连接账号和密码连接至局域网。

④将电信运营商提供的进户线与调制解调器连接(此步骤一般由电信运营商上门操作);通过网线将调制解调器连接至路由器的WAN端口(如果Wi-Fi路由器支持盲插,可接任意端口)。

(3)软件安装及配置。

配置所有终端设备的IP获取方式为自动获取即可。

这样一个简单的家庭局域网就组建完成了,每个设备可通过局域网相互访问,实现本地资源共享的同时还能访问互联网。

8.3 互联网应用

互联网(Internetwork,简称Internet),又称因特网,是由一些使用公用语言互相通信的计算机连接而成的网络,即广域网、局域网及单机按照一定的通信协议组成的国际计算机网络。互联网是世界最大的全球性计算机网络,是一种公用信息的载体,具有快捷性、普及性,是现今最流行、最受欢迎的传媒之一。

8.3.1 互联网基础

1. 互联网产生与发展

互联网始于1969年的美国国防部高级研究计划局建立的一个名为ARPANet的计算机网络。ARPANet使用网际协议(IP)和传输控制协议(TCP)。

1988年,美国国家科学基金会NSF(national science foundation)建立了基于TCP/IP协议的计算机网络NSFNet,并在全美国建立了按地区划分的计算机广域网。NSFNet已取代原有的ARPANet而成为互联网的主干网。NSFNet对互联网的最大贡献是使互联网向全社会开放,而不像以前那样仅仅供计算机研究人员和其他专门人员使用,从此全社会进入了互联网时代。

1987年,中国科学院高能物理研究所首先通过X.25租用线实现了国际远程联网。

1989 年 8 月,中国科学院承担了“中关村教育与科研示范网络”(NCFC),即中国科技网(CSNET)的前身的建设。

1994 年 4 月,NCFC 与美国 NSFNet 直接互联,实现了中国与互联网的全功能连接,标志着我国最早的国际互联网的诞生,中国科技网成为中国最早的国际互联网络。同年 6 月,第一个全国性 TCP/IP 互联网——中国教育与科研网建成。

1996 年 6 月,中国公用计算机互联网 ChinaNet 正式开通并投入运营,在中国兴起了研究、学习和使用互联网的浪潮。越来越多的中国用户使用互联网,截至 2022 年 6 月,中国网民规模达到 10.51 亿,互联网普及率达到 74.4%。智慧城市和数字乡村建设融合发展推进,数字政府效能大幅提升,有限资源的普惠化水平快速提高。

目前我国主要有中国科技网、中国教育和科研网、中国电信、中国联通、中国移动和中国国际经济贸易网等六大主干互联网络拥有国际出口。

截至 2022 年 1 月,全球的互联网用户已达到 49.5 亿,互联网用户占总人口的 62.5%,每个互联网用户平均每天使用互联网的时间是 6 小时 58 分钟,通过手机访问互联网的用户占 92.1%。

2. 互联网特点

1)开放性

互联网是世界上最开放的计算机网络,不属于任何一个国家、部门、单位和个人,并没有一个专门的管理机构对整个网络进行维护。任何一台计算机只要支持 TCP/IP 协议就可以接入互联网。

2)资源丰富性

互联网可以为全球用户提供极其丰富的各类信息资源,包括自然、社会、科技、教育、政治、历史、商业、金融、卫生、娱乐、天气预报和政府决策等。

3)共享性

互联网用户在网络上可以随时查阅共享的信息和资料。若网络上的主机提供共享型数据库,则可供查询的信息更多。

4)平等性

互联网是“不分等级”的,个人、企业、政府组织之间可以是平等的、无等级的。

5)交互性

互联网可以作为平等自由的信息沟通平台,信息的流动和交互是双向的,信息沟通双方可以平等地进行交互,及时获得所需信息。

另外,互联网还具有合作性、自由性、虚拟性、个性化、全球性和持续性等特点。

3. 互联网体系结构

互联网使用分层的体系结构(通常称为 TCP/IP 协议族),相对于 OSI/RM 层次体系结构,更为简单和实用。其有网络接口层、网际层、传输层和应用层 4 个层次,如图 8-8 所示。凡是遵循 TCP/IP 协议族的各种计算机都能够相互通信。

应用层(Telnet、FTP、SMTP 等)
传输层(TCP、UDP)
网际层(IP)
网络接口层

图 8-8 互联网的层次模型

(1)网络接口层位于整个体系模型的最下层,是面向通信子网的,无具体协议。

(2)网际层是整个互联网层次模型中的核心部分,其功能是将各种各样的通信子网互联,运行的协议是网际协议(IP)。

(3)传输层也叫主机到主机层。在此层可以使用两种不同的协议:一种是面向连接的传输控制协议(TCP),另一种是无连接的用户数据报协议(user datagram protocol,UDP),因此可以提供连接服务或者无连接服务,来传输报文或数据流。

(4)应用层是最高层。应用层向用户提供各种服务,如远程登录服务(Telnet)、文件传输服务(FTP)、简单邮件传送服务(SMTP)等。

4. TCP/IP

1)传输控制协议 TCP

TCP 对应于开放系统互连参考模型 OSI/RM 中的传输层协议，它是面向“连接”的。在进行数据通信之前，通信双方必须先建立连接，连接后才能进行通信，而在通信结束后，要终止它们的连接。

TCP 的主要功能是对网络中的计算机和通信设备进行管理，规定了信息包应该怎样分层、分组，怎样在收到信息包后重组数据，以及以何种方式在传输介质上传输信号。

2)网际协议 IP

IP 对应于开放系统互连参考模型 OSI/RM 中的网络层协议，制定了所有在网上流通的数据包标准，提供跨越多个网络的单一数据包传送服务。IP 的功能是无连接数据报传送、数据报路由选择及差错处理等。

互联网的核心协议是 IP，它的作用是将数据从原结点传送到目的结点。为了正确地传送数据，互联网上的每一个网络设备(如主机、路由器)都有一个唯一的标识，即 IP 地址。

5. 互联网地址和域名

1)IPv4(Internet protocol version 4)地址

互联网上的数据能够正确地传输到目的计算机，其中一个重要的原因是每一个连接到互联网的计算机都有唯一的网络地址。目前常用的网络地址为 IPv4 版本。

在 IPv4 系统中，一个 IP 地址由 32 位二进制数字组成，通常被分隔为 4 段，段与段之间以小数点分隔，每段 8 位(1 字节)，通信时要用 IP 地址来指定目的主机地址。例如 11000000. 10101000. 01010101. 10111100。

为了便于表达和识别，IP 地址常以十进制数形式来表示，因为一个字节所能表示的最大十进制数是 255，所以每段整数的范围是 0～255，上面用二进制数表示的 IP 地址可用十进制表示为 192. 168. 85. 188。

IP 地址包括网络部分和主机部分，网络部分指出 IP 地址所属的网络，主机部分指出这台计算机在网络中的位置。这种 IP 地址结构在互联网上很容易进行寻址，先按照 IP 地址中的网络号找到网络，然后在该网络中按主机号找到主机。

IP 地址可分为以下 5 类：

(1)A 类地址。A 类网络地址被分配给主要的服务提供商。IP 地址的前 8 位二进制数代表网络部分，取值范围是 00000000～01111111(十进制数 0～127)，后 24 位二进制数代表主机部分。例如，16. 16. 168. 186 属于 A 类地址。

(2)B 类地址。B 类地址分配给拥有大型网络的机构。IP 地址的前 16 位二进制数代表网络部分，其中前 8 位二进制数的取值范围是 10000000～10111111(十进制数 128～191)；后 16 位代表主机部分。例如，168. 136. 22. 88 属于 B 类地址。

(3)C 类地址。C 类地址分配给小型网络。IP 地址的前 24 位二进制数代表网络部分，其中前 8 位二进制数的取值范围是 11000000～11011111(十进制数 192～223)，每个网络中的主机数最多为 254 台。C 类地址共有 2 097 152 个。例如，192. 168. 85. 188 属于 C 类地址。

(4)D 类地址。D 类地址是为多路广播保留的。它的前 8 位二进制数的取值范围是 11100000～11101111(十进制数 224～239)。

(5)E 类地址。E 类是实验性地址，是保留未用的。它的前 8 位二进制数的取值范围是 11110000～11110111(十进制数 240～247)。

随着接入互联网的设备呈指数式增长，32 位 IP 地址空间越来越紧张，迫切需要新版本的 IP 协议，在这种背景下，IPv6 应运而生。

2)IPv6(Internet protocol version 6)地址

从 IPv4 到 IPv6 最显著的变化就是网络地址的长度。IPv6 协议使用 128 位的 IP 地址，它支持的地址数是 IPv4 协议的 296 倍，彻底解决了 IPv4 地址不足的问题。IPv6 协议在设计时，保留了 IPv4 协议的一些基本特征，这使采用新老技术的各种网络系统在互联网上能够互联。

IPv6 的地址有以下三种规范形式：

(1)完整表示法。IPv6 的地址格式与 IPv4 不同,IPv6 地址为 128 位长,由 64 位的前缀和 64 位的接口标识两部分组成,前缀相当于 IPv4 地址中的网络部分,接口标识相当于 IPv4 地址中的主机部分。128 位 IPv6 地址通常表示为 8 组,每组由 4 个十六进制数表示,中间用“:”间隔的形式。表示形式为 x:x:x:x:x:x:x:x。如 3FFE:3201:1401:1280:C8FF:FE4D:DB39:1984。

(2)零压缩表示法。在分配 IPv6 地址时,会发生包含长串 0 位地址的情况。为了简化包含 0 位地址的书写,用“::”符号表示多个 0 值的 16 位组。“::”符号在一个地址中只能出现一次。该符号也能用来压缩地址中前部和尾部的 0。

例如,FE80:0000:0000:0000:AAAA:0000:00C2:0002 是一个合法的 IPv6 地址。这个地址中包含了很多的 0,可以采用零压缩法来缩减其长度。压缩规则是如果几个连续段位的值都是 0,那么这些 0 就可以简单地以“::”来表示。因此上述地址就可以写成 FE80::AAAA:0000:00C2:0002。

使用零压缩表示法时要注意以下两点:

①只能简化连续段位的 0,其前后的 0 都要保留,比如 FE80 的最后这个 0,不能被简化。

②零压缩法只能用一次,上面地址中 AAAA 后面的 0000 就不能再次简化。当然,也可以在 AAAA 后面使用“::”,这样前面的 12 个 0 就不能压缩了。这个限制是为了能准确还原被压缩的 0,不然就无法确定每个“::”代表了多少个 0。

(3)兼容表示法。对于某些既有 IPv4 结点又有 IPv6 结点的环境,更适合采用兼容表示法。其形式为 x:x:x:x:x:x:d.d.d.d,其中 x 是地址中 6 个高阶 16 位字段的十六进制值,d 是地址中 4 个低阶 8 位段的十进制值(标准 IPv4 表示法)。如 0:0:0:0:0:0:202.112.0.36(::202.112.0.36)。

3)域名(domain name)

由于 IP 地址是由一串数字组成的,不便于记忆,因此互联网上设计了一种字符型的主机命名系统(domain name system,DNS),也称域名系统。DNS 提供主机域名和 IP 地址之间的转换服务。DNS 为主机提供一种层次型命名方案,如图 8-9 所示。

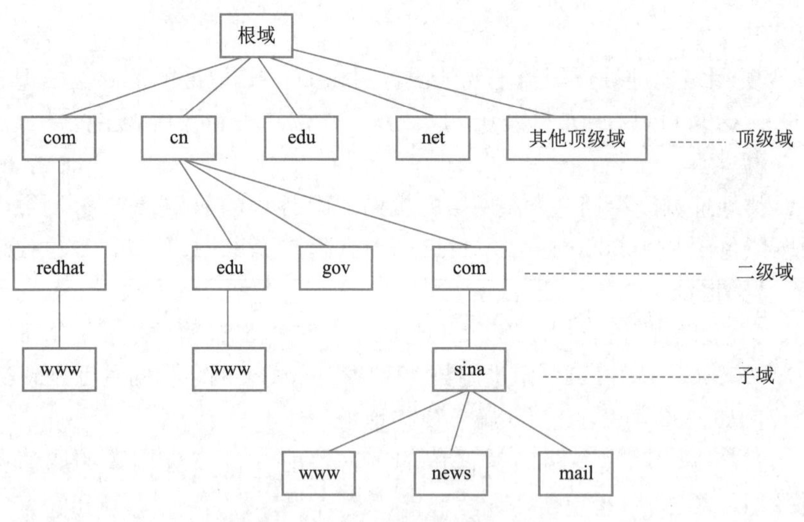

图 8-9　域名的层次结构

主机或机构有层次结构的名字在互联网中称为域名,如 www.sina.com.cn 是新浪网的域名地址。域名的各部分之间用“.”隔开。按从右到左的顺序,顶级域名在最右边,代表国家或地区以及机构的种类,最左边是机器的主机名。域名长度不超过 255 个字符,由字母、数字或下画线组成,以字母开头,以字母或数字结尾,域名中的英文字母不区分大小写。常见的顶级域名如表 8-1 和表 8-2 所示。

例如,www.pku.edu.cn,最右边的顶级域名 cn 代表中国;edu 二级域名指属于教育科研网;pku 是子域名,表示该网络属于北京大学;www 是主机名,表示一般是基于 HTTP 的 Web 服务器。

互联网主机的 IP 地址和域名具有同等地位。通信时,通常使用的是域名,计算机经由 DNS 自动将域名翻译成 IP 地址。

表 8-1　机构顶级域名

域　名	含　义	域　名	含　义
com	商业组织	org	非营利性组织
net	网络和服务提供机构	int	国际机构
edu	教育机构	web	强调其活动与 Web 有关的组织
gov	政府机构	arts	从事文化和娱乐活动的组织
mil	军事机构	info	提供信息服务的组织

表 8-2　国家或地区顶级域名

域　名	国家或地区	域　名	国家或地区
au	澳大地亚	fr	法国
ca	加拿大	gr	希腊
ch	瑞士	jp	日本
cn	中国	nz	新西兰
de	德国	ru	俄罗斯
dk	丹麦	uk	英国
es	西班牙	us	美国

8.3.2　互联网接入技术

互联网为公众提供了各种接入方式，以满足用户的不同需求，包括通过调制解调器接入、ISDN、ADSL、Cable Modem、无线接入和局域网接入等。

1. 调制解调器接入

调制解调器(modem)是调制器(modulator)与解调器(demodulator)的简称。它是一种能够使计算机通过电话线与其他计算机进行通信的设备。一方面，将计算机的数字信号转换成可在电话线上传送的模拟信号(这一过程称为“调制”)；另一方面，将电话线传输的模拟信号转换成计算机所能接收的数字信号(这一过程称为“解调”)。目前市面上的调制解调器主要有内置、外置、PCMCIA 卡式和机架式 4 种。它的重要技术指标是传输速率，即每秒可传输的数据位数，以 bit/s 为单位，调制解调器传输速率最高为 56 kbit/s。

由于采用这种方式接入网络时，要进行数字信号和模拟信号之间的转换，因此网络连接速度较慢、性能较差，从而该接入方式目前已基本退出市场。

2. ISDN 接入技术

在 20 世纪 70 年代出现了综合业务数字网(integrator services digital network，ISDN)。它将电话、传真、数据、图像等多种业务综合在一个统一的数字网络中进行传输和处理，所以又称“一线通”。ISDN 接入互联网方式需要使用标准数字终端适配器连接设备连接计算机到普通的电话线。ISDN 将原有的模拟用户线改造成为数字信号的传输线路，为用户提供纯数字传输方式，即 ISDN 上传送的是数字信号，因此速度较快。ISDN 可以128 kbit/s的速率上网，而且在上网的同时可以打电话、收发传真，但由于传输速度慢，目前也已基本退出市场。

3. ADSL 接入技术

非对称数字用户线路(asymmetric digital subscriber line，ADSL)是基于公众电话网提供宽带数据业务的技术，因上行和下行带宽不对称而得名。它采用频分复用技术把普通的电话线分成了电话、上行和下行三个相对独立的信道，从而避免了相互之间的干扰。通常 ADSL 可以提供最高 1.5 Mbit/s 的上行速率和最高 9 Mbit/s 的下行速率，此时线路已经无法提供正常的通话服务。最新的 ADSL2＋技术可以提供最高 24 Mbit/s的下行速率，ADSL2＋打破了 ADSL 接入方式带宽限制的瓶颈，使其应用范围更加广阔。

接入互联网时，用户需要配置一个网卡及专用的 ADSL Modem，根据实际情况选择采用专线入网方式

(即拥有固定的静态 IP)或虚拟拨号方式(不是真正的电话拨号,而是用户输入账号、密码,通过身份验证,动态获得一个 IP 地址)。ADSL 是目前家庭常用的接入方式之一。

4. Cable Modem 接入技术

电缆调制解调器(cable modem)又名线缆调制解调器,利用有线电视线路接入互联网,接入速率可以高达 10～40 Mbit/s,可以实现视频点播、互动游戏等大容量数据的传输。接入时,将整个电缆(目前使用较多的是同轴电缆)划分为三个频带,分别用于电缆调制解调器数字信号上传、数字信号下传及电视节目模拟信号下传,一般同轴电缆的带宽为 5～860 MHz,数字信号上传带宽为 5～42 MHz,模拟信号下传带宽为 50～550 MHz,数字信号下传带宽则是 550～860 MHz,这样,数字数据和模拟数据不会冲突。它的特点是带宽高、速度快、成本低、不受连接距离的限制、不占用电话线、不影响收看电视节目。

5. 无线接入

用户不仅可以通过有线设备接入互联网,也可以通过无线设备接入互联网。目前常见的无线接入方式主要分为两类。

1)无线局域网接入

无线局域网(WLAN)是利用射频(radio frequency,RF)无线点播通信技术构建的局域网,其主流技术包括红外(IrDA)、蓝牙(bluetooth)、Wi-Fi 和无线微波扩展频谱。无线局域网通常是在有线局域网的基础上通过无线接入点(access point,AP)实现无线接入,如带有无线网卡的电脑或可上网的手机进入到 WLAN 环境中,经过配置和连接就可以轻松接入互联网。

2)4G/5G

4G 技术支持 100 Mbit/s～150 Mbit/s 的下行网络带宽,也就是 4G 意味着用户可以体验到最大 12.5 MB/s～18.75 MB/s 的下行速度。这是中国移动 3G(TD-SCDMA)2.8 Mbit/s 的 35 倍,中国联通 3G(WCDMA)的 25 倍。

4G 接入技术包括 LTE(long term evolution,长期演进)、LTE-Advanced、WIMax(worldwide interoperability for microwave access,全球微波互联接入)、WirelessMAN-Advanced、TD-LTE-Advanced、FDD-LTE-Advanced 等,其中后两项是我国自主研发自主知识产权的标准。

第五代移动通信技术(5th generation mobile communication technology,简称 5G)是具有高速率、低时延和大连接特点的新一代宽带移动通信技术,5G 通信设施是实现人机物互联的网络基础设施。

国际电信联盟(ITU)定义了 5G 的三大类应用场景,即增强移动宽带(eMBB)、超高可靠低时延通信(uRLLC)和海量机器类通信(mMTC)。增强移动宽带主要面向移动互联网流量爆炸式增长,为移动互联网用户提供更加极致的应用体验;超高可靠低时延通信主要面向工业控制、远程医疗、自动驾驶等对时延和可靠性具有极高要求的垂直行业应用需求;海量机器类通信主要面向智慧城市、智能家居、环境监测等以传感和数据采集为目标的应用需求。

为满足 5G 多样化的应用场景需求,5G 的关键性能指标更加多元化。ITU 定义了 5G 八大关键性能指标,其中高速率、低时延、大连接成为 5G 最突出的特征,用户体验速率达 1 Gbps,时延低至 1 ms,用户连接能力达 100 万连接/km^2。

6. 局域网接入

局域网接入方式主要采用了以太网技术,以信息化区域的形式为用户服务。在中心结点使用高速交换机,交换机到 ISP 的连接多采用光纤,为用户提供快速的宽带接入,基本做到千兆到区域、百兆到大楼、十兆到用户。区域内的用户只需一台计算机和一块网卡,就可连接到互联网。

用户在选择接入互联网的方式时,可以从地域、质量、价格、性能和稳定性等方面考虑,选择适合自己的接入方式。

8.3.3 互联网服务与应用

互联网基本服务包括万维网(world wide web,WWW)、电子邮件(E-mail)、远程登录(telnet)、文件传输(file transfer protocol,FTP)等。

1. WWW 服务

WWW 也叫万维网或环球信息网,简称 Web 或 3W,是欧洲粒子物理研究中心于 1989 年提出并研制的大规模、分布式信息获取和查询系统,是互联网的应用和子集。

WWW使用了一种重要的信息处理技术——超文本(hypertext)。它是文本与检索项共存的一种文件表示和信息描述方法。其中检索项就是指针,每一个指针可以指向计算机可以处理的任何形式的信息源。这种指针设定相关信息的链接方式称为“超链接(hyperLink)”,含有这种超链接指针的多媒体文档称为“超媒体”。

描述网络资源,创建超文本和超媒体文档需要用超文本标记语言(hyper text mark language,HTML),它是一种专门用于WWW的编程语言。

WWW采用客户机/服务器模式。客户端软件通常称为WWW浏览器,简称浏览器。运行Web服务器(web server)软件,有超文本和超媒体驻留其上的计算机就称为WWW服务器或Web服务器,它是WWW的核心部件。

WWW为用户获取网络上丰富的信息提供了一种简单、统一的用户界面和方法,以及图文并茂的显示方式,使用户可以轻松地在互联网各站点之间漫游,浏览文本、图像、声音、动画、视频等各种不同形式的信息,是人类共享的信息资源库。

2. 浏览器使用方法

随着HTML5及CSS3技术的广泛使用,对其支持比较好的浏览器有Microsoft Edge、Google Chrome、Mozilla Firefox、360浏览器等。由于目前主流PC操作系统为Windows 10及以上版本,IE浏览器已经不被微软所支持,所以这里我们以微软Microsoft Edge为例,讲解其使用方法。

Microsoft Edge是由微软开发的基于Chromium开源项目及其他开源软件的浏览器。

2015年4月30日,微软在旧金山举行的Build 2015开发者大会上宣布:Windows 10内置代号为“Project Spartan”的新浏览器被正式命名为“Microsoft Edge”,其内置于Windows 10版本中。2018年3月,微软宣布Edge登录iPad和Android平板。这意味着Edge浏览器已经覆盖了桌面平台和移动平台。用户被允许在Google Play和App Store上下载Edge。

2022年5月16日,微软官方发布公告,称IE浏览器于2022年6月16日正式退役,此后Windows 10及其之后操作系统将自带Edge浏览器。

1)Edge窗口

Edge窗口主要由标题栏、导航栏、地址栏、扩展栏、工具栏、侧边栏、Web浏览窗口等组成,如图8-10所示。

图8-10 Edge窗口

(1)标题栏。用于显示当前用户浏览的Web页面的标题,例如“搜狐”,“百度一下,你就知道”。每个标题即一个网页,称为标签,鼠标指针在标签上悬停,可以显示当前标签网页内容缩略图。

(2)导航栏。Edge导航栏简化,可以对当前标签内的网页进行前进、后退、刷新、主页等操作,也可以通过设置,将主页按钮显示出来,通过单击主页按钮,可以实现访问预设的主页。

(3)地址栏。URL是一种用来唯一标识网络信息资源的位置和存取方式的机制,通过这种定位可以对资源进行存取、更新、替换和查找等操作,并可在浏览器上实现WWW、E-mail等服务。

地址栏显示当前打开的Web页面的地址,用户也可以在地址栏中重新输入要打开的Web页面地址。地址是以URL形式给出的,用来定位网上信息资源的位置和方式,其基本语法格式为:通信协议://主机/路径/文件名。

- 通信协议是指提供该文件的服务器所使用的通信协议,如HTTP、FTP、HTTPS等协议。常用通信协议如表8-3所示。
- 主机是指上述服务器所在主机的域名。
- 路径是指该文件在主机上的路径。
- 文件名是指文件的名称。

表8-3 常用通信协议

协议名	协议描述
File	资源是本地计算机上的文件。格式File:///,注意后边应是三个斜杠
Ftp	通过FTP访问资源。格式FTP://
Gopher	通过Gopher协议访问该资源
Http	通过HTTP访问该资源。格式HTTP://
Https	通过安全的HTTPS访问该资源。格式HTTPS://
Mailto	资源为电子邮件地址,通过SMTP访问。格式mailto:
MMS	通过支持MMS(流媒体)协议的播放该资源(代表软件:Windows Media Player),格式MMS://
Ed2k	通过支持ed2k(专用下载链接)协议的P2P软件访问该资源,(代表软件:电驴),格式ed2k://
Flashget	通过支持Flashget(专用下载链接)协议P2P软件访问该资源,(代表软件:快车),格式Flashget://
Thunder	通过支持thunder(专用下载链接)协议的P2P软件访问该资源,(代表软件:迅雷),格式thunder://
News	通过NNTP访问该资源

例如http://m. sina. com. cn/m/sinaopencourse. shtml,其中,http为数据传输的通信协议,m. sina. com. cn为主机域名,/m/代表路径,sinaopencourse. shtml是文件名。

地址栏内最后位置内置两个命令按钮,分别是有声朗读及快速添加到收藏夹。有声朗读可以对当前网页进行声音读取,浏览者可在不观看网页的情况下大致了解网页信息;快速添加到收藏夹可以将网址直接添加到收藏夹。

(4)扩展栏。各大主流浏览器都提供了扩展接口,以便用户安装自己喜欢的插件,比如迅雷插件、油猴插件等。安装后的插件与浏览器集成,监视浏览器的内容或对内容进行加工。比如迅雷下载插件,监控网页连接;油猴插件,是JavaScript(简称JS)脚本平台,可安装自己需要的JS脚本,油猴插件负责根据网址进行JS脚本调用。

(5)工具栏。放置各种命令按钮,可通过设置,将需要的命令按钮显示,方便操作。

①收藏按钮,单击后会显示收藏夹,将用户收藏的网址罗列出来,用户单击某个网址,直接访问。

②集锦按钮,可对自己喜欢的网页分类管理,方便访问,类别名称可根据自己喜好命名;收藏夹也可以对感兴趣的网址进行分类收藏,但只能进行文字标识,集锦可以对保存的网址进行文字及缩略图显示,方便使用者。

③下载按钮,单击后显示列表,显示正在下载的以及已经下载的文件。

④引文按钮,为使用者提供了一种更为便捷的文献管理和引文生成方式,访问某个网页后,单击引文按钮,对信息进行相应设置,就可以生成引文信息。

⑤网页捕获按钮,实现对当前网页截图,可全部窗口截取,也可以自定义区域,对截取后的图像可以进行标注加工,以便使用。

⑥Web选择按钮，可对网页内容进行选择复制，如果页面内容无法复制为文字，会将所选内容复制为一张图片。

⑦共享按钮，可将网页通过邮件共享他人。

⑧个人按钮，维护个人信息并登录后，可将个人设置保存到服务端，再次在其他机器登录Edge，可将配置等信息同步过来。同步的内容如图8-11所示。

⑨设置及其他按钮，可以完成Edge浏览器设置，可以进行打印等多个命令的选取执行。命令及功能见图8-12设置及其他菜单。

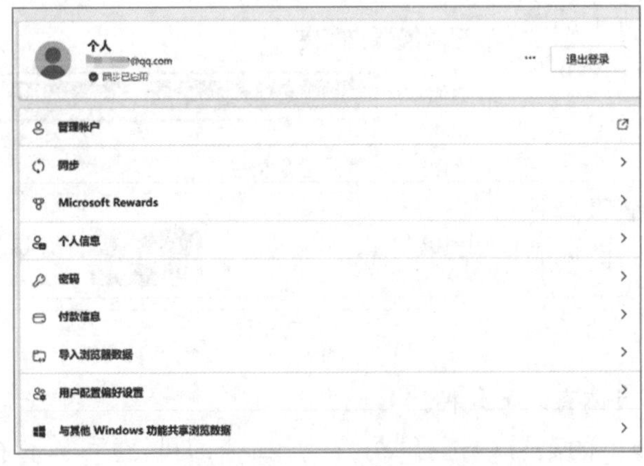

图8-11 Edge账户信息同步

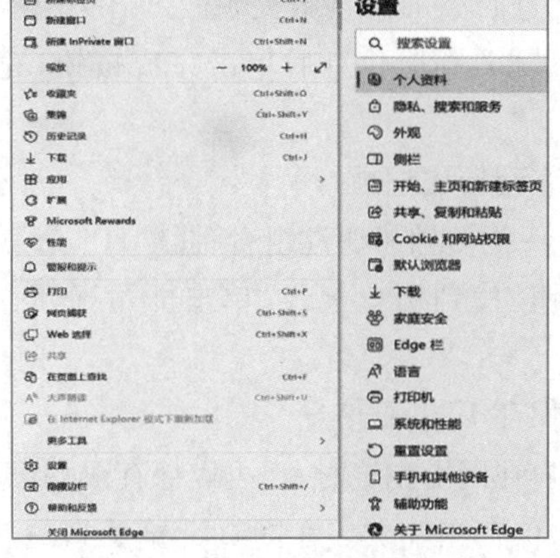

图8-12 设置及其他菜单

(6)侧边栏，集成一些常用工具，比如搜索、计算器、办公Office等，用户可根据自己需要添加工具。

(7)Web浏览窗口。Web浏览窗口用于显示从网上下载的文档以及图片等信息，是浏览者获取信息的主要窗口。

2)Web页浏览

Edge浏览器最基本的功能是在互联网上浏览Web页。浏览功能是借助于超链接实现的，超链接将多个相关的Web页连接在一起，方便用户查看信息。

打开Edge后，在屏幕上最先出现的页面是起始主页，在页面中出现的彩色文字、图标、图像或带下画线的文字等对象都是可以单击进入的超链接。Edge浏览器界面如图8-13所示。

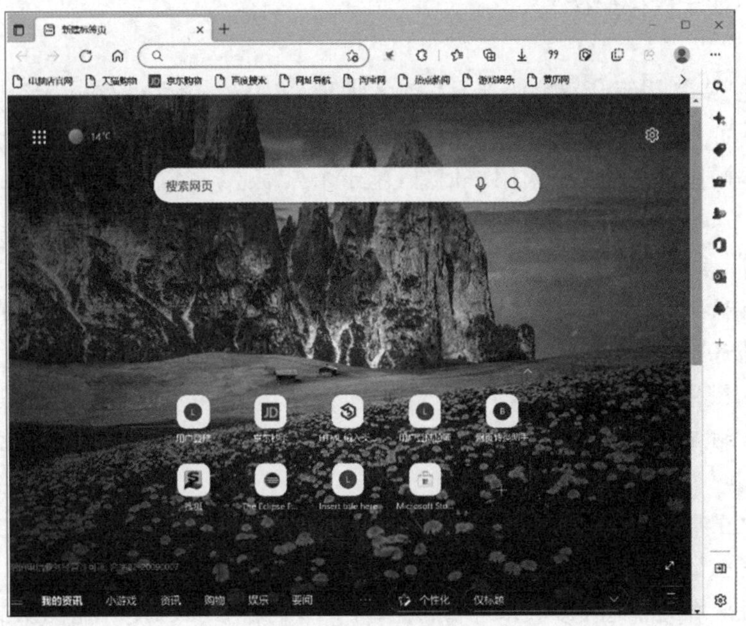

图8-13 Edge浏览器

查找指定的 Web 页,可使用下面几种常用的方法:

- 直接将光标定位在地址栏,输入 URL 地址。
- 单击集锦命令按钮,列出最近访问过的网页,从中选择要访问的地址。
- 单击收藏夹命令按钮,在“收藏夹”窗格中选择要查找的 Web 页地址。

3)收藏 Web 页

在浏览 Web 页时,会遇到一些经常访问的站点。为了方便再次访问,可以将这些 Web 页收藏起来。单击地址栏内“将此页面添加到收藏夹”命令,出现图 8-14 所示的藏 Web 页,输入相应信息后单击完成按钮,完成收藏 Web 页的操作。

图 8-14　收藏 Web 页

4)查看历史记录

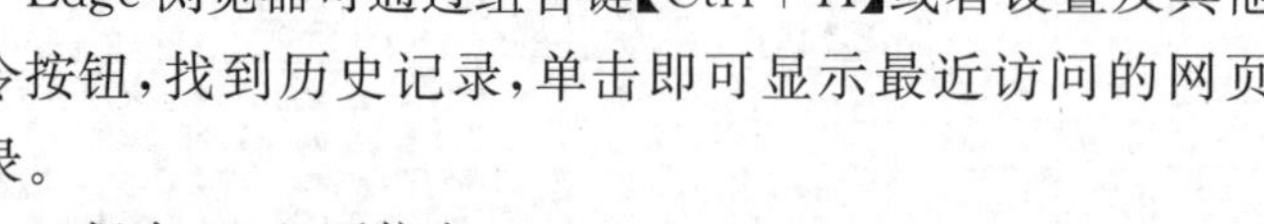

Edge 浏览器可通过组合键【Ctrl+H】或者设置及其他命令按钮,找到历史记录,单击即可显示最近访问的网页记录。

5)保存 Web 页信息

用户在网上浏览时,也可以保存 Web 页信息,具体有以下几种:

(1)保存当前页。在网页浏览窗口右击,在弹出的菜单中选择“另存为”命令即可,也可以直接使用【Ctrl+S】组合键。保存的网页可以有多种方式,可以保存为一个单一的文件,也可以保存正常网页文件。单一文件只有一个文件,其扩展名格式为 mhtml,保存文件占用空间较大。

(2)保存网页中的图片。右击网页上的图片,选择快捷菜单中的“将图片另存为”命令,打开“保存图片”对话框,选择保存位置,选择相应的保存类型,在“文件名”下拉列表框内输入文件名,单击【保存】按钮即可。

(3)不打开网页或图片而直接保存。右击所需项目(网页或图片)的链接,选择快捷菜单中的“将链接另存为”命令,在打开的“另存为”对话框中完成保存操作。

6)打印 Web 页面

按【Ctrl+P】组合键,可弹出打印对话框,进行简单设置即可进行打印。打印可以直接输出到打印机,可以选择打印到 PDF,以便于保存查看。

7)浏览器设置

单击“设置及其他”或利用组合键【Alt+F】,或者地址栏内输入 edge://settings/profiles,都可以打开 Edge 浏览器的设置界面。在设置界面内,可以按照自己的使用习惯进行设置。

(1)个人资料。本操作可以设置个人用户信息,基于个人信息,可以实现收藏夹、历史记录、扩展、应用等云同步。

(2)隐私、搜索和服务。网站会使用跟踪器收集用户的浏览信息。此信息将用于改进网站服务并向用户显示个性化广告等内容。某些跟踪器会收集用户的信息并将其发送到用户未访问过的网站。本设置内可以关闭或开启跟踪防护功能,开启后可使用基本、平衡、严格三种防火策略。也可以自定例外,在某些站点上关闭跟踪防护。跟踪防护三种策略如下:

- 基本:允许所有站点中的大多数跟踪器、内容和广告经过个性化处理,站点将按预期工作,阻止已知的有害的跟踪器。
- 平衡(推荐):阻止来自用户尚未访问的站点的跟踪器,内容和广告的个性化程度可能降低,站点将按预期工作,阻止已知的有害跟踪器。
- 严格:阻止来自所有站点的大多数跟踪器,内容和广告的个性化程度可能降至最低,部分站点可能无法工作,阻止已知的有害跟踪器。

(3)外观。可是实现浏览器各种外观和主题效果,不同主题,外观颜色不同,预设好多主题供使用者选择;用户可以设置网页的缩放级别,根据自己需要放大缩小网页,也可以在网页中按住【Ctrl】键,然后上下推动鼠标滚轮进行缩放;用户可以自定义浏览器工具栏,可以设置是否显示收藏夹,可以设置哪些命令按钮显示到工具栏内,如开始、前进、扩展、收藏、集锦、历史、警报和提示、下载、性能、数学求解器、引文、网页捕获、Web 选择、共享按钮等。

(4)侧栏。可通过开关设置右侧边栏是否显示,侧边栏有如下几个模块:搜索、Discover、购物、工具、游戏、Microsoft 365 (Office)、Outlook、E-tree。可对每个模块进行具体设置。

(5)开始、主页和新建标签页。Edge 浏览器启动时如何动作,可以设置为打开新标签页、打开上一个会话中的标签页、打开自定义的网址,用户可根据需要进行设置。

(6)下载。下载可设置默认的下载保存路径、设置每次下载询问是打开还是保存、是否在浏览器中打开 Office 文件、下载开始是否显示下载菜单。

(7)打印机。单击后调出系统打印机及扫描仪设置界面,可对系统安装的打印机、扫描仪进行管理。

8)开发人员工具

Edge 的开发人员工具,对进行网页制作开发人员来说是一个非常方便的调试开发工具。可通过【F12】或【Ctrl+Shift+I】组合键打开。开发人员工具可选择网页内 dom 元素,可对 HTML、CSS 源代码进行修改,所见即所得,可进行客户端脚本 JavaScript 调试等,也可以模拟手机等移动设备进行显示。打开的开发人员工具界面如图 8-15 所示。

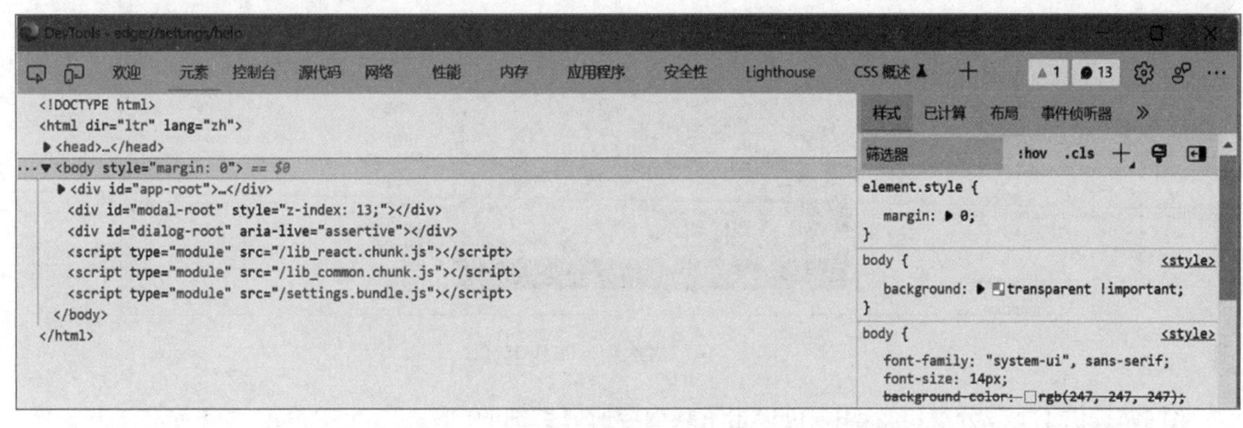

图 8-15　开发人员工具界面

3. 资源检索与下载

1)WWW 网上信息资源检索

(1)使用浏览器检索,使用浏览器的搜索栏进行检索。

(2)使用搜索引擎检索,搜索引擎是一种搜索其他目录和网站的检索系统。搜索引擎网站可以将查询结果以统一的清单表示返回。

具有代表性的搜索引擎网站有百度、Google、Microsoft 公司的 bing 和中国搜索。

另外,还有 Yahoo、搜狗搜索、360 搜索、新浪搜索、网易中文搜索引擎和炎黄在线等。

2)使用搜索引擎的技巧

使用搜索引擎时,在输入框中输入关键词进行检索是最为常用的办法。关键词的选择和个数都会影响搜索引擎搜索结果的精确性。另外,结合搜索引擎的功能特点与特有的语法,可极大提高搜索的准确度,搜索引擎的使用技巧如下:

(1)给关键词加半角形式的双引号。

(2)组合的关键词用加号"+"连接,表明查询结果应同时具有各个关键词。

(3)组合的关键词用减号"－"连接,表明查询结果中不会存在减号后面的关键词内容。

(4)关键词中加入通配符"＊"和"?",主要在英文搜索引擎中使用。"＊"表示多个字符,"?"表示一个字符。

3)WWW 网上信息资源下载

当用户在网上浏览到有价值的信息时,可以将其保存到本地计算机中,这种从网上获得信息资源的方法就是下载。

下载一般直接通过 Web 页或专门的下载工具(如迅雷)完成。如果用户下载的信息资源是网页形式,则可利用上述的"保存 Web 页信息"的方法实现,如果用户下载的内容是共享软件、软件工具、程序、电子图书、电影等内容,可通过专门的下载中心或下载网站、下载工具完成。

(1)通过下载中心(或网站)下载。一般下载中心页面提供"下载"的超链接,用户只需根据下载提示单击所要下载信息的超链接即可。如图 8－16 所示,就是华军软件园网站的主页。

图 8－16　华军软件园的主页

该网站提供了下载分类功能,用户可单击下载内容所属类别的超链接进行检索,如单击某类超链接中的某款软件,在检索到的页面中单击【华军本地下载】按钮,出现图 8－17 所示的下载页,根据所使用的网络类型选择镜像超链接即可完成下载。另外,用户还可以在图 8－16 中的"搜索"文本框中输入要下载的内容的名称或关键字,单击【搜索】按钮搜索要下载的软件。

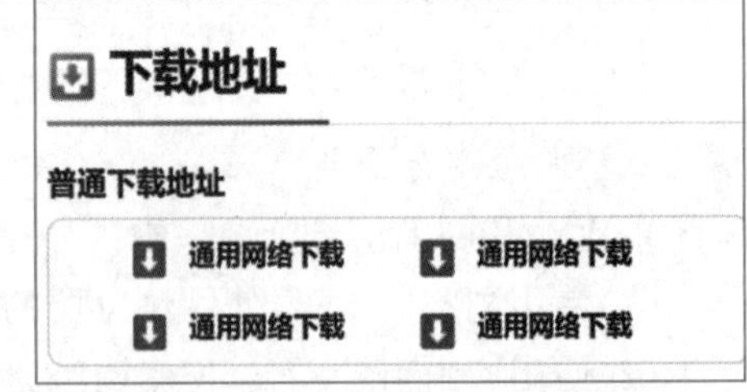

图 8－17　华军软件园的下载页面

(2)利用下载工具。下载工具可以提高下载速度并对下载后的文件进行管理,通过多线程、断点续传、镜像等技术最大限度地提高下载速度,利用 360 软件管家,下载软件方便、快捷,图 8－18 所示为 360 软件管家下载页面。

4. 电子邮件

1)电子邮件的基本概念及协议

电子邮件(electronic mail,E-mail)是一种发送者和指定接收者通过电子手段进行快速、简单和经济的通信和信息交换的通信方式,是互联网应用最广的一种服务。邮件可以是文本、图形和声音等。

与普通信件一样,要发送电子邮件,必须知道发送者的地址和接收者的地址。其地址格式为:用户名@主机域名。

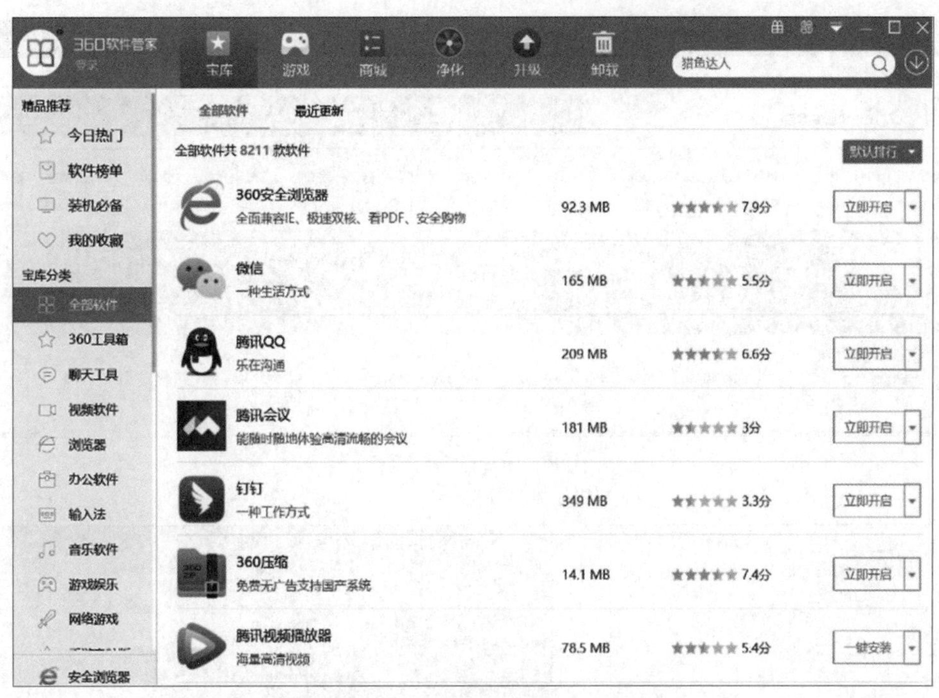

图 8－18 “360 软件管家”的下载页面

其中，符号“@”读作英文的“at”；“@”左侧的字符串是用户的信箱名，右侧是邮件服务器的主机名。例如 hicd @hrbu. edu. cn。用户打开信箱时，所有收到的邮件都会出现在邮件列表中，邮件主题是邮件发送者对邮件主要内容的概括。

常用的电子邮件协议有以下三种：

(1)SMTP(simple mail transfer protocol，简单邮件传送协议)是一组用于由源地址到目的地址传送邮件的规则，控制邮件从一台机器到另一台机器的中转方式，属于 TCP/IP 协议族。SMTP 服务器是遵循 SMTP 协议的发送服务器，负责发送或中转发出的电子邮件。

(2)POP(post office protocol，邮局协议)目前的版本为 POP3，是把邮件从服务器(电子邮箱)中传输到本地计算机，同时删除保存在邮件服务器(电子邮箱)上的协议。POP3 服务器则遵循 POP3 协议的接收邮件服务器，用来接收电子邮件。

(3)IMAP(interactive mail access protocol，交互邮件访问协议)目前的版本为 IMAP4，是 POP3 的一种替代协议。它与 POP3 协议的主要区别是用户可以不用把所有的邮件全部下载，可以通过客户端直接对服务器上的邮件进行操作，而且还提供了邮件检索和处理的功能，可以记忆用户在脱机状态下对邮件的操作(邮件移动或删除等)，在下次打开网络连接时会自动执行。

2)收发电子邮件

用户首先要向 ISP 申请一个邮箱，由 ISP 在邮件服务器上为用户开辟一块磁盘空间，作为分配给该用户的邮箱，并给邮箱取名，所有发向该用户的邮件都存储在此邮箱中。一般情况下，用户向 ISP 服务商申请上网得到上网账号的同时，会得到一个邮箱，另外，还有些网站为用户提供免费或收费的电子邮箱。

下面以网易为例，介绍申请免费邮箱的方法。

(1)用浏览器进入“网易”主页，如图 8－19 所示。在该网页中单击“注册免费邮箱”超链接，在打开的“欢迎注册网易邮箱”页面进行邮箱的注册，如图 8－20 所示。

(2)在图 8－20 所示页面中的“邮箱地址”文本框中输入用户名，如“lczyyj”；在“密码”和“手机号码”文本框中输入对应信息，利用手机扫码二维码，按照提示进行注册即可。

(3)注册成功后将跳转到邮箱注册成功页面，如图 8－21 所示。至此，163 免费邮箱申请成功。

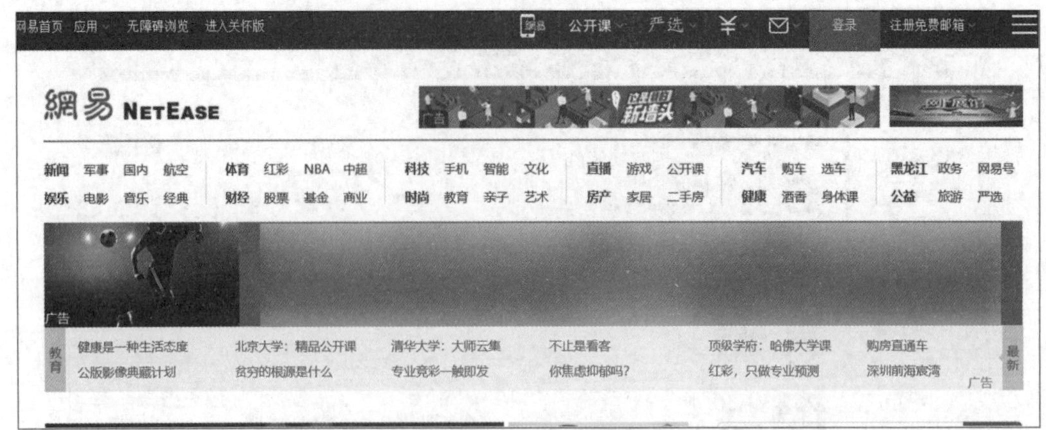

图 8-19 “网易”主页

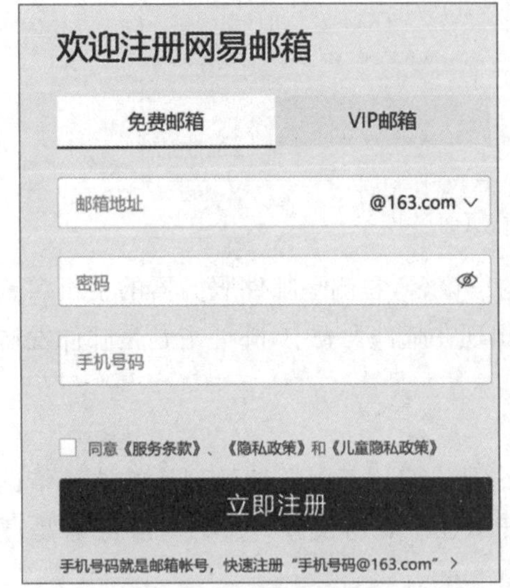

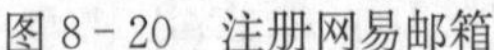

图 8-20 注册网易邮箱

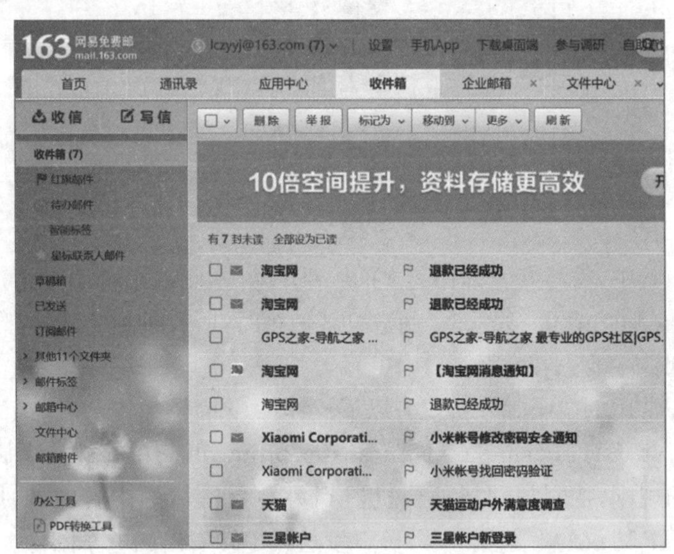

图 8-21 注册成功后进入邮箱

互联网中的很多网站都为用户提供了免费邮箱，如新浪、搜狐、雅虎、Google 等。用户一旦拥有了自己的 E-mail(电子邮件)账号，即拥有了自己的电子信箱，就可以收发电子邮件了。收发电子邮件有两种方式：一种是直接到提供邮件服务的网站，在该网站的页面上输入用户名和密码，即可进入收发电子邮件的页面收发邮件；另一种是利用专门的收发邮件管理工具，如专门的邮件管理工具 Outlook Express，它的功能强大，操作简单，容易掌握，常用的其他电子邮件工具还有 Hotmail 等。

5. 远程登录服务

1)远程登录

用户将计算机连接到远程计算机的操作方式叫作“登录”。远程登录(remote login)是用户通过使用互联网的远程登录协议(Telnet)等有关软件，使自己的计算机暂时成为远程计算机的终端的过程。一旦用户成功地实现了远程登录，用户使用的计算机就像一台与对方计算机直接连接的本地计算机终端那样进行工作，可以使用远程计算机上的信息资源，具有与本地用户同样的权限。

用户在使用 Telnet 进行远程登录时，首先应该输入要登录的服务器的域名或 IP 地址，然后根据服务器系统的询问，正确地输入用户名和口令后，实现远程登录。

2)应用举例

远程登录服务的典型应用就是电子公告板 BBS，它是一种利用计算机通过远程访问得到的一个信息源及报文传递系统。用户只要连接互联网，就可以直接利用 Telnet 方式进入 BBS，阅读其他用户的留言，发表自己的意见。BBS 一般包括信件讨论区、文件交流区、信息布告区和交互讨论区、多线交谈等几部分，大多以技术服务或专业讨论为主。它一般是文本界面。

下面以 Windows 10 中的 Telnet 终端仿真程序为例，进行 BBS 远程登录。（Windows 10 默认没有安装 Telnet 客户端，需要依次打开“控制面板”→“所有控制面板项”→“程序和功能”来进行安装。）

(1)运行 Telnet 终端仿真应用程序。右击【开始】按钮，在弹出的快捷菜单中选择“运行”命令，在弹出的“运行”对话框中输入“telnet newsmth. net”（清华大学水木社区 BBS 站），出现图 8－22 所示的窗口。

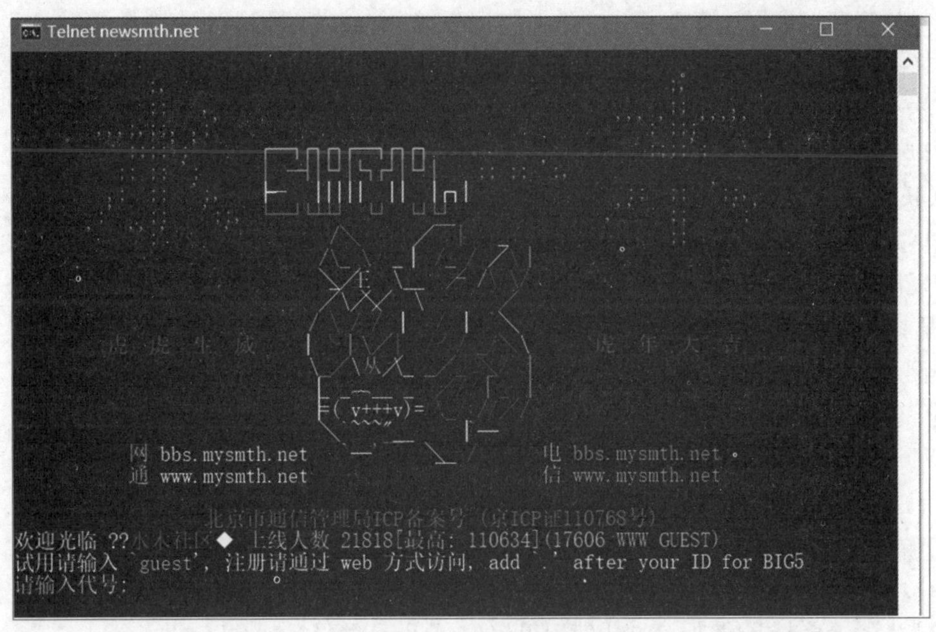

图 8－22　Telnet 窗口

(2)在该登录窗口中输入用户名。如果是第一次登录，可以输入“new”来注册新账号，或输入“guest”以客人身份登录(以客人身份登录不能发表文章)，进入水木社区的主功能菜单，如图 8－23 所示，用户可利用上下方向键选择，然后按【Enter】键就能够进入相应的讨论区，浏览或发表文章。

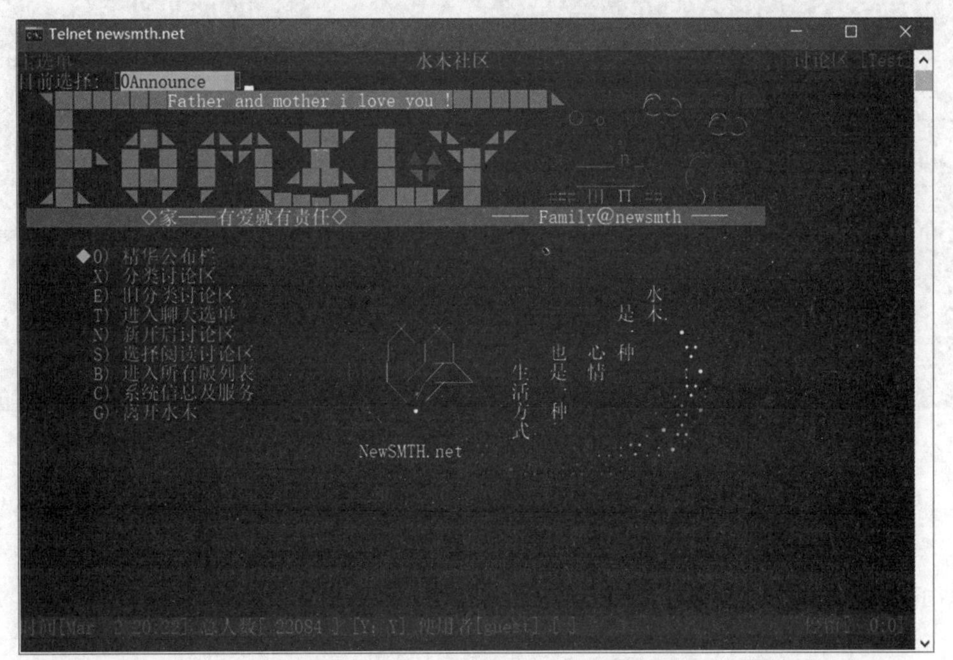

图 8－23　水木社区主功能菜单

另外，还有一种 WWW 形式的 BBS，不需要用远程登录的方式，它与一般的网站(网页)一样，用户可通过浏览器直接登录。这种形式的BBS除了仍然保持传统BBS的基本内容和功能外,其界面及使用都有很大变化。不仅可以有文字信息,还可以加入图片等多媒体信息,如常见的论坛、留言板等。显然,这种BBS操作更为方便快捷,并且具有更强的即时性和交互性。

6. 文件传输服务

1)文件传输

文件传输被用来获取远程计算机上的文件。与远程登录类似的是,文件传输是一种实时的联机服务,在进行工作时,用户首先要登录到对方的计算机上;与远程登录不同的是,用户在登录后仅可以进行与文件搜索和文件传送有关的操作,如改变当前的工作目录、列出文件目录、设置传输参数、传送文件等。使用文件传输协议可以传送多种类型的文件,如图像文件、声音文件、数据压缩文件等。

FTP是互联网文件传输的基础。通过该协议,用户可以从一个互联网主机向另一个互联网主机"下载"或"上传"文件。"下载"文件就是从远程主机中将文件复制到自己的计算机中;"上传"文件就是将文件从自己的计算机中复制到远程主机中。用户可通过匿名(anonymous)FTP或身份验证(通过用户名及密码验证)连接到远程主机上,并下载文件,FTP主要用于下载公共文件。

2)应用举例

在互联网上使用FTP服务一般有3种方法。

(1)使用Windows中自带的FTP应用程序

右击【开始】按钮,在弹出的快捷菜单中选择"运行"命令,在弹出的"运行"对话框中输入FTP域名(或IP地址),例如输入"ftp ftp. redhat. com",此时会出现DOS界面的窗口,如图8-24所示。在该窗口中,用户在"用户"(ftp. redhat. com:(none))处输入"ftp"(匿名)并按【Enter】键即可。成功登录后,用户利用FTP指令即可完成文件的上传与下载,但该方法使用得较少,原因是需要掌握FTP的指令。

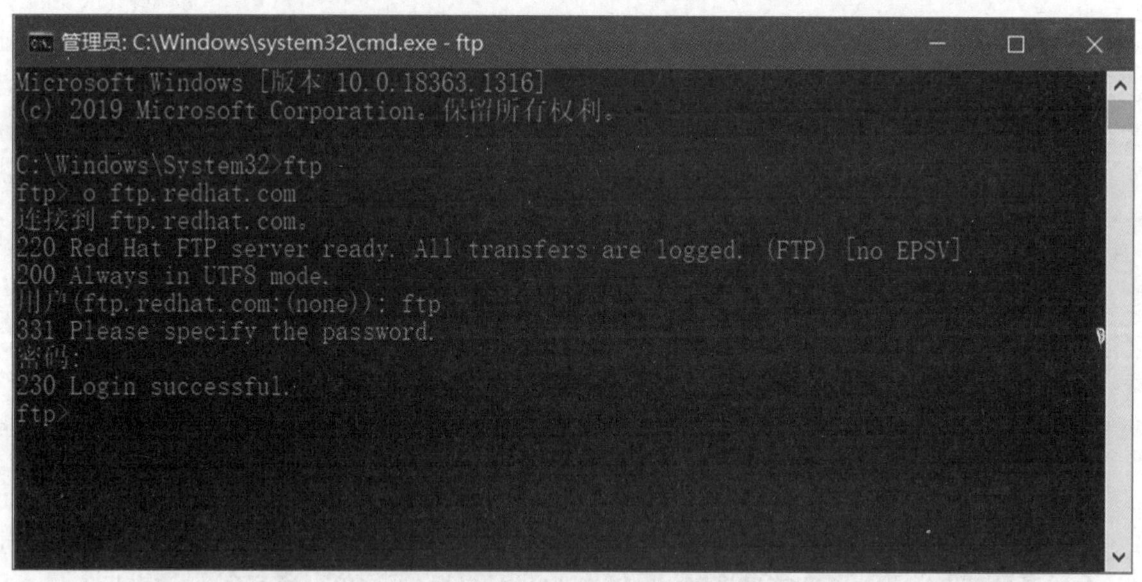

图8-24 FTP服务的DOS界面

(2)使用360浏览器。由于Edge等部分主流浏览器认为FTP方式访问不安全,已经不支持URI中使用FTP协议。我们可以使用360浏览器,在浏览器的地址栏中输入"ftp://ftp. redhat. com/"(全球最大的开源技术公司FTP服务器地址),在图8-25所示的窗口中,要下载一个文件,首先右击该文件,在弹出的快捷菜单中选择"链接另存为"命令,打开图8-26所示的对话框,在该对话框中选择要保存的文件的磁盘位置,单击【保存】按钮即可。

图 8-25 用 360 浏览器访问 FTP 站点

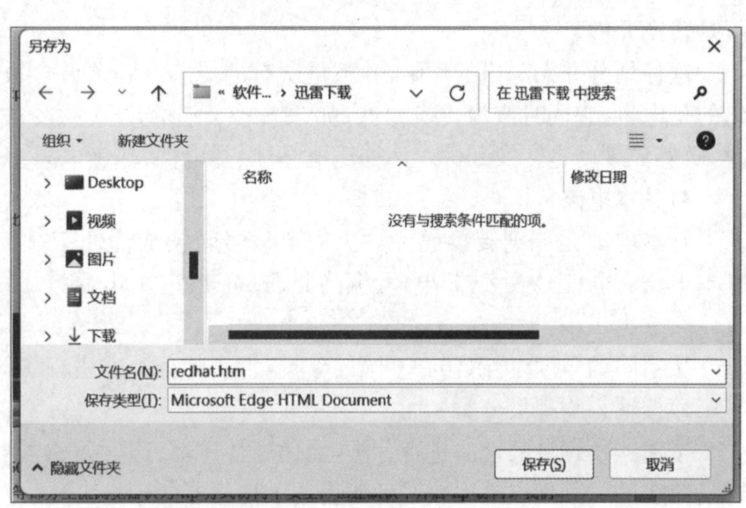

图 8-26 “另存为”对话框

(3)使用专门的 FTP 下载工具。常用的 FTP 客户端下载工具有 CuteFTP、FileZilla、FlashFXP 等。这些工具操作简单、实用，使互联网上的 FTP 服务更方便、快捷。

除上述服务外，互联网还提供电子商务、电子政务、网络传真、IP 电话、电视会议、信息浏览服务、专题讨论、广域信息服务 WAIS、网络游戏和网络教育等服务。

8.4 无线传感器网络

随着互联网技术、无线通信技术、电子信息技术的发展，传感器技术朝着网络化、智能化的方向发展。无线传感器网络(wireless sensor network，WSN)正是适应这种发展需求而出现的，它集传感器技术、微机电技术和网络通信技术于一身，具有信息感知与采集、处理和传输等功能。

8.4.1 传感器

1. 概念

传感器(transducer/sensor)是一种能感知外界信息(力、热、声、光、磁、气体、温度等)，并按一定的规律将其转换成易处理的电信号的装置，以满足信息的传输、处理、存储、显示、记录和控制等要求。传感器是一种获得信息的手段。

2. 组成

传感器一般是利用物理、化学和生物等学科的某些效应或原理，按照一定的制造工艺研制出来的。传感器的用途不同，其结构也不尽相同。总的来说，传感器是由敏感元件、转换元件和基本电路组成的，如图 8-27所示。

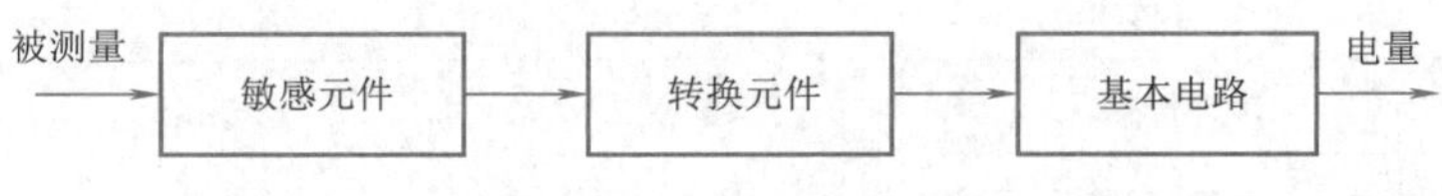

图 8-27 传感器的组成

1)敏感元件

敏感元件直接感受非电量，并按一定规律转换成与被测量有确定关系的其他量(一般仍为非电量)，例如应变式压力传感器的弹性膜片就是敏感元件，它的作用是将压力转换成膜片的变形。

2)转换元件

转换元件又称变换器，一般情况下，它不直接感受被测量，而是将敏感元件输出的量转换成为电量输出的元件。如应力式压力传感器的应变片，它的作用是将弹性膜片的变形转换成电阻值的变化，电阻应变片就是转换元件。

这种划分并无严格的界限,并不是所有的传感器必须包含敏感元件和转换元件。如果敏感元件直接输出的是电量,它同时兼为转换元件;如果转换元件能直接感受被测非电量并输出与之确定关系的电量,此时,敏感元件就是转换元件。例如压电晶体、热电偶、热敏电阻、光电器件等。

3)基本电路

基本电路是能把转换元件输出的电信号转换成为便于显示、记录、处理和控制的有用电信号的电路。基本电路有弱信号放大器、电桥、振荡器、阻抗变换器、电源等。

3. 分类

从不同的角度,传感器有不同的分类,常用的分类方法有如下几种。

1)按输入物理量分类

按输入物理量的性质进行分类,如速度传感器、温度传感器、位移传感器等。这种分类方法是按输入物理量命名的。其优点是比较明确地表达了传感器的用途。

2)按工作原理分类

将物理和化学等学科的原理、特性、规律和效应作为分类依据,如电压式、热电式、电阻式、光电式、电感式等。其优点是对于传感器的工作原理比较清楚,类别少,利于对传感器进行深入分析和研究。

3)按能量的关系分类

根据能量的观点分类,可将传感器分为有源传感器和无源传感器。前者将非电量转换为电量,称之为能量转换型传感器。通常配合有电压测量电路和放大器,如压电式、热电式、电磁式等。无源传感器又称能量控制型传感器。它本身不是一个换能器,被测非电量仅对传感器中能量起控制或调节作用。所以,它们必须有辅助电源,这类传感器有电阻式、电容式、电感式等。

4)按输出的信号性质分类

按输出的信号性质分类,可分为模拟式和数字式传感器,即传感器的输出量为模拟量或数字量。数字传感器便于与计算机连用,且抗干扰性强,例如盘式数字传感器、光栅传感器等。

4. 常用传感器

常用传感器如表 8-4 所示。

表 8-4　常用传感器

厂　商	传 感 器	工作电压/V	工 作 能 耗	离散采样时间
Taos	可见光传感器	2.7～5.5	1.9 mA	330 μs
Dallas Semiconductor	温度传感器	2.5～5.5	1 mA	400 ms
Sensirion	湿度传感器	2.4～5.5	550 μA	300 ms
Intersema	压力传感器	2.2～3.6	1 mA	35 ms
Honeywell	磁传感器	Any	4 mA	30 μs
Analog Devices	加速度传感器	2.5～3.3	2 mA	10 ms
Panasonic	声音传感器	2～10	0.5 mA	1 ms
Motorola	烟传感器	6～12	5 μA	—
Melexis	被动式红外传感器	Any	0 mA	1 ms
Li-Cor	合成光传感器	Any	0 mA	1 ms
Ech2o	土壤水分传感器	2～5	2 mA	10 ms

5. 应用与发展

目前,传感器应用在工农业、国防、航空、航天、医疗卫生和生物工程等各个领域及人们日常生活的各个方面,如温度和湿度的测控、音响系统、危化品泄漏报警、声控灯等都离不开传感器。未来传感器将向高精度、数值化、智能化、集成化和微型化方向发展。

8.4.2　无线传感器网络基础

微机电系统(micro-electro-mechanism system,MEMS)、片上系统(system on chip,SoC)、无线通信和低功耗嵌入式技术的飞速发展,孕育出无线传感器网络,并以其低功耗、低成本、分布式和自组织的特点带来了信息感知的一场变革。无线传感网络可以使人们在任何时间、任何地点和任何环境下获取大量翔实而可靠的所需信息,从而真正实现"无处不在的计算"理念。

1. 概念

无线传感器网络由部署在监测区域内大量传感器结点组成,是通过无线通信方式形成的一个多跳自组织的网络系统,以协作方式实时监测、感知和采集网络分布区域内的各种环境或监测对象的信息,通过嵌入式系统对信息进行处理,并通过自组织无线通信网络将所感知对象的信息传送到需要这些信息的观察者,是物联网底层网络的重要技术形式。其目的是协作地感知、采集和处理网络覆盖区域中被感知对象的信息,并发送给观察者。传感器、感知对象和观察者是无线传感器网络的三个要素。

2. 体系结构

无线传感器网络体系结构如图 8-28 所示。数量巨大的传感器结点以随机散播或者人工放置的方式部署在监测区域中,根据数据采集任务的需求通过自组织方式构建网络。其任务是从环境中采集用户感兴趣的数据,数据源结点负责数据的采集,所采集到的数据有可能在传输过程中被多个结点执行融合和压缩,经过网络内结点的多跳路由传输,最后通过卫星、互联网或者无线接入服务器达到终端的管理结点。用户可以通过管理结点对无线传感器网络进行配置管理、任务发布以及安全控制等反馈式操作。

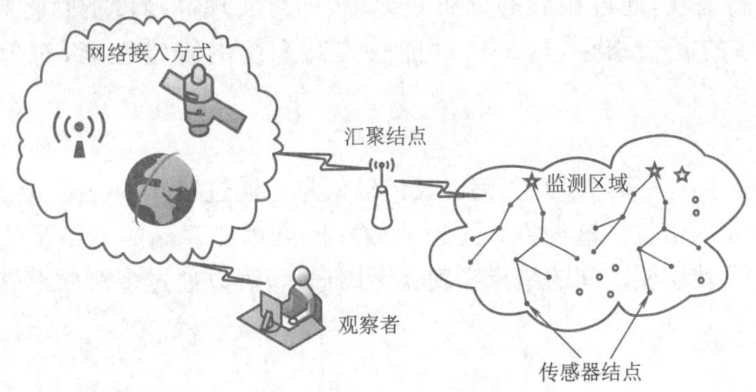

图 8-28　无线传感器网络体系结构

3. 主要特点

WSN 具有以下主要特点:

1)大规模

为了获取精确信息,在监测区域通常部署大量传感器结点,其数量可达到成千上万,甚至更多。一方面是传感器结点分布在很大的地理区域内;另一方面,传感器结点部署很密集,在面积较小的空间内,密集部署了大量的传感器结点。

2)动态性

WSN 的拓扑结构是动态变化的,可能因为下列因素而改变:

(1)环境因素或电能耗尽造成的传感器结点故障或失效。

(2)环境条件变化可能造成无线通信链路带宽变化,甚至时断时通。

(3)WSN 的传感器、感知对象和观察者这三要素都可能具有移动性。

(4)新结点的加入。

这就要求 WSN 系统要能够适应这种变化,具有动态的系统可重构性。

3)可靠性

WSN 特别适合部署在恶劣环境或人类不宜到达的区域,结点可能工作在露天环境中,遭受日晒、风吹、雨淋,甚至遭到人或动物的破坏。传感器结点往往采用随机部署,如通过飞机撒播或发射炮弹到指定区域进行部署。这些都要求传感器结点非常坚固,不易损坏,能够适应各种恶劣环境条件。因此,传感器网络的软硬件必须具有健壮性、容错性和可靠性。

4)以数据为中心

用户使用WSN查询事件时,直接将所关心的事件通告给网络,而不是通告给某个确定编号的结点。网络在获得指定事件的信息后汇报给用户。这种以数据本身作为查询或传输线索的思想更接近于自然语言交流的习惯。所以,通常说WSN是一个以数据为中心的网络。例如,在应用于目标跟踪的WSN中,跟踪目标可能出现在任何地方,对目标感兴趣的用户只关心目标出现的位置和时间,并不关心哪个结点监测到目标。事实上,在目标移动的过程中,必然是由不同的结点提供目标的位置消息。

5)资源受限

WSN中结点只具有有限的硬件资源,其计算能力和对数据的处理能力相当受限。此外,结点只能携带有限的电池能量,且在应用过程中不可能更换电池,因此能量也相当受限。

6)快速部署

传感器结点一旦被抛撒,即以自组织方式构成网络,无须任何预设的网络设施。

7)集成化

传感器结点的功耗低,体积小,价格便宜,实现了集成化。

8)具有密集的结点布置

在安置传感器结点的监测区域内,布置有数量庞大的传感器结点。通过这种布置方式可以对空间抽样信息或者多维信息进行捕获,通过相应的分布式处理,即可实现高精度的目标检测和识别。密集布设结点之后,将会存在大多的冗余结点,这一特性能够提高系统的容错性能,对单个传感器的要求大大降低。

9)协作方式执行任务

协作方式通常包括协作式采集、处理、存储以及传输信息。通过协作的方式,传感器的结点可以共同实现对对象的感知,得到完整的信息。这种方式可以有效克服处理和存储能力不足的缺点,共同完成复杂任务的执行。在协作方式下,传感器之间的结点实现远距离通信,可以通过多跳中继转发,也可以通过多结点协作发射的方式进行。

10)自组织方式

由于事先无法确定无线传感器结点的位置,也不能明确它与周围结点的位置关系,同时,有的结点在工作中有可能会因为能量不足而失去效用,因而另外的结点将会补充进来弥补这些失效的结点,这些因素决定了网络拓扑的动态性。这种自组织工作方式主要包括自组织通信、自调度网络功能以及自管理网络等。

4.应用领域

目前无线传感器网络的应用主要集中在以下领域:

1)环境检测和保护

为了加强对自然环境的监控,防止自然环境的进一步恶化,人们将无线传感器网络应用到了环境监测中,如监测平原、森林、海洋等的环境变化,进行森林火灾、洪水检测,灾害判定,气象研究,监测空气污染、水污染及土壤污染以及地表检测物种跟踪等。

2)医疗护理

无线传感器网络在医疗卫生领域发挥着重要作用,如婴儿监测、聋人提醒、血压监测与追踪、消防员身体特征信号监测等。

3)军事领域

无线传感器网络的特性非常适合于军事侦察,可以有效地探测和获取敌军情报。

另外,无线传感器网络在目标跟踪、农业生产等领域都有广泛的应用。

8.4.3　物联网基础

物联网是通过射频识别标识RFID、红外感应器、全球定位系统(global positioning system,GPS)、激光扫描器、无线传感器等信息传感设备,按照约定的协议标准,把任何物品与互联网连接起来,进行信息的交换与通信,以实现智能化识别、定位、跟踪、监控和管理,以及支持各类信息应用的一种网络。

物联网技术比较复杂,具体可划分为三个功能层,从下到上分别为感知层、网络层和应用层,如图8-29所示。

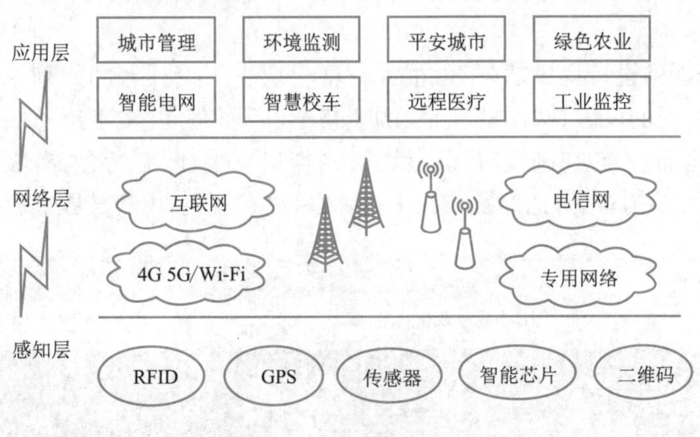

图8-29　物联网体系结构

1. 感知层

物联网的感知层是物理世界和信息世界的纽带,主要利用RFID标签和读写器、M2M(machine to machine)终端、智能设备、温度传感器、光照传感器、二维码、GPS等感知与获取终端采集的相关数据及信息,并通过通信模块将物理实体连接到网络层和应用层,以实现对物理世界的智能感知和识别、信息采集处理和自动控制功能。感知层是物联网发展和应用的基础,是实现物联网全面感知的核心。

2. 网络层

物联网的网络层是在现有的通信网和互联网的基础上建立起来的,由核心网和接入网组成,是整个物联网的中枢。网络层主要功能是将传感设备采集的各类信息通过基础承载网络传输到应用层,完成传感与服务数据信息的传输、寻址和交换等功能。物联网以数据为中心,其感知数据管理与处理技术是实现物联网的核心技术。其感知数据信息的管理与处理技术包括对传感器网络数据的存储、查询、分析、挖掘、理解以及对感知数据进行行为决策与处理。

3. 应用层

物联网的应用层是物联网和用户的接口,主要将物联网技术与行业专业系统相结合,实现广泛的物与物互联的应用解决方案。应用既是物联网发展的驱动又是物联网发展的目的。应用层的主要功能是把感知和传输的数据信息进行分析和处理,做出正确的控制和决策,实现智能化的管理、应用和服务。

8.5　网页制作

网页是用户可以直接浏览的信息页面。网站是指存放在网络服务器上的完整信息的集合体,可以有一个或多个网页,按照一定的组织结构,通过超链接等方式连接在一起,形成一个整体,描述一组完整的信息。人们可以通过浏览器来访问网站,获取自己需要的信息或者享受网络服务。

8.5.1　个人网站制作

【例8-2】　制作图8-30所示的个人网站"我的酷站"。

【问题分析】

要制作个人网站,首先确定网站的主题,根据主题搜集素材,规划网站页面布局,然后采用HTML等语言开发,制作出界面设计合理、美观大方的个性化网站。

【操作步骤】

(1)确定主题。网站主题就是所建立的网站要包含的主要内容。每个网站必须要有一个明确的主题。本网站的主题是个人网站,主要包括简介、日志、相册等内容。

(2)搜集素材。明确了网站的主题以后,要围绕主题开始搜集素材。为了使网站更吸引人,需要尽量搜集素材,搜集的素材越多,后期制作出的网站内容就越丰富多彩。素材既可以从图书、报纸、光盘等得来,也可以从互联网上搜集,然后把搜集的素材去粗取精,应用在自己的网站上。本设计所收集的背景图片如图 8-31所示。

(3)规划网站。一个网站设计得成功与否,很大程度上取决于设计者的规划水平。网站规划包含的内容很多,如网站的结构、栏目的设置、网站的风格、颜色搭配、版面布局、文字图片的运用等。只有在制作网页之前把这些因素考虑全面,才能在制作时驾轻就熟,制作出有个性、有特色、有吸引力的网页。本次设计的网站布局采用的是 T 形结构布局,把标题放在上栏,菜单放在左栏,内容放在右栏,如图 8-32 所示。

图 8-30　我的酷站

图 8-31　背景图片

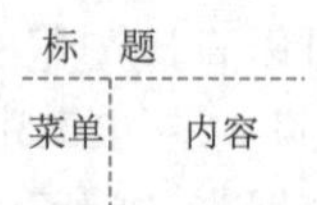

图 8-32　T 形结构布局

(4)建立一个文件夹,用于保存本网站中的文件。本网站采用如下的目录结构。

mysite/images(存放图片的文件夹)

/index. html

(5)根据需要,对 8-31 所示图片进行处理并保存为 bg. jpg,放入 images 文件夹中。

(6)建立 HTML 文档(网站首页一般命名为 index. html),编写代码。

(7)添加一个标记,并设置背景,代码框架如图 8-33 所示。

```
<! DOCTYPE HTML>
<html>
<head>
    <title>我的酷站</title>
    <style type="text/css">
      body,ul,li{margin:0;padding:0;}
      div{width:900px;height:580px;margin:0 auto;background:url(images/bg.jpg);}
    </style>
</head>
<body>

    <div>

    </div>

</body>
</html>
```

图 8-33 代码框架

(8)添加标题、菜单和内容,用样式控制显示位置及效果,完整代码如图 8-34 所示。

```
<! DOCTYPE HTML>
<html>
<head>
    <title>我的酷站</title>
    <style type="text/css">
      body,ul,li{margin:0;padding:0;}
      div{width:900px;height:580px;margin:0 auto;background:url(images/bg.jpg);}
      h1{float:left;width:860px;padding-left:30px;margin-top:40px;color:white;}
      ul{clear:both;float:left;width:96px;margin-left:28px;margin-top:80px;line-height:24px;}
      img{float:left;margin-left:20px;margin-top:80px;line-height:24px;}
    </style>
</head>
<body>

    <div>

      <h1>我的酷站</h1>
      <ul>
        <li><a href="index.html" target='_blank'>首页</a></li>
        <li><a href="jianjie.html" target='_blank'>我的简介</a></li>
        <li><a href="rizhi.html" target='_blank'>我的日志</a></li>
        <li><a href="xiangce.html" target='_blank'>我的相册</a></li>
        <li><a href="lianxi.html" target='_blank'>联系方式</a></li>
      </ul>
      <img src="images/1.jpg" width="400" height="230">

    </div>

</body>
</html>
```

图 8-34 完整代码

至此,"我的酷站"首面 index.html 就做好了,用浏览器打开即可观看,还可以根据兴趣按照例题尝试制作其他主题的网页。

8.5.2 HTML 基础

HTML 通过标记来说明网页中要显示的各个部分。标记是 HTML 语言中最基本的单位,浏览器不会显示出 HTML 标记本身,但会用标记来解释网页的内容。

1. 一个简单的 HTML 实例

一个简单的 HTML 实例如图 8-35 所示,其运行效果如图 8-36 所示。

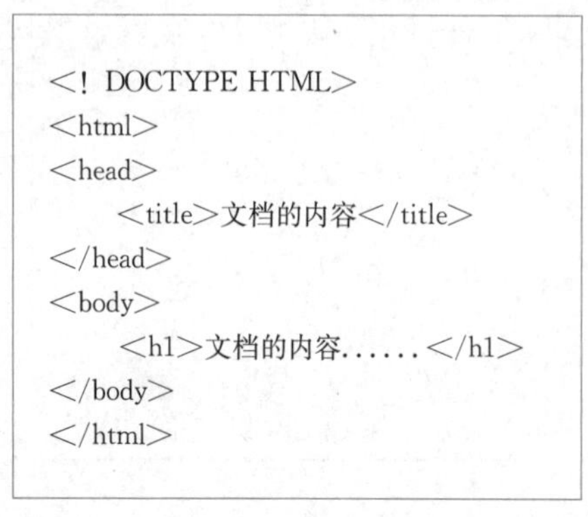

```
<! DOCTYPE HTML>
<html>
<head>
     <title>文档的内容</title>
</head>
<body>
     <h1>文档的内容……</h1>
</body>
</html>
```

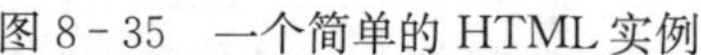

图 8-35 一个简单的 HTML 实例

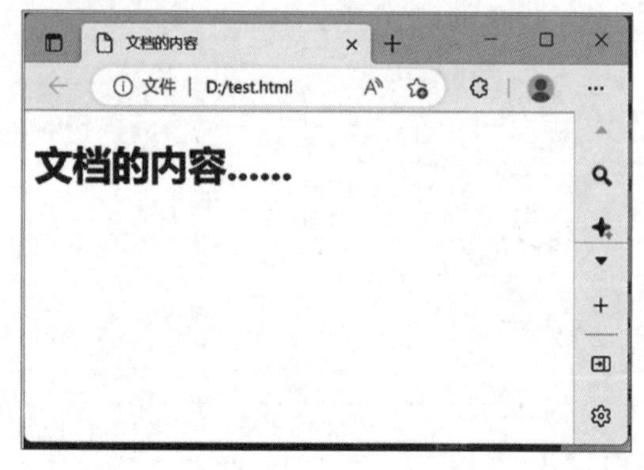

图 8-36 实例代码的运行效果

HTML 标记是由尖括号包围的关键词,例如本实例中的标记<body>。

<! DOCTYPE>声明不是 HTML 标记,它是指示 Web 浏览器关于页面使用哪个 HTML 版本进行编写的。<! DOCTYPE>声明必须位于 HTML 文档的第一行,<html>标记之前。

标记<html>告知浏览器其自身是一个 HTML 文档。

<html>与</html>标记限定了文档的开始点和结束点,它们之间是文档的头部和主体。

<head>标记用于定义文档的头部,它是所有头部元素的容器。<head>标记中可包含脚本和样式表等信息。

<body>元素定义文档的主体,包含文档的所有内容(比如文本、超链接、图像、表格和列表等)。

2. HTML 常用标记

HTML 标记分为两种,分别是形式为<标记名>的单标记和形式为<标记名>内容</标记名>的双标记。HTML 文档分文档头和文档体两部分。在浏览器窗口中,文档头标记中的信息是不被显示在正文中的,在此标记中可以插入其他用于说明文档的标题和一些公共属性的标记。文档体中放置的是显示在页面中的所有内容,如图片、文字、表单、超链接等元素。

1)<html>标记

<html>...</html>在文档的最外层,文档中的所有文本和 HTML 标记都包含在其中,它表示该文档是以超文本标识语言(HTML)编写的。事实上,现在常用的 Web 浏览器都可以自动识别 HTML 文档,并不要求必须有<html>标记,也不对该标记进行任何操作,但是,为了使 HTML 文档能够适应不断变化的 Web 浏览器,还是应该养成不省略这对标记的良好习惯。

2)<head>标记

<head>...</head>是 HTML 文档的头部标记,在浏览器窗口中,头部信息是不被显示在正文中的,在此标记中可以插入其他标记,用以说明文档的标题和整个文档的一些公共属性。若不需头部信息则可省略此标记,建议不要省略此标记。

3)<title>标记

<title>...</title>是嵌套在<head>头部标记中的,标记之间的文本是文档标题,它被显示在浏览器窗口的标题栏。

4)<body>标记

<body>...</body>标记一般不省略,标记之间的文本是正文,是浏览器要显示的页面内容。

上面的这几对标记在文档中都是唯一的,<head>标记和<body>标记是嵌套在<html>标记中的。

5)标题标记

<h1><h2><h3><h4><h5><h6>标记可定义 6 种不同的标题。

<h1>定义最大号标题,<h2>定义次大号标题,依此类推,<h6>定义最小号标题。实例代码如图 8－37所示,运行效果如图 8－38 所示。

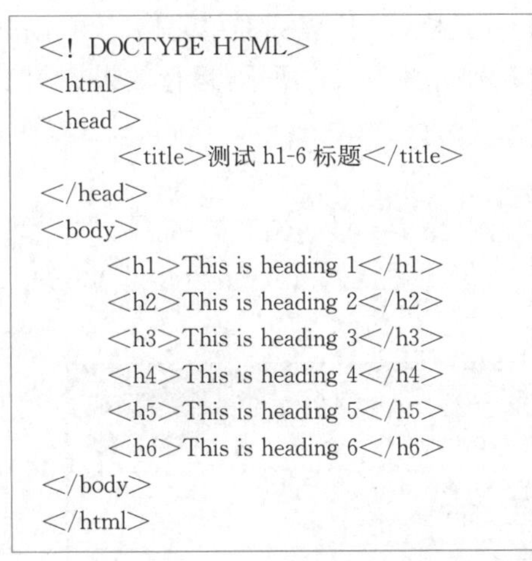

```
<! DOCTYPE HTML>
<html>
<head >
        <title>测试 h1-6 标题</title>
</head>
<body>
       <h1>This is heading 1</h1>
       <h2>This is heading 2</h2>
       <h3>This is heading 3</h3>
       <h4>This is heading 4</h4>
       <h5>This is heading 5</h5>
       <h6>This is heading 6</h6>
</body>
</html>
```

图 8－37　标题标记实例

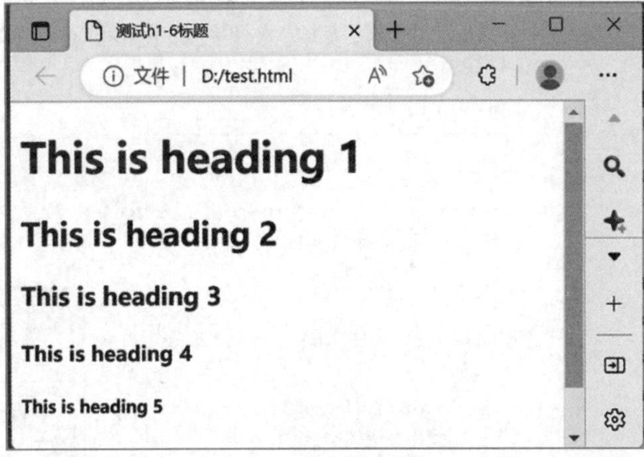

图 8－38　标题标记实例的运行效果

6)<p>标记

<p>标记是用来定义段落的。<p>标记表示开始一个新的文本段落,段落与段落之间会空出一行距离。

7)<a>标记

<a>标记是用来定义链接的。单击它就会转向一个新的链接。<a>元素最重要的属性是 href 属性,它指示链接的目标。一般用法如下:

(1)<a href="URL">文本或图像</a>,表示跳转到另一个文档的链接,URL 是链接所指向的地址,文本或图像是链接显示的载体。

(2)<a href="＃name">文本或图像</a>,表示跳转到本页面的一个书签处,＃name 是书签的名字。

(3)<a href="URL＃name">文本或图像</a>,表示跳转到另一个文档的一个书签处。若想让超链接窗口在一个新的浏览器窗口打开,可以书写为<a href="URL" target="_blank">文本或图像</a>。例如,<a href="http://www. baidu. com" target="_blank">百度</a>。

8)<img>标记

图像是用<img>标记来定义的。用<img>这个标记可以在 HTML 里面插入图片。基本用法为<img src="URL">,URL 表示图片的路径和文件名。<img>标记没有结束标志,其一般包含以下几个属性:

(1)src="图像文件的路径和名字",指出图像的名字,可以包含地址信息。

(2)align="bottom/middle/top",指出图像和附近文本的位置关系。

(3)alt="替代文字",指出如果不能显示图像,则出现替代文字。

(4)width="…",说明图像的宽度,默认单位为像素。

(5)height="…",说明图像的高度,默认单位为像素。

例如,<img src="images/bg.jpg" width="900" height="580" alt="背景图片" />。

9)注释标记

可以在 HTML 代码里添加注释,以增强代码的可读性与可理解性。浏览器在呈现内容时会忽略注释。注释的写法为:<! -- 浏览器不显示注释内容 -->。

10)换行标记

标记可以实现换行,同时又不引入新的段落。

11)表格标记

HTML 表格是用<table>标记来定义的。一个表格(table)首先通过<tr>标记被划分为若干行,然后每一行通过<td>标记又被划分为若干数据单元格。th 代表表头单元格,td 代表标准单元格。单元格里可以容纳文本、图像、列表、段落、表单、水平线和表格等。表格标记实例如图 8-39 所示,运行效果如图 8-40 所示。

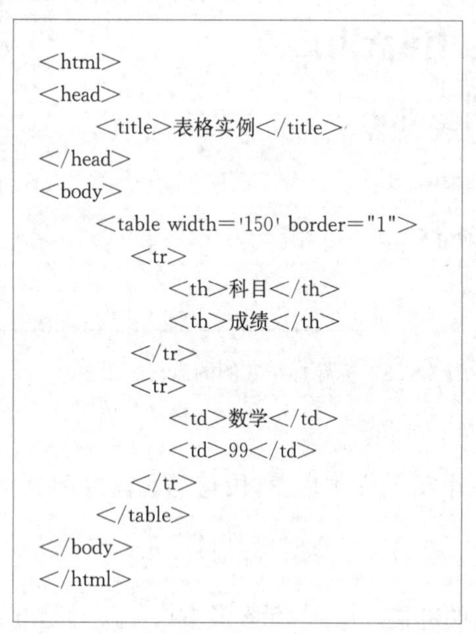

```
<html>
<head>
    <title>表格实例</title>
</head>
<body>
    <table width='150' border="1">
        <tr>
            <th>科目</th>
            <th>成绩</th>
        </tr>
        <tr>
            <td>数学</td>
            <td>99</td>
        </tr>
    </table>
</body>
</html>
```

图 8-39 表格实例代码

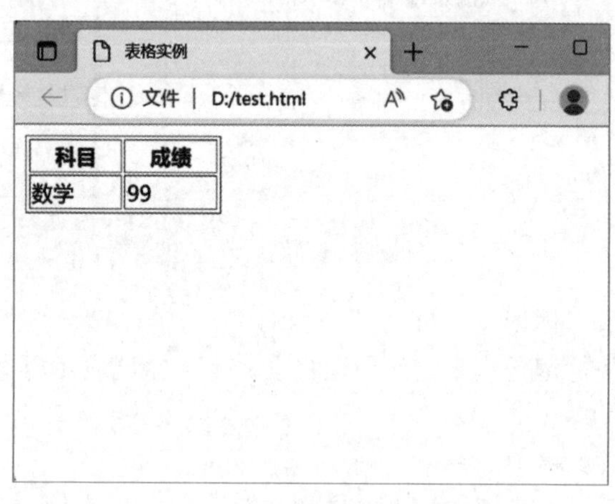

图 8-40 表格实例代码的运行效果

12)列表标记

HTML 包含有序列表(Ordered List)、无序列表(Unordered List)和自定义列表(Definition List)三种列表形式。

(1)有序列表:由一组项目构成,其中每个项目由项目符号(列表的类型可以是 A、a、I、i、1)标示。整个有序列表以<ol>标记开始,列表中的每一项以<li>标记开始。有序列表的实例代码如图 8-41 所示,其运行效果如图 8-42 所示。

(2)无序列表:由一组项目构成,其中每个项目都由项目符号(通常是个小黑点)标示。整个无序列表以<ul>标记开始,列表中的每一项以<li>标记开始。无序列表的实例代码及运行效果如图 8-43 所示。

(3)自定义列表:由<dl>标记定义。<dl>标记常与定义列表中项目的标记<dt>和描述列表中项目的标记<dd>结合使用。自定义列表的实例代码及运行效果如图 8-44 所示。

13)<font>标记

HTML 中对字体元素描述的标记语法为<font>...</font>。

例如,<font color="#0000FF" face="隶书" size="3">电子商务网站建设</font>,里面的 color、face 和 size 属于标记<font>的属性。每个属性都有各自不同的取值以表示不同的内容。其中,color 表示字体的颜色,face 表示文字所使用的字体,size 则表示文字的大小。<font>标记的实例代码及运行效果如图 8-45所示。

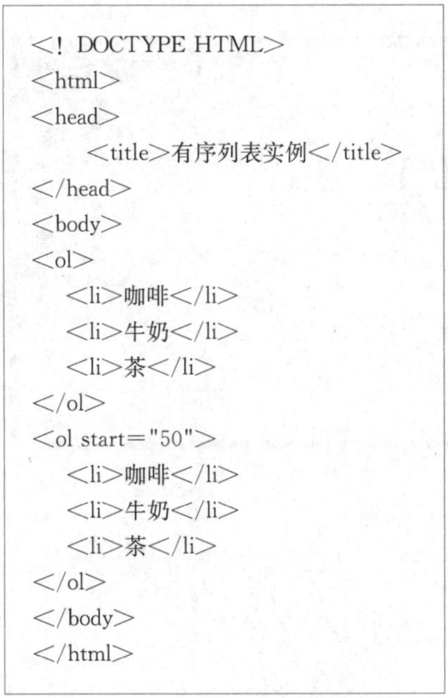

```
<! DOCTYPE HTML>
<html>
<head>
    <title>有序列表实例</title>
</head>
<body>
<ol>
   <li>咖啡</li>
   <li>牛奶</li>
   <li>茶</li>
</ol>
<ol start="50">
   <li>咖啡</li>
   <li>牛奶</li>
   <li>茶</li>
</ol>
</body>
</html>
```

图 8-41　有序列表的实例代码

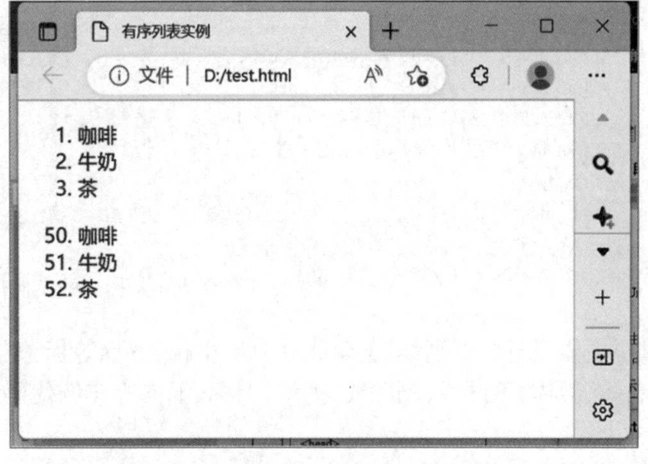

图 8-42　有序列表实例代码的运行效果

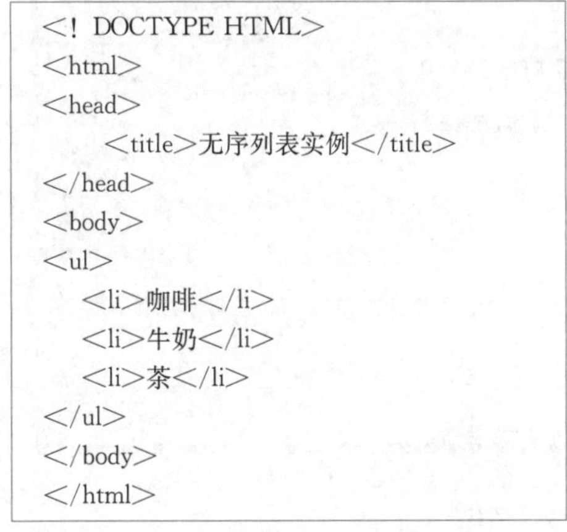

```
<! DOCTYPE HTML>
<html>
<head>
    <title>无序列表实例</title>
</head>
<body>
<ul>
   <li>咖啡</li>
   <li>牛奶</li>
   <li>茶</li>
</ul>
</body>
</html>
```

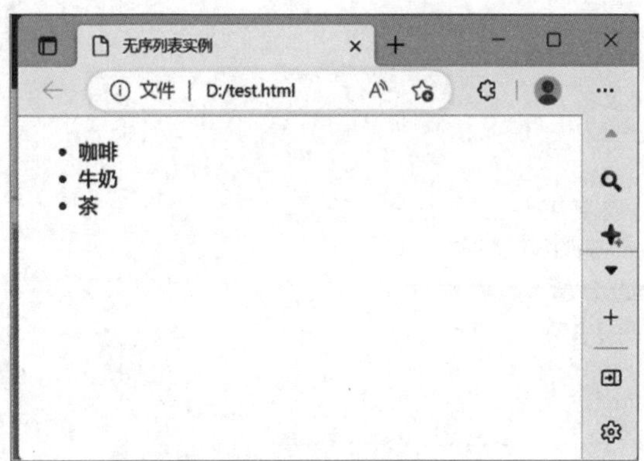

图 8-43　无序列表的实例代码及运行效果

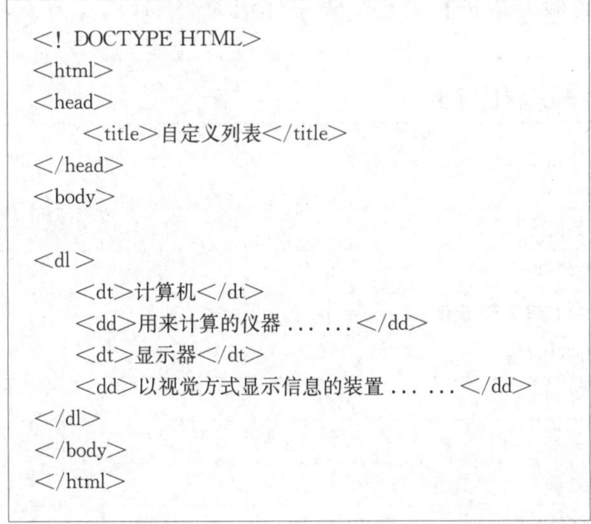

```
<! DOCTYPE HTML>
<html>
<head>
    <title>自定义列表</title>
</head>
<body>

<dl >
    <dt>计算机</dt>
    <dd>用来计算的仪器 ... ...</dd>
    <dt>显示器</dt>
    <dd>以视觉方式显示信息的装置 ... ...</dd>
</dl>
</body>
</html>
```

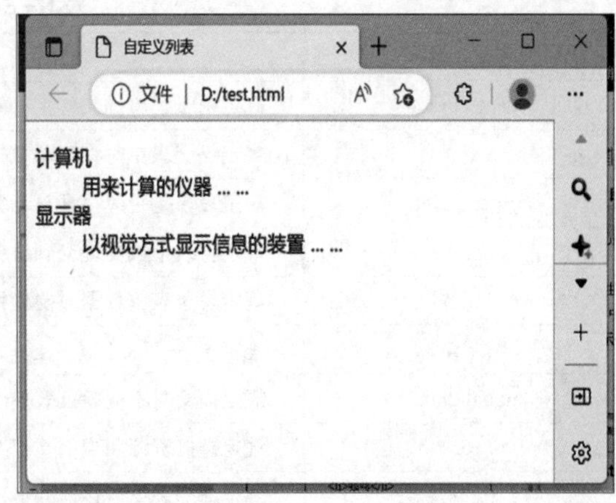

图 8-44　自定义列表的实例代码及运行效果

```
<! DOCTYPE HTML>
<html>
<head>
    <title>Font</title>
</head>
<body>
<font size='10'>size 10</font><br />
<font size='5'>size 5</font><br />
<font color='red'>color red</font><br />
<font face='隶书'>face=隶书</font>
</body>
</html>
```

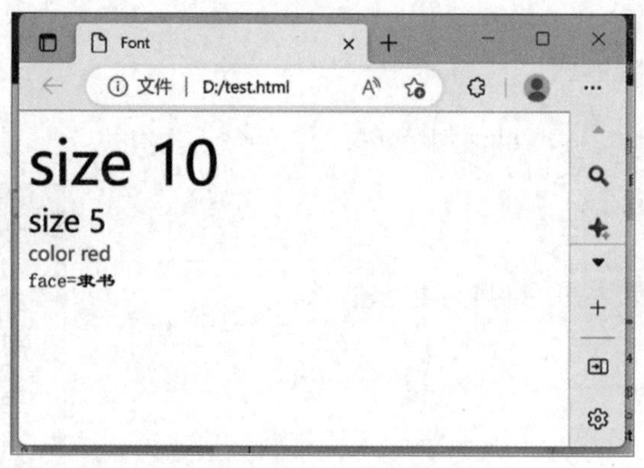

图 8-45 <font>标记的实例代码及运行效果

14)黑体、斜体、下画线、删除线、闪烁、上标、下标等标记

黑体、斜体、下画线、删除线、闪烁、上标、下标等实例代码及运行效果如图 8-46 所示。

```
<! DOCTYPE HTML>
<html>
<head>
    <title>字体实例</title>
</head>
<body>
<b>黑体</b>
<i>斜体</i>
<u>下画线</u>
<del>删除线</del>
<sup>上标</sup>
<sub>下标</sub>
</body>
</html>
```

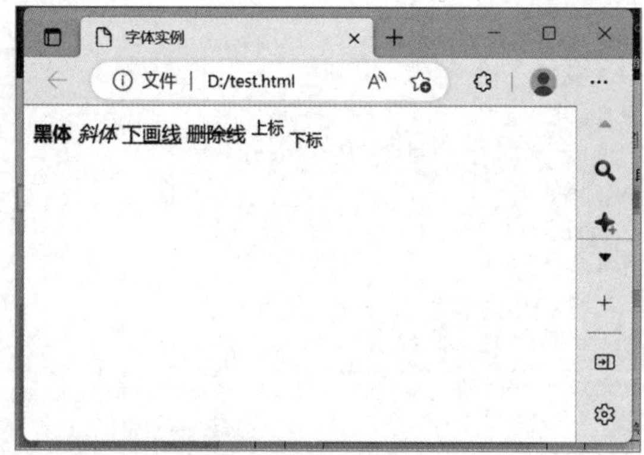

图 8-46 字体效果实例代码及运行结果

15)表单

表单,用于搜集用户输入的数据,并把数据提交到服务端进行处理。表单标记为<form>。<form>标记属性如表 8-5 所示。

表 8-5 <form>标记属性

属　性	描　述
accept-charset	规定用于表单提交的字符编码
action	规定提交表单时将表单数据发送到何处
autocomplete	规定表单是否应打开自动完成(填写)功能
enctype	规定将表单数据提交到服务器时应如何编码(仅供 method="post")
method	规定发送表单数据时要使用的 HTTP 方法
name	规定表单名称
novalidate	规定提交时不应验证表单
rel	规定链接资源和当前文档之间的关系
target	规定提交表单后在何处显示接收到的响应

表单的设置，完成了提交方式及目标处理程序，但是要提交哪些数据，需要 Input 控件进行配合。Input 控件 type 属性如表 8-6 所示。

表 8-6　Input 控件 type 属性

值	描　述
button	定义可单击的按钮（通常与 JavaScript 一起使用来启动脚本）
checkbox	定义复选框
colorNew	定义拾色器
dateNew	定义 date 控件（包括年、月、日，不包括时间）
datetimeNew	定义 date 和 time 控件（包括年、月、日、时、分、秒、几分之一秒，基于 UTC 时区）
datetime-localNew	定义 date 和 time 控件（包括年、月、日、时、分、秒、几分之一秒，不带时区）
emailNew	定义用于 E-mail 地址的字段
file	定义文件选择字段和“浏览”按钮，供文件上传
hidden	定义隐藏输入字段
image	定义图像作为提交按钮
monthNew	定义 month 和 year 控件（不带时区）
numberNew	定义用于输入数字的字段
password	定义密码字段（字段中的字符会被遮蔽）
radio	定义单选按钮
rangeNew	定义用于精确值不重要的输入数字的控件（比如 slider 控件）
reset	定义重置按钮（重置所有的表单值为默认值）
searchNew	定义用于输入搜索字符串的文本字段
submit	定义提交按钮
telNew	定义用于输入电话号码的字段
text	默认。定义一个单行的文本字段（默认宽度为 20 个字符）
timeNew	定义用于输入时间的控件（不带时区）
urlNew	定义用于输入 URL 的字段
weekNew	定义 week 和 year 控件（不带时区）

网页中常使用登录表单，登录过程为：表单控件接收浏览者输入数据，单击提交后跳转到 form 的 action 所指定的程序页面，程序页面进行数据处理，结合数据库，完成登录验证。登录成功后，开始进行具体业务处理。

接收数据并处理的程序，可以采用 asp、jsp、php、asp. net、js 等作为服务端代码，经过服务程序编译执行后，返回标准的 html 脚本给浏览者，进而实现网页 B/S（browser/server，浏览器/服务器模式，对应还有 C/S 模式（client/server，客户端/服务器模式）交互功能。

服务端语言及服务端常用程序如表 8-7 所示。

表 8-7　服务端语言及服务端常用程序

开发语言	对应服务端程序
asp	IIS
asp. net	IIS
php	Apache
jsp	tomcat
js	Node. js

【例 8-3】　设计登录表单 yyy. htm，提交接收程序为 yyj. jsp，接收页面将接收到的用户名及密码进行显示。登录表单 html 代码如图 8-47 所示。

```
<! DOCTYPE html>
<html>
<head>
<meta charset="UTF-8">
<title>登录界面</title>
</head>
<body>
<form action="yyj.jsp" method="post">
用户名:<input type="text" name="txtUserName" placeholder="请输入您的登录用户名...">
密码:<input type="password" name="txtPassword" placeholder="请输入您的登录密码...">
<input type="submit">  
<input type="reset">
</form>
</body>
</html>
```

图 8-47　登录表单 html 代码

图 8-47 所示的 html 代码中,from 表单提交到当前站点的 yyj.jsp 程序进行数据接收处理,提交方式 method 指定为 post。表单中两个输入控件,如图 8-48 所示,分别为等待输入用户名及密码。最后两个 input控件为“提交”及“重置”按钮。单击“提交”按钮后,页面跳转到 yyj.jsp,并将用户输入的数据传递过去。

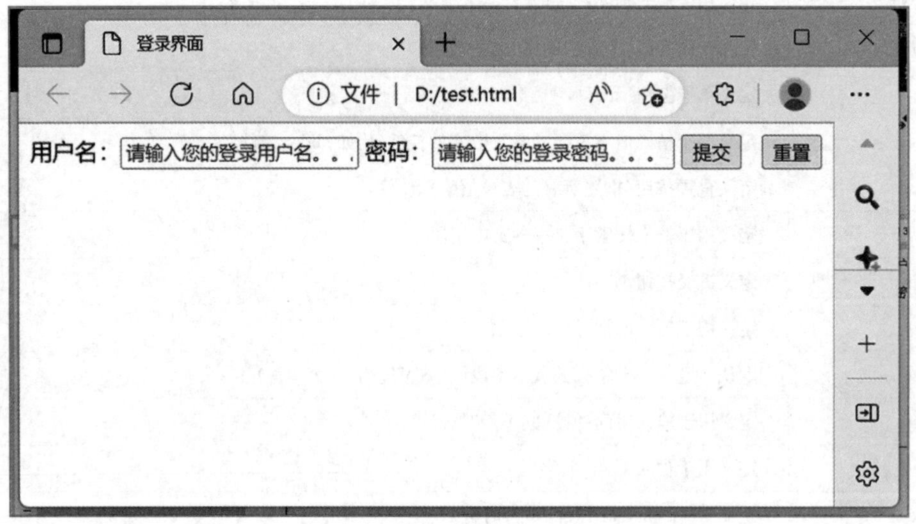

图 8-48　登录表单界面

yyj.jsp 数据接收程序效果如下:输入用户名 yyj,密码为 123456。结果如图 8-49 所示。

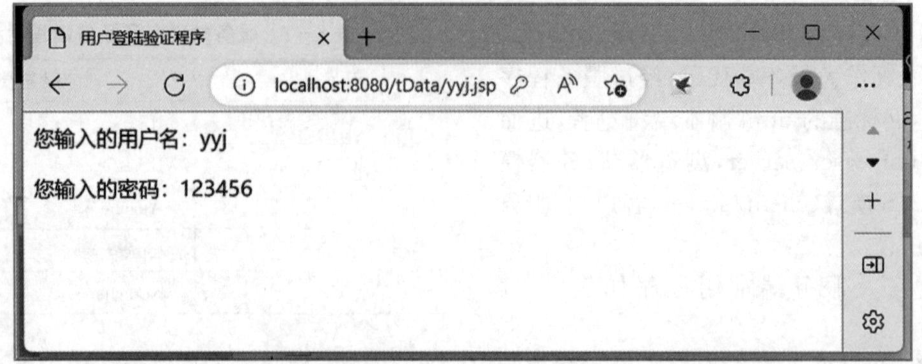

图 8-49　表单数据接收界面

表单数据接收程序代码如图 8-50 所示。

```
<%@ page language="java" contentType="text/html; charset=UTF-8" pageEncoding="UTF-8"%>
<! DOCTYPE html>
<html>
<head>
<meta charset="UTF-8">
<title>用户登录验证程序</title>
</head>
<body>
<%
String userName=request.getParameter("txtUserName");
String userPwd=request.getParameter("txtPassword");
out.print("您输入的用户名:"+userName+"<p>");
out.print("您输入的密码:"+userPwd);
%>
</body>
```

图 8-50　表单数据接收代码

接收程序通过 form 表单中 input 控件的 name 名称进行取值，并进行显示。网络上各种网站，都是前台 html 代码、CSS 样式，JS 脚本与后台程序配合，结合数据库，形成庞大的网站应用系统，如新闻网站、电子商务网站、BBS 等。

16)多媒体

网页中有了音视频，表现的内容更加丰富多彩。HTML5 之前，音视频的设置，需要经过客户端脚本 js 去操作，需要专业知识，还有一定的局限性。HTML5 丰富了网页中音视频操作，使得网页中嵌入音频、视频非常简单，功能强大。

(1)播放音频。HTML5 嵌入音频标记为<audio>。播放音频 html 代码如图 8-51 所示，完成一个音频的播放。<audio>标记内设置<source>字标标记，通过此字标记 src 属性，指定播放的音频文件，实现网页播放音频的效果，考虑到浏览器兼容问题，同样的音频文件使用两种格式，播放界面如图 8-52 所示。

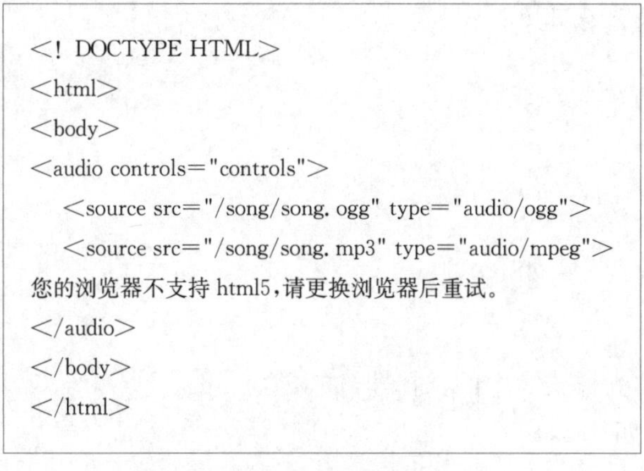

```
<! DOCTYPE HTML>
<html>
<body>
<audio controls="controls">
    <source src="/song/song.ogg" type="audio/ogg">
    <source src="/song/song.mp3" type="audio/mpeg">
您的浏览器不支持 html5，请更换浏览器后重试。
</audio>
</body>
</html>
```

图 8-51　播放音频 html 代码

0:01 / 0:10

图 8-52　播放音频界面

(2)播放视频。HTML5 视频播放比较简单，使用标记<video>实现上述播放效果，代码如图 8-53 所示。

```
<! DOCTYPE html>
<html>
<body>
<video width="320" height="240" controls="controls" autoplay="autoplay">
<source src="/video/movie.ogg" type="video/ogg" />
<source src="/video/movie.mp4" type="video/mp4" />
<source src="/video/movie.webm" type="video/webm" />
您的浏览器不支持此标签,请更换浏览器后重试。
</video>
</body>
</html>
```

图 8-53　播放视频 html 代码

<video>标签告诉浏览器要播放视频,视频的位置通过<source>标签进行指定,本例播放网站根目录下 video 目录下的视频文件,考虑到浏览器兼容问题,同样视频有两个格式,任何一个能播放即可。视频播放界面如图 8-54 所示。

图 8-54　播放视频界面

17)样式(style)

样式告诉浏览器元素在页面中如何呈现,其定义格式如下:

```
<style>
选择器+'{'...样式内容...}'
...
选择器+'{'...样式内容...'}'
</style>
```

<style>实例代码及运行效果如图 8-55 所示。

其中,选择器有以下三种类型:

(1)标记关键字选择器。所有标记关键字都可作为样式表中的选择器,如 b{...}。

(2)class 选择器。其格式是“.”+ 自定义名称,如.c{...}。

(3)id 选择器。其格式是“#”+ 自定义名称,如#d{...}。

id 选择器的优先级最高,其次是 class 选择器,标记关键字选择器优先级最低。

样式内容的定义格式为“属性:属性值”。样式常用属性如表 8-8 所示。

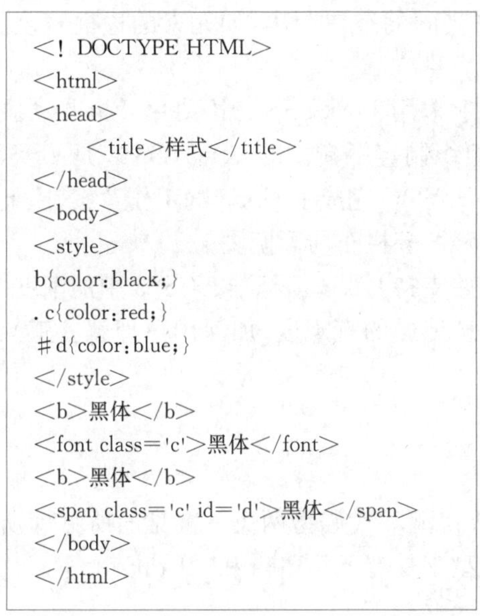

```
<! DOCTYPE HTML>
<html>
<head>
    <title>样式</title>
</head>
<body>
<style>
b{color:black;}
.c{color:red;}
#d{color:blue;}
</style>
<b>黑体</b>
<font class='c'>黑体</font>
<b>黑体</b>
<span class='c' id='d'>黑体</span>
</body>
</html>
```

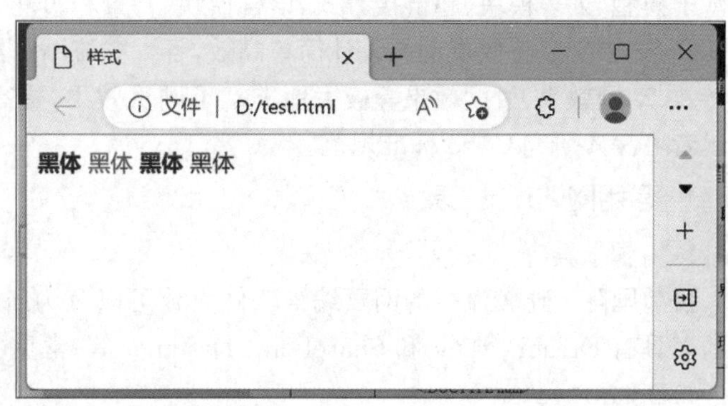

图 8-55　<style>标记的实例代码及运行效果

表 8-8　样式常用属性

属　性	解　释	实　例
float	浮动	float:right;float:left;
margin-top	上外边距	margin-top:10px;
margin-right	右外边距	margin-right:10px;
margin-bottom	下外边距	margin-bottom:10px;
margin-left	左外边距	margin-left:10px;
padding-top	上内填充	padding-top:10px;
padding-right	右内填充	padding-right:10px;
padding-bottom	下内填充	padding-bottom:10px;
padding-left	左内填充	padding-left:10px;
width	宽度	width:10px;
height	高度	height:10px;
line-height	行高	line-height:10px;
color	颜色	color:#ffffff;
font-size	字号	font-size:14px;
background	背景	background:url(bg.jpg);
border	边框	border:1px solid red;

在使用标记关键字作为选择器的样式表时，直接使用其标记即可，如<b>黑体</b>；使用 class 作为选择器的样式表时，在标记关键字后加属性值对“class='自定义名称'”，如<font class='c'>黑体</font>；使用 id 作为选择器的样式表时，在标记关键字后加属性值对“id='自定义名称'”，如<span class='c' id='d'>黑体</span>。

不同标记使用相同的样式时，可用逗号将选择器隔开，例如 p,a,.list{color:red;}。

18)DIV+CSS 布局网页

DIV+CSS 是 Web 设计标准，它是一种网页的布局方法。与传统中通过表格(table)布局定位的方式不同，它可以实现网页页面内容与表现相分离。

在 CSS 中，将样式调用在每一个元素上，都以一个假想的盒子模型看待。简单的说，就是将每一个元素都当作一个长方形的盒子,用这个假设的盒子设置各元素与网页之间的空白距离,如元素的边框宽度、颜色、样式,以及元素内容与边框之间的空白距离等。

网页中动画的使用,使得信息传递丰富多彩。以往动画基本上采用 JavaScript、gif 图片、Flash 动画等形式,制作动画效果需要专业人员及专业软件。有鉴于此,W3C 组织制定了新标准 CSS3,CSS3 是 CSS(层叠样式表)技术的升级版本,于 1999 年开始制订,2001 年 5 月 23 日 W3C 完成了 CSS3 的工作草案,主要包括盒子模型、列表模块、超链接方式、语言模块、背景和边框、文字特效、多栏布局等模块。

CSS3 中文字特效及动画设计简单高效,各大主流浏览器均开始支持 CSS3 新标准。CSS3 中的渐变、文字特效、动画效果、过度效果等极大地丰富了网页效果,提高了信息传递的直观度,加深用户理解。感兴趣的读者可深入研究 CSS3 标准规范。

8.5.3 常用网站开发工具

1. 编辑工具

目前国际上比较流行的网页编辑软件大致可以分为所见即所得型和代码型两类。常见的所见即所得型的工具有 Dreamweaver 和 SharePoint Designer 等;常见的代码型工具有 EditPlus 和 UltraEdit 等。

1)Dreamweaver

Dreamweaver 是一款集网页制作和管理网站于一身的网页编辑器,它是第一套针对专业网页设计师特别发展的视觉化网页开发工具,利用它可以轻而易举地制作出跨越平台限制和跨越浏览器限制的网页。Dreamweaver 使用所见即所得的接口,具有 HTML 编辑的功能。它有 Mac 版和 Windows 版。

2)SharePoint Designer

SharePointDesigner 是微软推出的新一代网站创建工具,用来取代 FrontPage,微软官方提供了免费下载,并且由其提供序列号。SharePoint Designer 具有卓越的 Excel 图表功能、视频预览功能以及全新的备份和恢复功能等。使用 SharePoint Designer 可以创建数据丰富的网页,构建支持工作流的强大解决方案,以及设计网站的外观,可以创建各式各样的网站,从小型项目管理团队网站到仪表板驱动的企业门户解决方案。提供独特的网站创作体验,可在该软件中创建 SharePoint 网站,自定义构成网站的组件,围绕业务流程设计网站的逻辑,将网站作为打包解决方案部署。无须编写代码即可完成上述这些工作。

3)EditPlus

EditPlus 是一款小巧但是功能强大的编辑工具。不仅可处理 HTML、文本的编辑,甚至可以通过设置用户工具将其作为 C、Java、PHP 等语言的一个简单的集成开发环境。EditPlus 是一个非常好用的 HTML 编辑器,它除了支持颜色标记、HTML 标记,拥有无限制的撤销与重做、英文拼写检查、自动换行、列数标记、搜寻取代、同时编辑多文件、全屏幕浏览等功能。

4)UltraEdit

UltraEdit 是用于 Microsoft Windows 上的一套功能强大的商业性文本编辑器,支持宏、语法高亮度显示和正则表达式等功能,是理想的文本、HTML 和十六进制编辑器,也是高级 PHP、Perl、Java 和 JavaScript 程序编辑器,内置英文单词检查,可以编辑多个文件和快速开启大型文件。软件附有 HTML 标记颜色显示、搜寻替换以及无限制的还原功能。

5)HBuilder

HBuilder 是 DCloud(数字天堂)推出的一款支持 HTML5 的 Web 开发 IDE。HBuilder 的编写用到了 Java、C、Web 和 Ruby。HBuilder 本身主体由 Java 编写。

它基于 Eclipse,所以顺其自然地兼容了 Eclipse 的插件。快是 HBuilder 的最大优势,通过完整的语法提示和代码输入法、代码块等大幅提升了 HTML、JS、CSS 的开发效率。

2. 开发技术

网页开发所要使用的技术非常多,根据其应用的环境可分为客户端和服务器端。从使用语言上看,目前在客户端使用比较多的有 HTML、JavaScript、CSS 等,这些由客户端浏览器负责解释、执行并显示;在服务器端则普遍使用 ASP、ASP. NET、PHP、JSP 等。

1)HTML

HTML是目前网上应用最为广泛的语言,也是构成网页文档的主要语言。它在文本文件的基础上加上一系列标记,用以描述其颜色、字体、文字大小、格式,再加上声音、图像、动画甚至视频等形成Web页面。严格来说,HTML并不是一种语言,只是一些能让浏览器看懂的标记。当用户浏览WWW上包含HTML标记的网页时,浏览器会“翻译”由这些标记提供的网页结构、外观和内容的信息,并按照一定的格式在屏幕上显式出来。HTML在客户端执行。

2)JavaScript

JavaScript是一种基于对象(object)和事件驱动(event driven)并具有安全性能的脚本语言。它与Java不同,JavaScript主要用于HTML的页面,脚本嵌入在HTML的源码中;而Java是一个独立的、完整的编程语言,既可以在Web中应用,也可以用于与Web无关的应用程序开发中。另外,JavaScript编写的程序不必在运行前编译,可以直接写入Web页面中并调用浏览器来解释执行。这样,一些基本的交互不用在服务器端完成,提高了客户端的响应时间。

3)CSS

CSS即级联样式表,它是一种用来表现HTML或XML等文件样式的计算机语言,是能够真正做到网页表现与内容分离的一种样式设计语言。相对于传统HTML的表现而言,CSS能够对网页中的对象的位置排版进行像素级的精确控制,支持几乎所有的字体字号样式,拥有对网页对象和模型样式编辑的能力,并能够进行初步交互设计,是目前基于文本展示最优秀的表现设计语言。CSS能够根据不同使用者的理解能力简化或者优化写法,有较强的易读性。

4)ASP与ASP. NET

ASP是微软公司推出的意图取代CGI的解释性编程框架技术。通过它,用户可以使用几乎所有的开发工具来创建和运行交互式的动态网页,如反馈表单的信息收集处理、文件上传与下载、聊天室、论坛等,既实现了CGI程序的功能,又相对简单、容易学习。其特性为简单,但限于微软平台。

ASP .NET是微软公司推出的编译性框架技术,作为.NET Framework的一部分,是一种使嵌入网页中的脚本可由因特网服务器执行的服务器端脚本技术,可以在通过HTTP请求文档时再在Web服务器上动态创建它们。它不只被看作ASP的下一个版本,而且是一种建立在通用语言上的优秀程序构架,而且可以运行于多种平台的WebServer之上。

5)PHP

PHP(hypertext preprocessor,超文本预处理器)是一种HTML内嵌式的语言,PHP与微软的ASP相似,都是在服务器端执行的嵌入HTML文档的脚本语言,语言风格类似于C语言,文件扩展名为.php,其特性为开源、免费、跨平台、高效率。

6)JSP

JSP(Java server pages)技术类似ASP技术,是在传统的网页HTML文件(*.htm,*.html)中插入Java程序段(scriptlet)和JSP标记(tag),从而形成JSP文件,扩展名为.jsp。用JSP开发的Web应用是跨平台的,其特性为开源、免费、跨平台、高安全性。

3.效果处理工具

网页制作除了要实现特定的功能外,还要考虑页面的美观效果,以吸引访问者的注意力,使其产生视觉上的愉悦感。常用的效果处理工具主要包括图像处理软件和动画制作软件等。

1)图像处理软件

常用图像处理软件有Photoshop和Fireworks等。

(1)Photoshop。Photoshop是美国Adobe公司旗下最为出名的图像处理软件系列之一,集图像扫描、编辑修改、图像制作、广告创意,图像输入与输出功能于一体。2013年,Adobe公司正式发布Adobe Photoshop CC,历史上首次将云计算、云存储的概念引入到以Photoshop为代表的图像处理领域。目前,Photoshop软件已经广泛应用于平面设计、广告摄影、影像创意、网页制作、艺术文字等领域。

(2)Fireworks。Fireworks 是一款创建与优化 Web 图像、快速构建 Web 界面原型的理想工具。Fireworks 不仅提供了矢量图形与位图图像的编辑功能,而且提供了一个预先构建资源的公用库,并可与 Adobe Photoshop、Adobe Illustrator、Adobe Dreamweaver 和 Adobe Flash 软件集成。在 Fireworks 中将设计迅速转变为模型,然后直接置入 Dreamweaver 中进行开发与部署。

2)动画制作软件

常用动画制作软件有 Flash、3ds Max、Maya 等。

(1)Flash。Flash 是二维动画软件,通常包括 Flash 和 Flash Player,前者用于设计和编辑 Flash 文档,后者用于播放 Flash 影片。Flash 为数字动画、交互式 Web 站点、桌面应用程序以及手机应用程序开发提供了功能全面的创作和编辑环境。Flash 是一个非常优秀的矢量动画制作软件,它以流式控制技术和矢量技术为核心,制作的动画具有短小精悍的特点,已成为当前网页动画设计最为流行的软件之一。

(2)3ds Max。3ds Max 是 Autodesk 公司推出的一款大型三维制作软件,是当今最为流行的三维建模、动画制作、渲染软件,提供了创意工具集、迭代工作流和加速图形核心,拥有先进的渲染和仿真功能,强大的绘图、纹理和建模工具集以及流畅的多应用工作流。目前,3ds Max 已经广泛应用于广告、影视、工业设计、建筑设计、三维动画、多媒体制作、游戏、辅助教学以及工程可视化等领域。

(3)Maya。Maya 是 Autodesk 公司开发的三维动画软件,提供强大的整合 3D 建模、动画、效果和渲染解决方案。Maya 功能完善、易学易用、制作效率极高、渲染真实感极强,被广泛应用于影视广告、角色动画、栏目包装、电影特效、虚拟现实及网页设计等领域。

第 9 章　软件技术基础

学习目标

- 了解程序设计语言的分类及选择原则。
- 了解程序设计的一般过程、方法与风格。
- 理解算法与数据结构的基本思想，了解线性表、栈、队列及二叉树的基本操作。
- 掌握常用查找、排序的方法。
- 理解结构化程序设计的思想和方法，掌握结构化程序设计的基本结构。
- 理解面向对象程序设计的基本概念及程序设计思想。
- 了解软件工程的基本概念及软件开发与测试方法。

9.1　程序设计概述

语言是进行思想交流和信息传达的工具。人类在长期的历史发展过程中，为了交流思想、表达感情和交换信息，逐步形成了自然语言。另外，人们为了某种需要，创造出种种不同的语言，例如旗语和哑语，这类语言通常称为人工语言。专门用于人与计算机之间交流信息的各种人工语言称为计算机语言或程序设计语言。

程序设计概述

程序是为实现特定目标或解决特定问题而用计算机语言编写的命令序列的集合。程序设计就是使用某种程序设计语言编写程序代码来驱动计算机完成特定功能的过程。

9.1.1　程序设计语言的分类

根据程序设计语言发展的历程，可将程序设计语言分为 4 类。

1. 机器语言

机器语言是用二进制代码表示的、计算机能直接识别和执行的机器指令的集合，即处理器的指令系统。具有不同类型处理器的计算机，其机器语言是不同的。

机器语言不用翻译，具有能够被计算机直接识别、执行速度快等优点。用机器语言编写程序时，编程人员要熟记所用计算机的全部指令代码的含义，因此机器语言具有难记忆、难编程、易出错、可读性差、可移植性差等缺点。

2. 汇编语言

为了克服机器语言的缺点，人们采用与代码指令实际含义相近的英文缩写词、字母和数字等符号来取代指令代码，于是产生了汇编语言(也称符号语言)。汇编语言是由一条条助记符所组成的指令系统，例如，用 ADD 表示运算符号“+”。使用汇编语言编写的程序(汇编语言源程序)，计算机不能直接识别，需要汇编程序(起翻译作用)将其翻译成目标程序(机器语言程序)，计算机才能执行，翻译过程称为“汇编”。

汇编语言由于采用助记符来编写程序，比用机器语言编写二进制代码要方便些，在一定程度上简化了编程过程，比机器语言直观；不同指令集的处理器系统都有自己相应的汇编语言，因此机器语言所具有的缺点，汇编语言也同样具有，只不过程度不同。

3. 高级语言

不论是机器语言还是汇编语言，都是面向硬件具体操作的语言。语言对机器的过分依赖，要求使用者必须对硬件结构及其工作原理都十分熟悉，这是非计算机专业人员难以做到的，不利于计算机的推广应用。这就促使人们去寻求一些与人类自然语言相接近且能为计算机所接受的语言，这种语言就是计算机高级语言。

高级语言通俗易懂、通用性强、书写代码简单，便于推广和使用。用高级语言编写程序时，程序员不必了解计算机的内部逻辑，而主要考虑问题的解决方法。但高级语言编写的程序需要翻译成机器语言程序才能执行。

用高级语言编写的程序(源程序)翻译成机器语言程序(目标程序)的方式有两种：编译方式和解释方式。编译方式是由编译程序将高级语言源程序“翻译”成目标程序；解释方式是由解释程序对高级语言的源程序逐条“翻译”执行，不生成目标程序。

1)高级语言分类

高级语言根据语义基础可分为命令式语言和函数式语言。

(1)命令式语言。这种语言的语义基础是模拟“数据存储/数据操作”的图灵机可计算模型，十分符合现代计算机体系结构的自然实现方式。命令式语言又分为面向过程语言和面向对象语言。现代流行的大多数语言都是这一类型，比如 FORTRAN、Pascal、COBOL、C、C++、Java、C# 等，各种脚本语言也被看作此种类型。

(2)函数式语言。这种语言的语义基础是基于数学函数概念的值映射的 λ 算子可计算模型，是一种非冯・诺依曼式的程序设计语言，它将计算机运算视为数学上的函数计算，并且避免使用程序状态以及易变对象，非常适合于进行人工智能等工作的计算。典型的函数式语言有 LISP、Haskell、ML、Scheme、F# 等。

2)常用程序设计语言

(1)C 语言。C 语言由美国贝尔实验室的 Dennis M. Ritchie 于 1972 年推出，具有高级语言和汇编语言的特点，不仅可以编写系统软件，而且可以编写应用软件。

C 语言具有简洁紧凑、灵活方便、运算符与数据结构丰富、程序生成代码质量高、程序执行效率高等诸多优点，成为世界上应用最广泛的计算机语言之一。

常用的 C 语言编译软件有 Microsoft Visual C++、Dev-C++、Borland C++、GNU gcc、Microsoft C、Turbo C 等。

(2)C++语言。C++语言由 AT&T 贝尔实验室的 Bjarne Stroustrup 于 1982 年设计和实现，是在 C 语言的基础之上开发的一种集面向对象编程、泛型编程和过程化编程于一体的编程语言。

C++语言引入了面向对象的概念，使得开发人机交互类型的应用程序更为简单、快捷。随着代码量和复杂度的增加，C++的优势越来越明显。

C++语言由于本身复杂，部分语义难于理解，所以 C++编译系统受到 C++复杂性的影响，也难于编写。常用的 C++语言编译软件有 Microsoft Visual C++、Dev-C++、Borland C++、GNU g++等。

(3)C#语言。C#是微软公司于 2000 年 7 月发布的一种全新且简单、安全、面向对象的程序设计语言，是专门为.NET的应用而开发的语言，一般读为“C Sharp”。C#继承了 C 语言的语法风格，同时又继承了 C++的面向对象特性，体现了当今最新的程序设计技术的功能和精华。

C#具有语言简洁与自由、支持跨平台、强大的 Web 服务器控件、与 XML 相融合及快速应用开发等特点。.NET框架为C#提供了一个强大的、易用的、逻辑结构一致的程序设计环境。

(4)Java语言。Java是由Sun Microsystems公司于1995年5月推出的Java程序设计语言和Java平台的总称。

Java语言是一种可以撰写跨平台应用软件的面向对象的程序设计语言。Java技术具有卓越的通用性、高效性、平台移植性和安全性，广泛应用于PC、数据中心、游戏控制台、科学超级计算机、移动电话和互联网。在全球云计算和移动互联网的产业环境下，Java具备显著优势和广阔前景。

(5).NET。.NET是由微软公司于2002年推出的Microsoft XML Web Services平台，忽略操作系统、设备或编程语言的差别，允许应用程序通过互联网进行通信和共享数据。.NET秉承了微软技术入门简单的特点，经过短时间的学习就可以快速掌握编程开发技巧。.NET的主要优点有跨语言、跨平台、安全，以及对开放互联网标准和协议的支持等。

Visual Studio .NET是一套完整的开发工具，用于生成ASP Web应用程序、XML Web Services、桌面应用程序和移动应用程序。常用C#、VB.NET、JScript.NET、VC++.NET等开发.NET平台的程序。

(6)Python。Python语言是1989年由荷兰人吉多范罗·苏姆开发的一种编程语言，它支持命令式编程、函数式编程，完全支持面向对象程序设计，语法清晰，简单易学，并且拥用大量的几乎支持所有领域开发的成熟扩展库，广泛应用于处理系统管理任务和科学计算，是目前最受欢迎的程序设计语言之一，其缺点是运行速度慢。

4. 4GL

4GL即第四代语言(fourth-generation language)，于20世纪80年代初产生，将计算机程序设计语言的抽象层次提高到一个新的高度。它提供了功能强大的非过程化问题定义手段，用户只需告知系统做什么，不再需要规定算法的细节。关系数据库的标准语言SQL即属于该类语言。

大量基于数据库管理系统的4GL商品化软件已在计算机应用开发领域中获得广泛应用，成为面向数据库应用开发的主流工具，如Oracle应用开发环境、Informix-4GL、SQL Windows、Power Builder等。它们为缩短软件开发周期、提高软件质量发挥了作用，为软件开发注入了新的生机和活力。

9.1.2　程序设计语言的选择

在程序设计时，选择程序设计语言非常重要，若选择了合适的语言，就能减少编码的工作量，产生易读、易测试、易维护的代码。在选择程序设计语言时，既要考虑程序设计语言的特性，又要考虑是否能满足需求分析和设计阶段的模型需要。一般而言，衡量某种程序设计语言是否适合完成特定的任务，应考虑以下主要因素。

1. 应用领域

应用领域是选择程序设计语言的首要标准。例如，科学计算领域常采用C、C++等；数据处理、数据库领域常采用SQL、4GL等；实时处理领域常采用ADA、汇编语言等；编写系统软件常采用C、汇编等；人工智能领域常采用LISP、PROLOG等。

2. 数据结构和算法复杂性

科学计算、实时处理和人工智能领域中的问题算法较复杂，而数据处理、数据库应用、系统软件领域内的问题，数据结构比较复杂，因此，选择语言时应考虑是否有完成复杂算法的能力，或者有构造复杂数据结构的能力。

3. 软件开发方法及运行环境

采用面向对象设计方法宜采用C++/C#、Java，考虑系统的可移植性可采用Java。良好的编程环境不但有效提高软件生产率，而且能减少错误，提高软件质量，如Visual Studio、DELPHI等集成开发环境。

4. 软件开发人员的知识水平和心理因素

编写语言的选择与软件开发人员的知识水平及心理因素有关，开发人员应仔细分析软件项目的类型，并不断学习新知识,掌握新技术。

9.1.3 程序设计的基本过程

当用户使用计算机来完成某项特定任务时,会遇到两种情况:一种是可通过使用已有的软件来完成,如进行文字编辑可使用文字处理软件;另一种是没有完全合适的应用软件可供使用,需要编程人员使用某种计算机程序设计语言来进行程序设计。程序设计的基本过程一般由分析问题、确定解决方案、设计算法、编写程序、调试运行程序、整理文档等阶段组成,如图 9-1 所示。

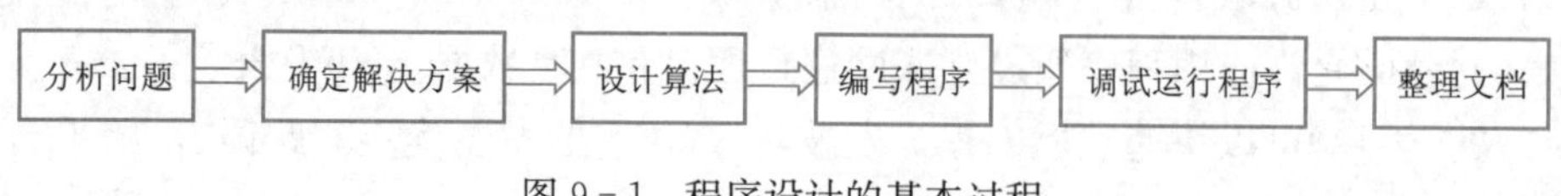

图 9-1 程序设计的基本过程

程序设计的基本步骤如下:

(1)分析问题,找出运算和变化规律,建立数学模型,明确要实现的功能。

(2)选择适合计算机解决问题的最佳方案。

(3)依据解决问题的方案确定数据结构和算法。

(4)选择合适的程序设计语言编写程序。

(5)调试运行程序,达到预期目标。

(6)对解决问题整个过程的有关资料进行整理,编写程序使用说明书。

9.1.4 程序设计风格

程序设计是一门技术,需要相应的理论、技术、方法和工具来支持。除了好的程序设计方法和技术之外,程序设计风格也是很重要的。程序设计风格是指编写程序时所表现出的特点、习惯和逻辑思路。良好的程序设计风格可以使程序结构清晰合理,使程序代码便于测试和维护。因此,程序设计的风格应该强调简单和清晰。

要形成良好的程序设计风格,应着重考虑以下因素。

1. 源程序文档化

源程序文档化主要包括选择标识符的命名、程序注释和视觉组织。

(1)标识符的命名。标识符的命名应具有一定的实际含义,以便于对程序功能的理解。

(2)程序注释。正确的注释能够帮助读者理解程序。注释分为序言性注释和功能性注释。序言性注释通常位于每个程序的开头部分,它给出程序的整体说明,主要描述内容可以包括程序标题、程序功能说明、主要算法、接口说明、开发简历等;功能性注释嵌在源程序体之中,主要描述语句或程序做什么。

(3)视觉组织。在程序中利用空格、空行、缩进等技巧可使程序逻辑结构清晰,层次分明。

2. 数据说明

在编写程序时,为使程序中的数据说明更易于理解和维护,应注意如下几点:

(1)数据说明的次序规范化。鉴于理解、阅读和维护的需要,数据说明先后次序固定,可以使数据的属性容易查找,也有利于程序的测试、调试和维护。

(2)说明语句中变量安排有序化。当使用一个说明语句说明多个变量时,变量最好按照字母顺序排列。

(3)使用注释说明复杂数据的结构。

3. 语句的结构

语句构造的原则是简单直接,不能为了追求效率而使代码复杂化。为了便于阅读和理解,表达式中使用括号以提高运算次序的清晰度,一般应注意以下几点:

(1)在一行内只写一条语句,并采用适当的缩进格式,使程序的逻辑和功能变得明确。

(2)尽可能使用库函数。

(3)避免使用临时变量而使程序的可读性降低。

(4)避免使用无条件转移语句。

(5)避免采用复杂的条件语句。

(6)避免过多的循环嵌套和条件嵌套。

(7)要模块化,使模块功能尽量单一。

(8)利用信息隐蔽,确保每个模块的独立性。

4.输入和输出

输入/输出的方式和格式应尽可能方便用户的使用,往往是用户对应用程序是否满意的一个重要因素。在设计和编程时应考虑如下原则:

(1)对所有的输入数据都要检验数据的合法性、有效性。

(2)输入格式简单,输入的步骤和操作尽可能简洁。

(3)输入一批数据时,使用输入结束标志。

(4)以交互式输入/输出方式进行输入时,在屏幕上使用提示符来提示输入的请求。

(5)输出数据表格化。

5.追求效率原则

对处理机时间和存储空间使用效率的追求考虑以下原则:

(1)效率是一个性能要求,目标在需求分析中给出。

(2)追求效率建立在不损害程序可读性或可靠性的基础上,要先使程序正确清晰,再提高程序效率。

(3)提高程序效率的根本途径在于选择良好的设计方法、良好的数据结构算法,而不是靠编程时对程序语句做调整。

9.2 算　　法

9.2.1 算法的概念

算法是对解决某一特定问题的操作步骤的具体描述。简单地说,算法就是为解决一个问题而采取的方法和步骤,如:拨号、通话、结束通话,就是“通话算法”;挖坑、栽树苗、培土、浇水,就是“植树算法”。

算法

在计算机科学中,算法是描述计算机解决给定问题的有明确意义操作步骤的有限集合。计算机算法一般可分为数值计算算法和非数值计算算法。数值计算算法就是对所给的问题求数值解,如求函数的极限、求方程的根等;非数值计算算法主要是指对数据的处理,如对数据的排序、分类、查找及文字处理、图形图像处理等。

9.2.2 算法的特征

算法应具有以下基本特征:

(1)可行性:算法中描述的操作必须是可执行的,通过有限次基本操作可以实现。

(2)确定性:算法的每一步操作,必须有确切的含义,不能有二义性和多义性。

(3)有穷性:一个算法必须保证执行有限步骤之后结束。

(4)输入:一个算法有零个或多个输入,以描述运算对象的初始情况。所谓零个输入是指算法本身定出了初始条件。

(5)输出:一个算法有一个或多个输出,以反映对输入数据加工后的结果。没有输出的算法是毫无意义的。

【例 9-1】 分析图 9-2 所示算法的特征。

算法名称　统计某人在选举中的选票数算法
输入　人名
输出　票数
步骤　(1) 将计数器置为 0。
(2) 对每张选票都采取以下操作：
①将选票中的名字和要统计的人的名字进行比较；
②如果两个名字相同，就将计数器的值加 1。
(3) 输出计数器的值。

图 9-2　统计某人在选举中的选票数算法

算法中的每一步骤都是基本的指令,都能够实现,满足可行性;算法的每一步骤都有明确的含义,满足确定性;算法中的每一步都会在有限时间内完成,对于步骤(2),"比较"和"计数器加 1"都会在有限时间内完成,该步骤重复的次数是选票数,所以步骤(2)也会在有限时间内完成,满足有穷性;该算法要求输入要统计的人名,输出此人的选票数。因此该算法符合算法的 5 项特征。

9.2.3　算法的表示

算法的表示应直观、清晰、易懂,便于维护和修改。算法的表示方法有自然语言、传统流程图、N-S 图、伪代码和计算机语言等,其中最常用的是传统流程图和 N-S 图。

1. 自然语言

自然语言就是人们日常使用的语言,因此,用自然语言表示的算法便于人们理解。

【例 9-2】 用自然语言描述借助中间变量交换两个变量值的算法。

设有变量 m、n 和中间变量 t,解决问题的算法如下:

(1)输入两个值到变量 m 和变量 n 中。

(2)将变量 m 的值赋给中间变量 t。

(3)将变量 n 的值赋给变量 m。

(4)将中间变量 t 的值赋给变量 n。

【例 9-3】 用自然语言描述求 sum=1+3+5+…+99 的算法。

设用变量 sum 存放累加和,n 为自然数的项数。

解决问题的算法如下:

(1)将 0 赋给变量 sum。

(2)将 1 赋给变量 n。

(3)计算 sum+n,将结果存入变量 sum 中。

(4)取下一个奇数(n+2)给变量 n。

(5)若 n 小于或等于 99,则重复步骤(3)和步骤(4),否则继续下一步。

(6) 输出累加和 sum。

用自然语言表示算法虽然容易表达,也易于理解,但文字冗长且模糊,在表示复杂算法时也不直观,而且往往不严格。对于同一段文字,不同的人会有不同的理解,容易产生"二义性"。因此,除了很简单的问题以外,一般不用自然语言表示算法。

2. 传统流程图

流程图是用一些图形符号、箭头线和文字说明来表示算法的框图。用流程图表示算法的优点是直观形象、易于理解,能将设计者的思路清楚地表达出来,便于以后检查修改和编程。

美国国家标准化协会(American national standard institute,ANSI)规定了如下一些常用的流程图符号。

(1)起止框 ⊂⊃ :表示流程开始或结束。

(2)输入/输出框 ▱ :表示输入或输出。

(3)处理框 ▭ :表示对基本处理功能的描述。

(4)判断框 ◇ :根据条件是否满足,在几个可以选择的路径中选择某一路径。

(5)流向线→、↑ :表示流程的路径和方向。

(6)连接点 ○ :用于将画在不同地方的流程线连接起来。

通常,在流程图的各种符号中加上简要的文字说明,以进一步表明该步骤所要完成的操作。

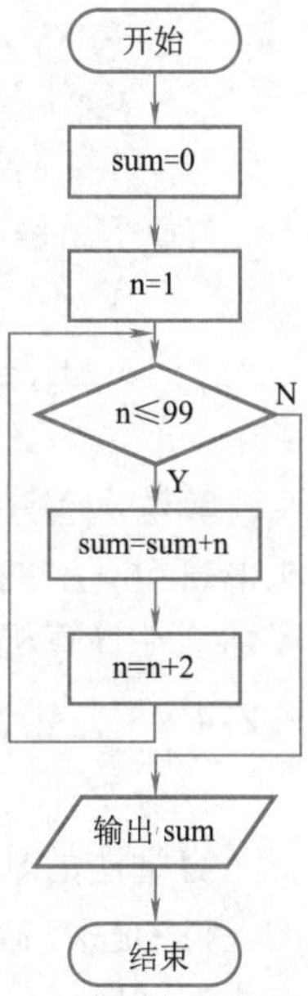

【例9-4】 用传统流程图描述 sum=1+3+5+…+99 的算法,如图9-3所示。

图9-3 传统流程图

3. N-S 图

传统流程图的优点是形象直观,但流向线在流程中交错,破坏程序结构,也给阅读和维护带来了困难。美国学者 I. Nassi 和 B. Shneiderman 于 1973 年提出了一种新的流程图,没有流向线,整个算法完全写在一个矩形框中,这种流程图称为 N-S 图。N-S 图适合于结构化程序设计。

【例9-5】 用 N-S 图描述 sum=1+3+5+…+99 的算法,如图9-4所示。

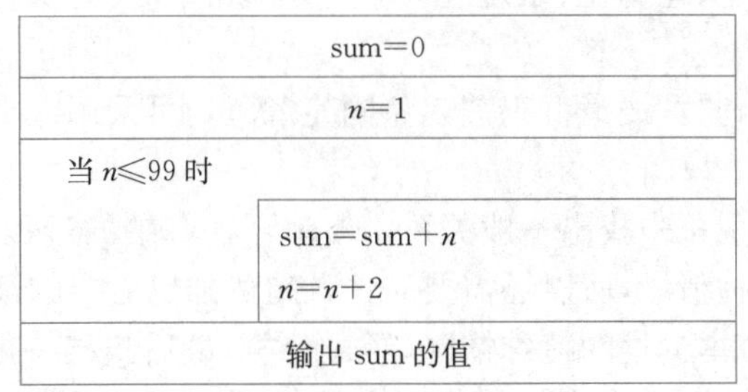

图9-4 N-S图

4. 伪代码

所谓伪代码,就是利用文字和符号的方式来描述算法。在实际应用中,人们往往用接近于某种程序设计语言的代码形式作为伪代码,这样方便编程。

【例9-6】 用伪代码描述 sum=1+3+5+…+99 的算法。

```
BEGIN
  sum=0
  n=1
    FOR n=1 TO 99 STEP 2
      sum=sum+n
     ENDFOR
  PRINT sum
END
```

5. 计算机语言

可以利用某种计算机语言对算法进行描述,计算机程序就是算法的一种表示方式。

【例9-7】 用C语言描述 sum=1+3+5+…+99 的算法。

```
 # include < stdio.h>
void  main( )
{ int n, sum;
  sum=0;
```

```
    n=1;
    do
    { sum=sum+n;
      n+=2;
    } while (n<=99);
    printf("sum=%d\\n",sum);
  }
```

算法和程序是有区别的。算法是对解题步骤(过程)的描述,可以与计算机无关;程序是利用某种计算机语言对算法的具体实现。可以用不同的计算机语言编写程序实现同一个算法,算法只有转换成计算机程序才能在计算机上运行。

9.2.4 算法设计的基本方法

1. 穷举法

穷举法的基本思想是根据提出的问题,列举所有可能的情况,并用问题中给定的条件检验哪些是需要的,哪些是不需要的。因此,穷举法常用于解决"是否存在"或"有多少种可能"等类型的问题,例如求解不定方程的问题。

穷举法的算法比较简单,但当穷举的可能情况较多时,执行穷举算法的工作量将会很大。因此,穷举法设计算法应该重点注意优化方案,尽量减少运算工作量。在具体设计穷举算法时,对实际问题进行详细的分析,将与问题有关的知识条理化、完备化、系统化,从中找出规律,或对所有可能的情况进行分类,引出一些有用的信息,可以减少穷举量。

例如,我国古代的趣味数学题"百钱买百鸡""鸡兔同笼"等,均可采用穷举法进行解决。

2. 归纳法

归纳是一种抽象,即从特殊现象中找出一般关系。但由于在归纳的过程中不可能对所有的情况进行穷举,由归纳得到的结论还只是一种猜测,所以还需要对这种猜测加以必要的证明。

归纳法的基本思想是通过穷举少量的特殊情况,经过分析,最后找出一般的关系。显然,归纳法要比穷举法更能反映问题的本质,而且可以解决穷举量为无限的问题。但是,从一个实际问题中总结归纳出一般的关系并不是一件容易的事情,归纳出一个数学模型更为困难。归纳过程通常也没有一定的规则可供遵循。从本质上讲,归纳就是通过观察一些简单而特殊的情况,最后总结出有用的结论或解决问题的有效途径。例如,求前 n 个自然数的平方之和可以采用归纳法。

3. 递推法

递推是指从已知的初始条件出发,逐次推出所要求的各中间结果和最后结果。初始条件由问题本身给定,或通过对问题的分析与化简而确定。递推本质上也属于归纳法,许多递推关系式实际上是通过对实际问题的分析与归纳而得到的,因此,递推关系式往往是归纳的结果。例如,裴波那契数列是采用递推的方法解决问题的。

4. 递归法

递归是很重要的算法设计方法之一。递归过程能将一个复杂的问题归结为若干较简单的问题,然后将这些较简单的问题再归结为更简单的问题,这个过程可以一直持续下去,直到归结为最简单的问题为止。解决了所有最简单的问题后,再沿着分解的逆过程逐步进行综合,这就是递归的基本思想。例如,汉诺塔问题是采用递归的方法解决问题的。

5. 回溯法

在工程上,有些实际问题很难归纳出一组简单的递推公式或直观的求解步骤,而且也不能进行无限的穷举。对于这类问题,一种有效的方法是"试"。通过对问题的分析,找出一个解决问题的线索,然后沿着这个线索逐步试探,若试探成功,就能得到问题的解,若试探失败,就逐步回退,换别的路线再进行试探。这种方法称为回溯法。回溯法在处理复杂数据结构方面有着广泛的应用。例如,人工智能中的机器人下棋可采用回溯法。

9.2.5 算法评价

对于解决同一个问题,往往能够设计出许多不同的算法。例如,对于数据的排序问题,可以用选择排序、冒泡排序、插入排序、快速排序、希尔排序等多种算法,这些排序算法各有优缺点。对问题求解的算法优劣的评定称为"算法评价"。算法评价的目的在于从解决同一问题的不同算法中选择出较为合适的一种算法,或者是对原有的算法进行改造、加工,使其更优。一般从以下几个方面对算法进行评价:

1. 正确性

正确性是评价一个算法的首要条件,指在合理的数据输入下,能在有限的运行时间内得出正确的结果,满足预先规定的功能和性能要求。

2. 健壮性

健壮性是指一个算法对不合理数据输入的反应和处理能力。一个好的算法应该能够识别出错误数据并进行相应处理,包括打印出错信息、调用错误处理程序、返回标识错误的特定信息、终止程序运行等方式。

3. 可读性

可读性是指一个算法供人们阅读和理解的难易程度。一个可读性好的算法,应该使用便于识别和记忆的、与描述事物或实现的功能相一致的标识符,应该对每个功能模块及重要数据、语句等加以注释,应建立相应的文档,对整个算法的功能、结构、使用及有关事项进行必要说明。

4. 时间复杂度

时间复杂度用来衡量一个算法在计算机上运行所花费的时间,一般不必精确计算出算法的时间复杂度,只需要大致计算出相应的数量级。算法运行所花费的时间主要从 4 个方面来考虑,即硬件的速度、用来编写程序的语言、编译程序所生成的目标代码质量和问题的规模。

显然,在各种因素都不确定的情况下,很难比较算法的执行时间。为此,可以将上述各种与计算机相关的软硬件因素都确定下来。一个特定算法的运行工作量的大小就只依赖于问题的规模。

算法的时间复杂度通常记作:$T(n)=O(f(n))$。其中,n 为问题的规模,$f(n)$表示算法中基本操作重复执行的次数,是问题规模 n 的某个函数。$f(n)$和 $T(n)$是同数量级的函数,大写字母 O 表示 $f(n)$与 $T(n)$是同阶的。

算法的时间复杂度用数量级的形式表示后,一般简化为分析循环体内基本操作的执行次数即可。算法的时间复杂度越低,算法的效率越高。

5. 空间复杂度

空间复杂度用来衡量执行算法所需要的内存空间,一般以数量级形式给出。一个算法所占用的存储空间包括算法程序所占的空间、输入的初始数据所占的存储空间以及算法执行过程中所需要的额外空间。算法的空间复杂度通常记作:$S(n)=O(f(n))$。

9.3 数据结构

利用计算机进行数据处理是计算机应用的一个重要领域。计算机的处理效率与数据的逻辑结构、存储结构密切相关。通常情况下,精心选择的数据结构可以带来更高的运行或存储效率。

数据结构

9.3.1 数据结构的基本概念

1. 数据

数据是描述客观事物的所有能输入到计算机中并被计算机程序处理的符号的总称。数据是随着计算机的发展而不断扩展的,例如数值、字符、声音、图形、图像等。

2. 数据元素

数据元素是数据的基本单位,在计算机中通常作为一个整体加以考虑和处理。每个数据元素可包含一个或若干数据项。数据项是具有独立含义的标识单位，是数据的不可分割的最小单位。例如，电话号码簿中的一条记录为一个数据元素，包括姓名、住址、电话号码等数据项。

3. 数据对象

数据对象是性质相同的数据元素的集合，是数据的一个子集。例如，电话号码簿就是一个数据对象。

4. 数据类型

在高级程序设计语言中，用数据类型来表示操作对象的特性。数据类型与数据结构密切相关，具有相同数据结构的一类数据的全体构成一种数据类型。数据类型是一个值的集合和定义在这个值的集合上的一组操作的总称。数据类型决定了数据的性质和数据在内存中所占空间的大小。例如，C语言中的整型、实型、字符型等都是数据类型。

5. 数据结构

1)数据结构的概念

数据结构是相互之间存在一种或多种特定关系的数据元素的集合。一个数据结构有数据元素的集合和关系的集合两个要素。在形式上，数据结构通常可以采用一个二元组来表示，$B=(D,R)$，其中，B 表示数据结构，D 是数据元素的有限集，R 是 D 上关系的有限集。

数据结构包括数据的逻辑结构和数据的物理结构(也称存储结构)。数据的逻辑结构是从具体问题抽象出来的数学模型，从逻辑关系上描述数据，它与数据的存储无关，是独立于计算机的。数据的存储结构是数据逻辑结构在计算机中的表示(又称映像)。

在数据处理领域中，通常把数据元素之间这种固有的关系简单地用前驱与后继关系来描述。例如，在描述英文字母的顺序关系时，“A”是“B”的前驱，而“B”是“A”的后继。

【例 9-8】 字母 A、B、C、D 之间顺序关系的数据结构。

用二元组表示：$S=(D,R)$

$D=\{A,B,C,D\}$

$R=\{<A,B>,<B,C>,<C,D>\}$

【例 9-9】 家庭成员之间辈分关系的数据结构。

用二元组表示：$S=(D,R)$

$D=\{\text{祖父},\text{父亲},\text{姑姑}\}$

$R=\{<\text{祖父},\text{父亲}>,<\text{祖父},\text{姑姑}>\}$

2)数据结构的图形表示

一个数据结构可以用二元组表示，也可以直观地用图形表示。在数据结构的图形表示中，对于数据集合 D 中的每一个数据元素用中间标有元素值的圆表示，一般称之为数据结点，简称结点。为了进一步表示各数据元素之间的逻辑关系，对于关系 R 中的每一个二元组，用一条有向线段从前驱结点指向后继结点。

例 9-8 和例 9-9 的数据结构可以分别用图 9-5 和图 9-6 表示。

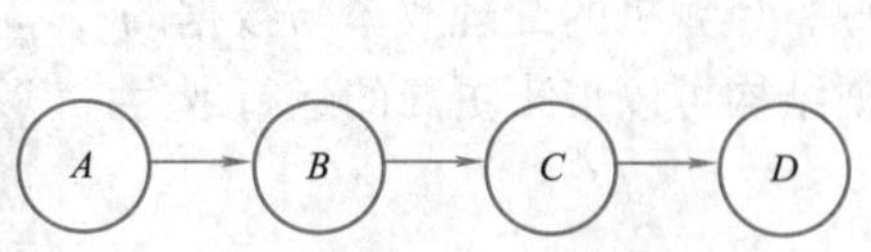

图 9-5 字母顺序关系数据结构的图形表示

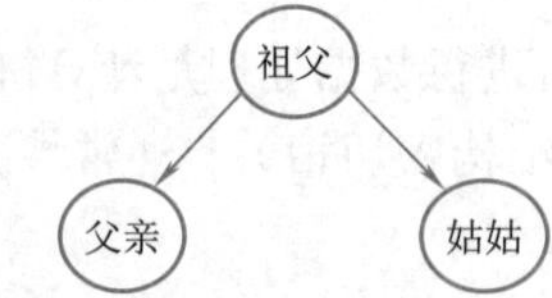

图 9-6 家庭成员间辈分关系数据结构的图形表示

显然，用图形方式表示一个数据结构是很方便的，而且比较直观。有时，在不致引起误会的情况下，前驱结点到后继结点连线上的箭头可以省略。

9.3.2 线性结构与非线性结构

根据数据结构中各数据元素之间的逻辑关系，一般将数据结构分为线性结构与非线性结构两大类型。

如果一个数据结构满足除了第一个和最后一个结点以外的每个结点只有唯一的一个前驱和唯一的一个后继，第一个结点没有前驱，最后一个结点没有后继，则称该数据结构为线性结构；否则，称之为非线性结构。

1. 线性结构

线性结构的逻辑特征是一个结点元素对应一个前驱（除第一个结点）或一个后继（除最后一个结点），是一对一的关系。常用的线性结构有线性表、栈、队列、双队列、数组和串等。

2. 非线性结构

相对应于线性结构，非线性结构的逻辑特征是一个结点元素可能对应多个前驱和多个后继。在非线性结构中，各数据元素之间的关系要比线性结构复杂，对非线性结构的存储与处理比线性结构要复杂得多。常用的非线性结构有树、二叉树和图等。

9.3.3 线性表

线性表（linear list）是最简单、最常用的一种线性数据结构。线性表中数据元素之间的关系是一对一的关系，即除了第一个和最后一个数据元素之外，其他数据元素都是首尾相接的。线性表的逻辑结构简单，便于实现和操作，因此在实际应用中，线性表是一种被广泛采用的数据结构。

1. 线性表定义

线性表是由 $n(n\geqslant 0)$ 个数据元素 $a_1, a_2, \cdots, a_n$ 组成的一个有限序列，记为 $(a_1, a_2, \cdots, a_i, \cdots, a_n)$。其中，数据元素个数 n 称为线性表长度，$n=0$ 时称此线性表为空表。

2. 非空线性表的结构特征

(1)均匀性。线性表的数据元素可以是各种类型的，但对于同一线性表的各数据元素必须具有相同的数据类型。

(2)有序性。各数据元素在线性表中的位置只取决于它的序号，数据元素之间的相对位置是线性的，即存在唯一的“第一个”和“最后一个”数据元素，除了第一个和最后一个外，其他元素均只有一个直接前驱和直接后继。

3. 线性表的顺序存储结构

在计算机中存放线性表，一种最简单的方法是顺序存储，也称顺序表。线性表在顺序存储结构中具有以下两个基本特点：

(1)线性表中所有元素所占的存储空间是连续的。

(2)线性表中各数据元素在存储空间中是按逻辑顺序依次存放的。

由此可以看出，在线性表的顺序存储结构中，某一个结点的前后两个元素在存储空间中与该结点是紧邻的。

对线性表进行的基本操作包括存取、插入、删除、合并、分解、查找、排序、求线性表的长度等。

9.3.4 栈和队列

1. 栈

1)栈的定义

栈（stack）是一种特殊的线性表，这种线性表上的插入与删除运算限定在表的一端进行，即在这种线性表的结构中，一端是封闭的，不允许进行插入与删除元素操作；另一端是开口的，允许插入与删除元素操作。在顺序存储结构下，对这种类型线性表的插入与删除运算不需要移动表中其他数据元素。

栈这种数据结构在日常生活中也很常见，例如，子弹夹是一种栈的结构，最后压入的子弹总是最先被弹出，而最先压入的子弹最后才能被弹出。

在栈中，允许插入与删除操作的一端称为栈顶，另一端称为栈底。栈顶元素总是最后被插入的元素，也是最先能被删除的元素；栈底元素总是最先被插入的元素，也是最后才能被删除的元素，即栈是按照“先进后出”（first in last out，FILO）或“后进先出”（last in first out，LIFO）的原则组织数据的。因此，栈也被称为“先进后出”表或“后进先出”表。

通常用指针 top 来指示栈顶的位置。

向栈中插入一个元素称为入栈运算，从栈中删除一个元素(即删除栈顶元素)称为出栈运算。栈顶指针 top 动态反映了栈中元素的变化情况。栈的示意图如图 9－7所示。

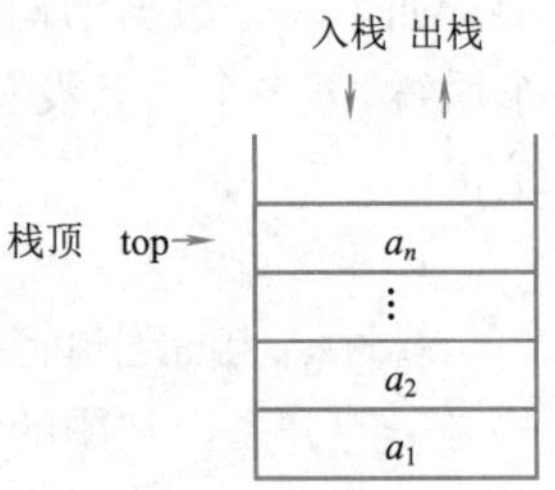

入栈 出栈

栈顶 top→ a_n ⋮ a_2 a_1

图 9－7　栈的示意图

2)栈的运算

栈可以进行入栈、出栈、读栈顶元素等运算。

(1)入栈运算是指在栈顶位置插入一个新元素。这个运算有两个基本操作，首先将栈顶指针进一(即 top 加 1)，然后将新元素插入到栈顶指针指向的位置。当栈顶指针已经指向存储空间的最后一个位置时，说明栈空间已满，不能再进行入栈操作。

(2)出栈运算是指取出栈顶元素并赋给一个指定的变量。这个运算有两个基本操作，首先将栈顶元素(栈顶指针指向的元素)赋给一个指定的变量，然后将栈顶指针退一(即 top 减 1)。当栈顶指针为 0 时，说明栈空，不能进行出栈操作。

(3)读栈顶元素是指将栈顶元素赋给一个指定的变量。必须注意，这个运算不删除栈顶元素，只是将它的值赋给一个变量，因此，在这个运算中，栈顶指针不会改变。当栈顶指针为 0 时，说明栈空，读不到栈顶元素。

【例 9－10】　栈在顺序存储结构下的运算如图 9－8 所示。

图 9－8(a)是容量为 7 的栈顺序存储空间，栈中已有 4 个元素；图 9－8(b)为 E 与 F 两个元素入栈后栈的状态；图 9－8(c)为元素 F 出栈后栈的状态。

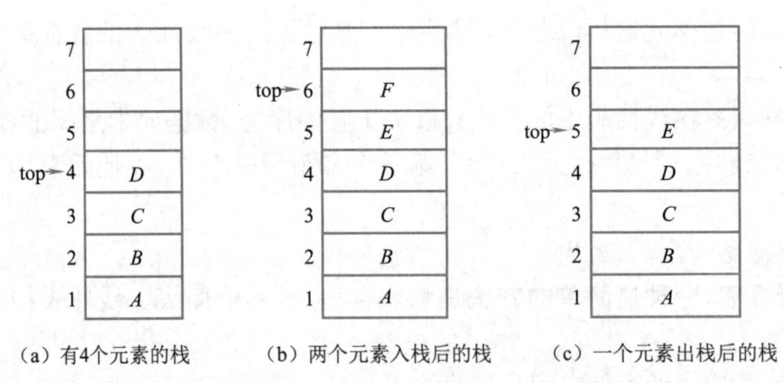

图 9－8　栈在顺序存储结构下的运算

2. 队列

队列(queue)是只允许在一端进行插入元素，而在另一端进行删除元素的线性表。这与日常生活中的排队是同理的，最早进入队列的元素最早离开。在队列中，允许插入的一端称为队尾，通常用一个称为尾指针(rear)的指针指向队尾元素，即尾指针总是指向最后被插入的元素；允许删除的一端称为队首，通常也用一个队首指针(front)指向队首元素的位置。显然，在队列这种数据结构中，最先插入的元素将最先被删除，反之，最后插入的元素将最后被删除。因此，队列又称为“先进先出”(first in first out，FIFO)或“后进后出”(last in last out，LILO)的线性表。在队列中，队尾指针 rear 与队首指针 front 共同反映了队列中元素动态变化的情况。

向队列的队尾插入一个元素称为入队运算，从队列的队首删除一个元素称为出队运算。在队列的末尾插入一个元素(入队运算)只涉及队尾指针 rear 的变化，而要删除队列中的队首元素(出队运算)只涉及队首指针 front 的变化。

【例 9－11】　队列的入队与出队运算，如图 9－9 所示。

图 9－9(a)所示的队列中已有 4 个元素；图 9－9(b)为删除元素 A_1 后队列的状态；图 9－9(c)为插入元素 A_5 后队列的状态。

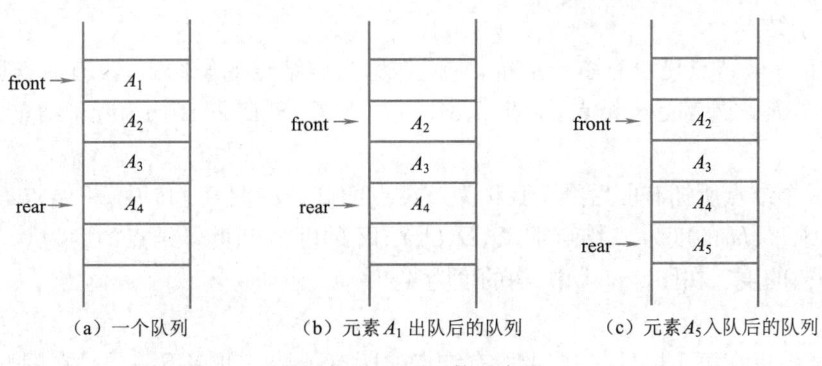

图 9-9　队列运算示意图

9.3.5　树与二叉树

1. 树

树(tree)是一种简单的非线性结构。树中所有数据元素之间的关系具有明显的层次特性，即树是一种层次结构。在用图形表示树时，很像自然界中倒置的树，因此，这种数据结构就用“树”来命名。

在现实世界中，能用树这种数据结构表示的例子有很多，一般具有层次关系的数据都可以用树来描述。如学校的各系和专业关系，如图 9-10 所示。

在树的图形表示中，对于用直线连起来的两端结点而言，上端结点是前驱，下端结点是后继。

在所有的层次关系中，人们最熟悉的是血缘关系，按血缘关系可以很直观地理解树结构中各数据元素结点之间的关系。因此，在描述树结构时，也经常使用血缘关系中的一些术语。

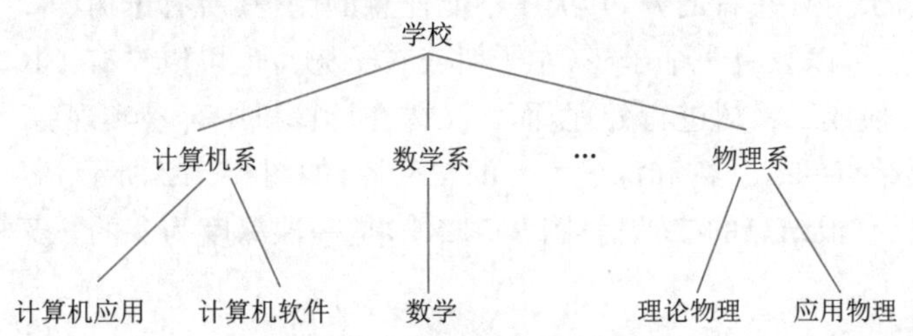

图 9-10　学校各系、专业关系树

有关树的一些基本特征及基本术语介绍如下：

1)父结点和根结点

在树结构中，每一个结点只有一个前驱，称为父结点；没有前驱的结点只有一个，称为树的根结点。在图 9-11 中，结点 R 是树的根结点。

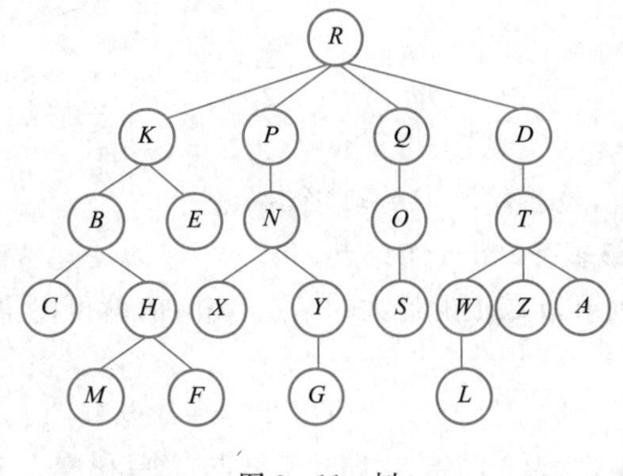

图 9-11　树

2)子结点和叶子结点

在树结构中，每一个结点可以有多个后继，它们都称为该结点的子结点，没有后继的结点称为叶子结点。图 9-11 中除了 R 之外都是子结点，结点 C、M、F、E、X、G、S、L、Z、A 均为叶子结点。

3)度

在树结构中，一个结点所拥有的后继个数称为该结点的度。在图 9-11 中，根结点 R 的度为 4；结点 T 的度为 3；结点 K、B、N、H 的度为 2；结点 P、Q、D、O、Y、W 的度为 1；叶子结点的度为 0。在树中，所有结点中的最大的度称为树的度。在图 9-11 中，树的度为 4。

4)层

在树结构中，根结点在第 1 层，同一层上所有结点的所有子结点都在下一层。在图 9-11 中，根结点 R 在第 1 层；结点 K、P、Q、D 在第 2 层；结点 B、E、N、O、T 在第 3 层；结点 C、H、X、Y、S、W、Z、A 在第 4 层；结点 M、Y、G、L 在第 5 层。

5)深度

树的最大层次称为树的深度。在图 9-11 中，树的深度为 5。

6)子树

在树中，以某结点的一个子结点为根构成的树称为该结点的一棵子树。叶子结点没有子树。在图9-11 中，结点 R 有 4 棵子树，它们分别以 K、P、Q、D 为根结点；结点 P 有 1 棵子树，其根结点为 N；结点 T 有 3 棵子树，它们分别以 W、Z、A 为根结点。

2. 二叉树

二叉树(binary tree)是一种特殊的树，它的特点是每个结点最多只有两个子结点，即二叉树中不存在度大于 2 的结点。二叉树的子树有左右之分，其次序不能任意颠倒，其所有子树(左子树或右子树)也均为二叉树。在二叉树中，一个结点可以只有一个子树(左子树或右子树)，也可以没有子树。

任意一棵树都可以转换成二叉树进行处理，而二叉树在计算机中容易实现。

【例 9-12】 仅有根结点的二叉树和深度为 4 的二叉树，如图 9-12 所示。

图 9-12(a)是一棵只有根结点的二叉树；图 9-12(b)是一棵深度为 4 的二叉树。

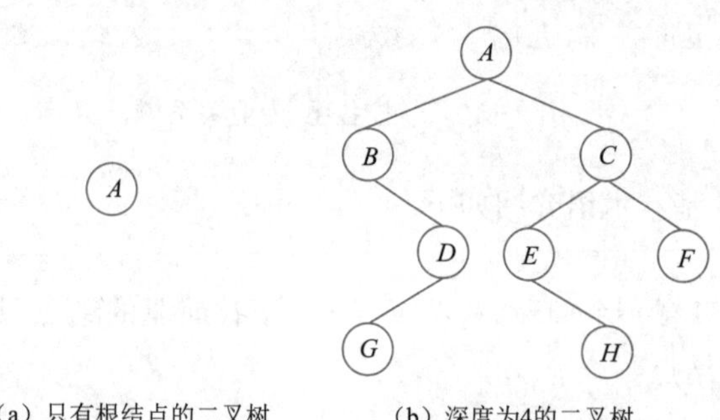

(a) 只有根结点的二叉树　　(b) 深度为4的二叉树

图 9-12　二叉树

1)二叉树的基本性质

性质 1：在二叉树的第 k 层上，最多有 $2^{k-1}(k \geq 1)$ 个结点。

性质 2：深度为 m 的二叉树最多有 2^m-1 个结点。

根据性质 1，只要将第 1 层到第 m 层上的最大的结点数相加，就可以得到整个二叉树中结点数的最大值，即

$$2^{1-1}+2^{2-1}+\cdots+2^{m-1}=2^m-1$$

性质 3：在任意一棵二叉树中，度为 0 的结点(即叶子结点)总是比度为 2 的结点多一个($n_0=n_2+1$)。

例如，在图 9-12(b)所示的二叉树中，有 3 个叶子结点，有 2 个度为 2 的结点，度为 0 的结点比度为 2 的结点多一个。

二叉树有几种特殊形式，如满二叉树、完全二叉树等。

一棵深度为 m 且有 2^m-1 个结点的二叉树称为满二叉树。这种树的特点是每一层上的结点数都是最大结点数(即在第 k 层上有 2^{k-1} 个结点)。

【例 9-13】 深度为 2、3、4 的满二叉树如图 9-13 所示。

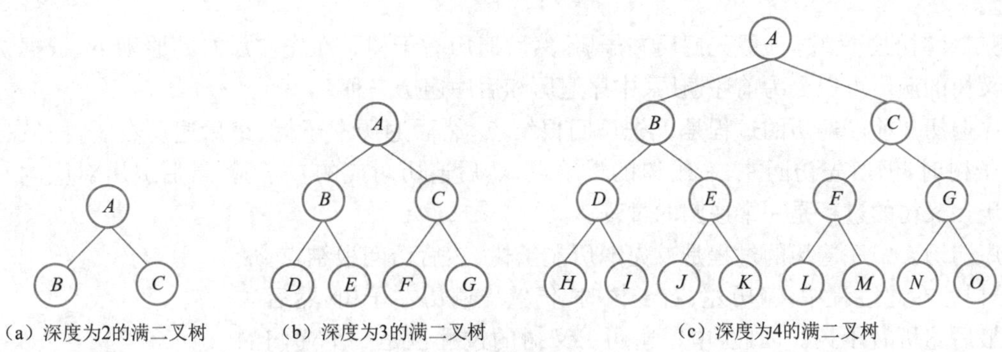

图 9-13 满二叉树

可以对满二叉树的结点进行连续编号，约定编号从根结点起，自上而下，自左至右。由此引出完全二叉树的定义。深度为 m 且有 n 个结点的二叉树，当且仅当其每一个结点都与深度为 m 的满二叉树中编号从 1 到 n 的结点一一对应时，称之为完全二叉树。实际上，完全二叉树是在满二叉树的最后一层上只缺少最右边的连续若干结点，叶子结点只可能在层次最大的两层上出现。

【例 9-14】 完全二叉树与非完全二叉树，如图 9-14 所示。

图 9-14(a)是深度为 3 的完全二叉树；图 9-14(b)是非完全二叉树；图 9-14(c)是深度为 4 的完全二叉树；图 9-14(d)是非完全二叉树。

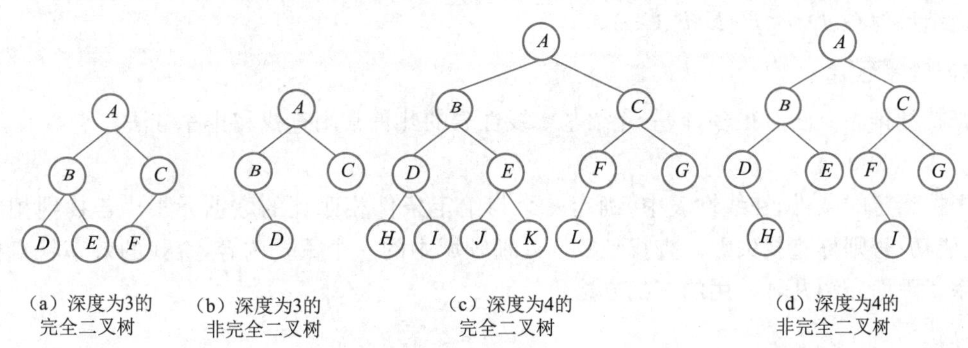

图 9-14 完全二叉树与非完全二叉树

由满二叉树与完全二叉树的特点可以看出，满二叉树一定是完全二叉树，而完全二叉树一般不是满二叉树。

性质 4：具有 n 个结点的完全二叉树的深度为$[\log_2 n]+1$，其中$[\log_2 n]$表示取 $\log_2 n$ 的整数部分。

性质 5：设完全二叉树共有 n 个结点。如果从根结点开始，按层序(第一层从左到右)用自然数 $1,2,\cdots,n$ 对结点进行编号，则对于编号为 $k(k=1,2,\cdots,n)$的结点有以下结论：

(1)若 $k=1$，则该结点为根结点，它没有父结点；若 $k>1$，则该结点的父结点编号为$[k/2]$。

(2)若 $2k\leqslant n$，则编号为 k 的结点的左子结点编号为 $2k$；否则该结点无左子结点(显然也没有右子结点)。

(3)若 $2k+1\leqslant n$，则编号为 k 的结点的右子结点编号为 $2k+1$；否则该结点无右子结点。

根据完全二叉树的这个性质，如果按从上到下、从左到右的顺序存储完全二叉树的各结点，则很容易确定每一个结点的父结点、左子结点和右子结点的位置。

2)二叉树的遍历

二叉树的遍历是有且仅有一次地访问二叉树中的所有结点。由于二叉树是一种非线性结构,因此,对二叉树的遍历要比遍历线性表复杂得多。在遍历二叉树的过程中,要按某条搜索路径寻访树中每个结点,使得每个结点均被访问一次,而且仅被访问一次,就需要寻找一种规律,以使二叉树上的结点能排列在一个线性队列上。

在遍历二叉树的过程中,一般先遍历左子树,然后遍历右子树。在先左后右的原则下,根据访问根结点的次序,二叉树的遍历可以分为前序遍历、中序遍历和后序遍历三种。

(1)前序遍历。前序遍历的过程是首先访问根结点,然后遍历左子树、最后遍历右子树。在此过程中,遍历左、右子树时,仍然先访问左、右子树的根结点,然后遍历对应的左子树,最后遍历对应的右子树。可见,前序遍历二叉树的过程是一个递归的过程。

(2)中序遍历。中序遍历的过程是首先遍历左子树,然后访问根结点,最后遍历右子树。在此过程中,遍历左、右子树时,仍然先遍历左子树,然后访问根结点,最后遍历右子树。因此,中序遍历二叉树的过程也是一个递归的过程。

(3)后序遍历。后序遍历的过程是首先遍历左子树,然后遍历右子树,最后访问根结点。在此过程中,遍历左、右子树时,仍然先遍历左子树,然后遍历右子树,最后访问根结点。因此,后序遍历二叉树的过程还是一个递归的过程。

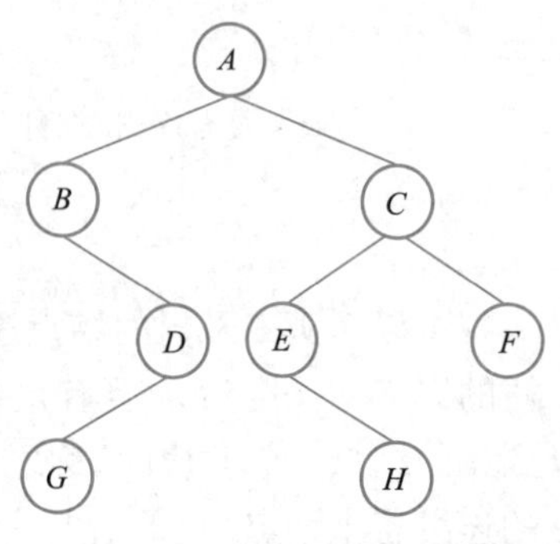

图 9-15　二叉树

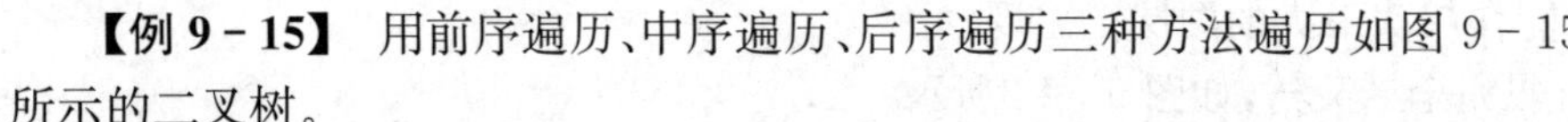

【例 9-15】 用前序遍历、中序遍历、后序遍历三种方法遍历如图 9-15 所示的二叉树。

前序遍历结果为 A、B、D、G、C、E、H、F。

中序遍历结果为 G、D、B、A、E、H、C、F。

后序遍历结果为 G、D、B、H、E、F、C、A。

9.3.6　查找与排序方法

数据的查找和排序方法有很多,以下介绍基于线性表的几种常用查找和排序方法。

1. 查找

查找是根据给定的条件,在线性表中,确定一个与给定条件相匹配的数据元素。若找到相应的数据元素,则称查找成功;否则称查找失败。查找是数据处理领域中的一个重要内容,查找的效率将直接影响到数据处理的效率。下面介绍几种常用的查找方法。

1)顺序查找

顺序查找一般是指从线性表的第一个元素开始,依次将线性表中的元素与给定条件进行比较,若匹配成功,则表示找到(即查找成功);若线性表中所有的元素都与所给定的条件不匹配,则表示线性表中没有满足条件的元素(即查找失败)。

在进行顺序查找过程中,如果线性表中的第一个元素就是被查找元素,则只需做一次比较就查找成功,查找效率最高;但如果被查的元素是线性表中的最后一个元素,或被查元素不在线性表中,则为了查找这个元素需要与线性表中所有的元素进行比较,这是顺序查找的最坏情况。在平均情况下,利用顺序查找法在长度为 n 的线性表中查找一个元素,要与线性表中一半的元素进行比较,即平均查找次数为 $n/2$。

【例 9-16】 在线性表(36,17,79,86,44,30,34,49,67)中查找元素 49 和 77。

查找 49 时,逐个将表中的元素与 49 进行比较,第 8 次比较时,两数相等查找成功;查找 77 时,逐个将表中的元素与 77 进行比较,表中所有元素与 77 都进行了比较且都不相等,即查找失败,共比较 9 次。

2)二分法查找

二分法查找是将被查元素 x 与线性表查找范围的中间项进行循环比较的查找方法。二分法查找适用于顺序存储的有序线性表,有序表是指线性表中的元素是递增或递减的序列。

设有序递增线性表的长度为 n，若中间项的值等于 x，则说明找到，查找结束；若 x 小于中间项的值，则说明 x 应在线性表的前半部分子表中，则以相同的方法在前子表中继续查找；若 x 大于中间项的值，则说明 x 应在线性表的后半部分子表中，则以相同的方法在后子表中继续查找。这个过程一直进行到查找成功或子表的长度为0(说明线性表中没有这个元素)为止。

可以证明，对于长度为 n 的有序线性表，在最坏的情况下，二分法查找只需要比较 $\log_2 n$ 次，而顺序查找需要比较 n 次，即二分法的时间复杂度为 $O(\log_2 n)$，顺序查找的时间复杂度为 $O(n)$。可见，二分法查找的效率要比顺序查找高。

【例9-17】 在线性表(17,22,30,34,44,49,67,79,86)中查找元素30和70，查找过程如图9-16所示。

[17	22	30	34	44	49	67	79	86]
				↑				
[17	22	30	34]	44	49	67	79	86
	↑							
17	22	[30	34]	44	49	67	79	86
		↑						

(a)查找30的过程(3次比较后查找成功)

[17	22	30	34	44	49	67	79	86]
				↑				
17	22	30	34	44	[49	67	79	86]
						↑		
17	22	30	34	44	49	67	[79	86]
							↑	
17	22	30	34	44	49	67	79	86

(b)查找70的过程(3次比较后查找失败)

图9-16 二分法查找过程示意图

显然，在有序表的二分法查找中，不论查找的是什么数，也不论要查找的数在表中有没有，都不需要与表中所有的元素进行比较，只与表中很少的元素进行比较即可。

2.排序

排序是指将一个无序序列整理成按值递增或递减排列的有序序列。排序的方法很多，根据待排序序列的规模以及对数据处理的要求，可以采用不同的排序方法。

1)选择排序法

最简单的选择排序是直接选择排序，以从小到大的顺序排列为例，扫描整个线性表，从中选出最小的元素，将它交换到表的最前面；然后对剩下的子表再从中选出最小的元素，将它交换到子表的第一个位置，依此类推，直到子表长度为1时即可完成排序。

直接选择排序法需要比较 $n(n-1)/2$ 次[即 $(n-1)+(n-2)+\cdots+2+1$]，因此时间复杂度为 $O(n^2)$。

【例9-18】 利用简单选择排序法对线性表(36,17,79,86,44,30,34,49)进行排序，如图9-17所示。图中有方框的元素是刚被选出来的最小元素。显然，对于长度为 n 的序列，选择排序需要扫描 $n-1$ 遍。

原序列	36	17	79	86	44	30	34	49
第1遍选择	[17]	36	79	86	44	30	34	49
第2遍选择	17	[30]	79	86	44	36	34	49
第3遍选择	17	30	[34]	86	44	36	79	49
第4遍选择	17	30	34	[36]	44	86	79	49
第5遍选择	17	30	34	36	[44]	86	79	49
第6遍选择	17	30	34	36	44	[49]	79	86
第7遍选择	17	30	34	36	44	49	[79]	86

图9-17 选择排序法示意图

2)冒泡排序法

冒泡排序法是通过相邻数据元素的比较交换,逐步将线性表由无序变成有序的排序方法。以从小到大的顺序排列为例。

冒泡排序法的基本过程为从表头开始向后扫描线性表,在扫描过程中逐次比较相邻两个元素的大小。若相邻两个元素中前面的元素大于后面的元素,则将它们互换。在扫描过程中,不断地将相邻元素中的大者往后移动,最后就将线性表中的最大者换到了表的最后。这个过程叫做第一趟冒泡排序。而第二趟冒泡排序是在不包含最大元素的子表中从第一个元素起重复上述过程,直到整个序列变成有序为止。

在排序过程中,对线性表的每一趟扫描,都将其中的最大者沉到了表的底部,最小者像气泡一样冒到表的前面,冒泡排序由此而得名。

假设线性表的长度为 n,则在最坏情况下,冒泡排序需要经过 $n-1$ 趟排序,需要比较的次数为 $n(n-1)/2$,因此时间复杂度为 $O(n^2)$。

【例 9-19】 利用冒泡排序法对线性表(36,17,79,86,44,30,34,49)进行排序,如图 9-18 所示。

原序列	36	17	79	86	44	30	34	49
第 1 趟	36 ⟷	17	79	86 ⟷	44 ⟷	30 ⟷	34 ⟷	49
结果	17	36	79	44	30	34	49	86
第 2 趟	17	36	79 ⟷	44 ⟷	30 ⟷	34 ⟷	49	86
结果	17	36	44	30	34	49	79	86
第 3 趟	17	36	44 ⟷	30 ⟷	34	49	79	86
结果	17	36	30	34	44	49	79	86
第 4 趟	17	36 ⟷	30 ⟷	34	44	49	79	86
结果	17	30	34	36	44	49	79	86

图 9-18 冒泡排序过程示意图

3)插入排序法

插入排序法是指将无序序列中的各元素依次插入到已经有序的线性表中。

在线性表中,只包含第 1 个元素的子表显然是有序表。接下来从线性表的第 2 个元素开始直到最后一个元素,逐次将其中的每一个元素插入到前面的有序子表中。

假设线性表中前 $j-1$ 个元素已经有序,现在要将线性表中第 j 个元素插入到前面的有序子表中,插入过程为首先将第 j 个元素放到一个变量 T 中,然后从有序子表的最后一个元素(即线性表中第 $j-1$ 个元素)开始,往前逐个与 T 进行比较,将大于 T 的元素均依次向后移动一个位置,直到发现一个元素不大于 T 为止,此时就将 T(即原线性表是第 j 个元素)插入到刚移出的空位置上。若 T 的值大于等于子表中的最后一个元素,则将 T 直接插入到子表的第 j 个位置。此时,有序子表的长度就变为 j 了。

假设线性表的长度为 n,则在最坏情况下,插入排序法需要比较 $n(n-1)/2$ 次,因此时间复杂度为 $O(n^2)$。

【例 9-20】 利用插入排序法对线性表(7,3,9,5,3,8,11,6,4,10,8)进行排序,如图 9-19 所示。图中画有方框的元素表示刚被插入到有序子表中。

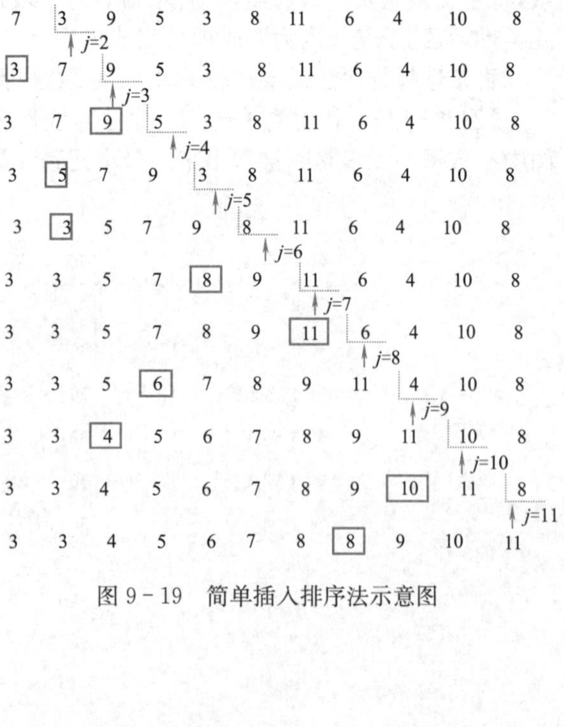

```
7    3    9    5    3    8    11   6    4    10   8      ↑j=2
[3]  7    9    5    3    8    11   6    4    10   8      ↑j=3
3    7    [9]  5    3    8    11   6    4    10   8      ↑j=4
3    [5]  7    9    3    8    11   6    4    10   8      ↑j=5
3    [3]  5    7    9    8    11   6    4    10   8      ↑j=6
3    3    5    7    [8]  9    11   6    4    10   8      ↑j=7
3    3    5    7    8    9    [11] 6    4    10   8      ↑j=8
3    3    5    [6]  7    8    9    11   4    10   8      ↑j=9
3    3    [4]  5    6    7    8    9    11   10   8      ↑j=10
3    3    4    5    6    7    8    9    [10] 11   8      ↑j=11
3    3    4    5    6    7    8    [8]  9    10   11
```

图 9-19 简单插入排序法示意图

9.4　程序设计方法

软件系统的规模越来越大，复杂程度越来越高，软件可靠性问题也越来越突出。原来的个人设计、个人使用的方式不再能满足要求，迫切需要改变软件生产方式，提高软件生产率。著名计算机科学家、图灵奖获得者沃思提出“程序＝数据结构＋算法”，后经完善，给出了现代的程序标准化公式：程序＝数据结构＋算法＋程序设计方法＋语言工具及程序编制环境。目前最为经典的程序设计方法是结构化程序设计方法与面向对象程序设计方法。

9.4.1　结构化程序设计

结构化程序设计(structured programming)的概念是由 Dijikstra 在 1965 年提出的，是软件发展的一个里程碑。结构化程序设计主要强调的是程序的易读性，对程序设计方法的研究和发展产生了重大影响。直到今天，它仍然是程序设计中采用的主要方法。

1. 设计思想

结构化程序设计强调程序设计风格和程序结构的规范化，其程序结构按功能划分为若干基本模块。这些模块形成一个树状结构，各模块之间的关系尽可能简单，且功能相对独立。其模块化实现的具体方法是使用子程序(函数或过程)。结构化程序设计采用模块化与功能分解、自顶向下、分而治之的方法，因而可将一个较为复杂的问题分解为若干子问题，各子问题分别由不同的人员解决，从而提高了程序开发速度，便于程序的调试，有利于软件的开发和维护。

2. 基本结构

结构化程序设计具有顺序、选择和循环三种基本结构。1966 年，Boehm 和 Jacopini 证明了任何单入口单出口且没有“死循环”的程序都能利用三种基本结构构造出来。

1)顺序结构

顺序结构是最基本、最常用的结构，是按照程序语句行的自然顺序依次执行程序，如图 9－20 所示。

2)选择结构

选择结构又称分支结构，这种结构可以根据设定的条件，判断应该选择哪一条分支来执行相应的语句序列，如图 9－21 所示。

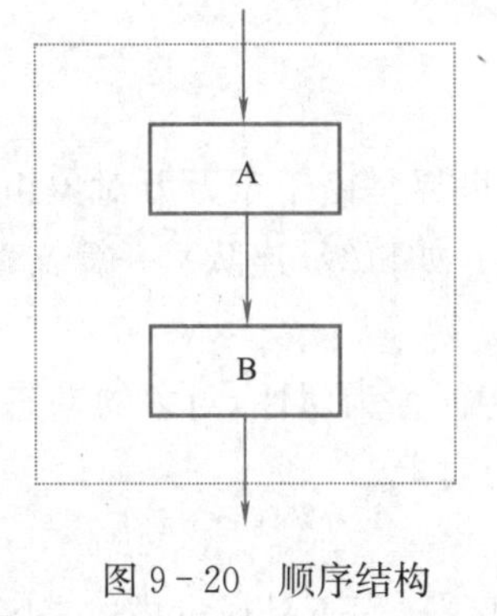

图 9－20　顺序结构

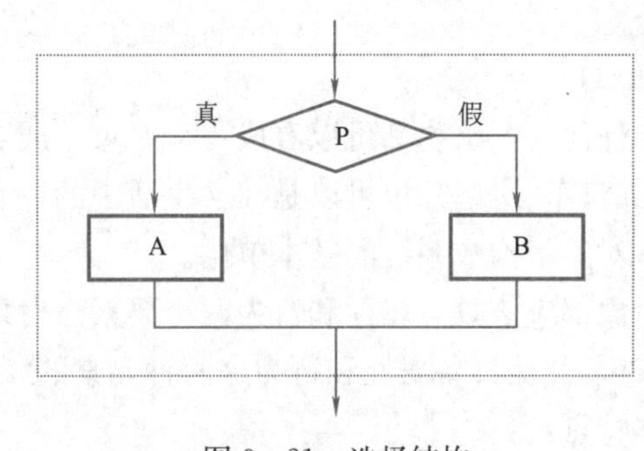

图 9－21　选择结构

3)循环结构

循环结构是根据给定的条件，判断是否需要重复执行某一程序段。在程序设计语言中，循环结构对应两类循环语句，对先判断后执行循环体的称为当型循环结构，如图 9－22 所示；对先执行循环体后判断的称为直到型循环结构，如图 9－23 所示。

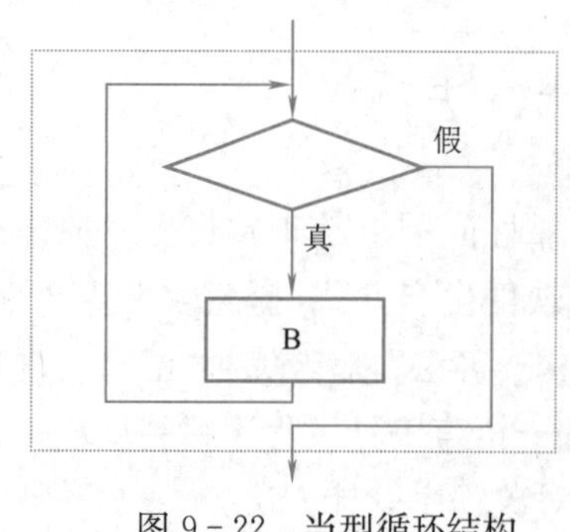

图 9-22 当型循环结构

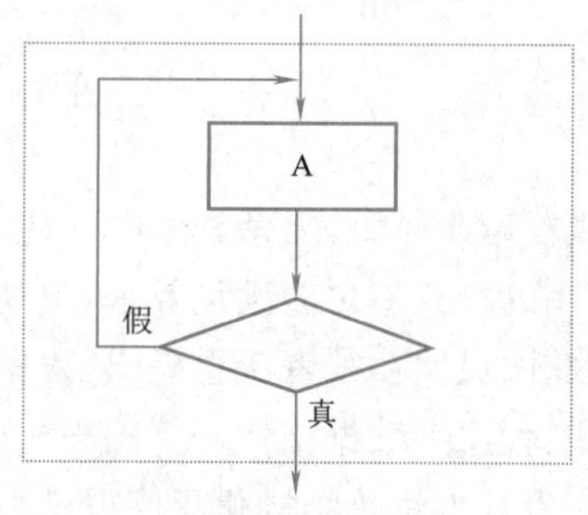

图 9-23 直到型循环结构

3. 基本原则

结构化程序设计方法的基本原则为自顶向下、逐步求精、模块化和限制使用 goto 语句。

1)自顶向下

程序设计时,应先考虑总体,后考虑细节;先考虑全局目标,后考虑局部目标。开始时不过多追求众多的细节,先从最上层总体目标开始设计,逐步使问题具体化,层次分明、结构清晰。

2)逐步求精

对于复杂问题,应设计一些子目标作过渡,逐步细化。针对某个功能的宏观描述,不断地进行分解,逐步确立过程细节,直到该功能用程序语言的算法实现为止。

3)模块化

将一个复杂问题分解为若干简单的问题。每个模块只有一个入口和一个出口,使程序有良好的结构特征,能够降低程序的复杂度,增强程序的可读性、可维护性。

4)限制使用 goto 语句

因为使用 goto 语句会破坏程序的结构化,降低程序的可读性,因而不提倡使用 goto 语句。

9.4.2 面向对象程序设计

面向对象程序设计的方法产生于 20 世纪 80 年代,起源于 Smalltalk 语言。面向对象程序设计方法并不是抛弃结构化程序设计方法,而是站在比结构化程序设计更高、更抽象的层次上解决问题。它更简单地模仿建立真实世界模型,对系统的复杂性进行概括、抽象和分类,从而解决大型软件研制中存在的效率低、质量难以保证、调试复杂、维护困难等一系列问题。

1. 基本概念

1)对象(object)

客观世界中任何一个事物都可以看成一个对象。或者说,客观世界是由千千万万对象组成的。对象可以是自然物体(如汽车、房屋),也可以是社会生活中的一种逻辑结构(如班级、连队),一篇文章、一个图形等都可视作对象。对象是构成系统的基本单位。

任何一个对象都应该具有属性和行为两个要素。对象的静态特征称为属性,对象的动态特征称为行为(操作)。一般来说,凡是具备属性和行为这两种要素的,都可以作为对象。

对象的基本特点:

(1)标识唯一性,指对象是可区分的,并且由对象的内在本质来区分,而不是通过描述来区分。

(2)分类性,指可以将具有相同属性和操作的对象抽象成类。

(3)多态性,指同一个操作可以是不同对象的行为。

(4)封装性,从外面看只能看到对象的外部特性。

2)类(class)

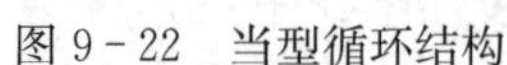

将属性、操作相似的对象归为类,也就是说,类是具有共同属性、共同方法的对象的集合。所以,类是对象的抽象,它描述了属于该对象类型的所有对象的性质,而一个对象则是其对应类的一个实例。如 integer

是一个整数类，它描述了所有整数的性质，整数“235”则是类 integer 的一个实例。

3）消息（message）

消息是一个实例与另一个实例之间传递的信息，它请求对象执行某一处理或回答某一要求的信息。消息的使用类似于函数调用，消息中指定了某一个实例、一个操作名和一个参数表。接收消息的实例执行消息中指定的操作，并将形式参数与参数表中相应的值结合起来。在消息传递过程中，由发送消息的对象（发送对象）的触发操作产生输出结果，作为消息传送至接收消息的对象（接收对象），引发接收消息的对象一系列的操作。所传送的消息实质上是接收对象所具有的操作/方法名称，有时还包含相应的参数。消息传递示意图如图 9－24 所示。

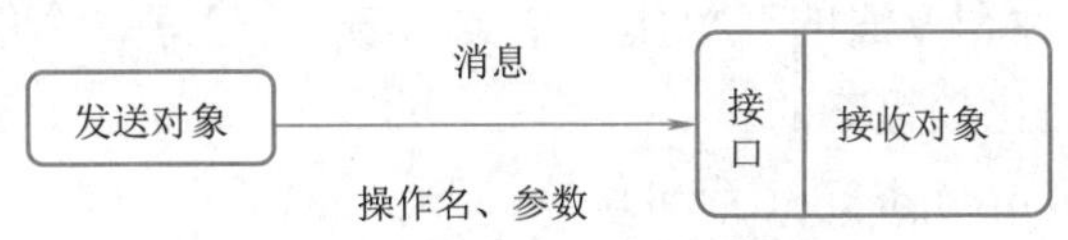

图 9－24　消息传递示意图

消息中只包含传递者的要求，它告诉接收者需要进行哪些处理，但并不指示接收者应该怎样完成这些处理。消息完全由接收者解释，接收者独立决定采用什么方式完成所需的处理，发送者对接收者不起任何控制作用。一个对象能够接收不同形式、不同内容的多个信息；相同形式的消息可以送往不同的对象，不同的对象对于形式相同的消息可以有不同的解释，能够做出不同的反应。一个对象可以同时向多个对象传递消息，两个对象也可以同时向某个对象传递消息。

4）继承（inheritance）

继承是面向对象方法的一个主要特征。继承是使用已有的类（父类）定义作为基础建立新类（子类）的定义。已有的类可当作基类来引用，则新类相应地可当作派生类来引用。

对象与类的继承性在面向对象程序设计中得到了充分的体现。由某个类可以生成若干对象，这些对象将自动拥有该类所具有的属性和方法；也可以由现有的类派生出新类，该新类将自动拥有其父类所具有的属性和方法。

由于子类与父类之间存在继承性，所以在父类中所做的修改将自动反映到它所有的子类上，而无须更改子类，这种自动更新的能力可以节省用户大量的时间和精力。例如，当为某父类添加一个所需的新属性时，它的所有子类将同时具有这种属性；同样，当修复了父类中的一个错误时，这个修复也将自动体现在它的全部子类中。充分利用对象与类的继承性，可以使整个应用程序的设计和维护工作大大简化，并使其更加规范与统一。

5）多态性（polymorphism）

对象根据所接收的消息而做出动作，同样的消息被不同的对象接收时可导致完全不同的行动，该现象称为多态性。在面向对象的软件技术中，多态性是指子类对象可以像父类对象那样使用，同样的消息既可以发送给父类对象也可以发送给子类对象。

多态性是面向对象程序设计的一个重要特征，多态性机制不仅增加了面向对象软件系统的灵活性，进一步减少了信息冗余，而且显著提高了软件的可重用性和可扩充性。当扩充系统功能增加新的实体类型时，只需派生出与新实体类相应的新的子类，完全无须修改原有的程序代码，甚至不需要重新编译原有的程序。利用多态性，用户能够发送一般形式的消息，而将所有的实现细节都留给接收消息的对象。

2. 面向对象程序设计的思想

面向对象程序设计的基本思想，一是从现实世界中客观存在的事物（即对象）出发，尽可能运用人类自然的思维方式去构造软件系统，也就是直接以客观世界的事务为中心来思考问题、认识问题、分析问题和解决问题；二是将事物的本质特征经抽象后表示为软件系统的对象，以此作为系统构造的基本单位；三是使软件系统能直接映射问题,并保持问题中事物及其相互关系的本来面貌。因此,面向对象方法强调按照人类思维方法中的抽象、分类、继承、组合、封装等原则去解决问题。这样,软件开发人员便能更有效地思考问题,从而更容易与客户沟通。

3. 面向对象程序设计的步骤

1)面向对象分析(object oriented analysis,OOA)

进行系统分析时,系统分析员要和用户结合在一起,对用户的需求做出精确的分析和明确的描述,从宏观的角度概括出系统应该做什么(而不是怎么做)。面向对象的分析,要按照面向对象的概念和方法,在对任务的分析中,从客观存在的事物和事物之间的关系,归纳出有关的对象(包括对象的属性和方法)以及对象之间的联系,并将具有相同属性和方法的对象用一个类来表示,建立一个能反映真实工作情况的需求模型。在这个阶段中形成的模型是比较粗略的。

2)面向对象设计(object oriented design,OOD)

根据面向对象分析阶段形成的需求模型,对每一部分分别进行具体的设计,首先是进行类的设计,类的设计可能包含多个层次(利用继承与派生);然后以这些类为基础提出程序设计的思路和方法,包括对算法的设计。在设计阶段并不牵涉某一种具体的计算机语言,而是用一种更通用的描述工具(如 UML)来描述。

3)面向对象编程(object oriented programming,OOP)

根据面向对象设计的结果,用一种计算机语言把它写成程序,显然应该选用面向对象的计算机语言(例如 C++、Java、C#),否则是无法实现面向对象设计的要求的。

4)面向对象测试(object oriented test,OOT)

程序在正式使用之前,必须进行严格的测试。测试的目的是发现程序中的错误并改正。面向对象测试是用面向对象的方法进行测试,以类作为测试的基本单元。

5)面向对象维护(object oriented soft maintenance,OOSM)

正如对任何产品都需要进行售后服务和维护一样,软件在使用中也会出现一些问题,或者软件商想改进软件的性能,这就需要修改程序。由于使用了面向对象的方法开发程序,因而使得程序的维护比较容易。因为对象的封装性,修改一个对象对其他对象影响很小。利用面向对象的方法维护程序,大大提高了软件维护的效率。

9.4.3 结构化程序设计与面向对象程序设计的比较

从概念方面看,结构化软件是功能的集合,通过模块以及模块和模块之间的分层调用关系实现;面向对象软件是事物对象的集合,通过对象以及对象和对象之间的通信联系实现。从构成方面看,结构化软件是过程和数据的集合,以过程为中心;面向对象软件是数据和相应操作的封装,以对象为中心。从运行控制方面看,结构化软件采用顺序处理方式,由过程驱动控制;面向对象软件采用交互式、并行处理方式,由消息驱动控制。从开发方面看,结构化方法的工作重点是设计,面向对象方法的工作重点是分析,但是,在结构化方法中,分析阶段和设计阶段采用了不相吻合的表达方式,需要把在分析阶段采用的具有网络特征的数据流图转换为设计阶段采用的具有分层特征的软件结构图,在面向对象方法中设计阶段的内容是分析阶段成果的细化,则不存在这一转换问题。从应用方面看,相对而言,结构化方法更加适合数据类型比较简单的数值计算和数据统计管理软件的开发,面向对象方法更加适合大型复杂的人机交互软件的开发。

9.5 软件工程

软件工程 (software engineering,SE)是随着计算机系统的发展而逐步形成的计算机科学领域中的一门学科,是一门研究用工程化方法构建和维护有效的、实用的和高质量的软件的学科。它涉及程序设计语言、数据库、软件开发工具、系统平台、标准和设计模式等方面。

9.5.1 软件工程基础

1. 软件特点

软件在开发、生产、维护和使用等方面与计算机硬件相比存在明显的差异。同传统的工业产品相比，软件具有如下特点：

(1)软件是一种逻辑实体，具有抽象性。

(2)软件没有明显的制造过程。一旦研制开发成功，就可以大量复制同一内容的副本。

(3)软件在使用过程中，没有磨损、老化的问题，但会为了适应硬件、环境以及需求的变化而进行修改，当修改的成本变得难以接受时，软件就会被废弃。

(4)软件对硬件和环境有着不同程度的依赖性。

(5)软件的开发至今尚未完全摆脱手工作坊式的开发方式，生产效率低。

(6)软件复杂性高，开发和设计成本高。

(7)软件工作牵涉很多社会因素。许多软件的开发和运行涉及机构、体制和管理方式等问题，还会涉及人们的观念和心理。

2. 软件危机与软件工程

20 世纪 60 年代末，计算机应用领域不断扩大，软件需求量急剧增长，软件规模越来越大，复杂程度不断增加，软件开发成本逐年上升，质量没有可靠的保证，而且难以维护，软件开发和生产远远跟不上计算机应用的需求。

1968 年，北大西洋公约组织的计算机科学家在联邦德国召开的国际学术会议上第一次提出了“软件危机”这个名词。软件危机泛指在计算机软件的开发和维护过程中所遇到的诸如成本、质量、生产率等一系列严重问题。

概括来说，软件危机主要包含两方面问题：

(1)如何开发软件，以满足不断增长、日趋复杂的需求。

(2)如何维护数量不断膨胀的软件产品。

软件危机一方面与软件本身的特点有关；另一方面与软件开发和维护的方法不正确有关。软件开发和维护的不正确方法主要表现为忽视软件开发前期的需求分析；开发过程没有统一的、规范的方法论的指导，文档资料不齐全，忽视人与人的交流；忽视测试阶段的工作，提交用户的软件质量差；轻视软件的维护。

为了解决“软件危机”，人们提出了软件工程的概念，希望用工程化的原则和方法进行软件开发和管理。逐步形成了计算机技术的一门新学科，即软件工程学，简称软件工程。

软件工程就是用工程、科学和数学的原则与方法研制、维护计算机软件的有关技术及管理方法。主要内容包括软件开发技术和软件工程管理学。其中，软件开发技术包含软件开发方法、软件工具和软件工程环境，软件工程管理学包含软件工程经济学和软件管理学。

从软件开发的角度，软件工程包括三个要素，即方法、工具和过程。方法是完成软件工程项目的技术手段；工具用于支持软件的开发、管理、文档生成；过程是对软件开发各个环节的控制、管理。软件工程方法是完成软件工程项目的技术手段，它支持项目计划和估算、系统和软件需求分析、软件设计、编码、测试和维护。软件工程使用的软件工具是人类在开发软件的活动中智力和体力的扩展和延伸，它自动或半自动地支持软件的开发和管理，支持各种软件文档的生成。

3. 软件生命周期与开发模型

1)软件生命周期

软件生命周期，通常是指软件产品从提出、实现、使用维护到停止使用(废弃)的全过程，即指从考虑软件产品的概念开始，到该软件产品终止使用的整个时期。一般包括问题定义、可行性分析、需求分析、总体设计、详细设计、编码、测试、运行、维护升级、废弃等活动，这些活动可以重复，执行时也可以有迭代。软件生命周期还可以概括为软件定义、软件开发和运行维护三个阶段，如图 9－25 所示。

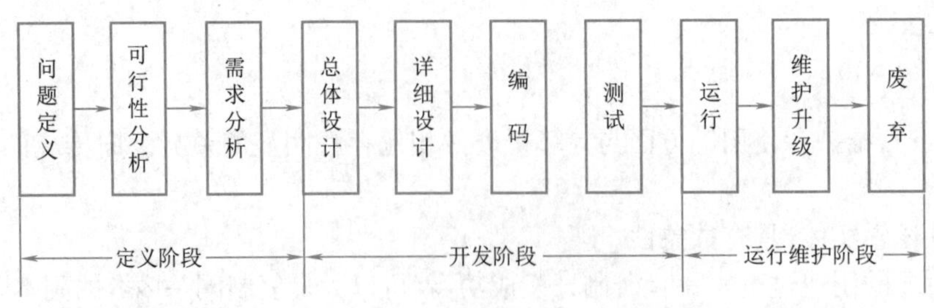

图 9-25　软件生命周期

(1)定义阶段。此阶段是软件开发方与需求方共同讨论,主要确定软件的开发目标及其可行性。在确定软件开发可行的情况下,对软件需要实现的各个功能进行详细分析。

(2)开发阶段。此阶段主要根据需求分析的结果,对整个软件系统进行设计,如系统框架设计、数据库设计等。软件设计一般分为总体设计和详细设计,需要编写概要设计说明书、详细设计说明书和测试计划初稿,提交评审。评审通过后,按照统一、符合标准的编写规范开始编码,将软件设计的结果转换成计算机可执行的程序代码。在软件设计完成后要经过严密的测试,以发现软件在整个设计过程中存在的问题并加以纠正。

(3)运行维护阶段。软件维护是软件生命周期中持续时间最长的阶段。在软件开发完成并投入使用后,由于多方面的原因,软件不能适应用户的新要求,需要进一步维护和升级,以延续软件的使用寿命。

2)软件开发模型

软件开发模型给出了软件开发活动各阶段之间的关系。它是软件开发过程的概括,是软件工程的重要内容。软件开发模型主要有以下几种。

(1)瀑布模型(waterfall model),也称软件生存周期模型。它根据软件生存周期各个阶段的任务,从可行性研究开始,逐步进行阶段性变换,直至通过确认测试并得到用户确认的软件产品为止。此模型适用于面向过程的软件开发方法。

(2)演化模型(evolutionary model),是一种全局的软件生命周期模型,属于迭代开发方法。由于在项目开发的初始阶段,人们对软件的需求认识常常不够清晰,因而使得开发项目难以做到一次开发成功。软件开发人员根据用户提出的软件定义,快速地开发一个原型,它向用户展示了待开发软件系统的全部或部分功能和性能,在征求用户对原型意见的过程中,进一步修改、完善、确认软件系统的需求,并达到一致意见。用演化模型进行软件开发可以快速适应用户需求和多变的环境要求。实际上,这个模型可看作重复执行的多个"瀑布模型"。

(3)螺旋模型(spiral model),也称迭代模型,是瀑布模型与演化模型的结合,不仅体现了两个模型的优点,而且增加了"风险分析"部分。螺旋模型由需求定义、风险分析、工程实现、评审 4 部分组成。软件开发过程每迭代一次,软件开发推进一个层次,系统又生成一个新版本,而软件开发的时间和成本又有了新的投入。最后总能够得到一个用户满意的软件版本。在实际开发中只有降低迭代次数,减少每次迭代的工作量,才能降低软件开发的时间和成本。螺旋模型强调了其他模型所忽视的风险分析,特别适合于大型复杂的系统。

(4)喷泉模型(fountain model),"喷泉"一词体现了迭代和无间隙特性。迭代是指系统中某个部分常常重复工作多次,相关功能在每次迭代中随之加入演进的系统。无间隙是指在开发活动(即分析、设计和编码)之间不存在明显的边界。喷泉模型是一种以用户需求为动力,以对象为驱动的模型,主要用于描述面向对象的软件开发过程。

(5)智能模型,也称基于知识的软件开发模型,它综合了上述若干模型,并结合了专家系统。该模型应用于规则的系统,采用归约和推理机制,帮助软件人员完成开发工作,并使维护在系统规格说明一级进行。智能模型需要 4GL 的支持,主要适合于事务信息系统的中、小型应用程序的开发。

(6)组合模型(hybrid model),在软件工程实践中,经常将几种模型组合在一起,配套使用,形成组合模型。组合的方式有两种:第一种方式是以一种模型为主,嵌入另外一种或几种模型;第二种方式是建立软件开发的组合模型。软件开发者可以根据软件项目和软件开发环境的特点,选择一条或几条软件开发路径。软件开发通常都是使用几种不同的开发方法组成混合模型。

4. 软件工程的目标与原则

1)软件工程的目标

软件工程的目标是在给定成本、进度的前提下,开发出具有有效性、可靠性、可理解性、可维护性、可重用性、可适应性、可移植性、可追踪性和可互操作性且满足用户需求的产品。追求这些目标有助于提高软件产品的质量和开发效益,降低维护难度。

2)软件工程的原则

为了达到软件工程的目标,在软件开发过程中,必须遵循以下基本原则:

(1)抽象。抽取事物最基本的特性和行为,忽略非本质细节。采用分层次抽象、自顶向下、逐层细化的办法,控制软件开发过程的复杂性。

(2)信息隐蔽。采用封装技术,将程序模块的实现细节隐藏起来,使模块接口尽量简单。

(3)模块化。模块是程序中相对独立的成分,一个独立的编程单位,应该有良好的接口定义。模块的大小要适中。

(4)局部化。要求在一个物理模块内集中逻辑上相互关联的计算资源,保证模块间具有松散的耦合关系,模块内部有较强的内聚性。

(5)确定性。软件开发过程中所有概念的表达应是确定的、无歧义且规范的。

(6)一致性。包括程序、数据和文档的整个软件的各模块,应使用已知的概念、符号和术语。程序内外部接口应保持一致,系统规格说明与系统行为应保持一致。

(7)完备性。软件系统不丢失任何重要成分,完全实现系统所需的功能。

(8)可验证性。开发大型软件系统需要对系统自顶向下、逐层分解。系统分解应遵循易检查、易测评、易评审的原则,以确保系统的正确性。

5. 软件开发工具与软件开发环境

现代软件工程方法之所以得以实施,其重要的保证是软件开发工具和环境,使软件在开发效率、工程质量等多方面得到改善。软件工程鼓励研制和采用各种先进的软件开发方法、工具和环境。工具和环境的使用进一步提高了软件的开发效率、维护效率和软件质量。

1)软件开发工具

早期的软件开发除了一般的程序设计语言以外,缺少工具的支持,致使编程工作量大,质量和进度难以保证,人们将很多精力和时间花费在程序的编制和调试上,而在更重要的软件的需求和设计上反而得不到必要的精力和时间投入。软件开发工具的完善和发展促进了软件开发方法的进步和完善,提高了软件开发的效率和质量。软件开发工具的发展是从单项工具逐步向集成工具发展的,软件开发工具为软件工程方法提供了自动的或半自动的软件支撑环境。同时,软件开发方法的有效应用也必须得到相应工具的支持,否则方法将难以有效地实施。例如,微软公司的 Jupiter 开发平台代表了先进的自动化开发技术,是经验与技术的完美结合。

2)软件开发环境

软件开发环境,或称软件工程环境,是全面支持软件开发全过程的软件工具集合。这些软件工具按照一定的方法或模式组合起来,支持软件生命周期内的各个阶段和各项任务的完成。

计算机辅助软件工程(computer aided software engineering,CASE)是当前软件开发环境中富有特色的研究工作和发展方向。CASE 将各种软件工具、开发机器和一个存放开发过程信息的中心数据库组合起来,形成软件工程环境。其重要的技术包括应用生产程序、前端开发过程面向图形的自动化、配置和管理以及寿命周期分析工具。CASE 的成功产品将最大限度地降低软件开发的技术难度并使软件开发的质量得到保证。

9.5.2 软件开发方法

软件工程中的开发方法主要有面向过程的方法、面向对象的方法和面向数据的方法三种。

1. 面向过程的方法

面向过程的方法开始于20世纪60年代,成熟于70年代,盛行于80年代。它分为面向过程需求分析、面向过程设计、面向过程编程、面向过程测试、面向过程维护和面向过程管理。这种方法包括面向结构化数据系统的开发方法、面向可维护性和可靠性设计的Parnas方法和面向数据结构设计的Jackson方法等。

该方法的基本特点是分析设计中强调"自顶向下""逐步求精",编程实现时强调程序的"单入口和单出口"。这种方法在国内曾经十分流行,被广泛应用。

2. 面向对象的方法

面向对象的方法开始于20世纪80年代,兴起于90年代,并逐步走向成熟。它分为面向对象需求分析、面向对象设计、面向对象编程、面向对象测试、面向对象维护和面向对象管理。面向对象方法的基本特点是将对象的属性和方法封装起来,形成信息系统的基本执行单位,再利用对象的继承特征,由基本执行单位派生出其他执行单位,从而产生许多新的对象。众多的离散对象通过事件或消息连接起来,就形成了现实生活中的软件系统。

面向对象方法在程序的执行过程中不由程序员控制,完全由用户交互控制。在分析、设计、实现中用到对象、类、继承、消息这4个基本概念。

面向对象作为软件系统的一种实现思想和编程方法,它功能强大、编程效率高,但仍在不断完善和改进。例如,美国Rational公司推出了一个面向对象设计的CASE工具ROSE(rational object oriented system engineering),它执行统一建模语言(unified modeling language,UML)标准,并能够与数据库设计工具和编程工具配合,产生程序代码,以生成用户所需的软件系统。

3. 面向数据的方法

面向数据的方法,也称面向元数据(metadata)的方法。元数据是关于数据的数据,组织数据的数据。例如,数据库概念设计中的实体名和属性名、数据库物理设计中的表名和字段名就是元数据。而具体的一个特定的实例,就不是元数据,它们叫做对象或记录,是被元数据组织的数据。面向数据的方法开始于20世纪80年代,成熟于90年代。90年代中期,Sybase和Oracle公司的CASE工具Power Designer和Designer/2000的出现,宣告这种设计方法已经进入工程化、规范化、自动化和实用化阶段,因为CASE工具中隐含了这种方法。概括起来,面向数据方法有以下要点。

(1)数据位于企业信息系统的中心。信息系统用于对数据的输入、处理、传输、查询和输出。

(2)只要企业的业务方向和内容不变,企业的元数据就是稳定的,由元数据构成的数据模型也是稳定的。

(3)对元数据的处理方法是可变的。用不变的元数据支持可变的处理方法,即以不变应万变,这就是企业信息系统工程的基本原理。

(4)企业信息系统的核心是数据模型。

(5)信息系统的实现(编码)方法主要是面向对象,其次才是面向数据和面向过程。

(6)用户自始至终参与信息系统的分析、设计、实现与维护。

面向数据方法的特点是程序的执行过程中,根据数据流动和处理的需要,有时由程序员控制(如数据库服务器上触发器和存储过程的执行),有时由用户控制(如用户浏览层上控件的选择与执行)。

面向数据方法的优点是通俗易懂,因而特别适合信息系统中数据层(数据库服务器)的设计与实现。

9.5.3 软件测试

1. 测试的目的

1983年IEEE(institute of electrical & electronic engineers)将软件测试定义为使用人工或自动手段来运行或测定某个系统的过程,其目的在于检验它是否满足规定的需求或弄清预期结果与实际结果的差别。

软件测试是为了发现错误而执行程序的过程。测试要以查找错误为中心,而不是为了演示软件的正确功能。一个好的测试用例在于能发现至今尚未发现的错误,一个成功的测试是发现了至今尚未发现的错误的测试。

2.测试的方法

按软件测试的性质，软件测试的方法可分为静态测试和动态测试。静态测试又分为文档测试和代码测试；动态测试又称运行程序测试，可分为白盒测试、黑盒测试和灰盒测试等。

1)静态测试

静态测试不运行被测程序本身，仅通过分析或检查源程序的语法、结构、过程、接口等来检查程序的正确性。静态测试通过程序静态特性的分析，找出欠缺和可疑之处，例如，不匹配的参数、不适当的循环嵌套和分支嵌套、不允许的递归、未使用过的变量、空指针的引用和可疑的计算等。静态测试结果可用于进一步的查错，并为测试用例选取提供指导。

2)动态测试

动态测试是在计算机或网络上运行被测试的系统，按照事先规定的测试计划，运行事先准备的测试用例，取得运行的数据，再将此数据与测试计划中的计划数据相比较。若两者一致，则测试通过；否则测试不通过，并找出错误。

(1)白盒测试。白盒测试也称为结构测试或逻辑驱动测试。它根据软件产品的内部工作过程，检查内部成分，以确认每种内部操作是否符合设计规格要求。白盒测试将测试对象看作一个打开的盒子，允许测试人员利用程序内部的逻辑结构及有关信息来设计或选择测试用例，对程序所有的逻辑路径进行测试。通过在不同点检查程序的状态来了解实际的运行状态是否与预期一致。所以，白盒测试是在程序内部进行的，主要用于完成软件内部操作的验证。

白盒测试的基本原则：

①保证所测模块中每一独立路径至少执行一次。

②保证所测模块所有判断的每一分支至少执行一次。

③保证所测模块每一循环都在边界条件和一般条件下至少各执行一次。

④验证所有内部数据结构的有效性。

(2)黑盒测试。黑盒测试也称功能测试或数据驱动测试。黑盒测试是对软件已经实现的功能是否满足需求进行测试和验证。黑盒测试完全不考虑程序内部的逻辑结构和内部特性，只依据程序的需求和功能规格说明，检查程序的功能是否符合功能说明。因此，黑盒测试是在软件接口处进行，完成功能验证。黑盒测试只检查程序功能是否按照需求规格说明书的规定正常使用，程序是否能适当地接收输入数据而产生正确的输出信息，并且保持外部信息(如数据库或文件)的完整性。

黑盒测试主要用于诊断功能差异或遗漏、界面错误、数据结构或外部数据库访问错误、性能错误、初始化和终止条件错误等。

(3)灰盒测试。灰盒是一种程序或系统上的工作过程被局部认知的装置。灰盒测试，也称灰盒分析，是基于对程序内部细节有限认知上的软件调试方法，结合了白盒测试和黑盒测试的要素。测试者可能知道系统组件之间是如何互相作用的，但缺乏对内部程序功能和运作的详细了解。灰盒测试介于白盒测试与黑盒测试之间，关注的是输出对于输入的正确性，同时也关注内部表现。

实际上，无论是使用白盒测试、黑盒测试还是灰盒测试或其他测试方法，针对一种方法设计的测试用例是有局限性的，仅易于发现某种类型的错误，而很难发现其他类型的错误。因此，没有一种用例设计方法能适应全部的测试方案，而是各有所长。综合使用各种方法来确定合适的测试方案，应该考虑测试成本和测试效果之间的合理折中。

3.测试的策略

软件测试过程一般按4个步骤进行，即单元测试、集成测试、确认测试和系统测试。通过这些步骤的实施来验证软件是否合格，能否交付使用。

1)单元测试

单元测试是对软件设计的各模块进行正确性检验的测试。单元测试的目的是发现各模块内部可能存在的各种错误。

2)集成测试

集成测试是测试和组装软件的过程。它是在将模块按照设计要求组装起来的同时进行测试,主要目的是发现与接口有关的错误。

3)确认测试

确认测试验证软件的功能和性能是否满足需求规格说明中的各种需求,以及软件配置是否完全正确。

4)系统测试

系统测试是将通过测试确认的软件,作为整个基于计算机系统的一个元素,与计算机硬件、外设、支持软件、数据和人员等其他系统元素组合在一起,在实际运行环境下对计算机系统进行一系列的集成测试和确认测试。

4. 常用测试工具

目前,常用的测试工具主要有以下几种。

(1)开源测试管理工具:Bugfree、Bugzilla、TestLink、Mantis。

(2)开源功能自动化测试工具:Watir、Selenium、MaxQ、WebInject。

(3)开源性能自动化测试工具:Jmeter、OpenSTA、DBMonster、TPTEST、Web Application Load Simulator。

(4)禅道测试管理工具 ZenTaoPMS:功能比较全面的测试管理工具,功能涵盖软件研发的全部生命周期,为软件测试和产品研发提供一体化的解决方案,是一款优秀的国产开源测试管理工具。

(5)Quality Center:基于 Web 的测试管理工具,可以组织和管理应用程序测试流程的所有阶段,包括指定测试需求、计划测试、执行测试和跟踪缺陷。

(6)QuickTest Professional:用于创建功能和回归测试。

(7)LoadRunner:预测系统行为和性能的负载测试工具。

(8)其他测试工具与框架还有 Rational Functional Tester、Borland Silk 系列工具、WinRunner、Robot 等。

(9)国内免费软件测试工具有 AutoRunner 和 TestCenter。

目前国内介绍软件测试工具比较好的网站为 51Testing 软件测试论坛。

9.5.4 软件维护

软件维护是指在软件产品安装、运行并交付使用之后,在新版本产品升级之前这段时间里由软件厂商向用户提供的服务工作。

软件维护是软件交付之后的一项重要的日常工作,软件项目或产品的质量越高,其维护的工作量就越小。随着软件开发技术、软件管理技术和软件支持工具的发展,软件维护中的许多观念正在发生变化,维护的工作量也在逐步下降。

1. 传统的软件维护

传统软件维护活动根据起因分为纠错性维护、适应性维护、完善性维护、预防性维护 4 类。

(1)纠错性维护。产品或项目中存在缺陷或错误,在测试和验收时未发现,在使用过程中逐渐暴露出来,需要改正。

(2)适应性维护。这类维护是为了产品或项目适应变化了的硬件、系统软件的运行环境,如系统升级。

(3)完善性维护。这类维护是为了给软件系统增加一些新功能,使产品或项目的功能更加完善与合理,又不至于对系统进行大的改造,这类维护占维护活动的大部分。

(4)预防性维护。这类维护是为了提高产品或项目的可靠性和可维护性,有利于系统的进一步改造或升级换代。

2. 目前的软件维护

随着软件开发模型、软件开发方法、软件支持过程和软件管理过程等方面技术的飞速发展,软件维护的方法也随之发展。目前软件企业一般将自己的软件产品维护活动分为面向缺陷维护(程序级维护)和面向功能维护(设计级维护)两类。

面向缺陷维护的条件是该软件产品能够正常运转,可以满足用户的功能、性能、接口需求,只是维护前在个别地方存在缺陷,使用户感到不方便,但不影响大局,因此,维护前可以降级使用,经过维护后仍然是合格产品。软件存在缺陷的原因是多种多样的,但是缺陷发生的部位都在程序实现的级别上,不在分析设计的级别上。克服缺陷的方法是修改程序,而不是修改设计,也就是通常说的只修改代码,不修改数据结构。

面向功能维护的条件是该软件产品在功能、性能、接口上存在某些不足,不能满足用户的某些需求,因此需要增加某些功能、接口,改善某些性能。这样的软件产品若不加以维护,就不能正常运转,也不能降级使用。软件存在不足的原因是多种多样的,但是不足发生的部位都在分析设计的级别上,自然也表现在程序实现的级别上。克服不足的方法是不仅要修改分析与设计,而且要修改程序实现,也就是通常说的既修改数据结构,又修改编码。

由此可见,面向缺陷维护是较小规模的维护,面向功能维护是较大规模的维护。

3.软件维护与软件产品版本升级

软件维护与软件产品版本升级有一定的关系。软件的版本信息主要由主版本号、次版本号、内部版本号、内部修订号组成。

如果没有修订号和内部版本号,一般取默认值0,有时也可以将其省略,直接用主版本号和次版本号表示也可以,例如1.0版。如果软件在功能上有重要的增强或改进时,可增加主版本号。主版本号增加时次版本号为0,例如2.10版升级为3.00版。若新版本排除了几个错误在功能等方面变化不大,主版本号不变,次版本号增加,例如3.00版升级为3.10版。

第 10 章 信 息 安 全

学习目标

- 理解信息安全的基本概念。
- 了解信息存储安全技术。
- 了解各种安全防范技术的基本原理。
- 掌握病毒基本知识及反病毒方法。
- 了解网络相关法规,遵守网络道德规范。

10.1 信息安全概述

信息是社会发展的重要战略资源,也是衡量国家综合国力的一个重要参数。随着计算机技术与通信技术的快速发展,社会各个领域的信息越来越依赖计算机的信息存储方式及传输方式,信息安全保护的难度也大大高于传统方式的信息存储及传输模式。信息的地位与作用因信息技术的快速发展而急剧上升,信息安全已成为人们关注的重点。

10.1.1 信息安全和信息系统安全

信息安全可分为狭义安全与广义安全两个层次。狭义的安全是建立在以密码论为基础的计算机安全领域,辅以计算机技术、通信网络技术与编程等方面的内容;广义的信息安全不再是单纯的技术问题,而是管理、技术、法律等相结合的产物。

1. 信息安全

信息安全是指信息在存储、处理和传输状态下能够保证其保密性、完整性和可用性。

保密性、完整性和可用性是信息安全最重要的三个属性,国际上称之为信息的 CIA(confidentiality integrity availability)属性或者信息安全金三角。

(1)保密性:是指信息不泄露给非授权的实体和个人,或供其使用的特性。

(2)完整性:是指信息在传输、交换、存储和处理过程中保持非修改、非破坏、非丢失的特性,即保持信息的原样性。数据信息的首要安全因素是其完整性。

(3)可用性:指信息的合法使用者能够访问为其提供的数据并能正常使用,或在非正常情况下能迅速恢复并投入使用的特性。

2. 信息系统安全

信息系统是由计算机硬件、网络和通信设备、计算机软件、信息资源、信息用户和规章制度组成的以处理信息流为目的的人机一体化系统。信息系统安全是指存储信息的计算机硬件、数据库等软件的安全和传输信息网络的安全。

存储信息的计算机、数据库如果受到损坏,则信息将丢失或损坏;信息的泄露、窃取和篡改也是通过破坏信息系统的安全来进行的。信息安全依赖于信息系统的安全,确保信息系统的安全是保证信息安全的手段。

10.1.2　信息安全隐患

信息安全隐患一般表现为：

(1)信息泄露：保护的信息被泄露或透露给非授权实体。

(2)信息完整性被破坏：数据被非授权地进行增删、修改或破坏而受到损失。

(3)拒绝服务：信息使用者对信息或其他资源的合法访问被无条件地阻止。

(4)非法使用(非授权访问)：某一资源被非授权实体或以非授权的方式使用。

(5)窃听：用各种可能的合法或非法的手段窃取系统中的信息资源和敏感信息。

(6)业务流分析：通过对系统进行长期监听，利用统计分析方法对诸如通信频度、通信的信息流向、通信总量的变化等参数进行研究，从中发现有价值的信息和规律。

(7)假冒：通过欺骗通信系统(或用户)达到非法用户冒充成为合法用户，或特权小的用户冒充为特权大的用户的目的。通常所说的黑客大多采用的就是假冒攻击。

(8)抵赖：用谎言或狡辩否认曾经完成的操作或作出的承诺。诸如否认自己曾经发布过的消息、伪造对方来信等。

10.1.3　信息系统不安全因素

一般来说，信息系统的不安全因素存在于计算机硬件设备、软件系统、网络和安全防范机制等方面。

1. 硬件故障

信息系统硬件运行环境应具备防火、防盗、防震、防风、防雨、防尘、防静电、防电磁干扰等条件，同时，保证其处于良好状态，使关键数据和应用系统始终处于运行模式，已成为信息系统安全的基本要求。如果不采取可靠的措施，尤其是存储措施，一旦由于意外而丢失数据，将会造成巨大的损失。

存储设备故障的可能性是客观存在的。例如，掉电、电流突然波动、机械自然老化等。为此，需要通过可靠的数据备份技术，确保在存储设备出现故障的情况下，数据信息仍然保持其完整性。

2. 软件漏洞

对信息系统的攻击通常是通过计算机服务器、网络设备所使用的系统软件中存在的漏洞进行的。任何系统软件都存在一定的缺陷，在发布后需要进行不断升级、修补。

应用程序设计的漏洞和错误也是安全的一大隐患，如在程序设计过程中代码本身的逻辑安全性不完善；脚本源码的泄露，特别是连接数据库的脚本源码的泄露等。对于一些特别的应用，从程序设计时就应考虑一些特别的安全措施，如IP地址的检验、恶意输入的控制、用户身份的安全验证等。

漏洞修复的周期较长、进程缓慢，日益增多的存量漏洞和每日新增漏洞也是信息系统的主要安全隐患。

3. 网络威胁

信息在计算机网络中面临着被截取、篡改、破坏等安全隐患。这些威胁主要来自人为攻击，通常分为被动攻击和主动攻击。

(1)被动攻击：指对数据的非法截取。它只截获数据，但不对数据进行篡改。例如，监视明文、解密通信数据、口令嗅探、通信量分析等。

(2)主动攻击：指避开或打破安全防护、引入恶意代码(如计算机病毒)，破坏数据和系统的完整性。主要破坏方式有篡改数据、数据或系统破坏、拒绝服务及伪造身份连接等。

4. 安全防范机制不健全

为保护信息系统的安全，必须采用必要的安全防范机制。例如，访问控制机制、数据加密机制、防火墙机制等。缺乏必要的安全防范机制，或者安全防范机制不完整，必然为恶意攻击留下可乘之机。

1)未建立完善的访问控制机制

访问控制也称存取控制(access control)，是最基本的安全防范措施之一。访问控制是通过用户标识和口令阻截未授权用户访问数据资源，限制合法用户使用数据权限的一种机制。缺乏或使用不完善的访问控制机制直接威胁信息数据的安全。

2)未使用数据加密技术

数据加密是将被传输的数据转换成表面上毫无逻辑的数据,只有合法的接收者拥有合法的密钥才能恢复成原来的数据,而非法窃取得到的则是毫无意义的数据。由于网络的开放性,网络技术和协议是公开的,攻击者远程截获数据变得非常容易,如果不使用数据加密技术,后果将不堪设想。

3)未建立防火墙机制

防火墙是一种系统保护措施,可以是一个软件或者软件与硬件设备的组合,能够防止外部网络不安全因素的涌入。通常,防火墙要实现下列功能:

(1)过滤进出网络的数据,强制性实施安全策略。

(2)管理进出网络的访问行为。

(3)记录通过防火墙的信息内容和活动。

(4)对网络攻击进行检测和报警。

如果没有建立防火墙机制,将为非法攻击者大开方便之门。

10.1.4 信息安全任务

信息安全的任务是保护信息和信息系统的安全。为保障信息系统的安全,需要做到下列几点:

(1)建立完整、可靠的数据备份机制和行之有效的数据灾难恢复方法。

(2)系统及时升级、及时修补,封堵自身的安全漏洞。

(3)安装杀毒软件,规范网络行为。

(4)建立严谨的安全防范机制,拒绝非法访问。

随着计算机应用和计算机网络的发展,信息安全问题日趋严重。所以,必须采取严谨的防范态度、完备的安全措施以及严格的管理制度,以保障在传输、存储、处理过程中的信息仍具有完整性、保密性和可用性。

10.2 信息存储安全技术

由于计算机通常使用存储设备保存数据,因此,一旦存储设备出现故障,数据丢失或损害所带来的损失将会是灾难性的。任何信息都面临着设备故障导致数据破坏的严重问题。

信息存储安全技术

为解决这样的问题,就需要采取冗余数据存储的方案。所谓冗余数据存储,是指数据同时被存放在两个或两个以上的存储设备中。由于存储设备同时损坏的可能性很小,因此,即使发生存储设备故障,数据总会从没有出现故障的存储设备中恢复,从而保证了数据的安全。

冗余数据存储安全技术不是普通的数据定时备份。采取普通的数据定时备份方案,一旦存储设备出现故障,会丢失未来得及备份的数据,并不能确保数据的完整性。因此,为了保障信息的可靠存储,需要动态地实现数据备份。实现数据动态冗余存储的技术有磁盘镜像、磁盘双工和双机热备份等。

10.2.1 磁盘镜像技术

磁盘镜像的原理是系统产生的每个I/O操作都在两个磁盘上执行,而这一对磁盘看起来就像一个磁盘一样,如图10-1所示。通过安装两块容量和分区一致的磁盘,在操作系统的控制下,只要对磁盘A进行写操作,就同时对磁盘B也进行同样的写操作。如果磁盘A损坏,数据可以从磁盘B中恢复。反之,如果磁盘B损坏,数据在磁盘A中仍然被完好保存着。

图10-1 磁盘镜像

由于采用了磁盘镜像技术,两块磁盘上存储的数据高度一致,因此实现了数据的动态冗余备份。

Windows 2000 Server以上版本的操作系统中配备了支持磁盘镜像的软件。只需要在数据服务器上安装两块硬盘,通过对操作系统进行相关的配置,就可以实现磁盘镜像技术。

磁盘镜像技术也会带来一些问题，如无用数据占用存储空间、浪费磁盘资源、降低服务器的运行速度等。

10.2.2 磁盘双工技术

磁盘双工技术需要使用两个磁盘驱动控制器，分别驱动各自的硬盘，如图10-2所示。

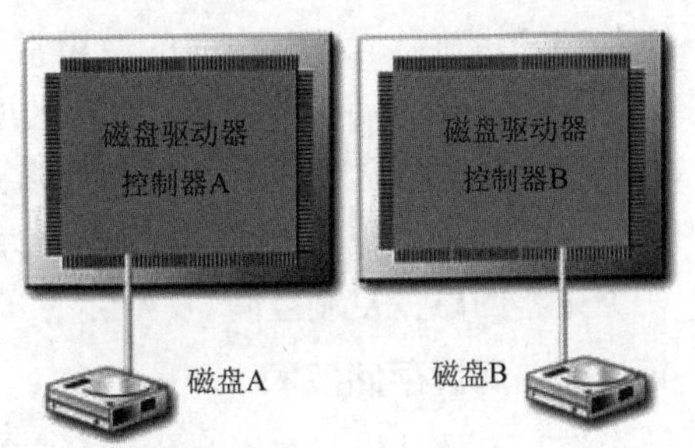

图10-2 磁盘双工

每块硬盘有自己独立的磁盘驱动控制器，就可以减少软件控制重复写操作的时间消耗。操作系统在执行磁盘写操作时，同时向两个磁盘驱动器发出写命令，输出写数据，因此大大提高了数据存储的速度；当一个磁盘驱动控制器出现故障时，另一个磁盘驱动控制器和磁盘仍然在工作，因此数据服务器对用户的数据存储服务不会终止。可见，磁盘双工技术不仅保护了数据的完整性，还提供了一定的数据可用性支持。

10.2.3 双机热备份技术

双机热备份(host standby)就是一台主机作为工作机(系统服务器)，另一台主机为备份机(备份服务器)。在系统正常的情况下，工作机为系统提供支持，备份机监视工作机的运行情况(工作机同时监视备份机是否工作正常)，如图10-3所示。当工作机出现异常时，备份机主动接管工作机的工作，继续支持运营，从而保障信息系统能够不间断地运行。待工作机修复正常后，系统管理员通过系统命令或自动方式，将备份机的工作切换回工作机。也可以激活监视程序，监视备份机的运行，此时备份机和工作机的地位相互转换了。

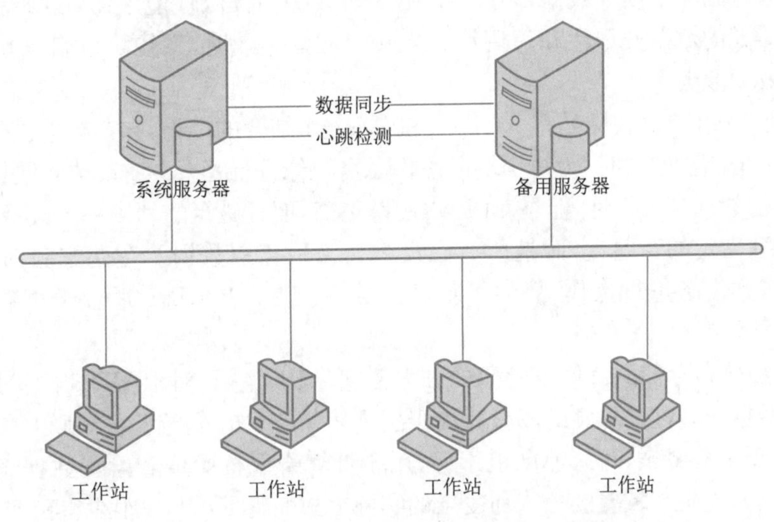

图10-3 双机热备份

对于高度重要的数据，不仅需要同时将数据存储在不同的存储设备中，而且需要将不同的存储设备远距离分开放置，以避免火灾、地震这样的意外破坏。双机热备份技术的优势是系统服务器和备份服务器可以异地放置，充分满足数据安全的要求。

10.2.4 快照、磁盘克隆技术

快照技术(snapshot)是用来创建某个时间点的故障表述，构成某种形式的数据快照。快照能够进行在线数据恢复，当存储设备发生应用故障或者文件损坏时，可以将数据及时恢复成快照产生时间点的状态。另外，快照为存储用户提供了另外一个数据访问通道，当原数据进行在线应用处理时，用户可以访问快照数据，还可以利用快照进行测试等工作。快照技术具有如下用途：

(1)数据备份：快照可以在数据库系统持续运行的情况下进行备份。

(2)回退保护：快照可以用来提供一种将系统回退到某个已知时刻的正常状态的方法。

(3)节省存储空间:快照的使用常常是由于缺乏足够的空间来实现完整的数据复制。

磁盘克隆(disk cloning),也称磁盘复制,是一种通过计算机软件或硬件的方式把磁盘内容完整地复制(克隆)到另一磁盘的过程。磁盘克隆是另一种提高数据可用性的方法。

克隆技术与快照技术不同,快照只是抓取数据的表述,而克隆则是对整个卷的复制。因此,克隆需要有一个完整的磁盘复制空间。

10.2.5 海量存储技术

海量存储技术是指海量文件的存储方法及存储系统。"海量"有两层含义:一是文件数量巨大;二是文件所需存储容量巨大(GB、TB到PB量级)。海量存储技术主要包括磁盘阵列技术与网络存储技术。

1. 磁盘阵列(redundant arrays of independent disk,RAID)

RAID是一种把多块独立磁盘组合起来形成一个容量巨大的磁盘组,从而提供比单个磁盘更高的存储性能并提供数据备份的技术。提供了增强冗余、容量和存储性能的存储方法,有着较强的可管理性、可靠性和可用性。RAID技术分为几种不同的等级,分别可以提供不同的速度、安全性和性价比。根据实际情况选择适当的RAID级别可以满足用户对存储系统可用性、性能和容量的要求。

常用的RAID级别有以下几种:

RAID 0:连续以位或字节为单位分割数据,并行读/写于多个磁盘上,因此具有很高的数据传输率,但它没有数据冗余,并不能算是真正的RAID结构。RAID 0只是单纯地提高性能,并没有为数据的可靠性提供保证,而且其中的一个磁盘失效将影响到所有数据。因此,RAID 0不能应用于数据安全性要求高的场合。

RAID 1:它是通过磁盘数据镜像实现数据冗余,在成对的独立磁盘上产生互为备份的数据。当原始数据繁忙时,可直接从镜像副本中读取数据,因此RAID 1可以提高读取性能。RAID 1是磁盘阵列中单位成本最高的,但提供了很高的数据安全性和可用性。当一个磁盘失效时,系统可以自动切换到镜像磁盘上读写,而不需要重组失效的数据。

RAID 0+1:也称RAID 10,实际是将RAID 0和RAID 1结合的产物,在连续地以位或字节为单位分割数据并且并行读/写多个磁盘的同时,为每一块磁盘作磁盘镜像进行冗余。它的优点是同时拥有RAID 0的超凡速度和RAID 1的数据高可靠性,但是CPU占用率更高,而且磁盘的利用率比较低。

RAID 5:不是单独指定的奇偶盘,而是所有磁盘上交叉地存取数据及奇偶校验信息。在RAID 5上,读/写指针可同时对阵列设备进行操作,提供了更高的数据流量。RAID 5适合于小数据块和随机读写的数据。

RAID 6:带有两种分布存储的奇偶校验码的独立磁盘结构。它是对RAID 5的扩展,数据的可靠性非常高,主要是用于对数据准确性要求高的场合。由于引入了第二种奇偶校验值,所以需要$N+2$个磁盘,同时对控制器的设计变得十分复杂,写入速度也不好,用于计算奇偶校验值和验证数据正确性所花费的时间比较多,造成了不必要的负载。较差的性能和复杂的实施方式使得RAID 6很少得到实际应用。

RAID 7:优化的高速数据传送磁盘结构。其自身带有智能化实时操作系统和用于存储管理的软件工具,可完全独立于主机运行,不占用主机CPU资源。所有的I/O传送均是同步进行的,可以分别控制,能够提高系统的并行性和系统访问数据的速度;每个磁盘都带有高速缓冲存储器,实时操作系统可以使用任何实时操作芯片,达到不同实时系统的需要。允许使用SNMP协议进行管理和监视,可以对校验区指定独立的传送信道以提高效率。可以连接多台主机,因为加入高速缓冲存储器,当多用户访问系统时,访问时间几乎接近于0。由于采用并行结构,因此数据访问效率大大提高。由于引入了一个高速缓冲存储器,一旦系统断电,在高速缓冲存储器内的数据就会全部丢失,因此需要和UPS(不间断电源)一起工作。

2. 网络存储

网络存储主要有DAS、NAS、SAN等技术。

1)DAS(direct attached storage)

DAS是以服务器为中心的传统的直接存储技术。DAS技术将通用服务器的一部分作为存储设备,该服务器同时提供数据的输入/输出及应用程序的运行。数据访问与操作系统、文件系统和服务程序是紧密相关的。目前，这种以服务器为中心的存储方式已不能适应越来越高的信息存储需求。但是，DAS产品的优势在于价格便宜，在那些数据容量不是很大和对数据安全性要求不是很高的领域还有一定的应用市场。

2)NAS(network attached storage)

NAS是以数据为中心的网络存储技术，是一种特殊的利用专门的软硬件构造的专用数据存储服务器。它将分布的、独立的数据整合为大型集中化管理的数据中心，将存储设备与服务器分离，单独作为一个文件服务器存在，去掉了通用服务器原有不适用的大多数计算功能，仅保留文件系统功能，如电子邮件服务器组、Web服务器集群等。

3)SAN(storage area network)

SAN即存储区域网，是一种将磁盘或磁带与相关服务器连接起来的高速专用网，采用可伸缩的网络拓扑结构，可以使用光纤通道连接，也可以使用IP协议将多台服务器和存储设备连接在一起。将数据存储管理集中在相对独立的存储区域网内，并可提供SAN内部任意结点之间的多路可选择数据交换。SAN独立于LAN之外，通过网关设备与LAN连接，是一个专门的网络。SAN的高速及其良好的扩展性使它更适用于电子商务，如应用于银行、电信等行业。

10.2.6 热点存储技术

1. P2P存储

P2P(peer-to-peer)即对等互联或点对点技术。P2P存储可以看作分布式存储的一种，是一个用于对等网络的数据存储系统，它的目标是提供高效率的、负载平衡的文件存取功能。

2. 智能存储系统

智能存储系统是一种功能丰富的RAID阵列，提供了高度优化的I/O处理能力，能够主动地进行信息采集、信息分析、自我调整等。

3. 存储服务质量

服务质量(quality of service,QoS)是网络的一种安全机制，是用来解决网络延迟和阻塞等问题的一种技术。网络环境越复杂，存储需求的区别也越明显，因此需要研究基于网络存储的QoS，为存储需求提供区别服务。

4. 存储容灾

通过特定的容灾机制，能够在各种灾难损害发生后，最大限度地保障计算机信息系统不间断提供正常应用服务。存储、备份和容灾技术的充分结合，构成一体化的数据容灾备份存储系统，是数据技术发展的重要阶段。随着存储的网络化，容灾技术在向存储网络型的虚拟化容灾方式发展。

5. 云存储

云存储是在云计算概念上延伸和发展出来的一个新的概念，是指通过集群应用、网格技术或分布式文件系统等功能，将网络中大量各种不同类型的存储设备通过应用软件集合起来协同工作，共同对外提供数据存储和业务访问功能的一个系统。当云计算系统运算和处理的核心是大量数据的存储和管理时，云计算系统中就需要配置大量的存储设备，云计算系统就转变成为一个云存储系统，所以云存储是一个以数据存储和管理为核心的云计算系统。云计算系统由大量服务器组成，同时为大量用户服务，因此云计算系统采用分布式存储的方式存储数据，用冗余存储的方式保证数据的可靠性。

10.3 信息安全防范技术

信息安全防范是当今信息社会的一个热点话题。安全防范技术是实施信息安全措施的保障，为了减少信息安全问题带来的损失，保证信息安全，可采用多种安全防范技术。

信息安全防范技术

10.3.1 访问控制技术

访问控制技术指系统对用户身份及其所属的预先定义的策略组进行控制，是限制其使用数据资源能力的一种手段，通常用于系统管理员控制用户对服务器、目录、文件等资源的访问。访问控制是系统保密性、完整性、可用性和合法使用性的重要基础,是信息安全防范和资源保护的关键策略之一,也是主体依据某些控制策略或权限对客体本身或其资源进行的不同授权访问。用户访问信息资源,需要首先通过用户名和密码的核对;然后,访问控制系统要监视该用户所有的访问操作,并拒绝越权访问。

1. 密码认证方式

密码认证方式普遍存在于各种系统中,例如,登录系统或使用系统资源时,用户需输入用户名和密码,以通过系统的认证。

密码认证的工作机制是用户将自己的用户名和密码提交给系统,系统核对无误后,承认用户身份,允许用户访问所需资源,如图 10-4 所示。

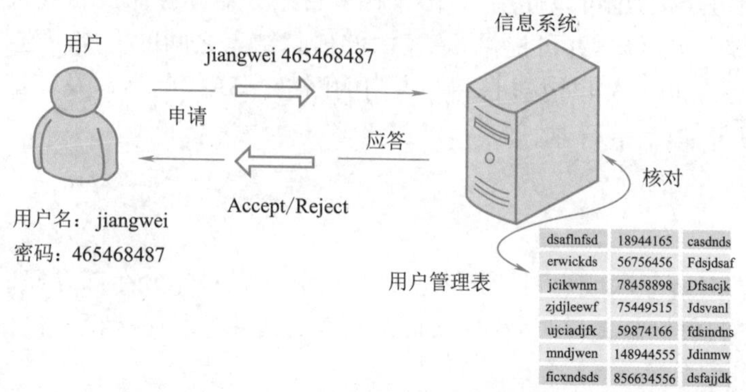

图 10-4 密码认证的工作机制

密码认证的使用方法不是一个可靠的访问控制机制。因为其密码在网络中是以明文传送的,没有受到任何保护,所以攻击者可以很轻松地截获密码,并伪装成授权用户进入系统。

2. 加密认证方式

加密认证方式可以弥补密码认证的不足,在这种认证方式中,双方使用请求与响应的认证方式。

加密认证的工作机制是用户和系统都持有同一密钥 K,系统生成随机数 R,发送给用户,用户接收到 R,用 K 加密,得到 X,然后回传给系统,系统接收 X,用 K 解密得到 K',然后与 R 对比,如果相同,则允许用户访问所需资源,如图 10-5 所示。

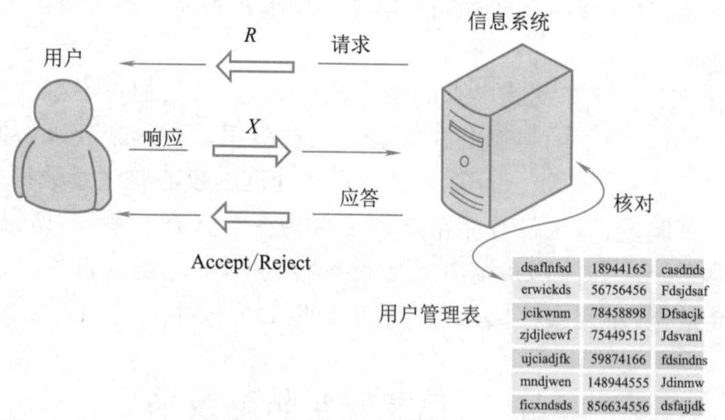

图 10-5 加密认证的工作机制

10.3.2 数据加密技术

1. 加密和解密

数据加密的基本思想就是伪装信息,使非法接入者无法理解信息的真正含义。借助加密手段,信息以密文的方式归档存储在计算机中,或通过网络进行传输,即使发生非法截获数据或数据泄露,非授权者也不能理解数据的真正含义,从而达到信息保密的目的。同理,非授权者也不能伪造有效的密文数据达到篡改信息的目的，进而确保了数据的真实性。

数据加密技术涉及的常用术语如下：

(1)明文：需要传输的原文。

(2)密文：对原文加密后的信息。

(3)加密算法：将明文加密为密文的变换方法。

(4)密钥：控制加密结果的数字或字符串。

下面以具体实例描述数据加密、解密过程，如图 10-6 所示。

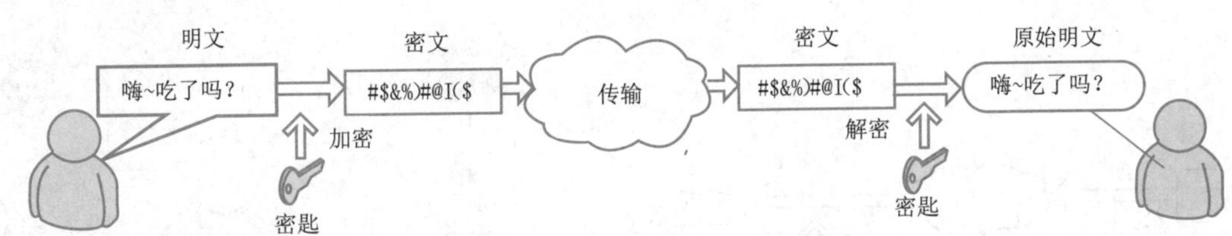

图 10-6　数据加密、解密过程

在计算机网络中，加密可分为“通信加密”(即传输过程中的数据加密)和“文件加密”(即存储数据的加密)。

现代数据加密技术中，加密算法(如最为普及的 DES 算法、IDEA 算法和 RSA 算法)是公开的。密文的可靠性在于公开的加密算法使用不同的密钥(控制加密结果的数字或字符串)，其结果是不可破解的。解密算法是加密算法的逆过程。

系统的保密性不依赖于对加密体制或算法的保密，而依赖于密钥。密钥在加密和解密的过程中使用，它与明文一起被输入给加密算法，产生密文。对截获信息的破译事实上是对密钥的破译。密码学对各种加密算法的评估，是对其抵御密码被破解能力的评估。攻击者破译密文，不是对加密算法的破译，而是对密钥的破译。理论上，密文都是可以破解的。但是，如果花费很长的时间和代价，其信息的保密价值也就丧失了，因此，其加密也就是成功的。

目前，任何先进的破解技术都是建立在穷举方法之上的。也就是说，仍然离不开密钥试探。当加密算法不变时，破译需要消耗的时间长短取决于密钥的长短和破译者所使用的计算机的运算能力。

表 10-1 列举了用穷举法破解密钥所需要的平均破译时间。

表 10-1　密钥长度和破译时间

密钥长度(位)	破译时间(搜索 1 次/us)	破译时间(搜索 100 万次/us)
32	35.8 分	2.15 ms
56	1 142 年	10 小时
128	5.4×10^{24}年	5.4×10^{18}年

从表 10-1 中可以看出，即使使用每微秒可搜索 100 万次的计算机系统，对于 128 位的密钥来说，破译仍是不可能的。

因此，为提高信息在网络传输过程中的安全性，所用的策略无非是使用优秀的加密算法和更长的密钥。

2. 数字签名

数字签名(又称公钥数字签名、电子签章)是一种类似写在纸上的普通的物理签名，使用公钥加密领域的技术实现，是用于鉴别数字信息的方法。数字签名是在密钥控制下产生的，在没有密钥的情况下，模仿者几乎无法模仿出数字签名。数字签名技术是一种实现消息完整性认证和身份认证的重要技术。数字签名的特点如下：

(1)不可抵赖：签名者事后不能否认自己签过的文件。

(2)不可伪造:签名应该是独一无二的,其他人无法伪造签名者的签名。

(3)不可重用:签名是消息的一部分,不能被挪用到其他文件上。

从接收者验证签名的方式可将数字签名分为真数字签名和公证数字签名两类。在真数字签名中,如图 10-7所示,签名者直接把签名消息传送给接收者,接收者无须借助第三方就能验证签名。而在公证数字签名中,如图 10-8 所示,把签名消息经由被称为公证者的可信的第三方发送者发送给接收者,接收者不能直接验证签名,签名的合法性是通过公证者作为媒介来保证的,也就是说接收者要验证签名必须同公证者合作。

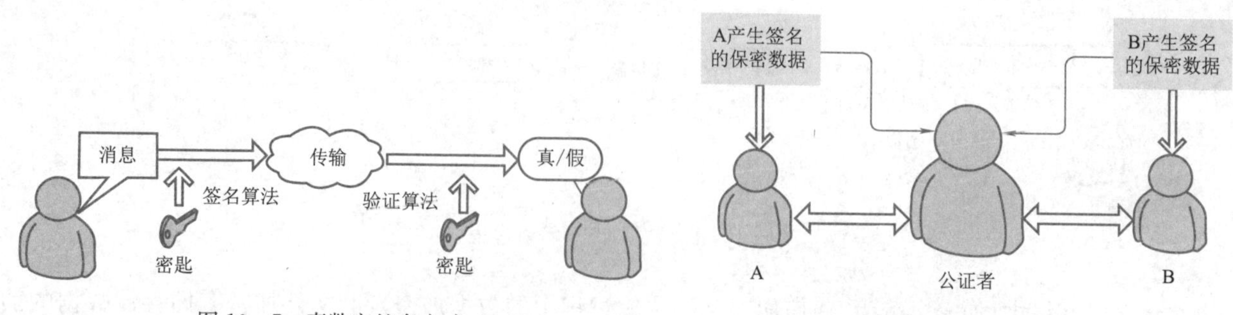

图 10-7 真数字签名方式

图 10-8 公证数字签名方式

在信息技术迅猛发展的时代,电子商务、电子政务、电子银行、远程税务申报这样的应用要求有电子化的数字签名技术来支持。在我国数字签名是具法律效力的。《中华人民共和国合同法》确认了电子合同、电子签名的法律效力。2005 年 4 月 1 日,《中华人民共和国电子签名法》正式实施。

10.3.3 防火墙技术

1. 防火墙

防火墙是一种位于内部网络与外部网络之间的网络安全系统。防火墙主要由服务访问规则、验证工具、包过滤和应用网关 4 个部分组成。防火墙就是一个位于计算机和它所连接的网络之间的软件和硬件,该计算机流入/流出的所有网络通信和数据包都要经过此防火墙。通过防火墙可以防止发生对受保护网络的不可预测的、潜在的破坏性侵扰。防火墙放置的位置如图 10-9 所示。

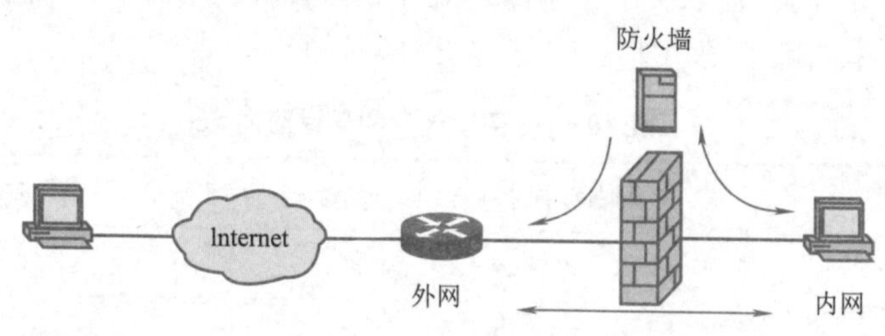

图 10-9 防火墙放置的位置

通过网络防火墙,还可以很方便地监视网络的安全性,并产生警报。防火墙的作用就在于可以使网络规划清晰明了,从而有效地防止跨越权限的数据访问。

2. 常用防火墙

常用的防火墙有包过滤防火墙和代理服务型防火墙两种类型。

1)包过滤防火墙

包过滤(packet filter)是所有防火墙中的核心功能,是在网络层对数据包进行选择,选择的依据是系统设置的过滤机制,被称为访问控制列表(access control list,ACL)。通过检查数据流中每个数据包的源地址、目的地址、所用的端口号、协议状态等因素来确定是否允许该数据包。

包过滤防火墙的"访问控制列表"的配置文件,通常情况下由网络管理员在防火墙中设定。由网络管理员编写的"访问控制列表"的配置文件,放置在内网与外网交界的边界路由器中。安装了访问控制列表的边界路由器会根据访问控制列表的安全策略,审查每个数据包的IP报头,必要时审查TCP报头来决定该数据包是被拦截还是被转发。这时,这个边界路由器就具备了拦截非法访问报文包的包过滤防火墙功能。

包过滤防火墙能够识别哪些数据报是允许穿越路由器的,哪些数据报是需要阻截的,其位置如图10-10所示。

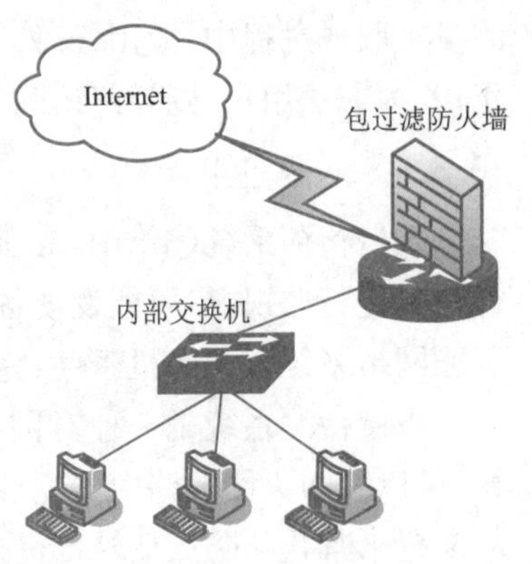

图10-10 包过滤防火墙

安装包过滤防火墙的路由器对所接收的每个数据包做出允许或拒绝的决定。路由器审查每个数据包,以便确定其是否与某一条访问控制列表中的包过滤规则匹配。一个数据包进入路由器后,路由器会阅读该数据的报头。如果报头中的IP地址、端口地址与访问控制列表中的某条语句有匹配,并且语句规则声明允许该数据包,那么该数据包就会被转发。如果匹配规则拒绝该数据包,那么该数据包就会被丢弃。

包过滤防火墙是网络安全最基本的技术。在标准的路由器软件中已经免费提供了访问控制列表的功能,所以实施包过滤安全策略几乎不需要额外的费用。另外,包过滤防火墙的优势在于不占网络带宽来传输信息。

2)代理服务型防火墙

代理(proxy)技术是面向应用级防火墙的一种常用技术,它提供代理服务器的主体对象必须是有能力访问互联网的主机,才能为那些无权访问互联网的主机作代理,使得那些无法访问互联网的主机通过代理也可以完成访问互联网。

这种防火墙方案要求所有内网的主机需要使用代理服务器与外网的主机通信。代理服务器会像真墙一样挡在内部用户和外部主机之间,从外部只能看见代理服务器,而看不到内部主机。外界的渗透,要从代理服务器开始,因此增加了攻击内网主机的难度。

对于这种防火墙机制,代理主机配置在内部网络上,而包过滤路由器则放置在内部网络和互联网之间。在包过滤路由器上进行规则配置,使得外部系统只能访问代理主机,去往内部系统上其他主机的信息全部被阻塞。由于内部主机与代理主机处于同一个网络,因此内部系统被要求使用堡垒主机上的代理服务来访问互联网。对路由器的过滤规则进行配置,使得其只接收来自代理主机的内部数据包,强制内部用户使用代理服务。这样,内部和外部用户的相互通信必须经过代理主机来完成。

代理服务器在内外网之间转发数据包的时候,还进行一种IP地址转换操作(NAT技术,将在后面介绍),用自己的IP地址替换内网中主机的IP地址。对于外部网络来说,整个内部网络只有代理主机是可见的,而其他主机都被隐藏起来。外部网络的计算机根本无从知道内部网络中有没有计算机,有哪些计算机,拥有什么IP地址,提供哪些服务,因此也就很难发动攻击。

这种防火墙体制实现了网络层安全(包过滤)和应用层安全(代理服务),提供的安全等级相当高。入侵者在破坏内部网络的安全性之前,必须首先渗透两种不同的安全系统。

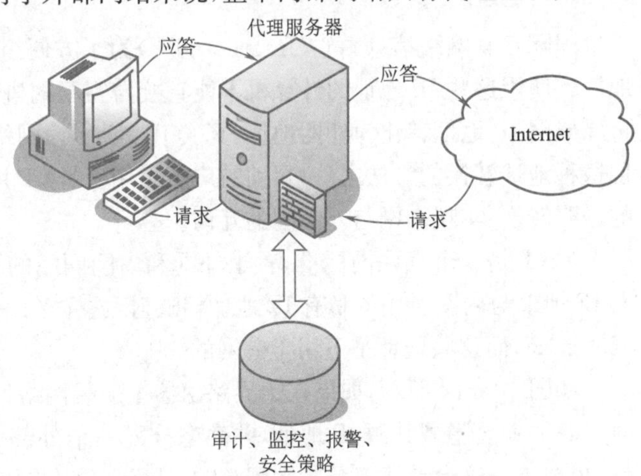

图10-11 代理服务器工作示意图

当外网通过代理访问内网时,内网只接收代理提出的服务请求,如图10-11所示。内网本身禁止直接与外部网络的请求与应答联系。代理服务的过程为:先对访问请求对象进行身份验证,合法的用户请求将发给内网被访问的主机。在提供代理的整个服务过程中,应用代理一直监控用户的操作,并记录操作活动过程。发现用户非法操作,则予以禁止;若为非法用户,则拒绝访问。同理,内网用户访问外网也要通过代理实现。

10.3.4 入侵检测技术

入侵检测系统(intrusion detection system,IDS)能依照一定的安全策略,通过软硬件,对网络、系统的运行状况进行监视,尽可能发现各种攻击企图、攻击行为或攻击结果,它扩展了系统管理员的安全管理能力,保证网络系统资源的机密性、完整性和可用性。

入侵检测系统是一种对网络活动进行实时监测的专用系统。该系统处于防火墙之后,是防火墙的延续,可以和防火墙及路由器配合工作,用来检查一个网段上的所有通信,记录和禁止网络活动,可以通过重新配置来禁止从防火墙外部进入的恶意流量。入侵检测系统能够对网络上的信息进行快速分析或在主机上对用户进行审计分析,通过集中控制台来管理、检测。

理想的入侵检测系统的功能主要有:

(1)用户和系统活动的监视与分析。

(2)系统配置及脆弱性分析与审计。

(3)异常行为模式的统计分析。

(4)重要系统和数据文件的完整性监测和评估。

(5)操作系统的安全审计和管理。

(6)入侵模式的识别与响应,包括切断网络连接、记录事件和报警等。

本质上,入侵检测系统是一种典型的"窥探设备"。它不跨接多个物理网段(通常只有一个监听端口),无须转发任何流量,而只需要在网络上被动地、无声息地收集它所关心的报文即可。目前,IDS分析及检测入侵阶段一般通过特征库匹配、基于统计的分析和完整性分析等技术手段进行分析。其中,前两种方法用于实时的入侵检测,而完整性分析则用于事后分析。

各种相关网络安全的黑客和病毒都是依赖网络平台进行的,而如果在网络平台上就能切断黑客和病毒的传播途径,那么就能更好地保证安全。这样,就出现了网络设备与IDS设备的联动。IDS与网络交换设备联动,是指交换机或防火墙在运行的过程中,将各种数据流的信息上报给安全设备,IDS系统可根据上报信息和数据流内容进行检测,在发现网络安全事件时,进行有针对性的动作,并将这些对安全事件反应的动作发送到交换机或防火墙上,由交换机或防火墙来实现精确端口的关闭和断开,这就是入侵防御系统(intrusion prevention system,IPS)。IPS技术是在IDS监测的功能上又增加了主动响应的功能,力求做到一旦发现有攻击行为,立即响应,主动切断连接。

10.3.5 地址转换技术

国际互联网络信息中心(Internet NIC)为了方便组建企业网、局域网,划定A、B、C三类专用局域网IP地址。使用这些IP地址的计算机不能直接与互联网进行通信,要实现与互联网的通信必须采取一定的方式将局域网IP地址转化为外网地址(真实IP地址)。网络地址翻译(network address translate,NAT)就是实现这种地址转换的方法之一,目前被广泛运用。NAT用于缓解IPv4地址资源紧张的问题,实现不同地址段的透明转换,实现内网与外网间的互访。

NAT是一个互联网标准,置于外网和内网网间的边界,由RFC 1631定义。其功能是将外网可见的公有IP地址与内网所用的私有IP地址相映射,这样,每一受保护的内网可重用特定范围的IP地址(例如192.168.x.x),而这些地址是不用于公网的。

如图10-12所示,如果在边界路由器上加装网络地址转换程序NAT,当内部网络的主机需要连接外网时,NAT就会隐藏其源IP地址,并动态分配一个外部IP地址。这样,外部用户就无法得知内部网络的地址,想要攻击这台计算机是非常困难的,从而能够有效地避免来自网络外部的攻击,隐藏并保护网络内部的计算机。

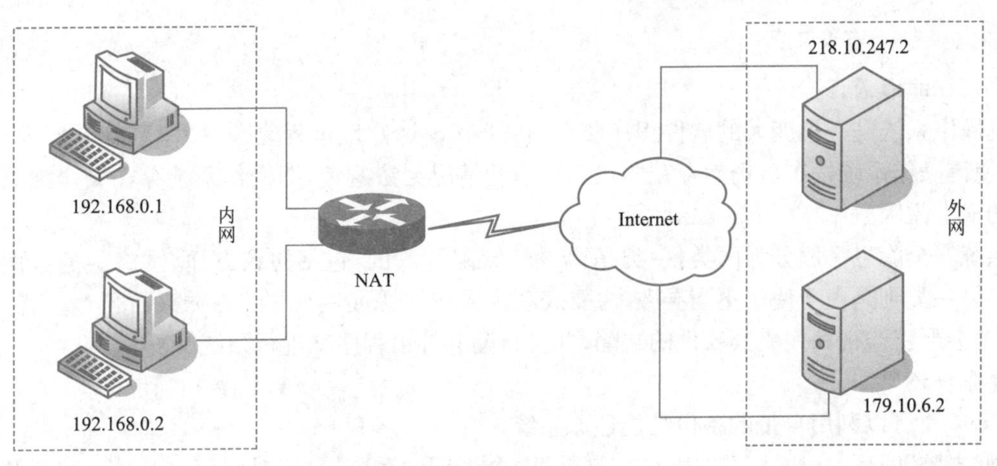

图 10－12　边界路由器上的 NAT 功能

当内网主机 192.168.0.1 需要访问外网主机 218.10.247.2，数据流经路由器时，路由器中的 NAT 程序会将数据报头里的源 IP 地址 192.168.0.1 更换为某个公网的 IP 地址，如 12.6.8.10，并将转换情况保存到自己内存中如表 10－2 所示的 NAT 表中。外部主机 218.10.247.2 发往内网主机 192.168.0.1 的数据中，其目标 IP 地址会是 12.6.8.10，而不是 192.168.0.1，因为它不知道 192.168.0.1 这个真实地址。从外网来的数据报，路由器中的 NAT 程序通过查 NAT 表，会更换目标地址为内网 IP 地址 192.168.0.1，再发送到内网里来。

表 10－2　NAT 地址表

内网全局 IP 地址	转换后内网 IP 地址	外网 IP 地址
192.168.0.1:1331	12.6.8.10:1331	179.6.5.3:80
192.168.0.2:1444	12.6.8.16:1444	163.25.3.7:80

通过表 10－2 还可以看到，192.168.0.2 主机的源 IP 地址已经被更换为公网的 IP 地址 12.6.8.16。可见，地址转换 NAT 技术的应用也为网络提供了一种安全手段。

NAT 程序的工作需要在路由器上为其配置一定数量的公网 IP 地址。当公网 IP 地址被全部占用的时候，无法分到公网 IP 地址的数据报将被终止传输。

PAT（port address translation，端口地址转换）技术可以使有限的公网 IP 地址为更多的内网主机同时提供与外网的通信支持。在极限的情况下，可以用一个公网 IP 地址为数百台内网主机提供支持。

在图 10－13 中，内网只有一个公网 IP 地址 221.10.8.26。内网的主机只能以这一个地址连接互联网。虽然 192.168.0.1 主机和 192.168.0.2 主机同时访问外网，但是 PAT 能够很好地用端口号来判断是哪一个主机的报文包。

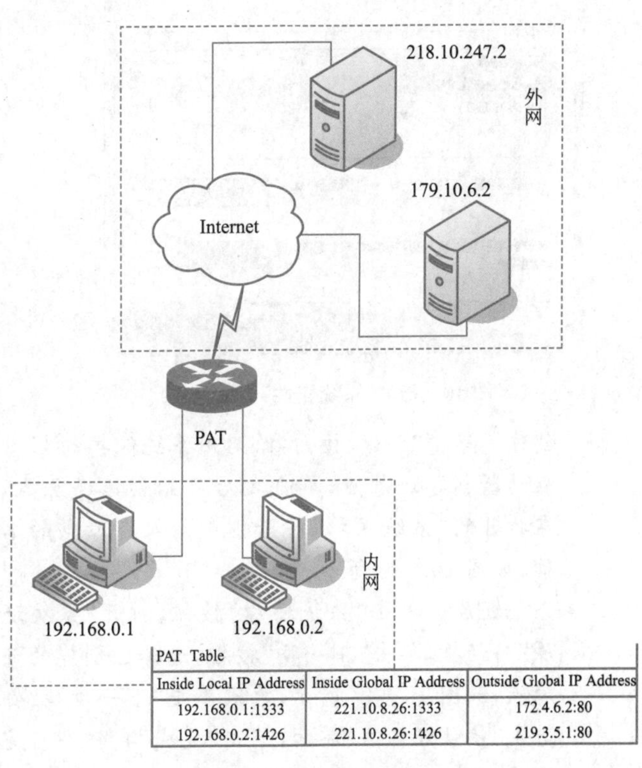

图 10－13　PAT 地址转换

10.3.6 Windows 10 安全防范

1. 操作系统的漏洞

计算机操作系统是一个庞大的软件程序集合，由于其设计开发过程复杂，操作系统开发人员必然存在认知局限，使得操作系统发布后仍然存在弱点和缺陷的情况无法避免，即操作系统存在安全漏洞，它是计算机不安全的根本原因。

操作系统安全隐患一般分为两类，一类是由设计缺陷造成的，包括协议方面、网络服务方面、共享方面等的缺陷。另一类则是由于使用不当导致，主要表现为系统资源或用户账户权限设置不当。操作系统发布后，开发厂商会严密监视和搜集其软件的缺陷，并发布漏洞补丁程序来进行系统修复。

2. 创建系统还原

Windows 10 可以利用自带的备份功能还原系统。

右击“此电脑”图标，在快捷菜单中选择“属性”命令，打开“系统属性”对话框，找切换到“系统保护”选项卡，如图 10－14 所示。

在该对话框中，可以实现以下功能：

• 配置。由于系统默认情况下 C 盘保护是关闭的，此时单击“配置”按钮启用保护，在打开的“系统保护本地磁盘(C:)”对话框中可通过选择下方的磁盘空间用量大小来设置还原空间最大使用量，如图 10－15 所示。

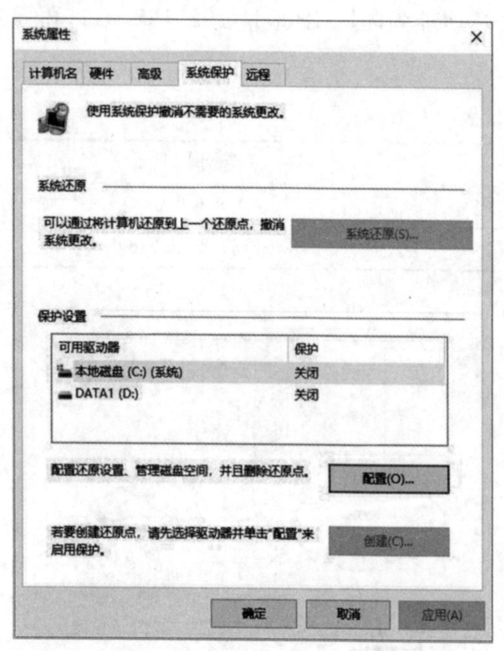

图 10－14 “系统属性”对话框

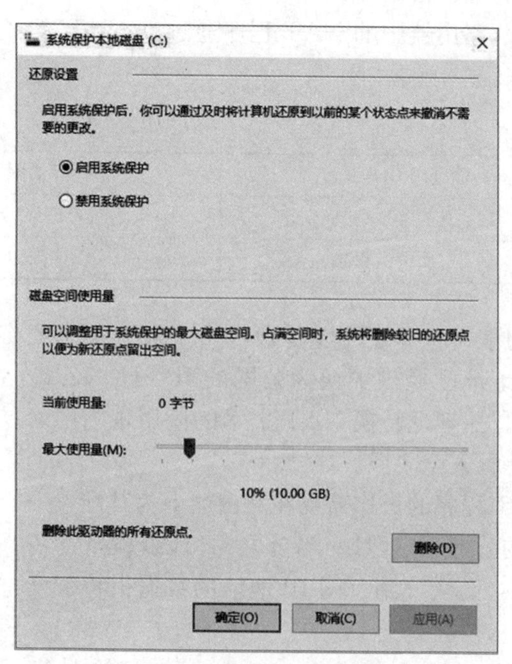

图 10－15 “系统保护本地磁盘(C:)”对话框

• 创建。单击“创建”按钮，给启用系统保护的 C 盘驱动器创建还原点，单击之后开始创建还原点，在打开的“系统保护”对话框中输入还原点的名称，如图 10－16 所示。

• 系统还原。单击“系统还原”按钮，打开“系统还原”对话框，单击“下一步”按钮，选择已创建的还原点，如图 10－17 所示，再次单击“下一步”按钮进入“确认还原点”界面，单击“完成”按钮即可完成系统的还原，如图 10－18 所示。

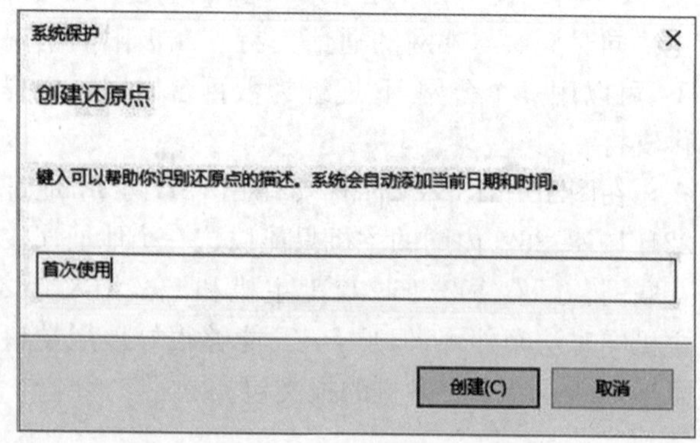

图 10－16 “系统保护”对话框

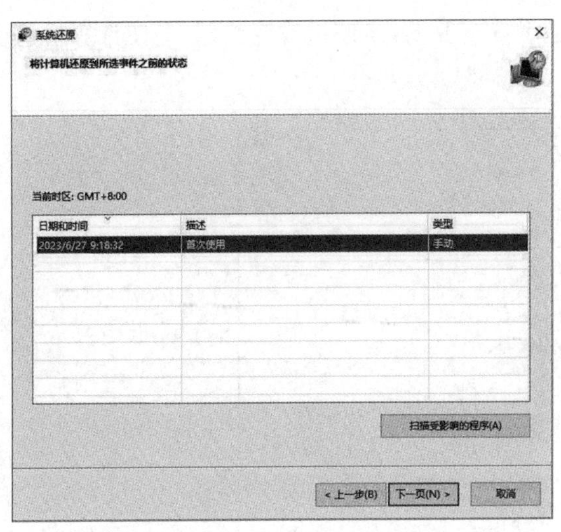

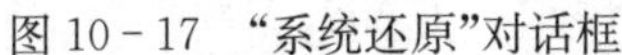
图 10－17　“系统还原”对话框

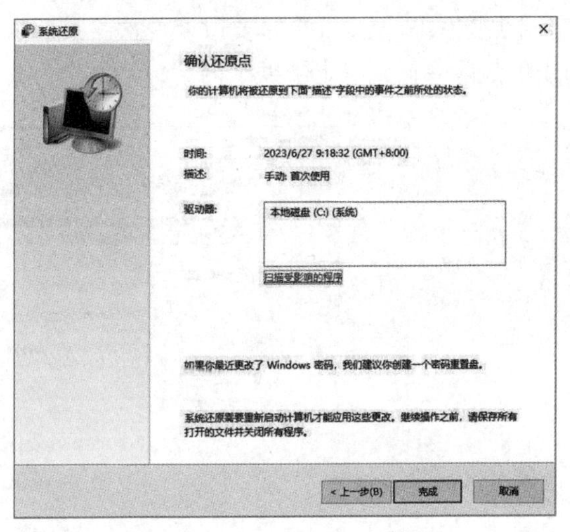

图 10－18　“确认还原点”界面

3. 操作系统安全设置

安全设置是指计算机操作系统中一些与安全相关的设置，如用户权限设置、共享设置、安全属性设置等。

1)取消自动登录设置

在安装 Windows 时，如果选择了自动登录选项，则每当计算机系统启动时都不会要求用户输入用户名和密码，而是自动利用用户前次登录使用过的用户名和密码进行登录。这样，其他人就会很容易进入自己的计算机，这是不安全的。

2)修改超级管理员名称和密码

Windows 安装时默认的超级管理员名称为 Administrator，如果不更改，攻击者就会免除试探超级管理员名称，而直接重复尝试这个账户的密码(穷举)。因此，安装完操作系统后应该将 Administrator 更改为其他名称，并设置不少于 16 位的管理员密码。当然，最好不要使用 Admin 之类的名字，应尽量将它伪装成普通用户。

另外，具有系统管理员权限的用户过多对系统也是不安全的。具有系统管理员权限的用户最好不超过两个，创建一个一般权限的账号用来处理一些日常事务，另一个具有 Administrator 权限的用户只在必要的时候使用。可以让管理员使用“RUN AS”命令来执行一些需要特权才能做的工作，以方便管理。

另外，还可以创建一个名为“Administrator”的本地账户，将它的权限设置为最低，并加上一个超过 10 位的复杂密码；或者在它的 login script 中进行相关设置。

3)用户账户控制

用户账户控制(user account control，UAC)作为 Windows 10 操作系统中一项重要安全功能，其不仅继承了 Windows 7/8 操作系统中 UAC 的全部功能，而且功能得到了改进。Windows 10 操作系统默认开启 UAC，并有 4 种运行级别(始终通知、仅在程序尝试对我的计算机进行更改时通知我、仅当程序尝试更改计算机时通知我、从不通知)。

打开“控制面板”窗口的“图标”视图模式，单击“用户账户”图标，单击“更改用户账户控制设置”选项，进入图 10－19 所示的窗口，可在本窗口进行 4 种运行级别的设置。

4)使用安全密码

一个安全的密码对于信息安全是非常重要的，但它是最容易被忽视的。很多管理员创建账号的时候往往用简单的用户名和密码，甚至使用默认的用户名以及简单的密码，这对系统安全来说是非常危险的。在设置密码时一定要遵循以下原则：密码的长度至少应是 6 位或 6 位以上，不要用生日、电话号码等简单数字或英文单词作为密码；尽量采用大小写字母混合、数字和字母混合。另外，保持密码安全还要做到：不要将密码写下来；不要将密码存于电脑文件中；不要在不同系统上使用同一密码；在输入密码时应确认身边无人;定期改变密码,至少6个月要改变一次。最后这一点是十分重要的,定期地改变密码,会使计算机遭受黑客攻击的风险降低到一定限度之内。

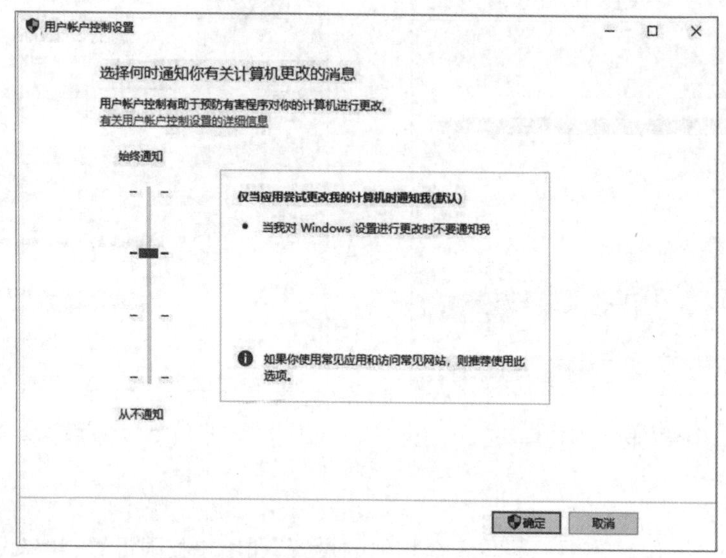

图 10-19　配置 UAC 规则界面

5)调整匿名访问限制值

计算机的注册表中登记了控制匿名用户获取本机信息的级别设置,默认情况下注册表中的 Restrict Anonymous 被设置为 0,匿名用户就可以通过网络获取本机的信息,包括用户名和共享名等。这些信息可能被攻击者用于攻击,因此,将 Restrict Anonymous 的值调整到更高的 1 或 2,可以防止攻击者窃取系统管理员账号和网络共享路径等信息。

6)删除没必要的协议

只保留 TCP/IP,将其他协议全部删除。因为 TCP/IP 已经是通用的协议,所以只使用该协议就可以与超过 99%的计算机通信,其他网络协议就是多余的了。例如,微软公司自己的协议 NetBIOS 已经不再需要,但它是网络黑客常常扫描的目标,一定要禁用。

7)修改隐藏文件扩展名

Windows 安装时会默认隐藏文件扩展名,这种做法很容易被病毒利用来欺骗用户启动一个病毒程序。因此,需要在设置中显示文件扩展名。

8)取消共享目录和磁盘

使用系统工具来检查共享目录和磁盘,禁止不用的共享设置。

Windows 10 安装完成以后,系统会创建一些隐藏的共享。在 cmd 命令窗口中使用 net share 命令可以查看默认共享。

- C$、D$、E$等分别表示每个分区的根目录。
- ADMIN$是为远程管理用的共享目录。它的路径永远都指向 Windows 10 的安装路径,例如 C:\Windows。
- IPC$表示空连接。IPC$共享提供了登录到系统的能力。

默认共享对系统的安全构成了严重威胁,许多网络入侵事件都是从默认共享开始的。关闭这些默认共享的方法是打开“控制面板”窗口的“图标”视图模式,单击“管理工具”图标,打开“计算机管理”窗口,在左窗格中单击“共享文件夹”,选择其下级“共享”选项,在右窗格中右击上述默认共享文件夹,在弹出的快捷菜单中选择“停止共享”命令即可。

9)调整计算机的因特网安全级别

可以使用 Windows 提供的管理工具,将因特网安全级别调整到不同的等级。

Windows 在默认状态下有许多潜在的安全问题，必须重视在新安装完 Windows 操作系统后的安全设置，将安全风险降低到最低。

10)保障备份盘安全

一旦系统资料被破坏，备份盘将是恢复资料的主要途径。备份完资料后，将备份盘放在安全的地方。另外，注意不要将资料备份在同一台机器上，避免备份文件的损坏。

11)关机时清除页面文件

页面文件也就是调度文件，也称为虚拟内存。它是 Windows 10 用来存储没有装入内存的程序和数据文件部分的隐藏文件。一些第三方的应用程序可能会将一些没有加密的密码等敏感信息存在内存中，这些敏感信息随时都可能被交换到页面文件中，因此页面文件中也可能包含这些敏感的信息资料。

要使系统在关机时自动清除页面文件，可以单击“开始”菜单，选择“运行”命令，在打开的“运行”对话框中输入 Regedit，打开注册表编辑器。选择左窗格中 HKEY_LOCAL_MACHINE\SYSTEM\CurrentControlSet\Control\Session Manager\Memory Management，在右侧窗格中找到 ClearPageFileAtShutdown，将其值设置为 1。

12)BitLocker 驱动器加密

BitLocker 是一种数据加密保护功能，可以加密整个 Windows 分区或数据分区。在“运行”对话框中输入 gpedit. msc 并回车，打开本地组策略编辑器，在其左侧列表中依次打开“计算机配置”→“管理模板”→“Windows 组件”→“BitLocker 驱动器加密”→“操作系统驱动器”，弹出“启动时需要附加身份验证”对话框，如图 10 - 20 所示。选择启动此策略，并确保“没有兼容的 TPM 时允许 BitLocker(在 U 盘上需要密码或启动密钥)”选项已被勾选，然后单击“确定”按钮。重新启动计算机或在命令提示符中执行 gpupdate 命令使设置的策略生效。这样即可在没有 TPM 的计算机上使用 BitLocker 加密 Windows 分区。

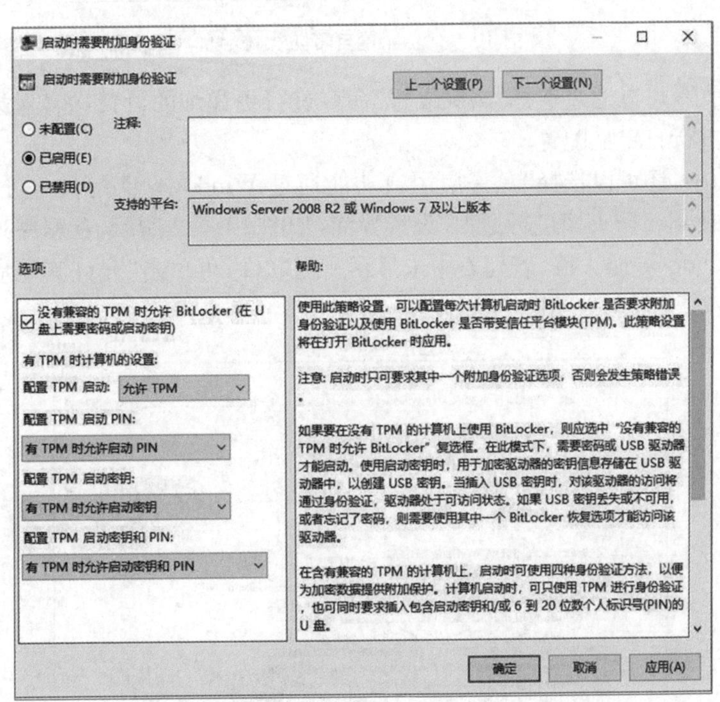

图 10 - 20 配置“启动时需要附加身份验证”策略

13)关闭多余服务

为了方便用户，Windows 10 默认启动了许多服务，同时也打开了入侵系统的后门。如果用户不用这些服务，则应该将其停止，例如错误报告器(error reporting scrvice)、多用户快速切换(fast user switching compatibility)、系统自带刻录软件(IMAPI CD-Buming COM service)、远程帮助(remote desktop help session manager)、远程注册表运行/修改(remote registry)等。

停止服务的方法是打开“控制面板”窗口的“图标”视图模式，单击“管理工具”图标，在打开的“管理工具”窗口中双击“服务”图标，打开“服务”窗口。在右窗格中选择各项服务，可以看到有关这些服务的说明和运行状态。要停止一个服务，只需右击服务名称，并在弹出的快捷菜单中选择“属性”命令，在打开的“服务属性”对话框的“常规”选项卡中，将“启动类型”改为“手动”或“已禁用”即可。

14)配置 Windows 10 Defender 防火墙

配置自带防火墙的方法是在“控制面板”的“类别”视图模式中，单击“系统和安全”图标，单击“Windows Defender 防火墙”图标，打开防火墙设置界面，如图 10－21 所示，即可进行设置。

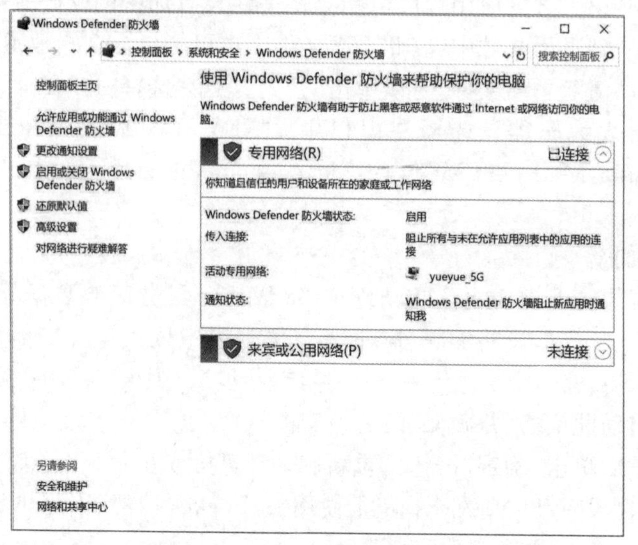

图 10－21　配置自带防火墙界面

在防火墙设置界面中，可以通过选择“高级设置”命令进行更详细的设置，如“入站规则”“出站规则”“连接安全规则”等都可以进行自定义配置。

在防火墙设置界面中，还可以选择“允许应用或功能通过 Windows Defender 防火墙”命令，打开“允许应用通过 Windows Defender 防火墙进行通信”设置界面，如图 10－22 所示，在程序列表框中选择所需应用软件，使其顺利通过 Windows 防火墙，若列表中未显示所需软件，可单击“允许其他应用”按钮来进行添加，最后单击“确定”按钮完成设置。

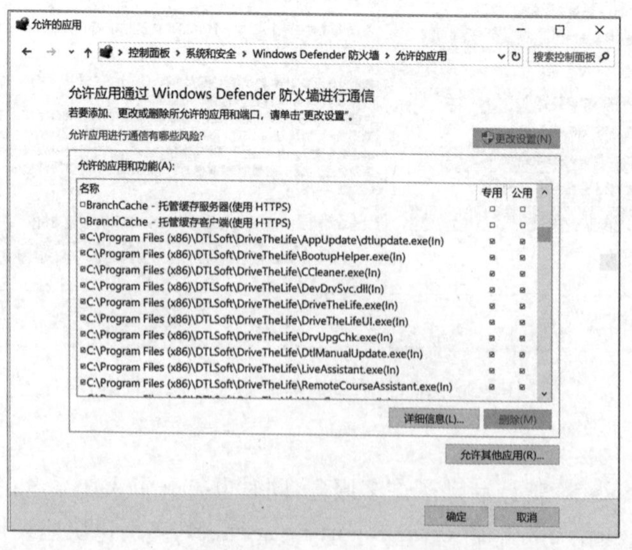

图 10－22　“允许应用通过 Windows Defender 防火墙通信”设置界面

在防火墙设置界面中，还可以选择“启用或关闭 Windows Defender 防火墙”命令，打开防火墙的自定义界面，如图 10-23 所示。可以在这个界面里分别对局域网和公共网络采用不同的安全规则，两个网络中有“启用”和“关闭”两种选择，可以按照需求随时启用或禁用 Windows Defender 防火墙。若选择“启用 Windows Defender 防火墙”，则有两个复选框可以选择，其中“阻止所有传入连接，包括位于允许应用列表中的应用”选项是非常实用的一个功能，当用户提前预知将进入到一个不太安全的网络环境时，就可以选中该复选框，禁止一切外部连接，为系统安全提供了有力保障。

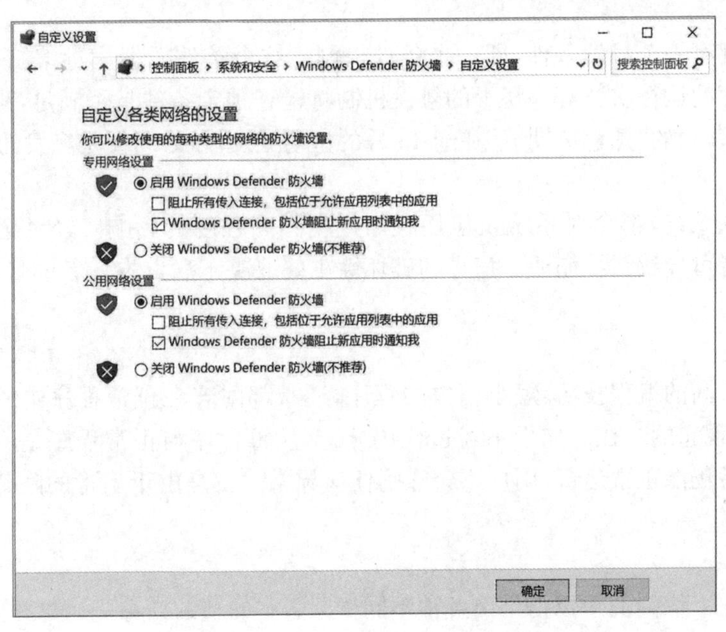

图 10-23 防火墙“自定义设置”界面

由于某些设置影响或限制了系统的某些功能，可以通过 Windows 10 操作系统提供的防火墙“还原默认设置”功能，将防火墙还原到初始状态。

10.4 计算机病毒及防治

计算机病毒的产生是计算机技术和以计算机为核心的社会信息化进程发展到一定阶段的产物。计算机病毒是一段可执行的程序代码，它能附着在各种类型的文件上，在计算机用户间传播、蔓延，对计算机信息安全造成极大威胁。

计算机病毒及防治

10.4.1 计算机病毒简介

1. 计算机病毒

在《中华人民共和国计算机信息系统安全保护条例》中对计算机病毒给出了明确的定义，计算机病毒，是指编制或者在计算机程序中插入的破坏计算机功能或者毁坏数据，影响计算机使用，并能自我复制的一组计算机指令或者程序代码。

2. 计算机病毒特征

作为一段程序，病毒与正常的程序一样可以执行，以实现一定的功能，达到一定的目的。但病毒一般不是一段完整的程序，而需要附着在其他正常的程序之上，并且要不失时机地传播和蔓延。所以，病毒又具有普通程序所没有的特性。

1)传染性

传染性是病毒的基本特征。病毒通过将自身嵌入到一切符合其传染条件的未受到传染的程序上，实现自我复制和自我繁殖，达到传染和扩散的目的。病毒的传染可以通过各种移动存储设备，如硬盘、U 盘、可擦写光盘、移动终端等;也可以通过网络渠道进行传播。是否具有传染性是判别一个程序是否为计算机病毒的最重要条件。

2)潜伏性

病毒在进入系统之后通常不会马上发作,可长期隐藏在系统中,除了传染以外不进行什么破坏,以提供足够的时间繁殖扩散。病毒在潜伏期不破坏系统,因而不易被用户发现。潜伏性越好,其在系统中的存在时间就会越长,病毒的传染范围就会越大。病毒只有在满足特定触发条件时才能启动。

3)可触发性

病毒的发作一般都有一个触发条件,即一个条件控制。这个条件根据病毒编制者的设计可以是时间、特定程序的运行或程序的运行次数等。病毒的触发机制将检查预定条件是否满足,满足条件时,病毒发作,否则继续潜伏。例如,著名的“黑色星期五”在逢 13 号的星期五发作,时间便是触发的条件。

4)破坏性

任何病毒只要侵入系统,都会对系统及应用程序产生不同程度的影响。轻者会降低计算机的工作效率、占用系统资源,重者可导致系统崩溃。病毒的破坏性主要取决于病毒设计者的目的,体现了病毒设计者的真正意图。

5)隐蔽性

病毒一般是具有很高的编程技巧、短小精悍的程序,通常都附着在正常程序中或存储设备较隐蔽的地方,目的是不让用户发现它的存在。如果不经过代码分析,病毒程序与正常程序是不容易区分的。通常计算机在受到病毒感染后仍能正常运行,用户不会感到任何异常。正是由于病毒的隐蔽性得以使其在用户没有察觉的情况下扩散。

6)衍生性

很多病毒使用高级语言编写,可以衍生出各种不同于原版本的新的计算机病毒,称为病毒变种,这就是计算机病毒的衍生性。变种病毒造成的后果可能比原版病毒更为严重,自动变种是当前病毒呈现出的新特点。

7)非授权性

一般正常的程序是先由用户调用,再由系统分配资源,完成用户交给的任务。其目的对用户是可见的、透明的。而病毒具有正常程序的一切权限,它隐藏在正常程序中,当用户调用正常程序时它窃取到系统的控制权,先于正常程序执行,病毒的动作、目的对用户是未知的,是未经用户允许的。病毒对系统的攻击是主动的,不以人的意志为转移。从一定的程度上讲,计算机系统无论采取多么严密的保护措施都不可能彻底排除病毒对系统的攻击,而保护措施充其量只是一种预防的手段而已。

随着计算机软件和网络技术的发展,网络时代的病毒又具有很多新的特点,如利用系统漏洞主动传播、主动通过网络和邮件系统传播,传播速度极快、变种多;病毒与黑客技术融合,具有攻击手段,更具有危害性。

3. 计算机病毒类型

1)按照病毒的破坏能力分类

(1)无害型:除了传染时减少存储的可用空间外,对系统没有其他影响。

(2)无危险型:这类病毒仅仅会减少内存、显示图像、发出声音等。

(3)危险型:这类病毒在计算机系统中造成严重的危害。

(4)非常危险型:这类病毒可以删除程序、破坏数据、消除系统内存区和操作系统中一些重要的信息。

2)根据病毒特有的算法分类

(1)伴随型病毒:这一类病毒并不改变文件本身,它们根据算法产生 EXE 文件的伴随体,具有同样的名字和不同的扩展名(.COM)。例如,在 DOS 系统中,XCOPY.EXE 的伴随体是 XCOPY.COM。病毒把自身写入.COM 文件并不改变.EXE 文件,当 DOS 加载文件时,伴随体优先被执行,再由伴随体加载执行原来的 EXE 文件。

(2)蠕虫型病毒:通过计算机网络传播,不改变文件和资料信息,一般除了内存不占用其他资源。

(3)寄生型病毒:这是一类传统、常见的病毒类型。这种病毒寄生在其他应用程序中。当被感染的程序运行时，寄生病毒程序也随之运行，继续感染其他程序，传播病毒。

(4)变型病毒：又称幽灵病毒，这类病毒算法复杂，使自己每传播一份都具有不同的内容和长度，使得防病毒软件难以检测。

3)根据病毒的传染方式分类

(1)文件型病毒：文件型病毒是指能够感染文件并能通过被感染的文件进行传染扩散的计算机病毒。这种病毒主要感染可执行性文件(扩展名为COM、EXE等)和文本文件(扩展名为DOC、XLS等)。

(2)系统引导型病毒：这种病毒感染计算机操作系统的引导区，是系统在引导操作系统前先将病毒引导入内存，进行繁殖和破坏性活动。

(3)混合型病毒：混合型病毒综合了系统引导型和文件型病毒的特性，它的危害比系统引导型和文件型病毒更为严重。这种病毒不仅感染系统引导区，而且感染文件。

(4)宏病毒：宏病毒是一种寄存于文档或模板的宏中的计算机病毒，主要利用文档的宏功能将病毒带入有宏的文档中，一旦打开这样的文档，宏病毒就会被激活，进入计算机内存中，并感染其他文档。

4.常见病毒

计算机新病毒层出不穷，从各大反病毒软件的年度相关报告来看，目前计算机病毒主要以木马病毒为主，蠕虫病毒也有大幅增长的趋势，新的后门病毒综合蠕虫、黑客功能于一体，它们窃取账号密码、个人隐私及企业机密，给用户造成巨大损失。下面介绍几种常见的病毒：

1)QQ群蠕虫病毒

QQ群蠕虫利用QQ快速登录接口，把各类广告虚假消息发送到好友QQ号、群空间、群消息以及修改QQ个人资料、空间、微博等，导致垃圾消息泛滥。

2)比特币矿工病毒

比特币矿工病毒作者利用肉鸡计算机生产比特币，病毒伪装成热门电影的BT种子，骗取网民下载，中毒计算机就会变成比特币挖矿机，成为病毒作者的矿工。在比特币持续火爆之后，不法分子又开发了专门盗窃比特币钱包的病毒。

3)秒余额网购木马

在网购交易结束后，买家可能会被诱导运行不明程序，这个程序就是网购木马。中毒后，只要继续购物，就会造成网银资金损失。

4)游戏外挂捆绑远控木马

网络游戏种类繁多，网游玩家人数也逐年增长，相关的游戏外挂也是层出不穷，新型病毒作者将功能外挂捆绑上远控木马病毒，传播给游戏玩家。病毒作者不再是直接盗取中毒用户的账号，而是做长期监控，一旦发现用户有好的装备或者高等级账号时则将中毒用户的账号盗走。

5)文档敲诈者病毒

此类病毒将具有各类诱惑性文件名(如“QQ飞车刷车外挂”等)的病毒文件散布在网盘及QQ群共享中，诱导网民下载运行。中毒后，大量数据文件被加密，病毒作者在被加密的文档目录中留下联系方式，向需要修复数据的用户勒索钱财。

6)验证码大盗手机病毒

验证码大盗出现在淘宝交易中，欺骗买家或卖家在手机上扫描二维码，查看订单详情或者打折优惠。一旦中毒，验证码大盗将截获淘宝官方发送的相关验证码信息，通过重置淘宝支付宝账号密码，将支付宝内的资金盗走。

10.4.2 计算机病毒的防治

对于计算机病毒，需要树立以防为主、以清除为辅的观念，防患于未然。发现病毒后，才找到相应的杀毒方法，这样具有很大的被动性。而防范计算机病毒，应具有主动性，重点应放在病毒的防范上。

1.防范计算机病毒

为了最大限度地减少计算机病毒的发生和危害，必须采取有效的预防措施，使病毒的波及范围、破坏作用减到最小。下面列出一些简单有效的计算机病毒预防措施。

(1)定期对重要的资料和系统文件进行备份,数据备份是保证数据安全的重要手段。

(2)尽量使用本地硬盘启动计算机,避免使用U盘、移动硬盘或其他移动存储设备启动,同时尽量避免在无防毒措施的计算机上使用可移动的存储设备。

(3)可以将某些重要文件设置为只读属性,以避免病毒的寄生和入侵。

(4)重要部门的计算机,尽量专机专用,与外界隔绝。

(5)安装新软件前,先用杀毒程序检查,减少中毒机会。

(6)安装杀毒软件、防火墙等防病毒工具,定期对软件进行升级、对系统进行病毒查杀。

(7)应及时下载最新的安全补丁,进行相关软件升级。

(8)使用复杂的密码,提高计算机的安全系数。

(9)警惕欺骗性的病毒,如无必要不要将文件共享,慎用主板网络唤醒功能。

(10)一般不要在互联网上随意下载软件。

(11)合理设置电子邮件工具和系统的Internet安全选项。

(12)慎重对待邮件附件,不要轻易打开广告邮件中的附件或点击其中的链接。

(13)不要随意接收在线聊天系统(如QQ)发来的文件,尽量不要从公共新闻组、论坛、BBS中下载文件,使用下载工具时,一定要启动网络防火墙。

2.清除计算机病毒

计算机病毒不仅干扰计算机的正常工作,还会继续传播、泄密、破坏系统和数据、影响网络正常运行,因此,当计算机感染了病毒后,应立即采取措施予以清除。

清除病毒一般采用人工清除和自动清除两种方法。

(1)人工清除。借助工具软件打开被感染的文件,从中找到并摘除病毒代码,使文件复原。这种方法是专业防病毒研究人员用于清除新病毒时采用的,不适合一般用户。

(2)自动清除。杀毒软件是专门用于对病毒的防堵、清除的工具。自动清除就是借助杀毒软件来清除病毒。用户只需按照杀毒软件的菜单或联机帮助操作即可轻松杀毒。

10.4.3 常见病毒防治工具

杀毒软件,也称反病毒软件,是用于消除计算机病毒、特洛伊木马和恶意软件等计算机威胁的一类软件。杀毒软件通常集成监控识别、病毒扫描、清除和自动升级等功能,有的杀毒软件还带有数据恢复等功能。但杀毒软件不可能查杀所有病毒,杀毒软件能查到的病毒,也不一定都能杀掉。大部分杀毒软件是滞后于计算机病毒的,所以,应及时更新升级软件版本和定期扫描。

目前,病毒防治工具是装机必备软件,常用的有360杀毒、百度杀毒软件、腾讯电脑管家、金山毒霸、卡巴斯基反病毒软件、瑞星杀毒软件、诺顿防病毒软件等。通常应有针对性地安装一种防病毒软件,尽量不要安装两种或两种以上,以免发生冲突。近年新兴的云安全服务,如360云安全、瑞星云安全也得到了普及,卡巴斯基、MCAFEE、趋势、SYMANTEC、江民科技、PANDA、金山等也都推出了云安全解决方案。

对于计算机病毒的防治,不仅是一个设备的维护问题,而且是一个合理的管理问题;不仅要有完善的规章制度,而且要有健全的管理体制。所以,只有提高认识、加强管理,做到措施到位,才能防患未然,减少病毒入侵所造成的损失。

10.5 网络道德与法规

国家明确提出,加快发展集成电路、下一代互联网、移动互联网、物联网等产业;加强网络安全基础设施建设。国家统一领导信息安全建设,从战略部署、组织架构、法律法规、关键基础设施安全、技术产业发展、攻防能力建设等方面加强顶层设计,此外,更加注重网络与信息安全领域立法。因此,要求网络活动的参加者具有良好的品德和高度的自律,努力维护网络资源,保护网络的信息安全,树立和培养健康的网络道德,遵守国家有关网络的法律法规。

10.5.1 网络道德

网络道德作为一种实践精神，是人们对网络持有的意识态度、网上行为规范、评价选择等构成的价值体系，是一种用来正确处理、调节网络社会关系和秩序的准则。加强网络道德的目的是按照完善的法则创造性地完善社会关系和自我，除了规范人们的网络行为之外，还有提升和发展自己内在精神的需要。

1.网络道德的定义

所谓网络道德，是指以善恶为标准，通过社会舆论、内心信念和传统习惯来评价人们的上网行为，调节网络时空中人与人之间以及个人与社会之间关系的行为规范。网络道德是时代的产物，与信息网络相适应，人类面临新的道德要求和选择，于是网络道德应运而生。

遵守网络道德，使每个网络活动参与者能够自律，自觉遵守和维护网络秩序，逐步养成良好的网络行为习惯，形成对网络行为正确的是非判断能力。建立健康、有序的网络环境是依靠所有网络活动参与者共同实施的，需要大力提倡网络道德，形成网络管理、自律与他律相互补充和促进的良好网络运行机制。

2.不道德网络行为

网络道德是抽象的，不易对其进行详细分类、概括、提炼。很难提出具有一般意义的价值标准与具有普遍约束力的道德规范。因此，只能就事论事。以下列出一些公认的违反网络道德的行为，从反面阐述网络道德的行为规范。

(1)从事危害政治稳定、损害安定团结、破坏公共秩序的活动，复制、传播有关上述内容的消息和文章。

(2)任意发布帖子对他人进行人身攻击，不负责任地散布流言蜚语或偏激的语言，对个人、单位甚至政府的形象造成损害。

(3)窃取或泄露他人秘密，侵害他人正当权益。

(4)利用网络赌博或从事有伤风化的活动。

(5)制造病毒、传播病毒。

(6)冒用他人 IP，从事网上活动，通过扫描、侦听、破解口令、安置木马、远程接管、利用系统缺陷等手段进入他人计算机。

(7)明知自己的计算机感染了损害网络性能的病毒仍然不采取措施，妨碍网络、网络服务系统和其他用户正常使用网络。

(8)缺乏网络文明礼仪，在网络中使用粗俗语言。

10.5.2 网络安全法规

为了维护网络安全，国家和管理组织制定了一系列网络安全政策、法规。在网络操作和应用中应自觉遵守国家的有关法律和法规，自觉遵守各级网络管理部门制定的有关管理办法和规章制度，自觉遵守网络礼仪和道德规范。

1.知识产权保护

计算机网络中的活动与社会上其他方式的活动一样，需要尊重别人的知识产权。由于从计算机网络很容易获取信息，可能会无意识地侵犯他人的知识产权。为此，使用计算机网络信息时，要注意区分无偿提供的和受知识产权保护的信息。

狭义的知识产权包括著作权、商标权和专利权。通常，如果无特殊的免费提供声明，文字报道、论文、技术说明、图纸、图片、声音、录像、图表、标志、标识、广告、商标、商号、域名、版面设计、专栏目录与名称、内容分类标准等，均受《中华人民共和国著作权法》《中华人民共和国商标法》《中华人民共和国专利法》及适用之国际公约中有关著作权、商标权、专利权其他财产所有权法律的保护。上述内容是不能被擅自发行、播送、转载、复制、重制、改动、散布、表演和展示的，否则，就有可能侵犯别人的版权，触犯法律。

在网络中还应注意避免侵犯别人的隐私权，不能在网上随意发布、散布他人的个人资料。

2.保密法规

为确保国家秘密、商业秘密和技术秘密等不在互联网上被泄露,国家保密局2000年1月1日起颁布实施《计算机信息系统国际联网保密管理规定》,明确规定了泄密行为及因信息保护措施不当造成泄密的行为是触犯法律的。如该规定中,第二章保密制度的第六条规定:“涉及国家秘密的计算机信息系统,不得直接或间接地与因特网或其他公共信息网络相连接,必须实行物理隔离。”

国家有关信息安全的法律、法规要求人们加强对计算机信息系统的保密管理,以确保信息安全,避免因为泄密而损害国家、企业、团体的利益。

3.防止和制止网络犯罪相关法规

网络犯罪与普通犯罪一样,也是触犯法律的行为,分为故意犯罪和过失犯罪。尽管处罚程度不同,但是这些犯罪行为都会受到法律的追究。因此,在使用计算机和网络时,必须明确哪些是违法行为,哪些是不道德行为。

在《中华人民共和国计算机信息系统安全保护条例》《中华人民共和国电信条例》《互联网信息服务管理办法》等法律、法规文件中都有“破坏计算机系统”“非法入侵计算机系统”等明确的罪名。《中华人民共和国刑法》第二百八十五条规定:“侵入国家事务、国防建设、尖端科学技术领域的计算机信息系统的,处三年以下有期徒刑或者拘役。侵入前款规定以外的计算机信息系统或者采用其他技术手段,获取该计算机信息系统中存储、处理或者传输的数据,或者对该计算机信息系统实施非法控制,情节严重的,处三年以下有期徒刑或者拘役,并处或者单处罚金;情节特别严重的,处三年以上七年以下有期徒刑,并处罚金。提供专门用于侵入、非法控制计算机信息系统的程序、工具,或者明知他人实施侵入、非法控制计算机信息系统的违法犯罪行为而为其提供程序、工具,情节严重的,依照前款的规定处罚。”还有“破坏计算机信息系统罪”“利用计算机实施犯罪的提示性规定”“扰乱无线电管理秩序罪”等法律规定。

计算机使用者需要学习上述法律、法规文件,知法、懂法、守法,增强自身保护意识、防范意识,抵制计算机网络犯罪。

4.信息传播条例

依据《中华人民共和国相关互联网信息传播条例》,网络参与者如果有危害国家安全、泄露国家秘密、侵犯国家社会集体的和公民的合法权益的网络活动,将触犯法律。制作、复制和传播下列信息也要受到法律的追究。

(1)煽动抗拒、破坏宪法和法律、行政法规实施。

(2)煽动颠覆国家政权,推翻社会主义制度。

(3)煽动分裂国家,破坏国家统一。

(4)煽动民族仇恨、民族歧视,破坏民族团结。

(5)捏造或者歪曲事实,散布谣言,扰乱社会秩序。

(6)宣扬封建迷信、淫秽、色情、赌博、暴力、凶杀、恐怖、教唆犯罪。

(7)公然侮辱他人或者捏造事实诽谤他人,或者进行其他恶意攻击。

(8)损害国家机关信誉。

(9)其他违反宪法和法律行政法规的信息。

每个人都应该自觉遵守国家有关计算机、计算机网络和互联网的相关法律、法规和政策,大力弘扬中华民族优秀文化传统和社会主义精神文明的道德准则,积极推动网络道德建设,建立和谐的“信息安全型”“环境友好型”网络环境。

附录A　扩充ASCII码表

ASCII值		字　符	ASCII值		字　符	ASCII值		字　符
Decimal	Hex		Decimal	Hex		Decimal	Hex	
000	000	NUL	029	01D	GS	058	03A	：
001	001	SOH (^A)	030	01E	RS	059	03B	；
002	002	STX (^B)	031	01F	US	060	03C	＜
003	003	ETX (^C)	032	020	（空格）	061	03D	＝
004	004	EOT (^D)	033	021	！	062	03E	＞
005	005	ENQ (^E)	034	022	"	063	03F	?
006	006	ACK (^F)	035	023	#	064	040	@
007	007	BEL(Bell)	036	024	$	065	041	A
008	008	BS (^H)	037	025	%	066	042	B
009	009	HT (^I)	038	026	&	067	043	C
010	00A	LF (^J)	039	027	’	068	044	D
011	00B	VT (^K)	040	028	（	069	045	E
012	00C	FF (^L)	041	029	）	070	046	F
013	00D	CR (^M)	042	02A	*	071	047	G
014	00E	SO (^N)	043	02B	＋	072	048	H
015	00F	SI (^O)	044	02C	，	073	049	I
016	010	DLE (^P)	045	02D	－	074	04A	J
017	011	DC1 (^Q)	046	02E	.	075	04B	K
018	012	DC2 (^R)	047	02F	/	076	04C	L
019	013	DC3 (^S)	048	030	0	077	04D	M
020	014	DC4 (^T)	049	031	1	078	04E	N
021	015	NAK (^U)	050	032	2	079	04F	O
022	016	SYN (^V)	051	033	3	080	050	P
023	017	ETB (^W)	052	034	4	081	051	Q
024	018	CAN (^X)	053	035	5	082	052	R
025	019	EM (^Y)	054	036	6	083	053	S
026	01A	SUB (^Z)	055	037	7	084	054	T
027	01B	ESC	056	038	8	085	055	U
028	01C	FS	057	039	9	086	056	V

续表

ASCII值		字符	ASCII值		字符	ASCII值		字符
Decimal	Hex		Decimal	Hex		Decimal	Hex	
087	057	W	122	07A	z	157	09D	Ø
088	058	X	123	07B	{	158	09E	×
089	059	Y	124	07C	|	159	09F	ƒ
090	05A	Z	125	07D	}	160	0A0	á
091	05B	[	126	07E	~	161	0A1	í
092	05C	\\	127	07F	DEL	162	0A2	ó
093	05D	]	128	080	Ç	163	0A3	ú
094	05E	^	129	081	ü	164	0A4	ñ
095	05F	_	130	082	é	165	0A5	Ñ
096	060	`	131	083	â	166	0A6	?
097	061	a	132	084	ä	167	0A7	?
098	062	b	133	085	à	168	0A8	¿
099	063	c	134	086	å	169	0A9	©
100	064	d	135	087	ç	170	0AA	¬
101	065	e	136	088	ê	171	0AB	?
102	066	f	137	089	ë	172	0AC	?
103	067	g	138	08A	è	173	0AD	¡
104	068	h	139	08B	ï	174	0AE	《
105	069	i	140	08C	î	175	0AF	》
106	06A	j	141	08D	ì	176	0B0	_
107	06B	k	142	08E	Ä	177	0B1	_
108	06C	l	143	08F	Å	178	0B2	_
109	06D	m	144	090	É	179	0B3	?
110	06E	n	145	091	æ	180	0B4	?
111	06F	o	146	092	Æ	181	0B5	Á
112	070	p	147	093	ô	182	0B6	Â
113	071	q	148	094	ö	183	0B7	À
114	072	r	149	095	ò	184	0B8	©︎
115	073	s	150	096	û	185	0B9	?
116	074	t	151	097	ù	186	0BA	?
117	075	u	152	098	ÿ	187	0BB	+
118	076	v	153	099	Ö	188	0BC	+
119	077	w	154	09A	Ü	189	0BD	?
120	078	x	155	09B	ø	190	0BE	?
121	079	y	156	09C	?	191	0BF	+

续表

ASCII 值		字符	ASCII 值		字符	ASCII 值		字符
Decimal	Hex		Decimal	Hex		Decimal	Hex	
192	0C0	+	214	0D6	Í	236	0EC	?
193	0C1	—	215	0D7	Î	237	0ED	?
194	0C2	—	216	0D8	Ï	238	0EE	?
195	0C3	+	217	0D9	+	239	0FF	?
196	0C4	—	218	0DA	+	240	0F0	
197	0C5	+	219	0DB	_	241	0F1	±
198	0C6	ã	220	0DC	_	242	0F2	_
199	0C7	Ã	221	0DD	?	243	0F3	?
200	0C8	+	222	0DE	Ì	244	0F4	?
201	0C9	+	223	0EF	_	245	0F5	§
202	0CA	—	224	0E0	Ó	246	0F6	÷
203	0CB	—	225	0E1	ß	247	0F7	?
204	0CC	?	226	0E2	Ô	248	0F8	°
205	0CD	—	227	0E3	Ò	249	0F9	¨
206	0CE	+	228	0E4	õ	250	0FA	•
207	0DF	¤	229	0E5	Õ	251	0FB	?
208	0D0	ð	230	0E6	?	252	0FC	?
209	0D1	?	231	0E7	?	253	0FD	?
210	0D2	Ê	232	0E8	?	254	0FE	_
211	0D3	Ë	233	0E9	Ú	255	0FF	
212	0D4	È	234	0EA	Û			
213	0D5	i	235	0EB	Ù			

参考文献

[1] 贾宗福. 新编大学计算机基础教程[M]. 4 版. 北京:中国铁道出版社，2018.

[2] 贾宗福. 新编大学计算机基础实践教程[M]. 4 版. 北京:中国铁道出版社，2018.

[3] 陈国良. 大学计算机:计算思维视角[M]. 2 版. 北京:高等教育出版社，2014.

[4] 朱明放. 计算机系统概论[M]. 北京:科学出版社，2016.

[5] 张莉,王玉娟,陈强,等. 大学计算机基础[M]. 北京:清华大学出版社，2019.

[6] 王移芝. 大学计算机[M]. 6 版. 北京:高等教育出版社，2019.

[7] 李占宣. 计算机组装与维护[M]. 2 版. 北京:清华大学出版社，2011.

[8] 李春雨. 多媒体技术及应用[M]. 北京:清华大学出版社，2017.

[9] 金永涛. 多媒体技术应用教程[M]. 2 版. 北京:机械工业出版社，2016.

[10] 贺雪晨. 多媒体技术实用教程[M]. 4 版. 北京:清华大学出版社，2018.

[11] 李姝博. Office 2010 办公软件实用教程[M]. 北京:清华大学出版社，2018.

[12] 严晓华. 现代通信技术基础[M]. 3 版. 北京:北京邮电大学出版社，2019.

[13] 王辉. 计算机网络原理及应用[M]. 北京:清华大学出版社，2019.

[14] 郭帆. 网络攻防技术与实战:深入理解信息安全防护体系[M]. 北京:清华大学出版社，2018.

[15] 刘远生. 计算机网络安全[M]. 北京:清华大学出版社，2018.

[16] 斯托林斯. 网络安全基础:应用与标准[M]. 5 版. 北京:清华大学出版社，2019.

[17] 雷国华. 大学计算机[M]. 4 版. 北京:高等教育出版社，2014.

[18] 周屹. C 语言程序设计实用教程[M]. 北京:清华大学出版社，2012.